版权声明

本书所有文字、数据、图像、版式设计、插图及配套数字资源等,均受中华人民共和国宪法和著作权法保护。未经作者和人民交通出版社股份有限公司同意,任何单位、组织、个人不得以任何方式对本作品进行全部或局部的复制、转载、出版或变相出版,配套数字资源不得在人民交通出版社股份有限公司所属平台以外的任何平台进行转载、复制、截图、发布或播放等。

任何侵犯本书及配套数字资源权益的行为,人民交通出版社股份有限公司将依法严厉追究其法律责任。

举报电话:(010)85285150

人民交通出版社股份有限公司

U0330558

2022 全国勘察设计注册工程师
执业资格考试用书

Zhuce Yantu Gongchengshi Zhiye Zige Kaoshi
Zhuanye Kaoshi Linian Zhenti Xiangjie

注册岩土工程师执业资格考试
专业考试历年真题详解

（案例分析）

主　编　李自伟　李　跃

副主编　耿楠楠　赵继承　孙宝雷

　　　　赵心涛　崔振华　龙　翔

人民交通出版社股份有限公司

北　京

内 容 提 要

本书根据人力资源和社会保障部、住房和城乡建设部颁布的注册土木工程师(岩土)专业考试大纲,由多位通过注册土木工程师(岩土)专业考试、熟悉命题规则、具有丰富备考经验的一线资深工程师共同编写而成。本书收录了 2004—2021 年(2015 年停考)案例分析真题,试题均采用现行规范进行解答(对部分陈旧试题进行了改编,试题答案以官方标准答案为基础),全书按照试题、解析答案分开排版,便于考生自测。

本书适合参加注册土木工程师(岩土)专业考试的考生复习使用,同时也可作为岩土工程技术人员、高等院校师生的参考书。

图书在版编目(CIP)数据

2022 注册岩土工程师执业资格考试专业考试历年真题详解. 案例分析 / 李自伟,李跃主编. — 北京 :人民交通出版社股份有限公司,2022.4

ISBN 978-7-114-17928-0

Ⅰ.①2… Ⅱ.①李… ②李… Ⅲ.①岩土工程—资格考试—题解 Ⅳ.①TU4-44

中国版本图书馆 CIP 数据核字(2022)第 063263 号

书　　名:**2022 注册岩土工程师执业资格考试专业考试历年真题详解:案例分析**
著 作 者:李自伟　李　跃
责任编辑:李　坤
责任校对:孙国靖　宋佳时
责任印制:刘高彤
出版发行:人民交通出版社股份有限公司
地　　址:(100011)北京市朝阳区安定门外外馆斜街 3 号
网　　址:http://www.ccpcl.com.cn
销售电话:(010)59757973
总 经 销:人民交通出版社股份有限公司发行部
经　　销:各地新华书店
印　　刷:北京印匠彩色印刷有限公司
开　　本:787×1092　1/16
印　　张:40.75
字　　数:966 千
版　　次:2022 年 4 月　第 1 版
印　　次:2022 年 4 月　第 1 次印刷
书　　号:ISBN 978-7-114-17928-0
定　　价:118.00 元

(有印刷、装订质量问题的图书由本公司负责调换)

前　言

2002年4月，人事部、建设部下发了《注册土木工程师(岩土)执业资格制度暂行规定》《注册土木工程师(岩土)执业资格考试实施办法》和《注册土木工程师(岩土)执业资格考核认定办法》(人发〔2002〕35号)，决定在我国施行注册土木工程师(岩土)执业资格制度，并于同年9月举行了首次全国注册土木工程师(岩土)执业资格考试。

该考试分为基础考试和专业考试两部分。参加基础考试合格并按规定完成职业实践年限者，方能报名参加专业考试。

专业考试分为"专业知识考试"和"专业案例考试"两部分。

"专业知识考试"上、下午试卷均由40道单选题和30道多选题构成，单选题每题1分，多选题每题2分，试卷满分为200分，均为客观题，在答题卡上作答。专业知识试卷由11个专业(科目)的试题构成，它们分别是：岩土工程勘察；岩土工程设计基本原则；浅基础；深基础；地基处理；土工结构与边坡防护；基坑工程与地下工程；特殊条件下的岩土工程；地震工程；岩土工程检测与监测；工程经济与管理。

"专业案例考试"上、下午试卷均由25道单选题构成(2018年之前由30道单选题构成，考生从上、下午试卷的30道试题中任选其中25道题作答)，每题2分，试卷满分为100分，采取主、客观相结合的考试方法，即要求考生在填涂答题卡的同时，在答题纸上写出计算过程。专业案例试卷由9个专业(科目)的试题构成，它们分别是：岩土工程勘察；浅基础；深基础；地基处理；土工结构与边坡防护；基坑工程与地下工程；特殊条件下的岩土工程；地震工程；岩土工程检测与监测。

专业考试分两天进行，第1天为专业知识考试，第2天为专业案例考试，专业知识和专业案例的考试时间均为6小时，上、下午各3小时。具体时间安排是：

第1天　08：00～11：00　专业知识考试(上)

　　　　14：00～17：00　专业知识考试(下)

第2天　08：00～11：00　专业案例考试(上)

　　　　14：00～17：00　专业案例考试(下)

注册土木工程师(岩土)专业考试为非滚动管理考试，且为开卷考试，考试时允许考生携带正规出版社出版的各种专业规范和参考书进入考场。

截至2021年底，注册土木工程师(岩土)执业资格考试共举行了19次(2015年停考一次)，考生人数逐年增加。纵观这十多年，大体而言，该考试经历了四个阶段，即：2002—2003年，初期探索，题型及难度与目前的考试没有可比性；2004—2011年，题型和风格基本固定，以方鸿琪、张苏民两位大师以及高大钊、李广信两位教授为代表的老一辈命题专家，比较注重理论基础，偏"学院派"；2012—2017年，武威总工担任命题组组长,出题风格明显转变,更加注重基本理论与工程实践的结合,更具"综合性",是典型的"实践派";2018年起由北京市勘察设计研究院有限公司副总工程师杨素春担任命题组组长,命题风格改为"三从一大"——从难从严从实际出发,计算量加大;案例考题也由此前的30题选做25题变为了25道必答题。相较于注册土木工程师的其他专业考试,岩土工程师考试更为复杂多变,其考查广度与深度也极具张力,复习时需投入更多的时间和精力。

为了帮助考生抓住考试重点,提高复习效率,顺利通过考试,人民交通出版社股份有限公司特邀请行业专家、对历年真题有潜心研究的注册岩土工程师们,在搜集、甄别、整理历年真题的基础上编写了本套图书(含专业知识和案例分析)。书中对每一道题都进行了十分详细的解析,并力争做到准确清晰。**另外,由于规范的更新,为了提高本套图书的使用价值,在保证每套试题完整性的基础上,本书所有真题均采用现行规范进行解答。**在此,特别感谢 陈轮 和赵心涛老师提供部分参考资料。

为了更好地模拟演练,本书真题均按照年份顺序编排,答案附于每套真题之后。建议使用时严格按照考试时间解答,超过时间,应停止作答。给自己模拟一个考场环境,对于应考十分重要。真题永远是最好的复习资料,其中的经典题目,建议读者反复练习,举一反三。此外,也有必要提醒考生,一本好的辅导教材固然有助于备考,但自己扎实的理论基础更为重要。任何时候,都不应本末倒置。建议考生在使用本书前,应经过充分而系统的土力学和基础工程课程的学习。

本书自2015年4月首次出版以来,受到众多考生的青睐,在考生中产生了较大的影响。考生在使用本书过程中,积极与编者交流探讨,对本书的修订再版提供了很多有益的建议。编者根据多年考试辅导经验,并结合读者建议,对图书进行了修订。

2022版图书具有以下特点:

(1)增加了2021年考试真题,并给出详细的解答。

(2)对2021版图书进行了全面校勘,改正了书中的解答错误、文字错误和印刷错误。

(3)配备丰富的视频。考生扫描封面和书中的二维码,可观看资深专家的精彩讲解。

本书由李自伟、李跃主编,耿楠楠、赵继承、孙宝雷、吴连杰、赵心涛、崔振华、龙翔、余敦猛、董倩、徐桀共同参与编写。全书由李自伟(北京维拓时代建筑设计股份有限公司高级技术总监)统稿并校核。

因时间有限,书中疏漏之处在所难免,欢迎各位考生提出宝贵建议,以便再版时进一步完善。

最后,祝各位考生顺利通过考试!

编　者
2022年3月

目　录

2004 年案例分析试题(上午卷)

1. 拟建一龙门吊,起重量 150kN,轨道长 200m,预计条形基础宽度 1.5m,埋深为 1.5m。场地地形平坦,地基土主要为硬塑黏性土及密实卵石交互分布,水平向厚薄不一,基岩(砂岩)埋藏于地面下 7～8m,地下水位深度约 3m。请问下列哪一项应作为岩土工程评价的重点? 并说明理由。　　　　　　　　( )

(A)地基承载力　　　　　　　　　　(B)地基的均匀性
(C)基岩面深度及起伏　　　　　　　(D)地下水埋藏条件及变化幅度

2. 某土样做固结不排水测孔隙水压力三轴试验,部分结果取值如下表所示。试按有效应力法求得莫尔圆的圆心坐标和半径,其结果将最接近下列哪一选项所列数值?　　( )

题 2 表

试验结果 试验次序	主应力(kPa)		孔隙水压力 u(kPa)
	σ_1	σ_3	
1	77	24	11
2	131	60	32
3	161	80	43

选 项	试 验 次 序	莫尔圆参数(kPa)	
		圆心坐标	半径
(A)	1	50.5	26.5
	2	95.5	35.5
	3	120.5	40.5
(B)	1	50.5	37.5
	2	95.5	57.5
	3	120.5	83.5
(C)	1	45.0	21.0
	2	79.5	19.5
	3	99.0	19.0
(D)	1	39.5	26.5
	2	63.5	35.5
	3	77.5	40.5

3. 某土试样固结试验成果如下表所示。已求得该试样天然孔隙比 $e_0 = 0.656$。试问该试样在压力 100～200kPa 范围的压缩系数和压缩模量最接近下列哪一组数值?　　( )

题 3 表

压力(kPa)	50	100	200
稳定校正后的变形量 Δh_i(mm)	0.155	0.263	0.565

(A)$a_{1-2}=0.15MPa^{-1}$,$E_s=11.0MPa$　　(B)$a_{1-2}=0.25MPa^{-1}$,$E_s=6.6MPa$

(C)$a_{1-2}=0.45MPa^{-1}$,$E_s=3.7MPa$　　(D)$a_{1-2}=0.55MPa^{-1}$,$E_s=3.0MPa$

4.一粉质黏土层中旁压试验成果如下:旁压器量测腔初始固有体积$V_c=491.0cm^3$,初始压力对应的体积$V_0=134.5cm^3$,临塑压力对应的体积$V_f=217.0cm^3$,旁压曲线直线段压力增量$\Delta p=0.29MPa$,土的泊松比取$\mu=0.38$。试问该土层旁压模量最接近于下列哪一个数值? （　）

(A)3.5MPa　　　　(B)6.5MPa　　　　(C)9.5MPa　　　　(D)12.5MPa

5.一水泥土搅拌桩复合地基,桩径500mm,矩形布桩,中心距1200mm×1600mm,现做单桩复合地基静载荷试验,承压板应选用下列哪一种尺寸和形状? （　）

(A)直径1200mm的圆　　　　　　(B)1390mm×1390mm的方形
(C)1200mm×1200mm的方形　　　(D)直径1390mm的圆形

6.某厂房柱基础,建于如图所示的地基上,基础底面面积$b×l=2m×3m=6m^2$(矩形),受力层范围内有淤泥质土层③,该层经修正后的地基承载力特征值$f_a=135kPa$。荷载效应标准组合时的基底平均压力$p_k=202kPa$。问淤泥质土层顶面处土的自重压力值p_{cz}与相应荷载效应标准组合时淤泥质土层顶面处的附加压力值p_z之和最接近下列哪一个数值? （　）

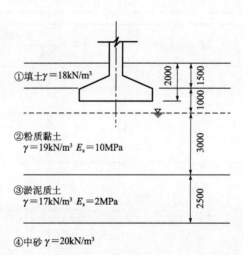

①填土 $\gamma=18kN/m^3$

②粉质黏土 $\gamma=19kN/m^3$ $E_s=10MPa$

③淤泥质土 $\gamma=17kN/m^3$ $E_s=2MPa$

④中砂 $\gamma=20kN/m^3$

题6图(尺寸单位:mm)

(A)$p_{cz}+p_z=99kPa$　　　　　(B)$p_{cz}+p_z=103kPa$
(C)$p_{cz}+p_z=108kPa$　　　　(D)$p_{cz}+p_z=113kPa$

7.水下重力式码头为条形基础,基底为抛石基床,抛石厚度为2.0m,计算面宽度$B_e=14m$,计算面以上竖向合力标准值$V_k=450kN/m$,地基土的十字板剪切强度标准值$c_{uk}=40kPa(\varphi=0)$,地基土天然重度为$18kN/m^3$,抛石基床内天然重度为$19kN/m^3$,计

算面合力的倾斜率 $\tan\delta=0.22$。按《水运工程地基设计规范》(JTS 147—2017),计算面内极限承载力竖向应力的平均值最接近下列哪一个数值? （ ）

(A)183kPa   (B)193kPa

(C)203kPa   (D)213kPa

8.某正常固结土层厚度为 2m,土层平均自重压力 $p_{cz}=100$kPa,其压缩试验数据见下表。现在该层土上建造建筑物,估计平均附加压力 $p_0=200$kPa,问该土层的最终沉降量与下列哪一个数值最接近? （ ）

压 缩 试 验 数 据   题 8 表

p(kPa)	0	50	100	200	300	400
e	0.984	0.900	0.828	0.752	0.710	0.680

(A)10.5cm   (B)12.9cm

(C)14.2cm   (D)17.8cm

9.用作车库的地下室位于住宅小区内公共活动区的范围内,地下室的平面面积为 4000m²,在地下室的顶板上覆土 1m,覆土的重度 $\gamma=18$kN/m³,公共活动区的可变荷载取 10kPa。地下室顶板的厚度 30cm,顶板的顶面标高与地面标高相同,底板的厚度 50cm,混凝土的重度 $\gamma=25$kN/m³。侧墙和梁柱的总重为 100MN,使用要求的地下室净空为 4m,最不利的设计抗浮地下水位埋深为地面下 1.0m,地基土的不固结不排水抗剪强度 $c_u=35$kPa。针对本工程的具体条件,下列对设计工作的判断中哪一条是不正确的? （ ）

(A)抗浮验算不满足要求,必须设置抗浮桩

(B)不设置抗浮桩,但在覆土以前不能停止降水

(C)按使用期的荷载条件,不需要设置抗浮桩

(D)不需要验算地基承载力和沉降

10.有相邻两栋住宅楼 A、B,由于 B 楼的建造,可能对已建的 A 楼产生一定的附加沉降量,其地层剖面、土层参数及附加压力曲线如图所示。问 A 楼可能产生的附加沉降量最接近下列哪一个数值? （ ）

(A)0.9cm   (B)1.2cm

(C)2.4cm   (D)3.2cm

11.超固结黏土层厚度为 4.0m,前期固结压力 $p_c=400$kPa,压缩指数 $C_c=0.3$,再压缩曲线上回弹指数 $C_e=0.1$,平均自重压力 $p_{cz}=200$kPa,天然孔隙比 $e_0=0.8$,建筑物平均附加应力在该土层中为 $p_0=300$kPa,该黏土层最终沉降量最接近下列哪一个数值? （ ）

(A)8.5cm   (B)11cm

(C)13.2cm   (D)15.8cm

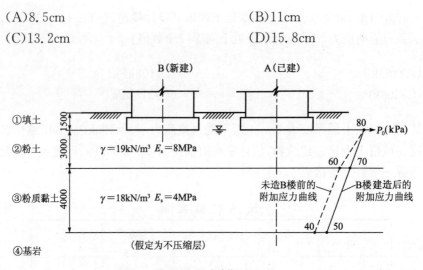

题 10 图(尺寸单位:mm)

12. 柱下独立基础底面尺寸为 $3m \times 5m$,$F_1 = 300kN$,$F_2 = 1500kN$,$M = 900kN \cdot m$,$F_H = 200kN$,如图所示,基础埋深 $d = 1.5m$,承台及填土平均重度 $\gamma = 20kN/m^3$,则基础底面偏心距最接近下列哪一数值?   (   )

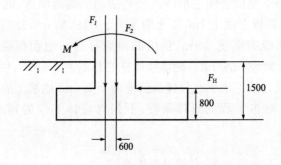

题 12 图(尺寸单位:mm)

(A)23cm   (B)47cm

(C)55cm   (D)83cm

13. 一框架柱采用桩基础,承台下为 5 根 $\phi 600mm$ 钻孔灌注桩,桩长 15m,承台底面埋深、承台尺寸、桩位平面分布,以及桩周、桩端下土层分布情况,均如图所示。荷载标准组合下作用在承台顶面处的柱竖向轴力 $F_k = 3840kN$,弯矩 $M_{yk} = 161kN \cdot m$,并已知承台底面以上,承台与土自重标准值为 447kN,请问承台下基桩的最大竖向力最接近下列哪一个数值?   (   )

(A)813kN   (B)858kN

(C)886kN   (D)902kN

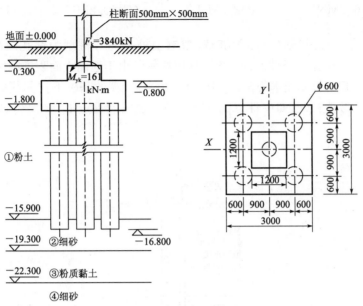

题 13 图(尺寸单位:mm)

14. 群桩基础,桩径 $d=0.6$ m,桩入土换算深度 $ah \geqslant 4.0$,单桩水平承载力特征值(位移控制)$R_{ha}=50$ kN,沿水平荷载方向桩排数 $n_1=3$,每排中桩数 $n_2=4$,距径比 $s_a/d=3$,承台底位于地面以上 50mm。试按《建筑桩基技术规范》(JGJ 94—2008)计算群桩基础中复合基桩的水平承载力特征值,其值最接近下列哪一个数值? (   )

(A)45kN

(B)50kN

(C)55kN

(D)65kN

15. 柱下桩基如图,承台混凝土 $f_t=1.71$ MPa。试按《建筑桩基技术规范》(JGJ 94—2008)计算承台长边斜截面的受剪承载力,其值与下列哪一个数值最接近? (   )

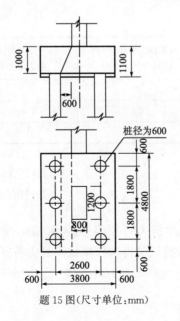

题 15 图(尺寸单位:mm)

（A）6.2MN   （B）8.5MN   （C）10.2MN   （D）12.2MN

16. 某一柱一桩基础（按乙级桩基、摩擦型桩考虑），桩型为钻孔灌注桩，直径为850mm，桩长22m，土层条件及计算参数如图所示。由于地面大面积堆载引起桩侧负摩阻力，请问按《建筑桩基技术规范》(JGJ 94—2008)计算的基桩下拉荷载标准值最接近于下列哪一个数值？（已知中性点 $l_n/l_0 = 0.80$，淤泥质黏土 $\zeta_n = 0.20$，群桩效应系数 $\eta_n = 1.0$）   （ ）

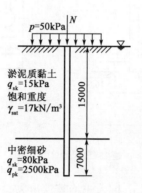

题16图（尺寸单位：mm）

（A）$Q_g^n = 400kN$ （B）$Q_g^n = 480kN$

（C）$Q_g^n = 580kN$ （D）$Q_g^n = 680kN$

17. 某工程双桥静力触探资料见下表。拟采用第3层粉砂作为桩基持力层。假定采用钢筋混凝土方桩，断面为400mm×400mm，桩长为13m，承台埋深为2m，桩端入粉砂层2m，按《建筑桩基技术规范》(JGJ 94—2008)，根据双桥静力触探资料计算单桩竖向极限承载力标准值 Q_{uk}，其结果最接近下列哪一个数值？   （ ）

题17表

层序	土层名称	层底深度（m）	双桥静力触探平均侧阻力 f_{si}(kPa)	双桥静力触探锥尖阻力 q_c(kPa)	桩侧阻力综合修正系数 β_i
1	填土	1.5			
2	淤泥质黏土	13.0	12	600	2.56
3	饱和粉砂	20.0	110	12000	0.61

（A）1220kN   （B）1580kN

（C）1715kN   （D）1900kN

18. 某软土地基天然地基承载力特征值 $f_{sk} = 80kPa$，采用水泥土深层搅拌法加固，桩径为0.5m，桩长15m，经载荷试验得搅拌单桩承载力特征值160kN，桩间土承载力发挥系数取0.75，设计要求复合地基承载力特征值 $f_{spk} = 180kPa$，试问复合地基面积置换率应取下列哪一个数值？   （ ）

(A)0.14   (B)0.16
(C)0.18   (D)0.20

19. 某工程轨道梁软土地基,采用水泥粉煤灰碎石桩法进行地基处理。水泥粉煤灰碎石桩桩径 $d=0.5m$,等边三角形布置,桩距 1.1m,桩长 15m。设计要求复合地基承载力特征值达到 180kPa。问单桩竖向承载力特征值(R_a)和桩体试块抗压强度平均值(f_{cu},28 天龄期)应达到下列哪一组数值方可满足设计要求?(取 $m=0.2$,处理后桩间土承载力特征值 $f_{sk}=80kPa$,桩间土承载力发挥系数 $\beta=0.8$,单桩承载力发挥系数为 0.8)   (   )

(A)$R_a=158kN,f_{cu}\geqslant2580kPa$ (B)$R_a=165kN,f_{cu}\geqslant2670kPa$
(C)$R_a=169kN,f_{cu}\geqslant2730kPa$ (D)$R_a=173kN,f_{cu}\geqslant2890kPa$

20. 某天然地基各土层厚度和有关参数如下表所示,采用深层搅拌桩复合地基加固,桩径 0.6m,桩长 15.0m,水泥立方体抗压强度平均值为 2000kPa,桩身强度折减系数 0.25,桩端端阻力发挥系数取 0.5。试问搅拌桩单桩承载力可取用下列哪一个数值?   (   )

题 20 表

土层序号	厚度(m)	桩侧阻力特征值(kPa)	桩端阻力特征值(kPa)
1	3	7.0	120
2	6	6.0	100
3	18	8.0	150

(A)219kN   (B)203kN   (C)187kN   (D)142kN

21. 某天然地基承载力特征值为 100kPa,采用振冲挤密碎石桩加固,碎石桩桩长 10m,桩径 1.2m,正方形布置,桩中心距 1.8m,桩体承载力特征值 450kPa,在桩的设置过程中,桩间土承载力提高了 20%,则碎石桩复合地基承载力特征值可达到下列哪一个数值?   (   )

(A)248kPa   (B)235kPa
(C)222kPa   (D)209kPa

22. 在采用塑料排水板进行软土地基处理时,需将塑料排水板换算成等效的砂井进行设计计算,现有一宽度为 100mm,厚度为 3mm 的塑料排水板,如取换算系数 $\alpha=1.00$,则其等效砂井的换算直径应取下列哪一个数值?   (   )

(A)55mm   (B)60mm
(C)65mm   (D)70mm

23. 如图所示,散粒填土土堤边坡坡高 $H=4m$,土堤填料重度 $\gamma=20kN/m^3$,内摩擦角 $\varphi=35°$,黏聚力忽略不计($c\approx0$),试问土堤边坡坡角 β 必须接近下列哪一个角度时,

边坡稳定系数 k 才能最接近 1.25？ （　　）

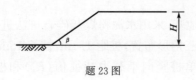

题 23 图

(A)25°45′　　　　　　　　　　　　(B)29°15′

(C)32°30′　　　　　　　　　　　　(D)33°42′

24. 基坑剖面如图所示,按照土水分算原则并假设地下水为稳定渗流,支护结构墙底 E 点处内外两侧水压力相等。问墙身内外水压力抵消后作用于每延米支护结构的总水压(按图中三角形分布计算)净值应等于下列哪一个数值？(水的重度取 10.0kN/m³)（　　）

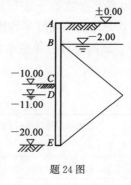

题 24 图

(A)1620kN/m　　　　　　　　　　(B)1215kN/m

(C)1000kN/m　　　　　　　　　　(D)540kN/m

25. 基坑坑底下某深度处有承压含水层,其上都为不透水层,如图所示。已知不透水层土的天然重度为 $\gamma = 20kN/m^3$,水的重度为 $\gamma_w = 10kN/m^3$。如果要求基坑坑底抗突涌稳定系数 k 不小于 1.10,则基坑开挖深度 h 最深不能超过下列哪一个数值？

（　　）

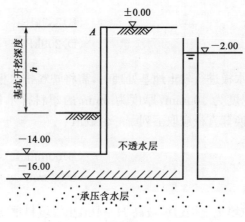

题 25 图

2004 年案例分析试题（上午卷）

(A)7.5m   (B)8.3m

(C)9.0m   (D)9.5m

26.重力式挡墙如图所示。土对挡墙基底的摩擦系数 $\mu=0.4$,墙背填土对挡墙背的摩擦角 $\delta=15°$。问挡墙的抗滑移稳定性系数最接近下列哪一个数值?   ( )

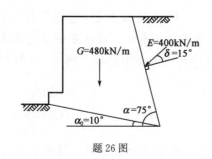

题 26 图

(A)1.20   (B)1.25

(C)1.30   (D)1.35

27.一用砂性土填筑的路堤,高 3m、顶宽 26m、边坡坡率 1:1.5,现采用直线滑动面法验算其边坡稳定性。已知填土的内摩擦角 $\varphi=30°$,黏聚力 $c=0.1\text{kPa}$,如假设滑动面的倾角 $\alpha=25°$,已算得作用在滑动面上的土体重 $W=52.2\text{kN/m}$,滑动面的长度 $L=7.1\text{m}$,此时,稳定系数 K 最接近下列数值中的哪一个?   ( )

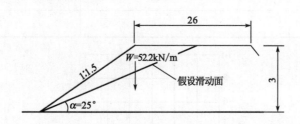

题 27 图(尺寸单位:m)

(A)1.17   (B)1.27

(C)1.37   (D)1.47

28.采用锚喷支护对某 25m 高的均质岩边坡进行支护。边坡所产生的侧向岩压力合力水平分力修正值(即单宽岩石侧压力)为 1800kN/m。若锚杆水平间距 $s_{xj}=4.0\text{m}$,垂直间距 $s_{yj}=2.5\text{m}$,试问单根锚杆所受的水平拉力标准值最接近下列哪一个数值?

     ( )

(A)200kN   (B)400kN

(C)600kN   (D)800kN

29. 调查确定某泥石流中固体物质所占体积比为 60%，固体物质的密度为 $2.7 \times 10^3 \text{kg/m}^3$。该泥石流的流体密度（固体和水体混合的密度）应为下列哪一个数值？ （　　）

(A)$2.0 \times 10^3 \text{kg/m}^3$　　　　　　　　(B)$1.6 \times 10^3 \text{kg/m}^3$
(C)$1.5 \times 10^3 \text{kg/m}^3$　　　　　　　　(D)$1.1 \times 10^3 \text{kg/m}^3$

30. 某路堤的地基土为薄层均匀冻土层，稳定融化层深度为 3m，融沉系数为 $10(\%)$，融化后体积压缩系数为 0.3MPa^{-1}（即压缩模量为 3.33MPa），基底平均总压力为180kPa，该层的融沉和压缩沉降总量最接近下列哪一个数值？ （　　）

(A)16cm　　　　　　　　(B)30cm
(C)46cm　　　　　　　　(D)192cm

31. 经过一膨胀土原状土样的室内试验获得一组膨胀率 $\delta_{ep}(\%)$ 与压力 p(kPa)关系的数值，如表所列。试问，按《膨胀土地区建筑技术规范》(GB 50112—2013)，该土样的膨胀力 p_e 最接近下列哪一个数值？可以用作图方法或插入法近似求得。 （　　）

题 31 表

试 验 次 序	膨胀率 $\delta_{ep}(\%)$	压力 p(kPa)
1	8	0
2	4.7	25
3	1.4	75
4	−0.6	125

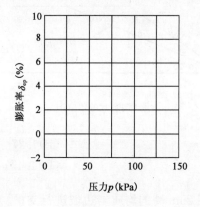

题 31 图

(A)90kPa　　　　　　　　(B)98kPa
(C)110kPa　　　　　　　　(D)120kPa

32. 某滑坡需做支挡设计。根据勘察资料，该滑坡体可分为 3 个条块，各条块的重量 G、滑动面长度 l 如下表，滑动面倾角 β 见下图。已知滑动面的黏聚力 $c=10\text{kPa}$，内摩

擦角 $\varphi=10°$,推力安全系数取 1.15。第三块下部边界处每米宽土体的下滑推力 F_3 最接近下列哪一个数值?　　　　　　　　　　　　　　　　　　　　　　（　　）

题 32 表

条 块 编 号	$G(kN/m)$	$l(m)$
1	500	11.03
2	900	10.15
3	700	10.79

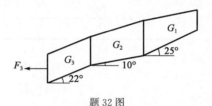

题 32 图

(A)39.9kN/m　　　　　　　　　　(B)49.3kN/m
(C)79.2kN/m　　　　　　　　　　(D)109.1kN/m

33. 某建筑场地抗震设防烈度为 7 度,设计基本地震加速度为 0.15g,设计地震分组为第二组,地下水位深度在地面下 2m,场地地基土层条件、测试数据及未打桩前的液化判别如表所列。该建筑工程采用打入式钢筋混凝土预制方桩,桩断面为 400mm×400mm,桩长为 15m,桩间距为 1.6m,桩数为 20×20(面积置换率 $\rho=0.063$),打桩后由于挤密作用,其液化指数由原来的 12.90 降为下列哪一个数值?　　　　　　（　　）

题 33 表

地质年代	土层名称	层底深度(m)	标贯试验深度(m)	实测标贯击数	临界标贯击数	计算厚度(m)	权函数 W_i	液化指数
新近	填土	1						
	黏土	3.5						
Q₄	粉砂	8.5	4.0	5	11	1.0	10	5.45
			5.0	9	12	1.0	10	2.50
			6.0	14	13	1.0	9.3	
			7.0	6	14	1.0	8.7	4.95
			8.0	16	15	1.0	8.0	
Q₃	粉质黏土	20						
							液化指数:12.90

(A)2.7　　　　　　　　　　　　　(B)4.5
(C)6.8　　　　　　　　　　　　　(D)8.0

2004 年案例分析试题(上午卷)

34. 某建筑场地的地基土层条件及测试数据如下表,试判别该建筑场地属于哪一类别? （　　）

题 34 表

土 层 名 称	层底深度(m)	剪切波速 v_s(m/s)
填土	1.0	90
粉质黏土	3.0	160
淤泥质黏土	11.0	110
细砂	16.0	420
黏质粉土	20.0	400
基岩	>25.0	>500

(A)Ⅰ类 (B)Ⅱ类
(C)Ⅲ类 (D)Ⅳ类

35. 一高层建筑箱形基础建在天然地基上,基底标高−6.0m,地下水面标高−8.0m,天然地基的土层分布、厚度及特征如剖面图所示。建筑场地抗震设防烈度为 8 度,设计基本地震加速度为 $0.20g$,设计地震分组为第一组。为判定场地液化等级,在现场沿不同深度进行了标准贯入试验,结果列于剖面图上。请计算该地基的液化指数 I_{lE},划分该地基土的液化等级,下列选项中哪一个是正确的? （　　）

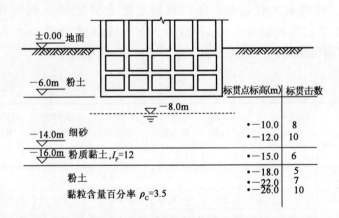

题 35 图

(A)I_{lE}=5.7,轻微液化 (B)I_{lE}=6.3,中等液化
(C)I_{lE}=9.2,中等液化 (D)I_{lE}=13.7,中等液化

2004 年案例分析试题答案（上午卷）

标 准 答 案

本试卷由 35 道题组成，全部为单项选择题。考生可任选 25 道题作答。每题 2 分，满分为 50 分。若考生在答题卡或试卷上的作答超过 25 道题，则按题目序号从小到大的顺序对作答的前 25 道题计分及复评试卷，其他作答题目无效。

1	B	2	D	3	B	4	B	5	B
6	B	7	D	8	B	9	A	10	B
11	C	12	C	13	D	14	D	15	B
16	B	17	C	18	B	19	A	20	D
21	B	22	C	23	B	24	D	25	B
26	C	27	B	28	D	29	A	30	C
31	C	32	C	33	A	34	B	35	D

解 题 过 程

1.[答案] B

[解析] A：吊车起重量 150kN，自重估计 70～80kN，全荷载分布到基础上约 130kPa。$(150+80/2)/1.5=126.7$kPa，硬塑黏性土及密实卵石地基承载力可以满足要求，故可不作为重点。

B：龙门吊轨道长 200m，最怕轨道因不均匀沉降而弯曲或侧倾影响运转，而两种地层压缩性差异大，又交互分布，厚薄不一，因此应以地基均匀性作为评价重点。

C：条形基础主要受力层为 $3b$，即 $3\times1.5=4.5$m，加基础埋深 1.5m，因此地下 6m 以下已不是重点，故对基岩不必详细研究。

D：地下水埋深 3m，对基础已不构成影响，故不是重点。

2.[答案] D

[解析] 圆心坐标为 $(\sigma'_1+\sigma'_3)/2$，半径为 $(\sigma_1-\sigma_3)/2$。

$\sigma'_1=77-11=66,131-32=99,161-43=118$

$\sigma'_3=24-11=13,60-32=28,80-43=37$

$(\sigma'_1+\sigma'_3)/2=39.5,63.5,77.5$

$(\sigma'_1-\sigma'_3)/2=26.5,35.5,40.5$

3.[答案] B

[解析]《土工试验方法标准》(GB/T 50123—2019)第 17.2.3 条。

$e_i=e_0-\dfrac{1+e_0}{h_0}\Delta h_i$ 计算 100kPa 和 200kPa 压力下的孔隙比 e_i。

$e_{100}=0.656-\dfrac{1+0.656}{20}\times0.263=0.634,e_{200}=0.656-\dfrac{1+0.656}{20}\times0.565=0.609$

$$a_{1-2} = \frac{e_i - e_{i+1}}{p_{i+1} - p_i}, \text{计算 } a_{1-2} = \frac{0.634 - 0.609}{0.2 - 0.1} = 0.25 \text{MPa}^{-1}$$

$$E_s = \frac{p_{i+1} - p_i}{s_{i+1} - s_i} = \frac{1 + e_1}{a_{1-2}} = \frac{1 + 0.634}{0.25} = 6.536 \text{MPa} \approx 6.6 \text{MPa}$$

$$E_s = \frac{1 + e_0}{a_{1-2}} = 6.6 \text{MPa}, \text{也对。}$$

4. [答案] B

[解析]《岩土工程勘察规范》(GB 50021—2001)第 10.7.4 条。

由 $E_m = 2(1+\upsilon)\left(V_c + \frac{V_0 + V_f}{2}\right)\frac{\Delta p}{\Delta V}$ 计算 E_m:

$$\Delta V = V_f - V_0 = 217.0 - 134.5 = 82.5 \text{cm}^3$$

$$E_m = 2(1 + 0.38)\left(491 + \frac{134.5 + 217.0}{2}\right)\frac{0.29}{82.5} = 6.5 \text{MPa}$$

5. [答案] B

[解析] 第一种解法:置换率 $m = 3.1416 \times 250^2 / (1200 \times 1600) = 10.22\%$

$$\sqrt{\pi \times 250^2 / 1022\%} = 1386 \approx 1390 \text{mm}$$

第二种解法:计算一根桩承担的处理面积。

$$\sqrt{1200 \times 1600} = 1386 \approx 1390 \text{mm}$$

6. [答案] B

[解析] (1)软弱下卧层顶面处土的自重压力计算:

$$p_{cz} = 1.5 \times 18 + 1.0 \times 19 + 3.0 \times 9 = 27 + 19 + 27 = 73 \text{kPa}$$

基础底面处土的自重压力值:

$$p_c = 1.5 \times 18 + 0.5 \times 19 = 27 + 9.5 = 36.5 \text{kPa}$$

(2)地基压力扩散角:$z/b = 3.5/2 = 1.75 > 0.5$,$E_{s1}/E_{s2} = 10/2 = 5$,取 $\theta = 25°$。

(3)软弱下卧层顶面处的附加压力值计算:《建筑地基基础设计规范》(GB 50007—2011)中式(5.2.7-3)。

$$p_z = \frac{lb(p_k - p_c)}{(b + 2z\tan\theta)(l + 2z\tan\theta)} = \frac{2 \times 3 \times (202 - 36.5)}{(2 + 2 \times 3.5 \times \tan25°)(3 + 2 \times 3.5 \times \tan25°)}$$

$$= \frac{165.5 \times 6}{5.264 \times 6.264} = \frac{993}{32.974} = 30.1 \text{kPa}$$

(4) $p_{cz} + p_z = 73 + 30.1 = 103.1 \text{kPa}$

7. [答案] D

[解析]《水运工程地基设计规范》(JTS 147—2017)第 5.2.3 条、5.3.6.2 条。

(1) $H_k = \tan\delta \cdot V_k = 0.22 \times 450 = 99 \text{kN/m}$

$$k = \frac{\gamma_h H_k}{B_e c_{uk}} = \frac{1.3 \times 99}{14 \times 40} = 0.23$$

$$N_s = 0.5(\pi + 2) + 2\tan^{-1}\sqrt{\frac{1-k}{1+k}} + \sqrt{1-k^2}$$

$$=0.5\times(3.14+2)+2\tan^{-1}\sqrt{\frac{1-0.23}{1+0.23}}+\sqrt{1-0.23^2}$$

$$=4.88$$

(2) $p_{zj}=q_k+c_{uk}N_s=2\times(19-10)+40\times4.88=213.2\text{kPa}$

8. [答案] B

[解析] (1) $p_1=p_z=100\text{kPa};p_2=p_1+p_0=300\text{kPa};$由附表知: $e_1=0.828,e_2=0.710$

(2) $s=\dfrac{0.828-0.710}{1+0.828}\times200=12.9\text{cm}$

9. [答案] A

[解析] 地下水浮力: $W=(4.0+0.5+0.3-1.0)\times10\times4000=152000\text{kN}$

顶板未浇筑时的重力: $G_1=(0.5\times4000\times25+100000)=150000\text{kN}$

覆土以后的重力: $G_2=150000+4000\times0.3\times25+4000\times1.0\times18=252000\text{kN}$

在顶板未浇筑时,抗浮验算虽然不满足要求,但如不停止降水就不会上浮,不必设置抗浮桩;覆土以后,重力远大于浮力,不会上浮。

挖除的土重 $G_3=4000\times4.8\times18=345600\text{kN}$,可变荷载 $N=4000\times10=40000\text{kN}$

挖除的土重远大于覆土以后的重力加可变荷载,补偿作用明显,故不需要验算地基承载力和沉降。

10. [答案] B

[解析] (1)B楼建造前A楼的沉降量: $S_0=70/8000\times300+50/4000\times400=7.63\text{cm}$

(2)B楼建造后A楼的沉降量: $S_1=75/8000\times300+60/4000\times400=8.81\text{cm}$

(3)A楼沉降量增加值 $=S_1-S_0=1.18\text{cm}$

也可以通过计算附加应力曲线面积的方法来求得:

$$\Delta S=\frac{\frac{1}{2}\times(70-60)\times3}{8}+\frac{10\times4}{4}=11.875\approx1.2\text{cm}$$

11. [答案] C

[解析] (1) $p_{cz}+p_0=200+300=500\text{kPa}>p_c=400\text{kPa}$

(2) $S=\dfrac{400}{1+0.8}\left(0.1\times\lg\dfrac{400}{200}+0.3\times\lg\dfrac{500}{400}\right)=13.2\text{cm}$

12. [答案] C

[解析] (1) $F=F_1+F_2+G=300+1500+20\times3\times5\times1.5=2250\text{kN}$

(2) $M=900+300\times0.6+200\times0.80=1240\text{kN}\cdot\text{m}$

(3) $e=M/F=0.55\text{m}=55\text{cm}$

13. [答案] D

[解析]《建筑桩基技术规范》(JGJ 94—2008)第5.1.1条。

在竖向轴力、弯矩及承台与土自重作用下,计算基桩最大竖向力标准值:

$$N_k=\frac{F_k+G_k}{n}+\frac{M'_{yk}\cdot x_i}{\sum x_i^2}=\frac{3840+447}{5}+\frac{161\times0.9}{4\times0.81}=857.4+44.7=902.1\text{kN}$$

14. [答案] D

[解析]《建筑桩基技术规范》(JGJ 94—2008) 第5.7.3条。

(1) 基桩水平承载力群桩效应系数

$$\eta_i = \frac{\left(\dfrac{S_a}{d}\right)^{0.015n_2+0.45}}{0.15n_1+0.10n_2+1.9} = 0.637,\ 查表5.7.3-1得：$$

$$\eta_r = 2.05,\ \eta_h = 0.637 \times 2.05 = 1.305$$

(2) 基桩水平承载力设计值

$$R_h = \eta_h R_{ha} = 1.305 \times 50 = 65.3\text{kN}$$

15. [答案] B

[解析]《建筑桩基技术规范》(JGJ 94—2008) 第5.9.10条。

$$a_x = 0.6\text{m},\ \lambda_x = \frac{a_x}{h_0} = \frac{0.6}{1.0} = 0.6,\ \alpha = \frac{1.75}{\lambda_x+1} = \frac{1.75}{0.6+1} = 1.094$$

$$\beta_{hs} = \left(\frac{800}{h_0}\right)^{\frac{1}{4}} = \left(\frac{800}{1000}\right)^{\frac{1}{4}} = 0.946$$

$$\beta_{hs}\alpha f_t b_0 h_0 = 0.946 \times 1.094 \times 1.71 \times 4.8 \times 1.0 = 8.49\text{MN}$$

16. [答案] B

[解析]《建筑桩基技术规范》(JGJ 94—2008) 第5.4.4条。

(1) 中性点深度：$L_n = 0.8 \times 15 = 12\text{m}$

(2) $\sigma = 50 + 12/2 \times (17-10) = 92\text{kPa}$

$q_s^n = 0.2 \times 92 = 18.4\text{kPa} > q_{sk} = 15\text{kPa}$，故 q_s^n 取 15kPa；

$Q_s^n = 1 \times 3.14 \times 0.85 \times 12 \times 15 = 480\text{kN}$

17. [答案] C

[解析]《建筑桩基技术规范》(JGJ 94—2008) 第5.3.4条。

$$Q_{uk} = u\sum l_i \beta_i f_{si} + \alpha q_c A_p$$
$$= 4 \times 0.4 \times (11 \times 2.56 \times 12 + 2 \times 0.61 \times 110) + 0.5 \times 12000 \times 0.16 = 1715\text{kN}$$

18. [答案] B

[解析]《建筑地基处理技术规范》(JGJ 79—2012) 第7.1.5条、7.3.3条。

$$m = \frac{f_{spk} - \beta f_{sk}}{\dfrac{\lambda R_a}{A_p} - \beta f_{sk}} = \frac{180 - 0.75 \times 80}{\dfrac{1.0 \times 160}{0.196} - 0.75 \times 80} = \frac{180 - 60}{816.3 - 60} = \frac{120}{756.3} = 0.158$$

19. [答案] A

[解析]《建筑地基处理技术规范》(JGJ 79—2012) 第7.1.5条、7.7.2条。

$$f_{spk} = m\frac{\lambda R_a}{A_p} + \beta(1-m)f_{sk}$$

$$则\ R_a = \frac{A_p}{\lambda m}[f_{spk} - \beta(1-m)f_{sk}] = \frac{0.196}{0.8 \times 0.2}[180 - 0.8(1-0.2) \times 80] = 158\text{kN}$$

$$f_{cu} = 4\frac{\lambda R_a}{A_p} = \frac{4 \times 0.8 \times 158}{0.196} = 2580\text{kPa}$$

$7m:N_1=6+100\times0.063(1-e^{-0.3\times6})=11.26$

液化指数$=(1-9.89/11)\times1\times10+(1-11.26/14)\times1\times8.7=2.70$

34. [答案] B

[解析]《建筑抗震设计规范》(GB 50011—2010)第4.1.4条~4.1.6条。

(1)场地覆盖层厚度为11m。

(2)$v_{se}=d_0/t=11\div(1/90+2/160+8/110)=114.2m/s$

(3)场地类别属于Ⅱ类。

35. [答案] D

[解析]《建筑抗震设计规范》(GB 50011—2010)第4.3.4条、4.3.5条。

(1)$N_{cr}=N_0\beta[\ln(0.6d_s+1.5)-0.1d_w]\sqrt{3/\rho_c}$

$-10m$处:$N_{cr}=12\times0.8\times[\ln(0.6\times10+1.5)-0.1\times8]\times\sqrt{3/3}=11.66>8$,液化;

$-12m$处:$N_{cr}=12\times0.8\times[\ln(0.6\times12+1.5)-0.1\times8]\times\sqrt{3/3}=13.09>10$,液化;

$-18m$处:$N_{cr}=12\times0.8\times[\ln(0.6\times18+1.5)-0.1\times8]\times\sqrt{3/3.5}=15.19>5$,液化;

(2)$-10m、-12m、-18m$处为液化点,计算代表土层厚度(d_i)、中点深度(d_s)、权函数(W_i),如下表:

题35解表

标 贯 深 度	代表土层深度(d_i)	代表中点深度(d_s)	权 函 数(W_i)
$-10m$	$2+1=3$	$8+\dfrac{3}{2}=9.5$	$\dfrac{2}{3}\times(20-9.5)=7$
$-12m$	$2+1=3$	$14-\dfrac{3}{2}=12.5$	$\dfrac{2}{3}\times(20-12.5)=5$
$-18m$	$2+2=4$	18	$\dfrac{2}{3}\times(20-18)=1.33$

(3)$I_{IE}=\sum\limits_{i=1}^{n}\left[1-\dfrac{N_i}{N_{cri}}\right]d_iW_i$

$=\left(1-\dfrac{8}{11.66}\right)\times3\times7+\left(1-\dfrac{10}{13.09}\right)\times3\times5+\left(1-\dfrac{5}{15.19}\right)\times4\times1.33$

$=13.7$,中等液化。

2004 年案例分析试题(下午卷)

1. 一原状取土器,管靴外径 D_w 为 75.0mm,取样管内径 D_s 为 71.3mm,取土器刃口内径 D_e 为 70.6mm,具有延伸至地面的活塞杆,按《岩土工程勘察规范》(GB 50021—2001),该取土器应属于以下哪一种取土器? ( )

    (A)面积比 12.9,内间隙比 5.2 的厚壁取土器

    (B)面积比 12.9,内间隙比 0.99 的固定活塞厚壁取土器

    (C)面积比 10.6,内间隙比 0.99 的固定活塞薄壁取土器

    (D)面积比 12.9,内间隙比 0.99 的固定活塞薄壁取土器

2. 在稍密的砂层中作浅层平板载荷试验,方形承压板,面积 0.5m²,各级加载和对应的累计沉降量如下表所示。问该试验所得砂层变形模量 E_0 最接近下列哪一个数值?(泊松比 $\mu = 0.33$,刚性承压板形状系数 0.89) ( )

题 2 表

p(kPa)	25	50	75	100	125	150	175	200	225	250	275
s(mm)	0.88	1.76	2.65	3.53	4.41	5.30	6.13	7.05	8.00	10.54	15.80

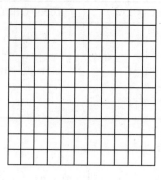

题 2 图

    (A)9.8MPa   (B)13.3MPa

    (C)15.8MPa   (D)17.7MPa

3. 钻孔压水试验段位于地下水位以下。采用安设在与试段连通的测压管上的压力表测得的水压力为 0.75MPa,压力表中心至压力计算零线的水柱压力为 0.25MPa。试段长度为 5m,试验时试段的渗漏量为 50L/min。问计算可得试段透水率与下列哪一个数据最为接近? ( )

    (A)5(Lu)   (B)10(Lu)

    (C)15(Lu)   (D)20(Lu)

4. 某轻型建筑物条形基础单层砌体结构普遍严重开裂。外墙窗台附近有水平裂缝,墙角附近有倒八字裂缝,有的中间走廊地坪有纵向开裂。试问建筑物破坏最可能属于下列哪一种原因? 并说明理由。（　）

(A)湿陷性土浸水引起　　　　　　　(B)膨胀性土胀缩引起
(C)不均匀地基差异沉降引起　　　　(D)水平滑移拉裂引起

5. 某建筑基础宽度 $b=3.0$m,基础埋深 $d=1.5$m,建在 $\varphi\approx0$ 的软土层上,室内测定无侧限抗压强度标准值 $q_u=6.6$kPa,基底上下软土的重度皆为 18kN/m³,试问用《建筑地基基础设计规范》(GB 50007—2011)计算承载力的公式确定的该软土的地基承载力特征值最接近下列哪一个数值? （　）

(A)10.4kPa　　　　　　　　　　(B)20.7kPa
(C)37.4kPa　　　　　　　　　　(D)47.7kPa

6. 6 层普通住宅,砌体结构,无地下室,平面尺寸 9m×24m,季节冻土设计冻深为 0.5m,地下水位深 7.0m。均匀布置钻孔,孔距 10m。相邻钻孔间基岩面起伏可达 7m。基岩浅的代表性钻孔,深度 0.0~3.0m 为中密中砂,3.0~5.5m 为硬塑黏土,以下为薄层泥质灰岩;基岩深的代表性钻孔,深度 0.0~3.0m 为中密中砂,3.0~5.5m 为硬塑黏土,5.5~14.0m 为可塑黏土,以下为薄层泥质灰岩。试问下面哪一项的考虑是正确和较为合理的? 并说明理由。（　）

(A)加做物探,查明地基内溶洞的分布
(B)优先考虑地基处理,加固浅部地层
(C)优先考虑浅埋天然地基,验算沉降和下卧层承载力
(D)优先考虑桩基,以基岩为持力层

7. 一建筑物地基需压实填土 8000m³,压实填土控制压实后含水量 w_1 为 14%,饱和度 S_r 为 90%;现已知用作填土的填料重度 γ 为 15.5kN/m³,含水量 w_0 为 10%,土粒相对密度(比重)G_s 为 2.72。此时约需填料方量最接近下列哪一个数值? （　）

(A)10650m³　　　　　　　　　　(B)10850³
(C)11050m³　　　　　　　　　　(D)11250m³

8. 某住宅墙下条形基础,建在粉质黏土地基上,未见地下水,由载荷试验确定的地基承载力特征值 $f_{ak}=220$kPa,基础埋深 1.0m,基础底面以上土的加权平均重度 $\gamma_m=18$kN/m³,天然孔隙比 $e=0.70$,液性指数 $I_L=0.80$,基础底面下土的重度 $\gamma=18.5$kN/m³。基底荷载标准值 $F=300$kN/m。修正后地基承载力最接近下列哪一个值? (承载力修正系数 $\eta_b=0.3$,$\eta_d=1.6$)（　）

(A)224kPa　　　　　　　　　　(B)228kPa
(C)234kPa　　　　　　　　　　(D)240kPa

9. 偏心距 e 小于 0.1m 的条形基础,基础宽度 $b=3$,基础埋深 $d=1.5$m,地基土为粉质黏土,基底以上土的加权平均重度 $\gamma_m = 18.5$kN/m³,基底以下土的重度 $\gamma=19.0$kN/m³,饱和重度 $\gamma_{sat}=20.0$kN/m³,土的内摩擦角标准值 $\varphi_k=20°$,土的黏聚力标准值 $c_k=10$kPa,当地下水位由基底下很深处上升到基础底面,同时不考虑地下水位变化对地基土抗剪强度指标的影响时,地基承载力特征值将会有以下哪一种变化?(注:承载力系数 $M_b=0.51$,$M_d=3.06$,$M_c=5.66$) ( )

 (A)承载力降低 8%
 (B)承载力降低 4%
 (C)承载力无变化
 (D)承载力提高 3%

10. 直径为 10m 的油罐,其基底附加压力为 100kPa,已知油罐轴线上,在罐底面以下 10m 处的附加应力系数为 0.285,通过沉降观测得到油罐中心的底板沉降为 200mm,深度 10m 处的深层沉降为 40mm,则 10m 范围内土层的平均反算压缩模量最接近下列哪一个数值? ( )

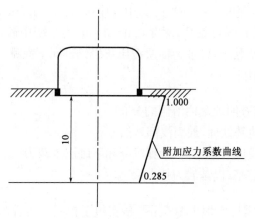

题 10 图(尺寸单位:m)

 (A)2MPa   (B)3MPa
 (C)4MPa   (D)5MPa

11. 有一高度为 30m 的塔桅结构,刚性连接设置在宽度 $b=10$m,长度 $l=11$m,埋置深度 $d=2$m 的基础板上,包括基础自重在内的总重为 $W=7.5$MN。地基土为内摩擦角 $\varphi=35°$ 的砂土。如已知产生失稳极限状态的临界偏心距 $e=4.8$m,基础侧面抗力不计,试分析当作用于塔顶的水平力 H 接近下列哪一个数值时,塔桅结构将出现失稳而倾倒的临界状态? ( )

 (A)1.5MN   (B)1.3MN
 (C)1.1MN   (D)1.0MN

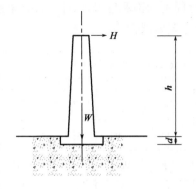

题 11 图

12. 某建筑物基础尺寸为 $4m \times 8m$,对应于荷载效应准永久组合时上部结构传下来的基础底面处的竖向力 $F = 1920kN$,基础埋深为 $1.0m$,土的重度 $\gamma = 18kN/m^3$,地下水距地表为 $1.0m$,基础底面下平均附加应力系数如下表所示,其沉降经验系数按类似工程实测资料确定为 $\psi_s = 1.1$。按《建筑地基基础设计规范》(GB 50007—2011)计算该基础最终沉降量,其值最接近下列哪一个数值? （　　）

题 12 表

z_i(m)	l/b	$2z_i/b$	$\bar{\alpha}_i$	$\bar{\alpha}_i = 4\bar{\alpha}_i$	$z_i \cdot \bar{\alpha}_i$	E_s(MPa)	$z_i \cdot \bar{\alpha}_i - z_{i-1} \cdot \bar{\alpha}_{i-1}$
0	2	0	0.2500	1.0000	0		
2	2	1	0.2340	0.9360	1.872	10.2	1.872
6	2	3	0.1619	0.6476	3.886	3.4	2.014

(A)3.0cm　　　　(B)3.6cm　　　　(C)4.2cm　　　　(D)4.8cm

13. 某厂房采用柱下独立基础,基础尺寸为 $4m \times 6m$,埋深为 $2.0m$,地下水距地表为 $1.0m$。基础持力层为粉质黏土(孔隙比 $e = 0.80$,液性指数 $I_L = 0.75$,天然重度 $\gamma = 18kN/m^3$),在此土层上进行了三个静载荷试验,试验实测值 f_{ak} 分别为 130kPa、110kPa 和 135kPa,请问按《建筑地基基础设计规范》(GB 50007—2011)作基础深宽修正后的地基承载力特征值最接近下列哪一个数值? （　　）

(A)110kPa　　　　(B)125kPa　　　　(C)140kPa　　　　(D)160kPa

14. 某端承型单桩基础,桩入土深度12m,桩径 $d = 0.8m$,桩顶荷载 $Q_0 = 500kN$,受地面大面积堆载影响产生的桩侧负摩阻力平均值 $q_s^n = 20kPa$,中性点位于桩顶以下 6m,试问桩身的最大轴力 N_{max} 与下列哪一个数值最接近? （　　）

(A)500kN　　　　(B)650kN　　　　(C)800kN　　　　(D)900kN

15. 图为一穿过自重湿陷性黄土,端承于含卵石的极密砂层内的高承台基桩与有关的土性参数和深度值。试问当地基遭严重浸水时,按《建筑桩基技术规范》(JGJ 94—2008)计算的下拉荷载最接近下列何值? 计算时取桩周土负摩阻力系数 $\zeta_n = 0.30$,负摩

阻力群桩效应系数 $\eta_{n}=1$，桩周土的饱和度 80% 时的有效重度平均值为 $18\mathrm{kN/m^3}$，桩周长 $u=1.884\mathrm{m}$，下拉荷载累计至砂层顶面。 （   ）

层底深度 (m)	层厚 (m)	自重湿陷系数 δ_{zs}	第 i 层中点深 z_i	桩侧正摩阻力 (kPa)
2.00	2.00	0.003	1.00	15
5.00	3.00	0.065	3.50	30
7.00	2.00	0.003	6.00	40
10.00	3.00	0.075	8.50	50
13.00	3.00	—	—	80

题 15 图

(A)178kN (B)366kN
(C)509kN (D)610kN

16. 柱下桩基如图所示，桩径 $d=0.6\mathrm{m}$，承台有效高度 $h_0=1.0\mathrm{m}$，承台高度 $h=1.05\mathrm{m}$，冲跨比 $\lambda=0.7$，承台混凝土 $f_t=1.71\mathrm{MPa}$，作用于承台顶面的竖向力设计值 $F=7500\mathrm{kN}$，试按《建筑桩基技术规范》(JGJ 94—2008) 验算承台受柱冲切承载力。其结果与下列哪一项最为接近？ （   ）

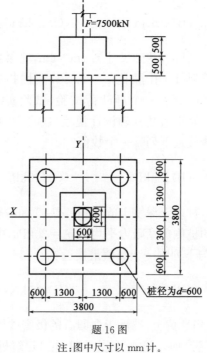

题 16 图

注:图中尺寸以 mm 计。

(A)受冲切承载力比冲切力小 80kN

(B)受冲切承载力与冲切力相等

(C)受冲切承载力比冲切力大 810kN

(D)受冲切承载力比冲切力大 2122kN

17. 某桩顶为自由端的钢管桩,桩径 $d=0.6$m,桩的入土深度 $h=10$m,桩侧土水平抗力系数的比例系数 $m=10$MN/m^4,$EI=1.7×10^5$kN·m^2,桩的水平变形系数 $\alpha=0.59$m^{-1},桩顶容许水平位移 $\chi_{0a}=10$mm。试按《建筑桩基技术规范》(JGJ 94—2008)计算单桩水平承载力特征值。其结果与下列哪一个数值最接近?   (　　)

(A)75kN   (B)102kN

(C)107kN   (D)175kN

18. 如图所示,某水泵房(按丙级桩基考虑)为抗浮设置抗拔桩,基桩上拔力标准值为 600kN,桩型采用钻孔灌注桩,直径为 550mm,桩长 16m,桩群边缘尺寸为 20m× 10m,桩数为 50 根,请按《建筑桩基技术规范》(JGJ 94—2008)验算群桩基础及其基桩的抗拔承载力,下列哪一组与验算结果最接近?(抗拔系数 λ_i 对黏性土取 0.7,砂土取 0.6,钻孔灌注桩材料重度为 25kN/m^3,群桩基础所包围体积的桩土平均重度为 20kN/m^3)   (　　)

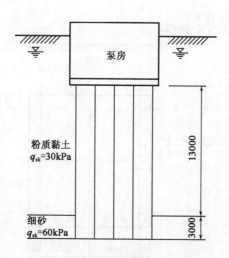

题 18 图(尺寸单位:mm)

(A)群桩和基桩都满足   (B)群桩满足,基桩不满足

(C)群桩不满足,基桩满足   (D)群桩和基桩都不满足

19. 某群桩基础的平面、剖面和地基土层分布情况如图所示,已知作用于桩端平面处的长期效应组合的附加压力为 300kPa,桩基沉降计算经验系数 $\psi=0.70$,其他计算系数见下表。请按《建筑桩基技术规范》(JGJ 94—2008)估算群桩基础沉降量,其值最接近下列哪一个数值?   (　　)

桩端平面下平均附加应力系数($a=b=2.000$m) 题 19 表

z_i(m)	a/b	z_i/b	$\bar{\alpha}_{i\text{角}}$	$\bar{\alpha}_i=4\bar{\alpha}_{i\text{角}}$	$z_i\cdot\bar{\alpha}_i$	$z_i\cdot\bar{\alpha}_i-z_{i-1}\cdot\bar{\alpha}_{i-1}$
0	1	0	0.2500	1.0000	0	
2.5	1	1.25	0.2148	0.8592	2.1480	2.1480
8.5	1	4.25	0.1072	0.4288	3.6448	1.4968

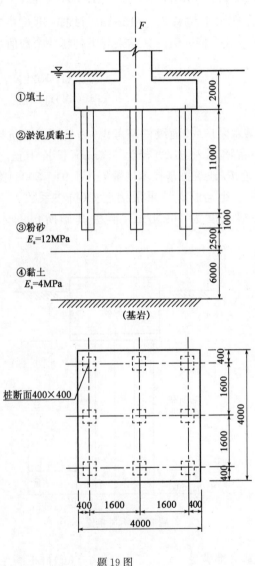

题 19 图

注:图中尺寸以 mm 计。

(A)2.5cm (B)3.0cm

(C)3.5cm (D)4.0cm

20. 淤泥质黏土厚 15m,下为不透水土层。该淤泥质黏土层固结系数 $C_h=C_v=2.0\times10^{-3}$cm^2/s。采用大面积堆载预压法加固,竖向排水通道采用袋装砂井,直径为

$d_w = 70\text{mm}$,等边三角形排列,间距 1.4m,深度 15.0m。预压荷载 60kPa,一次匀速加载,加载时间为 12d,开始加荷后 100d 土层平均固结度与下列哪一数值最为接近?根据《建筑地基处理技术规范》(JGJ 79—2012)的规定计算。 （ ）

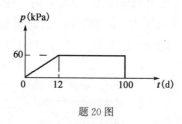

题 20 图

(A)0.80   (B)0.85   (C)0.90   (D)0.95

21. 某炼油厂建筑场地,地基土为山前洪坡积砂土,地基承载力特征值 100kPa,设计要求复合地基承载力特征值 180kPa。决定采用振冲碎石桩处理地基,桩径设计 0.9m,基础下等边三角形布桩,因无实测载荷试验资料,桩土应力比 n 取 3.5,桩距设计应取下列哪一个数值? （ ）

(A)1.2m   (B)1.5m
(C)1.8m   (D)2.1m

22. 某建筑场地分布有厚 4m 的素填土层,其下为粉质黏土层。现采用柱锤冲扩桩法处理 4m 厚素填土层后形成复合地基。经试验得到天然地基土承载力特征值 $f_{sk}=80\text{kPa}$,冲扩桩桩身强度 $f_{pk}=350\text{kPa}$,成孔直径 0.5m,按等边三角形布桩,桩中心距 $s=1.2\text{m}$,当初步设计估算复合地基承载力时,桩面积可按 1.2 倍成孔直径计算,桩间土承载力特征值为天然地基土承载力特征值的 1.2 倍,此时冲扩桩复合地基承载力特征值最接近下列哪一个数值? （ ）

(A)117kPa   (B)127kPa
(C)137kPa   (D)154kPa

23. 一座 5 万 m^3 储油罐,拟建于滨海地区,地基土为海陆交互沉积的软土,天然地基承载力特征值 75kPa。拟采用水泥土搅拌桩加固地基。面积置换率为 0.3,桩径设计为 0.6m,桩身强度 f_{cu} 采用 3445kPa,桩身强度折减系数 η 取 0.25,桩间土承载力发挥系数 β 取 0.75。如果由桩身材料强度确定的单桩承载力等于由桩周土和桩端土的抗力所提供的单桩承载力,问复合地基承载力特征值最接近下列哪一个数值? （ ）

(A)300kPa   (B)360kPa
(C)380kPa   (D)400kPa

24. 一软土层的厚度为 8m,压缩模为 1.5MPa,其下为硬黏土层。地下水位与软土层顶面一致。现上铺厚 1m、重度为 18kN/m³ 的砂层,其下打砂井穿透软土层,再采用 90kPa 真空预压至固结度达到 80%,此时已完成的固结沉降量最接近下列哪一个数值? （ ）

(A)40cn   (B)46cm

(C)52cm   (D)58cm

25. 基坑剖面如图所示，已知土的重度 $\gamma = 20\text{kN/m}^3$，有效内摩擦角 $\varphi' = 30°$，黏聚力 $c' = 0$。若不要求计算墙两侧的水压力，按朗肯土压力理论分别计算支护结构墙底 E 点内外两侧的被动土压力 e_p 和主动土压力 e_a 最接近下列哪一组数值？（水的重度 $\gamma_w = 10\text{kN/m}^3$）   （   ）

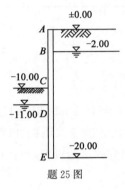

题 25 图

(A)$e_p = 330\text{kPa}, e_a = 73\text{kPa}$ (B)$e_p = 191\text{kPa}, e_a = 127\text{kPa}$

(C)$e_p = 600\text{kPa}, e_a = 133\text{kPa}$ (D)$e_p = 346\text{kPa}, e_a = 231\text{kPa}$

26. 已知作用于二级永久岩质边坡锚杆的水平拉力标准值 $H_{tk} = 1140\text{kN}$，锚杆倾角 $\alpha = 15°$，锚杆锚固段钻孔直径 $D = 0.15\text{m}$，岩层与锚固体极限黏结强度标准值 $f_{rbk} = 1000\text{kPa}$。问锚杆锚固体与地层的锚固长度至少必须达到下列哪一个数值？（   ）

(A)4.0m   (B)4.5m

(C)5.0m   (D)6.0m

27. 在水平均质、具有潜水自由面的含水层中进行单孔抽水试验如图所示。已知水井半径 $r = 0.15\text{m}$，影响半径 $R = 60\text{m}$，含水层厚度 $H = 10\text{m}$，水位降深 $S = 3\text{m}$，渗透系数 $k = 25\text{m/d}$，问抽水流量最接近下列哪一个数值？   （   ）

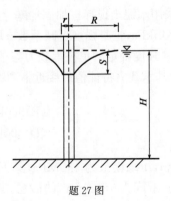

题 27 图

(A)572m³/d   (B)669m³/d   (C)737m³/d   (D)953m³/d

28. 在裂隙岩体中,滑面 S 的倾角为 $30°$,已知岩体的重力为 $1200kN/m$,当后缘垂直裂隙充水高度 $h=10m$ 时,岩体的下滑力最接近下列哪一个数值? （ ）

(A)1030kN/m   (B)1230kN/m

(C)1430kN/m   (D)1630kN/m

29. 一墙面直立、墙顶面与土堤顶面齐平的重力式挡土墙墙身高 $3m$,顶宽 $1.0m$,底宽 $1.6m$,已知墙背主动土压力的水平分力 $E_x=175kN/m$,竖向分力 $E_y=55kN/m$,墙身自重 $W=180kN/m$。请问此墙的抗倾覆稳定性系数最接近下列数值中的哪一个? （ ）

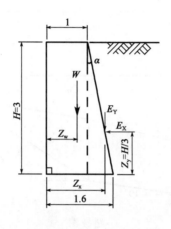

题 29 图(尺寸单位:m)

(A)1.05   (B)1.12

(C)1.20   (D)1.30

30. 某地段软黏土厚度超过 $15m$,软土的重度 $\gamma=16kN/m^3$,内摩擦角 $\varphi\approx0$,不固结不排水抗剪强度度 $c_u=12kPa$,假设土堤和地基土为同一均质软土。若采用泰勒(Taylor)稳定数图解法确定土堤临界高度近似解公式。[见《铁路工程特殊岩土勘察规程》(TB 10038—2012)],建筑在该软土地基上,且加荷速率较快的铁路路堤临界高度 H_c 最接近下列哪一个数值? （ ）

(A)3.5m   (B)4.1m

(C)4.8m   (D)5.6m

31. 一均匀黏性土填筑的路堤存在如图所示圆弧形滑动面,圆弧形滑动面半径 R 为 $12.5m$,滑动面长度 L 为 $25m$,滑带土的不排水剪强度 c_u 为 $19kPa$,内摩擦角 $\varphi\approx0$,下滑土体重 W_1 为 $1300kN$,抗滑土体重 W_2 为 $315kN$,下滑土体重心至圆心垂线距 d_1 为 $5.2m$,抗滑土体重心至圆心垂线距 d_2 为 $2.7m$,该滑体抗滑动稳定系

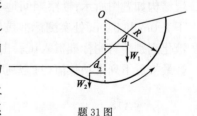

题 31 图

数最接近于下列哪一个数值? ( )

(A)0.9   (B)1.0

(C)1.15   (D)1.25

32. 根据勘察材料,某滑坡体正好处于极限平衡状态,且可分为 2 个条块,条块的重量 G、滑动面长度 l 见下表,滑动面倾角 β 如下图所示。现设定滑动面内摩擦角 $\varphi = 10°$,稳定系数取 1.0。用反分析法求滑动面黏聚力 c 值最接近下列哪一个数值? ( )

题 32 表

条 块 编 号	G(kN/m)	l(m)
1	600	11.55
2	1000	10.15

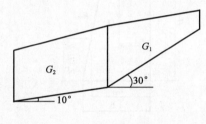

题 32 图

(A)9.0kPa   (B)9.6kPa

(C)12.3kPa   (D)12.9kPa

33. 某普通多层建筑,其结构自振周期 $T = 0.5s$,阻尼比 $\zeta = 0.05$,建在天然地基上,建筑场地覆盖土层厚 30m,土层的等效剪切波速 $v_{se} = 200m/s$,抗震设防烈度为 8 度,设计基本地震加速度为 $0.20g$,设计地震分组为第一组,若按多遇地震考虑,请问该建筑结构的地震影响系数最接近下列哪一个数值? ( )

(A)$\alpha = 0.116$ (B)$\alpha = 0.131$

(C)$\alpha = 0.174$ (D)$\alpha = 0.196$

34. 拟在位于基本地震加速度为 $0.3g$,设计地震分组为第二组,特征周期为 0.45s 的场地上修建一桥墩,桥墩基础底面尺寸为 8m×10m,基础埋深为 2m。某钻孔揭示地层结构如题图所示;勘察期间地下水位埋深 5.5m,近期内年最高水位埋深 4.0m;在地下 3.0m 和 5.0m 处实测标准贯入试验击数均为 11 击,经初判认为需对细砂进一步作液化判别。若测标准贯入试验击数不随土的含水量变化而变化,试问该钻孔的液化指数最接近下列哪项数值(只需判断 15m 内土层)? ( )

(A)3.5   (B)4.1

(C)5.3   (D)6.9

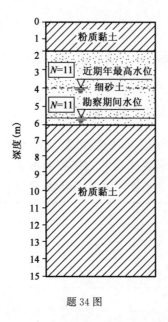

题 34 图

35. 按上题条件,如果水位以上各层的重度为 19.0kN/m³;水位以下各层土的重度为 20.0kN/m³,细砂层的地基承载力特征值为 220kPa,试问抗震承载力特征值最接近下列哪一选项?　　　　　　　　　　　　　　　　　　　　　　　　　　(　　)

(A)305kPa

(B)335kPa

(C)390kPa

(D)429kPa

2004 年案例分析试题答案(下午卷)

标 准 答 案

本试卷由 35 道题组成,全部为单项选择题。考生可任选 25 道题作答。每题 2 分,满分为 50 分。若考生在答题卡或试卷上的作答超过 25 道题,则按题目序号从小到大的顺序对作答的前 25 道题计分及复评试卷,其他作答题目无效。

1	D	2	C	3	B	4	B	5	C
6	C	7	B	8	C	9	A	10	C
11	C	12	B	13	D	14	C	15	C
16	D	17	C	18	B	19	B	20	D
21	B	22	B	23	A	24	A	25	A
26	D	27	B	28	A	29	B	30	B
31	B	32	A	33	A	34	C	35	A

解 题 过 程

1. [答案] D

[解析]《岩土工程勘察规范》(GB 50021—2001)附录 F。

面积比:$\dfrac{D_w^2-D_e^2}{D_e^2}\times100(\%)=\dfrac{75.0^2-70.6^2}{70.6^2}\times100(\%)=12.9(\%)$

内间隙比:$\dfrac{D_s-D_e}{D_e}\times100(\%)=\dfrac{71.3-70.6}{70.6}\times100(\%)=0.99(\%)$

2. [答案] C

[解析]《岩土工程勘察规范》(GB 50021—2001)第 10.2.5 条。

由 $p\text{-}s$ 曲线可知,比例界限为 225kPa,此时的沉降为 8.0mm。已知承压板边长为 $b=707$mm。

$$E_0=I_0(1-\mu)^2\ \dfrac{pd}{s}=0.89(1-0.33^2)\times\dfrac{707\times225}{8.0}=15770\text{kPa}=15.8\text{MPa}$$

3. [答案] B

[解析] $q=\dfrac{Q}{L}\times(p_p+p_z)$

$q=\dfrac{50}{5}\times(0.75+0.25)=10\text{Lu}$

4. [答案] B

[解析] (1)膨胀土地基上的轻型建筑物,在土的膨胀力作用下容易破坏,荷载较大的建筑对土的膨胀有抑制作用。

(2)室内外胀缩条件不同,导致外墙产生水平裂缝。

2004 年案例分析试题答案(下午卷)

（3）建筑物角部外侧地基土最易失水,收缩下沉,产生倒八字裂缝。

（4）膨胀土的胀缩现象随季节变化,反复发生,室内地坪下的膨胀土,湿季膨胀,外推基础;干季收缩,但不能恢复原状,产生地坪开裂。反复发生,越裂越宽。

5. [答案] C

[解析]《建筑地基基础设计规范》(GB 50007—2011)第5.2.5条。

查表得:$M_c=3.14, M_b=0, M_d=1.0$

$f_a=M_d\gamma_m d+M_c c_k=1\times18\times1.5+3.14\times q_u/2=1\times18\times1.5+3.14\times6.6/2$

$=27+3.14\times3.3=37.4\text{kPa}$

6. [答案] C

[解析] 6层住宅条形基础每延米荷载约 200~230kN,中密中砂地基承载力约250kPa,可考虑做条形基础,基宽约 1m。尽量浅埋,埋深 0.5~1.5m,则压缩层深度约4.5m。天然地基可行,但需验算沉降和软弱下卧层。薄层泥质灰岩内不会发育大的溶洞,不必查。

7. [答案] B

[解析] 三相指标的换算关系。

填料的孔隙比:$e=\dfrac{\gamma_s(1+w)}{\gamma}-1=\dfrac{2.72\times10\times1.10}{15.5}-1=0.93$

压实土的孔隙比:$e_1=\dfrac{\gamma_s w}{S_r \gamma_w}=\dfrac{27.2\times0.14}{0.90\times10}=0.423$

共需填料体积:$V=8000\times\dfrac{1+0.93}{1+0.423}=10850.3\text{m}^3$

8. [答案] C

[解析]（1）先用 f_{ak} 求基础宽度。

$b=\dfrac{F}{f_{ak}-\gamma_G d}=\dfrac{300}{220-20\times1.0}=\dfrac{300}{200}=1.5\text{m}$

（2）求修正后承载力,因 $b<3.0$m,不作宽度修正,$\eta_d=1.6$

则 $f_a=f_{ak}+\eta_d\gamma_m(d-0.5)=220+1.6\times18\times(1-0.5)=220+14.4=234.4\text{kPa}$

9. [答案] A

[解析]（1）《建筑地基基础设计规范》(GB 50007—2011)第5.2.5条。

计算地下水位上升前和上升后的地基承载力特征值 f_a。

地下水位上升前:

$f_a=0.51\times19\times3+3.06\times18.5\times1.5+5.66\times10$

$=29.07+84.92+56.6=170.59\text{kPa}$

地下水上升到基础底面后:

$f_a=0.51\times10\times3+3.06\times18.5\times1.5+5.66\times10=15.3+84.92+56.6$

$=156.82\text{kPa}$

（2）$\dfrac{170.59-156.82}{170.59}=0.08$,即承载力降低8%。

10. [答案] C

[解析] 10m 范围内的附加应力曲线所围面积 $=\dfrac{(1+0.285)\times100\times10}{2}=642.5\text{kPa}\cdot\text{m}$

平均反算压缩模量 $=\dfrac{642.5}{200-40}=4.02\text{MPa}$

11. [答案] C

[解析] 偏心距由公式 $e=\dfrac{H(h+d)}{W}$ 表示,将已知的产生极限状态的临界偏心距 e 和塔的高度 h 及竖向荷载 W 代入上式,即可解得产生极限状态时的水平力 H。

$$H=\frac{We}{h+d}=\frac{7.5\times4.8}{30+2}=1.125\text{MN}$$

12. [答案] B

[解析]《建筑地基基础设计规范》(GB 50007—2011)第 5.3.5 条。

(1) $p_0=\dfrac{F+G}{A}-p_{cz}=\dfrac{1920}{4\times8}-18\times1=42\text{kPa}$

(2) 计算基础沉降量:

$$S=\psi_s\sum\frac{p_0}{E_{si}}(z_i\bar\alpha_i-z_{i-1}\bar\alpha_{i-1})=1.1\times42\times\left(\frac{1.872}{10.2}+\frac{2.014}{3.4}\right)=35.85\text{mm}\approx3.6\text{cm}$$

13. [答案] D

[解析]《建筑地基基础设计规范》(GB 50007—2011)附录 C、附录 D。

(1) $f_{ak}=\dfrac{130+110+135}{3}=125\text{kPa}$

极差 $=\dfrac{135-110}{125}\times100=20\%<30\%$

(2) 由粉质黏土的孔隙比 $e=0.80$,液性指数 $I_L=0.75$,查规范中表 5.2.4,得:
$\eta_b=0.30,\eta_d=1.60$

(3) $f_a=125+0.30\times8\times(4-3)+1.6\times13\times(2-0.5)=159\text{kPa}$

14. [答案] C

[解析]《建筑桩基技术规范》(JGJ 94—2008)第 5.4.4 条。

(1) 下拉荷载:$Q_g^n=q_s^n\pi dL_n=20\times3.14\times0.8\times6=301.4\text{kN}$

(2) 最大轴力:位于中性点截面 $N_{max}=Q_0+Q_g^n=500+301.4=801.4\text{kN}$

15. [答案] C

[解析]《建筑桩基技术规范》(JGJ 94—2008)第 5.4.4 条。

下拉荷载:$Q_g^n=\eta_n u\sum\limits_{i=1}^n q_{si}^n l_i=1\times1.884\times(0.3\times1.0\times18\times2+0.3\times3.5\times18\times3+0.3\times6.0\times18\times2+0.3\times8.5\times18\times3)=1.884\times0.3\times18\times50=508.7\approx509\text{kN}$

注:此题桩侧负摩阻力标准值均小于桩侧正摩阻力。

16. [答案] D

[解析]《建筑桩基技术规范》(JGJ 94—2008)第5.9.7条。

(1)冲切力设计值:$F_L = F - \sum Q_i = 7500 - \dfrac{7500}{5} = 6000\text{kN}$

(2)受冲切承载力设计值:$\beta_0 = \dfrac{0.84}{\lambda + 0.2} = \dfrac{0.84}{0.7 + 0.2} = 0.933$

$$\beta_{hp} = 1 - \dfrac{h - 800}{12000} = 1 - \dfrac{1050 - 800}{12000} = 0.979$$

$$\alpha = \dfrac{0.72}{0.7 + 0.2} = 0.8$$

$$R_L = \beta_{hp}\beta_0\mu_m f_t h_0 = 0.979 \times 0.933 \times 1.71 \times 10^3 \times \dfrac{2.0 + 0.6}{2} \times 4 \times 1.0 = 8122\text{kN}$$

(3)$R_L - F_L = 8122 - 6000 = 2122$

17. [答案] C

[解析]《建筑桩基技术规范》(JGJ 94—2008)第5.7.2条。

$R_h = \dfrac{0.75\alpha^3 EI}{v_x}x_{0a}$,$ah = 0.59 \times 10 = 5.9 > 4.0$,桩端自由。

查表知 $v_x = 2.441$,则 $R_h = \dfrac{0.75 \times 0.59^3 \times 1.7 \times 10^5 \times 0.01}{2.441} = 107.3\text{kN}$

18. [答案] B

[解析]《建筑桩基技术规范》(JGJ 94—2008)第5.4.5条、5.4.6条。

基桩抗拔极限承载力标准值为:

$T_{uk} = \sum\lambda_i q_{sik}u_i l_i$

$\quad = 0.7 \times 30 \times \pi \times 0.55 \times 13 + 0.6 \times 60 \times \pi \times 0.55 \times 3 = 658\text{kN}$

基桩自重:$G_p = \dfrac{\pi}{4} \times 0.55^2 \times 16 \times 15 = 57\text{kN}$

$\dfrac{T_{uk}}{2} + G_p = \dfrac{658}{2} + 57 = 386\text{kN} < N_k = 600\text{kN}$,不满足。

群桩呈整体破坏时基桩抗拔极限承载力标准值:

$T_{gk} = \dfrac{1}{n}u_i\sum\lambda_i q_{sik}l_i = \dfrac{1}{50} \times (20 + 10) \times 2 \times [0.7 \times 30 \times 13 + 0.6 \times 60 \times 3]$

$\quad = 457.2\text{kN}$

$G_{gp} = \dfrac{1}{50} \times 20 \times 10 \times 16 \times 10 = 640\text{kN}$

$N_k = 600\text{kN} \leqslant \dfrac{T_{gk}}{2} + G_{gp} = \dfrac{457.2}{2} + 640 = 868.6\text{kN}$,满足。

19. [答案] B

[解析]《建筑桩基技术规范》(JGJ 94—2008)第5.5.7条、5.5.9条。

(1)$s_a/d = 4$,$L/d = 12/0.4 = 30$,$L_c/B_c = 1$

查表:$C_0 = 0.055$,$C_1 = 1.477$,$C_2 = 6.843$

$$\psi_{\mathrm{e}}=0.055+\frac{(3-1)}{[1.477(3-1)+6.843]}=0.2591$$

(2)$s=0.7\times0.2591\times300\times(2.148/12000+1.497/4000)\times100=3.0\mathrm{cm}$

20. [答案] D

[解析]《建筑地基处理技术规范》(JGJ 79—2012)第 5.2.7 条。

$\alpha=\dfrac{8}{\pi^2}=0.81,d_{\mathrm{e}}=1.05l=1.47\mathrm{m}$,井径比 $n=d_{\mathrm{e}}/d_{\mathrm{w}}=21$

$$F=\frac{n^2}{n^2-1}\ln n-\frac{3n^2-1}{4n^2}=2.3$$

$$\beta=\frac{8c_{\mathrm{n}}}{F_{\mathrm{n}}d_{\mathrm{c}}^2}+\frac{\pi^2c_{\mathrm{v}}}{4H^2}=\frac{8\times2\times10^{-3}}{2.3\times147^2}+\frac{3.14^2\times2\times10^{-3}}{4\times1500^2}=3.241\times10^{-7}(1/\mathrm{s})=0.0278(1/\mathrm{d})$$

$$\dot{q}=\frac{60}{12}=5\mathrm{kPa/d}$$

$$\overline{U}_{\mathrm{t}}=\frac{\dot{q}}{p}\left[(T_1-T_0)-\frac{\alpha}{\beta}e^{-\beta}(e^{\beta T_1}-e^{\beta T_0})\right]=\frac{5}{60}\left[(12-0)-\frac{0.81}{0.0278}e^{-0.0278\times100}(e^{0.0278\times12}-e^0)\right]$$
$$=0.94$$

21. [答案] B

[解析]《建筑地基处理技术规范》(JGJ 79—2012)第 7.1.5 条、7.2.2 条。

$$f_{\mathrm{spk}}=[1+m(n-1)]f_{\mathrm{sk}}$$

$$m=\frac{f_{\mathrm{spk}}-f_{\mathrm{sk}}}{(n-1)f_{\mathrm{sk}}}=\frac{180-100}{(3.5-1)\times100}=0.32,m=d^2/d_{\mathrm{e}}^2,d_{\mathrm{e}}=\sqrt{d^2/m}=\sqrt{\frac{0.9^2}{0.32}}=1.59\mathrm{m}$$

$$d_{\mathrm{e}}=1.05s,s=\frac{d_{\mathrm{e}}}{1.05}=1.52\approx1.5\mathrm{m}$$

22. [答案] D

[解析] (1)求置换率 m,根据《建筑地基处理技术规范》(JGJ 79—2012)第 7.1.5 条、7.8.4条。

$$m=d^2/d_{\mathrm{e}}^2=d^2/(1.05s)^2=0.6^2/(1.05\times1.2)^2=0.23$$

(2)复合地基承载力特征值 f_{spk}。

$$n=f_{\mathrm{pk}}/f_{\mathrm{sk}}=350/(1.2\times80)=3.65$$

$$f_{\mathrm{spk}}=[1+m(n-1)]f_{\mathrm{sk}}=[1+0.23(3.65-1)]\times1.2\times80=154.5\mathrm{kPa}$$

23. [答案] A

[解析]《建筑地基处理技术规范》(JGJ 79—2012)第 7.1.5 条、7.3.3 条。

$$R_{\mathrm{a}}=\eta f_{\mathrm{cu}}A_{\mathrm{p}}$$

计算桩截面积：$A_{\mathrm{p}}=\pi r^2=3.14\times0.3^2=0.28\mathrm{m}^2$

$R_{\mathrm{a}}=0.25\times3445\times0.28=241.2\mathrm{kN}$

$$f_{\mathrm{spk}}=m\frac{\lambda R_{\mathrm{n}}}{A_{\mathrm{p}}}+\beta(1-m)f_{\mathrm{sk}}=0.3\times\frac{1.0\times241.2}{0.28}+0.75\times(1-0.3)\times75$$
$$=298\mathrm{kPa}$$

24. [答案] B

[解析] $S = \dfrac{\gamma h + p_0}{E_s} H\mu = \dfrac{18 \times 1.0 + 90}{1500} \times 0.8 = 0.461\text{m} \approx 46\text{cm}$

25. [答案] A

[解析] 土压力系数:$k_p = \tan^2\left(45° + \dfrac{\varphi}{2}\right) = 3.00$

$k_a = \tan^2\left(45° - \dfrac{\varphi}{2}\right) = 0.333$

被动土压力:$p_p = \sum \gamma_i h_i k_p = (20 \times 1 + 10 \times 9) \times 3.0 = 330\text{kPa}$

主动土压力:$p_a = \sum \gamma_i h_i k_a = (20 \times 2 + 10 \times 8) \times 0.333 = 73\text{kPa}$

26. [答案] D

[解析]《建筑边坡工程技术规范》(GB 50330—2013)第8.2.1条~8.2.3条。

$N_{ak} = \dfrac{H_{tk}}{\cos\alpha} = \dfrac{1140}{\cos\alpha} = 1180\text{kN}, l_a \geqslant \dfrac{N_{ak}K}{\pi D f_{rbk}} = \dfrac{1180 \times 2.4}{\pi \times 0.15 \times 1000} = 6.0\text{m}$

27. [答案] B

[解析] 根据潜水完整井抽水试验公式:

$Q = 1.366 \times k \dfrac{(2H-s)s}{\lg R - \lg r} = 1.366 \times 25 \dfrac{(2 \times 10 - 3) \times 3}{\lg 60 - \lg 0.15} = 669.3\text{m}^3/\text{d}$

28. [答案] A

[解析] 下滑力=重力分力+水压力$= 1200 \cdot \sin 30° + \dfrac{1}{2} \times 10 \times 10^2 \cdot \cos 30°$

$= 600 + 433 = 1033\text{kN/m}$

29. [答案] B

[解析] $Z_y = \dfrac{1}{3}H = 1\text{m}, \tan\alpha = \dfrac{1.6 - 1.0}{3} = 0.2$

$Z_x = \beta - Z_y\tan\alpha = 1.6 - 1 \times 0.2 = 1.4\text{m}$

$Z_w = 0.66\text{m}$

$K = \dfrac{WZ_w + E_yZ_y}{E_xZ_y} = \dfrac{180 \times 0.66 + 55 \times 1.4}{175 \times 1} = 1.119 \approx 1.12$

30. [答案] B

[解析]《铁路工程特殊岩土勘察规程》(TB 10038—2012)第6.2.4条条文说明。

$H_c = 5.52 \dfrac{c_u}{\gamma} = \dfrac{5.52 \times 12}{16} = 4.14\text{m}$

31. [答案] B

[解析] $K = \dfrac{W_2 d_2 + c_u LR}{W_1 d_1} = \dfrac{315 \times 2.7 + 19 \times 25 \times 12.5}{1300 \times 5.2} = \dfrac{6788}{6760} = 1.0$

32.[答案] A

[解析]《建筑地基基础设计规范》(GB 50007—2011)第6.4.3条。

$G_{1n}=600\times\cos30°=519.6,G_{1t}=600\times\sin30°=300$

$G_{2n}=600\times\cos10°=984.8,G_{2t}=1000\times\sin10°=173.6$

$\psi=\cos(30°-10°)-\sin(30°-10°)\times\tan10°=0.8794$

$F_1=1.0\times300-519.6\times\tan10°-11.55c=208.38-11.55c$

$F_2=0.8794(208.38-11.55c)+1.0\times173.6-984.8\times\tan10°-10.15c$

$\quad=183.20-20.31c=0$

$c=183.20/20.31=9.0\text{kPa}$

33.[答案] A

[解析]《建筑抗震设计规范》(GB 50011—2010)第4.1.6条、5.1.4条、5.1.5条。

$\alpha=0.116$,因覆盖土层厚30m,等效剪切波速 $v_{sc}=200\text{m/s}$,场地类别为Ⅱ类,以及设计地震分组为第一组,故场地特征周期 $T_g=0.35\text{s}$,地震设防烈度为8度,考虑为多遇地震时,水平地震影响系数最大值 $\alpha_{max}=0.16$,根据公式 $\alpha=\left(\dfrac{T_g}{T}\right)^T\eta_2\alpha_{max}$,式中 $T_g=0.35$,$T=0.5,\gamma=0.9$,阻尼调整系数 $\eta_2=1$,故

$$\alpha=\left(\frac{0.35}{0.5}\right)^{0.9}\times1\times0.16=0.725\times0.16=0.116$$

34.[答案] C

[解析] 根据《公路工程抗震规范》(JTG B02—2013)第4.3.2条、4.3.3条。

(1)确定液化土层深度范围

近期内年最高水位埋深4.0m,液化土层范围为4.0~6.0m。

(2)计算标准贯入锤击数的临界值

5.0m处的标准贯入锤击数的临界值为:

$N_{cr}=N_0[0.9+0.1(d_s-d_w)]\sqrt{3/\rho_c}=15\times[0.9+0.1\times(5-4)]\times\sqrt{3/3}=15$

(3)计算液化指数

$I_{lE}=\sum(1-N_i/N_{cri})d_iW_i=(1-11/15)\times2\times10=5.3$

35.[答案] A

[解析] 根据《公路桥涵地基与基础设计规范》(JTG 3363—2019)第4.3.4条:

$f_a=f_{a0}+k_1\gamma_1(b-2)+k_2\gamma_2(h-3)$

$\quad=220+0.75\times19\times(8-2)+1.5\times19\times(3-3)$

$\quad=305.5\text{kPa}$

根据《公路工程抗震规范》(JTG B02—2013)第4.2.4条:

$f_{aE}=f_a=305.5\text{kPa}$

2005 年案例分析试题(上午卷)

1. 钻机立轴升至高位时,其上口距孔口 1.50m,取样用钻杆总长 21.00m,取土器全长 1.00m,下到孔底后机上残尺 1.10m。钻孔用套管护壁,套管总长 18.50m,另有管靴与孔口护箍,各高 0.15m,套管口露出地面 0.40m。则取样位置距套管底的距离应等于下列哪个数值? ( )

(A)0.60m   (B)1.00m

(C)1.30m   (D)2.50m

2. 某黏性土样做不同围压的常规三轴压缩试验。试验结果:莫尔圆包线前段弯曲,后段基本水平。试问,这应是下列哪个选项的试验结果? 并简要说明理由。 ( )

(A)饱和正常固结土的不固结不排水试验

(B)未完全饱和土的不固结不排水试验

(C)超固结饱和土的固结不排水试验

(D)超固结土的固结排水试验

3. 压水试验段位于地下水位以下。地下水位埋藏深度为 50m,使用安设在与试验段连通的测压管上的压力计测压(忽略管路压力损失)。试验段长 5m,压水试验结果如表所示。则上述试验段的透水率(Lu)与下列哪个数值最接近? ( )

压 水 试 验 结 果   题 3 表

P(MPa)	0.30	0.60	1.00
Q(L/min)	30	65	100

(A)10Lu   (B)20Lu

(C)30Lu   (D)40Lu

4. 地下水绕过隔水帷幕向集水构筑物渗流。为计算流量和不同部位的水力梯度,进行了流网分析。取某剖面,划分流槽数 N_1 为 12 个,等势线间隔数 N_D 为 15 个,各流槽的流量和等势线间的水头差均相等。每个网格的流线平均距离 b_i 与等势线平均距离 l_i 的比值均为 1。总水头差 ΔH 为 5m,某段自第 3 条等势线至第 6 条等势线的流线长 10m,交于 4 条等势线。则该段流线上的平均水力梯度将最接近下列哪个选项? ( )

(A)1.00   (B)0.13

(C)0.10   (D)0.01

5. 在一盐渍土地段地表 1.0m 深度内分层取样,化验含盐成分如表所示。按《岩土工程勘察规范》(GB 50021—2001)，计算该深度范围内的取样厚度加权平均盐分比值 $D_1=[c(Cl^-)/2c(SO_4^{2-})]$，请问该盐渍土应属于下列哪类盐渍土？（　　）

题 5 表

取样深度 (m)	盐分摩尔浓度(mol/100g)	
	$c(Cl^-)$	$c(SO_4^{2-})$
0~0.05	78.43	111.32
0.05~0.25	35.81	81.15
0.25~0.50	6.58	13.92
0.50~0.75	5.97	13.80
0.75~1.00	5.31	11.89

(A)氯盐渍土　　　　　　　　　　　　(B)亚氯盐渍土
(C)亚硫酸盐渍土　　　　　　　　　　(D)硫酸盐渍土

6. 条形基础的宽度为3m，承受偏心荷载，已知偏心距为 0.7m，最大边缘压力等于 140kPa。则作用于基础底面的合力最接近于下列哪个选项？（　　）

(A)360kN/m　　　　　　　　　　　　(B)240kN/m
(C)190kN/m　　　　　　　　　　　　(D)168kN/m

7. 大面积堆载试验时，在堆载中心点下，用分层沉降仪测各土层顶面的最终沉降量和用孔隙水压力计测得的各土层中部加载时的起始超孔隙水压力值如表所示，根据实测数据可以反算各土层的平均模量，试问第③层土的反算平均模量最接近下列哪个选项？（　　）

题 7 表

土层编号	土层名称	层顶深度(m)	土层厚度(m)	实测层顶沉降(mm)	起始超孔隙水压力值(kPa)
①	填土		2		
②	粉质黏土	2	3	460	380
③	黏土	5	10	400	240
④	黏质粉土	15	5	100	140

(A)8.0MPa　　　　(B)7.0MPa　　　　(C)6.0MPa　　　　(D)4.0MPa

8. 某厂房桩基础，建于如图所示的地基上，基础底面尺寸为 $l=2.5m$，$b=5.0m$，基础埋深为室外地坪下 1.4m，相应荷载效应标准组合时，基础底面平均压力 $p_k=145kPa$。对软弱下卧层②进行验算，其结果应符合下列哪个选项？（　　）

(A)$p_z+p_{cz}=89kPa>f_{az}=81kPa$　　　　(B)$p_z+p_{cz}=89kPa<f_{az}=114kPa$
(C)$p_z+p_{cz}=112kPa>f_{az}=92kPa$　　　　(D)$p_z+p_{cz}=112kPa<f_{az}=114kPa$

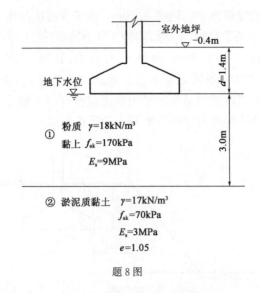

图中标注：
室外地坪 ▽ -0.4m
d = 1.4m
地下水位 ▽
3.0m

① 粉质黏土 $\gamma = 18\ kN/m^3$ $f_{ak} = 170\ kPa$ $E_s = 9\ MPa$

② 淤泥质黏土 $\gamma = 17\ kN/m^3$ $f_{ak} = 70\ kPa$ $E_s = 3\ MPa$ $e = 1.05$

题8图

9. 某场地作为地基的岩体结构面组数为 2 组，控制性结构面平均间距为 1.5m。室内 9 个饱和单轴抗压强度的平均值为 26.5MPa，变异系数为 0.2。按照《建筑地基基础设计规范》(GB 50007—2011) 的有关规定，由上述数据确定的岩石地基承载力特征值最接近下列哪个选项？ （ ）

(A) 13.6MPa　　　(B) 12.6MPa　　　(C) 11.6MPa　　　(D) 10.6MPa

10. 某积水低洼场地，进行地面排水后，在天然土层上回填厚度为 5m 的压实粉土，以此时的回填面标高为准下挖 2m，利用压实粉土作为独立方形基础的持力层，方形基础边长为 4.5m。在完成基础和地上结构施工后，在室外地面上再回填 2m 厚的压实粉土，达到室外设计地坪标高。回填材料为粉土，荷载试验得到压实粉土的承载力特征值为 150kPa，其他参数见图。若基础施工完成时地下水位已恢复到室外设计地坪下 3.0m（如图所示），地下水位上、下土的重度分别为 18.5kN/m³ 和 20.5kN/m³。请问按《建筑地基基础设计规范》(GB 50007—2011) 计算的深度修正后的地基承载力特征值最接近下列哪个选项？（承载力宽度修正系数 $\eta_b = 0$、深度修正系数 $\eta_d = 1.5$） （ ）

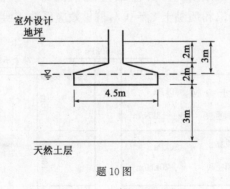

图中标注：
室外设计地坪
2m
3m
2m
4.5m
3m
天然土层

题10图

(A) 198kPa　　　(B) 193kPa　　　(C) 188kPa　　　(D) 183kPa

11. 某稳定土坡的坡角为30°,坡高3.50m。现拟在坡顶部建一幢办公楼。该办公楼拟采用墙下钢筋混凝土条形基础,上部结构传至基础顶面的竖向力(F_k)为300kN/m,基础砌置深度在室外地面以下1.80m,地基土为粉土,其黏粒含量$\rho_c=11.50\%$,重度$\gamma=20$kN/m³,$f_{ak}=150$kPa,场区无地下水。根据以上的条件,为确保地基基础的稳定性,基础底面外缘线距离坡顶的最小水平距离a应符合以下哪个选项的要求最为适合?(注:为简化计算,基础结构的重度按照地基土的重度取值) ( )

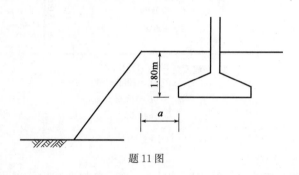

题11图

(A)大于等于4.2m   (B)大于等于3.9m

(C)大于等于3.5m   (D)大于等于3.3m

12. 某受压灌注桩,桩径1.2m,桩端入土深度20m,桩身配筋率0.6%,桩顶铰接,桩顶竖向压力设计值$N=5000$kN,桩的水平变形系数$\alpha=0.301$m⁻¹,桩身换算截面积$A_n=1.2$m²,换算截面受拉力边缘的截面模量$W_0=0.2$m³,桩身混凝土抗拉强度设计值$f_t=1.5$N/mm²。试按《建筑桩基技术规范》(JGJ 94—2008)计算单桩水平承载力特征值,其值最接近下列哪一个数值? ( )

(A)370kN   (B)410kN

(C)490kN   (D)550kN

13. 某端承灌注桩,桩径1.0m,桩长22m,桩周土性参数如图所示,地面大面积堆载$p=60$kPa,桩周沉降变形土层下限深度为20m。试按《建筑桩基技术规范》(JGJ 94—2008)计算基桩下拉荷载标准值,其值最接近下列哪一数值?(已知:中性点深度$L_n/L_0=0.8$,黏土$\zeta_n=0.3$,粉质黏土$\zeta_n=0.4$,群桩效应系数$\eta_n=1$) ( )

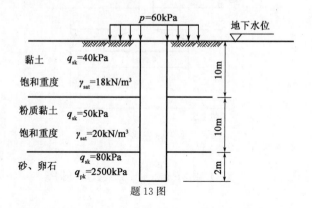

题13图

2005年案例分析试题(上午卷)

(A)1880kN   (B)2200kN

(C)2510kN   (D)3140kN

14. 沉井自重下沉,若不考虑浮力及刃脚反力作用,则下沉系数 $k=Q/T$,式中 Q 为沉井自重,T 为沉井与土间的摩阻力[假设 $T=\pi D(H-2.5)f$]。某工程地质剖面及设计沉井尺寸如图所示,沉井外径 $D=20$m,下沉深度为 16.5m,井身混凝土量为 977m³,混凝土重度为 24kN/m³。请问验算沉井在下沉到图示位置时的下沉系数 k 最接近下列哪个数值?   ( )

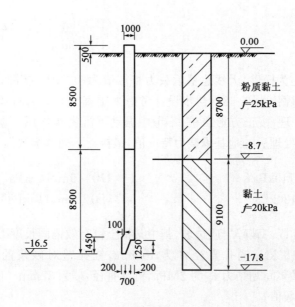

题 14 图

注:图中尺寸以 mm 计,标高以 m 计。

(A)1.10   (B)1.20

(C)1.28   (D)1.35

15. 某工程柱基的基底压力 $p=120$kPa,地基土为淤泥质粉质黏土,其天然地基承载力特征值为 $f_{sk}=75$kPa,用振冲桩处理后形成复合地基,按等边三角形布桩,碎石桩桩径 $d=0.8$m,桩距 $s=1.5$m,天然地基承载力特征值与桩体承载力特征值之比为 1:4。则振冲碎石桩复合地基承载力特征值最接近下列何值?   ( )

(A)125kPa   (B)129kPa

(C)133kPa   (D)137kPa

16. 拟对某湿陷性黄土地基采用灰土挤密桩加固,采用等边三角形布桩,桩距1.0m,桩长 6.0m,加固前地基土的平均干密度 $\bar{\rho}_d=1.32$t/m³、平均含水量 $\bar{w}=9.0\%$。为达到较好的挤密效果,让地基土接近最优含水量,拟在三角形形心处挖孔预浸水增湿,场地地基土最优含水量 $w_{op}=15.6\%$,浸水损耗系数 k 可取 1.1,则每个浸水孔需加水量最接近下列哪个数值?   ( )

(A)0.25m³   (B)0.50m³

(C)0.75m³   (D)1.00m³

17. 某工程场地为饱和软土地基，采用堆载预压法加固处理，以砂井作为竖向排水体，砂井直径 $d_w = 0.3m$，砂井长 $h = 15m$，井距 $s = 3m$，按等边三角形布置。该地基土水平向固结系数 $C_h = 2.6 \times 10^{-2} m^2/d$。在瞬间加荷下径向固结度达到 85% 所需的时间最接近下列哪个选项？（注：由给出条件得到有效排水直径 $d_e = 3.15m$，$n = 10.5$，$F_n = 1.6248$）   （   ）

(A)125d   (B)136d

(C)147d   (D)158d

18. 某建筑场地为松砂，天然地基承载力特征值为 100kPa，孔隙比为 0.78，要求采用振冲法处理后孔隙比为 0.68。初步设计考虑采用直径 0.5m，桩体承载力特征值为 500kPa 的砂石桩处理，按正方形布桩，不考虑振动下沉密实作用。据此估算初步设计的桩距和按此方案处理后的地基承载力特征值，最接近下列哪组数据？   （   ）

(A)1.6m,140kPa   (B)1.9m,140kPa

(C)1.9m,120kPa   (D)2.2m,110kPa

19. 采用土钉加固一破碎岩质边坡，其中某根土钉有效锚固长度 L 为 4m，该土钉计算承受拉力 E 为 188kN，锚孔直径 d 为 108mm，锚孔壁对砂浆的极限剪应力 τ 为 0.25MPa，钉材与砂浆间黏结力 τ_g 为 2MPa，钉材直径 d_b 为 32mm。该土钉抗拔安全系数最接近下列哪个数值？   （   ）

(A)$K = 0.55$ (B)$K = 1.80$

(C)$K = 2.37$ (D)$K = 4.28$

20. 一锚杆挡墙，肋柱的某支点 n 处垂直于挡墙面的反力 R_n 为 250kN，锚杆对水平方向的倾角 β 为 25°，肋柱的竖直倾角 α 为 15°，锚孔直径 D 为 108mm，砂浆与岩层间的极限剪应力 τ 为 0.4MPa，计算安全系数 K 取 2.5。当该锚杆非锚固长度为 2m 时，问锚杆设计长度 l 最接近下列哪个数值？   （   ）

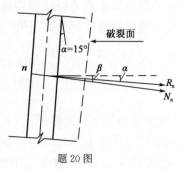

题 20 图

(A)$l \geqslant 1.9m$ (B)$l \geqslant 3.9m$

(C)$l \geqslant 4.7m$ (D)$l \geqslant 6.7m$

2005 年案例分析试题（上午卷）

21. 由两部分土组成的土坡断面如图所示。假设滑裂面为直线，进行稳定计算。已知坡高 8m，边坡斜率为 1：1，两种土的重度均为 $\gamma = 20\text{kN/m}^3$，黏土的黏聚力 $c = 12\text{kPa}$，内摩擦角 $\varphi = 22°$；砂土 $c = 0$，$\varphi = 35°$，$\alpha = 30°$。问下列哪一个直线滑裂面对应的抗滑稳定安全系数为最小？　　　　　　　　　　　（　　）

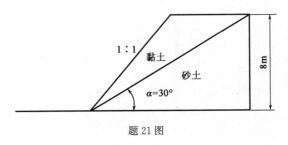

题 21 图

(A)与水平地面夹角 25°的直线
(B)与水平地面夹角 30°的直线在砂土一侧破裂
(C)与水平地面夹角 30°的直线在黏土一侧破裂
(D)与水平地面夹角 35°的直线

22. 一重力式挡土墙，底宽为 $b = 4\text{m}$，地基为砂土。如果单位长度墙的自重为 $G = 212\text{kN}$，对墙趾力臂 $x_0 = 1.8\text{m}$；作用于墙背上主动土压力垂直分量 $E_{az} = 40\text{kN}$；力臂 $x_f = 2.2\text{m}$；水平分量 $E_{ax} = 106\text{kN}$（在垂直、水平分量中均已包括了水的侧压力），力臂 $z_f = 2.4\text{m}$；墙前水位与基底平，墙后填土中的水位距基底 3m，假定基底面地下水的扬压力为三角形分布，趾前被动土压力忽略不计。问该墙绕墙趾倾覆的稳定安全系数最接近下列哪个数值？　　　　　　　　　　　（　　）

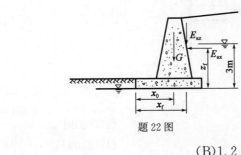

题 22 图

(A)1. 1　　　　　　　　　　　　　　(B)1. 2
(C)1. 5　　　　　　　　　　　　　　(D)1. 8

23. 基坑锚杆承载能力拉拔试验时，已知锚杆上水平拉力 $T = 400\text{kN}$，锚杆倾角 $\alpha = 15°$，锚固体直径 $D = 150\text{mm}$，锚杆总长度为 18m，自由段长度为 6m。在其他因素都已考虑的情况下，锚杆锚固体与土层的平均摩阻力最接近下列哪个数值？　　　（　　）

(A)49kPa　　　　　　　　　　　　(B)73kPa
(C)82kPa　　　　　　　　　　　　(D)90kPa

24. 基坑剖面如图所示，已知黏土饱和重度 $\gamma_m = 20\text{kN/m}^3$，水的重度取 $\gamma_w = 10\text{kN/m}^3$。

如果要求坑底抗突涌稳定安全系数 K 不小于 1.2,承压水层测压管高度 h 为 10m,问该基坑在不采取降水措施的情况下最大开挖深度最接近下列哪个数值? （　）

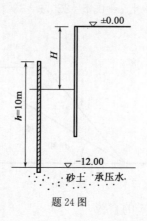

题 24 图

(A)6.0m (B)6.5m

(C)7.0m (D)7.5m

25.基坑剖面如图所示,已知砂土的重度 $\gamma=20kN/m^3$,$\varphi=30°$,$c=0$。计算土压力时,如果 C 点主动土压力达到 1/3 被动土压力,则基坑外侧所受条形附加荷载 q 最接近下列哪个数值? （　）

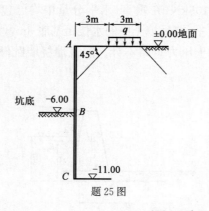

题 25 图

(A)80kPa (B)120kPa

(C)180kPa (D)240kPa

26.对取自同一土样的 5 个环刀试样,按单线法分别加压,待压缩稳定后浸水,由此测得相应的湿陷系数 δ_s 见下表。试问按《湿陷性黄土地区建筑规范》(GB 50025—2004)求得的湿陷起始压力 p_{sh} 最接近下列哪个数值? （　）

题 26 表

试验压力(kPa)	50	100	150	200	250
湿陷系数(δ_s)	0.003	0.009	0.019	0.035	0.060

(A)120kPa (B)130kPa

(C)140kPa (D)155kPa

27. 某一滑动面为折线形均质滑坡,其主轴断面及作用力参数如图和表所示,问该滑坡的稳定系数 F_s 最接近下列哪个数值? （ ）

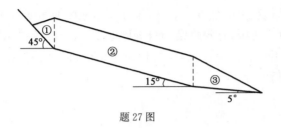

题 27 图

题 27 表

序号	下滑力 T_i(kN/m)	抗滑力 R_i(kN/m)	传递系数 ψ_i
①	3.5×10^4	0.9×10^4	0.756
②	9.3×10^4	8.0×10^4	0.947
③	1.0×10^4	2.8×10^4	

(A)0.80　　　　(B)0.85　　　　(C)0.90　　　　(D)0.95

28. 某单层建筑位于平坦场地上,基础埋深 $d=1$m,按该场地的大气影响深度,取胀缩变形的计算深度 z_n 为 3.60m。计算所需的数据列于下表,试问按《膨胀土地区建筑技术规范》(GB 50112—2013)计算所得的胀缩变形量最接近下列哪个数值? （ ）

题 28 表

分层号	分层深度 z_i(m)	分层厚度 h_i(mm)	膨胀率 δ_{epi}	第 i 层可能发生的含水量变化均值 Δw_i	收缩系数 λ_{si}
1	1.64	640	0.00075	0.0273	0.28
2	2.28	640	0.0245	0.0223	0.48
3	2.92	640	0.0195	0.0177	0.40
4	3.60	680	0.0215	0.0128	0.37

(A)20mm　　　　　　　　　　(B)26mm

(C)44mm　　　　　　　　　　(D)63mm

29. 某建筑场地土层柱状分布及实测剪切波速如表所示,问在计算深度范围内土层的等效剪切波速最接近下列哪个数值? （ ）

题 29 表

层序号	岩 土 名 称	层厚 d_i(m)	层底深度(m)	实测剪切波速 v_{si}(m/s)
1	填土	2.0	2.0	150
2	粉质黏土	3.0	5.0	200
3	淤泥质粉质黏土	5.0	10.0	100
4	残积粉质黏土	5.0	15.0	300
5	花岗岩孤石	2.0	17.0	600
6	残积粉质黏土	8.0	25.0	300
7	风化花岗石			＞500

(A)128m/s   (B)158m/s
(C)179m/s   (D)185m/s

30. 某建筑场地抗震设防烈度为 8 度,设计基本地震加速度为 0.30g,设计地震分组为第二组,场地类别为Ⅲ类,建筑物结构自振周期 $T=1.65$s,结构阻尼比 ζ 取 0.05。当进行多遇地震作用下的截面抗震验算时,相应于结构自振周期的水平地震影响系数值最接近下列哪个数值?   (   )

(A)0.09   (B)0.08
(C)0.07   (D)0.06

2005年案例分析试题答案(上午卷)

标 准 答 案

本试卷由 30 道题组成,全部为单项选择题。考生可任选 25 道题作答。每题 2 分,满分为 50 分。若考生在答题卡或试卷上的作答超过 25 道题,则按题目序号从小到大的顺序对作答的前 25 道题计分及复评试卷,其他作答题目无效。

1	B	2	B	3	B	4	C	5	D
6	D	7	A	8	B	9	C	10	D
11	B	12	A	13	A	14	B	15	C
16	A	17	C	18	C	19	B	20	D
21	B	22	B	23	B	24	A	25	D
26	B	27	C	28	C	29	C	30	A

解 题 过 程

1.[答案] B

[解析] 取样深度:$21+1-1.50-1.10=19.40$m

套管底深度:$18.50+0.15+0.15-0.40=18.40$m

两者距离:$19.40-18.40=1.00$m

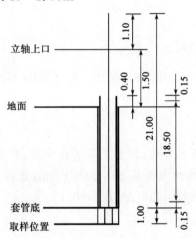

题1解图(尺寸单位:m)

2.[答案] B

[解析] 饱和正常固结土的三轴不固结不排水试验得出的总应力强度包线是一条水平线;未完全饱和土在围压作用下虽未排水,但土中的气体压缩或溶于水中,孔压系数 $B<1$,土的体积随围压的增加缩小,有效应力相应提高,抗剪强度增加,使包线前段弯曲,围压继续增加至土样完全饱和,强度包线呈水平线。

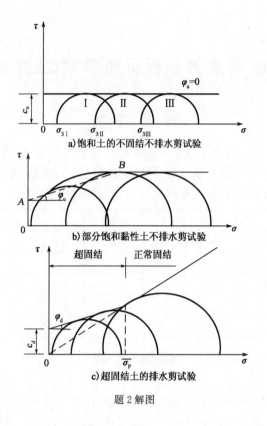

a) 饱和土的不固结不排水剪试验

b) 部分饱和黏性土不排水剪试验

c) 超固结土的排水剪试验

题 2 解图

3. [答案] B

[解析] 根据吕荣定义：

$$q = \frac{Q_3}{L \cdot P_3} = \frac{100}{5 \times 1} = 20\text{Lu}$$

如果按 $P_1 = 0.3\text{MPa}$，$Q_1 = 30\text{L/min}$ 和 $P_2 = 0.60\text{MPa}$，$Q_2 = 65\text{L/min}$ 可以分别得出透水率为 20Lu 和 22Lu。

4. [答案] C

[解析] 该段流线交于 4 条等势线，即 3 个等势线间隔，总水头差 ΔH 为 5m，水头落差数 N_D 为 15 个，故每个网格的水头差 Δh_i 为 (5/15)m，自第 3 条等势线至第 6 条等势线的水头为 $3 \times \Delta h_i$，水力梯度 $I = (3 \times \Delta h_i)/L = 0.1$。

5. [答案] D

[解析] 盐渍土的平均含盐量、含盐成分应按取样厚度加权平均计算。

$$D_1 = \frac{c(\text{Cl}^-)}{2c(\text{SO}_4^{2-})}$$

$$= \frac{78.43 \times 0.05 + 35.81 \times 0.20 + (6.58 + 5.97 + 5.31) \times 0.25}{2[111.32 \times 0.05 + 81.15 \times 0.20 + (13.92 + 13.80 + 11.89) \times 0.25]}$$

$$= 0.245$$

$$D_1 \leqslant 0.3$$

2005 年案例分析试题答案（上午卷）

6.[答案] D

[解析] 基础宽度的 $1/6$ 为 $0.5m$,小于偏心矩,故可判定为大偏心,则基础底面反力分布为三角形;合力至基础底面最大压力边缘的距离等于基础的半宽减去偏心矩,故为 $0.8m$,基础底面反力的范围为 $2.4m$,已知最大边缘压力为 $140kPa$,得合力值为 $168kN/m$。

7.[答案] A

[解析] 第③层土的压缩变形 $s=400-100=300mm$,到达最终沉降时,起始超孔隙水压力已全部转化为有效应力。按近似计算,堆载时第③层土中部的应力 $240kPa$ 作为平均附加有效应力,则反算平均模量为 $E=\dfrac{240\times10}{300}=8MPa$。

还有一种计算方法是先内插计算各层面交界处的附加应力,第③层土的平均附加应力为 $357kPa$,底面处为 $173kPa$,再按面积平均法计算第③层土的平均附加应力为 $265kPa$,则求得的反算模量为 $8.8MPa$。

8.[答案] B

[解析] (1)软弱下卧层顶面处的附加压力

$E_{s1}/E_{s2}=9/3=3$,$z/l=3.0/2.5=1.2$,得 $\theta=23°$,$\tan\theta=0.424$,

$p_c=1.4\times18=25.2kPa$

$$p_z=\frac{lb(p_k-p_c)}{(b+2z\tan\theta)(l+2z\tan\theta)}$$
$$=\frac{2.5\times5(145-25.2)}{(5+2\times3\times0.424)(2.5+2\times3\times0.424)}$$
$$=\frac{1497.5}{7.544\times5.044}$$
$$=39.4kPa$$

(2)软弱下卧层顶面处土的自重压力

$p_{cz}=18\times1.4+8\times3=25.2+24=49.2kPa$

(3)$p_z+p_{cz}=39.4+49.2=88.6kPa$

(4)修正后地基承载力特征值

查表得承载力修正系数:$\eta_d=1.0$

下卧层顶面以上土的加权平均重度:

$\gamma_m=(18\times1.4+8\times3)/(1.4+3)=11.2kN/m^3$

$f_{az}=70+11.2\times1.0(3+1.4-0.5)=70+43.68=113.68kPa$

9.[答案] C

[解析] 由《建筑地基基础设计规范》(GB 50007—2011)附录 J 公式 $f_{rk}=\psi\cdot f_m$,及 $\psi=1-\left(\dfrac{1.704}{\sqrt{n}}+\dfrac{4.678}{n^2}\right)\delta$ 可知统计修正系数为 0.875,所以岩石饱和单轴抗压强度的标准值为 $23.188MPa$。

据《建筑地基基础设计规范》(GB 50007—2011)附录 A,从结构面组数和平均距离,确定岩体属于完整岩体。

据《建筑地基基础设计规范》(GB 50007—2011)第 5.2.6 条,对于完整岩体,折减系

数 $f_a=\psi_r\cdot f_{rk}=0.5\times23.188=11.59\text{MPa}$。

10.[答案] D

[解析] (1)由于设计地坪下 2m 厚的填土要到结构施工完成后才进行,深度修正只能按 2m 算。

(2)γ 和 γ_m 在水位以下取浮重度。得:

$$f_a=f_{ak}+\eta_b\gamma(b-3)+\eta_d\gamma_m(d-0.5)$$
$$=150+0+1.5\times[(18.5+10.5)/2]\times(2-0.5)=150+32.63=182.6\text{kPa}$$

11.[答案] B

[解析] 第一步:计算 f_a,查承载力修正系数表:$\eta_b=0.3,\eta_d=1.5$。

$$f_a=150+0+1.5\times2.0\times(1.8-0.5)=189\text{kPa}$$

第二步:估算基础的宽度,$b\geqslant F_k/(f_a-\gamma\cdot d)=300/(189-20\times1.8)=1.96\text{m}\approx$ 2.0m

第三步:根据《建筑地基基础设计规范》(GB 50007—2011)中式(5.4.2-1),验算安全距离:

$$a\geqslant3.5\times2.0-\frac{1.80}{\tan30°}=3.88\text{m}。\text{故选 B}。$$

12.[答案] A

[解析]《建筑桩基技术规范》(JGJ 94—2008)第 5.7.2 条公式(5.7.2-1)。

$$R_{ha}=\frac{0.75\alpha\gamma_m f_t W_0}{\nu_M}(1.25+22\rho_g)\left(1+\frac{\zeta_N\cdot N_k}{\gamma_m f_t A_n}\right)$$

$\alpha h=0.301\times20=6.02>4.0$,查表 5.7.2 得:$\nu_M=0.768$

$$R_{ha}=0.75\times\frac{0.301\times2\times1.5\times10^3\times0.2}{0.768}(1.25+22\times0.6\times10^{-2})\left(1+\frac{0.5\times5000/1.35}{2\times1.5\times10^3\times1.2}\right)$$

$$=369.12\text{kN}$$

注:若没有除以 1.35,则得到 413kN;若仅除以 1.35,没有乘 0.75,则得到 492.16kN;若系数都没有考虑,则得到 550.67kN。

13.[答案] A

[解析] (1)《建筑桩基技术规范》(JGJ 94—2008)第 5.4.4 条。

$$Q_g^n=\eta_n\cdot u\sum_{i=1}^{n}q_{sl}^n L_i,l_n=0.8\times20=16\text{m}$$

(2)$q_{si}^n=\zeta_n\sigma_i',\sigma_i'=p+\gamma_i'z_i$

黏土层:$\gamma_1'=18-10=8\text{kN/m}^3$

$z_1=10/2=5\text{m}$

$\sigma'=60+8\times5=100\text{kPa}$

$q_{sl}^n=0.3\times100=30\text{kPa}<40\text{kPa}$

粉质黏土层:$\gamma_2'=\dfrac{(18-10)\times10+(20-10)\times6}{16}=8.75\text{kN/m}^3$

$z_2=10+6/2=13\text{m}$

$\sigma_2'=60+8.75\times13=173.75\text{kPa}$

（或 $\sigma_2'=60+8\times10+10\times6/2=170\text{kPa}$）

$q_{s2}^n=0.4\times173.75=69.5\text{kPa}>50\text{kPa}$，取 50kPa

（或 $q_{s2}^n=0.4\times170=68\text{kPa}>50\text{kPa}$，取 50kPa）

(3) $Q_g^n=1\times3.14\times1.0\times(30\times10+50\times6)=1884\text{kN}$

14. [答案] B

[解析] 土层平均摩阻系数：$f=\dfrac{(8.7-2.5)\times25+7.8\times20}{(8.7-2.5)+7.8}=22.21\text{kPa}$

沉井的下沉系数 k：

$k=\dfrac{977\times24}{20\times\pi(16.5-2.5)\times22.21}=\dfrac{977\times24}{20\times3.14\times(16.5-2.5)\times22.21}=1.20$

也可直接计算：$k=\dfrac{977\times24}{20\times\pi[(8.7-2.5)\times25+7.8\times20]}=1.20$

15. [答案] C

[解析] (1) 等效圆直径 $d_e=1.05s=1.05\times1.5=1.575\text{m}$

(2) 面积置换率 $m=d^2/d_e^2=\dfrac{0.8^2}{1.575^2}=\dfrac{0.64}{2.481}=0.258$

(3) 振冲碎石桩复合地基承载力

$f_{spk}=mf_{pk}+(1-m)f_{sk}=0.258\times300+(1-0.258)\times75=133\text{kPa}$

注：$f_{pk}=75\times4=300\text{kPa}$。

16. [答案] A

[解析]《建筑地基处理技术规范》(JGJ 79—2012)公式(7.5.3)。

$Q=\upsilon\bar{\rho}_d(w_{op}-\overline{w})k$

每个浸水孔承担的三角形面积：$A=\dfrac{1}{2}\times1\times0.866=0.433\text{m}^2$

体积 $=L\times A=6\times0.443=2.60\text{m}^3$

$Q=2.60\times1.32\times\left(\dfrac{15.6-9}{100}\right)\times1.1=2.60\times1.32\times0.066\times1.1=0.25\text{t}$

对应体积为 0.25m^3。

17. [答案] C

[解析]《建筑地基处理技术规范》(JGJ 79—2012)公式(5.2.8-1)。

$\overline{U}_t=1-e^{-\frac{8c_ht}{F_nd_e^2}}$，$\ln(1-\overline{U}_t)=-\dfrac{8c_ht}{F_nd_e^2}$

$t=\dfrac{\ln(1-\overline{U}_t)}{-8c_h}\times F_n\times d_e^2=\dfrac{\ln(1-0.85)}{-8\times2.6\times10^{-2}}\times1.6248\times(3.15)^2=147\text{d}$

18. [答案] C

[解析]《建筑地基处理技术规范》(JGJ 79—2012)第7.2.2条。

(1) $s=0.89\xi d\sqrt{\dfrac{1+e_0}{e_0-e_1}}=0.89\times1.0\times0.5\times\sqrt{\dfrac{1+0.78}{0.78-0.68}}=1.88\text{m}$

$(2) m = \dfrac{d^2}{d_e^2} = \dfrac{0.5^2}{1.13^2 \times 1.88^2} = 0.055$

$(3) f_{spk} = m f_{pk} + (1-m) f_{sk} = 0.055 \times 500 + (1-0.055) \times 100 = 122 kPa$

19. [答案] B

[解析] 用锚孔壁岩土对砂浆抗剪强度计算土钉有效锚固力 F_1：

$F = \pi \cdot d \cdot l \cdot \tau = 3.14 \times 0.108 \times 4 \times 250 = 339 kN$

用钉材与砂浆间黏结力计算土钉有效锚固力 F_2；

$F_2 = \pi \cdot d_b \cdot l \cdot \tau_g = 3.14 \times 0.032 \times 4 \times 2000 = 804 kN$

有效锚固力 F 取小值 339kN。

土钉抗拔安全系数：

$K = \dfrac{F}{E} = \dfrac{339}{188} = 1.80$

20. [答案] D

[解析] 锚杆轴向力 $N_n = \dfrac{R_n}{\cos(\beta-\alpha)} = \dfrac{250}{\cos(25-15)} = 253.86 kN$

$l = 2 + \dfrac{N_n}{\pi \cdot D \cdot \tau / K} = 2 + \dfrac{253.86}{3.14 \times 0.108 \times 400 / 2.5} \approx 2 + 4.7 \approx 6.7 m$

21. [答案] B

[解析] $K_s = \dfrac{\gamma V \cos\theta \tan\varphi + AC}{\gamma V \sin\theta}$，$\theta$ 为滑裂面与地面夹角。

$V = \dfrac{H^2}{2}(\cot\theta - 1) = 32(\cot\theta - 1)$

$A = \dfrac{H}{\sin\theta} = \dfrac{8}{\sin\theta}$

A：由于砂土 $c=0$，$K_s = \dfrac{\tan\phi}{\tan\theta}$，显然 θ 不是最危险，经判断可不算。

B：$c=0$，$K_s = \dfrac{\tan35°}{\tan30°} = 1.21$

C：$K_s = \dfrac{20 \times 32(\cot30° - 1)\cos30° \cdot \tan22° + 12 \times 8 / \sin30°}{20 \times 32(\cot30° - 1)\sin30°} = \dfrac{164+192}{234} = 1.52$

D：$K_s = 1.64$

22. [答案] B

[解析]《建筑地基基础设计规范》(GB 50007—2011)公式 (6.7.5-6)。

$\dfrac{G x_0 + E_{az} x_f}{E_{ax} z_f} = K$

但参考《建筑基坑支护技术规程》(JGJ 120—2012)，对砂土地基，当墙底位于地下水以下时，应考虑墙地面上的扬压力，则：

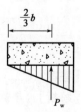

题 22 解图

$$\frac{Gx_0 - P_w \cdot \frac{2}{3}b + E_{az}x_f}{E_{ax}z_f} = K$$

水的容量取为 $10kN/m^3$，得：

$$K = \frac{212 \times 1.8 - \frac{1}{2} \times 30 \times 4 \times \frac{2}{3} \cdot 4 + 40 \times 2.2}{106 \times 2.4} = \frac{381.6 - 160 + 88}{254.4} = 1.217$$

23.[答案] B

[解析] 锚固段长度：$l = 18 - 6 = 12m$

轴向拉力：$N = T/\cos\alpha = 400/\cos 15° = 414kN$

$$\overline{q}_s = \frac{N}{\pi Dl} = \frac{414}{3.14 \times 0.15 \times 12} = 73kPa$$

24.[答案] A

[解析] 根据基坑底以下土体的静力平衡：

$$\frac{\gamma_m \times (12 - H)}{\gamma_w \times 10} = 1.2$$

得：$H = 6m$

25.[答案] D

[解析] $K_a = \frac{1}{3}$，$K_p = 3.0$

被动土压力强度标准值：

$$e_p = \gamma h_2 K_p = 20 \times 5 \times 3 = 300kPa$$

主动土压力强度标准值：

$$e_a = \frac{e_p}{3} = 100kPa$$

q 按45°扩散，则 C 点在扩散范围之内。

$$\sigma = q\frac{b_0}{b_0 + 2b_1} = \frac{q}{3}$$

$$e_a = (\gamma h_1 + \sigma)K_a = 100kPa$$

$$\frac{20 \times 11}{3} + \frac{\sigma}{3} = 100kPa$$

得：$\sigma = 80kPa$，$q = 240kPa$

26.[答案] B

[解析] 可用插入法：

在 $p = 100kPa$ 时，$\delta_s = 0.009$；

在 $p = 150kPa$ 时，$\delta_s = 0.019$。

插入可得 $\delta_s = 0.015$ 时的 $p_{sh} = 130kPa$。

27.[答案] C

[解析] $\Pi\psi_1 = \psi_1 = 0.756$，$\Pi\psi_2 = \psi_1 \cdot \psi_2 = 0.756 \times 0.947 = 0.7159$

$$F_s = \frac{(R_1 \cdot \Pi\psi_1) + (R_2 \cdot \Pi\psi_2) + R_3}{(T_1 \cdot \Pi\psi_1) + (T_2 \cdot \Pi\psi_2) + T_3} = \frac{(0.9 \times 0.7159) + (8.0 \times 0.947) + 2.8}{(3.5 \times 0.7159) + (9.3 \times 0.947) + 1.0}$$

$$= \frac{11.02}{12.31} = 0.895$$

28. [答案] C

[解析] 胀缩变形量：

$$s = 0.7 \times \sum_{i=1}^{n}(\delta_{epi} + \lambda_{si} \cdot \Delta w_i) \cdot h_i$$

$$= 0.7 \times [(0.00075 + 0.0273 \times 0.28 + 0.0245 + 0.0223 \times 0.48 + 0.195 +$$

$$0.0177 \times 0.40) \times 640 + (0.0215 + 0.0128 \times 0.37) \times 680]$$

$$= 43.9mm$$

29. [答案] C

[解析] (1)第5层花岗岩孤石应视同周围土层(即残积土 $v_s = 300m/s$)。

(2)计算深度 d_0 取20m。

$$v_{se} = \frac{20}{\frac{2}{150} + \frac{3}{200} + \frac{5}{100} + \frac{10}{300}} = 179.1m/s$$

30. [答案] A

[解析] 基本公式：$\alpha = \left(\frac{T_g}{T}\right)^{\gamma} \eta_2 \alpha_{max}$

$\alpha_{max} = 0.24$

T_g(第二组，III类场地)$= 0.55s$

γ(阻尼比 $\zeta = 0.05$)$= 0.9$

$\eta_2 = 1$

$\alpha = \left(\frac{0.55}{1.65}\right)^{0.9} \times 1.0 \times 0.24 = 0.089$

2005 年案例分析试题(下午卷)

1. 现场用灌砂法测定某土层的干密度,试验成果如下表所示。试问该土层的干密度最接近下列哪个数值? ( )

题 1 表

试坑用标准砂质量 m_s(g)	标准砂密度 ρ_s(g/cm³)	试样质量 m_p(g)	试样含水量 w_1(%)
12566.40	1.60	15315.30	14.50

 (A)1.55g/cm³   (B)1.70g/cm³
 (C)1.85g/cm³   (D)1.95g/cm³

2. 某黄土试样进行室内双线法压缩试验,一个试样在天然湿度下压缩至200kPa,压力稳定后浸水饱和,另一个试样在浸水饱和状态下加荷至200kPa,试验成果数据如下表所示,按此数据求得的黄土湿陷起始压力 p_{sh} 最接近下列哪个数值? ( )

题 2 表

压力(kPa)	0	50	100	150	200	200 浸水饱和
天然湿度下试样高度 h_p(mm)	20.00	19.81	19.55	19.28	19.01	18.64
浸水饱和状态下试样高度 h'_p(mm)	20.00	19.60	19.28	18.95	18.64	

 (A)75kPa   (B)100kPa
 (C)125kPa   (D)175kPa

3. 某岸边工程场地,细砂含水层的流线上 A、B 两点,A 点水位标高为 2.50m,B 点水位标高为 3.00m,两点间流线长度为 10.0m。请问两点间的平均渗透力将最接近下列哪个选项? ( )

 (A)1.25kN/m³   (B)0.83kN/m³
 (C)0.50kN/m³   (D)0.20kN/m³

4. 某滞洪区滞洪后沉积泥砂厚 3.0m,地下水位由原地面下 1.0m 升至现地面下 1.0m。原地面下有厚 5.0m 的可压缩层,平均压缩模量为 0.5MPa,滞洪之前沉降已经完成。为简化计算,所有土层的天然重度都以 18kN/m³ 计。请问由滞洪引起的原地面下沉值最接近下列哪个选项? ( )

 (A)51cm   (B)31cm
 (C)25cm   (D)21cm

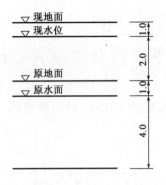

题4图(尺寸单位:m)

5.某碾压式土石坝坝基处四个土样,其孔隙率 n 和细颗粒含量 p_c(以质量百分率计)分别如下。试问下列哪一选项的土的渗透变形破坏形式属于管涌?　　　　(　　)

(A)$n_1 = 20.3\%$, $P_{c1} = 38.1\%$ (B)$n_2 = 25.8\%$, $P_{c2} = 37.5\%$

(C)$n_3 = 31.2\%$, $P_{c3} = 38.5\%$ (D)$n_4 = 35.5\%$, $P_{c4} = 38.0\%$

6.条形基础宽度为 3m,由上部结构传至基础底面的最大边缘压力为 80kPa,最小边缘压力为零,基础埋置深度为 2m,基础和台阶上的土的平均重度为 20kN/m³,则下列论述中哪一选项是错误的?　　　　(　　)

(A)计算基础结构内力时,基础底面压力的分布符合小偏心($e \leqslant b/6$)的规定

(B) 按地基承载力验算基础底面尺寸时,基础底面压力分布的偏心已经超过了现行《建筑地基基础设计规范》(GB 50007—2011)中根据土的抗剪强度指标确定地基承载力特征值的规定

(C) 作用于基础底面上的合力为 240kN/m

(D) 考虑偏心荷载时,地基承载力特征值应不小于 120kPa 才能满足设计要求

7.某采用筏基的高层建筑,地下室 2 层,按分层总和法计算出的地基变形量为 160mm,沉降计算经验系数取 1.2,计算的地基回弹变形量为 18mm,地基变形允许值 200mm。下列地基变形计算值中哪一选项是正确的?　　　　(　　)

(A)178mm   (B)192mm   (C)210mm   (D)214mm

8.某港口重力式沉箱码头,沉箱底面积受压宽度和长度分别为 $B_{r1} = 10m$, $L_{r1} = 170m$,抛石基床厚 $d_1 = 2m$,作用于基础抛石基床底面上的合力标准值在宽度和长度方向的偏心距为 $e'_B = 0.5m$, $e'_L = 0m$。试问基床底面处的有效受压宽度 B'_{re} 和长度 L'_{re} 为下列哪个选项?　　　　(　　)

(A)14m,174m   (B)13m,174m

(C)12m,172m   (D)13.5m,172m

9.某高层板式住宅楼的一侧设有地下车库,两部分的地下结构相互连接,均采用筏

基,基础埋深在室外地面以下 10m,住宅楼基底平均压力 p_k 为 260kN/m²,地下车库基底平均压力 p_k 为 60kN/m²。场区地下水位埋深在室外地面以下 3m,为解决基础抗浮问题,在地下车库底板以上再回填厚约 0.5m、重度为 35kN/m³ 的钢渣。场区土层的重度均按 20kN/m³ 考虑,地下水重度按 10kN/m³ 取值。根据《建筑地基基础设计规范》(GB 50007—2011)计算的住宅楼的地基承载力特征值 f_a 最接近以下哪个选项?   (   )

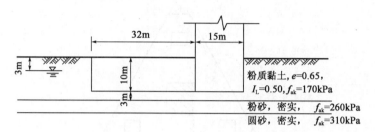

题 9 图

(A)285kPa   (B)293kPa   (C)300kPa   (D)308kPa

10. 某办公楼基础尺寸为 42m×30m,采用箱基,基础埋深在室外地面以下 8m,基底平均压力 425kN/m²。场区土层的重度为 20kN/m³,地下水位埋深在室外地面以下 5m,地下水的重度为 10kN/m³。计算得出的基础底面中心点以下深度 18m 处的附加应力与土的有效自重应力的比值最接近下列何值?   (   )

(A)0.55   (B)0.60   (C)0.65   (D)0.70

11. 某独立柱基尺寸为 4m×4m,基础底面处的附加压力为 130kPa,地基承载力特征值 f_{ak} 为 180kPa。根据下表所提供的数据,采用分层总和法计算独立柱基的地基最终变形量,变形计算深度为基础底面以下 6m。沉降计算经验系数取 $\Psi_s=0.4$。根据以上条件计算得出的地基最终变形量最接近下列何值?   (   )

题 11 表

第 i 层 土	基底至第 i 层土底面距离 z_i(m)	E_{si}(MPa)
1	1.6	16
2	3.2	11
3	6.0	25
4	30	60

(A)17mm   (B)15mm   (C)13mm   (D)11mm

12. 某桩基三角形承台如图所示,承台厚 1.1m,钢筋保护层厚 0.1m,承台混凝土抗拉强度设计值 $f_t=1.7$N/mm²。试按《建筑桩基技术规范》(JGJ 94—2008)计算承台受底部角桩冲切的承载力,其值最接近下列哪个数值?   (   )

(A)2415kN   (B)2435kN

(C)2775kN   (D)2795kN

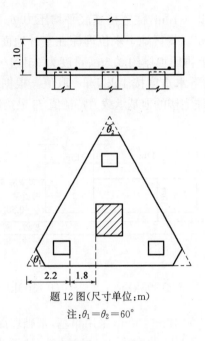

题 12 图(尺寸单位:m)

注:$\theta_1 = \theta_2 = 60°$

13. 某丙级建筑物扩底抗拔灌注桩,桩径 $d=1.0$m,桩长 12m,扩底直径 $D=1.8$m,扩底高度 $h_c=1.2$m,桩周土性参数如图所示。试按《建筑桩基技术规范》(JGJ 94—2008)计算基桩的抗拔极限承载力标准值,其值最接近下列哪一数值?(抗拔系数:粉质黏土 $\lambda=0.7$,砂土 $\lambda=0.5$,取桩底起算长度 $l_i=5d$)　　　　( )

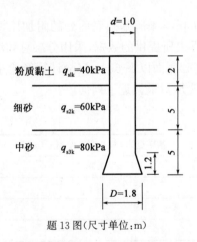

题 13 图(尺寸单位:m)

(A)1380kN　　　　　　　　　　(B)1780kN
(C)2080kN　　　　　　　　　　(D)2580kN

14. 某桩基工程设计等级为乙级,其桩型、平面布置、剖面和地层分布如图所示,土层及桩基设计参数见图中注,作用于桩端平面处的有效附加压力为 400kPa(长期效应组合),其中心点的附加应力曲线如图所示(假定为直线分布),沉降经验系数 $\Psi=1$,地基沉降计算深度至基岩面。请按《建筑桩基技术规范》(JGJ 94—2008)验算桩基最终沉降量,其计算结果最接近下列哪个数值?　　　　　　( )

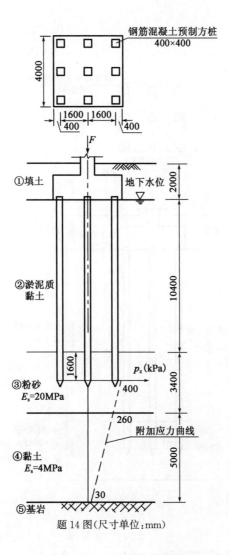

题14图(尺寸单位:mm)

(A)3.6cm   (B)5.4cm

(C)7.9cm   (D)8.6cm

15. 某桩基工程的桩型平面布置、剖面和地层分布如图所示,土层及桩基设计参数见图,承台底面以下存在高灵敏度淤泥质黏土,其地基土承载力特征值 $f_{ak}=90kPa$。试按《建筑桩基技术规范》(JGJ 94—2008)非端承桩桩基计算复合基桩竖向承载力特征值。

(   )

(A)660kN   (B)740kN

(C)820kN   (D)1480kN

16. 某地基饱和软黏土层厚15.0m,软黏土层中某点土体天然抗剪强度 $\tau_{f0}=20kPa$,三轴固结不排水抗剪强度指标 $c_{cu}=0$、$\varphi_{cu}=15°$。该地基采用大面积堆载预压加固,预压荷载为120kPa。堆载预压到120天时,该点土的固结度达到0.75,问此时该点土体抗剪强度最接近下列哪个数值?

(   )

(A)34kPa   (B)37kPa

(C)40kPa   (D)44kPa

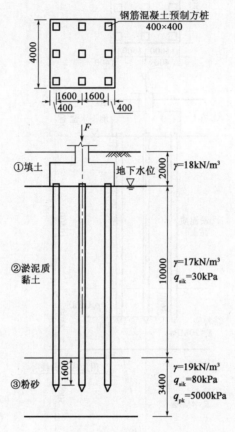

题15图(尺寸单位:mm)

17.某钢筋混凝土条形基础埋深$d=1.5\text{m}$,基础宽$b=1.2\text{m}$,传至基础底面的竖向荷载$F_k+G_k=180\text{kN/m}$(荷载效应标准组合),土层分布如图,用砂夹石将地基中淤泥土全部换填。按《建筑地基处理技术规范》(JGJ 79—2012)验算下卧层的承载力属于下述哪一种情况?(垫层材料重度$\gamma=19\text{kN/m}^3$)   (   )

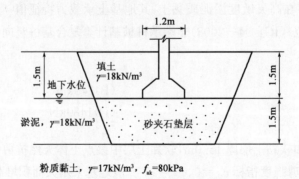

题17图

2005年案例分析试题(下午卷)

$$(A)p_z+p_{cz}<f_{az} \qquad (B)p_z+p_{cz}>f_{az}$$
$$(C)p_z+p_{cz}=f_{az} \qquad (D)p_k+p_{cz}<f_{az}$$

18. 某水泥搅拌桩复合地基,桩长 12m,面积置换率 $m=0.21$。复合土层顶面的附加压力 $p_z=114$kPa,底面附加压力 $p_{zL}=40$kPa,桩间土的压缩模量 $E_s=2.25$MPa,复合土层压缩模量等于天然地基压缩模量的 16.45 倍,桩端下土层压缩量为 12.2cm。试按《建筑地基处理技术规范》(JGJ 79—2012)计算该复合地基总沉降量,其最接近下列哪个数值?(沉降计算经验系数 $\psi_s=0.4$) ( )

(A)13.2cm   (B)14.5cm

(C)15.5cm   (D)16.5cm

19. 某一级边坡永久性岩层锚杆,采用三根热处理钢筋,每根钢筋直径 d 为 10mm,抗拉强度设计值为 $f_y=1000$N/mm²;锚杆锚固段钻孔直径 D 为 0.1m,锚固段长度为 4m,锚固体与软岩的极限黏结强度标准值为 $f_{rbk}=0.3$MPa;钢筋与锚固砂浆间黏结强度设计值 $f_b=2.4$MPa,锚固段长度为 4m;已知夹具的设计拉拔力 y 为 1000kN。根据《建筑边坡工程技术规范》(GB 50330—2013),当拉拔锚杆时,下列哪一个环节最为薄弱? ( )

(A)夹具抗拉   (B)钢筋抗拉强度

(C)钢筋与砂浆间黏结   (D)锚固体与软岩间界面黏结强度

20. 某风化破碎严重的岩质边坡高 H 为 12m,采用土钉加固,水平与竖直方向均为每间隔 1m 打一排土钉,共 12 排,如图所示。按《铁路路基支挡结构设计规范》(TB 10025—2019)提出的潜在破裂面估算方法,请问下列土钉非锚固段长度 L 哪个选项的计算有误? ( )

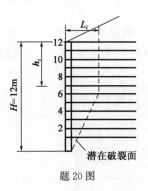

题 20 图

(A)第 2 排,$L_2=1.4$m   (B)第 4 排,$L_4=3.5$m

(C)第 6 排,$L_6=4.2$m   (D)第 8 排,$L_8=4.2$m

21. 某土石坝坝基表层土的平均渗透系数为 $k_1=10^{-5}$cm/s,其下的土层渗透系数为 $k_2=10^{-3}$cm/s。坝下游各段的孔隙率如表所列。设计抗渗透变形的安全系数采用 1.75。请问下列哪一选项为实测水力比降大于允许渗透比降的土层分段? ( )

坝基土层分段	表层土的土粒比重 G_s	表层土的孔隙率 n_1	实测水力比降 J_i	表层土的允许渗透比降
I	2.70	0.524	0.42	
II	2.70	0.535	0.43	
III	2.72	0.524	0.41	
IV	2.70	0.545	0.48	

(A)I 段   (B)II 段

(C)III 段   (D)IV 段

22. 某基坑,开挖深度为 10m,地面以下 2m 为人工填土,填土以下 18m 厚为中、细砂,含水层平均渗透系数 $k=1.0$m/d;砂层以下为黏土层,潜水地下水位在地表以下 2m。已知基坑的等效半径为 $r_0=10$m,降水影响半径 $R=76$m,要求地下水位降到基坑底面以下 0.5m,井点深为 20m,基坑远离边界,不考虑周边水体的影响。问该基坑降水的涌水量最接近下列哪个数值? (   )

(A)342m³/d   (B)380m³/d

(C)425m³/d   (D)453m³/d

23. 在加筋土挡墙中,水平布置的塑料土工格栅置于砂土中,已知单位宽度的拉拔力为 $T=130$kN/m,作用于格栅上的垂直应力为 $\sigma_v=155$kPa,土工格栅与砂土间摩擦系数为 $f=0.35$。问当抗拔安全系数为 1.0 时,按《铁路路基支挡结构设计规范》(TB 10025—2019)计算的该土工格栅的最小锚固长度最接近下列哪个数值? (   )

(A)0.7m   (B)1.2m

(C)1.7m   (D)2.4m

24. 基坑剖面如图所示。板桩两侧均为砂土,$\gamma=19$kN/m³,$\varphi=30°$,$c=0$。基坑开挖深度为 $H=1.8$m,如果抗倾覆稳定安全系数 $K=1.3$,按抗倾覆计算悬臂式板桩的最小入土深度最接近下列哪个数值? (   )

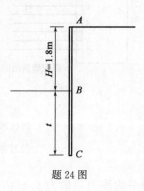

题 24 图

(A)1.8m   (B)2.0m

(C)2.5m   (D)2.8m

2005 年案例分析试题(下午卷)

25. 在陕北地区一自重湿陷性黄土场地上拟建一乙类建筑,基础埋置深度为1.50m,建筑物下一代表性探井土样的湿陷性试验成果如下表所示。其湿陷量 Δ_s 最接近下列哪个数值? ( )

取样深度 (m)	自重湿陷系数 δ_{zs}	湿陷系数 δ_s	取样深度 (m)	自重湿陷系数 δ_{zs}	湿陷系数 δ_s	取样深度 (m)	自重湿陷系数 δ_{zs}	湿陷系数 δ_s
1	0.012	0.075	6	0.030	0.060	11	0.040	0.042
2	0.010	0.076	7	0.035	0.055	12	0.040	0.040
3	0.012	0.070	8	0.030	0.050	13	0.050	0.050
4	0.014	0.065	9	0.040	0.045	14	0.010	0.010
5	0.016	0.060	10	0.042	0.043	15	0.008	0.008

(A)656mm   (B)787mm

(C)732mm   (D)876mm

26. 某一滑动面为折线形的均质滑坡,其主轴断面及作用力参数如图和表所示,取滑坡推力计算安全系数 $\gamma_t = 1.05$,则第③块滑体剩余下滑力 F_3 最接近下列哪个数值? ( )

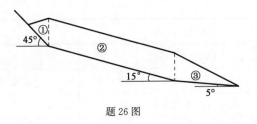

题 26 图

题 26 表

序号	下滑力 T_i(kN/m)	抗滑力 R_i(kN/m)	传递系数 ψ_i
①	3.5×10^4	0.9×10^4	0.756
②	9.3×10^4	8.0×10^4	0.947
③	1.0×10^4	2.8×10^4	

(A)1.36×10^4kN/m   (B)1.80×10^4kN/m

(C)1.91×10^4kN/m   (D)2.79×10^4kN/m

27. 根据勘察资料,某滑坡体正好处于极限平衡状态,稳定系数为 1.0,其两组具代表性的断面数据如图和表所示。试问用反分析法求得的滑动面的黏聚力 c、内摩擦角 φ 最接近下列哪一组数值?(计算方法采用下滑力和抗滑力的水平分力平衡法) ( )

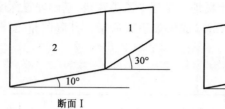
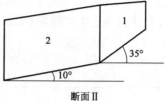

断面 I   断面 II

题 27 图

题 27 表

断 面	块	β(度)	L(m)	G(kN/m)
I	1	30	11.0	696
	2	10	13.6	950
II	1	35	11.5	645
	2	10	15.8	1095

(A)$c=8.0$kPa,$\varphi=14°$　　　　(B)$c=8.0$kPa,$\varphi=11°$

(C)$c=6.0$kPa,$\varphi=11°$　　　　(D)$c=6.0$kPa,$\varphi=14°$

28.某建筑场地抗震设防烈度为 7 度,地下水位深度 $d_w=5.0$m,土层柱状分布如下表所示,拟采用天然地基,按照液化初判条件,建筑物基础埋置深度 d_b 最深不能超过下列哪一个临界深度时方可不考虑饱和粉砂的液化影响?　　　　（　　）

题 28 表

层 序	土 层 名 称	层底深度(m)
1	Q_4^{al+pl} 粉质黏土	6.0
2	Q_4^{al} 淤泥	9.0
3	Q_4^{al} 粉质黏土	10.0
4	Q_4^{al} 粉砂	

(A)1.0m　　　　　　　　　　　(B)2.0m

(C)3.0m　　　　　　　　　　　(D)4.0m

29.某二级公路抢修困难的路基工程,路基边坡高 25m,路基第 i 条土条高度为 22m,宽度为 4m,该条土体重 1800kN/m,条块底面中点切线与水平线的夹角 $\theta=30°$,场地水平向设计基本地震动峰值加速度为 $0.20g$,水平地震作用力对滑动圆心力臂为 30m,滑动圆弧半径为 40m,路基填料在地震作用下的黏聚力 $c=15$kPa,内摩擦角 $\varphi=30°$。试问按《公路工程抗震规范》(JTG B02—2013)计算的该条土体的抗震稳定系数为下列哪个选项?　　　　（　　）

(A)0.85　　　　　　　　　　　(B)0.90

(C)0.92　　　　　　　　　　　(D)0.94

30. 某建筑物按地震作用效应标准组合的基础底面边缘最大压力 $p_{max} = 380\text{kPa}$，地基土为中密状态的中砂。问该建筑物基础深宽修正后的地基承载力特征值 f_a 至少应达到下列哪一个数值时，才能满足验算天然地基地震作用下的竖向承载力的要求？

（　　）

(A)200kPa   (B)245kPa

(C)290kPa   (D)325kPa

2005年案例分析试题答案(下午卷)

标 准 答 案

本试卷由30道题组成,全部为单项选择题。考生可任选25道题作答。每题2分,满分为50分。若考生在答题卡或试卷上的作答超过25道题,则按题目序号从小到大的顺序对作答的前25道题计分及复评试卷,其他作答题目无效。

1	B	2	C	3	C	4	C	5	D
6	D	7	C	8	B	9	B	10	C
11	D	12	A	13	B	14	B	15	B
16	D	17	A	18	A	19	B	20	B
21	D	22	A	23	B	24	B	25	D
26	C	27	B	28	C	29	C	30	B

解 题 过 程

1.[答案] B

[解析] (1)体积:$V = \dfrac{m_s}{\rho_s} = 7854 \text{cm}^3$

(2)试样密度:$\rho = \dfrac{m_p}{V} = \dfrac{15315.30}{7854} = 1.95 \text{g/cm}^3$

(3)试样干密度:$\rho_d = \dfrac{\rho}{1+0.01w} = \dfrac{1.95}{1+0.145} = 1.70 \text{g/cm}^3$

2.[答案] C

[解析] 由《湿陷性黄土地区建筑标准》(GB 50025—2018)第4.3.4条,按插入法,选 $\delta_s = \dfrac{h_p - h'_p}{h_0} = 0.015$ 处压力为 p_{sh},即 $h_p - h'_p = 0.015 \times 20 = 0.3 \text{mm}$ 处压力,$p_{sh} = 125 \text{kPa}$。

3.[答案] C

[解析] 渗透力为水的重度与水力梯度的乘积:

$$J = \gamma_w \times \dfrac{h_1 - h_2}{L} = 10 \times \dfrac{3.0 - 2.5}{10} = 0.50 \text{kN/m}^3$$

4.[答案] C

[解析] (1)滞洪前

原地下水位深度处 $p_B = 18 \times 1 = 18 \text{kPa}$

压缩层底部 $p_C = 18 + (18-10) \times 4 = 50 \text{kPa}$

(2)滞洪后

原地面 $p_A = 18 \times 1 + (18-10) \times 2 = 34 \text{kPa}$

原地下水位深度处 $p_B = 34 + (18-10) \times 1 = 42$ kPa

压缩层底部 $p_C = 42 + (18-10) \times 4 = 74$ kPa

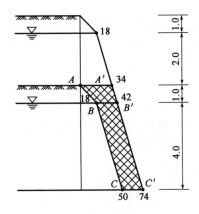

题4解图(尺寸单位:m)

(3)原地面下压缩层压力增加面积 $= \square AA'BB' + \square BB'CC' = \frac{1}{2}(34+42-18) \times 1 +$ $(42-18) \times 4 = 29 + 96 = 125$ kPa·m

(4)原地面下降(压缩层变形) $= 125 \times 2 = 250$ mm

5.[答案] D

[解析]《碾压式土坝设计规范》(DL/T 5395—2007)附录C。

管涌土,$p_c < \dfrac{1}{4(1-n)} \times 100$

(A) $\dfrac{1}{4(1-n_1)} \times 100 = \dfrac{1}{4(1-0.20)} \times 100 = 31.3\%$

(B) $\dfrac{1}{4(1-n_2)} \times 100 = \dfrac{1}{4(1-0.26)} \times 100 = 33.8\%$

(C) $\dfrac{1}{4(1-n_3)} \times 100 = \dfrac{1}{4(1-0.31)} \times 100 = 36.2\%$

(D) $\dfrac{1}{4(1-n_4)} \times 100 = \dfrac{1}{4(1-0.36)} \times 100 = 39.1\%$

因 $p_{c4}(38.0\%) < \dfrac{1}{4(1-0.36)} \times 100 = 39.1\%$,故为管涌形式。

6.[答案] D

[解析] 最大边缘应力为 $80+40=120$ kPa,验算边缘应力时承载力可提高1.2倍,故地基承载力大于100kPa即可。

计算基础结构内力时采用净反力,当反力的最小值为零时,偏心距等于1/6基础宽度,符合小偏心的规定。故A正确。

按地基承载力验算基础底面尺寸时,必须考虑基础及基础台阶上土的自重,故基础底面压力为梯形分布,由上部结构传至基础底面的合力是120kN,作用点距基础中心距离为0.5m;由基础及基础台阶上土的自重产生的合力也是120kPa,作用于基础中点。则合力的总和为240kPa,作用点距离中点的距离0.25m,$e/b=0.83$,大于规范规定的

0.033。故答案 B 和 C 都是正确的。

7. [答案] C

[解析] 地基变形计算值为沉降量加回弹变形,沉降量需要经验系数,回弹量经验系数取 $\psi_c = 1.0$,则

$$192 + 18 = 210\text{mm}$$

8. [答案] B

[解析]《水运工程地基设计规范》(JTS 147—2017) 附录 G。

抛石基床底面受压宽度和长度:

$$B'_{r1} = B_{r1} + 2d_1 = 10 + 2 \times 2 = 14\text{m}$$

$$L'_{r1} = L_{r1} + 2d_1 = 170 + 2 \times 2 = 174\text{m}$$

抛石基床底面有效受压宽度和长度:
$$B'_{re} = B'_{r1} - 2e'_B = 14 - 2 \times 0.5 = 13\text{m}$$
$$L'_{re} = L'_{r1} - 2e'_L = 174 - 2 \times 0 = 174\text{m}$$

9. [答案] B

[解析] (1)将地下车库荷载等效为土层超载厚度

$$d_{eq} = \frac{60 + 0.5 \times 35}{(3 \times 20 + 7 \times 10)/10} = \frac{77.5}{13} = 5.96\text{m}$$

(2)计算 f_a

查承载力修正系数表,$\eta_b = 0.3, \eta_d = 1.6$,则

$$f_a = 170 + 0.3 \times 10 \times (6 - 3) + 1.6 \times \frac{3 \times 20 + 7 \times 10}{10} \times (5.96 - 0.5)$$

$$= 170 + 9 + 113.568 \approx 293\text{kPa}$$

10. [答案] C

[解析] (1)计算基础底面处的附加应力

$$p_0 = 425 - (5 \times 20 + 3 \times 10) = 295\text{kPa}$$

(2)计算基础底面中心点以下深度 18m 处自重力和附加应力

$$p_{cz} = 5 \times 20 + 21 \times 10 = 310\text{kPa}$$

$$\frac{L}{B} = \frac{42}{30} = 1.4, \frac{z}{b} = \frac{18}{15} = 1.2$$

基础中心点附加应力系数:$\alpha = 4 \times 0.171 = 0.684$

所以,$p_{0z} = 295 \times 0.684 = 201.78\text{kPa}$

应力比:$\dfrac{p_{0z}}{p_{cz}} = \dfrac{201.78}{310} = 0.65$

11. [答案] D

[解析] 计算过程见下表。

2005 年案例分析试题答案(下午卷)

第 i 层土	基底至第 i 层土底面距离 z_i (m)	z_{i-1} (m)	α_i	α_{i-1}	$A_i = z_i \times \alpha_i - z_{i-1} \times \alpha_{i-1}$	E_{si} (MPa)	p_0 (kPa)	s_i (mm)
1	1.6	0	$4 \times 0.2346 = 0.9384$	1	1.50144	16	130	12.20
2	3.2	1.6	$4 \times 0.1939 = 0.7756$	0.9384	0.98048	11	130	11.59
3	6.0	3.2	$4 \times 0.1369 = 0.5476$	0.7756	0.80368	25	130	4.18
4	30	6.0	—	—	—	60	130	—

所以，$s' = 12.20 + 11.59 + 4.18 = 27.97\text{mm}$

$\psi_s = 0.4$，则 $s = 0.4 \times 27.97 = 11.19\text{mm}$

12.[答案] A

[解析]（1）$a_{11} = 1.8 > h_0 = 1.0$，则

$$\lambda_{11} = \frac{a_{11}}{h_0} = \frac{1.8}{1.0} = 1.8 > 1.0$$

取 $\lambda_{11} = 1.0$，则 $a_{11} = 1.0$。

（2）$h = 1.1$，$\beta_{hp} = 0.975$

（3）$\beta_{11} = \dfrac{0.56}{\lambda_{11} + 0.2} = 0.467$

（4）$\beta_{11}(2c_1 + a_{11})\beta_{hp}\tan\dfrac{\theta_1}{2}f_t h_0$

$= 0.467 \times (2 \times 2.2 + 1.0) \times 0.975 \times \tan\dfrac{60°}{2} \times 1700 \times 1.0$

$= 2413.26\text{kN}$

注：（1）β_{hp} 用 h_0 计算时，得到 $\beta_{hp} = 0.983$，则结果为 2433.06kN。

（2）a_{11} 仍用 1.8 计算时，则结果为 2770.78kN。

（3）$a_{11} = 1.8$，$\beta_{hp} = 0.983$ 时，则结果为 2793.5kN。

13.[答案] B

[解析]《建筑桩基技术规范》(JGJ 94—2008) 第 5.4.6 条。

$$T_{uk} = \sum \lambda_i q_{sik} u_i l_i$$

从桩底起算 $5d = 5 \times 1.0 = 5\text{m}$ 范围内：

$u = \pi D = 3.14 \times 1.8 = 5.652\text{m}$

从桩底起算 5m 以上：

$u = \pi d = 3.14 \times 1.0 = 3.14\text{m}$

查表 5.4.6-2，因 $l/d = 1.2/1.0 = 12 < 20$，得到粉质黏土 $\lambda = 0.7$，砂土 $\lambda = 0.5$。

故 $T_{uk} = 0.7 \times 40 \times 3.14 \times 2 + 0.5 \times 60 \times 3.14 \times 5 + 0.5 \times 80 \times 5.652 \times 5$

$\qquad = 1777.24\text{kN}$

14.[答案] B

[解析]（1）已知 $S_a/d = 4$，$l/d = 30$，$L_c/B_c = 1$，查《建筑桩基技术规范》(JTG 94—

$2008): C_0 = 0.055, C_1 = 1.477, C_2 = 6.843$

$(2) \psi_e = \dfrac{0.055 + (3-1)}{1.477 \times (3-1) + 6.843} = 0.2591$

$(3) S = 1 \times 0.2591 \times \{(330 \times 180/20000) + (145 \times 500/4000)\} = 5.47 \text{cm}$

15. [答案] B

[解析] 考虑承台效应的复合基桩竖向承载力特征值可按下式确定:

$R = R_a + \eta_c f_{ak} A_c$，取 $\eta_c = 0$。

$Q_{uk} = Q_{sk} + Q_{pk} = u \sum q_{sik} l_i + q_{pk} A_p$

$= 4 \times 0.4 \times (30 \times 10 + 80 \times 1.6) + 5000 \times 0.4^2 = 1484.8 \text{kN}$

$R = R_a + \eta_c f_{ak} A_c = \dfrac{Q_{uk}}{2} + 0 = \dfrac{1484.8}{2} = 742.4 \text{kN}$

16. [答案] D

[解析] $\tau_{ft} = \tau_{f0} + \Delta \sigma_t U_t \tan \varphi_{cu} = 20 + 120 \times 0.75 \times \tan 15° = 44 \text{kPa}$

17. [答案] A

[解析] (1) 基础底面平均压力: $P_k = \dfrac{F_k + G_k}{A} = \dfrac{180}{1.2} = 150 \text{kPa}$

(2) 基础底面处土自重应力: $P_c = 1.8 \times 1.5 = 27 \text{kPa}$

(3) 垫层底面处土自重应力: $P_{cz} = 18 \times 1.5 + (19 - 10) \times 1.5 = 40.5 \text{kPa}$

(4) 因为 $z/b = 1.5/1.2 = 1.25 > 0.5$，查表得，$\theta = 30°$，所以得出，垫层底面处附加应力: $P_z = \dfrac{(P_k - P_c)}{b + 2z\tan\theta} = \dfrac{1.2 \times (150 - 27)}{1.2 + 2 \times 1.5 \times \tan 30°} = 50.4 \text{kPa}$

(5) 垫层底面处经深度修正后的地基承载力特征值:

$f_{az} = f_{ak} + \eta_d \gamma_m (d + z - 0.5) = 80 + 1.0 \times 40.5/3 \times (3 - 0.5) = 113.7 \text{kPa}$

(6) $P_z + P_{cz} = 50.4 + 40.5 = 90.9 < f_{az} = 113.7 \text{kPa}$

18. [答案] A

[解析] (1) $E_{sp} = 16.45 E_s = 16.45 \times 2.25 = 37 \text{MPa}$

(2) $s_1 = \psi_s \dfrac{\Delta p}{E_s} H = 0.4 \times \dfrac{0.5 \times (114 + 40)}{37} \times 12 = 10.0 \text{mm} = 1.0 \text{cm}$

(3) $s = s_1 + s_2 = 1.0 + 12.2 = 13.2 \text{cm}$

19. [答案] B

[解析] (1) 钢筋锚杆抗拉:

$N_{ak_1} = \dfrac{1}{K_s} f_y A_s \cdot n = \dfrac{3}{2.2} \times 1000 \times \pi \times 5^2 = 107 \text{kN}$

(2) 锚固体与岩层间:

$N_{ak_2} = \dfrac{1}{K} f_{rb} \pi D \cdot l_a = \dfrac{1}{2.6} \times 300 \times \pi \times 0.1 \times 4 = 145 \text{kN}$

(3) 钢筋锚杆与砂浆:

$N_{ak_3} = \dfrac{1}{K} l_a n \pi d \cdot f_b = \dfrac{1}{2.6} \times 4 \times 3 \times \pi \times 0.01 \times 2400 = 345 \text{kN}$

(4)夹具:1000kN

20.[答案] B

[解析] 计算公式为:

$h_i \leqslant \dfrac{1}{2}H$ 时，$L = (0.3 \sim 0.35)H$

$h_i > \dfrac{1}{2}H$ 时，$L = (0.6 \sim 0.7)(H - h_i)$

因岩体风化破碎严重，取大值:

$h_i \leqslant \dfrac{1}{2}H$ 时，$L = 0.35H$

$h_i > \dfrac{1}{2}H$ 时，$L = 0.7(H - h_i)$

第 2 排:$h_i = 10\text{m} > \dfrac{1}{2}H$, $L_2 = 0.4(12-10) = 1.4\text{m}$,正确。

第 4 排:$h_4 = 8\text{m} > \dfrac{1}{2}H$, $L_4 = 0.4(12-8) = 2.8\text{m}$,有误。

第 6 排:$h_6 = 6\text{m} = \dfrac{1}{2}H$, $L_6 = 0.35 \times 12 = 4.2\text{m}$,正确。

第 8 排:$h_8 = 4\text{m} < \dfrac{1}{2}H$, $L_8 = 0.35 \times 12 = 4.2\text{m}$,正确。

21.[答案] D

[解析] 根据《碾压式土石坝设计规范》(DL/T 5395—2007)第 10.2.4 条,用公式 (10.2.4-1):

$$J_{a-x} > \dfrac{(G_{s1} - 1)(1 - n_1)}{K}, \quad n_1 = \dfrac{e}{1+e}$$

允许渗透比降计算成果列于下表:

题 21 解表

坝基土层分段	表层土的比重 G_s	表层土的孔隙率 n_1	实测水力比降 J_i	表层土的允许渗透比降
I	2.70	0.524	0.42	0.462
II	2.70	0.535	0.43	0.452
III	2.72	0.524	0.41	0.468
IV	2.70	0.545	0.48	0.442

表中IV段的实测水力比降 J 为 0.48,而IV段表层土的计算允许渗透比降为 0.442,故为渗透变形土。

22.[答案] A

[解析] 计算公式为:

$$Q = \pi k \dfrac{(2H - S_d)S_d}{\ln\left(1 + \dfrac{R}{r_0}\right)}$$

$S_d = 8 + 0.5 = 8.5\text{m}$

$$H = 18\text{m}, R = 76\text{m}, r_0 = 10\text{m}, k = 1.0\text{m/d}$$

$$\text{故,} Q = 3.14 \times 1.0 \times \frac{(36 - 8.5) \times 8.5}{\ln(1 + 7.6)} = 341\text{m}^3/\text{d}$$

23. [答案] B

[解析]《铁路路基支挡结构设计规范》(TB 10025—2019)第9.2.3条。

$$S_{fi} = 2\sigma_v a L_b f$$

当 $k_s = 1.0$ 时,$S_{fi} = T$, $a = 1.0\text{m}$

$$L_b = \frac{T}{2\sigma_v f} = \frac{130}{2 \times 155 \times 0.35} = 1.2\text{m}$$

24. [答案] B

[解析] 主动土压力系数:$K_a = \tan^2\left(45° - \frac{30°}{2}\right) = \frac{1}{3}$

被动土压力系数:$K_p = \tan^2\left(45° + \frac{30°}{2}\right) = 3.0$

$$\frac{M_p}{M_a} \geqslant 1.3, E_p = K_p \cdot \frac{1}{2}\gamma t^2, M_p = \frac{1}{2}K_p\gamma t^2 \cdot \frac{t}{3} = \frac{1}{6}K_p\gamma t^3$$

$$E_a = K_a \cdot \frac{1}{2}\gamma(1.8 + t)^2, M_a = \frac{1}{6}K_a\gamma(1.8 + t)^3$$

$$3t^3 = \frac{1}{3}(1.8 + t)^3 \times 1.3$$

$$t^3 = \frac{1.3}{9}(1.8 + t)^3, t = 2.0\text{m}$$

25. [答案] D

[解析]《湿陷性黄土地区建筑标准》(GB 50025—2018)第4.4.3条、4.4.4条。

陕北地区,查表4.4.3得:$\beta_0 = 1.2$。则

$$\Delta_s = \sum_{i=1}^{n}\alpha\beta\delta_{si}h_i = 1.0 \times 1.5 \times (0.076 + 0.070 + 0.065 + 0.060 + 0.060) \times 1000 +$$

$$1.0 \times 1.2 \times (0.055 + 0.050 + 0.045 + 0.043 + 0.042) \times 1000 +$$

$$0.9 \times 1.2 \times (0.040 + 0.050) \times 1000$$

$$= 496.5 + 282.0 + 97.2 = 875.7\text{mm}$$

26. [答案] C

[解析] $\Psi_1 = 0.756, \Psi_2 = 0.947$

$$F_1 = (1.05 \times 3.5 \times 10^4) - (0.9 \times 10^4) = 2.775 \times 10^4\text{kN/m}$$

$$F_2 = (2.775 \times 10^4 \times 0.756) + (1.05 \times 9.3 \times 10^4) - 8.0 \times 10^4$$

$$= 3.8629 \times 10^4\text{kN/m}$$

$$F_3 = (3.8629 \times 10^4 \times 0.947) + (1.05 \times 1.0 \times 10^4) - 2.8 \times 10^4$$

$$= 1.91 \times 10^4\text{kN/m}$$

27. [答案] B

[解析] 要使各条块下滑力与抗滑力的水平之和相等($K=1.0$)，才能列出联立方程式，求解 c 和 φ。

下滑的水平分力：$\sum G_i \sin\beta_i \cos\beta_i$

抗滑力的水平分力：$\sum(G_i \cos^2\beta_i \tan\varphi + cl_i \cos\beta_i)$

断面 I：

$\sum G_i \sin\beta_i \cos\beta_i = 696 \times \sin30°\cos30° + 950 \times \sin10°\cos10° = 463.84 \text{kN/m}$

$\sum(G_i \cos^2\beta_i \tan\varphi + cl_i \cos\beta_i) = (696 \times \cos^2 30° + 950 \times \cos^2 10°)\tan\varphi + (11.0 \times \cos30° +$
$$13.6 \times \cos10°)c$$
$$=1143.35\tan\varphi + 22.92c$$

断面 II：

$\sum G_i \sin\beta_i \cos\beta_i = 645 \times \sin35°\cos35° + 1095 \times \sin10°\cos10° = 490.31$

$\sum(G_i \cos^2\beta_i + cl_i \cos\beta_i) = (645 \times \cos^2 35° + 1095 \times \cos^2 10°)\tan\varphi + (11.5 \times \cos35° +$
$$15.8 \times \cos10°)c$$
$$=1494.78\tan\varphi + 24.98c$$

联立方程如下：

$$\begin{cases} 1443.35\tan\varphi + 22.92c = 463.84 \\ 1494.78\tan\varphi + 24.98c = 490.31 \end{cases}$$

解出：$c = 8.0\text{kPa}$；$\tan\varphi = 0.1944$，$\varphi = 11.0°$。

28. [答案] C

[解析] 已知条件：

地下水位深度 $d_w = 5.0\text{m}$

上覆非液化土层厚度(扣除淤泥) $d_u = 7.0\text{m}$

液化土特征深度(7 度、粉砂) $d_0 = 7\text{m}$

按照初判条件，不考虑液化影响的条件为：

$d_u > d_0 + d_b - 2$，$d_b < d_u - d_0 + 2 = 7 - 7 + 2 = 2\text{m}$

$d_w > d_0 + d_b - 3$，$d_b < d_w - d_0 + 3 = 5 - 7 + 3 = 1\text{m}$

$d_u + d_w > 1.5d_0 + 2d_b - 4.5$，$d_b < \dfrac{1}{2}(d_u + d_w - 1.5d_0 + 4.5) = \dfrac{1}{2}(7 + 5 - 1.5 \times 7 +$

$4.5) = 3\text{m}$

取上述结果的最大值，得 $d_b < 3\text{m}$ 为临界值。

29. [答案] C

[解析] 根据《公路工程抗震规范》(JTG B02—2013)第 8.2.6 条：

(1)计算水平地震作用 E_{hsi}：

二级公路，抢修困难属抗震重点工程，查表知 $C_i = 1.3$，

2005 年案例分析试题答案（下午卷）

$$H = 25\text{m} > 20\text{m}, \psi_j = 1.0 + \frac{0.6}{25-20} \times (22-20) = 1.24$$

$$E_{hsi} = C_iC_zA_h\psi_jG_{si}/g = 1.3 \times 0.25 \times 0.20g \times 1.24 \times 1800/g = 145.1\text{kN/m}$$

(2)计算竖向地震作用 E_{vsi}:

根据 $A_h=0.20g$,查表对应 $A_v=0.10g$,

$$E_{vsi} = C_iC_zA_vG_{si}/g = 1.3 \times 0.25 \times 0.10g \times \frac{1800}{g} = 58.5\text{kN/m}$$

(3) E_{vsi} 取正值计算:

$$K_c = \frac{\sum\limits_{i=1}^{n}\{cB\sec\theta + [(G_{si}+E_{vsi})\cos\theta - E_{hsi}\sin\theta]\tan\varphi\}}{\sum\limits_{i=1}^{m}[(G_{si}+E_{vsi})\sin\theta + M_h/r]}$$

$$= \frac{15 \times 4/\cos30° + [(1800+58.5)\cos30° - 145.1 \times \sin30°] \times \tan30°}{(1800+58.5)\sin30° + 145.1 \times 30/40}$$

$$= 0.922$$

(4) E_{vsi} 取负值计算:

$$K_c = \frac{15 \times 4/\cos30° + [(1800-58.5)\cos30° - 145.1 \times \sin30°]\tan30°}{(1800-58.5)\sin30° + 145.1 \times 30/40} = 0.917$$

取小值, $K_c=0.917$。

30. [答案] B

　　[解析] (1) $P_{max} \leqslant 1.2f_{aE}$,则

$$f_{aE} \geqslant \frac{P_{max}}{1.2} = \frac{380}{1.2} = 316.7\text{kPa}$$

(2) $f_{aE} = \zeta_af_a$,且 $\zeta_a = 1.3$,则

$$f_a = \frac{f_{aE}}{\zeta_a} \geqslant \frac{316.7}{1.3} = 243.6\text{kPa}$$

2006年案例分析试题(上午卷)

1. 某地地层构成如下:第一层为粉土 5m,第二层为黏土 4m,两层土的天然重度均为 18kN/m³,其下为强透水砂层,地下水为承压水,赋存于砂层中,承压水头与地面持平,在该场地开挖基坑不发生突涌的临界开挖深度为下列哪个选项? ( )

(A)4.0m (B)4.5m (C)5.0m (D)6.0m

2. 用高度为 20mm 的试样做固结试验,各压力作用下的压缩量见下表,用时间平方根法求得固结度达到 90% 时的时间为 9min,则计算压力 $p = 200$kPa 下的固结系数 C_v 为下列何值? ( )

题 2 表

压力 p (kPa)	0	50	100	200	400
压缩量 d (mm)	0	0.95	1.25	1.95	2.5

(A)0.8×10^{-3} cm²/s (B)1.3×10^{-3} cm²/s
(C)1.6×10^{-3} cm²/s (D)2.6×10^{-3} cm²/s

3. 下图是一组不同成孔质量的预钻式旁压试验曲线,请问哪条曲线是正常的旁压曲线? 并分别说明其他几条曲线不正常的原因。 ( )

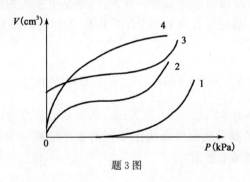

题 3 图

(A)1 线 (B)2 线 (C)3 线 (D)4 线

4. 已知粉质黏土的土粒相对密度为 2.73,含水量为 30%,土的重度为 1.85g/cm³,浸水饱和后,该土的水下有效重度最接近下列哪个选项? ( )

(A)7.5kN/m³ (B)8.0kN/m³
(C)8.5kN/m³ (D)9.0kN/m³

5. 某工程场地有一厚 11.5m 砂土含水层,其下为基岩,为测砂土的渗透系数打一钻孔到基岩顶面,并以 $1.5 \times 10^3 \, \text{cm}^3/\text{s}$ 的流量从孔中抽水,距抽水孔 4.5m 和 10.0m 处各打一观测孔,当抽水孔水位降深为 3.0m 时,分别测得观测的降深分别为 0.75m 和 0.45m,用潜水完整井公式计算的砂土层渗透系数 K 值最接近下列哪个选项? （　）

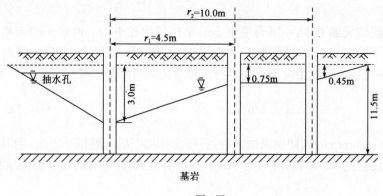

题 5 图

(A)7m/d   (B)6m/d   (C)5m/d   (D)4m/d

6. 条形基础宽度为 3.6m,合力偏心距为 0.8m,基础自重和基础上的土重为 100kN/m,相应于荷载效应标准组合时上部结构传至基础顶面的竖向力值为 260kN/m,修正后的地基承载力特征值至少要达到下列哪个选项中的数值时才能满足承载力验算要求? （　）

(A)120kPa   (B)200kPa   (C)240kPa   (D)288kPa

7. 季节性冻土地区在城市近郊拟建一开发区,地基土主要为黏性土,冻胀性分类为强冻胀,采用方形基础、基底压力为 130kPa,不采暖,若标准冻深为 2.0m,基础的最小埋深最接近下列哪个数值? （　）

(A)0.4m   (B)0.6m   (C)0.97m   (D)1.62m

8. 某稳定边坡坡角为 30°,坡高 H 为 7.8m,条形基础长度方向与坡顶边缘线平行,基础宽度 B 为 2.4m,若基础底面外缘线距坡顶的水平距离 a 为 4.0m 时,基础埋置深度 d 最浅不能小于下列哪个数值? （　）

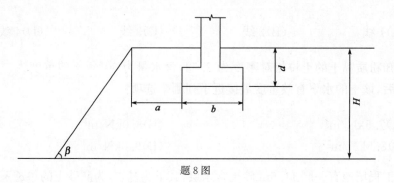

题 8 图

2006 年案例分析试题(上午卷)

(A)2.54m (B)3.04m (C)3.54m (D)4.04m

9.有一工业塔高30m,正方形基础,边长4.2m,埋置深度2.0m,在工业塔自身的恒载和可变荷载作用下,基础底面均布压力为200kPa,在离地面高18m处有一根与相邻构筑物连接的杆件,连接处为铰接支点,在相邻建筑物施加的水平力作用下,不计基础埋置范围内的水平土压力,为保持基底面压力分布不出现负值,则该水平力最大不能超过下列何值? ( )

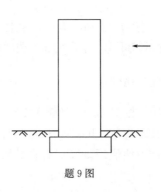

题9图

(A)100kN (B)112kN (C)123kN (D)136kN

10.砌体结构纵墙各个沉降观测点的沉降量见下表,根据沉降量的分布规律,下列4个选项中哪个是砌体结构纵墙最可能出现的裂缝形态?并分别说明原因。 ( )

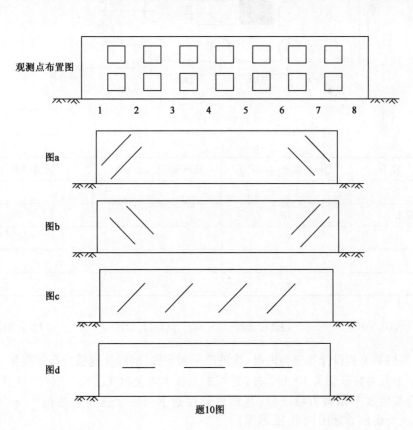

题10图

观测点	1	2	3	4	5	6	7	8
沉降量(mm)	102.23	125.46	144.82	165.39	177.45	180.63	195.88	210.56

(A)如图 a 所示的正八字缝　　　　　　(B)如图 b 所示的倒八字缝

(C)如图 c 所示的斜裂缝　　　　　　　(D)如图 d 所示的水平缝

11. 基础的长边 $l=3.0\text{m}$,短边 $b=2.0\text{m}$,偏心荷载作用在长边方向,问计算最大边缘压力时所用的基础底面截面抵抗矩 W 为下列哪个选项中的值?　　　　(　　)

(A)2m^3　　　　　　(B)3m^3　　　　　　(C)4m^3　　　　　　(D)5m^3

12. 某桩基工程设计等级为丙级,其桩型平面布置、剖面及地层分布如图所示,土层物理力学指标见表,按《建筑桩基技术规范》(JGJ 94—2008)计算群桩呈整体破坏与非整体破坏的基桩的抗拔极限承载力标准值比值 (T_{gk}/T_{uk}) 计算结果最接近下列哪个选项?　(　　)

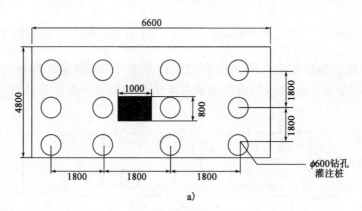

a)

题 12 图(尺寸单位:mm)

题 12 表

土 层 名 称	极限侧阻力 q_{sik}(kPa)	极限端阻力 q_{pik}(kPa)	抗拔系数 λ
①填土			
②粉质黏土	40		0.7
③粉砂	80	3000	0.6
④黏土	50		
⑤细砂	90	4000	

(A)0.90　　　　　(B)1.05　　　　　(C)1.20　　　　　(D)1.38

13. 某桩基工程设计等级为丙级,其桩型平面布置、剖面及地层分布如图所示,已知单桩水平承载力特征值为 100kN,按《建筑桩基技术规范》(JGJ 94—2008)计算群桩基础的复合基桩水平承载力特征值,其结果最接近下列哪个选项中的值?($\eta_r=2.05$,$\eta_l=0.3$,$\eta_b=0.2$,本题图同第12题图)　　　　　　　(　　)

(A)108kN　　　　(B)135kN　　　　(C)156kN　　　　(D)176kN

14. 某桩基工程设计等级为乙级,其桩型平面布置、剖面及地层分布如图所示,土层物理力学指标及有关数据见表,荷载效应准永久组合下作用于承台底的平均附加应力为420kPa,沉降计算经验系数中 $\Psi=1.1$,地基沉降计算深度至第⑤层顶面,按《建筑桩基技术规范》(JGJ 94—2008)验算桩基中心点处最终沉降量,其计算结果接近下列哪个选项中的值? (本题图同第12题,$C_0=0.09$,$C_1=1.5$,$C_2=6.6$) 　　(　)

题14表

土层名称	重度γ(kN/m³)	压缩模量E_s(MPa)	z(m)	z/b	$\bar{\alpha}_i$	$z_i\bar{\alpha}_i$	$z_i\bar{\alpha}_i-z_{i-1}\bar{\alpha}_{i-1}$	E_{si}	$(z_i\bar{\alpha}_i-z_{i-1}\bar{\alpha}_{i-1})/E_{si}$
①填土	18								
②粉质黏土	18								
③粉砂	19	30	0	0	0.25	0			
④黏土	18	10	3	1.25	0.22	0.660			
⑤细砂	19	60	7	2.92	0.154	1.078			

　　(A)9mm　　　　(B)35mm　　　　(C)52mm　　　　(D)78mm

15. 大面积填海地工程平均海水深约 2.0m,淤泥层平均厚度为 10.0m,重度为 15kN/m³,采用 $e\text{-}\lg P$ 曲线计算该淤泥层固结沉降,已知该淤泥层属正常固结土,压缩指数 $C_c=0.8$,天然孔隙比 $e_0=2.33$,上覆填土在淤泥层中产生的附加压力按 120kPa 计算,该淤泥层固结沉降量取以下哪个选项中的值? 　　(　)

　　(A)1.85m　　　　(B)1.95m　　　　(C)2.05m　　　　(D)2.2m

16. 某松散砂土地基 $e_0=0.85$,$e_{max}=0.90$,$e_{min}=0.55$,采用挤密砂桩加固,砂桩采用正三角形布置,间距 $S=1.6m$,孔径 $d=0.6m$,桩孔内填料就地取材,填料相对密度和挤密后场地砂土的相对密度相同,不考虑振动下沉密实和填料充值系数,则每米桩孔内需填入松散砂($e_0=0.85$)多少立方米? 　　(　)

　　(A)0.28m³　　　　(B)0.32m³　　　　(C)2.05m³　　　　(D)0.4m³

17. 某建筑基础采用独立柱基,柱基尺寸为 6m×6m,埋深 1.5m,基础顶面的轴心荷载 $F_k=6000kN$,基础和基础上土重 $G_k=1200kN$,场地地层为粉质黏土,$f_{ak}=120kPa$,$\gamma=18kN/m³$,由于承载力不能满足要求,拟采用灰土换填垫层处理,当垫层厚度为2.0m 时,采用《建筑地基处理技术规范》(JGJ 79—2012)计算,垫层底面处的附加压力最接近下列哪个选项? 　　(　)

　　(A)27kPa　　　　(B)63kPa　　　　(C)78kPa　　　　(D)94kPa

18. 采用水泥土搅拌桩加固地基,桩径取 $d=0.5m$,等边三角形布置。复合地基置

换率 $m=0.18$,桩间土承载力特征值 $f_{sk}=70$kPa,桩间土承载力发挥系数 $\beta=0.50$,现要求复合地基承载力特征值达到 160kPa,问水泥土抗压强度平均值 f_{cu}(90d 大龄期的折减系数 $\eta=0.3$)达到下述何值才能满足要求? （　　）

　　(A)2.03MPa　　　　(B)2.23MPa　　　　(C)2.43MPa　　　　(D)2.63MPa

19. 有一滑坡体体积为 10000m³,滑体重度为 20kN/m³,滑面倾角为 20°,内摩擦角 $\varphi=30°$,黏聚力 $c=0$,水平地震加速度 a 为 0.1g 时,用拟静力法计算的稳定系数 F_S 最接近下列哪一个数值? （　　）

　　(A)1.4　　　　　　(B)1.3　　　　　　(C)1.2　　　　　　(D)1.1

20. 浅埋洞室半跨 $b=3.0$m,高 $h=8$m,上覆松散体厚度 $H=20$m,重度 $\gamma=18$kN/m³,黏聚力 $c=0$,内摩擦角 $\varphi=20°$,则用太沙基理论计算的 AB 面上的均布压力最接近下列哪个选项中的值? （　　）

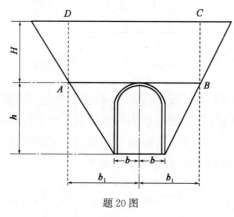

题 20 图

　　(A)421kN/m²　　　(B)382kN/m²　　　(C)315kN/m²　　　(D)285kN/m²

21. 现需设计一个无黏性土的简单边坡,已知边坡高度为 10m,土的内摩擦角 $\varphi=45°$,黏聚力 $c=0$。当边坡角 β 最接近下列哪个选项中的值时,其安全系数 $F_s=1.3$? （　　）

　　(A)45°　　　　　　(B)41.4°　　　　　(C)37.6°　　　　　(D)22.8°

22. 某基坑潜水含水层厚度为 20m,含水层渗透系数 $K=4$m/d,平均单井出水量 $q=500$m³/d,井群的引用影响半径 $R_0=130$m,井群布置如图。试按行业标准《建筑基坑支护技术规程》(JGJ 120—2012)计算该基坑中心点水位降深 s 最接近下列哪个选项中的值? （　　）

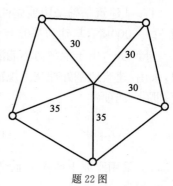

　　(A)4.4m

　　(B)9.0m

　　(C)5.3m

题 22 图

(D)1.5m

23. 在密实砂土地基中进行地下连续墙的开槽施工,地下水位与地面齐平,砂土的饱和重度 $\gamma_{sat}=20.2kN/m^3$,内摩擦角 $\varphi=38°$,黏聚力 $c=0$,采用水下泥浆护壁施工,槽内的泥浆与地面齐平,形成一层不透水的泥皮,为了使泥浆压力能平衡地基砂土的主动土压力,使槽壁保持稳定,泥浆相对密度至少应达到下列哪个选项中的值? ( )

(A)1.24   (B)1.35   (C)1.45   (D)1.56

24. 一个矩形断面的重力挡土墙,设置在均匀地基土上,墙高 10m,墙前埋深 4m,墙前地下水位在地面以下 2m,如图所示,墙体混凝土重度 $\gamma_{cs}=22kN/m^3$,墙后地下水位在地面以下 4m,墙后的水平方向的主动土压力与水压力的合力为 1550kN/m,作用点距墙底 3.6m,墙前水平方向的被动土压力与水压力的合力为 1237kN/m,作用点距离底 1.7m,在满足抗倾覆稳定安全系数 $F_s=1.2$ 的情况下,墙的宽度 b 最接近下列哪一个选项? ( )

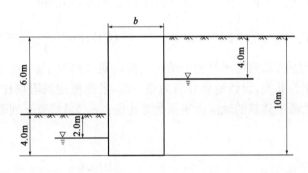

题 24 图

(A)5.62m   (B)6.16m   (C)6.94m   (D)7.13m

25. 如图所示,某山区公路路基宽度 $B=20m$,下伏一溶洞,溶洞跨度 $b=8m$,顶板为近似水平厚层状裂隙不发育坚硬完整的岩层,现设顶板岩体的抗弯强度为 4.2MPa,顶板总荷重 $Q=19000kN/m$,试问在安全系数为 2.0 时,按梁板受力抗弯情况(设最大弯矩为 $M=\frac{1}{12}Qb^2$)估算的溶洞顶板的最小安全厚度最接近下列哪个选项? ( )

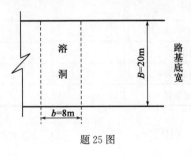

题 25 图

(A)5.4m   (B)4.5m   (C)3.8m   (D)2.7m

26. 存在大面积地面沉降的某市地下水位下降平均值率为 1m/年,现地下水位地面 5m 处,主要地层结构参数见下表,试问用分层总和法估算,今后 15 年内地面总沉降量最接近下列哪个选项? （　　）

题 26 表

层　　号	地层名称	层厚 h(m)	层底埋深(m)	压缩模量 E_s(MPa)
1	粉质黏土	8	8	5.2
2	粉土	7	15	6.7
3	细砂	18	33	12
4	不透水岩石			

(A)613mm　　　　(B)469mm　　　　(C)320mm　　　　(D)291mm

27. 对某路基下岩溶层采用灌浆处理,其灌浆的扩散半径为 $R=1.5$m,灌浆段厚度为 $h=5.4$m,岩溶裂隙率 $\mu=0.24$,有效充填系数 $\beta=0.85$,超灌系数 $\alpha=1.2$,岩溶裂隙充填率 $\gamma=0.1$,试问估算的单孔灌浆量约为以下哪个选项中的值? （　　）

(A)9.3m³　　　　(B)8.4m³　　　　(C)7.8m³　　　　(D)5.4m³

28. 同一场地上甲、乙两座建筑物的结构自振周期分别为 $T_甲=0.25$s,$T_Z=0.60$s,已知建筑场地类别为 Ⅱ 类,设计地震分组为第一组,若两座建筑阻尼比都取 0.05,问在抗震验算时,甲、乙两座建筑的地震影响系数之比($\alpha_甲/\alpha_Z$)最接近下列哪个选项? （　　）

(A)1.6　　　　　　　　　　　　　(B)0.6
(C)1.2　　　　　　　　　　　　　(D)条件不足,无法计算

29. 已知某建筑场地土层分布如表所示,为了按《建筑抗震设计规范》(GB 50011—2010)划分抗震类别,测量土层剪切波速的钻孔应达到下列哪一选项中的深度即可? 并说明理由。 （　　）

题 29 表

层　序	岩土名称和性状	层厚(m)	层底深度(m)
1	填土 $f_{ak}=150$kPa	5	5
2	粉质黏土 $f_{ak}=200$kPa	10	15
3	稍密粉细砂	15	30
4	稍密—中密细砂	30	60
5	坚硬稳定基岩		

(A)15m　　　　(B)20m　　　　(C)30m　　　　(D)60m

30. 在地震基本烈度为 8 度的场区修建一座桥梁,场区地下水位埋深 5m,场地土为:0～5m,非液化黏性土;5～15m,松散均匀的粉砂;15m 以下为密实中砂。

2006 年案例分析试题（上午卷）

按《公路工程抗震规范》(JTG B02—2013)计算判别深度为 5～15m 的粉砂层为液化土层,液化抵抗系数均为 0.7,若采用摩擦桩基础,深度 5～15m 的单桩摩阻力的综合折减系数 α 应为下列哪一个选项? （　）

(A)1/6　　　　　(B)1/3　　　　　(C)1/2　　　　　(D)2/3

2006年案例分析试题答案（上午卷）

标准答案

本试卷由30道题组成，全部为单项选择题。考生可任选25道题作答。每题2分，满分为50分。若考生在答题卡或试卷上的作答超过25道题，则按题目序号从小到大的顺序对作答的前25道题计分及复评试卷，其他作答题目无效。

1	A	2	B	3	B	4	D	5	C
6	B	7	D	8	A	9	C	10	C
11	B	12	A	13	D	14	B	15	A
16	B	17	D	18	C	19	C	20	D
21	C	22	B	23	A	24	D	25	C
26	D	27	B	28	A	29	B	30	C

解 题 过 程

1.[答案] A

[解析]《岩土工程勘察规范》(GB 50021—2001)(2009年版)第7.3.2条条文说明。

$$H > \frac{\gamma_w}{\gamma} \cdot h = \frac{10}{18} \times 9 = 5\text{m}$$

$$d = (5+4) - 5 = 4\text{m}$$

2.[答案] B

[解析]《土工试验方法标准》(GB/T 50123—2019)第17.2.3条。

$$\bar{h} = \frac{1}{2} \times \frac{1}{2} \times [(20-1.25) + (20-1.95)] = 9.2\text{mm}（即 0.92\text{cm}）$$

$$C_v = \frac{0.848\bar{h}^2}{T_{90}} = \frac{0.848 \times (0.92)^2}{9 \times 60} = 1.329 \times 10^{-3}\text{cm}^2/\text{s}$$

3.[答案] B

[解析] 曲线1：旁压器探头体积很小时已产生较大的初始压力，说明钻孔直径偏小，产生了压力增加时旁压器不能膨胀的现象。

曲线2：正常的旁压曲线。

曲线3：旁压器探头在压力较小已有较大的体积变形，说明钻孔直径偏大，使得较小压力下发生较大的变形，侧土约束很弱。

曲线4：在体积增大到一个较大值后才逐渐移至水平段，说明土体扰动严重，不能发挥土体应有的约束作用。

4.[答案] D

[解析] 已知：$G_s = 2.73$，$w = 30\%$，取 $g = 10\text{m/s}^2$，$\rho_w = 1.0\text{g/cm}^3$，$\rho = 1.85\text{g/cm}^3$

$$\rho = \frac{G_s(1+W)}{1+e}$$

$$e = \frac{G_s(1+W)}{\rho} - 1.0 = \frac{2.73 \times (1+30\%)}{1.85} - 1.0 = 0.918$$

$$\rho_{sat} = \frac{G_s + e}{1+e} \times \rho_w = \frac{2.73 + 0.918}{1+0.918} \times 1.0 = 1.902 \text{g/cm}^3$$

$$\gamma' = \gamma_{sat} - \gamma_w = 1.902 \times 10 - 1.0 \times 10 = 9.02 \text{kN/m}^3$$

5. [答案] C

[解析]《土力学》(李广信等编,第2版,清华大学出版社)第55页。

$$K = 2.3 \frac{Q}{\pi} \cdot \frac{\lg(r_2/r_1)}{h_2^2 - h_1^2}$$

由题知:$r_2 = 10.0$m,$r_1 = 4.5$m

$h_2 = 11.5 - 0.45 = 11.05$m

$h_1 = 11.5 - 0.75 = 10.75$m

$$K = 2.3 \times \frac{1.5 \times 10^3}{3.14} \times \frac{\lg(10/4.5)}{1105^2 - 1075^2} = 5.826 \times 10^{-3} \text{cm/s}$$

$$5.826 \times 10^{-3} \times 10^{-2} \times 24 \times 60 \times 60 = 5.034 \text{m/d}$$

6. [答案] B

[解析] 由题知:$G_k = 100$kN/m

$F_k = 260$kN/m

$$e = 0.8 > \frac{b}{6} = 0.6$$

$$p_{max} = \frac{2(F_k + G_k)}{3la} = \frac{2 \times (100 + 260)}{3 \times 1.0 \times \left(\frac{3.6}{2} - 0.8\right)} = 240$$

$$p = \frac{F_k + G_k}{b} = \frac{100 + 260}{3.6} = 100 \text{kPa}$$

$p_{max} \leqslant 1.2 f_a$,且 $p \leqslant f_a$,得:$f_a \geqslant 200$kPa

7. [答案] D

[解析]《建筑地基基础设计规范》(GB 50007—2011)式(5.1.7)。

$$z_d = z_0 \psi_{zs} \psi_{zw} \psi_{ze}$$

查表:$\psi_{zs} = 1.0$,$\psi_{zw} = 0.85$,$\psi_{ze} = 0.95$

$z_d = 2.0 \times 1.0 \times 0.85 \times 0.95 = 1.615$m

第5.1.8条:$h_{max} = 0$

$d_{min} = z_d - h_{max} = 1.615 - 0 = 1.615$m

8. [答案] A

[解析]《建筑地基基础设计规范》(GB 50007—2011)第5.4.2条。

对于条形基础,$a \geqslant 3.5b - \dfrac{d}{\tan\beta}$

$$4.0 \geqslant 3.5 \times 2.4 - \frac{d}{\tan 30°}$$

$$d \geqslant 2.54 \text{m}$$

注:应注意5.4.2条中公式的适用条件,当不满足时应按5.4.1条进行地基基础稳定性验算。

9. [答案] C

[解析] 根据《建筑地基基础设计规范》(GB 50007—2011),当理论计算基底面出现压应力为负值时,反映到基础计算中即为零应力区。

第5.2.2条,当$e \leqslant \dfrac{b}{6}$时,基底压力分布均为正值。

$$e = \frac{M}{N_{\text{竖}}} = \frac{N_{\text{水平}} \times (18 + 2)}{N_{\text{竖}}} \leqslant \frac{b}{6}$$

$$N_{\text{竖}} = 4.2 \times 4.2 \times 200 = 3528 \text{kN}$$

$$N_{\text{水平}} \leqslant \frac{3528 \times \dfrac{4.2}{6}}{20} \leqslant 123.48 \text{kN}$$

10. [答案] C

[解析] 图a,正八字裂缝产生的原因是中间沉降大,两端沉降小。

图b,例八字裂缝产生的原因是中间沉降小,两端沉降大。

图c,斜裂缝表明从一端到另一端沉降量逐渐变化,沉降大的裂缝发生在上部。

图d,水平裂缝为水平变形引起。

11. [答案] B

[解析] $W = \dfrac{bh^2}{6}$

因$h = l = 3.0$m,$b = 2.0$m

故 $W = \dfrac{2.0 \times 3.0^2}{6} = 3.0 \text{m}^3$

12. [答案] A

[解析] 《建筑桩基技术规范》(JGJ 94—2008)第5.4.6条。

$$T_{gk} = \frac{1}{n} u_l \sum \lambda_i q_{sik} l_i$$

$$= \frac{1}{12} \times [2 \times (3 \times 1.8 + 0.6) + 2 \times (2 \times 1.8 + 0.6)] \times [0.7 \times 40 \times 10 + 0.6 \times 80 \times 2]$$

$$= 639.2 \text{kN}$$

$$T_{uk} = 0.7 \times 40 \times 10 \times 3.14 \times 0.6 + 0.6 \times 80 \times 2 \times 3.14 \times 0.6 = 708.4$$

$$\frac{T_{gk}}{T_{uk}} = \frac{639.2}{708.4} = 0.90$$

13. [答案] D

[解析] 《建筑桩基技术规范》(JGJ 94—2008)第5.7.3条。

已知：$\eta_r = 2.05$，$\eta_l = 0.3$，$\eta_b = 0.2$

$$\eta_i = \frac{(s_a/d)^{0.015n_2+0.45}}{0.15n_1 + 0.10n_2 + 1.9} = \frac{(1.8/0.6)^{0.015\times4+0.45}}{0.15\times3 + 0.10\times4 + 1.9} = 0.638$$

$$\eta_h = 0.6368 \times 2.05 + 0.3 + 0.2 = 1.805$$

$$R_h = \eta_h R_{ha} = 1.805 \times 100 = 180.5 \text{kN}$$

14. **[答案]** B

[解析]《建筑桩基技术规范》(JGJ 94—2008)第5.5.6~5.5.9条。

$$n_b = 3$$

$$\psi_e = 0.09 + \frac{3-1}{1.5\times(3-1)+6.6} = 0.298$$

$$s' = 4 \times 420 \times \left(\frac{0.66-0}{30} + \frac{1.078-0.66}{10}\right) = 107.184$$

$$S = \psi \cdot \psi_e \cdot s' = 1.1 \times 0.298 \times 107.184 = 35.13$$

15. **[答案]** A

[解析]《土力学》(李广信等编,第2版,清华大学出版社)第1~42页。

$$S = C_c \frac{H}{1+e_1} \lg \frac{P_2}{P_1}$$

$$e_1 = 2.33$$

$$P_2 = (15-10)\times\frac{10}{2} + 120 = 145$$

$$P_1 = (15-10)\times\frac{10}{2} = 25$$

$$S = 0.8 \times \frac{10}{1+2.33} \times \lg\frac{145}{25} = 1.834\text{m}$$

16. **[答案]** B

[解析]《建筑地基处理技术规范》(JGJ 79—2012)第7.2节。

$$S = 0.95\varepsilon d\sqrt{\frac{1+e_0}{e_0-e_1}}$$

不考虑振动下沉密实作用时 $\varepsilon = 1.0$

$$1.6 = 0.95 \times 1.0 \times 0.6 \times \sqrt{\frac{1+0.85}{0.85-e_1}}$$

$$e_1 = 0.615$$

$$\frac{1+e_0}{1+e_1} = \frac{V_0}{V_1}$$

$$V_1 = \frac{0.6^2 \times 3.14}{4} \times 1.0 = 0.2826\text{m}^3$$

$$V_0 = 0.2826 \times \frac{1+0.85}{1+0.615} = 0.324\text{m}^3$$

17. [答案] D

[解析] 根据《建筑地基处理技术规范》(JGJ 79—2012)表 4.2.2,得 $\theta=28°$

基底附加力大小为:

$$b^2(p_k-p_c)=F_k+G_k-6\times6\times1.5\times18=6000+1200-972=6228\text{kN}$$

垫层底面处附加压力: $p_z=\dfrac{6228}{(6+2\times2\times\tan28°)^2}=94.3\text{kPa}$

18. [答案] C

[解析]《建筑地基处理技术规范》(JGJ 79—2012)式(7.1.5-2)。

$$f_{spk}=\lambda m\frac{R_a}{A_p}+\beta(1-m)f_{sk}$$

$$160=1.0\times0.18\times\frac{R_a}{A_p}+0.5\times(1-0.18)\times70$$

$$R_a=729.4\times A_p=143.15$$

$$R_a=\eta f_{cu}A_p$$

$$f_{cu}=\frac{729.4}{0.3}=2431\text{kPa}(\text{即 }2.431\text{MPa})$$

19. [答案] C

[解析] 水平地震引起的水平力: $G_E=10000\times\dfrac{20}{10}\times0.1\times10=2\times10^4\text{kN}$

自重: $G_v=10000\times20=2\times10^5\text{kN}$

$R_{抗}=(G_v\cdot\cos\alpha-G_E\cdot\sin\alpha)\tan\varphi=(2\times10^5\times\cos20°-2\times10^4\times\sin20°)\times\tan30°$
$=1.0456\times10^5$

$T_{滑}=G_v\cdot\sin\alpha+G_E\cdot\cos\alpha=2\times10^5\times\sin20°+2\times10^4\times\cos20°=8.72\times10^4$

$$F_s=\frac{R_{抗}}{T_{滑}}=\frac{1.0456\times10^5}{8.72\times10^4}=1.20$$

20. [答案] D

[解析] 方法一: $b_1=2\times\left[b+h\times\tan\left(45°-\dfrac{\varphi}{2}\right)\right]=2\times(3.0+8\times\tan35°)=17.2$

$K=\tan^2\left(45°-\dfrac{\varphi}{2}\right)=0.49$

$\delta_z=\dfrac{\gamma b_1-2c}{2k\tan\varphi}\cdot(1-e^{-2k\frac{H}{b_1}\tan\varphi}+qe^{-2k\frac{H}{b_1}\tan\varphi})$

$=\dfrac{18\times17.2-2\times0}{2\times0.49\times\tan20°}\times(1-e^{-2\times0.49\times\frac{20}{17.2}\times\tan20°}+0)=294.7\text{kPa}$

方法二:楔体平衡法。

ABCD 作为平衡体,两侧受到侧土摩擦力,有:

$$E_a=\frac{1}{2}\times18\times0.49\times20^2=1764\text{kN}$$

$q=E_a\tan\varphi=1764\times\tan20°=642$

$\delta_z=\dfrac{\gamma\times b_1\times H-2\times q}{b_1}=\dfrac{18\times17.2\times20-2\times642}{17.2}=285.34\text{kPa}$

注:两种方法均可得到正确选项。

21. [答案] C

[解析]《土力学》(李广信等编,第 2 版. 清华大学出版社)第 258 页。

$$F_s = \frac{W \cdot \cos\beta \cdot \tan\varphi}{W \cdot \sin\beta} = \frac{\tan\varphi}{\tan\beta}$$

$F_s = 1.3$ 时,$\dfrac{\tan45°}{\tan\beta} = 1.3$,则:

$\tan\beta = 0.7692$,$\beta = 37.56°$

22. [答案] B

[解析]《建筑基坑支护技术规程》(JGJ 120—2012)第 7.3.5 条。

$$S_i = H - \sqrt{H^2 - \sum_{j=1}^{n} \frac{q_j}{\pi \cdot k} \cdot \ln\frac{R}{r_{ij}}} = 20 - \sqrt{20^2 - \frac{500}{3.14 \times 4}\left(3\ln\frac{130}{30} + 2\ln\frac{130}{35}\right)} = 9.0\text{m}$$

23. [答案] A

[解析] 饱和砂土主动土压力系数:

$$K_a = \tan^2\left(45° - \frac{\varphi}{2}\right) = \tan^2\left(45° - \frac{38°}{2}\right) = 0.238$$

水泥浆不同深度处水压力大小为 P_{gh}。

槽壁稳定时,$P_{gh} = \gamma' \cdot h \cdot K_a + \gamma_w \cdot h$

$$\rho = \frac{\gamma' \cdot K_a}{g} + \frac{\gamma_w}{g} = \frac{10.2 \times 0.238}{10} + \frac{10}{10} = 1.243\text{g/cm}^3$$

24. [答案] D

[解析] 抗倾覆稳定安全系数计算如下:

$$F_s = \frac{10 \times b \times \gamma_{cs} \times \dfrac{b}{2} + 1237 \times 1.7 - p_w \cdot X_w}{1550 \times 3.6}$$

p_w 为墙底水压力合力,X_w 为水压力合力距支点距离。

$$P_w = P_{w1} + P_{w2} = 20b + \frac{1}{2}(60-20)b$$

$$X_{w1} = \frac{b}{2}$$

$$X_{w2} = \frac{2b}{3}$$

$$F_s = \frac{10b \times 22 \times \dfrac{b}{2} + 2103 - 10b^2 - \dfrac{40}{3}b^2}{5580} = 1.2$$

$$\frac{260}{3}b^2 = 4593$$

得:$b = 7.27\text{m}$

25.[答案] C

[解析] $K = \dfrac{[\sigma]}{\sigma} = \dfrac{[\sigma]}{M/W} = \dfrac{[\sigma]}{M/(BH^2/6)}$

$M = \dfrac{1}{12}Qb^2 = \dfrac{1}{12} \times 19000 \times 8^2 = 1.013 \times 10^5$

$H = \sqrt{\dfrac{6MK}{B[\sigma]}} = \sqrt{\dfrac{6 \times 1.013 \times 10^5 \times 2}{20 \times 4.2 \times 10^3}} = 3.8\text{m}$

26.[答案] D

[解析] $S_1 = \dfrac{\overline{P}_1 h_1}{E_{s1}} = \dfrac{\dfrac{1}{2}(0+30) \times (8-5) \times 10^3}{5.2 \times 10^3}$

$= 8.65\text{mm}$

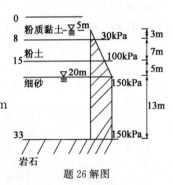

$S_2 = \dfrac{\overline{P}_2 h_2}{E_{s2}} = \dfrac{\dfrac{1}{2}(30+100) \times 7 \times 10^3}{6.7 \times 10^3} = 67.91\text{mm}$

$S_3 = \dfrac{\overline{P}_3 h_3}{E_{s3}} = \dfrac{\dfrac{1}{2}(100+150) \times (20-15) \times 10^3}{12 \times 10^3} = 52.08\text{mm}$

$S_4 = \dfrac{\overline{P}_4 h_4}{E_{s3}} = \dfrac{150 \times (18-13) \times 10^3}{12 \times 10^3} = 162.5\text{mm}$

$S = S_1 + S_2 + S_3 + S_4 = 291.14\text{mm}$

题26解图

27.[答案] B

[解析] 岩溶地基桥梁桩基施工技术。

$Q = \pi R^2 \cdot h\mu\beta a(1-\gamma) = 3.14 \times 1.5^2 \times 5.4 \times 0.24 \times 0.85 \times 1.2 \times (1-0.1)$

$= 8.4\text{m}^3$

28.[答案] A

[解析]《建筑抗震设计规范》(GB 50011—2010)Ⅱ类场地，第一组，$T_g = 0.35\text{s}$，有：

$0.1 < T < T_g$

$\alpha_甲 = \eta_2 \alpha_{\max} = 1.0\alpha_{\max}$

$T_g < T_乙 < 5T_g$

$\alpha_乙 = \left(\dfrac{T_g}{T}\right)^{\gamma} \cdot \eta_2 \cdot \alpha_{\max} = \left(\dfrac{0.35}{0.6}\right)^{0.9} \times 1.0 \times \alpha_{\max} = 0.6162\alpha_{\max}$

$\dfrac{\alpha_甲}{\alpha_乙} = \dfrac{1.0\alpha_{\max}}{0.616\alpha_{\max}} = 1.624$

29.[答案] B

[解析] 等效剪切波速的计算深度应取 20m 和覆盖层厚度中的较小值，由题干可知覆盖层厚度应取 60m，所以等效剪切波速的计算深度可取 20m。

30. [答案] C

[解析]《公路工程抗震规范》(JTG B02—2013)第 4.4.2 条。

$C_c = 0.7$,查表 4.4.2 得:$d_s \leqslant 10$,$\alpha = 1/3$,$10 < d_s \leqslant 20$,$\alpha = 2/3$

$$\bar{\alpha} = \frac{5 \times \dfrac{1}{3} + 5 \times \dfrac{2}{3}}{15 - 5} = 0.5$$

2006 年案例分析试题(下午卷)

1. 在钻孔内做波速测试,测得中等风化花岗石,岩体的压缩波速度 $v_p = 2777$m/s,剪切波速度 $v_s = 1410$m/s,已知相应岩石的压缩波速度 $v_p = 5067$m/s,剪切波速度 $v_s = 2251$m/s,质量密度 $\gamma = 2.23$g/cm³,饱和单轴抗压强度 $R_c = 40$MPa,该岩体基本质量指标(BQ)最接近下列哪个选项? ( )

 (A)BQ=295   (B)BQ=336
 (C)BQ=710   (D)BQ=761

2. 已知花岗石残积土土样的天然含水量 $w = 30.6\%$,粒径小于 0.5mm 细粒土的液限 $w_L = 50\%$,塑限 $w_p = 30\%$,粒径大于 0.5mm 的颗粒质量占总质量的百分比 $P_{0.5} = 40\%$,该土样的液性指数 I_L 最接近以下哪一个数值? ( )

 (A)0.03   (B)0.04
 (C)0.88   (D)1.00

3. 在湿陷性黄土地区建设场地初勘时,在探井地面下 4.0m 取样,其试验成果为:天然含水量 $w(\%)$ 为 14,天然密度 ρ(g/cm³) 为 1.50,相对密度 d_s 为 2.70,孔隙比 e_0 为 1.05,其上覆黄土的物理性质与此土相同,对此土样进行室内自重湿陷系数 δ_{zs} 测定时,应在多大的压力下稳定后浸水(浸水饱和度取为 85%)? ( )

 (A)70kPa   (B)75kPa
 (C)80kPa   (D)85kPa

4. 在均质厚层软土地基上修筑铁路路堤,当软土的不排水抗剪强度 $c_u = 8$kPa,路堤填料压实后的重度为 18.5kN/m³ 时,如不考虑列车荷载影响和地基处理,路堤可能填筑的临界高度接近下列哪个选项? ( )

 (A)1.4m   (B)2.4m
 (C)3.4m   (D)4.4m

5. 某 10～18 层的高层建筑场地,抗震设防烈度为 7 度,地形平坦,非岸边和陡坡地段,基岩为粉砂岩和花岗岩,岩面起伏很大,土层等效剪切波速为 180m/s,勘察发现有一走向 NW 的正断层,见有微胶结的断层角砾岩,不属于全新世活动断裂,则该场地对建筑抗震属于什么类别? 简单说明判断依据。 ( )

 (A)有利地段   (B)不利地段
 (C)危险地段   (D)可进行建设的一般场地

6.已知建筑物基础的宽度 10m,作用于基底的轴心荷载 200MN,为满足偏心距 $e \leqslant 0.1W/A$ 的条件,作用于基底的力矩最大值不能超过下列何值? (注:W 为基础底面的抵抗矩,A 为基础底面面积) ( )

(A)34MN · m   (B)38MN · m
(C)42MN · m   (D)46MN · m

7.已知 P_1 为已包括上部结构恒载、地下室结构永久荷载及可变荷载在内的总荷载传至基础底面的平均压力(已考虑浮力),P_2 为基础底面处的有效自重压力,P_3 为基底处筏形基础底板的自重压力,P_4 为基础底面处的水压力,在验算筏形基础底板的局部弯曲时,作用于基础底板的压力荷载应取下列四个选项中的何值? 并说明理由。

( )

(A)$P_1 - P_2 - P_3 - P_4$ (B)$P_1 - P_3 - P_4$
(C)$P_1 - P_3$ (D)$P_1 - P_4$

8.边长为 3m 的正方形基础,荷载作用点由基础形心沿 x 轴向右偏心 0.6m,则基础底面的基底压力分布面积最接近下列哪个选项? ( )

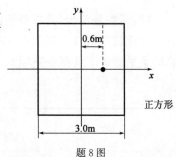

题 8 图

(A)9.0m²
(B)8.1m²
(C)7.5m²
(D)6.8m²

9.墙下条形基础的剖面见图,基础宽度 $b = 3m$,基础底面净压力分布为梯形,最大边缘压力设计值 $P_{max} = 150kPa$,最小边缘压力设计值 $P_{min} = 60kPa$,已知验算截面 I-I 距最大边缘压力端的距离 $a_1 = 1.0m$,则截面 I-I 处的弯矩设计值为下列何值? ( )

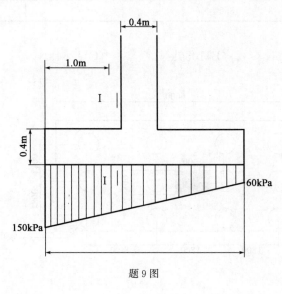

题 9 图

(A)70kN・m   (B)80kN・m   (C)90kN・m   (D)100kN・m

10. 已知基础宽 10m,长 20m,埋深 4m,地下水位距地表 1.5m,基础底面以上土的平均重度为 $12kN/m^3$,在持力层以下有一软弱下卧层,该层顶面距地表 6m,土的重度 $18kN/m^3$。已知软弱下卧层经深度修正的地基承载力为 130kPa,则基底总压力不超过下列何值时才能满足软弱下卧层强度验算要求?   ( )

    (A)66kPa   (B)88kPa   (C)104kPa   (D)114kPa

11. 对强风化较破碎的砂岩采取岩块进行了室内饱和单轴抗压强度试验,其试验值为 9MPa、11MPa、13MPa、10MPa、15MPa、7MPa,据《建筑地基基础设计规范》(GB 50007—2011)确定的岩石地基承载力特征值的最大取值,最接近下列哪一选项?   ( )

    (A)0.7MPa   (B)1.2MPa   (C)1.7MPa   (D)2.1MPa

12. 某桩基工程,其桩型平面布置、剖面和地层分布如图所示,土层物理力学指标见表,按《建筑桩基技术规范》(JGJ 94—2008)计算,复合基桩的竖向承载力特征值,其计算结果最接近下列哪个选项?   ( )

题 12 表

土 层 名 称	f_{ak} (kPa)	极限侧阻力 q_{sik} (kPa)	极限端侧阻力 q_{pik} (kPa)
①填土			
②粉质黏土	180	40	
③粉砂	220	80	3000
④黏土	150	50	
⑤细砂	350	90	4000

    (A)980kN   (B)1050kN   (C)1264kN   (D)1420kN

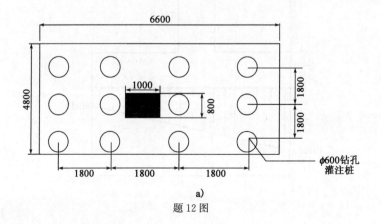

a)

题 12 图

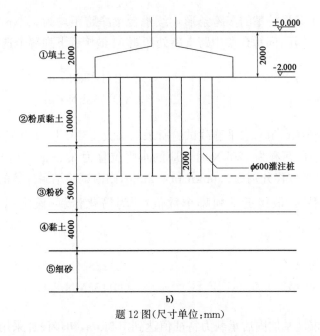

① 填土 2000
② 粉质黏土 10000
2000
φ600 灌注桩
③ 粉砂 5000
④ 黏土 4000
⑤ 细砂

题 12 图(尺寸单位:mm)

13. 某桩基工程,其桩型平面布置、剖面和地层分布如图所示,已知荷载效应标准组合下轴力 F_k＝12000kN,力矩 M_k＝1000kN·m,水平力 H_k＝600kN,承台和填土的平均重度为 20kN/m³,桩顶轴向压力最大值 N_{kmax} 的计算结果最接近下列哪一选项? ( )

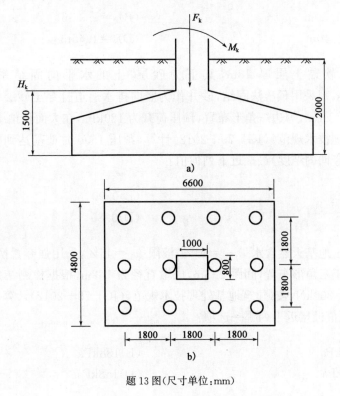

题 13 图(尺寸单位:mm)

(A)1020kN (B)1210kN (C)1380kN (D)1520kN

14. 某砌体墙下条形桩基的多跨条形连续承台梁净跨距均为 7.0m，承台梁受均布荷载 $q=100$kN/m 作用，问承台梁中跨支座处弯矩 M 最接近下列哪个选项？　（　）

(A)450kN·m   (B)498kN·m

(C)530kN·m   (D)568kN·m

15. 某试验桩桩径 0.4m，水平静载试验所采取每级荷载增量值为 15kN，试桩 H_0-t-X_0 曲线明显陡降点的荷载为 120kN 时对应的水平位移为 3.2mm，其前一级荷载和后一级荷载对应的水平位移分别为 2.6mm 和 4.2mm，则由试验结果计算的地基土水平抗力系数的比例系数 m 最接近下列哪个数值？［为简化计算，假定 $(V_X)^{\frac{5}{3}}=4.425$，$(EI)^{\frac{2}{3}}=877(kN \cdot m^2)^{\frac{2}{3}}$］　（　）

(A)242MN/m⁴ → (A)242MN/m^4 (B)228MN/m^4

(C)205MN/m^4 (D)165MN/m^4

16. 某工程要求地基加固后承载力特征值达到 155kPa，初步设计采用振冲碎石桩复合地基加固，桩径取 $d=0.6$m，桩长取 $l=10$m，正方形布桩，桩中心距为 1.5m，桩土应力比 $n=4.7$，复合地基承载力特征值为 140kPa，未达到设计要求，问在桩径、桩长和布桩形式不变的情况下，桩中心距最大为何值时才能达到设计要求？　（　）

(A)$s=1.30$m   (B)$s=1.35$m

(C)$s=1.40$m   (D)$s=1.45$m

17. 某地基软黏土层厚 18m，其下为砂层，土的水平向固结系数为 $C_h=3.0 \times 10^{-3}$cm²/s，现采用预压法固结，砂井作为竖向排水通道打穿至砂层，砂井直径为 $d_w=0.3$m，井距 2.8m，等边三角形布置，预压荷载为 120kPa，在大面积预压荷载作用下按《建筑地基处理技术规范》(JGJ 79—2012)计算，预压 150d 时地基达到的固结度(为简化计算，不计竖向固结度)最接近下列何值？　（　）

(A)0.95   (B)0.90

(C)0.85   (D)0.80

18. 某软黏土地基天然含水量 $w=50\%$，液限 $w_L=45\%$，采用强夯置换法进行地基处理，夯点采用正三角形布置，间距 2.5m，成墩直径为 1.2m，根据检测结果，单墩承载力特征值为 $P_k=800$kN，按《建筑地基处理技术规范》(JGJ 79—2012)计算，处理后该地基的承载力特征值最接近下列哪一选项？　（　）

(A)128kPa   (B)138kPa

(C)148kPa   (D)158kPa

19. 无限长土坡如图所示，土坡坡角为 30°，砂土与黏土的重度都是 18kN/m³，砂土 $c_1=0$，$\varphi_1=35°$；黏土 $c_2=30$kPa，$\varphi_2=20°$；黏土与岩石界面的 $c_3=25$kPa，$\varphi_3=15°$。如果

假设滑动面都是平行于坡面,问最小安全系数的滑动面位置将相应于下列哪一选项?
（　　）

(A)砂土层中部

(B)砂土与黏土界面在砂土一侧

(C)砂土与黏土界面在黏土一侧

(D)黏土与岩石界面上

20.有一岩石边坡,坡率1:1,坡高12m,存在一条夹泥的结构面,如图所示,已知单位宽度滑动土体重量为740kN/m,结构面倾角35°,结构面内夹层$c=25$kPa,$\varphi=18$°,在夹层中存在静水头为8m的地下水,问该岩坡的抗滑稳定系数最接近下列哪一选项?　（　　）

(A)1.94　　　　　　　　　　　　(B)1.48

(C)1.27　　　　　　　　　　　　(D)1.12

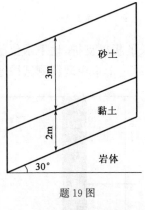

题 19 图

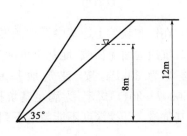

题 20 图

21.有一重力式挡土墙墙背垂直光滑,无地下水,打算使用两种墙背填土,一种是黏土,$c=20$kPa,$\varphi=22$°;另一种是砂土,$c=0$,$\varphi=38$°,重度都是20kN/m³。问墙高 H 等于下列哪一个选项时,采用黏土填料和砂土填料的墙背总主动土压力两者基本相等?
（　　）

(A)3.0m　　　　　　　　　　　　(B)7.8m

(C)10.7m　　　　　　　　　　　　(D)12.4

22.重力式挡土墙的断面如图所示,墙基底倾角 6°,墙背面与竖角方向夹角20°,用库仑土压力理论计算得到单位长度的总主动土压力为 $E_a=200$kN/m,墙体单位长度自重300kN/m,墙底与地基土间摩擦系数为 0.33,墙背面与土的摩擦角为15°,试问该重力式挡土墙的抗滑稳定安全系数最接近下列哪一选项?　（　　）

(A)0.50　　　　　　(B)0.66　　　　　　(C)1.10　　　　　　(D)1.20

23.有一个水闸宽度 10m,闸室基础至上部结构的每延米不考虑浮力的总自重为2000kN/m,上游水位 $H=10$m,下游水位 $h=2$m,地基土为均匀砂质粉土,闸底与地基

土摩擦系数为0.4,不计上下游土的水平土压力,则其抗滑稳定安全系数最接近下列哪个选项? ( )

(A)1.67

(B)1.57

(C)1.27

(D)1.17

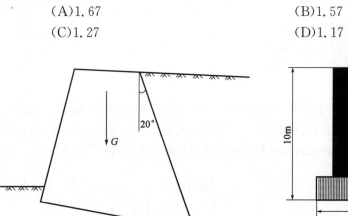

题 22 图

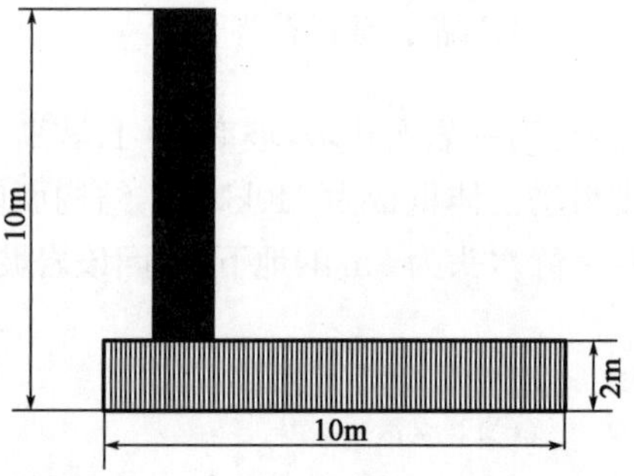

题 23 图

24. 在饱和软黏土地基中开挖条形基坑,采用 8m 长的板桩支护,地下水位已降至板桩底部,坑边地面无荷载,地基土重度为 $\gamma=19kN/m^3$,通过十字板现场测试得地基土的抗剪强度为 30kPa,按《建筑地基基础设计规范》(GB 50007—2011)规定,为满足基坑抗隆起稳定性要求,此基坑最大开挖深度不能超过下列哪一个选项? ( )

(A)1.2m

(B)3.3m

(C)6.1m

(D)8.5m

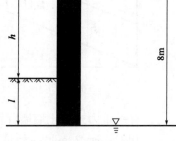

题 24 图

25. 某Ⅱ类岩石边坡坡高 22m,坡顶水平,坡面走向 N10°E,倾向 SE,坡角 65°,发育一组优势硬性结构面,走向为 N10°E,倾向 SE,倾角 58°,岩体的内摩擦角为 $\varphi=34°$,试按《建筑边坡工程技术规范》(GB 50330—2013)估算边坡坡顶塌滑边缘至坡顶边缘的距离 L 值,其值最接近下列哪一个数值? ( )

(A)3.5m

(B)8.3m

(C)11.7m

(D)13.7m

26. 某岩石滑坡代表性剖面如下图,由于暴雨使其后缘垂直张裂缝瞬间充满水,滑坡处于极限平衡状态(即滑坡稳定系数 $K_s=1.0$),经测算滑面长度 $L=52m$,张裂缝深度 $d=12m$,每延长米滑体自重为 $G=15000kN/m$,滑面倾角 $\theta=28°$,滑面岩体的内摩擦角 $\varphi=25°$,试问滑面岩体的黏聚力与下面哪个数值最接近?(假定滑动面未充水,水的重度可按 10kN/m³ 计) ( )

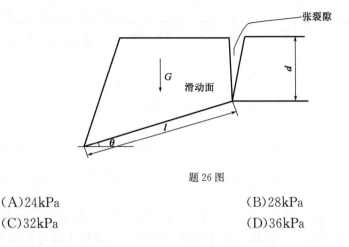

题 26 图

(A)24kPa   (B)28kPa

(C)32kPa   (D)36kPa

27. 关中地区某自重湿陷性黄土场地的探井资料如下图,从地面下 1.0m 开始取样,取样间距均为 1.0m,假设地面标高与建筑物±0 标高相同,基础埋深为 2.5m,当基底下地基处理厚度为 4.0m 时,下部未处理湿陷性黄土层的剩余湿陷量最接近下列选项中的哪一个值?   (   )

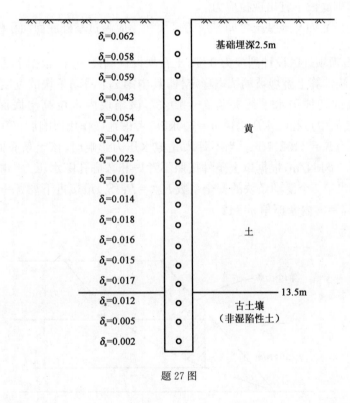

题 27 图

(A)103mm   (B)116mm   (C)122mm   (D)132mm

28. 某膨胀土场地有关资料如下表,若大气影响深度为 4.0m,拟建建筑物为两层,基础埋深为 1.2m,按《膨胀土地区建筑技术规范》(GB 50112—2013)的规定,计算膨胀土地基胀缩变形量最接近下列哪个选项中的值?   (   )

分层号	层底深度 Z_i (m)	天然含水量 w (%)	塑限含水量 w_p (%)	含水量变化值 Δw_i (%)	膨胀率 δ_{epi}	收缩系数 λ_{si}
1	1.8	23	18	0.0298	0.0006	0.50
2	2.5			0.0250	0.0265	0.46
3	3.2			0.0185	0.0200	0.40
4	4.0			0.0125	0.0180	0.30

(A)17mm　　　　　(B)20mm　　　　　(C)28mm　　　　　(D)51mm

29. 高层建筑高 42m,基础宽 10m,深宽修正后的地基承载力特征值 f_a＝300kPa,地基抗震承载力调整系数 ξ_a＝1.3,按地震作用效应标准组合进行天然地基基础抗震验算,问下列哪一选项不符合抗震承载力验算的要求,并说明理由?　　　　（　　）

(A)基础底面平均压力不大于 390kPa

(B)基础边缘最大压力不大于 468kPa

(C)基础底面不宜出现拉应力

(D)基础底面与地基土之间零应力区面积不应超过基础底面面积的 15%

30. 某土石坝坝址区设计烈度为 8 度,土石坝设计高度 30m,根据下面的计算简图,采用瑞典圆弧法计算上游坝坡的抗震稳定性,其中第 i 个滑动条块的宽度 b＝3.2m,该条块底面中点的切线与水平线夹角 θ_i＝19.3°,该条块内水位高出底面中点的距离 Z＝6m,条块底面中点孔隙水压力值 u＝100kPa,考虑地震作用影响后,第 i 个滑动条块沿底面的下滑力 S_i＝415kN/m。当不计入孔隙水压力影响时,该土条底面的平均有效法向作用力为 583kN/m,根据以上条件按照不考虑和考虑孔隙水压力影响两种工况条件分别计算得出第 i 个滑动条块的安全系数 K_i（＝R_i/S_i）最接近下列哪一选项?（土石坝填料黏聚力 c＝0,内摩擦角 φ＝42°）　　　　（　　）

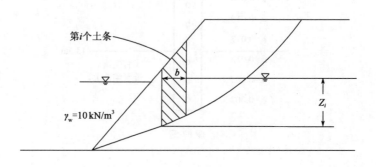

第 i 个土条

b

γ_w=10 kN/m³

Z_i

题 30 图

(A)1.27;1.14　　　　　　　　　　　(B)1.27;0.97

(C)1.22;1.02　　　　　　　　　　　(D)1.22;0.92

2006 年案例分析试题答案(下午卷)

标 准 答 案

本试卷由 30 道题组成,全部为单项选择题。考生可任选 25 道题作答。每题 2 分,满分为 50 分。若考生在答题卡或试卷上的作答超过 25 道题,则按题目序号从小到大的顺序对作答的前 25 道题计分及复评试卷,其他作答题目无效。

1	A	2	C	3	A	4	B	5	D
6	A	7	C	8	B	9	A	10	D
11	C	12	A	13	B	14	A	15	A
16	A	17	B	18	C	19	D	20	C
21	C	22	D	23	D	24	B	25	A
26	C	27	B	28	B	29	D	30	B

解 题 过 程

1.[答案] A

[解析]《工程岩体分级标准》(GB/T 50218—2014)附录 B、第 4.2.2 条。

$$K_v = \left(\frac{V_{pm}}{V_{pr}}\right)^2 = \left(\frac{2777}{5067}\right)^2 = 0.30$$

$$90K_v + 30 = 57 > R_c = 40,取 R_c = 40$$

$$0.04R_c + 0.4 = 2 > K_v = 0.3,取 K_v = 0.3$$

$$BQ = 100 + 3R_c + 250K_v = 100 + 3 \times 40 + 250 \times 0.3 = 295$$

2.[答案] C

[解析]《岩土工程勘察规范》(GB 50021—2001)(2009 年版)第 6.9.4 条条文说明。

$$w_f = \frac{w - w_A \times 0.01P_{0.5}}{1 - 0.01P_{0.5}} = \frac{30.6 - 5 \times 0.01 \times 40}{1 - 0.01 \times 40} = 47.7$$

$$I_P = w_L - w_P = 50 - 30 = 20$$

$$I_L = \frac{w_F - w_P}{I_P} = \frac{47.7 - 3.0}{20} = 0.885$$

3.[答案] A

[解析] 根据《湿陷性黄土地区建筑标准》(GB 50025—2018)4.3.3 条,取 $S_r = 85\%$ 时土层自重。

$$\gamma_{sat} = \frac{G_s + S_r \cdot e_0}{1 + e_0} \cdot g = \frac{2.7 + 0.85 \times 1.05}{1 + 1.05} \times 10 = 17.5 \text{kN/m}^3$$

$$P = \gamma_{sat} \cdot H = 17.5 \times 4 = 70 \text{kPa}$$

4.[答案] B

[解析]《铁路工程特殊岩土勘察规程》(TB 10038—2012)第 5.2.3 条条文说明。

$$H_c = \frac{5.52 C_u}{\gamma} = \frac{5.52 \times 8}{18.5} = 2.4 \mathrm{m}$$

5. [答案] D

[解析]《建筑抗震设计规范》(GB 50011—2010)表 4.1.1。

①基岩起伏大,应属于非稳定的基岩面,不属于有利地段。

②地形平坦,非岸边及陡坡地段,不属于不利地段。

③断层角砾岩有胶结,不属于全新世活动断裂,非危险地段。

所以该场可判定为一般场地。

6. [答案] A

[解析] $W = \dfrac{bh^2}{6}$

$A = bh$

$\dfrac{0.1W}{A} = \dfrac{\frac{1}{10} \times \frac{bh^2}{6}}{bh} = \dfrac{h}{60}$

$e = \dfrac{M}{N} \leqslant \dfrac{h}{60}$

$\dfrac{M}{200} \leqslant \dfrac{10}{60}$

$M \leqslant 33.3 \mathrm{MN \cdot m}$

7. [答案] C

[解析] 验算基础底板局部弯曲时,荷载应采用基本组合下基底净反力。

P_1 为总压力(考虑水浮力), P_3 为基础底板自重压力, P_4 为基底面处水压力。

在计算基底压力 P_1 时已考虑了浮力,所以就不必减去 P_4 了。

8. [答案] B

[解析]《建筑地基基础设计规范》(GB 50007—2011)第 5.2.2 条。

$e = 0.6, \dfrac{b}{6} = \dfrac{3}{6} = 0.5, e > \dfrac{b}{6}$

所以基底会出现零应力区。

沿偏心方向的基底应力分布宽度为 $3a$,

$a = \dfrac{b}{2} - e = 1.5 - 0.6 = 0.9$

$3a = 3 \times 0.9 = 2.7$

$A = 3a \cdot l = 3 \times 0.9 \times 3 = 8.1 \mathrm{m}^2$

9. [答案] A

[解析] 题目中给出的为基底净反力,由结构力学的概念可知:

Ⅰ—Ⅰ 截面处净反力: $P_{\text{Ⅰ-Ⅰ}} = 60 + \dfrac{2}{3}(150 - 60) = 120 \mathrm{kPa}$

I－I 截面处弯矩可分两部分计算：

①$P=120kPa$ 的均布荷载；

②$P_{max}=150-120=30kPa$ 的三角形荷载。

$$M_①=\frac{1}{2}P \cdot a_1^2=\frac{1}{2}\times120\times1^2=60$$

$$M_②=\frac{1}{2}(0+p_{max})\times\frac{2}{3}\times a_1=\frac{1}{2}(0+30)\times\frac{2}{3}\times1=10$$

$$M_{I-I}=M_①+M_②=60+10=70kN \cdot m$$

10.[答案] D

[解析]《建筑地基基础设计规范》(GB 50007—2011)第5.2.7条。

$z=6-4=2m, b=10m$

查表5.2.7，因 $z/b=\frac{2}{10}=0.2<0.25$，所以 $\theta=0$

设基底总压力为 P，

$$p_z=\frac{(p-4\times12)\times B\times L}{(B+2z\tan\theta)\times(L+2z\tan\theta)}=p-48$$

$$P_{cz}=4\times12+(18-10)\times(6-4)=64$$

$$p_z+p_{cz}\leqslant f_a$$

$$p-48+64\leqslant130$$

$$p\leqslant114kPa$$

11.[答案] C

[解析]《建筑地基基础设计规范》(GB 50007—2011)第5.2.6条及附录J。

$$f_{rm}=\frac{1}{6}\times(9+11+13+10+10+15+7)=10.83$$

$$\delta=\sqrt{\frac{\sum\mu_i^2-n \cdot \mu^2}{n-1}}=\sqrt{\frac{(9^2+11^2+13^2+10^2+10^2+15^2+7^2)-6\times10.83^2}{6-1}}=2.873$$

$$\delta=\frac{\delta}{\mu}=\frac{2.873}{10.83}=0.265$$

$$\psi=1-\left(\frac{1.704}{\sqrt{n}}+\frac{4.678}{n^2}\right)\delta=1-\left(\frac{1.704}{\sqrt{6}}+\frac{4.678}{6^2}\right)\times0.265=0.781$$

$$f_{rk}=\psi \cdot f_{rm}=0.781\times10.83=8.46$$

ψ_r 最大取值为 0.2，

$$f_a=\psi_r f_{rk}=0.2\times8.46=1.692MPa$$

12.[答案] A

[解析]《建筑桩基技术规范》(JGJ 94—2008)第5.2.5条、5.3.5条。

$$Q_{uk}=u\sum q_{sik}l_i+q_{pk}A_p=1.884\times(40\times10+80\times2)+3000\times0.2826=1902.8kN$$

$$R_a=\frac{Q_{uk}}{2}=\frac{1902.8}{2}=951.4kN$$

$$A_c=\frac{6.6\times4.8-12\times0.2826}{12}=2.357$$

$$\frac{S_a}{d}=\frac{1.8}{0.6}=3, \frac{B_c}{l}=\frac{4.8}{12}=0.4$$

查表 5.2.5 可知，$\eta_c=0.06\sim0.08$，取 $\eta_c=0.08$

$R=R_a+\eta_c f_{ak}A_c=951.4+0.08\times180\times2.357=985kN$

13. [答案] B

[解析]《建筑桩基技术规范》(JGJ 94—2008)。

$F_k=12000$

$G_k=4.8\times6.6\times2\times20=1267.2$

$M_k=1000+600\times1.5=1900$

$$N_{kmax}=\frac{F_k+G_k}{n}+\frac{M_k\cdot y_{max}}{\sum\limits_{i=1}^{n}y_i^2}=\frac{12000+1267.2}{12}+\frac{1900\times2.7}{6\times0.9^2+6\times2.7^2}$$

$$=1105.6+105.6=1211.1kN$$

14. [答案] A

[解析]《建筑桩基技术规范》(JGJ 94—2008)附录 G。

$L_c=1.05L=1.05\times7=7.35$

$M=\frac{1}{12}ql_c^2=\frac{1}{12}\times100\times7.35^2=450.2$

15. [答案] A

[解析]《建筑桩基技术规范》(JGJ 94—2008)第 5.7.5 条条文说明。

$$m=\frac{\left(\frac{H_{cr}V_x}{X_{cr}}\right)^{\frac{5}{3}}}{b_0(EI)^{\frac{2}{3}}}$$

$b_0=0.9\times(1.5d+0.5)=0.9\times(1.5\times0.4+0.5)=0.99m$

$$m=\frac{\left(\frac{120-15}{2.6\times10^{-3}}\right)^{\frac{5}{3}}\times4.425}{b_0\times877}=242.3\times10^3kN/m^4=242.3MN/m^4$$

16. [答案] A

[解析]《建筑地基处理技术规范》(JGJ 79—2012)第 7.1.5 条。

修改间距前：

$$m=\frac{0.6^2}{(1.13\times1.5)^2}=0.125$$

$f_{spk}=[1+m(n-1)]f_{sk}$

$140=[1+0.125\times(4.7-1)]\times f_{sk}$

$f_{sk}=95.73kPa$

修改间距后，按置换率为 m 计算：

$155=[1+m\times(4.7-1)]\times95.73$

$m=0.1673$

$$m = \frac{0.6^2}{(1.13 \times S_a)^2} = \frac{0.6^2}{1.2769 \times S_a^2} = 0.1673$$

$$S_a^2 = 1.6852, \text{即 } S_a = 1.298\text{m}$$

17. [答案] B

[解析]《建筑地基处理技术规范》(JGJ 79—2012)第5.2条。

$$d_e = 1.05 \times 2.8 = 2.94$$

$$\frac{d_e}{d_w} = \frac{2.94}{0.3} = 9.8$$

$$F_n = \frac{n^2}{n^2-1}\ln(n) - \frac{3n^2-1}{4n^2} = \frac{9.8^2}{9.8^2-1} \times \ln(9.8) - \frac{3 \times 9.8^2 - 1}{4 \times 9.8^2} = 1.559$$

不计竖向固结:

$$\alpha = 1$$

$$\beta = \frac{8c_h}{F_n d_e^2}$$

$$\overline{U}_r = 1 - e^{\frac{-8c_h}{F d_e^2}t} = 1 - e^{\left(-\frac{8 \times 3.0 \times 10^{-3} \times 150 \times 24 \times 60 \times 60}{1.559 \times 294^2}\right)} = 0.90$$

18. [答案] C

[解析]《建筑地基处理技术规范》(JGJ 79—2012)第6.3.5条及条文说明。

$$d_e = 1.05 \times 2.5 = 2.625$$

$$A = \frac{\pi}{4}d_e^2 = \frac{3.14}{4} \times 2.625^2 = 5.41\text{m}^2$$

$$f_{spk} = \frac{P_K}{A} = \frac{800}{5.41} = 147.9\text{kPa}$$

19. [答案] D

[解析] 根据《土力学》(第二版)第7章,需验算3个位置处平面的滑动安全系数。取单位土体进行分析。

①砂土与黏土交界面,砂土侧:

$$F_{s1} = \frac{\tan\varphi}{\tan\theta} = \frac{\tan 35°}{\tan 30°} = 1.21$$

②砂土与黏土交界面,黏土一侧:

$$F_{s2} = \frac{\gamma \cdot V \cdot \cos\theta \cdot \tan\varphi + C \cdot A}{\gamma \cdot V \cdot \sin\theta} = \frac{18 \times 3 \times 1 \times \cos 30° \times \tan 20° + 30/\cos 30°}{18 \times 3 \times 1 \times \sin 30°} = 1.91$$

③黏土与岩体交界面:

$$F_{s3} = \frac{\gamma(V_1 + V_2)\cos\theta \cdot \tan\varphi + CA}{\gamma(V_1 + V_2)\sin\theta} = \frac{18 \times (3+2) \times 1 \times \cos 30° \times \tan 15° + 25/\cos 30°}{18 \times (3+2) \times 1 \times \sin 30°}$$

$$= 1.106$$

20. [答案] C

[解析]《土力学》相关知识,垂直于夹层面水合力计算:

$$P_w = \frac{1}{2} \times (80+0) \times \frac{8}{\sin 35°} = 558\text{kN/m}$$

下滑力：$T=740\times\sin35°=424.4$

抗滑力：

$R=(740\times\cos35°-P_w)\times\tan18°+C\cdot L$

$\quad=(740\times\cos35°-558)\times\tan18°+25\times\dfrac{12}{\sin35°}$

$\quad=15.65+523$

$\quad=538.7$

$F_s=\dfrac{R}{T}=\dfrac{538.7}{424.4}=1.27$

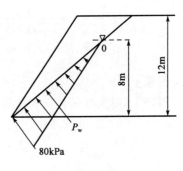

题20解图

21. [答案] C

[解析] 黏土：$K_a=\tan^2\left(45°-\dfrac{22°}{2}\right)=0.455$

$\gamma z_0 K_a-2c\cdot\sqrt{K_a}=0$

$Z_0=\dfrac{2c}{\gamma}\dfrac{1}{\sqrt{K_a}}=\dfrac{2\times20}{20\times\sqrt{0.455}}=2.96\text{m}$

$e_H=\gamma H K_a-2c\sqrt{K_a}=20\times H\times0.455-2\times20\times\sqrt{0.455}=9.1H-27$

$E_a=\dfrac{1}{2}\times(9.1H-27)\times(H-2.96)=4.55H^2-27H+40$

砂土：$K_a=\tan^2\left(45°-\dfrac{38°}{2}\right)=0.238$

$E_a=\dfrac{1}{2}\gamma H^2 K_a=\dfrac{1}{2}\times20\times H^2\times0.238=2.38H^2$

$2.38H^2=4.55H^2-27H+40$

$2.17H^2-27H+40=0$

$H=10.72\text{m}$

22. [答案] D

[解析]《建筑地基基础设计规范》(GB 50007—2011)第6.7.5条。

$G_n=G\cdot\cos\alpha_0=300\times\cos6°=298$

$G_t=G\cdot\sin\alpha_0=300\times\sin6°=31.3$

$E_{at}=E_a\cdot\sin(\alpha-\alpha_0-\delta)=200\times\sin(90°-20°-6°-15°)=151$

$E_{an}=E_a\cdot\cos(\alpha-\alpha_0-\delta)=200\times\cos(90°-20°-6°-15°)=131.2$

$F_s=\dfrac{(G_n+E_{an})\cdot\mu}{E_{at}-G_t}=\dfrac{(298+131.2)\times0.33}{151-31.3}=1.183$

23. [答案] D

[解析] 滑动力即为两侧水压力差值。

$T=\dfrac{1}{2}\gamma_w H^2-\dfrac{1}{2}\gamma_w h^2=\dfrac{1}{2}\times10\times10^2-\dfrac{1}{2}\times10\times2^2=480$

基底扬压力大小：$P_w=\dfrac{1}{2}\times(100+20)\times10=600$

滑动抵抗力：$R=\dfrac{(G-P_w)\mu}{T}=\dfrac{(2000-600)\times0.4}{480}=1.167$

24. [答案] B

[解析]《建筑地基基础设计规范》(GB 50007—2011)附录 V.0.1。

隆起稳定:$K_D = \dfrac{N_c \cdot \tau_0 + \gamma \cdot t}{\gamma(h+t)+q} = \dfrac{5.14 \times 30 + 19 \times t}{19 \times 8 + 0}$

$K_D \geqslant 1.60, t \geqslant 4.68$

开挖深度:$h \leqslant 8 - 4.68 = 3.31$

25. [答案] A

[解析]《建筑边坡工程技术规范》(GB 50330—2013)第3.2.3条和6.3.4条。

$L = \dfrac{H}{\tan\theta}$

θ 取结构面倾角:$\theta = 58°$

$L = \dfrac{H}{\tan 58°} - \dfrac{H}{\tan 65°} = 22 \times \left(\dfrac{1}{\tan 58°} - \dfrac{1}{\tan 65°} \right) = 3.49\text{m}$

26. [答案] C

[解析]裂隙水压力:$P_w = \dfrac{1}{2}\gamma_w d^2 = \dfrac{1}{2} \times 10 \times 12^2 = 720$

滑动力:$T = G \cdot \sin\theta + P_w \cdot \cos\theta = 15000 \times \sin 28° + 720 \times \cos 28° = 7678$

抗滑力:$R = (G \cdot \cos\theta - P_w \cdot \sin\theta)\tan\varphi + c \cdot L$

$\qquad = (15000\cos 28° - 720\sin 28°) \times \tan 25° + 52c = 6018 + 52c$

$\dfrac{R}{T} = 1.0$

$\dfrac{6018 + 52c}{7678} = 1.0$

$c = 31.92$

27. [答案] B

[解析]《湿陷性黄土地区建筑标准》(GB 50025—2018)第4.4.4条。

关中地区,查表4.4.3得:$\beta_0 = 0.9$。则

$\Delta_s = \sum\limits_{i=1}^{n} \alpha\beta\delta_{si} h_i = 1.0 \times 1.5 \times 0.023 \times 1000 + 1.0 \times 1.0 \times$

$\qquad (0.019 + 0.018 + 0.016 + 0.015) \times 1000 + 0.9 \times 0.9 \times 0.017 \times 1000$

$\qquad = 34.5 + 68.0 + 13.77 = 116.27\text{mm}$

28. [答案] B

[解析]《膨胀土地区建筑技术规范》(GB 50112—2013)第5.2.7条、5.2.9条。

$1.2w_p = 1.2 \times 18 = 21.6$

$w = 23 > 1.2w_p$,可按收缩变形量计算。

$S_s = \psi_s \sum\limits_{i=1}^{n} \lambda_{si} \cdot \Delta w_i \cdot h_i = 0.8 \times (0.5 \times 0.0298 \times 600 + 0.46 \times 0.025 \times 700 + 0.4 \times 0.0185 \times$

$\qquad\qquad 700 + 0.3 \times 0.0125 \times 800) = 20.14\text{mm}$

29. [答案] D

[解析]《建筑抗震设计规范》(GB 50011—2010)第 4.2.4 条。

①$p \leqslant f_{aE} = 1.3 \times 300 = 390$kPa

②$p_{max} \leqslant 1.2 f_{aE} = 1.2 \times 390 = 468$kPa

③$H/B = 42/10 = 4.2 > 4$

基底不宜出现拉应力,所以 D 为不正确选项。

30. [答案] B

[解析]《土力学》相关知识。

不考虑孔隙水压力时:$K = \dfrac{N\tan\varphi + CL}{T} = \dfrac{583 \times \tan 42° + 0}{415} = 1.265$

考虑孔隙水压力时,条块中心处静水压:$6 \times 10 = 60$kPa

孔隙水压力在中点处产生的可折减条块法竖向有效应力的压力:$u' = 100 - 60 = 40$

$$K = \frac{N\tan\varphi + CL}{T} = \frac{\left(583 - 40 \times \dfrac{3.2}{\cos 19.3°}\right) \times \tan 42° + 0}{415} = 0.97$$

2007 年案例分析试题(上午卷)

1. 下表为一土工试验颗粒分析成果表,表中数值为留筛质量,底盘内试样质量为 20g。现需要计算该试样的不均匀系数(C_u)和曲率系数(C_c),按《岩土工程勘察规范》(GB 50021—2001),下列哪个选项是正确的? ( )

题 1 表

筛孔孔径(mm)	2.0	1.0	0.5	0.25	0.075
留筛质量(g)	50	150	150	100	30

(A)$C_u=4.0$;$C_c=1.0$;粗砂   (B)$C_u=4.0$;$C_c=1.0$;中砂

(C)$C_u=9.3$;$C_c=1.7$;粗砂   (D)$C_u=9.3$;$C_c=1.7$;中砂

2. 某电测十字板试验结果记录如下表所示。试计算土层的灵敏度 S_t 最接近下列哪个选项中的值? ( )

题 2 表

原状土	顺序	1	2	3	4	5	6	7	8	9	10	11	12	13
	读数	20	41	65	89	114	178	187	192	185	173	148	135	100
扰动土	顺序	1	2	3	4	5	6	7	8	9	10			
	读数	11	21	33	46	58	69	70	68	63	57			

(A)1.83   (B)2.54   (C)2.74   (D)3.04

3. 某建筑场地位于湿润区,基础埋深 2.5m,地基持力层为黏性土,含水量为 31%,地下水位埋深 1.5m,年变幅 1.0m,取地下水样进行化学分析,结果见下表。据《岩土工程勘察规范》(GB 50021—2001),地下水对基础混凝土的腐蚀性符合下列哪一个选项,并说明理由。 ( )

题 3 表

离子	Cl^-	SO_4^{2-}	pH	侵蚀性 CO_2	Mg^{2+}	NH_4^+	OH^-	总矿化度
含量(mg/L)	85	1600	5.5	12	530	510	3000	15000

(A)强腐蚀性   (B)中等腐蚀性

(C)弱腐蚀性   (D)无腐蚀性

4. 在某单斜构造地区,剖面方向与岩层走向垂直,煤层倾向与地面坡向相同,剖面上煤层露头的出露宽度为 16.5m,煤层倾角 45°,地面坡角 30°,在煤层露头下方不远处的钻孔中,煤层岩芯的长度为 6.04m,(假设岩芯采取率为 100%),下面哪个选项中的说

法最符合露头与钻孔中煤层实际厚度的变化情况？ （ ）

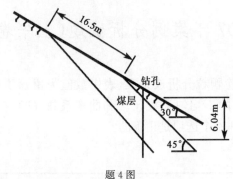

题 4 图

    (A)煤层厚度不同，分别为 14.29m 和 4.27m

    (B)煤层厚度相同，为 3.02m

    (C)煤层厚度相同，为 4.27m

    (D)煤层厚度不同，为 4.27m 和 1.56m

    5. 已知载荷试验的荷载板尺寸为 1.0m×1.0m，试验坑的剖面如图所示，在均匀的黏性土层中，试验坑的深度为 2.0m，黏性土层的抗剪强度指标的标准值为黏聚力 $C_k = 40kPa$，内摩擦角 $\varphi_k = 20°$，土的重度为 $18kN/m^3$。据《建筑地基基础设计规范》(GB 50007—2011)计算地基承载力，其结果最接近下列何值？ （ ）

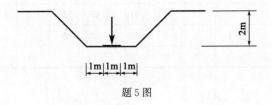

题 5 图

    (A)345.5kPa   (B)235.6kPa   (C)210.5kPa   (D)180.6kPa

    6. 某山区工程，场地地面以下 2m 深度内为岩性相同、风化程度一致的基岩，现场实测该岩体纵波速度值为 2700m/s，室内测试该层基岩岩块纵波速度值为 4300m/s，对现场采取的 6 块岩样进行室内饱和单轴抗压强度试验，得出饱和单轴抗压强度平均值 13.6MPa，标准差 5.59MPa。据《建筑地基基础设计规范》(GB 50007—2011)，2m 深度内的岩石地基承载力特征值的范围值最接近下列哪一选项？ （ ）

    (A)0.64～1.27MPa   (B)0.83～1.66MPa

    (C)0.90～1.80MPa   (D)1.03～2.19MPa

    7. 某宿舍楼采用墙下 C15 混凝土条形基础，基础顶面的墙体宽度 0.38m，基底平均压力为 250kPa，基础底面宽度为 1.5m。基础的最小高度应符合下列哪个选项的要求？ （ ）

    (A)0.70m   (B)1.00m

(C)1.20m   (D)1.40m

8.在条形基础持力层以下有厚度为2m的正常固结黏土层,如下图所示。已知该黏土层中部的自重应力为50kPa,附加应力为100kPa,在此下卧层中取土做固结试验的数据见下表。问该黏土层在附加应力作用下的压缩变形量最接近下列何值?　　(　　)

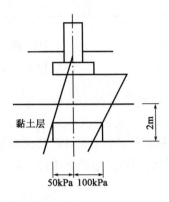

题8图

题8表

P(kPa)	0	50	100	200	300
e	1.04	1.00	0.97	0.93	0.90

(A)35mm   (B)40mm   (C)45mm   (D)50mm

9.已知墙下条形基础的底面宽度2.5m,墙宽0.5m,基底压力在全断面分布为三角形,基底最大边缘压力为200kPa。则作用于每延米基础底面上的轴向力和力矩最接近下列何值?　　(　　)

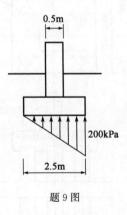

题9图

(A)$N=300$kN,$M=154.2$kN·m   (B)$N=300$kN,$M=134.2$kN·m
(C)$N=250$kN,$M=104.2$kN·m   (D)$N=250$kN,$M=94.2$kN·m

10.高压缩性土地基上,某厂房框架结构横断面的各柱沉降量见表,根据《建筑地基基础设计规范》(GB 50007—2011),下列哪个选项的说法是正确的?　　(　　)

2007 年案例分析试题(上午卷)

113

测点位置	A轴边柱	B轴边柱	C轴边柱	D轴边柱
沉降量(mm)	80	150	120	100
柱跨距(m)	A-B 跨	B-C 跨	C-D 跨	
	9	12	9	

(A)3 跨都不满足规范要求　　　　　(B)3 跨都满足规范要求

(C)A-B 跨满足规范要求　　　　　(D)C-D、B-C 跨满足规范要求

11. 某钢管桩外径为 0.90m,壁厚为 20mm,桩端进入密实中砂持力层 2.5m,桩端开口时单桩竖向极限承载力标准值为 $Q_{uk}=8000$kN(其中桩端总极限阻力占 30%),如为进一步发挥桩端承载力,在桩端加十字形钢板,按《建筑桩基技术规范》(JGJ 94—2008)计算,下列哪一个数值最接近其桩端改变后的单桩竖向极限承载力标准值?　　( )

(A)9960kN　　　　　　　　　　(B)12090kN

(C)13700kN　　　　　　　　　　(D)14500kN

12. 某柱下桩基,采用 5 根相同的基桩,桩径 $d=800$mm,柱作用在承台顶面处的竖向轴力设计值 $F=10000$kN,弯矩设计值 $M_y=480$kN·m,承台与土自重设计值 $G=500$kN,据《建筑桩基技术规范》(JGJ 94—2008),基桩承载力设计值至少要达到下列何值时,该柱下桩基才能满足承载力要求?(不考虑地震作用)　　( )

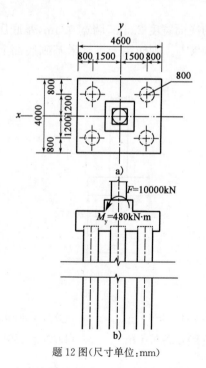

题 12 图(尺寸单位:mm)

(A)1800kN　　(B)2000kN　　(C)2100kN　　(D)2520kN

13. 某灌注桩基础，桩入土深度为 $h=20m$，桩径 $d=1000mm$，配筋率为 $\rho=0.68\%$，桩顶铰接，要求水平承载力设计值为 $H=1000kN$，桩侧土的水平抗力系数的比例系数 $m=20MN/m^4$，抗弯刚度 $EI=5\times10^6kN\cdot m^2$。按《建筑桩基技术规范》(JGJ 94—2008)，满足水平承载力要求的相应桩顶容许水平位移至少要接近下列哪一个数值？

( )

(A)7.4mm   (B)8.4mm

(C)10.4mm   (D)12.4mm

14. 某场地地基土层为二层，第一层为黏土，厚度为 $5.0m$，承载力特征值为 $100kPa$，桩侧阻力为 $20kPa$，端阻力为 $150kPa$；第二层为粉质黏土，厚度为 $12m$，承载力特征值 $120kPa$，侧阻力 $25kPa$，端阻力 $250kPa$，无软弱下卧层，采用低强度混凝土桩复合地基进行加固，桩径为 $0.5m$，桩长 $15m$，要求复合地基承载力特征值达到 $320kPa$，若采用正三角形布桩，试计算桩间距。(桩间土承载力发挥系数 $\beta=0.8$，不考虑单桩承载力折减)

( )

(A)1.50m   (B)1.70m

(C)1.90m   (D)2.10m

15. 某正常固结软黏土地基，软黏土厚度为 $8.0m$，其下为密实砂层，地下水位与地面平，软黏土的压缩指数 $C_c=0.50$，天然孔隙比 $e_0=1.30$，重度 $\gamma=18kN/m^3$，采用大面积堆载预压法进行处理，预压荷载为 $120kPa$，当平均固结度达到 0.85 时，该地基固结沉降量将最接近下列哪个选项的数值？

( )

(A)0.90m   (B)1.00m

(C)1.10m   (D)1.20m

16. 某小区地基采用深层搅拌桩复合地基进行加固，已知桩截面积 $A_p=0.385m^2$，单桩承载力特征值 $R_a=200kN$，桩间土承载力特征值 $f_{sk}=60kPa$，桩间土承载力折减系数 $\beta=0.6$，要求复合地基承载力特征值 $f_{spk}=150kPa$，问水泥土搅拌桩置换率 m 的设计值最接近下列何值？(假设单桩承载力发挥系数 $\lambda=1.0$)

( )

(A)15%   (B)20%

(C)24%   (D)30%

17. 某湿陷性黄土地基采用碱液法加固，已知灌注孔长度为 $10m$，有效加固半径为 $0.4m$，黄土天然孔隙率为 50%，固体烧碱中 NaOH 含量为 85%，要求配置的碱液度为 $100g/L$。设充填系数 $\alpha=0.68$，工作条件系数 β 取 1.1，则每孔应灌注固体烧碱量取以下哪个最合适？

( )

(A)150kg   (B)230kg

(C)350kg   (D)400kg

18. 饱和软黏土坡度为 1:2,坡高 10m,不排水抗剪强度 $c_u=30$kPa,土的天然重度为 18kN/m³,水位在坡脚以上 6m,已知单位土坡长度滑坡体水位以下土体体积 $V_B=144.11$m³/m,与滑动圆弧的圆心距离为 $d_B=4.44$m,在滑坡体上部有 3.33m 的拉裂缝,缝中充满水,水压力为 P_w,滑坡体水位以上的体积为 $V_A=41.92$m³/m,圆心距为 $d_A=13$m,用整体圆弧法计算土坡沿着该滑裂面滑动的安全系数最接近下列哪个数值?
( )

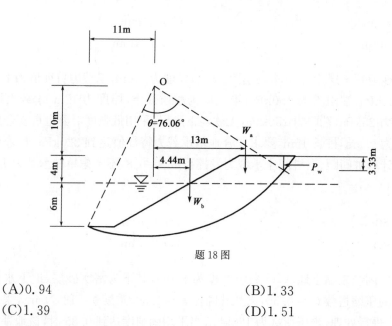

题 18 图

(A)0.94   (B)1.33

(C)1.39   (D)1.51

19. 某建筑边坡重力式挡土墙墙高 5.5m,墙体单位长度自重 $W=164.5$kN/m,作用点距墙前趾 $x=1.29$m,底宽 2.0m,墙背垂直光滑,墙后填土表面水平,填土重度为 18kN/m³,黏聚力 $c=0$,内摩擦角 $\varphi=35°$。设墙基为条形基础,不计墙前埋深段的被动抗力,墙底面最大压力最接近下列哪一个选项?
( )

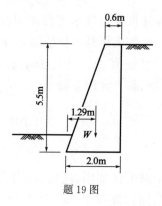

题 19 图

(A)82.25kPa   (B)165kPa

(C)235kPa   (D)285kPa

20. 某很长的岩质边坡受一组节理控制,节理走向与边坡走向平行,地表出露线距边坡顶边缘线 20m,坡顶水平,节理面与坡面交线和坡顶的高差为 40m,与坡顶的水平

2007 年案例分析试题（上午卷）

距离 10m,节理面内摩擦角 35°,黏聚力 $c=70$kPa,岩体重度为 23kN/m³。试验算抗滑稳定安全系数最接近下列哪一项? ( )

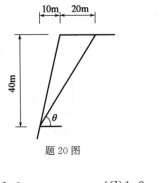

题 20 图

(A)0.8　　　　(B)1.0　　　　(C)1.2　　　　(D)1.3

21. 倾角为 28° 的土坡,由于降雨,土坡中地下水发生平行于坡面方向的渗流,利用圆弧条分法进行稳定分析时,其中第 i 条高度为 6m,作用在该条底面上的孔隙水压力最接近下列哪个数值? ( )

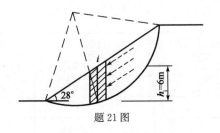

题 21 图

(A)60kPa　　　(B)53kPa　　　(C)47kPa　　　(D)30kPa

22. 有一均匀黏性土地基,要求开挖深度为 15m 的基坑,采用桩锚支护,已知该黏性土的重度 $\gamma=19$kN/m³,黏聚力 $c=15$kPa,内摩擦角 $\varphi=26°$,坑外地面的均布荷载为48kPa。试计算弯矩零点距基坑底面的距离最接近下列哪一项? ( )

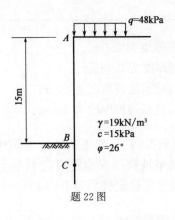

题 22 图

(A)2.30m　　　(B)1.53m　　　(C)1.30m　　　(D)0.40m

23.有一个宽10m高15m的地下隧道,位于碎散的堆积土中,洞顶距地面深12m,堆积土的强度指标$C=0,\varphi=30°$,天然重度$\gamma=19kN/m^3$,地面无荷载,无地下水,用太沙基理论计算作用于隧洞顶部的垂直压力最接近下列哪一项?(土的侧压力采用朗肯主动土压力系数计算) ( )

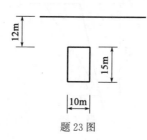

题23图

    (A)210kPa   (B)230kPa   (C)250kPa   (D)270kPa

24.在关中地区某空旷地带,拟建一多层住宅楼,基础埋深为现地面下1.50m。勘察后某代表性探井的试验数据如下表所示。经计算黄土地基的湿陷量Δ_s为369.5mm。为消除地基湿陷性,下列哪个选项的地基处理方案最合理? ( )

题24表

土样编号	取样深度(m)	饱和度(%)	自重湿陷系数	湿陷系数	湿陷起始压力(kPa)
3-1	1.0	42	0.007	0.068	54
3-2	2.0	71	0.011	0.064	62
3-3	3.0	68	0.012	0.049	70
3-4	4.0	70	0.014	0.037	77
3-5	5.0	69	0.013	0.048	101
3-6	6.0	67	0.015	0.025	104
3-7	7.0	74	0.017	0.018	112
3-8	8.0	80	0.013	0.014	—
3-9	9.0	81	0.010	0.017	183
3-10	10.0	95	0.002	0.005	—

    (A)强夯法,地基处理厚度为2.0m

    (B)强夯法,地基处理厚度为3.0m

    (C)土或灰土垫层法,地基处理厚度为2.0m

    (D)土或灰土垫层法,地基处理厚度为3.0m

25.高速公路附近有一覆盖型溶洞(如图所示),为防止溶洞坍塌危及路基,按现行公路规范要求,溶洞边缘距路基坡脚的安全距离应不小于下列哪个数值?(灰岩φ取37°,安全系数K取1.25,覆盖土层稳定坡率为1:1) ( )

    (A)6.5m   (B)7.0m   (C)7.5m   (D)11.5m

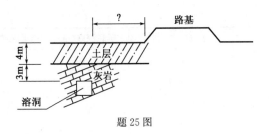

题 25 图

26. 已知预应力锚索的最佳下倾角,对锚固段 $\beta_1 = \varphi - \alpha$,对自由段为 $\beta_2 = 45° + \dfrac{\varphi}{2} - \alpha$。某滑坡采用预应力锚索治理,其滑动面内摩擦角 $\varphi = 18°$,滑动面倾角 $\alpha = 27°$,方案设计中锚固段长度为自由段长度的 1/2,问依据现行铁路规范全锚索的最佳下倾角 β 计算值为以下哪一数值?　　　　　　　　　　　　　　　　　　　　　　( )

(A)9°　　　　　　　　　　　　　　　(B)12°

(C)15°　　　　　　　　　　　　　　(D)18°

27. 某场地抗震设防烈度为 8 度,设计基本地震加速度为 0.30g,设计地震分组为第一组。土层等效剪切波速为 150m/s,覆盖层厚度为 60m。相应于建筑结构自振周期 $T = 0.40s$,阻尼比 $\zeta = 0.05$ 的水平地震影响系数值 α 最接近下列哪个选项?　　( )

(A)0.12　　　　　　　　　　　　　　(B)0.16

(C)0.20　　　　　　　　　　　　　　(D)0.24

28. 某建筑物场地土层分布如下表所示,拟建 8 层建筑,高 23m。根据《建筑抗震设计规范》(GB 50011—2010),该建筑抗震设防类别为丙类。现无实测剪切波速,该建筑场地的类别划分可根据经验按下列哪一选项考虑?　　　　　　　　　　　　　　( )

题 28 表

层　　序	岩土名称和性状	层厚(m)	层底深度(m)
1	填土,$f_{ak} = 150\text{kPa}$	5	5
2	粉质黏土,$f_{ak} = 200\text{kPa}$	10	15
3	稍密粉细砂	10	25
4	稍密—中密的粗中砂	15	40
5	中密圆砾卵石	20	60
6	坚硬基岩		

(A)Ⅰ类　　　　(B)Ⅲ类　　　　(C)Ⅳ类　　　　(D)无法确定

29. 某公路工程采用桩基础,场地设计基本地震加速度为 0.15g,区划图上特征周期为 0.45s,地下水位深度 2.0m,地层分布和标准贯入点深度及锤击数如表所示。试按《公路工程抗震规范》(JTG B02—2013)确定液化等级。　　　　　　　　　( )

2007 年案例分析试题(上午卷)

土 层 序 号		土 层 名 称	层底深度(m)	标贯深度 d_s(m)	标贯击数 N
①		填土	2.0		
②	②—1	粉土(黏粒含量为6%)	8.0	4.0	5
	②—2			6.0	6
③	③—1	粉细砂	15.0	9.0	12
	③—2			12.0	18
④		中粗砂	20.0	18.0	24
⑤		卵石			

(A)轻微液化　　　　　　　　　　(B)中等液化
(C)严重液化　　　　　　　　　　(D)不液化

30. 某自重湿陷性黄土场地混凝土灌注桩径为 800mm,桩长为 34m,通过浸水载荷试验和应力测试得到桩身轴力在极限荷载下(2800kN)的数据及曲线图如下,此时桩侧平均负摩阻力值最接近下列哪个选项?　　　　　　　　　　　　　(　　)

深度(m)	桩身轴力(kN)	深度(m)	桩身轴力(kN)
2	2900	16	2800
4	3000	18	2150
6	3110	22	1220
8	3160	26	670
10	3200	30	140
12	3265	34	70
14	3270		

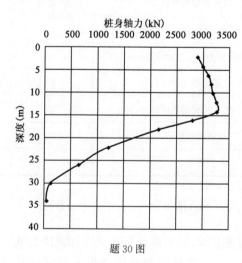

题 30 图

(A)−10.52kPa　　　(B)−12.14kPa　　　(C)−13.36kPa　　　(D)−14.38kPa

2007年案例分析试题答案(上午卷)

标准答案

本试卷由30道题组成,全部为单项选择题。考生可任选25道题作答。每题2分,满分为50分。若考生在答题卡或试卷上的作答超过25道题,则按题目序号从小到大的顺序对作答的前25道题计分及复评试卷,其他作答题目无效。

1	A	2	C	3	B	4	C	5	B
6	C	7	A	8	D	9	C	10	D
11	A	12	C	13	D	14	B	15	B
16	C	17	B	18	B	19	D	20	B
21	C	22	B	23	A	24	D	25	D
26	C	27	D	28	B	29	C	30	C

解 题 过 程

1.[答案] A

[解析] 土的总质量＝50＋150＋150＋100＋30＋20＝500g

土的颗粒组成见下表。

题1解表

<2.0mm	<1.0mm	<0.5mm	<0.25mm	0.075mm
90%	60%	30%	10%	4%

计算不均匀系数(C_u)和曲率系数(C_c)。

由表中数据可知:$d_{10}=0.25$mm;$d_{30}=0.5$mm;$d_{30}=1.0$mm。

$$C_u = \frac{d_{60}}{d_{10}} = \frac{1.0}{0.25} = 4$$

$$C_c = \frac{(d_{30})^2}{d_{10} \times d_{60}} = \frac{0.5^2}{0.25 \times 1.0} = 1$$

定名:

粒径大于2mm的颗粒质量占总质量的10%,非砾砂;

粒径大于0.5mm的颗粒质量占总质量的70%,大于50%,故该土样为粗砂。

2.[答案] C

[解析] 软黏土的灵敏度S_t:

$$S_t = \frac{\tau_f}{\tau_0} = \frac{192}{70} = 2.74$$

3.[答案] B

[解析] 根据《岩土工程勘察规范》(GB 50021—2001)(2009年版)附录G.0.1条及表

12.2.1,场地为湿润区,环境类别为Ⅱ类。

查表 12.2.1,SO_4^{2-} 含量为 1600mg/L,中等腐蚀等级;

NH_4^+ 含量为 510mg/L,弱腐蚀等级;

Mg^{2+} 含量为 530mg/L,微腐蚀性;

OH^{-1} 含量为 3000mg/L,微腐蚀性;

总矿化度为 15000mg/L,微腐蚀性;

侵蚀性 CO_2 为 12mg/L,微腐蚀性;

pH 值为 5.5mg/L,弱腐蚀性。

因此综合判定为中等腐蚀性。

4.[答案] C

[解析] (1)露头处的煤层实际厚度:

$H = L\sin\gamma = 16.5 \times \sin(45° - 30°) = 16.5 \times 0.2588 = 4.27m$

(2)钻孔中煤层实际厚度:

$H = 6.04 \times \sin45° = 6.04 \times 0.7071 = 4.27m$

5.[答案] B

[解析]《建筑地基基础设计规范》(GB 5007—2011)。

$f_{ak} = M_b\gamma_b + M_{dm}d + M_c c_k$

查表 5.2.5,得

$M_b = 0.51, M_d = 3.06, M_c = 5.66$

$f_{ak} = 0.51 \times 18 \times 1.0 + 0 + 5.66 \times 40 = 235.56kPa$

6.[答案] C

[解析] (1)岩石完整性系数:$K_v = \dfrac{v_{pm}^2}{v_{pr}^2} = \left(\dfrac{2700}{4300}\right)^2 = 0.39$

(2)岩石饱和单轴抗压强度变异系数:$\delta = \dfrac{5.59}{13.6} = 0.41$

(3)统计修正系数:

$\psi = 1 - \left(\dfrac{1.704}{\sqrt{n}} + \dfrac{4.678}{n^2}\right)\delta = 1 - \left(\dfrac{1.704}{\sqrt{6}} + \dfrac{4.678}{6^2}\right) \times 0.41 = 0.66$

(4)$f_{rk} = \psi f_m = 0.66 \times 13.6 = 8.976kPa$

(5)$f_a = \psi_r f_{rk}$

较破碎岩体:$\psi_r = 0.1 \sim 0.2$

$f_a = (0.1 \sim 0.2) \times 8.976 = 0.9 \sim 1.8kPa$

7.[答案] A

[解析]《建筑地基基础设计规范》(GB 50007—2011)。

(1)墙下条形基础,基础高度 $H_0 \geqslant \dfrac{b - b_0}{2\tan\alpha}$

(2)对 C15 混凝土基础,$200 < p_k \leqslant 300$ 时,$\dfrac{b_2}{H_0} = \tan\alpha = \dfrac{1}{1.25}$

$(3)H_0 \geq \dfrac{1.5-0.38}{2 \times \dfrac{1}{1.25}} = 0.7\text{m}$

8. [答案] D

[解析] $(1)p_1 = 50\text{kPa}$ 时, $e_1 = 1.00$

$(2)p_2 = 150\text{kPa}$ 时, $e_2 = 0.95$

(3)2m 厚的土层的压缩变形为:

$$S = \dfrac{e_1-e_2}{1+e_1}h = \dfrac{1.00-0.95}{1+1.00} \times 2000 = 50\text{mm}$$

9. [答案] C

[解析] 轴向力: $N = \dfrac{2.5 \times 200}{2} = 250\text{kN}$

力矩: $M = \dfrac{250 \times 2.5}{6} = 104.2\text{kN} \cdot \text{m}$

10. [答案] D

[解析] 根据《建筑地基基础设计规范》(GB 50007—2011)框架结构地基变形允许值是控制相邻柱基的沉降差,对于高压缩性土,其值为 $0.003l$,其中 l 为相邻柱基中心距离。

(1)A、B 轴边柱沉降差:150−80=70mm

$\dfrac{70}{9000} = 0.0078 > 0.003$,超过允许值。

(2)B、C 轴边柱沉降差:150−120=30mm

$\dfrac{30}{12000} = 0.0025 < 0.003$ 满足。

(3)C、D 轴边柱沉降差:120−100=20mm

$\dfrac{20}{9000} < 0.003$,满足。

11. [答案] A

[解析] $(1)Q_{uk} = Q_{sk} + Q_{pk} = 8000\text{kN}$

$Q_{pk} = 0.3 \times 8000 = 2400\text{kN}$

$Q_{sk} = 8000 - 2400 = 5600\text{kN}$

$(2)h_b = 2.5\text{m}, d = 0.9$

$\dfrac{h_b}{d} = 2.78 < 5$,则 $\lambda_p = 0.16 \times 2.78 = 0.44$

$(3)0.44q_{pk}A_p = 2400 \Rightarrow q_{pk}A_p = 5455\text{kN}$

(4)加十字钢板后, $d_e = \dfrac{d}{\sqrt{n}} = \dfrac{0.9}{2} = 0.45$

$(5)\dfrac{h_b}{d_e} = \dfrac{2.5}{0.45} = 5.56 > 5$,则 $\lambda_p = 0.8$

(6)$Q'_{pk}=0.8q_{pk}A_p=0.8\times5455=4364$kN

(7)$Q_{uk}=Q_{sk}+Q'_{pk}=5600+4364=9964$kN

12.[答案] C

[解析] (1)$N_k=\dfrac{F_k+G_k}{n}=\dfrac{10000+500}{5}=2100$kN

(2)$N_{kmax}=\dfrac{F_k+G_k}{n}+\dfrac{M_{yk}x_i}{\sum x_j^2}=2100+\dfrac{480\times1.5}{4\times1.5^2}=2180$kN

(3)$N_k\leqslant R$,有:$R\geqslant2100$kN

$N_{kmax}\leqslant1.2R$,有:$R\geqslant1816$kN

故 $R\geqslant2100$kN

13.[答案] D

[解析] (1)$b_0=0.9(1.5d+0.5)=0.9\times(1.5\times1.0+0.5)=1.8$m

(2)$\alpha=\sqrt[5]{\dfrac{mb_0}{EI}}=\sqrt[5]{\dfrac{20\times10^3\times1.8}{5\times10^6}}=\sqrt[5]{0.0072}=0.373$

(3)$\alpha h=0.373\times20=7.46>4$,桩顶铰接,故 $\upsilon_x=2.441$

(4)$R_{ha}=0.75\times\dfrac{\alpha^3EI}{\upsilon_x}x_{oa}$

(5)$x_{oa}=\dfrac{R_{ha}\upsilon_x}{0.75\times\alpha^3EI}=\dfrac{1000\times2.441}{0.75\times0.373^3\times5\times10^6}=12.5$mm

14.[答案] B

[解析] (1)$R_a=u_p\sum q_{si}l_i+q_pA_p=\pi\times0.5\times(5\times20+10\times25)+250\times\dfrac{1}{4}\pi\times0.5^2$

$=598.87$kN

(2)由 $f_{spk}=\lambda m\dfrac{R_a}{A_p}+\beta(1-m)f_{sk}$,得置换率:

$m=\dfrac{f_{spk}-\beta f_{sk}}{\lambda\dfrac{R_a}{A_p}-\beta f_{sk}}=\dfrac{320-0.8\times100}{\dfrac{598.87}{0.196}-0.8\times100}=0.081$

(3)$d_e=\dfrac{d}{\sqrt{m}}=\dfrac{0.5}{\sqrt{0.081}}=1.76$m

(4)$s=\dfrac{d_e}{1.05}=\dfrac{1.76}{1.05}=1.68$m

15.[答案] B

[解析] 软黏土地基土层中点的自重应力为

$P_z=\gamma'h=(18-10)\times\dfrac{8}{2}=32$kPa

该土层最终固结沉降量 S_1 为

$S_1=\dfrac{H}{1+e_0}\cdot C_c\lg\left(\dfrac{P_z+\Delta p}{P_z}\right)=\dfrac{8}{1+1.30}\times0.5\times\lg\left(\dfrac{32+120}{32}\right)$

$=1.739\times0.6767=1.18$m

平均固结度达到 0.85 时该地基固结沉降量为

$S_{0.85} = 1.18 \times 0.85 = 1.00$m

16. [答案] C

[解析]《建筑地基处理技术规范》(JGJ 79—2012)第 7.1.5 条、7.3.3 条。

$$f_{spk} = \lambda m \frac{R_a}{A_p} + \beta(1-m)f_{sk}$$

$$m = \frac{f_{spk} - \beta f_{sk}}{\dfrac{\lambda R_a}{A_p} - \beta f_{sk}} = \frac{150 - 0.6 \times 60}{\dfrac{1.0 \times 200}{0.385} - 0.6 \times 60} = 0.236$$

17. [答案] B

[解析]《建筑地基处理技术规范》(JGJ 79—2012)第 8.2.3 条、8.3.3 条。

(1) 每孔碱液灌注量 V 为

$V = \alpha \cdot \beta \pi r^2 (l+r)n = 0.68 \times 1.1 \times 3.14 \times 0.4^2 \times (10+0.4) \times 0.5 = 1.95$m³

(2) 每 m³ 碱液的固体烧碱量为

$$G_s = \frac{1000M}{p} = \frac{1000 \times 0.1}{0.85} = 117.6\text{kg}$$

则每孔应灌注固体烧碱量为

$1.95 \times 117.6 = 229$kg

18. [答案] B

[解析] (1) 计算抗力矩

滑弧的半径：$R = \sqrt{11^2 + 20^2} = 22.83$m

抗滑力矩：$M_R = (3.1415 \times 76.06/180) \times 30 \times 22.83^2 = 20757$kN·m/m

(2) 计算滑动力矩

裂缝水压力：$P_w = 10 \times 3.33^2/2 = 55.44$kN/m，$M_1 = 55.44 \times 12.22 = 677$kN·m/m

水上：$M_A = 41.92 \times 18 \times 13 = 9809$kN·m/m

水下：$M_B = 144.11 \times 8 \times 4.44 = 5119$kN·m/m

$$F_s = \frac{20757}{677 + 9809 + 5119} = 1.33$$

19. [答案] D

[解析] (1) $K_a = \tan^2\left(45° - \dfrac{\varphi}{2}\right) = \tan^2\left(45° - \dfrac{35°}{2}\right) = 0.271$

(2) 根据《建筑边坡工程技术规范》(GB 50330—2013)第 11.2.1 条，挡墙高度为5.5m，乘以 1.1 的增大系数，故

$$E_a' = \frac{1}{2}\gamma h^2 K_a = \frac{1}{2} \times 18 \times 5.5^2 \times 0.271 = 73.78\text{kN}$$

$E_a = 1.1 \times 73.78 = 81.16$kN

(3) 对底边中心求力矩

$$e = \frac{M}{N} = \frac{81.16 \times 1.83 - 164.5 \times \left(1.29 - \dfrac{1}{2} \times 2\right)}{164.5} = 0.613\text{m}$$

$\dfrac{b}{6}=0.33\text{m}$,属大偏心 $:a=\dfrac{b}{2}-e$

(4)基底压力的分布为三角形分布

$$p_{\text{kmax}}=\dfrac{2(F_{\text{K}}+G_{\text{K}})}{3la}=\dfrac{2\times164.5}{3\times1\times\left(\dfrac{2}{2}-0.613\right)}=283.38\text{kPa}$$

20.[答案] B

[解析] (1)不稳定岩体体积

$$V=\dfrac{1}{2}\times20\times40=400\text{m}^3/\text{m}$$

(2)滑面面积

$$A=BL=1\times[(10+20)^2+40^2]^{\frac{1}{2}}=50\text{m}^2/\text{m}$$

(3)稳定性安全系数

$$F_{\text{s}}=\dfrac{\gamma V\cos\theta\tan\varphi+A\cdot c}{\gamma V\sin\theta}=\dfrac{23\times400\times0.6\tan35°+50\times70}{23\times400\times0.8}$$

$$=\dfrac{3865+3500}{7360}=1.0$$

21.[答案] C

[解析] 由于产生沿着坡面的渗流,坡面线为一流线,过该条底部中心的等势线为 ab 线,水头高度为

$$h_{\text{w}}=\overline{ad}=\overline{ab}\cdot\cos\theta=h_i\cos^2\theta=6\cos^2 8°=4.68\text{m}$$

孔隙水压力 $=\gamma_{\text{w}}h_{\text{w}}=10\times4.68=46.8\text{kPa}$

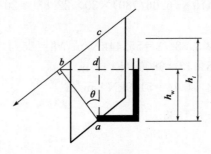

题21解图

22.[答案] B

[解析] (1)弯矩零点与土压强度为0的点相同。

(2)计算 K_{a} 和 K_{p}。

$$K_{\text{a}}=\tan^2\left(45°-\dfrac{\varphi}{2}\right)=\tan^2\left(45°-\dfrac{26°}{2}\right)=0.39$$

$$K_{\text{p}}=\tan^2\left(45°+\dfrac{\varphi}{2}\right)=\tan^2\left(45°+\dfrac{26°}{2}\right)=2.56$$

(3)设弯矩零点距坑底距离为 z。

z 处主动土压力强度:

2007 年案例分析试题答案(上午卷)

$$e_{az} = 19 \times \left(\frac{q}{\gamma} + 15 + z \right) K_a - 2c\sqrt{K_a} = (48 + 285 + 19z) \times 0.39 - 18.75 = 7.41z + 111.1$$

z 处被动土压力强度 e_{pz}

$$e_{pz} = 19 \times z \times 2.56 + 2 \times 15 \times 1.6 = 48.64z + 48$$

(4) $e_{az} = e_{pz}$ 即 $7.41z + 111.1 = 48.64z + 48$

计算得：$z = 1.53\text{m}$

23. [答案] A

[解析] 根据太沙基理论：$q_v = \dfrac{\gamma b - c}{k\tan\varphi}(1 - e^{-k\tan\varphi H/b})$

$c = 0, q = 0, b = [10 + 2 \times \tan(45° - \varphi/2)]/2 = 13.66\text{mm}$

$k = \tan^2(45° - \varphi/2) = 0.33$

$$q = \frac{\gamma b}{k\tan\varphi}[1 - e^{(-kH/b)\tan\varphi}] = \frac{19 \times 13.66}{0.33 \times 0.577}[1 - e^{-(0.33 \times 12/13.66) \times 0.577}]$$

$$= \frac{259.5}{0.1904}(1 - e^{-0.167}) = 1362.9 \times 0.154 = 210\text{kPa}$$

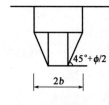

题 23 解图

24. [答案] D

[解析] (1) 从表中可以看出 1.0m 以下土的饱和度均大于 60%，因此强夯法不适宜，应选择土或灰土垫层法。

(2) 题干中已给出黄土地基湿陷量计算值 Δ_{zs}：

$$\Delta_{zs} = 0.9 \times (1000 \times 0.015 + 1000 \times 0.017) = 28.8\text{mm}$$

因此该场地为非自重湿陷性黄土场地，黄土地基湿陷等级为 Ⅱ 级（中等），对多层建筑地基处理厚度不宜小于 2.0m。

(3) 从表中可以看出，5.0m 深度处土样以下的湿陷起始压力值已大于 100kPa，因此地基处理的深度至 5.0m 处即可满足要求，地基处厚度不宜小于 3.5m，地基处理宜采用土或灰土垫层法，处理厚度 3.0m。

综合分析，地基处理宜采用土或灰土垫层法，处理厚度 3.0m，因此选 D。

25. [答案] D

[解析] 《公路路基设计规范》(JTG D30—2015) 第 7.6.3 条。

$$\beta = \frac{45° + \dfrac{\varphi}{2}}{K} = \frac{45° + \dfrac{37°}{2}}{1.25} = 50.8°$$

$$L' = H\cot\beta = 3\cot 50.8° = 2.45\text{m}$$

覆盖土层稳定坡率为 1:1，则 $\theta = 45°$。

$$L = 2.45 + 4\cot 45° + 5 = 11.45\text{m}$$

26. [答案] C

[解析]《铁路路基支挡结构设计规范》(TB 10025—2019)第 12.2.3 条条文说明。

$$\beta = \frac{45°}{A+1} + \frac{2A+1}{2(A+1)}\varphi - \alpha = \frac{45°}{0.5+1} + \frac{2\times0.5+1}{2\times(0.5+1)}\times18° - 27° = 15°$$

27. [答案] D

[解析] (1) $\alpha_{max} = 0.24$(8 度,多遇地震,0.30g)

$T_g = 0.45s$(第一组,Ⅲ类场地)

$\eta_2 = 1.0(\zeta = 0.05)$

(2) $T < T_g$

(3) $\alpha = \eta_2\alpha_{max} = 1.0\times0.24 = 0.24$

28. [答案] B

[解析] (1) 覆盖层厚度应取 60m,因此计算深度应取 20m。

(2) 20m 范围内,土层属中软土,v_{se} 介于 150~250m/s 之间。

故为Ⅲ类场地。

29. [答案] C

[解析]《公路工程抗震规范》(JTG B02—2013)第 4.3.3 条、4.3.4 条。

(1) 液化判别,计算标贯击数临界值 N_{cr}。

采用桩基础,液化判别深度取 20m。

地面下 15m 范围内:$N_{cr} = N_0[0.9 + 0.1\times(d_s - d_w)]\sqrt{3/\rho_c}$

4m 处:$N_{cr} = 10\times[0.9 + 0.1\times(4-2)]\times\sqrt{3/6} = 7.78 > 5$,液化。

6m 处:$N_{cr} = 10\times[0.9 + 0.1\times(6-2)]\times\sqrt{3/6} = 9.19 > 6$,液化。

9m 处:$N_{cr} = 10\times[0.9 + 0.1\times(9-2)]\times\sqrt{3/3} = 16.0 > 12$,液化。

12m 处:$N_{cr} = 10\times[0.9 + 0.1\times(12-2)]\times\sqrt{3/3} = 19.0 > 18$,液化。

地面下 15~20m 范围内:$N_{cr} = N_0(2.4 - 0.1d_w)\sqrt{3/\rho_c}$

18m 处:$N_{cr} = 10\times(2.4 - 0.1\times2)\times\sqrt{3/3} = 22.0 < 24$,不发生液化。

(2) 4m、6m、9m、12m 处为液化点,计算 d_i、d_s、W_i 如下表。

题 29 解表

标贯深度(m)	代表土层厚度 d_i	代表中点深度 d_s	权 函 数 W_i
4	$2+1 = 3.0$	$2 + \frac{3}{2} = 3.5$	10
6	$2+1 = 3.0$	$8 - \frac{3}{2} = 6.5$	$\frac{2}{3}\times(20-6.5) = 9$
9	$1 + \frac{3}{2} = 2.5$	$8 + \frac{2.5}{2} = 9.25$	$\frac{2}{3}\times(20-9.25) = 7.17$
12	$3 + \frac{3}{2} = 4.5$	$15 - \frac{4.5}{2} = 12.75$	$\frac{2}{3}\times(20-12.75) = 4.83$

$$(3) I_{lE}=\sum_{i=1}^{n}\left(1-\frac{N_i}{N_{cri}}\right)d_iW_i=\left(1-\frac{5}{7.78}\right)\times3\times10+\left(1-\frac{6}{9.19}\right)\times3\times9+\left(1-\frac{12}{16.0}\right)\times$$

$$2.5\times7.17+\left(1-\frac{18}{19.0}\right)\times4.5\times4.83$$

$$=25.7$$

故为严重液化。

30.[答案] C

[解析] (1)桩身轴力由大变小深度处即为自重湿陷性黄土分布深度处,即自重湿陷性黄土层深度范围为 0～14m。

(2)《建筑基桩检测技术规范》(JGJ 106—2014)式(A.0.13-6)。负摩阻力值:

$$q_{si}=\frac{Q_i-Q_{i+1}}{u\cdot l_i}=\frac{2800-3270}{0.8\times3.14\times14}=-13.36kPa$$

2007 年案例分析试题(下午卷)

1. 某饱和软黏土无侧限抗压强度试验的不排水抗剪强度 $c_u=70$kPa,如果对同一土样进行三轴不固结不排水试验,施加围压 $\sigma_3=150$kPa。试样在发生破坏时的轴向应力 σ_1 最接近下列哪个选项的值? （ ）

    (A)140kPa   (B)220kPa

    (C)290kPa   (D)370kPa

2. 现场取环刀试样测定土的干密度。环刀容积为 200cm³,测得环刀内湿土质量为 380g。从环刀内取湿土 32g,烘干后干土质量为 28g。土的干密度最接近下列哪个选项? （ ）

    (A)1.90g/cm³   (B)1.85g/cm³

    (C)1.69g/cm³   (D)1.66g/cm³

3. 对某高层建筑工程进行深层载荷试验,承压板直径为 0.79m,承压板底埋深为 15.8m,持力层为砾砂层,泊松比 0.3,试验结果见下图。根据《岩土工程勘察规范》(GB 50021—2001),计算该持力层的变形模量最接近下列哪一个选项? （ ）

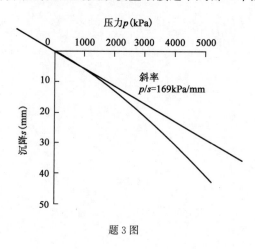

题 3 图

    (A)58.3MPa   (B)38.5MPa

    (C)25.6MPa   (D)18.5MPa

4. 某水利工程中存在有可能产生流土破坏的地表土层,经取样试验,该土层的物理性质指标为土粒相对密度(比重)$G_s=2.7$,天然含水量 $w=22\%$,天然重度 $\gamma=19$kN/m³。该土层发生流土破坏的临界水力比降最接近下列何值? （ ）

    (A)0.88   (B)0.98

(C)1.08   (D)1.18

5. 某条形基础宽度 2.50m, 埋深 2.00m。场区地面以下为厚 1.50m 的填土, $\gamma = 17kN/m^3$; 填土层以下为厚 6.00m 的细砂层, $\gamma = 19kN/m^3$, $c_k = 0$、$\varphi_k = 30°$。地下水位埋深 1.0m。根据土的抗剪强度指标计算的地基承载力特征值最接近以下哪个选项？   ( )

(A)160kPa   (B)170kPa
(C)180kPa   (D)190kPa

6. 某天然稳定土坡, 坡角为 35°, 坡高 5m, 坡体土质均匀, 无地下水, 土层的孔隙比 e 和液性指数 I_L 均小于 0.85, $\gamma = 20kN/m^3$、$f_{ak} = 160kPa$, 坡顶部位拟建工业厂房, 采用条形基础, 上部结构传至基础顶面的竖向力 (F_k) 为 350kN/m, 基础宽度为 2m。按照厂区整体规划, 基础底面边缘距离坡顶为 4m。条形基础的埋深至少应达到以下哪个选项的埋深值才能满足要求？（基础结构及其上土的平均重度按 20kN/m³ 考虑）   ( )

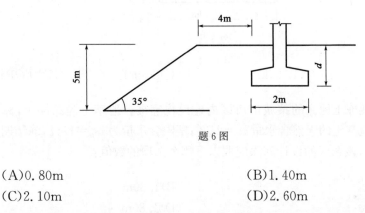

题 6 图

(A)0.80m   (B)1.40m
(C)2.10m   (D)2.60m

7. 在 100kPa 大面积荷载的作用下, 3m 厚的饱和软土层排水固结, 排水条件如下图所示, 从此土层中取样进行常规固结试验, 测读试样变形与时间的关系, 已知在 100kPa 试验压力下, 达到固结度为 90% 的时间为 0.5h, 预估 3m 厚的土层达到 90% 固结度的时间最接近下列何值？   ( )

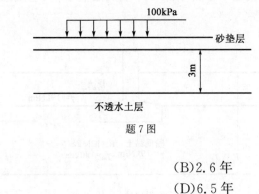

题 7 图

(A)1.3 年   (B)2.6 年
(C)5.2 年   (D)6.5 年

8. 某高低层一体的办公楼, 采用整体筏形基础, 基础埋深 7.00m, 高层部分的基础尺寸为40m×40m,基底总压力$p=430$kPa,多层部分的基础尺寸为40m×16m,场区土层的重度为20kN/m³,地下水位埋深3m。高层部分的荷载在多层建筑基底中心以下深度12m处所引起的附加应力最接近以下何值?(水的重度按10kN/m³考虑)　　　　(　　)

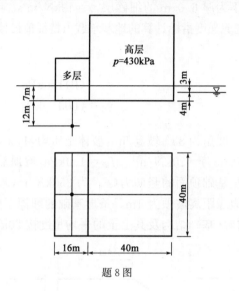

题8图

(A)48kPa　　　　　(B)65kPa　　　　　(C)80kPa　　　　　(D)95kPa

9. 位于季节性冻土地区的某城市市区内建设住宅楼。地基土为黏性土,标准冻深为1.60m。冻前地基土的天然含水量$w=21\%$,塑限含水量为$w_p=17\%$,冻结期间地下水位埋深$h_w=3$m,该场区的设计冻深应取以下哪个选项的数值?　　　　(　　)

(A)1.22m　　　　　　　　　　　　(B)1.30m
(C)1.40m　　　　　　　　　　　　(D)1.80m

10. 某条形基础的原设计基础宽度为2m,上部结构传至基础顶面的竖向力(F_k)为320kN/m。后发现在持力层以下有厚度2m的淤泥质土层。地下水水位埋深在室外地面以下2m,淤泥质土层顶面处的地基压力扩散角为23°。根据软弱下卧层验算结果重新调整后的基础宽度最接近以下哪个选项才能满足要求?(基础结构及土的重度都按19kN/m³考虑)　　　　(　　)

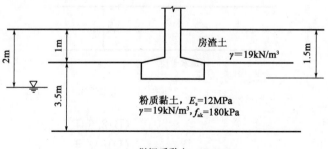

题10图

(A)2.0m   (B)2.5m   (C)3.5m   (D)4.0m

11. 某构筑物桩基设计等级为乙级,柱下桩基础采用 16 根钢筋混凝土预制桩,桩径 $d=0.5\text{m}$,桩长 15m,其承台平面布置、剖面、地层以及桩端下的有效附加应力(假定按直线分布)如图所示。按《建筑桩基技术规范》(JGJ 94—2008)估算桩基沉降量最接近下列哪个选项?(沉降经验系数取 1.0)   (   )

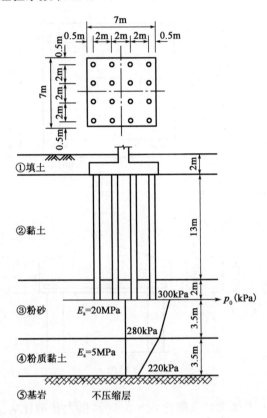

题 11 图

(A)7.3cm   (B)9.5cm

(C)11.8cm   (D)13.2cm

12. 如图所示四桩承台,采用截面 0.4m×0.4m 的钢筋混凝土预制方桩,承台混凝土强度等级为 C35($f_t=1.57\text{MPa}$)。按《建筑桩基技术规范》(JGJ 94—2008)验算承台受角桩冲切的承载力最接近下列哪一个数值?   (   )

(A)780kN   (B)900kN

(C)1100kN   (D)1290kN

13. 一处于悬浮状态的浮式沉井(落入河床前),其所受外力矩 $M=48\text{kN·m}$,排水体积 $V=40\text{m}^3$,浮体排水截面的惯性矩 $I=50\text{m}^4$,重心至浮心的距离 $a=0.4\text{m}$(重心在浮心之上)。按《铁路桥涵地基和基础设计规范》(TB 10093—2017)或《公路桥涵地基与基础设计规范》(JTG D63—2007)计算,沉井浮体稳定的倾斜角最接近下列何值?

（水重度 $\gamma_w = 10\text{kN/m}^3$）　　　　　　　　　　　　　　　　（　　）

(A)5°　　　　　　　　　　　　　　(B)6°

(C)7°　　　　　　　　　　　　　　(D)8°

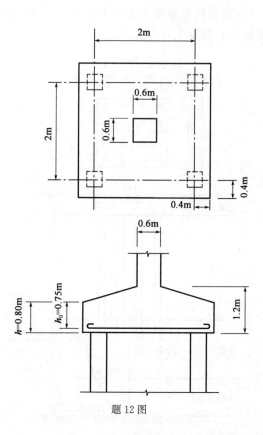

题 12 图

14. 某砂土地基，土体天然孔隙比 $e_0 = 0.902$，最大孔隙比 $e_{max} = 0.978$，最小孔隙比 $e_{min} = 0.742$，该地基拟采用挤密碎石桩加固，按等边三角形布桩，挤压后要求砂土相对密实度 $D_{r1} = 0.886$。为满足此要求，碎石桩距离接近下列哪个数值？（修正系数 ξ 取 1.0，碎石桩直径取 0.40m）　　　　　　　　　　　　　　　　（　　）

(A)1.2m　　　　　　　　　　　　　(B)1.4m

(C)1.6m　　　　　　　　　　　　　(D)1.8m

15. 某软黏土地基采用预压排水固结法处理，根据设计，瞬时加载条件下不同时间的平均固结度见下表。加载计划如下：第一次加载量为 30kPa，预压 30 天后第二天再加载 30kPa，再预压 30 天后第三次再加载 60kPa，如图所示。自第一次加载后到 120 天时的平均固结度最接近下列哪个选项的数值？　　　　　　　　　（　　）

题 15 表

t(天)	10	20	30	40	50	60	70	80	90	100	110	120
U(%)	37.7	51.5	62.2	70.6	77.1	82.1	86.1	89.2	91.6	93.4	94.9	96.0

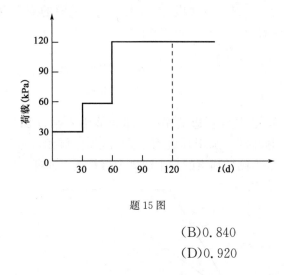

题 15 图

(A)0.800   (B)0.840

(C)0.880   (D)0.920

16. 某场地地基为杂填土,天然地基承载力特征值为 60kPa,拟采用柱锤冲扩桩复合地基加固,桩径为 0.8m,桩土应力比取 3.0,正方形布桩,要使加固后复合地基承载力特征值达到 100kPa,桩间土进行了重型动力触探试验,平均击数 $\overline{N}_{63.5}$ 为 2 击,根据《建筑地基处理技术规范》(JGJ 79—2012),柱锤冲扩桩的间距应为下列哪个选项的数值?   (   )

(A)1.2m   (B)1.3m

(C)1.6m   (D)1.7m

17. 某土坝坝基由两层土组成,如图所示。上层土为粉土,孔隙比 0.667,相对密度为2.67,层厚 3.0m,第二层土为中砂,土石坝上下游水头差为 3.0m,为保证坝基的渗透稳定,下游拟采用排水盖重层措施,如图所示,如安全系数取 2.0。根据《碾压土石坝设计规范》(DLT 5395—2007)排水盖重层(其重度为 18.5kN/m³)的厚度最接近下列哪一个数值?   (   )

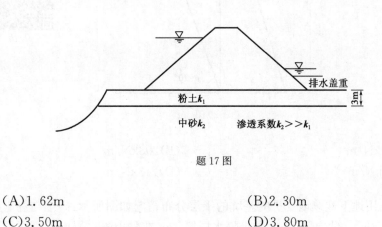

题 17 图

(A)1.62m   (B)2.30m

(C)3.50m   (D)3.80m

18. 重力式梯形挡土墙,墙高 4.0m,顶宽 1.0m,底宽 2.0m,墙背垂直光滑,墙底水平,基底与岩层间摩擦系数 f 取为 0.6,抗滑稳定性满足设计要求,开挖后发现岩层风化较严重,将 f 值降低为 0.5 进行变更设计,拟采用墙体墙厚的变更原则,若要达到原设计的抗滑稳定性,墙厚需增加下列哪个选项的数值?　　　　　(　)

(A)0.2m　　　　　　　　　　　　(B)0.3m

(C)0.4m　　　　　　　　　　　　(D)0.5m

19. 在图示的铁路工程岩石边坡中,上部岩体沿着滑动面下滑,剩余下滑力为 $F=1220$kN,为了加固此岩坡,采用预应力锚索,滑动面倾角及锚索的方向如图所示。滑动面处的摩擦角为 18°,则此锚索的最小锚固力最接近下列哪一个数值?　　(　)

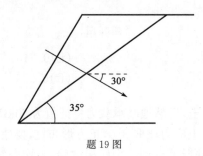

题 19 图

(A)1200kN　　　　　　　　　　　(B)1400kN

(C)1600kN　　　　　　　　　　　(D)1700kN

20. 重力式挡土墙墙高 8m,墙背垂直、光滑,填土与墙顶齐平,填土为砂土,$\gamma=20$kN/m³,内摩擦角 $\varphi=36°$,该挡土墙建在岩石边坡前,岩石边坡坡脚与水平方向夹角为 70°,岩石与砂填土间摩擦角为 18°,计算作用于挡土墙上的主动土压力最接近下列哪个数值?　　　　　　　　　　　　　　　　　　　　　　(　)

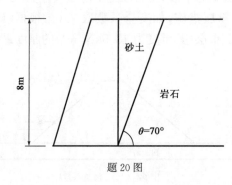

题 20 图

(A)166kN/m　　　　　　　　　　(B)298kN/m

(C)357kN/m　　　　　　　　　　(D)213kN/m

21. 一个采用地下连续墙支护的基坑的土层分布情况如图所示:砂土与黏土的天然重度都是 20kN/m³。砂层厚 10m,黏土隔水层厚 1m,在黏土隔水层以下砾石层中有承压水,承压水头 8m。没有采用降水措施,为了保证抗突涌的渗透稳定安全系数不小于1.1,该基坑的最大开挖深度 H 不能超过下列哪一选项?　　　　　　(　)

(A)2.2m   (B)5.6m

(C)6.6m   (D)7.0m

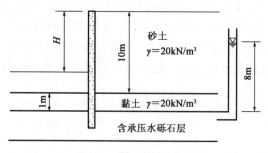

题 21 图

22.10m 厚的黏土层下为含承压水的砂土层,承压水头高 4m,拟开挖 5m 深的基坑,重要性系数 $\gamma_0=1.0$。使用水泥土墙支护,水泥土重度为 20kN/m³,墙总高 10m。已知每延米墙后的总主动土压力为 800kN/m,作用点距墙底 4m;墙前总被动土压力为 1200kN/m,作用点距墙底 2m。如果将水泥土墙受到的扬压力从自重中扣除,计算满足抗倾覆安全系数为 1.2 条件下的水泥土墙最小墙厚最接近下列哪一个选项? ( )

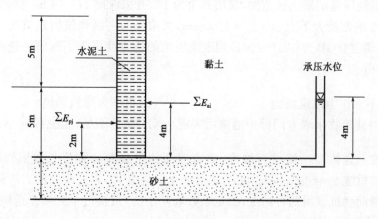

题 22 图

(A)3.5m   (B)3.8m

(C)4.0m   (D)4.2m

23.某电站引水隧洞,围岩为流纹斑岩,其各项评分见下表,实测岩体纵波波速平均值为 3320m/s,岩块的波速为 4176m/s。岩石的饱和单轴抗压强度 $R_b=55.8MPa$。围岩最大主应力 $\sigma_m=11.5MPa$。试按《水利水电工程地质勘察规范》(GB 50287—2008)的要求进行的围岩分类是下列哪一选项? ( )

题 23 表

项目	岩石强度	岩体完整程度	结构面状态	地下水状态	主要结构面产状
评分	20分	28分	24分	−3分	−2分

(A)Ⅳ类   (B)Ⅲ类

(C)Ⅱ类   (D)Ⅰ类

24. 某场地同一层软黏土采用不同的测试方法得出的抗剪强度,按其大小排序列出4个选项,问下列哪个选项是符合实际情况的? 并简要说明理由。

设①原位十字板试验得出的抗剪强度;②薄壁取土器取样做三轴不排水剪试验得出的抗剪强度;③厚壁取土器取样做三轴不排水剪试验得出的抗剪强度。   (　　)

(A)①>②>③   (B)②>①>③

(C)③>②>①   (D)②>③>①

25. 某拟建砖混结构房屋,位于平坦场地上,为膨胀土地基,根据该地区气象观测资料算得:当地膨胀土湿度系数 $\psi_w=0.9$。问当以基础埋深为主要防治措施时,一般基础埋深至少应达到以下哪一深度值?   (　　)

(A)0.50m   (B)1.15m

(C)1.35m   (D)3.00m

26. 某场地属煤矿采空区范围,煤层倾角为15°,开采深度 $H=110m$,移动角(主要影响角)$\beta=60°$,地面最大下沉值 $\eta_{max}=1250mm$,如拟作为一级建筑物建筑场地,问按《岩土工程勘察规范》(GB 50021—2001)判定该场地的适宜性属于下列哪一选项? 并通过计算说明理由。   (　　)

(A)不宜作为建筑场地   (B)可作为建筑场地

(C)对建筑物采取专门保护措施后兴建   (D)条件不足,无法判断

27. 陡坡上岩体被一组平行坡面、垂直层面的张裂缝切割成长方形岩块(见示意图)。岩块的重度 $\gamma=25kN/m^3$。问在暴雨水充满裂缝时,靠近坡面的岩块最小稳定系数(包括抗滑动和抗倾覆两种情况,稳定系数取其小值)最接近下列哪个选项? (不考虑岩块两侧阻力和层面水压力)   (　　)

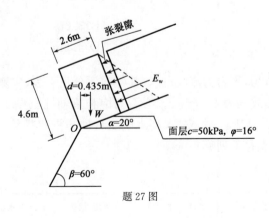

题 27 图

(A)0.75   (B)0.85   (C)0.95   (D)1.05

28. 土层分布及实测剪切波速如表所示,问该场地覆盖层厚度及等效剪切波速符合下列哪个选项的数值?　　　　　　　　　　　　　　　　　　（　　）

层 序	岩 土 名 称	层厚 d_i(m)	层底深度(m)	实测剪切波速 V_{sj}(m/s)
1	填土	2.0	2.0	150
2	粉质黏土	3.0	5.0	200
3	淤泥质粉质黏土	5.0	10.0	100
4	残积粉质黏土	5.0	15.0	300
5	花岗岩孤石	2.0	17.0	600
6	残积粉质黏土	8.0	25.0	300
7	风化花岗石			>500

(A)10m,128m/s　　　　　　　　　　(B)15m,158m/s

(C)20m,185m/s　　　　　　　　　　(D)25m,179m/s

29. 采用拟静力法进行坝高 38m 土石坝的抗震稳定性验算。在滑动条分法的计算过程中,某滑动体条块的重力标准值为 4000kN/m。场区为地震烈度 8 度区。作用在该土条重心处的水平向地震惯性力代表值 F_h 最接近下列哪个数值?　　　（　　）

(A)300kN/m　　　　　　　　　　　(B)350kN/m

(C)400kN/m　　　　　　　　　　　(D)450kN/m

30. 采用声波法对钻孔灌注桩孔底沉渣进行检测,桩直径为 1.2m,桩长 35m,声波反射明显。测头从发射到接收到第一次反射波的相隔时间为 8.7ms,从发射到接收到第二次反射波的相隔时间为 9.3ms,若孔底沉渣声波波速按 1000m/s 考虑,孔底沉渣的厚度最接近下列哪一个选项?　　　　　　　　　　　　　　　　（　　）

(A)0.30m　　　　　　　　　　　　(B)0.50m

(C)0.70m　　　　　　　　　　　　(D)0.90m

2007年案例分析试题答案(下午卷)

标 准 答 案

本试卷由 30 道题组成,全部为单项选择题。考生可任选 25 道题作答。每题 2 分,满分为 50 分。若考生在答题卡或试卷上的作答超过 25 道题,则按题目序号从小到大的顺序对作答的前 25 道题计分及复评试卷,其他作答题目无效。

1	C	2	D	3	A	4	B	5	D
6	D	7	C	8	A	9	B	10	C
11	A	12	D	13	D	14	B	15	C
16	C	17	C	18	B	19	D	20	B
21	C	22	D	23	B	24	A	25	C
26	A	27	B	28	D	29	B	30	A

解 题 过 程

1.[答案] C

[解析] 饱和软土的无侧限抗压强度试验相当于在三轴仪中进行 $\sigma_3 = 0$ 的不排水剪切试验,$\varphi = 0$。

$$c_u = \frac{\sigma_1 - \sigma_3}{2}$$

$$\sigma_1 = 2c_u + \sigma_3 = 2 \times 70 + 150 = 290 \text{kPa}$$

2.[答案] D

[解析] 计算如下:

$(1) \rho = \frac{m}{V} = \frac{380}{200} = 1.90 \text{g/cm}^3$

$(2) w = \frac{m_w}{m_s} = \frac{32-28}{28} = 0.143$

$(3) \rho_d = \frac{\rho}{1+w} = \frac{1.90}{1+0.143} = 1.66 \text{g/cm}^3$

3.[答案] A

[解析] (1)查表得:$\omega = 0.437$

$(2) E_0 = \omega \frac{pd}{s} = 0.437 \times 169 \times 0.79 = 58.3 \text{MPa}$

4.[答案] B

[解析] 当渗流力 j 等于土的浮重量 γ' 时,土处于流土的临界状态。

$(1) j = i_{cr} \cdot \gamma_w = \gamma' = \frac{G_s - 1}{1+e} \gamma_w$

$$(2)\ e=\frac{G_{\mathrm{s}}(1+\omega)\rho_{\mathrm{w}}}{\rho}-1=\frac{2.7\times(1+0.22)\times1000}{1900}-1=0.73$$

$$(3)\ i_{\mathrm{cr}}=\frac{G_{\mathrm{s}}-1}{1+e}=\frac{2.7-1}{1+0.73}=0.983$$

5. [答案] D

[解析] 根据《建筑地基基础设计规范》(GB 50007—2011)由土的抗剪强度指标确定地基承载力特征值。

$$f_{\mathrm{a}}=M_{\mathrm{b}}\gamma_{\mathrm{b}}b+M_{\mathrm{d}}\gamma_{\mathrm{m}}d+M_{\mathrm{c}}c_{\mathrm{k}}$$

$$\varphi=30°,M_{\mathrm{b}}=1.9,M_{\mathrm{d}}=5.59,M_{\mathrm{c}}=7.95$$

$$\gamma=(19-10)=9\mathrm{kN/m^3}$$

$$\gamma_{\mathrm{m}}=[1.0\times17+0.5\times(17-10)+0.5\times(19-10)]/2=12.5\mathrm{kN/m^3}$$

$$f_{\mathrm{a}}=1.90\times9\times3+5.59\times12.5\times2+7.95\times0=51.3+139.75=191.05\mathrm{kPa}$$

6. [答案] D

[解析] 计算如下：

$$d\geqslant(3.5b-a)\tan\beta=(3.5\times2-4)\tan35°=2.10\mathrm{m}$$

对于条形基础

$$[160+1.6\times20\times(d-0.5)]\times2\geqslant350+2\times20d$$

故：$d\geqslant2.58\approx2.6\mathrm{m}$

7. [答案] C

[解析] 计算如下：

$$\frac{t_1}{h_1^2}=\frac{t_2}{h_2^2}$$

$$t_1=\frac{h_1^2}{h_2^2}t_2=\frac{90000}{1}\times0.5=45000\mathrm{h}=5.13\ 年$$

8. [答案] A

[解析] 高层基底附加压力：

$$p_0=p_k-\gamma h=430-(3\times20+4\times10)=330\mathrm{kPa}$$

面积 $acoe$：

$$\frac{l}{b}=\frac{48}{20}=2.4,\frac{z}{b}=\frac{12}{20}=0.6,\alpha_1=0.2334$$

面积 $bcod$：

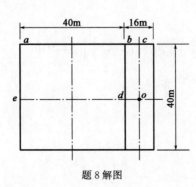

题8解图

$$\frac{l}{b}=\frac{20}{8}=2.5,\frac{z}{b}=\frac{12}{8}=1.5,\alpha_2=0.16$$

$$p=p_0(2\alpha_1-2\alpha_2)=330\times(2\times0.2334-2\times0.16)=48.4\text{kPa}$$

9. [答案] B

[解析] (1)黏性土 $\varphi_{zs}=1.0$

(2) $w_p+2=19<w<=17+5=22$

水位埋深 3m,标准冻深 1.6m,得: $m_v=3-1.6=1.4\text{m}$

查表为冻胀, $\varphi_{zw}=0.90$

(3) $z_d=1.6\times1.0\times0.90\times0.90=1.3\text{m}$

10. [答案] C

[解析] (1) $p_{cz}=2\times19+2.5\times9=60.5\text{kPa}$

(2) $f_{az}=f_{ak}+\eta_d\gamma_m(d-0.5)=60+1.0\times\dfrac{2\times19+2.5\times9}{4.5}\times(4.5-0.5)$

$\qquad=60+53.8=113.8\text{kPa}$

(3)根据已知压力扩散角 $23°$,按原设计基础宽度 2m 验算下卧层为

$$p_z+p_{cz}=\frac{2\times(320/2+1.5\times19-1.5\times19)}{2+2\times3\times\tan23°}+60.5$$

$$=70.38+60.5=130.88\text{kPa}\geqslant f_{az}$$

(4) $p_z=f_{az}-p_{cz}=113.8-60.5=\dfrac{b\times(320/b+1.5\times19-1.5\times19)}{b+2\times3\times\tan23°}=53.3\text{kPa}$

计算得: $b=3.46\text{m}$

11. [答案] A

[解析] (1) $\dfrac{L_c}{B_c}=1,\dfrac{s_a}{d}=\dfrac{2}{0.5}=4,\dfrac{L}{d}=\dfrac{15}{0.5}=30$

(2)查《建筑桩基技术规范》(JGJ 94—2008)附表: $C_0=0.055,C_1=1.477,C_2=6.843$

(3) $\Psi_e=C_0+\dfrac{n_b-1}{C_1(n_b-1)+C_2}=0.055+\dfrac{4-1}{1.477\times3+6.843}=0.321$

(4) $s=1\times0.321\times\left(\dfrac{290}{20000}\times350+\dfrac{250}{5000}\times350\right)=7.25\text{cm}$

12. [答案] D

[解析] $N_l\leqslant\left[\beta_{1x}\left(c_2+\dfrac{a_{1y}}{2}\right)+\beta_{1y}\left(c_1+\dfrac{a_{1x}}{2}\right)\right]\times\beta_{hp}\cdot f_t h_0$

$\beta_{1x}=\dfrac{0.56}{\lambda_{1x}+0.2},\beta_{1y}=\dfrac{0.56}{\lambda_{1y}+0.2}$

$\lambda_{1x}=\dfrac{a_{1x}}{h_0},\lambda_{1y}=\dfrac{a_{1y}}{h_0}$

$a_{1x}=a_{1y}=0.5\text{m}$

$\lambda_{1x}=\lambda_{1y}=\dfrac{0.5}{0.75}=0.67$

$$\beta_{1x} = \beta_{1y} = \frac{0.56}{0.67 + 0.2} = 0.646$$

$$c_1 = c_2 = 0.6m, h \leqslant 0.8m, \beta_{hp} = 1.0$$

$$N_l = [0.646 \times (0.6 + 0.5/2) + 0.646 \times (0.6 + 0.5/2)] \times 1.0 \times 1570 \times 0.75$$
$$= 1293kN$$

13. [答案] D

[解析] $\varphi = \arctan \dfrac{M}{\gamma_w V(\rho - a)}$

$$\rho = \frac{I}{V} = \frac{50}{40} = 1.25m$$

$$\rho - a = 1.25 - 0.4 = 0.85m$$

$$\varphi = \arctan \frac{48}{10 \times 40 \times 0.85} = 8°2'$$

14. [答案] B

[解析] (1) $e_1 = e_{max} - D_{rl}(e_{max} - e_{min}) = 0.978 - 0.886(0.978 - 0.742) = 0.769$

(2) $S = 0.95\xi d \times \sqrt{\dfrac{1 + e_0}{e_0 - e_1}} = 0.95 \times 1.0 \times 0.4 \times \sqrt{\dfrac{1 + 0.902}{0.902 - 0.769}}$

$\quad = 0.95 \times 1.0 \times 0.4 \times 3.780 = 1.44$

(3) 取 $S \approx 1.40m$。

15. [答案] C

[解析] $\overline{U}_{120} = \dfrac{30}{120}\overline{U}_{120} + \dfrac{30}{120}\overline{U}_{90} + \dfrac{60}{120}\overline{U}_{60}$

$\quad\quad = 0.25 \times 0.960 \times 0.25 \times 0.916 + 0.5 \times 0.821 = 0.880$

16. [答案] C

[解析] $\overline{N}_{63.5} = 2.0, f_{sk} = 80 \times 0.9 = 72kPa$

$$m = \frac{\dfrac{f_{spk}}{f_{sk}} - 1}{n - 1} = \frac{\dfrac{100}{72} - 1}{3.0 - 1} = 0.194$$

$$s = \frac{d}{1.13\sqrt{m}} = \frac{0.8}{1.13 \times \sqrt{0.194}} = 1.61m$$

17. [答案] C

[解析] (1) $J_{a-x} = 3/3 = 1$

(2) $n_1 = \dfrac{e}{1 + e} = \dfrac{0.667}{1 + 0.667} = 0.4$

(3) $\dfrac{(G_s - 1)(1 - n_1)}{k} = \dfrac{(2.67 - 1) \times (1 - 0.4)}{2} = 0.501 < 1 = J_{a-x}$

(4) $t = \dfrac{Kj_{a-x}t_1\gamma_w - (G_s - 1)(1 - n_1)t_1\gamma_w}{\gamma} = \dfrac{2 \times 3 \times 10 - (2.67 - 1)(1 - 0.4) \times 3 \times 10}{18.5 - 10}$

$\quad = 3.52m$

2007 年案例分析试题答案（下午卷）

18. [答案] B

[解析] 原设计挡墙抗滑力：

$$F=\frac{1.0+2.0}{2}\times 4\gamma \times 0.6=3.6\gamma$$

变更设计净挡墙增厚 b 且抗滑力与原墙相同,故

$$\left(\frac{1.0+2.0}{2}+b\right)\times 4\gamma \times 0.5=F=3.6\gamma$$

$$3+2b=3.6$$

$$b=\frac{0.6}{2}=0.3\text{m}$$

19. [答案] D

[解析] $p_{\text{t}}=\dfrac{F}{\sin(\alpha+\beta)\tan\varphi+\cos(\varphi+\beta)}=\dfrac{1220}{\sin 65°\tan 18°+\cos 65°}=1701\text{kN}$

20. [答案] B

[解析] 自重：$W=\dfrac{20\times 8\times 8}{2\tan 70°}=233\text{kN}$

$$E_{\text{a}}=W\tan 52°=298\text{kN}$$

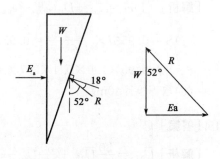

题 20 解图

21. [答案] C

[解析] $\dfrac{(10+1-H)\times 20}{8\times 10}=1.1$

得：$H=6.6\text{m}$

22. [答案] D

[解析] (1)墙重(扣除承压水扬压力)：$(20-4)\times 10\times b^2/2=80b^2$

(2)墙前被动土压力的力矩：$1200\times 2=2400\text{kN}\cdot\text{m/m}$

(3)墙后主动土压力的力矩：$800\times 4=3200\text{kN}\cdot\text{m/m}$

(4)$k=\dfrac{\text{抗倾覆力矩}}{\text{倾覆力矩}}=\dfrac{80b^2+2400}{3200}=1.2$

(5)$80b^2=1.2\times 3200-2400=1440$

$$b^2=18,b=4.24\text{m}$$

23. [答案] B

[解析] $T=20+28+24-3-2=67<85$

$$S=\frac{R_{\text{b}}\cdot k_{\text{v}}}{\sigma_{\text{m}}},k_{\text{v}}=\left(\frac{3320}{4176}\right)^2=0.63$$

$$S=\frac{55.8\times 0.63}{11.5}=3.1<4$$

故判断为 Ⅲ 类围岩。

24.[答案] A

[解析] 原位十字板试验具有不改变土的应力状态和对土的扰动较小的优势,故试验结果最接近软土的真实情况;薄壁取土器取样质量较好,而厚壁取土器取样已明显扰动,故试验结果最差。

25.[答案] C

[解析] (1)根据《膨胀土地区建筑技术规范》(GB 50112—2013)表5.2.12知,大气影响深度为3.0m。

(2)据第5.2.13条,大气急剧影响深度为0.45×3.0=1.35m。

(3)据第5.2.3条,平坦场地上的多层建筑物,基础最小埋深不应小于大气影响急剧层深度,故至少应达到1.35m。

26.[答案] A

[解析] 地表影响半径r:

$$r = \frac{H}{\tan\beta} = \frac{110}{\tan60°} = \frac{110}{1.73} = 63.58\text{m}$$

倾斜率:$i = \frac{\eta_{\max}}{r} = \frac{1250}{63.58} = 19.7\text{mm/m}$

根据《岩土工程勘察规范》(GB 500201—2001)第5.5.5条,地表倾斜大于10mm/m,不宜作为建筑场地。$i=19.7\text{mm/m}>10\text{mm/m}$,该场地不宜作为建筑场地。

27.[答案] B

[解析] 岩块重量:$W=2.6×4.6×25=299\text{kN/m}$

平行坡面的静水压力:$E_N = \frac{1}{2}×10×4.6^2×\cos20° = 99\text{kN/m}$

$$k_1 = \frac{\text{抗滑移作用力}}{\text{下滑作用力}} = \frac{299×\cos20°×\tan16°+50×2.6}{299×\sin20°+99} = \frac{210.57}{201.26} = 1.05$$

$$k_2 = \frac{\text{抗倾覆力矩}}{\text{倾覆力矩}} = \frac{299×0.435}{99×4.6/3} = \frac{130.07}{151.8} = 0.86$$

由于$k_2<k_1$,选其小者$k_2=0.86$。

28.[答案] D

[解析] 覆盖层厚度应取25mm,则

$$v_{se} = \frac{20}{\frac{2}{150}+\frac{3}{200}+\frac{5}{100}+\frac{10}{300}} = 179.1\text{m/s}$$

29.[答案] B

[解析] 《水电工程水工建筑物抗震设计规范》(NB 35047—2015)第5.5.9条和第6.1.4条。

$$\alpha_i = \frac{1.0 + 2.5}{2} = 1.75$$

$$E_i = \frac{\alpha_h \xi G_{Ei} \alpha_i}{g} = \frac{0.2g \times 0.25 \times 4000 \times 1.75}{g} = 350\text{kN/m}$$

30. [答案] A

[解析] $H = \frac{t_2 - t_1}{2}c = \frac{0.0093 - 0.0087}{2} \times 1000 = 0.3\text{m}$

2008 年案例分析试题(上午卷)

1. 某黄土试样进行室内双线法压缩试验,一个试样在天然湿度下压缩至 200kPa,压力稳定后浸水饱和,另一个试样在浸水饱和状态下加荷至 200kPa,试验数据如下表。若该土样上覆土的自重压力为 150kPa,其湿陷系数与自重湿陷系数最接近下列哪个选项的数据组合? ( )

题 1 表

压力(kPa)	0	50	100	150	200	200 浸水饱和
天然湿度下试样高度 h_p(mm)	20.00	19.79	19.50	19.21	18.92	18.50
浸水饱和状态下试样高度 h'_p(mm)	20.00	19.55	19.19	18.83	18.50	

(A)0.015,0.015　　(B)0.019,0.017　　(C)0.021,0.019　　(D)0.075,0.058

2. 下图为某地质图的一部分,图中虚线为地形等高线,粗实线为一倾斜岩面的出露界线。a、b、c、d 为岩面界线和等高线的交点,直线 ab 平行于 cd,和正北方向的夹角为 $15°$,两线在水平面上的投影距离为 100m。下列关于岩面产状的选项哪个是正确的? ( )

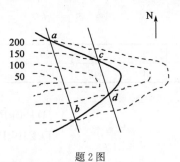

题 2 图

(A)NE75°∠27°　　　(B)NE75°∠63°　　　(C)SW75°∠27°　　　(D)SW75°∠63°

3. 为求取有关水文地质参数,采用带两个观察孔的潜水完整井进行三次降深抽水试验。其地层和井壁结构如图所示,已知:$H=15.8$m,$r_1=10.6$m,$r_2=20.5$m。抽水试验成果见下表。渗透系数 K 值最接近下列哪个选项? ( )

题 3 表

降深 S(m)	流量 Q(m³/d)	观1孔水位降(m)	观2孔水位降(m)
5.6	1490	2.2	1.8
4.1	1218	1.8	1.5
2.0	817	0.9	0.7

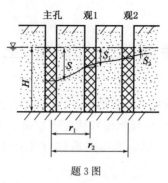

题 3 图

 (A)25.6m/d   (B)28.9m/d

 (C)31.7m/d   (D)35.2m/d

  4. 某预钻式旁压试验所得压力 p 和体积 V 的数据和据此绘制的 $p\text{-}V$ 曲线如下表和图所示。图中 ab 段为直线段。采用旁压试验临塑荷载法确定该试验土层的承载力 f_{ak} 值与下列哪个选项最为接近？（需要时,表中数值可内插）   ( )

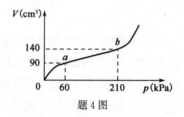

题 4 图

题 4 表

压力 p(kPa)	30	60	90	120	150	180	210	240	270
体积 V(cm³)	70	90	100	110	120	130	140	170	240

 (A)105kPa   (B)150kPa

 (C)180kPa   (D)210kPa

  5. 如图所示,某砖混住宅,条形基础,地层为黏粒含量小于 10% 的均质粉土,重度为 19kN/m³。施工前用深层载荷试验实测基底标高处的地基承载力特征值为 350kPa,已知上部结构传至基础顶面的竖向力为 260kN/m,基础和台阶上的土重平均重度为 20kN/m³。按照现行《建筑地基基础设计规范》(GB 50007—2011)要求,基础宽度的设计结果最接近下列哪一个选项？

           ( )

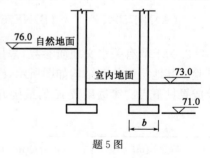

题 5 图

 (A)0.84m

 (B)1.04m

 (C)1.33m

 (D)2.17m

6. 高速公路在桥头段软土地基上采用高填方路基,路基平均宽度 30m,路基自重及路面荷载传至路基底面的均布荷载为 120kPa,地基土均匀,平均压缩模量为 6MPa,沉降计算压缩厚度按 24m 考虑,沉降计算修正系数取 1.2,桥头路基的最终沉降量最接近下列哪个选项? （　　）

(A)124mm

(B)206mm

(C)248mm

(D)495mm

7. 山前冲洪积场地,粉质黏土①层中潜水水位埋深 1.0m,黏土②层下卧砾砂③层,③层内存在承压水,水头高度和地面平齐。问地表下 7.0m 处地基上的有效自重应力最接近下列哪个选项的数值? （　　）

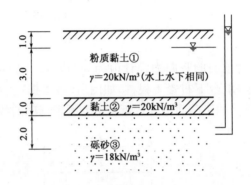

题 7 图(尺寸单位:m)

(A)66kPa

(B)76kPa

(C)86kPa

(D)136kPa

8. 天然地基上的独立基础,基础平面尺寸 5m×5m,基底附加压力 180kPa,基础下地基土的性质和平均附加应力系数见下表。问地基压缩层的压缩模量当量值最接近下列哪个选项的数值? （　　）

题 8 表

土　名　称	厚度(m)	压缩模量(MPa)	平均附加应力系数
粉土	2.0	10	0.9385
粉质黏土	2.5	18	0.5737
基岩	>5		

(A)10MPa

(B)12MPa

(C)15MPa

(D)17MPa

9. 条形基础底面处的平均压力为170kPa,基础宽度$B=3$m,在偏心荷载作用下,基底边缘处的最大压力值为280kPa,该基础合力偏心距最接近下列哪个选项的数值? （　　）

(A)0.50m　　　　　　　　　　(B)0.33m

(C)0.25m　　　　　　　　　　(D)0.20m

10. 柱下素混凝土方形基础顶面的竖向力(F_k)为570kN,基础宽度取为2.0m,柱脚宽度0.40m。室内地面以下6m深度为均质粉土层,$\gamma=\gamma_m=20$kN/m³、$f_{ak}=150$kPa、黏粒含量$\rho_c=7\%$。根据以上条件和《建筑地基基础设计规范》(GB 50007—2011),柱基础埋深应不小于下列哪个选项的数值?（基础与基础上土的平均重度γ取为20kN/m³）
（　　）

(A)0.50m　　　　　　　　　　(B)0.70m

(C)0.80m　　　　　　　　　　(D)1.00m

11. 作用于桩基承台顶面的竖向力设计值为5000kN,x方向的偏心距为0.1m,不计承台及承台上土自重,承台下布置4根桩,如图所示,根据《建筑桩基技术规范》(JGJ 94—2008)计算,承台承受的正截面最大弯矩与下列哪个选项的数值最为接近?（　　）

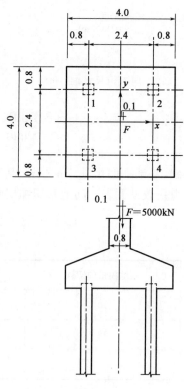

题11图(尺寸单位:m)

(A)1999.8kN·m　　　　　　　(B)2166.4kN·m

(C)2999.8kN·m　　　　　　　(D)3179.8kN·m

12. 一圆形等截面沉井排水挖土下沉过程中处于如图所示状态,刃脚完全掏空,井体仍然悬在土中,假设井壁外侧摩阻力呈倒三角形分布,沉井自重 G_0 = 1800kN,问地表下 5m 处井壁所受拉力最接近下列何值?(假定沉井自重沿深度均匀分布) (   )

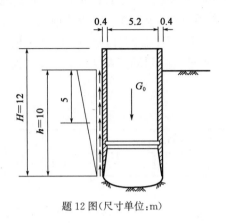

题 12 图(尺寸单位:m)

(A)300kN   (B)450kN   (C)600kN   (D)800kN

13. 某铁路桥梁桩基如图所示,作用于承台顶面的竖向力和承台底面处的力矩分别为 6000kN 和 2000kN·m。桩长 40m,桩径 0.8m,承台高度 2m,地下水位与地表齐平,桩基所穿过土层的厚度加权平均内摩擦角为 $\bar{\varphi}$ = 24°,假定实体深基础范围内承台、桩和土的混合平均重度取 20kN/m³,根据《铁路桥涵地基和基础设计规范》(TB 10093—2017)按实体基础验算,桩端底面处地基容许承载力至少应接近下列哪个选项的数值才能满足要求? (   )

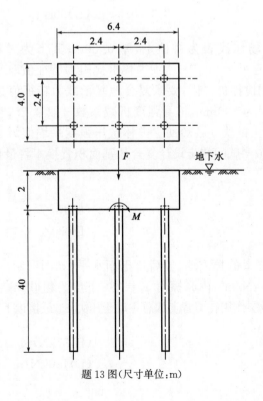

题 13 图(尺寸单位:m)

(A)465kPa   (B)890kPa

(C)1100kPa   (D)1300kPa

14. 某软黏土地基采用排水固结法处理,根据设计,瞬时加载条件下加载后不同时间的平均固结度见下表(表中数据可内插)。加载计划如下:第一次加载(可视为瞬时加载,下同)量为 30kPa,预压 20d 后第二次再加载 30kPa,再预压 20d 后第三次再加载 60kPa,第一次加载后到 80d 时观测到的沉降为 120cm,问到 120d 时,沉降量最接近下列哪一选项?   （　　）

题 14 表

t(d)	10	20	30	40	50	60	70	80	90	100	110	120
U(%)	37.7	51.5	62.2	70.6	77.1	82.1	86.1	89.2	91.6	93.4	94.9	96.0

(A)130cm   (B)140cm

(C)150cm   (D)160cm

15. 在一正常固结软黏土地基上建设堆场。软黏土层厚 10.0m,其下为密实砂层。采用堆载预压法加固,砂井长 10.0m,直径长 0.30m。预压荷载为 120kPa,固结度达 0.80 时卸除堆载。堆载预压过程中地基沉降 1.20m,卸载后回弹 0.12m。堆场面层结构荷载为 20kPa,堆料荷载为 100kPa。预计该堆场工后沉降最大值将最接近下列哪个选项的数值?（不计次固结沉降）   （　　）

(A)20cm   (B)30cm

(C)40cm   (D)50cm

16. 某工业厂房场地浅表为耕植土,厚 0.50m;其下为淤泥质粉质黏土,厚约 18.0m,承载力特征值 $f_{ak}=70$kPa,水泥搅拌桩侧阻力特征值取 9kPa。下伏厚层密实粉细砂层。采用水泥搅拌桩加固,要求复合地基承载力特征值达 150kPa。假设有效桩长为 12.00m,桩径为 500mm,桩身强度折减系数 η 取 0.25,桩端端阻力发挥系数 α_p 取 0.50,水泥加固土试块 90d 龄期立方体抗压强度平均值为 2.0MPa,桩间土承载力发挥系数 β 取 0.40。试问初步设计复合地基面积置换率将最接近下列哪个选项的数值?   （　　）

(A)13%   (B)18%

(C)21%   (D)26%

17. 一墙背垂直光滑的挡土墙,墙后填土面水平,如图所示。上层填土为中砂,厚 $h_1=2$m,重度 $\gamma_1=18$kN/m³,内摩擦角 $\varphi_1=28°$;下层为粗砂,$h_2=4$m,$\gamma_2=19$kN/m³,$\varphi_2=31°$。问下层粗砂层作用在墙背上的总主动土压力 E_{a2} 最接近下列哪个选项?   （　　）

(A)65kN/m   (B)87kN/m

(C)95kN/m   (D)106kN/m

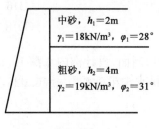

題 17 圖

18.透水地基上的重力式擋土牆,如圖所示。牆後砂填土的 $c=0$, $\varphi=30°$, $\gamma=18\text{kN/m}^3$。牆高 7m,上頂寬 1m,下底寬 4m,混凝土重度為 25kN/m^3。牆底與地基土摩擦係數為 $f=0.58$,當牆前後均浸水時,水位在牆底以上 3m,除砂土飽和重度變為 $\gamma_{sat}=20\text{ kN/m}^3$ 外,其他參數在浸水後假定都不變。水位升高後該擋土牆的抗滑移穩定安全係數最接近下列哪個選項?   (   )

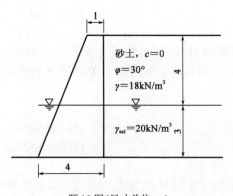

題 18 圖(尺寸單位:m)

(A)1.08   (B)1.40   (C)1.45   (D)1.88

19.一填方土坡相應於下圖的圓弧滑裂面時,每延米滑動土體的總重量 $W=250\text{kN/m}$,重心距滑弧圓心水平距離為 6.5m,計算的安全係數為 $F_{su}=0.8$,不能滿足抗滑穩定而需要採取加筋處理,要求安全係數達到 $F_{sr}=1.3$。按照《土工合成材料應用技術規範》(GB/T 50290—2014),採用設計容許抗拉強度為 19kN/m 的土工格柵以等間距布置時,土工格柵的最少層數接近下列哪個選項?   (   )

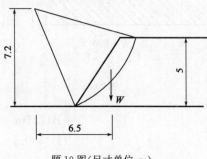

題 19 圖(尺寸單位:m)

(A)5   (B)6

(C)7   (D)8

20. 高速公路排水沟呈梯形断面,设计沟内水深 1.0m,过水断面积 $W=2.0\text{m}^2$,湿周 $P=4.10\text{m}$,沟底纵坡 0.005,排水沟粗糙系数 $n=0.025$,问该排水沟的最大流速最接近下列哪个选项? （　　）

(A)1.67m/s   (B)3.34m/s

(C)4.55m/s   (D)20.5m/s

21. 墙面垂直的土钉墙边坡,土钉与水平面夹角为 15°,土钉的水平与竖直间距都是 1.2m。墙后地基土的 $c=15\text{kPa}$,$\varphi=20°$,$\gamma=19\text{kN/m}^3$,无地面超载。在 9.6m 深度处的每根土钉的轴向受拉荷载最接近下列哪个选项? ($\eta_i=1.0$) （　　）

(A)98kN   (B)102kN

(C)139kN   (D)208kN

22. 在基坑的地下连续墙后有一 5m 厚的含承压水的砂层,承压水头高于砂层顶面 3m,在该砂层厚度范围内作用在地下连续墙上单位长度的水压力合力最接近下列哪个选项? （　　）

(A)125kN/m   (B)150kN/m

(C)275kN/m   (D)400kN/m

23. 基坑开挖深度为 6m,土层依次为人工填土、黏土和砾砂,如图所示。黏土层,$\gamma=19\text{kN/m}$,$c=20\text{kPa}$,$\varphi=12°$。砂层中承压水水头高度为 9m。基坑底至含砾粗砂层顶面的距离为 4m。抗突涌安全系数取 1.20,为满足抗承压水突涌稳定性要求,场地承压水最小降深最接近下列哪个选项? （　　）

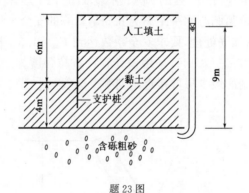

题 23 图

(A)1.4m   (B)2.1m

(C)2.7m   (D)4.0m

24. 以厚层黏性土组成的冲积相地层,由于大量抽汲地下水引起大面积地面沉降。经

20 年观测,地面总沉降量达 1250mm,从地面下深度 65m 处以下沉降观测标未发生沉降。在此期间,地下水位深度由 5m 下降到 35m。问该黏性土地层的平均压缩模量最接近下列哪个选项?　　　　　　　　　　　　　　　　　　　　　　　　( )

(A)10.8MPa　　　　　　　　　　　　(B)12.5MPa
(C)15.8MPa　　　　　　　　　　　　(D)18.1MPa

25. 某场地基础底面以下分布的湿陷性砂厚度为 7.5m,按厚度平均分 3 层,采用 0.50m² 的承压板进行了浸水载荷试验,其附加湿陷量分别为 6.4cm、8.8cm 和 5.4cm。该地基的湿陷等级为下列哪个选项?　　　　　　　　　　　　　　　　　　( )

(A)Ⅰ(较微)　　　　　　　　　　　(B)Ⅱ(中等)
(C)Ⅲ(严重)　　　　　　　　　　　(D)Ⅳ(很严重)

26. 在某裂隙岩体中,存在一直线滑动面,其倾角为 30°。已知岩体重力为 1500 kN/m,当后缘垂直裂隙充水高度为 8m 时,试根据《铁路工程不良地质勘察规程》(TB 10027—2012)计算下滑力,其值最接近下列哪个选项?　　　　　　　( )

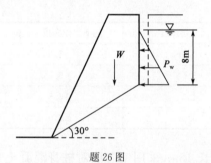

题 26 图

(A)1027kN/m　　　　　　　　　　　(B)1238kN/m
(C)1330kN/m　　　　　　　　　　　(D)1430kN/m

27. 已知场地地震烈度 7 度,设计基本地震加速度为 $0.15g$,设计地震分组为第一组。对建造于Ⅱ类场地上,结构自振周期为 0.40s,阻尼比为 0.05 的建筑结构进行截面抗震验算时,相应的水平地震影响系数最接近下列哪个选项的数值?　　　( )

(A)0.08　　　　　　　　　　　　　　(B)0.10
(C)0.12　　　　　　　　　　　　　　(D)0.16

28. 某 8 层民用住宅高 22m。已知场地地基土层的埋深及性状如下表所示。问该建筑的场地类别可划分为下列哪个选项的结果? 请说明理由。　　　　　　　( )

题 28 表

层　　序	岩 土 名 称	层底深度(m)	性　　状	f_{ak}(kPa)
①	填土	1.0		120
②	黄土	7.0	可塑	160

层　序	岩土名称	层底深度(m)	性　状	f_{ak}(kPa)
③	黄土	8.0	流塑	100
④	粉土	12.0	中密	150
⑤	细砂	18.0	中密—密实	200
⑥	中砂	30.0	密实	250
⑦	卵石	40.0	密实	500
⑧	基岩			

注:f_{ak}为地基承载力特征值。

(A)Ⅱ类　　　　　　　　　　　　(B)Ⅲ类

(C)Ⅳ类　　　　　　　　　　　　(D)无法确定

29.某建筑拟采用天然地基。场地地基土由上覆的非液化土层和下伏的饱和粉土组成。地震烈度为8度。按《建筑抗震设计规范》(GB 50011—2010)进行液化初步判别时,下列选项中只有哪个选项需要考虑液化影响? (　　)

题29表

选　项	上覆非液化土层厚度 d_u(m)	地下水位深度 d_w(m)	基础埋置深度 d_b(m)
(A)	6.0	5.0	1.0
(B)	5.0	5.5	2.0
(C)	4.0	5.5	1.5
(D)	6.5	6.0	3.0

30.某钻孔灌注桩,桩长15m,采用钻芯法对桩身混凝土强度进行检测。共采取3组芯样,试件抗压强度(单位 MPa)分别为:第一组,45.4、44.9、46.1;第二组,42.8、43.1、41.8;第三组,40.9、41.2、42.8。问该桩身混凝土强度代表值最接近下列哪一个选项? (　　)

(A)41.6MPa　　　　　　　　　　(B)42.6MPa

(C)43.2MPa　　　　　　　　　　(D)45.5MPa

2008 年案例分析试题(上午卷)

2008 年案例分析试题答案(上午卷)

标 准 答 案

本试卷由 30 道题组成,全部为单项选择题。考生可任选 25 道题作答。每题 2 分,满分为 50 分。若考生在答题卡或试卷上的作答超过 25 道题,则按题目序号从小到大的顺序对作答的前 25 道题计分及复评试卷,其他作答题目无效。

1	C	2	A	3	B	4	C	5	C
6	C	7	A	8	B	9	B	10	C
11	B	12	A	13	A	14	B	15	C
16	D	17	C	18	C	19	D	20	A
21	B	22	C	23	C	24	A	25	C
26	A	27	B	28	A	29	C	30	A

解 题 过 程

1.[答案] C

[解析]《土工试验方法标准》(GB/T 50123—2019)第18.2.2条、18.3.2条。

(1)湿陷系数:$\delta_s = \dfrac{h_p - h'_p}{h_0} = \dfrac{18.92 - 18.50}{20} \approx 0.021$

(2)自重湿陷系数:$\delta_{zs} = \dfrac{h_z - h'_z}{h_0} = \dfrac{19.21 - 18.83}{20} \approx 0.019$

2.[答案] A

[解析] 首先根据已知条件可以判断,所给两条直线的方向即为岩面的走向,岩面的倾向垂直于这两条线,再看 ab 高于 cd,可知岩面的倾向为 NE75°。

计算倾角:ab 和 cd 的高度差为 50m,水平距离为 100m

故倾角:$\alpha = \arctan\left(\dfrac{50}{100}\right) = 27°$

该岩面的产状为:NE75°∠27°

3.[答案] B

[解析] 按题意,选用潜水完整井计算:

$$K = \dfrac{0.732Q}{(2H - S_1 - S_2)(S_1 - S_2)} \lg \dfrac{r_2}{r_1}$$

$$K_1 = \dfrac{0.732 \times 1490}{(2 \times 15.8 - 2.2 - 1.8)(2.2 - 1.8)} \lg \dfrac{20.5}{10.6} = 28.3 \text{m/d}$$

$$K_2 = \dfrac{0.732 \times 1218}{(2 \times 15.8 - 1.8 - 1.5)(1.8 - 1.5)} \lg \dfrac{20.5}{10.6} = 30.1 \text{m/d}$$

$$K_3 = \dfrac{0.732 \times 817}{(2 \times 15.8 - 0.9 - 0.7)(0.9 - 0.7)} \lg \dfrac{20.5}{10.6} = 28.5 \text{m/d}$$

$$K = \frac{K_1 + K_2 + K_3}{3} = 28.9 \text{m/d}$$

4.[答案] C

[解析]《岩土工程勘察规范》(GB 50021—2001)第 10.7.4 条、10.7.5 条及条文说明。

临塑荷载法承载力计算公式：$f_{ak} = p_f - p_0$，关键点是初始压力 p_0 的确定。

式中：p_f——临塑压力，为试验曲线直线段的终点；由图表可知 $p_0 = 210 \text{kPa}$；

p_0——初始压力，为直线段延长与 V 轴的交点 V_0 所对应的试验曲线上的压力值。

如图所示，可以根据 ab 段的压力和体积数据求得 $V_0 = 70 \text{cm}^3$，由数据表可知 $p_0 = 30 \text{kPa}$

$$f_{ak} = 210 - 30 = 180 \text{kPa}$$

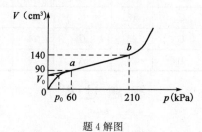

题 4 解图

5.[答案] C

[解析]《建筑地基基础设计规范》(GB 50007—2011)第 5.2.4 条、5.2.1 条。

(1)反算实际埋深条件下的地基承载力特征值：

$$f_a = 350 - 2.0 \times (76 - 73) \times 19 = 236 \text{kPa}$$

(2)基础宽度：$b = \dfrac{F}{f_a - \bar{\gamma} d} = \dfrac{260}{236 - 20 \times (73 - 71)} = 1.33 \text{m}$

6.[答案] C

[解析] 查表条形荷载短边角点下的平均附加应力系数：

$$z = 24, z/b = 24/15 = 1.6, \bar{\alpha} = 0.2152 \times 2 = 0.4304$$

$$s = 1.2 \times \frac{0.4304 \times 120}{6} \times 24 = 247.9 \text{mm}$$

7.[答案] A

[解析] (1)总应力：$\sigma_z = 4.0 \times 20 + 1.0 \times 20 + 2.0 \times 18 = 136 \text{kPa}$

(2)有效自重应力：$\sigma'_z = 136 - 7 \times 10 = 66 \text{kPa}$

8.[答案] B

[解析]《建筑地基基础设计规范》(GB 50007—2011)第 5.3.6 条。

$$\bar{E}_s = \frac{\sum A_i}{\sum \dfrac{A_i}{E_{si}}} = \frac{4.5 \times 0.5737}{\dfrac{2 \times 0.9385}{10} + \dfrac{4.5 \times 0.5737 - 2 \times 0.9385}{18}}$$

$$=\frac{2.582}{0.227}=11.4\text{MPa}$$

9. **[答案]** B

[解析] $p_{max}=p\left(1+\frac{6e}{B}\right)$

偏心矩: $e=\left(\frac{p_{max}-p}{6p}\right)B=\frac{280-170}{6\times170}\times3=0.32\text{m}$

10. **[答案]** C

[解析] 《建筑地基基础设计规范》(GB 50007—2011)第 5.2.2 条、5.2.4 条、8.1.1 条。

第一步,在满足承载力设计要求时的基础埋深:

$$f_a=150+2.0\times20\times(d-0.50)\geqslant\frac{570+2\times2\times d\times20}{2\times2}$$

因此, $d\geqslant0.625\approx0.7\text{m}$

第二步,满足基础台阶高度设计要求时的基础高度:

按 $d=0.70\text{m}$ 得出的基底压力 $p_k=(570+4\times20\times0.70)/4=156.50\text{kPa}$,根据《建筑地基基础设计规范》(GB 50007—2011)第 8.1.1 条,得出 $\tan\alpha=1$,所以

$$H_0\geqslant\frac{b-b_0}{2\tan\alpha}=\frac{2-0.40}{2\times1}=0.8\text{m}$$

第三步,根据以上结果,基础埋深应大于 0.80m。

11. **[答案]** B

[解析] 《建筑桩基技术规范》(JGJ 94—2008)第 5.1.1 条、5.9.2 条。

(1)求 4 根桩净反力设计值

1、3 号桩: $N_1=N_3=\frac{F}{n}-\frac{M_y X_{max}}{\sum X_i^2}=\frac{5000}{4}-\frac{0.1\times5000\times1.2}{4\times1.2^2}=1145.8\text{kN}$

2、4 号桩: $N_2=N_4=\frac{F}{n}+\frac{M_y X_{max}}{\sum X_i^2}=\frac{5000}{4}+\frac{0.1\times5000\times1.2}{4\times1.2^2}=1354\text{kN}$

(2)求承台弯矩

$M_x=(N_1+N_2)y_i=(1145.8+1354)\times0.8=1999.8\text{kN}\cdot\text{m}$

$M_y=(N_2+N_4)x_i=(1354+1354)\times0.8=2166.4\text{kN}\cdot\text{m}$,取大值。

12. **[答案]** A

[解析] 沉井处于平衡状态,U 为沉井外壁周长,f_m 为地面处井壁与土摩阻力,f_x 为沉井入土 1/2 处井壁与土摩阻力。

故,$\frac{1}{2}f_m h\cdot U=G_0$, 所以 $f_m=\frac{2G_0}{hU}$, $f_x=\frac{1}{2}f_m=\frac{G_0}{hG}$

拉力: $S=\frac{\frac{1}{2}h}{H}G_0-\frac{1}{2}f_x\cdot\frac{1}{2}h\cdot U=\frac{10}{2\times12}G_0-\frac{1}{2}\cdot\frac{G_0}{hU}\cdot\frac{hU}{2}$

$$=\frac{5}{12}G_0-\frac{G_0}{4}=\frac{2}{12}G_0=\frac{1}{6}G_0=\frac{1}{6}\times1800=300\text{kN}$$

13.[答案] A

[解析]《铁路桥涵地基和基础设计规范》(TB 10093—2017)附录 E。

$$\frac{N}{A}+\frac{M}{W}\leqslant[\sigma]$$

$$A=(5.6+2\times40\times\tan6°)\times(3.2+2\times40\times\tan6°)=(5.6+8.4)\times(3.2+8.4)$$
$$=162.4\text{m}^2$$

$$N=F+G=6000+162.4\times42\times10=74208\text{kN}$$

$$W=\frac{1}{6}\times11.6\times14^2=378.9\text{m}^3$$

$$[\sigma]\geqslant\frac{74208}{162.4}+\frac{2000}{378.9}=462\text{kPa}$$

14.[答案] B

[解析] 三级加载:第一级瞬时加载 $\Delta p_1=30\text{kPa}$;第二级瞬时加载 $\Delta p_2=30\text{kPa}$;第三级瞬时加载 $\Delta p_3=60\text{kPa}$。总荷载 $\Sigma\Delta p=120\text{kPa}$。

根据太沙基修正法:

$$\overline{U}_{80}=\frac{30}{120}U_{80}+\frac{30}{120}U_{60}+\frac{60}{120}U_{40}=0.25\times0.892+0.25\times0.821+0.5\times0.706$$
$$=0.781$$

$$\overline{U}_{120}=\frac{30}{120}U_{120}+\frac{30}{120}U_{100}+\frac{60}{120}U_{80}=0.25\times0.960+0.25\times0.934+0.5\times0.892$$
$$=0.920$$

$$S_{120}=\frac{\overline{U}_{120}}{\overline{U}_{80}}S_{80}=120\times\frac{0.920}{0.781}=141\text{cm}$$

15.[答案] C

[解析] 地基在 120kPa 荷载作用下的总沉降为 $s=120/0.8=150\text{cm}$;

堆载预压阶段已完成沉降 120cm;

回弹再压缩沉降约 12cm;

工后沉降:

$$s=150-120+12=42\text{cm}$$

16.[答案] D

[解析]《建筑地基处理技术规范》(JGJ 79—2012)第 7.1.5 条、7.3.3 条。

(1)求单桩承载力特征值

$$R_a=u_p\sum_{i=1}^{n}q_{si}l_{pi}+\alpha_p q_p A_p=0.5\pi\times12\times9+0.5\times70\times0.25\times0.25\times\pi=176.5\text{kN}$$

$$R_a=\eta f_{cu}A_p=0.25\times2000\times0.25\times0.25\times\pi=98.1\text{kN}$$

则 R_a 应取 98.1kN。（取小值）

(2)求面积置换率 m

$$f_{spk}=m\frac{\lambda R_a}{A_p}+\beta(1-m)f_{ak}$$

$$150 = m \times \frac{1.0 \times 98.1}{0.25 \times 0.25 \times \pi} + 0.4(1-m) \times 70$$

$$m = 26\%$$

17. [答案] C

[解析] 粗砂层顶部土压力:

$$p_{a2}^{\text{上}} = h_1 \gamma_1 k_{a2} = 18 \times 2 \times \tan^2\left(45° - \frac{31°}{2}\right) = 36 \times 0.32 = 11.5 \text{kN/m}^2$$

粗砂层底部土压力:

$$p_{a2}^{\text{下}} = (\gamma_1 h_1 + \gamma_2 h_2)k_{a2} = (18 \times 2 + 19 \times 4) \times 0.32 = 35.84 \text{kN/m}^2$$

粗砂层作用于墙背的主动土压力:

$$E_{a2} = \frac{1}{2}(p_{a2}^{\text{上}} + p_{a2}^{\text{下}})h_2 = \frac{1}{2} \times (11.5 + 35.84) \times 4 = 94.68 \approx 95 \text{kN/m}$$

18. [答案] C

[解析] 主动土压力系数: $K_a = 1/3$。

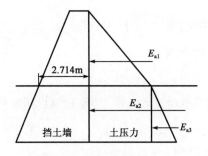

题18解图

土压力:

$$E_{a1} = 0.5 \times 18 \times 4 \times \frac{4}{3} = 48 \text{kN/m}, E_{a2} = 18 \times 4 \times \frac{3}{3} = 72 \text{kN/m}, E_{a3} = 0.5 \times 10 \times 3 \times$$

$$\frac{3}{3} = 48 \text{kN/m}$$

总水平土压力: $E_a = 48 + 72 + 15 = 135 \text{kN/m}$

墙重: $W = 0.5[(1+2.714) \times 4 \times 25 + (2.714+4) \times 3 \times 15] = 337 \text{kN}$

安全系数: $K = 337 \times \frac{0.58}{135} = 1.45$

19. [答案] D

[解析]《土工合成材料应用技术规范》(GB/T 50290—2014)第7.5.3条。

$$T_s = (F_{sr} - F_{su})\frac{M_D}{D}$$

$$F_{sr} - F_{su} = 1.3 - 0.8 = 0.5, D = 7.2 - \frac{5}{3} = 5.533 \text{m}$$

$$M_D = 250 \times 6.5 = 1625 \text{kN} \cdot \text{m/m}$$

$$T_s = \frac{0.5 \times 1625}{5.533} = 147 \text{kN/m}$$

$$n = \frac{147}{19} = 7.7 \approx 8$$

20.[答案] A

[解析] 水力半径:$R = W/P = 2.0/4.10 = 0.488 \text{m} < 1.0 \text{m}$

流速系数:$c = \frac{1}{n} R^{1.5\sqrt{n}} = \frac{1}{0.025} \times 0.488^{1.5\sqrt{0.025}} = 33.8$

流速:$v = c\sqrt{Ri} = 33.8 \times \sqrt{0.488 \times 0.005} = 1.67 \text{m/s}$

21.[答案] B

[解析]《建筑基坑支护技术规程》(JGJ 120—2012)第5.2.2条、5.2.3条。

单根土钉轴向受抗荷载 N_{kj}:

$$\xi = \left(\tan \frac{90° - 20°}{2} \right) \times \frac{\tan \dfrac{90° + 20°}{2} - \dfrac{1}{\tan 90°}}{\tan^2 \left(45° - \dfrac{20°}{2} \right)} = \frac{0.7 \times 0.7}{0.49} = 1.0$$

$$K_a = \tan^2 \left(45° - \frac{\varphi}{2} \right) = \tan^2 \left(45° - \frac{20°}{2} \right) = 0.49$$

9.6m 处边坡主动土压力强度:

$$p_{ak} = \gamma z K_a - 2c\sqrt{K_a}$$
$$= 19 \times 9.6 \times 0.49 - 2 \times 15 \times \sqrt{0.49} = 89.4 - 21 = 68.4 \text{kPa}$$

$$N_{kj} = \frac{1}{\cos \alpha j} \xi \eta_j p_{ak} s_{xj} s_{zj} = \frac{1}{\cos 15°} \times 1.0 \times 1.0 \times 68.4 \times 1.2 \times 1.2 = 101.97 \text{kN}$$

22.[答案] C

[解析] $E_w = \frac{1}{2} \gamma_w (3+8) \times 5 = \frac{1}{2} \times 10 \times 11 \times 5 = 275 \text{kN/m}$

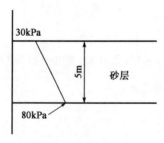

题 22 解图

23.[答案] C

[解析] 当基坑底之下某深度处有承压含水层时,应按下式验算抗承压水突涌稳定性:

$$H_w \cdot \gamma_w \leqslant \frac{1}{K_{ty}} \cdot D \cdot \gamma$$

2008 年案例分析试题答案(上午卷)

$$H_w \times 10 \leqslant \frac{1}{1.2} \times 4 \times 19$$

$$H_w \leqslant 6.3m$$

至少应降低 $9-6.3=2.7m$

24.[答案] A

[解析] (1)采用分层综合计算,公式为 $s = \sum\limits_{i=1}^{n} \frac{\Delta P_i}{E_i} H_i$。

(2)将地层分为3层,即0~5m为第一层,厚度5m;

5~35m为第二层,厚度30m;

35~65m为第三层,厚度30m。

(3)计算由于水位下降产生的附加压力平均值:

地面处 $p=0MPa$,第一层 $\Delta p_1 = \frac{0+0}{2} = 0MPa$;

地面下5m处 $p=0MPa$;

地面下35m处 $p=0.3MPa$,第二层 $\Delta p_2 = \frac{0+0.3}{2} = 0.15MPa$;

地面下65m处 $p=0.3MPa$,第三层 $\Delta p_3 = \frac{0.3+0.3}{2} = 0.30MPa$。

(4)用实测的地面沉降量反算压缩模量:

$$1250 = \frac{0}{E} \times 5000 + \frac{0.15}{E} \times 30000 + \frac{0.30}{E} \times 30000 = \frac{13500}{E}$$

$E=10.8MPa$

25.[答案] C

[解析] (1)按《岩土工程勘察规范》(GB 50021—2001)第6.1.5条计算地基的总湿陷量 Δs。由于 $\frac{\Delta F_{si}}{b} > 0.023$,所以应全深度计算。$\Delta s = \sum\limits_{i=1}^{n} \beta \Delta F_{si} h_i$(承压板面积为 $0.50m^2$,β 取0.014)。

$$\Delta s = \sum\limits_{i=1}^{n} \beta \Delta F_{si} h_i = 0.014 \times (6.4 \times 250 + 8.8 \times 250 + 5.4 \times 250) = 72.1cm$$

(2)按《岩土工程勘察规范》(GB 50021—2001)的表6.1.6进行判定。$\Delta s = 72.1cm > 60cm$,湿陷性土层总厚度 $>3m$,故湿陷性土地基的湿陷等级为Ⅲ级,答案为C。

26.[答案] A

[解析]《铁路工程不良地质勘察规程》(TB 10027—2012)附录A第A.0.2条。

后缘垂直裂隙的静水压力:$V = \frac{1}{2} \gamma_w z_w^2 = \frac{1}{2} \times 10 \times 8^2 = 320kN/m$

下滑力:$T = W\sin\beta + V\cos\beta = 1500 \times \sin30° + 320 \times \cos30° = 1027kN/m$

27.[答案] B

[解析]《建筑抗震设计规范》(GB 50011—2010)第5.1.4条、5.1.6条。

截面抗震验算应考虑多遇地震:

从表 5.1.4-1，可得 $\alpha_{\max}=0.12$；

从表 5.1.4-2，可得 $T_g=0.35\text{s}$；

阻尼比 $\zeta=0.05$ 时，$\gamma=0.9$，$\eta_2=1.0$；

从图 5.1.5 可知，当 $T>T_g$ 时，

$$\alpha=\left(\frac{T_g}{T}\right)\eta_2\alpha_{\max}=\left(\frac{0.35}{0.40}\right)^{0.9}\times1.0\times0.12=0.106$$

28.[答案] A

[解析]（1）覆盖层厚度大于 20m，故等效剪切波速的计算深度可取 20m。

（2）根据《建筑抗震设计规范》(GB 50011—2010) 第 4.1.3 条，该类建筑当无实测剪切波速时可根据表 4.1.3 估计。本题所列地基土层中除①、③两层土属于软弱土，⑥层属于中硬土外，深度 20m 以内其余各层都属于中软土，可估计土层的等效剪切波速应在 150～250m/s 之间。

（3）覆盖层厚度也不可能超过 50m。

（4）根据 4.1.6，场地类别可定为 Ⅱ 类。

29.[答案] C

[解析]（1）根据《建筑抗震设计规范》(GB 50011—2010) 第 4.3.3 条第 3 款：

①"符合下列条件之一时，可不考虑液化影响"，也就是说，只有同时都不符合该条款的三个条件时才需要考虑液化影响。

②基础埋深度不超过 2m 时，应采用 2m，所以 A、B、C、D 三个选项在不等式右边的计算结果是相同的。

③液化土特征深度 $d_0=7\text{m}$。

（2）判别如下：

题29解表

选项	d_u	d_0+d_b-2	d_w	d_0+d_b-3	d_u+d_w	$1.5d_0+2d_b-4.5$	初判结果
(A)	6.0	$\not>7.0$	5.0	$\not>6.0$	11.0	>10.0	不液化
(B)	5.0	$\not>7.0$	5.5	$\not>6.0$	10.5	>10.0	不液化
(C)	4.0	$\not>7.0$	5.5	$\not>6.0$	9.5	$\not>10.0$	液化
(D)	6.5	$\not>8.0$	6.0	$\not>7.0$	12.5	>12.0	不液化

从表可见，A、B、D 选项都符合条件，可不考虑液化影响，只有 C 选项要考虑液化影响。

30.[答案] A

[解析]《建筑基桩检测技术规范》(JGJ 106—2014) 第 7.6.1 条。

第一组平均值：$1/3\times(45.4+44.9+46.1)=45.5$

第二组平均值：$1/3\times(42.8+43.1+41.8)=42.6$

第二组平均值：$1/3\times(40.9+41.2+42.8)=41.6$

取最小值：41.6MPa。

2008 年案例分析试题(下午卷)

1. 在地面下 8.0m 处进行扁铲侧胀试验,地下水位 2.0m,水位以上土的重度为18.5 kN/m³。试验前率定时膨胀至 0.05mm 及 1.10mm 的气压实测分别为 $\Delta A = 10kPa$ 及 $\Delta B = 65kPa$,试验时膜片膨胀至 0.05mm 及 1.10mm 和回到 0.05mm 的压力分别为 $A = 70kPa$,及 $B = 220kPa$ 和 $C = 65kPa$。压力表初读数 $Z_m = 5kPa$,计算该试验点的侧胀水平应力指数与下列哪个选项最为接近?　　　　　　　　　　　(　　)

(A)0.07　　　　　　(B)0.09　　　　　　(C)0.11　　　　　　(D)0.13

2. 下表为某建筑地基中细粒土层的部分物理性质指标,据此请对该层土进行定名和状态描述,并指出下列哪一选项是正确的?　　　　　　　　　　　(　　)

题 2 表

密度 ρ(g/cm³)	相对密度 d_s(比重)	含水量 w(%)	液限 w_L(%)	塑限 w_P(%)
1.95	2.70	23	21	12

(A)粉质黏土,流塑　　　　　　　　(B)粉质黏土,硬塑
(C)粉土,稍湿,中密　　　　　　　(D)粉土,湿,密实

3. 进行海上标贯试验时共用钻杆9根,其中1根钻杆长 3.20m,其余8根钻杆,每根长 4.1m,标贯器长 0.55m。实测水深 6.5m,标贯试验结束时水面以上钻杆余尺2.45m。标贯试验结果为:预击 15cm 6击;后 30cm 每 10cm 击数分别为 7、8、9 击。问标贯试验段深度(从水底算起)及标贯击数应为下列哪个选项?　　　　　　　　　　　(　　)

(A)20.8～21.1m,24 击　　　　　　(B)20.65～21.1m,30 击
(C)27.3～27.6m,24 击　　　　　　(D)27.15～21.1m,30 击

4. 某铁路工程勘察时要求采用 K_{30} 方法测定地基系数,下表为采用直径 30cm 的荷载进行竖向载荷试验获得的一组数据。问试验所得 K_{30} 值与下列哪个选项的数据最为接近?　　　　　　　　　　　(　　)

题 4 表

分级	1	2	3	4	5	6	7	8	9	10
荷载强度 P(MPa)	0.01	0.02	0.03	0.04	0.05	0.06	0.07	0.08	0.09	0.10
下沉 S(mm)	0.2675	0.5450	0.8550	1.0985	1.3695	1.6500	2.0700	2.4125	2.8375	3.3125

(A)12MPa/m　　　　　　　　　　(B)36MPa/m
(C)46MPa/m　　　　　　　　　　(D)108MPa/m

5. 如图所示，条形基础宽度 2.0m，埋深 2.5m，基底总压力 200kPa，按照现行《建筑地基基础设计规范》(GB 50007—2011)，基底下淤泥质黏土层顶面的附加应力值最接近下列哪个选项的数值？ （　　）

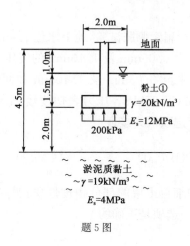

题 5 图

(A)89kPa　　　　(B)108kPa　　　　(C)81kPa　　　　(D)200kPa

6. 某仓库楼采用条形砖基础，墙厚 240mm，基础埋深 2.0m，已知作用于基础顶面标高处的上部结构荷载标准组合值为 240kN/m。地基为人工压实填土，承载力特征值为 160kPa，重度 19kN/m³。按照《建筑地基基础设计规范》(GB 50007—2011)，基础最小高度最接近下列哪个选项？ （　　）

(A)0.5m　　　　　　　　　　　(B)0.6m

(C)0.7m　　　　　　　　　　　(D)1.0m

7. 高速公路连接线路平均宽度 25m，硬壳层厚 5.0m，$f_{ak}=180$kPa，$E_s=12$MPa，重度 19kN/m³；下卧淤泥质土，$f_{ak}=80$kPa，$E_s=4$MPa，路基重度 20kN/m³，在充分利用硬壳层，满足强度条件下的路基填筑最大高度最接近下列哪个选项？ （　　）

(A)4.0m　　　　　　　　　　　(B)8.7m

(C)9.0m　　　　　　　　　　　(D)11.0m

8. 某住宅楼采用长宽 40m×40m 的筏形基础，埋深 10m，基础底面平均总压力值为 300kPa。室外地面以下土层重度 γ 为 20kN/m³，地下水位在室外地面以下 4m。根据下表计算基底下深度 7～8m 土层的变形值 $\Delta s'_{7-8}$ 最接近下列哪个选项的数值？ （　　）

题 8 表

第 i 层 土	基底至第 i 层土底面距离 z_i(m)	E_{si}(MPa)
1	4.0	20
2	8.0	16

(A)7.0mm   (B)8.0mm

(C)9.0mm   (D)10.0mm

9.某框架结构,1层地下室,室外与地下室室内地面标高分别为16.2m和14.0m。拟采用柱下方形基础,基础宽度2.5m,基础埋深在室外地面以下3.0m。室外地面以下为厚1.2m人工填土,$\gamma=17kN/m^3$;填土以下为厚7.5m的第四纪粉土,$\gamma=19kN/m^3$、$c_k=18kPa$、$\varphi_k=24°$;场区未见地下水。根据土的抗剪强度指标确定的地基承载力特征值最接近下列哪个选项的数值?   (　　)

(A)170kPa   (B)190kPa

(C)210kPa   (D)230kPa

10.某铁路涵洞基础位于深厚淤泥质黏土地基上,基础埋深度1.0m,地基土不排水抗剪强度c_u为35kPa,地基土天然重度18kN/m³,地下水位在地面下0.5m处。按照《铁路桥涵地基和基础设计规范》(TB 10093—2017),安全系数m'取2.5,涵洞基础地基容许承载力$[\sigma]$的最小值接近下列哪个选项?   (　　)

(A)60kPa   (B)70kPa

(C)80kPa   (D)90kPa

11.某公路桥梁嵌岩钻孔灌注桩基础,清孔良好,岩石较完整,河床岩层有冲刷,桩径$D=1000mm$,在基岩顶面处,桩承受的弯矩$M_H=500kN \cdot m$,基岩的天然湿度单轴极限抗压强度$f_{rk}=40MPa$。按《公路桥涵地基与基础设计规范》(JTG 3363—2019)计算,单桩轴向受压承载力特征值R_a与下列哪个选项的数值最为接近?(取$\beta=0.6$,系数c_1、c_2不需考虑降低采用)   (　　)

(A)12350kN   (B)16350kN

(C)19350kN   (D)22350kN

12.如图所示,竖向荷载设计值$F=24000kN$,承台混凝土为C40($f_t=1.71MPa$),按《建筑桩基技术规范》(JGJ 94—2008)验算柱边$A—A$至桩边连线形成的斜截面的抗剪承载力与剪切力设计值之比(抗力/V)最接近下列哪个选项?   (　　)

(A)1.02   (B)1.22

(C)1.33   (D)1.46

13.某一柱一桩(端承灌注桩)基础,桩径1.0m,桩长20m,荷载效应基本组合下的桩顶轴向压力设计值$N=5000kN$,地面大面积堆载$p=60kPa$,桩周土层分布如图所示,不同混凝土强度等级对应的轴心抗压强度设计值见下表。根据《建筑桩基技术规范》(JGJ 94—2008)计算,桩身混凝土强度等级选用下列哪一数值最为经济合理?(不考虑地震作用,灌注桩施工工艺系数$\psi_c=0.7$,ζ_n取0.20)   (　　)

(A)C20   (B)C25   (C)C30   (D)C35

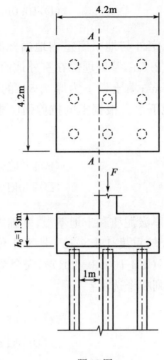

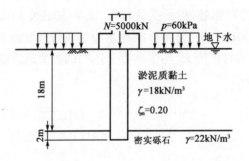

题 12 图

题 13 图

混凝土强度等级	C20	C25	C30	C35
轴心抗压强度设计值 f_c(N/mm^2)	9.6	11.9	14.3	16.7

14. 采用单液硅化法加固拟建设备基础的地基,设备基础的平面尺寸为 3m×4m,需加固的自重湿陷性黄土层厚 6m,土体初始孔隙比为 1.0,假设硅酸钠溶液的相对密度为 1.00,溶液的填充系数为 0.70,问所需硅酸钠溶液用量(m^3)最接近下列哪个选项的数值? （　　）

(A)30 　　　　　　　　　　　　(B)50

(C)65 　　　　　　　　　　　　(D)100

15.场地为饱和淤泥黏性土,厚5.0m,压缩模量 E_s 为2.0MPa,重度为17.0kN/m³,淤泥质黏性土下为良好的地基土。地下水位埋深0.50m。现拟打设塑料排水板至淤泥质黏性土层底,然后分层铺设砂垫层,砂垫层厚度0.80m,重度20kN/m³,采用80kPa大面积真空预压3个月(预压时地下水位不变)。问固结度达85%时沉降量最接近下列哪一选项? ( )

(A)15cm 　　　　　　　　　　(B)20cm

(C)25cm 　　　　　　　　　　(D)10cm

16.某软土地基土层分布和各土层参数如图所示。已知基础埋深为2.0m,采用搅拌桩复合地基,搅拌桩长14.0m,桩径600mm,桩身强度平均值 $f_{cu}=1.5MPa$,强度折减系数 $\eta=0.25$。按《建筑地基处理技术规范》(JGJ 79—2012)计算,该搅拌单桩承载力特征值取下列哪个选项的数值较合适?($\alpha_p=0.4$) ( )

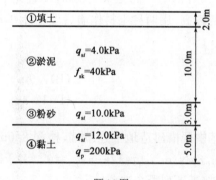

题16图

2008年案例分析试题(下午卷)

(A)106kN 　　　　　　　　　　(B)140kN

(C)160kN 　　　　　　　　　　(D)180kN

17.某软土地基土层分布和各土层参数如图所示。已知基础埋深为2.0m,采用搅拌桩复合地基,搅拌桩长10.0m,桩直径500mm,单桩承载力特征值为120kN,要使复合地基承载力特征值达到180kPa,按正方形布桩,问桩间距取下列哪个选项的数值较为合适?(假设桩间土地基承载力发挥系数 $\beta=0.5$) ( )

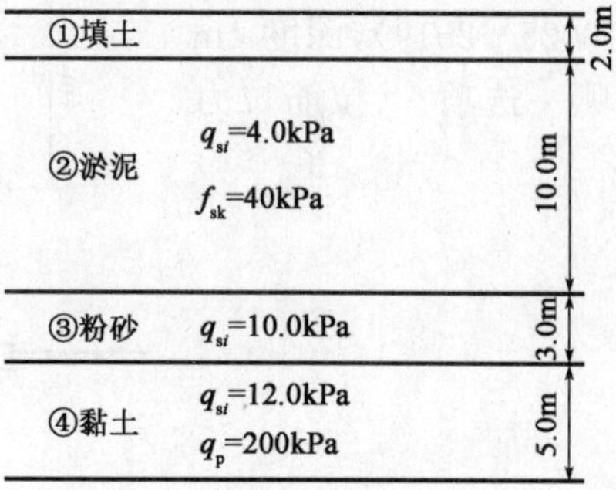

题17图

(A)0.85m (B)0.95m
(C)1.05m (D)1.1m

18. 土坝因坝基渗漏严重,拟在坝顶采用旋喷桩技术做一道沿坝轴方向的垂直防渗心墙,墙身伸到坝基下伏的不透水层中。已知坝基基底为砂土层,厚度为 10m,沿坝轴长度为 100m,旋喷桩墙体的渗透系数为 $1×10^{-7}$ cm/s,墙宽 2m,问当上游水位高度 40m、下游水位高度 10m 时,加固后该土石坝坝基的渗漏量最接近下列哪个数值?(不考虑土坝坝身的渗漏量) (   )

(A)0.9m³/d (B)1.1m³/d
(C)1.3m³/d (D)1.5m³/d

19. 有黏质粉性土和砂土两种土料,其重度都等于 18kN/m³。砂土 $c_1=0$kPa,$\varphi_1=35°$;黏质粉性土 $c_2=20$kPa,$\varphi_2=20°$。对于墙背垂直光滑和填土表面水平的挡土墙,对应于下列哪个选项的墙高,用两种土料作墙后填土计算的作用于墙背的总主动土压力值正好是相同的? (   )

(A)6.6m (B)7.0m
(C)9.8m (D)12.4m

20. 在饱和软黏土地基中开槽建造地下连续墙,槽深 8.0m,槽中采用泥浆护壁,已知软黏土的饱和重度为 16.8kN/m³,$c_u=12$kPa,$\varphi_u=0°$。对于图示的滑裂面,问保证槽壁稳定的最小泥浆密度最接近下列哪个选项? (   )

(A)1.00g/cm³
(B)1.08g/cm³
(C)1.12g/cm³
(D)1.22g/cm³

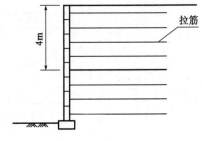

题 20 图

21. 图示的加筋土挡土墙,拉筋间水平及垂直间距 $S_x=S_y=0.4$m,填料重度 $\gamma=19$kN/m³,综合内摩擦角 $\varphi=35°$。按《铁路路基支挡结构设计规范》(TB 10025—2019),深度 4m 处的拉筋拉力最接近下列哪一选项?(拉筋拉力峰值附加系数取 $K=1.5$) (   )

(A)3.9kN
(B)4.9kN
(C)5.9kN
(D)6.9kN

题 21 图

22. 某二级基坑深度为 6m,地面作用 10kPa 的均布荷载,采用双排桩支护,土为中砂,黏聚力为 0,内摩擦角为 30°,重度为 18kN/m³,无地下水。支护桩直径为 600mm,桩间距为 1.2m,排距为 2.4m,嵌固深度 4m。双排桩结构和桩间土的平均重度为 20kN/m³,试计算双排桩的嵌固稳定安全系数最接近下列哪个选项?   (   )

(A)1.10   (B)1.27
(C)1.37   (D)1.55

23. 某基坑位于均匀软弱黏性土场地,土层主要参数如下:$\gamma=18$kN/m³,固结不排水强度指标 $c_k=8$kPa,$\varphi_k=17°$,基坑开挖深度为 4m,地面超载为 20kPa。拟采用水泥土墙支护,水泥土重度为 19kN/m³,挡土墙宽度为 2m。根据《建筑基坑支护技术规程》(JGJ 120—2012),满足抗倾覆稳定性的水泥土墙嵌固深度设计值最接近下列哪个选项的数值?(注:抗倾覆稳定安全系数取 1.3)   (   )

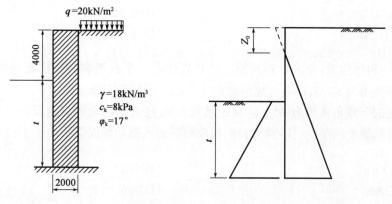

题 23 图(尺寸单位:mm)

(A)5.6m   (B)6.8m
(C)7.5m   (D)8.3m

24. 刚性桩穿过厚 20m 的未充分固结新填土层,并以填土层的下卧层为桩端持力层。在其他条件相同情况下,下列哪个选项作为桩端持力层时,基桩承受的下拉荷载最大?并简述理由。   (   )

(A)可塑状黏土   (B)红黏土
(C)残积土   (D)微风化砂岩

25. 某不扰动膨胀土试样在室内试验后得到含水量 w 与竖向线缩率 δ_s 的一组数据,见下表。按《膨胀土地区建筑技术规范》(GB 50112—2013),该试样的收缩系数 λ_s 最接近下列哪个数值?   (   )

(A)0.05   (B)0.13
(C)0.20   (D)0.40

试 验 次 序	含水量 $w(\%)$	竖向线缩率 $\delta_s(\%)$
1	7.2	6.4
2	12.0	5.8
3	16.1	5.0
4	18.6	4.0
5	22.1	2.6
6	25.1	1.4

26. 根据泥石流痕迹调查测绘结果,在一弯道处的外侧泥位标高为 1028m,内侧泥位标高为 1025m,泥面宽度为 22m,弯道中心线曲率半径为 30m。按《铁路工程不良地质勘察规程》(TB 10027—2012)公式计算,该弯道处近似的泥石流流速最接近下列哪一个选项的数值? ( )

(A)8.2m/s   (B)7.3m/s

(C)6.4m/s   (D)5.5m/s

27. 有一岩体边坡,要求垂直开挖。已知岩体有一个最不利的结构面为顺坡方向,与水平方向夹角为 55°,岩体有可能沿此向下滑动。现拟采用预应力锚索进行加固,锚索与水平方向的下倾角夹角为 20°。问在距坡底 10m 高处的锚索的自由段设计长度应考虑不小于下列哪个选项?(注:锚索自由段应超深伸入滑动面以下不小于 1m) ( )

(A)5m   (B)7m

(C)8m   (D)9m

28. 某 8 层建筑物高 24m,筏板基础宽 12m,长 50m。地基土为中密—密实细砂,深宽修正后的地基承载力特征值 $f_a = 250$kPa。按《建筑抗震设计规范》(GB 50011—2010)验算天然地基抗震竖向承载力。问在容许最大偏心距(短边方向)的情况下,按地震作用效应标准组合的建筑总竖向作用力应不大于下列哪个选项的数值? ( )

(A)76500kN   (B)99450kN

(C)117000kN   (D)195000kN

29. 某公路桥梁场地地面以下 2m 深度内为亚黏土,重度 18kN/m³;深度 2~9m 为粉砂、细砂,重度 20kN/m³;深度 9m 以下为卵石。实测 7m 深度处砂层的标贯值为 10。设计基本地震峰值加速度为 0.15g,地下水位埋深 2m。已知特征周期为 0.35s,砂土黏粒含量 $\rho_c = 3\%$。按《公路工程抗震规范》(JTG B02—2013),7m 深度处砂层的修正液化临界标准贯入锤击数 N_{cr} 最接近的结果和正确的判别结论应是下列哪个选项? ( )

(A)N_{cr} 为 8.4,不液化   (B)N_{cr} 为 8.4,液化

(C)N_{cr} 为 11.2,液化   (D)N_{cr} 为 11.2,不液化

30. 某人工挖孔嵌岩灌注桩桩长为 8m,其低应变反射波动力测试曲线如下图所示。问该桩桩身完整性类别及桩身波速值符合下列哪个选项的组合? (   )

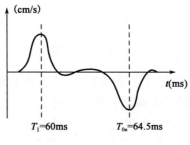

题 30 图

(A) Ⅰ 类桩,$C=1777.8$ m/s
(B) Ⅱ 类桩,$C=1777.8$ m/s
(C) Ⅰ 类桩,$C=3555.6$ m/s
(D) Ⅱ 类桩,$C=3555.6$ m/s

2008 年案例分析试题答案(下午卷)

标 准 答 案

本试卷由 30 道题组成,全部为单项选择题。考生可任选 25 道题作答。每题 2 分,满分为 50 分。若考生在答题卡或试卷上的作答超过 25 道题,则按题目序号从小到大的顺序对作答的前 25 道题计分及复评试卷,其他作答题目无效。

1	D	2	D	3	C	4	B	5	A
6	D	7	A	8	D	9	C	10	D
11	D	12	A	13	C	14	C	15	B
16	A	17	A	18	C	19	D	20	B
21	C	22	B	23	B	24	D	25	D
26	C	27	B	28	B	29	C	30	C

解 题 过 程

1.[答案] D

[解析]《岩土工程勘察规范》(GB 50021—2001)第 10.8.3 条。

$p_0 = 1.05(A - z_m + \Delta A) - 0.05(B - z_m - \Delta B)$

$= 1.05 \times (70 - 5 + 10) - 0.05(220 - 5 - 65) = 78.75 - 7.5 = 71.25 \text{kPa}$

静水压力:$U_0 = 60 \text{kPa}$

有效上覆压力:$\sigma_{vo} = 18.5 \times 2 + (18.5 - 10) \times 6 = 88 \text{kPa}$

$K_D = \dfrac{p_0 - U_0}{\sigma_{vo}} = \dfrac{71.25 - 60}{88} = 0.13$

2.[答案] D

[解析]《岩土工程勘察规范》(GB 50021—2001)第 3.3.4 条、3.3.10 条。

塑性指数:$I_P = w_L - w_P = 21 - 12 = 9 < 10$, 应定名为粉土,可排除(A)、(B);

含水量:$\omega = 23\%$,介于 20 和 30 之间,该土湿度为湿;

计算孔隙比:$e = \dfrac{d_s \rho_w (1 + 1.01w)}{\rho} - 1 = \dfrac{2.7 \times 1 \times (1 + 0.230)}{1.95} - 1 = 0.70 < 0.75$

该土的密实度为密实。

3.[答案] C

[解析] 孔深 $= 3.20 + 8 \times 4.1 + 0.55 - 6.5 - 2.45 = 27.6 \text{m}$

标贯试验深度应为 $27.3 \sim 27.6 \text{m}$。

标贯击数:$7 + 8 + 9 = 24$ 击

4.[答案] B

[解析]《铁路路基设计规范》(TB 10001—2016)第 2.1.13 条。

2008 年案例分析试题答案(下午卷)

(1)K_{30}是指直径 30cm 荷载板下沉 1.25mm 时对应的荷载强度 p(MPa)与其下沉量1.25mm 的比值。

(2)用内插法求变形为 1.25mm 时的 p 值：

$$\frac{0.05-0.04}{1.3695-1.0985}=\frac{p_{0.125}-0.04}{1.2500-1.0985}$$

$$p_{0.125}=0.0456\text{MPa}$$

(3)$K_{30}=\dfrac{0.0456\times1000}{1.25}=36.48\text{MPa/m}$,因此答案为 B。

(4)也可采用作图法等得出。

5.[答案] A

[解析]《建筑地基基础设计规范》(GB 50007—2011)第 5.2.7 条。

(1)基底附加压力：

$$p_k-p_c=200-1.0\times20-1.5\times(20-10)=165\text{kPa}$$

(2)软弱下卧层层顶附加压力：

$$p_z=\frac{b(p_k-p_c)}{b+2z\tan\theta}=\frac{2.0\times165}{2.0+2\times2.0\times\tan23°}=89\text{kPa}$$

6.[答案] D

[解析]《建筑地基基础设计规范》(GB 50007—2011)第 5.2.4 条、5.2.1 条、8.1.1 条。

(1)地基承载力特征值：

$$f_a=f_{ak}+\eta_d\gamma(d-0.5)=160+1.0\times19\times(2.0-0.5)=188.5\text{kPa}$$

(2)基础宽度：

$$b=\frac{F_k}{f_a-\bar\gamma H}=\frac{240}{188.5-20\times2.0}=1.62$$

(3)基础高度：

$$H_0\geqslant\frac{b-b_0}{2\tan\alpha}=\frac{1.62-0.24}{2\times\left(\dfrac{1}{1.5}\right)}=1.04\text{m}$$

7.[答案] A

[解析]《公路桥涵地基与基础设计规范》(JTG 3363—2019)第 4.3.5 条。

(1)对下卧淤泥质土层顶面,进行承载力修正：

$$f_a=f_{a0}+\gamma_2 h=80+1.0\times19\times5.0=175\text{kPa}$$

(2)应力扩散角为 0°。

(3)假定填土高度为 H：

$$20\times H+19\times5.0=175,\text{得 }H=4.0\text{m}$$

8.[答案] D

[解析]第一步,计算地基平均附加压力：

$$p_0=300-(4\times20+6\times10)=160\text{kPa}$$

第二步,计算基底以下深度 7～8m 范围内的 $\Delta S'_{7-8}$：

i	z_i	$\bar{\alpha}_i$	$z_i\bar{\alpha}_i - z_{i-1}\bar{\alpha}_{i-1}$
1	7. 0	$4\times0.2479=0.9916$	
2	8. 0	$4\times0.2474=0.9896$	0. 9756

$$\Delta S_{7-8} = \frac{160}{16}\times0.9756 = 9.76\text{mm}$$

9. [答案] C

[解析]《建筑地基基础设计规范》(GB 50007—2011)第 5.2.5 条。

$b=2.5\text{m}, d=3.0-2.2=0.8\text{m}, c_k=18\text{kPa}, \varphi_k=24°, \gamma=\gamma_m=19\text{kN/m}^3$

查表得出承载力系数:

$M_b=0.80, M_d=3.87, M_c=6.45$

$f_a = 0.80\times19\times2.5+3.87\times19\times0.8+6.45\times18$

$\quad = 38+58.824+116.1 = 212.924\text{kPa}$

10. [答案] D

[解析]《铁路桥涵地基和基础设计规范》(TB 10093—2017)第 4.1.4 条。

$$[\sigma] = 5.14c_u\frac{1}{m'}+\gamma_2h$$

加权平均重度:$\gamma_2=18\text{kN/m}^3$

代入计算公式,得出:

$[\sigma] = 5.14\times35/2.5+18\times1.0 = 71.96+18 = 90\text{kPa}$

11. [答案] D

[解析]《公路桥涵地基与基础设计规范》(JTG 3363—2019)第 6.3.7 条、6.3.8 条。

$$h_r = \frac{1.27H+\sqrt{3.81\beta f_{rk}dM_H+4.84H^2}}{0.5\beta f_{rk}d}$$

当基岩顶面处的水平力 $H=0$ 时:

$$h_r = \frac{\sqrt{3.81\beta f_{rk}dM_H}}{0.5\beta f_{rk}d} = \sqrt{\frac{M_H}{0.0656\beta f_{rk}d}} = \sqrt{\frac{500}{0.0656\times0.6\times40\times10^3\times1}} = 0.56\text{m}$$

$$R_a = c_1A_pf_{rk}+u\sum_{i=1}^m c_{2i}h_if_{rki}+\frac{1}{2}\xi_s u\sum_{i=1}^n l_iq_{ik}$$

$\quad = 0.6\times0.785\times40\times10^3+3.14\times0.05\times0.56\times40\times10^3 = 22357\text{kN}$

12. [答案] A

[解析]《建筑桩基技术规范》(JGJ 94—2008)第 5.9.10 条。

剪跨比:$\lambda_x=a_x/h_0=1.0/1.3=0.77$

$$\beta_{hs} = \left(\frac{800}{h_0}\right)^{1/4} = \left(\frac{800}{1300}\right)^{1/4} = 0.886$$

$$\alpha = \frac{1.75}{\lambda+1} = \frac{1.75}{0.77+1} = 0.989$$

$\beta_{hs}\alpha f_tb_0h_0 = 0.886\times0.989\times1.71\times10^3\times4.2\times1.3 = 8181\text{kN}$

剪切力:$V=\dfrac{24000}{9}\times 3=8000\mathrm{kN}$

两者之比为$\dfrac{8181}{8000}=1.02$

13.[答案] C

[解析]《建筑桩基技术规范》(JGJ 94—2008)第5.4.4条、5.8条。

桩负摩阻力计算$l_0=18\mathrm{m}$,$l_n/l_0=0.9$,中性点深度$l_n=18\times 0.9=16.2\mathrm{m}$

$$\sigma_{ri}'=\sum_{e=1}^{i-1}\gamma_e\Delta z_e+\frac{1}{2}\gamma_i\Delta z_i=\frac{1}{2}\times(18-10)\times 16.2=64.8\mathrm{kPa}$$

$$\sigma_i'=p+\sigma_{ri}'=60+64.8=124.8\mathrm{kPa}$$

负摩阻力标准值:$q_{si}^n=\zeta_n\sigma_i'=0.2\times 124.8=24.96\mathrm{kPa}$

下拉荷载:$Q_g^n=\eta_n u\sum_{i=1}^{n}q_{si}^n l_i=1.0\times 3.14\times 1.0\times 24.96\times 16.2=1270\mathrm{kN}$

$N_{max}=N+1.35Q_g^n=5000+1.35\times 1270=6715\mathrm{kN}$

$N\leqslant\psi_c f_c A_{ps}$

$$f_c\geqslant\frac{N_{max}}{\psi_c A_{ps}}=\frac{6715}{0.7\times 3.14\times 0.5^2}=12220\mathrm{kPa}=12.22\mathrm{MPa}$$

选混凝土强度等级C30。

14.[答案] C

[解析]《建筑地基处理技术规范》(JGJ 79—2012)第8.2.2条。

$$V=6\times(3+2)\times(4+2)=180\mathrm{m}^3$$

$$n=\frac{e_0}{1+e_0}=\frac{1}{1+1}=0.50$$

$$Q=Vnd_{N1}\alpha=180\times 0.50\times 0.7=63\mathrm{m}^3$$

15.[答案] B

[解析] $S=\dfrac{\gamma h+p_0}{E_s}\times HU=\dfrac{20\times 0.8+80}{2}\times 5\times 0.85=204\mathrm{mm}\approx 20\mathrm{cm}$

16.[答案] A

[解析]《建筑地基处理技术规范》(JGJ 79—2012)第7.3.3条。

$R_a=\eta\cdot f_{cu}\cdot A_p=0.25\times 1.5\times 10^3\times\pi\times 0.3^2=106\mathrm{kN}$

或 $R_a=\pi\times 0.6\times(4.0\times 10+10.0\times 3.0+12.0\times 1.0)+0.4\times 200\times\pi\times 0.3^2$

$=177\mathrm{kN}$,取其小值106kN。

17.[答案] A

[解析]《建筑地基处理技术规范》(JGJ 79—2012)第7.1.5条、7.3.3条。

$$m=\frac{f_{spk}-\beta f_{sk}}{\dfrac{\lambda R_a}{A_p}-\beta f_{sk}}=\frac{180-0.5\times 40}{\dfrac{1.0\times 120}{\pi\times 0.25^2}-0.5\times 40}\approx 0.271$$

$$d_e=\sqrt{\frac{d^2}{m}}=\sqrt{\frac{0.5^2}{0.271}}\approx 0.96\mathrm{m}$$

2008年案例分析试题答案(下午卷)

$$s = \frac{d_e}{1.13} = 0.85\text{m}$$

18.**[答案]** C

[解析] 防渗心墙水力比降：$i = (40-10)/2 = 15$

渗透速度：$v = k \cdot i = 1 \times 10^{-7} \times 15 = 1.5 \times 10^{-6}\text{cm/s}$

渗漏量：$Q = vA = 1.5 \times 10^{-6} \times 10 \times 10^2 \times 100 \times 10^2 = 15\text{cm}^3/\text{s} = 1.3\text{m}^3/\text{d}$

19.**[答案]** D

[解析] 当墙高为 H 时，二者相等：$E_{a1} = E_{a2}$

$$\frac{1}{2}K_{a1}\gamma H^2 = \frac{1}{2}K_{a2}\gamma(H-z_0)^2$$

$$z_0 = \frac{2c_2}{\gamma}\sqrt{K_{a2}} = \frac{40}{18\tan(45°-20°/2)} = 3.17\text{m}$$

$$0.271H^2 = 0.49(H-3.17)^2$$

$$H^2 = 1.81(H-3.17)$$

$$H = 12.4\text{m}$$

20.**[答案]** B

[解析] 根据三角形楔体的静力平衡来计算泥浆压力 p。

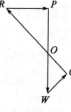

$$W = \frac{1}{2} \times 16.8 \times 8^2 = 537.6\text{kN/m}$$

$$C = 12 \times 8\sqrt{2} = 135.7\text{kN/m}$$

下三角形的斜边：$W_2 = \sqrt{2}C = 192\text{kN/m}$

上三角形直角边：$W_1 = 537.6 - 192 = 345.6\text{kN/m}$

$$P = W_1 = 345.8\text{kN/m}, P = \frac{1}{2}\rho \times 10 \times 8^2 = 345.6, \rho = 1.08\text{g/cm}^3$$

题20解图

21.**[答案]** C

[解析]《铁路路基支挡结构设计规范》(TB 10025—2019)第9.2.3条。

(1)计算挡墙4m处的土压力系数 λ_i

$$\lambda_0 = 1 - \sin 35° = 0.4264, \lambda_a = \tan^2\left(45° - \frac{35°}{2}\right) = 0.2710$$

$$\lambda_i = \lambda_0\left(1 - \frac{4}{6}\right) + \lambda_a \times \frac{4}{6} = 0.4264 \times \frac{1}{3} + 0.2710 \times \frac{2}{3} = 0.323$$

(2)填料在墙面板上产生的水平压应力：$\sigma_{h1i} = \lambda_i\gamma h_i = 0.323 \times 19 \times 4 = 24.55\text{kN/m}^2$

拉筋拉力：$T_i = 1.5 \times 24.55 \times 0.4 \times 0.4 = 5.9\text{kN}$

22.**[答案]** B

[解析]《建筑基坑支护技术规程》(JGJ 120—2012)第4.12.5条。

$$K_a = \tan^2\left(45° - \frac{\varphi}{2}\right) = \tan^2\left(45° - \frac{30°}{2}\right) = 0.333$$

$$K_p = \tan^2\left(45° + \frac{\varphi}{2}\right) = \tan^2\left(45° + \frac{30°}{2}\right) = 3.0$$

$p_{a1} = qK_a = 10 \times 0.333 = 3.3 \text{kPa}$

$p_{a2} = (q + \gamma H)K_a = (10 + 18 \times 10) \times 0.333 = 63.3 \text{kPa}$

$E_a = \dfrac{1}{2}(p_{a1} + p_{a2})H = \dfrac{1}{2} \times (3.3 + 63.3) \times 10 = 333 \text{kN}$

$p_p = \gamma H K_p = 18 \times 4 \times 3.0 = 216 \text{kPa}$

$E_p = \dfrac{1}{2} p_p l_d = \dfrac{1}{2} \times 216 \times 4 = 432 \text{kN}$

$G = \gamma V = 20 \times (2.4 + 0.6) \times 10 = 600 \text{kN}$

$$\dfrac{E_{pk}a_p + Gz_G}{E_{ak}z_a} = \dfrac{432 \times \frac{1}{3} \times 4 + 600 \times \frac{1}{2} \times (2.4 + 0.6)}{3.3 \times 10 \times \frac{1}{2} \times 10 + \frac{1}{2} \times (63.3 - 3.3) \times 10 \times \frac{1}{3} \times 10} = 1.27$$

23. [答案] B

[解析] $K_a = \tan^2\left(45° - \dfrac{\varphi}{2}\right) = \tan^2\left(45° - \dfrac{17°}{2}\right) = 0.548$

$K_p = \tan^2\left(45° + \dfrac{\varphi}{2}\right) = \tan^2\left(45° + \dfrac{17°}{2}\right) = 1.826$

$z_0 = \dfrac{\dfrac{2c}{\sqrt{K_a}} - q}{\gamma} = \dfrac{\dfrac{2 \times 8}{\sqrt{0.548}} - 20}{18} = 0.09$

$e_a = (\gamma H + q)K_a - 2c\sqrt{K_a} = [18(4 + t) + 20] \times 0.548 - 2 \times 8 \times \sqrt{0.548}$

$= 9.864t + 38.572$

$e_{p1} = 2c\sqrt{K_p} = 2 \times 8 \times \sqrt{1.826} = 21.623$

$e_{p2} = \gamma t K_p + 2c\sqrt{K_p} = 18 \times t \times 1.826 + 21.623 = 32.868t + 21.623$

$G = (4 + t) \times 2 \times 19 = 38t + 152$

$$K_{ov} = \dfrac{E_{pk}a_p + (G - \mu_m\beta)a_G}{E_a a_a} = \dfrac{21.613 \times \frac{1}{2}t^2 + 32.868 \times \frac{1}{6}t^2 + (38t + 152) \times 1}{(9.864t + 38.572) \times \frac{1}{6} \times (4 - 0.09 + t)^2}$$

$$= \dfrac{5.478t^3 + 10.812t^2 + 38t + 152}{1.644t^3 + 19.285t^2 + 75.406t + 98.281} = 1.3$$

整理得：$3.341t^2 - 14.259t^2 - 60.028t + 24.235 = 0$

解此一元三次方程得 $t = 6.77 \text{m}$，取 6.8m。

24. [答案] D

[解析] 以微风化砂岩为桩端持力层的基桩为端承桩，不考虑其沉降，中性点在岩土界面处（即深 20m）产生的负摩阻力最大，而其他土质持力层的基桩为摩擦型桩，中性点都在填土层中（小于 20m 深）。关键理由：中性点深度随桩端持力层的强度和刚度增大而增加。

25. [答案] D

[解析] (1)根据《膨胀土地区建筑技术规范》(GB 50112—2013)第4.2.4条及附录 G,收缩系数指在直线收缩阶段,含水量减少1%时的竖向线缩率。计算公式为 $\lambda_s = \dfrac{\Delta\delta_s}{\Delta w}$。

(2)求每两个试验次序间的 Δw_i、$\Delta\delta_{si}$ 和 $\Delta\lambda_{si}$。

题25解表

两个次序间	$\Delta w_i = w_{i+1} - w_i$	$\Delta\delta_{si} = \delta_{si+1} - \delta_{si}$	λ_{si}
2-1	4.8	0.6	0.13
3-2	4.1	0.8	0.20
4-3	2.5	1.0	0.40
5-4	3.5	1.4	0.40
6-5	3.0	1.2	0.40

(3)从上表可看出,后三个次序间的 λ_{si} 相同,即 $\Delta\delta_i / \Delta w_i$ 为直线段,所以 λ_s 为0.40,答案为D。

(4)可用作图法、内插法等多种方法得出。

26. [答案] C

[解析]《铁路工程不良地质勘察规程》(TB 10027—2012)第7.3.3条及条文说明。

$$v_c = \sqrt{\frac{R_0 \sigma g}{B}} = \sqrt{\frac{30 \times (1028 - 1025) \times 10}{22}} = 6.4 \text{m/s}$$

27. [答案] B

[解析] 首先要计算该处锚索穿越滑动面的长度 AB。

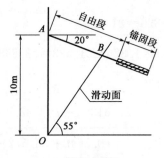

题27解图

在 ΔOAB 中 $\angle AOB = 90° - 55° = 35°$

$\angle ABO = 20° + 55° = 75°$

$AB = \dfrac{10 \times \sin 35°}{\sin 75°} = 5.94 \text{m}$

自由段设计长度 $= 5.94 + 1.0 \approx 7 \text{m}$

28. [答案] B

[解析] (1)建筑物高宽比 $= 24/12 = 2.0$

按《建筑抗震设计规范》(GB 50011—2010)第4.2.4条,最大偏心距意味着基础底面与地基土之间零应力区面积等于基础底面面积的15%。

零应力区宽度＝0.15×12＝1.8m；

基础底面压力作用宽度＝12－1.8＝10.2m；

(2)基础边缘可以达到的最大压力：$p_{max}＝1.2f_{aE}$

$f_{aE}＝\zeta_a f_a$，根据《建筑抗震设计规范》(GB 50011—2010)中表 4.2.3，$\zeta_a＝1.3$，

$p_{max}＝1.2×1.3×250＝390kPa$

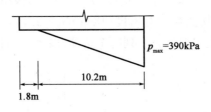

题 28 解图

(3)建筑物总竖向作用力最大值＝$\frac{1}{2}×10.2×50×390＝99450kN$

29.[答案] C

[解析]《公路工程抗震规范》(JTG B02—2013)第 4.3.3 条。

$N_{cr}＝N_0[0.9＋0.1(d_s－d_w)]\sqrt{3/\rho_c}＝8×[0.9＋0.1×(7－2)]×\sqrt{3/3}＝11.2$

$N＝10＜N_{cr}＝11.2$，故液化。

30.[答案] C

[解析] (1)由于是嵌岩桩，故桩底反射为反相位。根据低应变曲线判断该桩为Ⅰ类桩，即完整桩。

(2)按《建筑基桩检测技术规范》(JGJ 106—2014)中式 8.4.1-2 计算桩身波速值：

$C＝\dfrac{2000L}{\Delta T}＝\dfrac{2000×8}{64.5－60}＝3555.6m/s$

2009年案例分析试题（上午卷）

1. 某水利工程需填方，要求填土干重度为 $\gamma_d = 17.8 \text{kN/m}^3$，需填方量为 40 万 m^3。对某料场的勘察结果为：其土粒相对密度（比重）$G_s = 2.7$，含水量 $w = 15.2\%$，孔隙比 $e = 0.823$，问该料场储量至少要达到下列哪个选项（以万 m^3 计）才能满足要求？（　　）

　　(A)48　　　　　　　　　　　　(B)72
　　(C)96　　　　　　　　　　　　(D)144

2. 某场地地下水位如图所示，已知黏土层饱和重度 $\gamma_{sat} = 19.2 \text{kN/m}^3$，砂层中承压水头 $h_w = 15\text{m}$（由砂层顶面起算），$h_1 = 4\text{m}$，$h_2 = 8\text{m}$，砂层顶面处的有效应力及黏土中的单位渗流力最接近下列哪个选项？（　　）

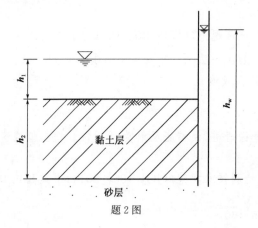

题2图

　　(A)43.6kPa，3.75kN/m³　　　　　　(B)88.2kPa，7.6kN/m³
　　(C)150kPa，10.1kN/m³　　　　　　(D)193.6kPa，15.5kN/m³

3. 对饱和软黏土进行开口钢环式十字板剪切试验，十字板常数为 129.41m^{-2}，钢环系数为 $0.00386\text{kN}/0.01\text{mm}$。某一试验点的测试钢环读数记录如下表所示。该试验点处土的灵敏度最接近下列哪个选项？（　　）

题3表

原状土读数(0.01mm)	2.5	7.6	12.6	17.8	23.0	27.6	31.2	32.5	35.4	36.5	34.0	30.8	30.0
重塑土读数(0.01mm)	1.0	3.6	6.2	8.7	11.2	13.5	14.5	14.8	14.6	13.8	13.2	13.0	—
轴杆读数(0.01mm)	0.2	0.8	1.3	1.8	2.3	2.6	2.8	2.6	2.5	2.5	2.5	—	—

　　(A)2.5　　　　(B)2.8　　　　(C)3.3　　　　(D)3.8

4. 用内径为 79.8mm、高 20mm 的环刀切取未扰动饱和黏性土试样，相对密度 $G_s =$

2.70,含水量 $w=40.3\%$,湿土质量 184g。现作侧限压缩试验,在压力 100kPa 和 200kPa 作用下,试样总压缩量分别为 $S_1=1.4$mm 和 $S=2.0$mm,其压缩系数 $a_{1\text{-}2}$（MPa^{-1}）最接近下列哪个选项？ （ ）

(A)0.40　　　　　　　　　　　(B)0.50
(C)0.60　　　　　　　　　　　(D)0.70

5. 箱涵的外部尺寸为宽 6m,高 8m,四周壁厚均为 0.4m,顶面距原地面 1.0m,抗浮设计地下水位埋深 1.0m,混凝土重度为 25kN/m^3,地基土及填土的重度均为 18kN/m^3。若要满足抗浮安全系数 1.05 的要求,地面以上覆土的最小厚度应接近下列哪个选项？

（ ）

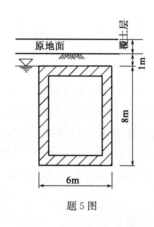

题5图

(A)1.2m　　　　　　　　　　　(B)1.4m
(C)1.6m　　　　　　　　　　　(D)1.8m

6. 如图所示的条形基础宽度 $b=2$m,$b_1=0.88$m,$h_0=260$mm,$p_{j\max}=217$kPa,$p_{j\min}=133$kPa。按 $A_s=\dfrac{M}{0.9f_yh_0}$ 计算每延米基础的受力钢筋截面面积最接近下列哪个选项？（钢筋抗拉强度设计值 $f_y=300$MPa） （ ）

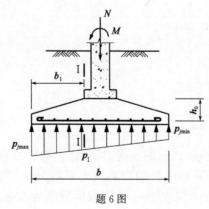

题6图

(A)1030mm^2/m　　　　　　　　(B)1130mm^2/m
(C)1230mm^2/m　　　　　　　　(D)1330mm^2/m

7. 某建筑物筏形基础,宽度 15m,埋深 10m,基底压力 400kPa。地基土层见下表。

序号	岩土名称	层底埋深(m)	压缩模量(MPa)	基底至该层底的平均附加应力系数 $\bar{\alpha}$(基础中心点)
1	粉质黏土	10	12.0	—
2	粉土	20	15.0	0.8974
3	粉土	30	20.0	0.7281
4	基岩	—	—	—

按照《建筑地基基础设计规范》(GB 50007—2011)的规定,该建筑地基的压缩模量当量值最接近下列哪个选项? （　　）

(A)15.0MPa 　　　　　　　　　(B)16.6MPa

(C)17.5MPa 　　　　　　　　　(D)20.0MPa

8. 建筑物长度 50m,宽度 10m,比较筏板基础和 1.5m 的条形基础两种方案。已分别求得筏板基础和条形基础中轴线上变形计算深度范围内(为简化计算,假定两种基础的变形计算深度相同)的附加应力随深度分布的曲线(近似为折线),如图所示。已知持力层的压缩模量 $E_s=4MPa$,下卧层的压缩模量 $E_s=2MPa$。估算由于这两层土的压缩变形引起的筏板基础沉降 s_f 与条形基础沉降 s_t 之比最接近下列哪个选项? （　　）

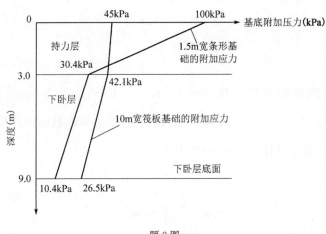

题 8 图

(A)1.23 　　　　　　　　　(B)1.44

(C)1.65 　　　　　　　　　(D)1.86

9. 均匀土层上有一直径为 10m 的油罐,其基底平均压力为 100kPa。已知油罐中心轴线上,在油罐基础底面以下 10m 处的附加应力系数为 0.285。通过沉降观测得到油罐中心的底板沉降为 200mm,深度 10m 处的深层沉降为 40mm,则 10m 范围内土层用近似方法估算的反算压缩模量最接近下列哪个选项? （　　）

(A)2.5MPa 　　　　　　　　　(B)4.0MPa

2009 年案例分析试题(上午卷)

(C)3.5MPa   (D)5.0MPa

10. 条形基础宽度 3m,基础埋深 2.0m,基础底面作用有偏心荷载,偏心距 0.6m。已知深度修正后的地基承载力特征值为 200kPa,传至基础底面的最大允许总竖向压力最接近下列哪个选项?   (   )

(A)200kN/m   (B)270kN/m
(C)324kN/m   (D)600kN/m

11. 某工程采用泥浆护壁钻孔灌注桩,桩径 1200mm,桩端进入中等风化岩 1.0m,中等风化岩岩体较完整,饱和单轴抗压强度标准值为 41.5MPa,桩顶以下土层参数依次列表如下。按《建筑桩基技术规范》(JGJ 94—2008),估算单桩极限承载力最接近下列哪个选项的数值?(取桩嵌岩段侧阻和端阻综合系数 $\zeta_r=0.76$)   (   )

题 11 表

岩土层编号	岩土层名称	桩顶以下岩土层厚度(m)	q_{sik}(kPa)	q_{pk}(kPa)
①	黏土	13.70	32	—
②	粉质黏土	2.30	40	—
③	粗砂	2.00	75	—
④	强风化岩	8.85	180	2500
⑤	中等风化岩	8.00	—	—

(A)32200kN   (B)36800kN
(C)40800kN   (D)44200kN

12. 某地下车库作用有 141MN 浮力,基础及上部结构和土重为 108MN。拟设置直径 600mm、长 10m 的抗拔桩,桩身重度为 25kN/m³,水的重度取 10kN/m³。基础底面以下 10m 内为粉质黏土,其桩侧极限摩阻力为 36kPa,车库结构侧面与土的摩擦力忽略不计。按《建筑桩基技术规范》(JGJ 94—2008),按群桩呈非整体破坏,估算需设置抗拔桩的数量至少应大于下列哪个选项?(取粉质黏土抗拔系数 $\lambda=0.70$)   (   )

(A)83 根   (B)89 根
(C)108 根   (D)118 根

13. 某柱下桩基采用等边三桩独立承台,承台等厚三向均匀配筋。在荷载效应基本组合下,作用于承台顶面的轴心竖向力为 2100kN,承台及其上土重标准值为 300kN。按《建筑桩基技术规范》(JGJ 94—2008)计算,该承台正截面最大弯矩最接近下列哪个选项的数值?   (   )

(A)531kN·m   (B)670kN·m
(C)743kN·m   (D)814kN·m

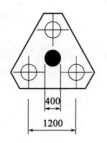

题 13 图(尺寸单位:mm)

14. 某高层住宅筏形基础,基底埋深 7m,基底以上土的天然重度为 20kN/m³,天然地基承载力特征值为 180kPa。采用水泥粉煤灰碎石(CFG)桩复合地基,现场试验测得单桩承载力特征值为 600kN。正方形布桩,桩径 400mm,桩间距为 1.5m×1.5m,桩间土承载力发挥系数 β 取 0.95,单桩承载力发挥系数取 0.9,试问该建筑物的基底压力不应超过下列哪个选项的数值?　　　　　　　　　　　　　　　　　(　　)

(A)428kPa　　　　　　　　　　　(B)530kPa

(C)558kPa　　　　　　　　　　　(D)641kPa

15. 灰土挤密桩复合地基,桩径 400mm,等边三角形布桩,中心距为 1.0m,桩间土在地基处理前的平均干密度为 1.38t/m³。根据《建筑地基处理技术规范》(JGJ 79—2012),在正常施工条件下,挤密深度内桩间土的平均干密度预计可以达到下列哪个选项的数值?　　　　　　　　　　　　　　　　　　　　(　　)

(A)1.48t/m³　　　　　　　　　　　(B)1.54t/m³

(C)1.61t/m³　　　　　　　　　　　(D)1.68t/m³

16. 某工程采用旋喷桩复合地基,桩长 10m,桩直径 600mm,桩身 28d 强度为 3MPa,单桩承载力发挥系数为 0.85,基底以下相关地层埋深及桩侧阻力特征值、桩端阻力特征值如图。单桩竖向承载力特征值与下列哪个选项的数值最接近?　　　(　　)

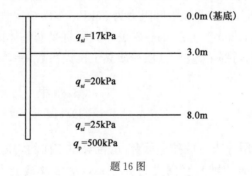

题 16 图

(A)250kN　　　　　　　　　　　(B)280kN

(C)378kN　　　　　　　　　　　(D)520kN

17. 有一码头的挡土墙,墙高 5m,墙背垂直、光滑;墙后为冲填的松砂(孔隙比 $e=0.9$)。填土表面水平,地下水位与填土表面齐平。已知砂的饱和重度 $\gamma=18.7\text{kN/m}^3$,

内摩擦角 $\varphi=30°$。当发生强烈地震时,饱和松砂完全液化,如不计地震惯性力,液化时每延长米墙后的总水平压力最接近下列哪个选项? （　）

(A)78kN

(B)161kN

(C)203kN

(D)234kN

18. 有一码头的挡土墙,墙高 5m,墙背垂直、光滑,墙后为冲填的松砂。填土表面水平,地下水位与墙顶齐平。已知砂的孔隙比 $e=0.9$,饱和重度 $\gamma_{sat}=18.7$kN/m³,内摩擦角 $\varphi=30°$。强震使饱和松砂完全液化,震后松砂沉积变密实,孔隙比变为 $e=0.65$,内摩擦角变为 $\varphi=35°$。震后墙后水位不变。试问墙后每延长米上的主动土压力和水压力之总和最接近下列哪个选项的数值? （　）

(A)68kN

(B)120kN

(C)150kN

(D)160kN

19. 用简单圆弧条分法作黏土边坡稳定分析时,滑弧的半径 $R=30$m,第 i 土条的宽度为 2m,过滑弧的中心点切线、渗流水面和土条顶部与水平线的夹角均为 30°。土条的水下高度为 7m,水上高度为 3m。已知黏土在水上、下的天然重度均为 $\gamma=20$kN/m³,黏聚力 $c=22$kPa,内摩擦角 $\varphi=25°$,试问计算得出该土条的抗滑力矩最接近下列哪个选项的数值? （　）

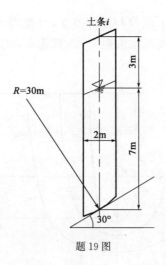

土条i

$R=30$m

3m

2m

7m

30°

题 19 图

(A)3000kN·m　　(B)4110kN·m　　(C)4680kN·m　　(D)6360kN·m

20. 某填方高度为 8m 的公路路基垂直通过一作废的混凝土预制场,在地面标高原建有 30 个钢筋混凝土地梁,梁下有 53m 深的灌注桩,为了避免路面的不均匀沉降,在地梁上铺设聚苯乙烯(泡沫)板块(EPS)。路基填土重度为 18.4kN/m³,据计算,地基土在 8m 填方的荷载下,沉降量为 15cm,忽略地梁本身的沉降,已知 EPS 的平均压缩模量为 $E_s=500$kPa,为消除地基不均匀沉降,在地梁上铺设聚苯乙烯(泡沫)厚度应最接近下列哪个选项的数值? （　）

(A)150mm   (B)350mm

(C)550mm   (D)750mm

21. 某基坑的地基土层分布如图所示,地下水位在地表以下 0.5m。其中第①、②层的天然重度 $\gamma = 19kN/m^3$,第③层淤泥质土的天然重度为 $17.1kN/m^3$,三轴固结不排水强度指标为: $c_{cu} = 17.8kPa$,$\varphi_{cu} = 13.2°$,如在第③层上部取土样,在其有效自重压力下固结(固结时各向等压的主应力 $\sigma_3 = 68kPa$)以后进行不固结不排水三轴试验(UU),试问其 c_u 值最接近下列哪个选项的数值?   ( )

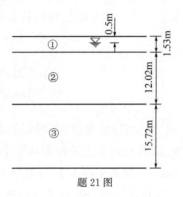

题 21 图

(A)18kPa   (B)29kPa   (C)42kPa   (D)77kPa

22. 均匀砂土地基基坑,地下水位与地面齐平,开挖深 12m,采用坑内排水,渗流流网如图所示。如相邻等势线之间的水头损失 Δh 都相等,试问基底处的最大平均水力梯度最接近下面哪个选项的数值?   ( )

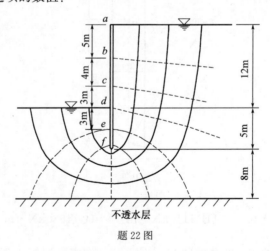

题 22 图

(A)0.44   (B)0.55   (C)0.80   (D)1.00

23. 如图所示基坑,基坑深度 5m,插入深度 5m,地层为砂土,地层参数为: $\gamma = 20kN/m^3$,$c = 0$,$\varphi = 30°$。地下水位埋深 6m,排桩支护形式,桩长 10m,根据《建筑基坑支护技术规程》(JGJ 120—2012),作用在每延米支护体系上的主动土压力合力最接近下列哪个选项的数值?   ( )

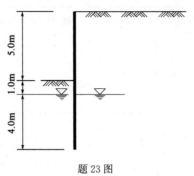

题 23 图

(A)210kN   (B)280kN

(C)387kN   (D)330kN

24. 陇西地区某湿陷性黄土场地的地层情况为：0～12.5m 为湿陷性黄土，12.5m 以下为非湿陷性土。探井资料如下表。假设场地地层水平均匀，地面标高与建筑物±0.00 标高相同，基础埋深 1.5m。根据《湿陷性黄土地区建筑标准》(GB 50025—2018)规定，试判定该湿陷性黄土地基的湿陷等级应为下列哪个选项？   (　　)

题 24 表

取样深度(m)	δ_s	δ_{zs}	取样深度(m)	δ_s	δ_{zs}
1.0	0.076	0.011	8.0	0.037	0.022
2.0	0.070	0.013	9.0	0.011	0.010
3.0	0.065	0.016	10.0	0.016	0.025
4.0	0.055	0.017	11.0	0.018	0.027
5.0	0.050	0.018	12.0	0.014	0.016
6.0	0.045	0.019	13.0	0.006	0.010
7.0	0.043	0.020	14.0	0.002	0.005

(A) Ⅰ 级(轻微)   (B) Ⅱ 级(中等)

(C) Ⅲ 级(严重)   (D) Ⅳ 级(很严重)

25. 某季节性冻土地基实测冻土层厚度为 2.0m。冻前原地面标高为 186.128m，冻后实测地面标高为 186.288m。试问该土层的平均冻胀率最接近下列哪个选项的数值？(注：平均冻胀率为地表冻胀量与设计冻深的比值)   (　　)

(A)7.1%   (B)8.0%

(C)8.7%   (D)9.5%

26. 某一滑动面为折线的均质滑坡，其计算参数如表所示。取滑坡推力安全系数为 1.05。试问滑坡③条块的剩余下滑力最接近下列哪个选项的数值？   (　　)

滑块编号	下滑力(kN/m)	抗滑力(kN/m)	传递系数
①	3600	1100	0.76
②	8700	7000	0.90
③	1500	2600	—

(A)2140kN/m (B)2730kN/m

(C)3220kN/m (D)3790kN/m

27. 某混凝土水工重力坝场地的设计地震烈度为 8 度,在初步设计的建基面标高以下深度 15m 范围内分布的地层和剪切波速列见下表。下列等效剪切波速 v_s 和标准设计反应谱最大值的代表值 β_{max} 的不同组合中,哪个选项的取值是正确的? （ ）

题 27 表

层序	地层名称	层底深度(m)	剪切波速 v_s(m/s)
①	中砂	6	235
②	圆砾	9	336
③	卵石	12	495
④	基岩	>15	720

(A) $v_s = 325\text{m/s}$, $\beta_{max} = 2.50$ (B) $v_s = 325\text{m/s}$, $\beta_{max} = 2.00$

(C) $v_s = 296\text{m/s}$, $\beta_{max} = 2.50$ (D) $v_s = 296\text{m/s}$, $\beta_{max} = 2.00$

28. 在地震烈度为 8 度的场地修建采用天然地基的住宅楼,设计时需要对埋藏于非液化土层之下的厚层砂土进行液化判别。下列哪个选项的组合条件可初步判别为不考虑液化影响? （ ）

(A)上覆非液化土层厚 5m,地下水位深度 3m,基础埋深 2.0m

(B)上覆非液化土层厚 5m,地下水位深度 5m,基础埋深 1.0m

(C)上覆非液化土层厚 7m,地下水位深度 3m,基础埋深 1.5m

(D)上覆非液化土层厚 7m,地下水位深度 5m,基础埋深 1.5m

29. 某水利工程位于 8 度地震区,抗震设计按近震考虑。勘察时地下水位在当时地面以下的深度为 2.0m,标准贯入点在当时地面以下的深度为 6.0m。实测砂土(黏粒含量 $\rho_c < 3\%$)的标准贯入锤击数为 20 击。工程正常运行后下列四种情况中哪个选项在地震液化复判中应将该砂土判为液化土? （ ）

(A)场地普遍填方 3.0m (B)场地普遍挖方 3.0m

(C)地下水位普遍上升 3.0m (D)地下水位普遍下降 3.0m

30. 某场地钻孔灌注桩桩身平均波速值为 3555.6m/s,其中某根桩低应变反射波动力测试曲线如下图所示,对应图中时间 t_1、t_2 和 t_3 的数值分别为 60.0ms、66.0ms 和 73.5ms,试问在混凝土强度变化不大的情况下,该桩桩长最接近下列哪个选项的数值？

( )

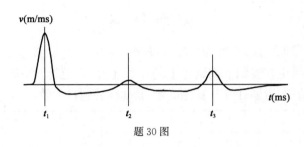

题 30 图

(A)10.7m   (B)21.3m

(C)24.0m   (D)48.0m

2009 年案例分析试题答案(上午卷)

标 准 答 案

本试卷由 30 道题组成,全部为单项选择题。考生可任选 25 道题作答。每题 2 分,满分为 50 分。若考生在答题卡或试卷上的作答超过 25 道题,则按题目序号从小到大的顺序对作答的前 25 道题计分及复评试卷,其他作答题目无效。

1	C	2	A	3	B	4	C	5	A
6	B	7	B	8	A	9	B	10	C
11	D	12	D	13	C	14	B	15	C
16	A	17	D	18	C	19	C	20	C
21	C	22	A	23	C	24	B	25	C
26	B	27	D	28	D	29	B	30	C

解 题 过 程

1. [答案] C

[解析] (1)先求料场土的干重度 γ'_d。

已知 $G_s = 2.70, e = 0.617$

$$\gamma'_d = \frac{G_s \cdot \rho_w}{1+e} = \frac{2.7 \times 10}{1+0.823} = 14.8 \text{kN/m}^3$$

(2)两者之比: $\frac{\gamma_d}{\gamma'_d} = \frac{17.8}{14.8} = 1.2$

(3)需要实际(设计)方量: 1.2×40 万 $\text{m}^3 = 48$ 万 m^3

(4)根据《水利水电工程地质勘察规范》(GB 50487—2008)第 6.20.3 条,储量要达到设计量的 2 倍,即

$48 \times 2 = 96$ 万 m^3

2. [答案] A

[解析] (1)总应力: $\sigma = h_1 \cdot \gamma_w + h_2 \gamma_s = 4 \times 10 + 8 \times 19.2 = 193.6 \text{kPa}$

(2)孔隙水压力: $u = h_w \times 10 = 150 \text{kPa}$

(3)有效应力: $\sigma' = 193.6 - 150 = 43.6 \text{kPa}$

渗流力: $j = \gamma_w \cdot i = 10 \times \frac{15 - (4+8)}{8} = 3.75 \text{kN/m}^3$

3. [答案] B

[解析] $S_t = \frac{C_u}{C'_u} = \frac{kC(R_y - R_g)}{kC(R_c - R_g)} = \frac{36.5 - 2.8}{14.8 - 2.8} = 2.81$

4. [答案] C

[解析] (1)求初始空隙比

$$\rho=\frac{m}{v}=\frac{184}{2.0\times3.14\times3.99\times3.99}=1.84\text{g/cm}^3$$

$$\rho_\text{d}=\frac{\rho}{1+w}=\frac{1.84}{1+0.403}=1.31\text{g/cm}^3$$

$$e_0=\frac{G_\text{s}\times\rho_\text{w}}{\rho_\text{d}-1}=\frac{2.7\times1}{1.31-1}=1.061$$

(2)求各级压力下的孔隙比

$$e_1=e_0-(1+e_0)\frac{S_1}{h}$$

$$e_2=e_0-(1+e_0)\frac{S_2}{h}$$

(3)$a_{1\text{-}2}=(e_1-e_2)/(p_2-p_1)=(1+e_0)\dfrac{\dfrac{S_2-S_1}{h}}{p_2-p_1}$

$$=(1+1.061)\times\frac{2.0-1.4}{20(200-100)}\times1000=0.62(\text{MPa}^{-1})$$

5. [答案] A

[解析] (1)每延米箱涵的自重:$25\times(6\times8-5.2\times7.2)=264\text{kN/m}$

(2)每延米箱涵所承受的浮力:$6\times8\times10=480\text{kN/m}$

(3)土层自重:$18\times6\times1=108\text{kN/m}$

(4)设覆土厚度为H_m,$\dfrac{264+108+108H_\text{m}}{480}=1.05$

则 $H_\text{m}=\dfrac{1.05\times480-264-108}{108}=1.22\text{m}$

6. [答案] B

[解析] (1)计算断面Ⅰ-Ⅰ处的基底压力强度

$$p_\text{I}=p_\text{min}+\frac{(b-b_1)(p_\text{max}-p_\text{min})}{b}=133+\frac{(2-0.88)(217-133)}{2}=180\text{kPa}$$

(2)计算断面Ⅰ-Ⅰ的弯矩

$$M=\frac{p_\text{I}\times b_1^2}{2}+\frac{(p_\text{max}-p_\text{I})b_1^2}{3}=\frac{180\times0.88^2}{2}+\frac{(217-180)0.88^2}{3}=79.3\text{kN}\cdot\text{m/m}$$

(3)计算钢筋截面积

$$A_\text{s}=\frac{M}{0.9f_\text{y}h_0}=\frac{79.3}{0.9\times300\times260}\times10^6=1130\text{mm}^2/\text{m}$$

7. [答案] B

[解析] $\overline{E}_\text{s}=\dfrac{0.7281\times20}{\dfrac{0.8974\times10}{15}+\dfrac{0.7281\times20-0.8974\times10}{20}}=16.59\text{MPa}$

8. [答案] A

[解析] 计算如下:

持力层   下卧层

筏板基础： $s=\dfrac{(45+42.1)\times3}{2\times4}=32.7$ $s=\dfrac{(42.1+26.5)\times6}{2\times2}=102.9$

条形基础： $s=\dfrac{(100+30.4)\times3}{2\times4}=48.9$ $s=\dfrac{(30.4+10.4)\times6}{2\times2}=61.2$

沉降比例： $\dfrac{s_f}{s_t}=\dfrac{32.7+102.9}{48.9+61.2}=\dfrac{135.6}{110.1}=1.23$

9.[答案] B

[解析]10m 范围内的应力面积 $=\dfrac{(1+0.285)\times100\times10}{2}=642.5\mathrm{kPa\cdot m}$

平均反算压缩模量： $E_s=\dfrac{642.5}{200-40}=4.02\mathrm{MPa}$

10.[答案] C

[解析] (1)根据《建筑地基基础设计规范》(GB 50007—2011)第5.2.1条,偏心荷载承载力验算公式为：

$p_{kmax}\leqslant1.2f_a$

(2)判别大小偏心：$0.6/3=0.2=1/5>1/6$,属于大偏心。

(3)大偏心基础底面边缘的最大压力值计算公式为：

$$p_{kmax}=\dfrac{2(F_k+G_k)}{3l\cdot a}$$

则 $F_k+G_k\leqslant\dfrac{3}{2}\times la\times(1.2f_a)=\dfrac{3}{2}\times1\times\left(\dfrac{3}{2}-0.6\right)\times1.2\times200=324\mathrm{kN/m}$

11.[答案] D

[解析]《建筑桩基技术规范》(JGJ 94—2008)第5.3.9条。

$u=3.14\times1.2=3.77\mathrm{m}$,$A_p=3.14\times0.6^2=1.13\mathrm{m}^2$

$Q_{sk}=u\sum q_{sjk}\cdot l_j=3.77\times(32\times13.7+40\times2.3+75\times2.0+180\times8.85)$

              $=3.77\times(438.4+92.0+150.0+1593.0)$

              $=8570.7\mathrm{kN}$

$Q_{rk}=\zeta_r\cdot f_{rk}\cdot A_p=0.76\times41500\times1.13=35640.2\mathrm{kN}$

$Q_{uk}=Q_{sk}+Q_{rk}=8570.7+35640.2=44210.9\mathrm{kN}$

12.[答案] D

[解析] 抗拔桩承受的总上拔力：$141000-108000=33000\mathrm{kN}$

抗拔桩自重：$G_p=\gamma'l\pi d^2/4=(25-10)\times10\times3.14\times0.6^2/4=42.4\mathrm{kN}$

$u=\pi d=1.885\mathrm{m}$

根据《建筑桩基技术规范》(JGJ 94—2008)第5.4.5条,有

$T_{uk}=\sum\lambda_i q_{sik}u_i l_i=0.70\times36\times1.885\times10=475.0\mathrm{kN}$

$N_k\leqslant\dfrac{T_{uk}}{2}+G_p$

$\dfrac{33000}{n}\leqslant\dfrac{475.0}{2}+42.4$

$n \geqslant 117.9$ 根

13. **[答案]** C

[解析]《建筑桩基技术规范》(JGJ 94—2008)第5.9.2条。

等边三桩承台的柱下独立桩基承台的正截面弯矩计算公式为

$$M = \frac{N_{max}}{3}\left(S_a - \frac{\sqrt{3}}{4}c\right) = \frac{2100}{3} \times (1.2 - 3^{1/2}/4 \times 0.8 \times 0.4) = 743 \text{kN} \cdot \text{m}$$

14. **[答案]** B

[解析]《建筑地基处理技术规范》(JGJ 79—2012)。

$$m = \frac{A_p}{A} = \frac{0.2^2 \times 3.14}{1.5 \times 1.5} = 0.0558$$

$$f_{spk} = \lambda m \frac{R_a}{A_p} + \beta(1-m)f_{sk}$$

$$= 0.9 \times 0.0558 \times \frac{600}{0.1256} + 0.95(1-0.0558) \times 180 = 401.5 \text{kPa}$$

深度修正：$f_{spa} = f_{spk} + \eta_d \gamma_m (d-0.5) = 401.5 + 1 \times 20 \times (7-0.5) = 531.5 \text{kPa}$

15. **[答案]** C

[解析]《建筑地基处理技术规范》(JGJ 79—2012)第7.5.2条。

$$\bar{\rho}_{d1} = \bar{\eta}_c \rho_{dmax}$$

$$S = 0.95d\sqrt{\frac{\bar{\eta}_c \rho_{dmax}}{\bar{\eta}_c \rho_{dmax} - \bar{\rho}_d}} = 0.95d\sqrt{\frac{\bar{\rho}_{d1}}{\bar{\rho}_{d1} - \bar{\rho}_d}}$$

$$1.0 = 0.95 \times 0.4\sqrt{\frac{\bar{\rho}_{d1}}{\bar{\rho}_{d1} - 13.8}}$$

求解得：$\bar{\rho}_{d1} = 1.61$

16. **[答案]** A

[解析] (1)$A_p = 3.14 \times 0.3^2 = 0.283 \text{m}^2$

(2)根据《建筑地基处理技术规范》(JGJ 79—2012)第7.1.6条。

$$R_a = \frac{1}{4\lambda}f_{cu}A_p = \frac{1}{4 \times 0.85} \times 3000 \times 0.283 = 250 \text{kN}$$

(3)根据公式(7.1.5-3)：

$$R_a = u_p \sum_{i=1}^{n} q_{si}l_{pi} + \alpha_p q_p A_p$$

$$= 3.14 \times 0.6 \times (17 \times 3.0 + 20 \times 5.0 + 25 \times 2.0) + 1.0 \times 500 \times 0.283$$

$$= 520.4 \text{kN}$$

(4)二者取小值，$R_a = 250 \text{kN}$

17. **[答案]** D

[解析] $E_w = \frac{1}{2}\gamma_{sat}H^2 = \frac{1}{2} \times 18.7 \times 5^2 = 234 \text{kN}$

18. **[答案]** C

[解析] (1)计算震后的砂填土厚度

竖向应变：$\varepsilon_z = \dfrac{\Delta e}{1+e_1} = \dfrac{0.9-0.65}{1+0.90} = 0.1316$

$\Delta H = 5 \times 0.1316 = 0.66\text{m}, H_2 = 4.34\text{m}$

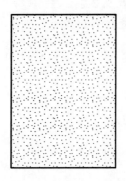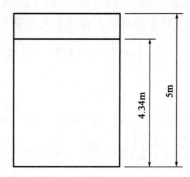

题18解图

(2)计算震后砂土的饱和重度

$5 \times 18.7 = 4.34 \times \gamma_2 + 0.66 \times 10$

$\gamma_2 = 20\text{kN/m}^3$

$K_a = \tan^2 \left(45° - \dfrac{35°}{2} \right) = 0.271$

(3)计算水土总压力

土压力：$E_a = \dfrac{1}{2} \times 0.271 \times 10 \times 4.34^2 = 25.5\text{kN}$

水压力：$E_w = \dfrac{1}{2} \times 10 \times 5^2 = 125\text{kN}$

总压力：$E_a + E_w = 125 + 25.5 = 150.5\text{kN}$

19. [答案] C

[解析] 有两种解答方式。

解法一：

$W_i = (3 \times 20 + 7 \times 10) \times 2 = 260\text{kN}, l = \dfrac{2}{\cos 30°} = 2.31\text{m}$

$W_i \cos\theta \tan\varphi + l_i c = 260 \times 0.866 \times 0.466 + 2.31 \times 22 = 156\text{kN}$

$M_{Ri} = 4680\text{kN} \cdot \text{m}$

解法二：

$W_i = 10 \times 20 \times 2 = 400\text{kN}, l = \dfrac{2}{\cos 30°} = 2.31\text{m}$

$u = 7\cos^2 30° \times 10 = 52.5\text{kPa}$

$p_w = u l_i = 52.5 \times 2.31 = 121.3\text{kN}$

$(W_i \cos\theta - 121.3)\tan\varphi + l_i c = (400 \times 0.866 - 121.3) \times 0.466 + 2.31 \times 22 = 156\text{kN}$

$M_{Ri} = 4680\text{kN} \cdot \text{m}$

20. [答案] C

[解析] $\sigma_z = 18.4 \times 8 = 147.2\text{kPa}$

$\varepsilon_z = \sigma / E_s = 147.2/500 = 0.294$

$h = s/\varepsilon_z = 51\text{cm} = 510\text{mm}$

> 注:此题更严格的解法如下:(忽略 EPS 自重)。
>
> $\sigma_z = 18.4(8-h)$
>
> $\varepsilon_z = \sigma_z/E_s = 18.4(8-h)/500$
>
> $s = 0.15 = \varepsilon_z h$
>
> $18.4(8-h) = 500 \times 0.15$
>
> $h^2 - 8h + 4.08 = 0$
>
> $h = 0.546\text{m}$
>
> 两种作法都算对。

21. [答案] C

[解析] $\sigma_c = \sigma_3 = 68\text{kPa}$

$\sigma_1 = 2c\tan(45° + \varphi/2) + \sigma_3 \tan^2(45° + \varphi/2) = 2 \times 17.8 \times \tan(51.6°) + 68 \times \tan^2(51.6°)$
$= 44.9 + 108.2 = 153\text{kPa}$

$c_u = (\sigma_1 - \sigma_3)/2 = 42.5\text{kPa}$

22. [答案] A

[解析] $N = 9$

$\Delta h = 12/9 = 1.33\text{m}$——等势线之间的 Δh 都相等。

$i_{max} = 1.33/3 = 0.444$

23. [答案] C

[解析] (1) $K_a = \dfrac{1}{3}$

(2) 6m 处: $p_{a1} = \gamma H K_a = 20 \times 6 \times \dfrac{1}{3} = 40$

底部: $p_{a2} = 40 + \gamma' H' K_a + \gamma_w H' = 40 + 10 \times 4 \times \dfrac{1}{3} + 10 \times 4 = 93.3\text{kPa}$

(3) $E_a = \dfrac{1}{2} \times 6 \times 40 + \dfrac{1}{2} \times 4 \times (93.3 + 40) = 386.6\text{kPa}$

24. [答案] B

[解析]《湿陷性黄土地区建筑标准》(GB 50025—2018)第 4.4.3 条、4.4.4 条、4.4.6 条。

陇西地区,查表 4.4.3 得: $\beta_0 = 1.5$。则

$\Delta_{zs} = \beta_0 \sum\limits_{i=1}^{n} \delta_{zsi} h_i = 1.5 \times (0.016 + 0.017 + 0.018 + 0.019 + 0.020 + 0.022 + 0.025 + 0.027 + 0.016) \times 1000$

$= 270\text{mm}$

$\Delta_{zs} = 270\text{mm} > 70\text{mm}$,为自重湿陷性黄土场地。

查表 4.4.4-1 得:$\beta=\beta_0=1.5$。则

$$\Delta_s=\sum_{i=1}^{n}\alpha\beta\delta_{si}h_i=1.0\times1.5\times(0.070+0.065+0.055+0.050+0.045+0.043+$$
$$0.037+0.016+0.018)\times1000$$
$$=598.5mm<600mm$$

查表 4.4.6 知:湿陷等级为Ⅱ级。

25.[答案] C

[解析]《建筑地基基础设计规范》(GB 50007—2011)第 5.1.7 条。

场地冻结深度:$z_d=h'-\Delta z=2.0-(186.288-186.128)=2.0-0.16=1.84m$

h' 为实测冻土层厚度,Δz 为地表冻胀量。

平均冻胀率:$\eta=\dfrac{\Delta z}{z_d}=\dfrac{0.16}{1.84}\times100\%=8.7\%$

26.[答案] B

[解析] 第①块推力:$3600\times1.05-1100=2680kN/m$

第②块推力:$2680\times0.76+8700\times1.05-7000=4171.8kN/m$

第③块推力:$4171.8\times0.90+1500\times1.05-2600=2730kN/m$

27.[答案] D

[解析]《水电工程水工建筑物抗震设计规范》(NB 35047—2015)第 4.1.2 条、5.3.3 条。

根据题意可知场地覆盖层厚度为 12m,计算等效剪切波速:

$$v_s=\dfrac{d_0}{\sum_{i=1}^{n}\left(\dfrac{d_i}{v_{si}}\right)}=\dfrac{12}{\dfrac{6}{235}+\dfrac{3}{336}+\dfrac{3}{495}}=296m/s$$

重力坝,查表 5.3.3 得 $\beta_{max}=2.0$。

28.[答案] D

[解析] (1)8 度区,砂土,液化土特征深度 d_0 为 8m。

(2)基础埋深 d_b 都采用 2.0m。

(3)各选项的初判临界值都相同,不考虑液化影响的条件都是 $d_u>8$,$d_w>7$,$d_u+d_w>11.5$。

(4)只有选项 D 的 $d_u+d_w=7+5=12>11.5$,符合初判不考虑液化影响的条件。

29.[答案] B

[解析] (1)首先根据液化机理,填方和水位下降可以使液化可能性减小,故可排除 A、D 两项。

(2)按照公式(P.0.4-1)、公式(P.0.4-2)、公式(P.0.4-3):

选项 B,挖方 3m,$d'_s=6$,$d'_w=2$,$d_s=3$,$d_w=0$(地面淹没)

$N=20\times\dfrac{3+0.9\times0+0.7}{6+0.9\times2+0.7}=8.7$ 击

$N_{cr}=10\times[0.9+0.1\times(5-0)]=14$ 击

$N<N_{cr}$，液化。

选项 C，地下水位上升 3m，$d'_s=6$，$d'_w=2$，$d_s=6$，$d_w=0$（地面淹没）

$$N=20\times\frac{6+0.9\times0+0.7}{6+0.9\times2+0.7}=15.8 \text{ 击}$$

$$N_{cr}=10\times[0.9+0.1\times(6-0)]=15 \text{ 击}$$

$N>N_{cr}$，不液化。

30. [答案] C

[解析]（1）从低应变反射波动力测试曲线可看出，该桩存在缺陷，即时间 t_2 处为缺陷反射波，时间 t_3 处才为桩底反射波。

（2）《建筑基桩检测技术规范》（JGJ 106—2014）式(8.4.1-2)。

桩长：$c=\dfrac{2000L}{\Delta T}=\dfrac{2000\times L}{73.5-60}=3555.6\text{m/s}$，$L=24.0\text{m}$

（3）10.7m 为缺陷位置，计算缺陷位置和桩长未除 2 其结果分别为 21.3m 和 48.0m。

2009 年案例分析试题(下午卷)

1. 某工程水质分析试验成果见下表(mg/L)。试问其总矿化度最接近下列哪个选项的数值?　　　　　　　　　　　　　　　　　　　　(　　)

题 1 表

Na^+	K^+	Ca^{2+}	Mg^{2+}	NH_4^+	Cl^-	SO_4^{2-}	HCO_3^-	游离 CO_2	侵蚀性 CO_2
51.39	28.78	75.43	20.23	10.80	83.47	27.19	366.00	22.75	1.48

(A)480mg/L　　　　　　　　　　　　(B)585mg/L

(C)660mg/L　　　　　　　　　　　　(D)690mg/L

2. 某常水头渗透试验装置如图所示,土样 I 的渗透系数 $k_1=0.2$cm/s,土样 II 的渗透系数 $k_2=0.1$cm/s,土样横截面积 $A=200$cm²。如果保持图中水位恒定,则该试验的流量 Q 应保持为下列哪个选项?　　　　　　　　　　　　　　　　　(　　)

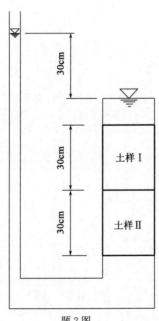

题 2 图

(A)10.0cm³/s　　　(B)11.1cm³/s　　　(C)13.3cm³/s　　　(D)15.0cm³/s

3. 取直径为 50mm、长度为 70mm 的标准岩石试件,进行径向点荷载强度试验,测得破坏时的极限荷载为 4000N,破坏瞬间加荷点未发生贯入现象。试分析判断该岩石的坚硬程度属于下列哪个选项?　　　　　　　　　　　　　　　　　　　　(　　)

(A)软岩　　　　　(B)较软岩　　　　　(C)较坚硬岩　　　　　(D)坚硬岩

4. 某湿陷性黄土试样取样深度为 8.0m,此深度以上土的天然含水量为 19.8%,天然密度为 1.57g/cm³,土粒相对密度(比重)为 2.70。在测定该土样的自重湿陷系数时施加的最大压力最接近下列哪个选项的数值?(其中水的密度 ρ_w 取 1g/cm³,重力加速度 g 取 10m/s²)   (　　)

(A)105kPa   (B)126kPa

(C)140kPa   (D)216kPa

5. 筏板基础宽度 10m,埋置深度 5m,地基土为厚层均质粉土层,地下水位在地面下 20m 处。在基底标高上用深层平板载荷试验得到的地基承载力特征值 $f_{ak}=200$kPa,地基土的重度为 19kN/m³(查表可得地基承载力修正系数为:$\eta_b=0.3$,$\eta_d=1.5$),试问筏板基础基底均布压力为下列何项数值时刚好满足地基承载力的设计要求? (　　)

(A)345kPa   (B)284kPa

(C)217kPa   (D)167kPa

6. 某柱下独立基础底面尺寸为 3m×4m,传至基础底面的平均压力为 300kPa,基础埋深 3.0m,地下水位埋深 4m,地基土的天然重度为 20kN/m³,压缩模量 E_{s1} 为 15MPa,软弱下卧层顶埋深 6m,压缩模量 E_{s2} 为 5MPa。试问在验算下卧层强度时,软弱下卧层层顶处附加应力与自重压力之和最接近下列哪个选项的数值? (　　)

(A)199kPa   (B)179kPa

(C)159kPa   (D)79kPa

7. 某场地建筑地基岩石为花岗岩,块状结构。勘察时取试样 6 组,试验测得饱和单轴抗压强度的平均值为 29.1MPa,变异系数为 0.022。按照《建筑地基基础设计规范》(GB 50007—2011)的有关规定,该建筑地基的承载力特征值最大取值最接近下列哪个选项的数值? (　　)

(A)21.1MPa   (B)28.6MPa

(C)14.3MPa   (D)10.0MPa

8. 某场地三个浅层平板载荷试验。试验数据见下表。试问按照《建筑地基基础设计规范》(GB 50007—2011)确定的该土层的地基承载力特征值最接近下列哪个选项的数值? (　　)

题 8 表

试验点号	1	2	3
比例界限对应的荷载值(kPa)	160	165	173
极限荷载(kPa)	300	340	330

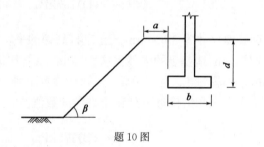

(A)170kPa　　　　　　　　　　　　　(B)165kPa

(C)160kPa　　　　　　　　　　　　　(D)150kPa

9. 某 25 万人口的城市，市区内某四层框架结构建筑物，有采暖，采用方形基础，基底平均压力为 130kPa。地面下 5m 范围内的黏性土为弱冻胀土。该地区的标准冻深为 2.2m。试问在考虑冻胀性情况下，按照《建筑地基基础设计规范》(GB 50007—2011)，该建筑基础的最小埋深最接近下列哪个选项？　　　　　　　　　（　　）

(A)0.8m　　　　　　　　　　　　　(B)1.0m

(C)1.2m　　　　　　　　　　　　　(D)1.4m

10. 某稳定边坡，坡角 β 为 30°。矩形基础垂直于坡顶边缘线的底面边长 b 为 2.8m，基础埋置深度 d 为 3m。试问按照《建筑地基基础设计规范》(GB 50007—2011)，基础底面外边缘线至坡顶的水平距离 a 应大于下列哪个选项的数值？　　　　（　　）

题 10 图

(A)1.8m　　　　(B)2.5m　　　　(C)3.2m　　　　(D)4.6m

11. 某公路桥梁钻孔灌注桩为摩擦桩，桩径 1.0m，桩长 35m。土层分布及桩侧摩阻力标准值 q_{ik}、桩端处的承载力特征值 f_{a0} 如图所示。桩端以上各土层的加权平均重度 $\gamma_2 = 20 kN/m^3$，桩端处土的容许承载力随深度的修正系数 $k_2 = 5.0$。根据《公路桥涵地基与基础设计规范》(JTG 3363—2019)计算，试问单桩轴向受压承载力特征值最接近下列哪个选项的数值？（取修正系数 $\lambda = 0.8$，清底系数 $m_0 = 0.8$）　　　　　　　　　（　　）

(A)5500kN　　　　　　　　　　　　(B)5780kN

(C)5940kN　　　　　　　　　　　　(D)6280kN

12. 某桩下单桩独立基础采用混凝土灌注桩，桩径 800mm，桩长 30m。在荷载效应准永久组合作用下，作用在桩顶的附加荷载 $Q = 6000kN$。桩身混凝土弹性模量 $E_c = 3.15 \times 10^4 N/mm^2$。在该桩桩端以下的附加应力（假定按分段线性分布）及土层压缩模量如图所示，不考虑承台分担荷载作用。根据《建筑桩基技术规范》(JGJ 94—2008)计算，该单桩基础最终沉降量最接近下列哪个选项的数值？（取沉降计算经验系数 $\psi = 1.0$，桩身压缩系数 $\xi_e = 0.6$）　　　　　　　（　　）

(A)55mm　　　　　　　　　　　　　(B)60mm

(C)67mm　　　　　　　　　　　　　(D)72mm

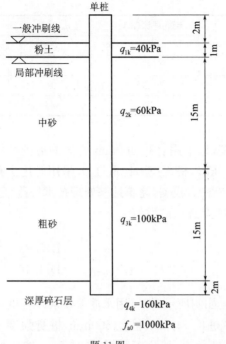

题 11 图

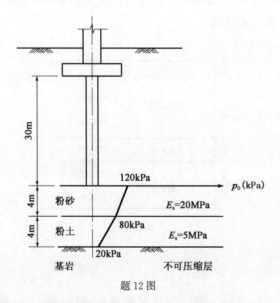

题 12 图

13. 某柱下六桩独立柱基,承台埋深 3.0m,承台面积取 2.4m×4.0m,采用直径 0.4m 的灌注桩,桩长 12m,距径比 $s_a/d=4$,桩顶以下土层参数如表所示。根据《建筑桩基技术规范》(JGJ 94—2008),考虑承台效应(取承台效应系数 $\eta_c=0.14$),试确定考虑地震作用时的复合基桩竖向承载力特征值与单桩承载力特征值之比最接近下列哪个选项的数值?(取地基抗震承载力调整系数 $\xi_a=1.5$) ( )

(A)1.05   (B)1.11

(C)1.16   (D)1.20

层 序	土 名	层底埋深(m)	q_{sik}(kPa)	q_{pk}(kPa)
①	填土	3.0	—	—
②	粉质黏土	13.0	25	(地基承载力特征值 f_{ak}=300kPa)
③	粉砂	17.0	100	6000
④	粉土	25.0	45	800

14. 某松散砂土地基,拟采用直径 400mm 的振冲桩进行加固。如果取处理后桩间土承载力特征值 f_{sk}=90kPa,桩土应力比取 3.0,采用等边三角形布桩。要使加固后地基承载力特征值达到120kPa,根据《建筑地基处理技术规范》(JGJ 79—2012),振冲砂石桩的间距(m)应为下列哪个选项的数值? ( )

(A)0.85   (B)0.93

(C)1.00   (D)1.10

15. 某建筑场地地层如图所示,拟采用水泥粉煤灰碎石桩(CFG 桩)进行加固。已知基础埋深为 2.0m,CFG 桩长 14.0m,桩径 500mm,桩身强度 f_{cu}=20MPa,桩间土承载力发挥系数取 0.9,单桩承载力发挥系数取 0.85。按《建筑地基处理技术规范》(JGJ 79—2012)计算,如果复合地基承载力特征值要达到 180kPa,则 CFG 桩面积置换率 m 应取下列哪个选项的数值? ( )

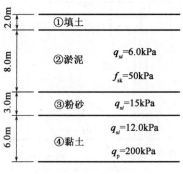

题 15 图

(A)10%   (B)12%   (C)14%   (D)18%

16. 某场地地层如图所示。拟采用水泥搅拌桩进行加固。已知基础埋深为 2.0m,搅拌桩桩径 600mm,桩长 14.0m,桩身抗压强度 f_{cu}=0.9MPa,单桩承载力发挥系数 λ=1.0,桩间土承载力发挥系数 β=0.35,桩端端阻力发挥系数 α_p=0.4,桩身强度折减系数 η=0.25,搅拌桩中心距为 1.0m,等边三角形布置。试问搅拌桩复合地基承载力特征值取下列哪个选项的数值合适? ( )

(A)85kPa   (B)90kPa

(C)100kPa   (D)110kPa

2009 年案例分析试题(下午卷)

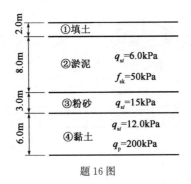

题 16 图

17. 采用砂石桩法处理松散的细砂。已知处理前细砂的孔隙比 $e_0=0.95$，砂石桩桩径 500mm。如果要求砂石桩挤密后的孔隙比 e_1 达到 0.60，按《建筑地基处理技术规范》(JGJ 79—2012)计算(考虑振动下沉密实作用修正系数 $\xi=1.1$)，采用等边三角形布置时，砂石桩间距采取以下哪个选项的数值比较合适？ （ ）

(A)1.0
(B)1.2
(C)1.4
(D)1.6

18. 有一分离式墙面的加筋土挡土墙(墙面只起装饰与保护作用，不直接固定筋材)，墙高 5m，其剖面如图所示。整体式钢筋混凝土墙面距包裹式加筋墙体的平均距离为 10cm，其间充填孔隙率 $n=0.4$ 的砂土。由于排水设施失效，10cm 间隙充满了水，此时作用于每延米墙面上的总水压力最接近下列哪个选项的数值？ （ ）

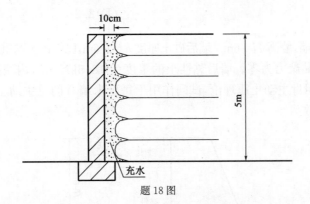

题 18 图

(A)125kN
(B)5kN
(C)2.5kN
(D)50kN

19. 小型均质土坝的蓄水高度为 16m，流网如图所示。流网中水头梯度等势线间隔数均分为 $m=22$(从下游算起的等势线编号如图所示)。土坝中 G 点处于第 20 条等势线上，其位置在地面以上 11.5m。试问 G 的孔隙水压力最接近下列哪个选项的数值？ （ ）

(A)30kPa
(B)45kPa
(C)115kPa
(D)145kPa

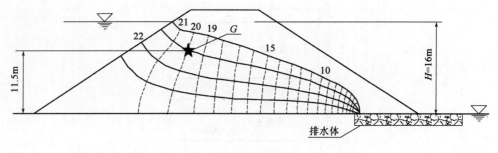

题 19 图

20. 山区重力式挡土墙自重 200kN/m,经计算,墙背主动压力水平分为 $E_x=200kN/m$,竖向分力 $E_y=80kN/m$,挡土墙基底倾角 15°,基底摩擦系数 0.65,问该墙的抗滑移稳定安全系数最接近下列哪个选项的数值?(不计墙前土压力) ( )

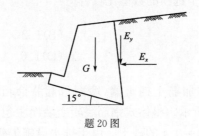

题 20 图

(A)0.9   (B)1.3

(C)1.7   (D)2.2

21. 图示挡土墙,墙高 $H=6m$。墙后砂土厚度 $h=1.6m$,已知砂土的重度为 17.5kN/m³,内摩擦角为 30°,黏聚力为零。墙后黏性土的重度为 18.5kN/m³,内摩擦角为 18°,黏聚力为 10kPa。按朗肯主动土压理论,试问作用于每延米墙背的总主动土压力 E_a 最接近下列哪个选项的数值? ( )

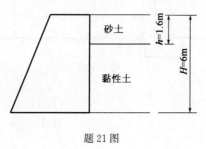

题 21 图

(A)82kN   (B)92kN

(C)102kN   (D)112kN

22. 在饱和软黏土中基坑开挖采用地下连续墙支护,已知软土的十字板剪切试验的抗剪强度 $\tau=34kPa$;基坑开挖深度 16.3m,墙底插入坑底以下的深度 17.3m,设有两道水平支撑,第一道支撑位于地面标高,第二道水平支撑距坑底 3.5m,每延米支撑的轴向

2009 年案例分析试题(下午卷)

力均为 2970kN。沿着图示的以墙顶为圆心,以墙长为半径的圆弧整体滑动,若每延米的滑动力矩为 154230kN·m,则其安全系数最接近下面哪个选项的数值? （　　）

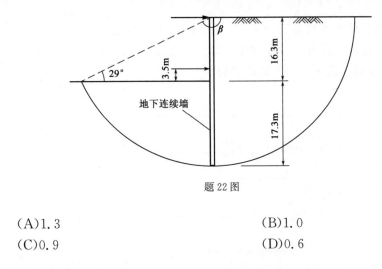

题 22 图

(A)1.3　　　　　　　　　　　　(B)1.0
(C)0.9　　　　　　　　　　　　(D)0.6

23.某场地地层情况如下图所示,场地第②层中承压水头在地面下 6.0m。现需在该场地进行沉井施工,沉井直径 20m,深 13.0m(深度自地面算起)。拟采用设计单井出水量为 50m³/h 的完整井沿沉井外侧均匀布置,降水影响半径为 160m,将承压水水位降低至沉井底面下 1.0m。试问合理的降水井数量最接近下列哪个选项的数值? （　　）

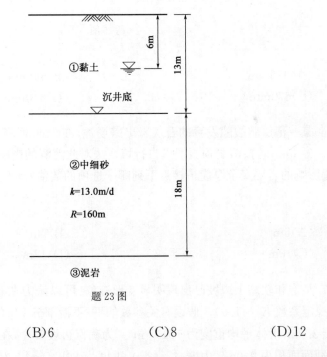

题 23 图

(A)4　　　　　(B)6　　　　　(C)8　　　　　(D)12

24.某采空区场地倾向主断面上每隔 20m 间距顺序排列 A、B、C 三点,地表移动前测量的标高相同。地表移动后垂直移动分量,B 点较 A 点多 42mm,较 C 点少 30mm;水平移动分量,B 点较 A 点少 30mm,较 C 点多 20mm。试根据《岩土工程勘察规范》(GB 50021—2001)判定该场地的适宜性为下列哪个选项所述? （　　）

(A)不宜建筑的场地   (B)相对稳定的场地
(C)作为建筑场地时,应评价其适宜性   (D)无法判定

25. 土层剖面及计算参数如下图所示。由于大面积抽取地下水,地下水位深度自抽水前的距地面 10m,以 2m/年的速率逐年下降。忽略卵石层及以下岩土层的沉降,问 10 年后地面沉降总量最接近下列哪个选项的数值?   (   )

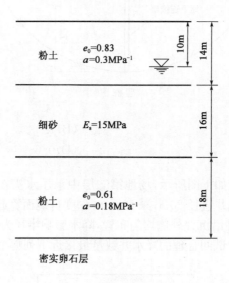

题 25 图

(A)415mm   (B)544mm
(C)670mm   (D)810mm

26. 某一薄层状裂隙发育的石灰岩出露场地,在距地面 17m 深处以下有一溶洞,洞高 $H_0 = 2.0m$。若按溶洞顶板坍塌自行填塞法对此溶洞的影响进行估算,地面下不受溶洞坍塌影响的岩层安全厚度最接近下列哪个选项的数值?(石灰岩松散系数 k 取 1.2)   (   )

(A)5m   (B)7m
(C)10m   (D)12m

27. 某饱和软黏土边坡已出现明显变形迹象(可以认为在 $\varphi_u = 0$ 的整体圆弧法计算中,其稳定系数 $K_1 = 1.0$)。假设有关参数如下:下滑部分 W_1 的截面面积为 30.2m²,力臂 $d_1 = 3.2m$,滑体平均重度为 17kN/m³。为确保边坡安全,在坡脚进行了反正,反压体 W_3 的截面面积为 9.0m²,力臂 $d_3 = 3.0$,重度为 20kN/m³。在其他参数都不变的情况下,反压后边坡的稳定系数 K_2 最接近下列哪一选项?   (   )

(A)1.15   (B)1.26
(C)1.33   (D)1.59

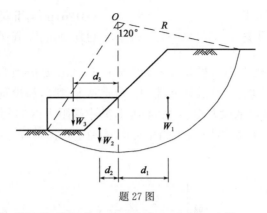

题 27 图

28. 某建筑场地抗震设防烈度为 8 度,设计地震分组为第一组。场地土层及其剪切波速见下表。已知结构自振周期为 0.40s,阻尼比为 0.05。按 50 年超越概率 63% 考虑。建筑结构的地震影响系数应取下列哪个选项的数值? (　　)

题 28 表

层　序	土 层 名 称	层底深度(m)	剪切波速 v_{si}(m/s)
①	填土	5.0	120
②	淤泥	10.0	90
③	粉土	16.0	180
④	卵石	20.0	460
⑤	基岩	—	800

(A)0.14　　　　(B)0.15　　　　(C)0.16　　　　(D)0.17

29. 下图所示为某工程场地钻孔剪切波速测试的结果。据此计算确定场地土层的等效剪切波速和该场地的类别。试问下列哪个选项的组合是正确的? (　　)

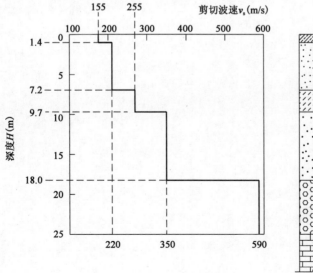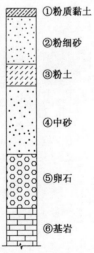

题 29 图

2009 年案例分析试题(下午卷)

(A)173m/s,Ⅰ类   (B)261m/s,Ⅱ类

(C)192m/s,Ⅲ类   (D)290m/s,Ⅳ类

30.某灌注桩,桩径 1.5m,桩长 43m,桩顶下 25.2m 处扩颈 2.5m,桩端扩顶直径 2.5m,土层分布依次为填土、粉质黏土、粉土、粉质黏土、粉砂和粉质黏土,对该桩进行竖向静载荷试验,单桩极限承载力 $Q_{uk}=22000$kN,其中端阻力占 17%,之后又进行抗拔试验,上拔荷载和上拔量关系曲线(v-δ)如图所示,试确定抗拔系数。   ( )

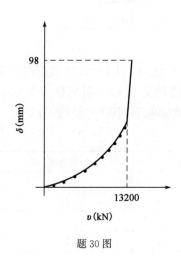

题 30 图

(A)0.68   (B)0.72

(C)0.74   (D)0.80

2009 年案例分析试题答案(下午卷)

标 准 答 案

本试卷由 30 道题组成,全部为单项选择题。考生可任选 25 道题作答。每题 2 分,满分为 50 分。若考生在答题卡或试卷上的作答超过 25 道题,则按题目序号从小到大的顺序对作答的前 25 道题计分及复评试卷,其他作答题目无效。

1	A	2	C	3	C	4	C	5	C
6	B	7	C	8	C	9	B	10	B
11	A	12	C	13	B	14	B	15	C
16	A	17	B	18	A	19	A	20	C
21	C	22	C	23	A	24	B	25	B
26	B	27	C	28	C	29	B	30	B

解 题 过 程

1. [答案] A

[解析] 总矿化度不包含气体,且 HCO_3^- 只计其含量一半,所以,总矿化度(mg/L)为:
$51.39 + 28.78 + 75.43 + 20.23 + 10.8 + 83.47 + 27.19 + 366.00/2 = 480.29$

2. [答案] C

[解析] 假设土样Ⅰ、土样Ⅱ各自的水头损失分别为 Δh_1、Δh_2,则:

$$\Delta h_1 + \Delta h_2 = 30\text{cm} \tag{1}$$

根据渗流连续原理,流经两土样的渗流流量相等,根据达西定律可得式(2)

$$k_1 \frac{\Delta h_1}{l_1} = k_2 \frac{\Delta h_2}{l_2} \tag{2}$$

土样长度 $l_1 = l_2 = 30\text{cm}$,求解方程式(1)、(2),得

$\Delta h_1 = 10\text{cm}$,$\Delta h_2 = 20\text{cm}$

流量 $Q = kiA = k_1 \dfrac{\Delta h_1}{l_1} A = k_2 \dfrac{\Delta h_2}{l_2} A$,将已知数代入,得

$Q = 13.3\text{cm}^3/\text{s}$

3. [答案] C

[解析]《工程岩体分级标准》(GB/T 50218—2014)附录 A、第 3.3.1 条和第 3.3.3 条。

(1)计算岩石的点荷载强度指数

$$I_{s(50)} = \frac{P}{D^2} = \frac{4000}{50^2} = 1.6\text{MPa}$$

(2)计算饱和单轴抗压强度

$$R_c = 22.82 I_{s(50)}^{0.75} = 22.82 \times 1.6^{0.75} = 32.46\text{MPa}$$

查表 3.3.3,该岩石属于较坚硬岩。

4. [答案] C

[解析] (1)上覆土的干密度: $\rho_{\mathrm{d}} = \dfrac{\rho}{1+0.01w} = \dfrac{1.57}{1+0.198} = 1.31\mathrm{g/cm^3}$

(2)上覆土的孔隙比: $e = \dfrac{G_{\mathrm{s}}\rho_{\mathrm{w}}}{\rho_{\mathrm{d}}} - 1 = \dfrac{2.7 \times 1}{1.31} - 1 = 1.061$

(3)上覆土的饱和密度: $\rho_{\mathrm{s}} = \rho_{\mathrm{d}}\left(1 + \dfrac{S_{\mathrm{r}}e}{G_{\mathrm{s}}}\right) = 1.31 \times \left(1 + \dfrac{0.85 \times 1.061}{2.70}\right) = 1.75\mathrm{g/cm^3}$

(4)上覆土的饱和自重压力: $p_z = \rho_{\mathrm{s}} \cdot g \cdot h = 1.75 \times 10 \times 8 = 140\mathrm{kPa}$

5. [答案] C

[解析] 对于深层平板载荷试验, $\eta_{\mathrm{d}} = 0$

修正后的地基承载力特征值:

$f_{\mathrm{a}} = f_{\mathrm{ak}} + \eta_{\mathrm{d}}\gamma(b-3) + \eta_{\mathrm{d}}\gamma_{\mathrm{m}}(d-0.5) = 200 + 0.3 \times 19 \times (6-3) = 200 + 17.1 = 217.1\mathrm{kPa}$

如错误采用了 1.5 的深度修正系数, 则计算结果为(A)选项。

6. [答案] B

[解析] (1)根据《建筑地基基础设计规范》(GB 50007—2011)表 5.2.7,地基压力扩散角为 23°, 软层层顶的附加应力总应力为:

$$p_z = \dfrac{lb(p_{\mathrm{k}} - p_{\mathrm{c}})}{(b + 2z\tan\theta)(l + 2z\tan\theta)} = \dfrac{3 \times 4 \times (300 - 3 \times 20)}{(3 + 2 \times 3 \times \tan 23°)(4 + 2 \times 3 \times \tan 23°)} = 79\mathrm{kPa}$$

(2)软层层顶的自重应力与附加应力之和的总应力为: $79 + 6 \times 20 = 199\mathrm{kPa}$

(3)软层层顶的自重应力与附加应力之和的有效应力为: $199 - (6-4) \times 10 = 179\mathrm{kPa}$

地下水位以下土重取浮重度, 计算结果相同。

7. [答案] C

[解析] (1)平均值: $f_{\mathrm{m}} = 29.1\mathrm{MPa}$。

(2)变异系数: $\delta = 0.022$。

(3)统计修正系数: $\psi = 1 - \left(\dfrac{1.704}{\sqrt{n}} + \dfrac{4.678}{n^2}\right)\delta = 1 - \left(\dfrac{1.704}{\sqrt{6}} + \dfrac{4.678}{6^2}\right) \times 0.022 = 0.9817$。

(4)标准值: $f_{\mathrm{rk}} = \psi \cdot f_{\mathrm{rm}} = 0.9817 \times 29.1 = 28.6$。

(5)根据《建筑地基基础设计规范》(GB 50007—2011)附录 A 规定, 碎裂结构判定为较完整。根据第 5.2.6 条规定, 较完整岩体折减系数取 0.2~0.5。

(6)地基承载力特征值最大取值为 $0.5 \times 28.6 = 14.3\mathrm{MPa}$。

8. [答案] C

[解析]《建筑地基基础设计规范》(GB 50007—2011)附录 C。

点 1: 取极限承载力的一半, 为 150kPa;

点 2: 取比例界限, 为 165kPa;

点 3: 取极限承载力的一半, 为 165kPa;

极差小于 30%, 取三点平均值, $\dfrac{150 + 165 + 165}{3} = 160\mathrm{kPa}$。

9. **[答案]** B

　　[解析] 黏性土$\psi_{zs}=1.00$;弱冻胀:$\psi_{zw}=0.95$;城市近郊:$\psi_{ze}=0.95$

　　$z_d=z_0\psi_{zs}\psi_{zw}\psi_{ze}=2.2\times1.0\times0.95\times0.95=1.99\text{m}$

　　允许残留冻土层最大厚度:$h_{max}=0.95\text{m}$

　　最小埋深:$d_{min}=z_d-h_{max}=1.99-0.95=1.04\text{m}$

10. **[答案]** B

　　[解析]《建筑地基基础设计规范》(GB 50007—2011)第5.4.2条。

　　矩形基础$a=2.5b-\dfrac{d}{\tan\beta}=2.5\times2.8-\dfrac{3}{\tan30°}=1.8\text{m}$

　　但需$a\geqslant2.5\text{m}$,所以a取2.5m。

11. **[答案]** A

　　[解析]《公路桥涵地基与基础设计规范》(JTG 3363—2019)第6.3.3条。

　　$q_r=m_0\lambda[f_{a0}+k_2\gamma_2(h-3)]=0.8\times0.8\times[1000+5.0\times10\times(32-3)]$

　　$\qquad=1568\text{kPa}$

　　$R_a=\dfrac{1}{2}u\sum\limits_{i=1}^{n}q_{ik}l_i+A_pq_r$

　　$\qquad=0.5\times3.14\times1.0\times(60\times15+100\times15+160\times2)+3.14\times0.5^2\times1568$

　　$\qquad=4270.4+1230.9=5501\text{kN}$

12. **[答案]** C

　　[解析] $s=\psi\sum\limits_{i=1}^{n}\dfrac{\sigma_{zi}}{E_{si}}\Delta z_i+s_e\quad s_e=\xi_e\dfrac{Ql}{E_cA_{ps}}$

　　$A_{ps}=3.14\times0.4^2=0.5\text{m}^2$

　　$s_e=0.6\times6000\times30\div(3.15\times10^4\times10^3\times0.5)=0.0069\text{m}=6.9\text{mm}$

　　$s=1.0\times(100\div20000+50\div5000)\times4\times10^3+6.9=60+6.9=66.9\text{mm}$

13. **[答案]** B

　　[解析]《建筑桩基技术规范》(JGJ 94—2008)第5.2.5条。

　　$Q_{uk}=(10\times25+2\times100)\times\pi\times0.4+\pi\times0.2^2\times6000=1318.8\text{kN}$

　　$R_a=\dfrac{Q_{uk}}{K}=\dfrac{1318.8}{2}=659.4\text{kN}$

　　$A_c=\dfrac{A-nA_{ps}}{n}=(2.4\times4.0-6\times\pi\times0.2^2)/6=1.47\text{m}^2$

　　考虑地震作用时

　　$R=R_a+\dfrac{\zeta_a}{1.25}\eta_c f_{ak}A_c=659.4+\dfrac{1.5}{1.25}\times0.14\times300\times1.47=733.5\text{kN}$

　　$R/R_a=733.5/659.4=1.11$

14. **[答案]** B

　　[解析] $f_{spk}=[1+m(n-1)]f_{sk}$

$$m=\frac{\dfrac{f_{spk}}{f_{sk}}-1}{n-1}=\frac{\dfrac{120}{90}-1}{3-1}=0.167$$

$$d_e=\sqrt{d^2/m}=\sqrt{0.4^2/0.167}=0.98$$

$$S=d_e/1.05\approx0.93$$

15. [答案] C

[解析] (1) $R_a\leqslant\dfrac{1}{4\lambda}f_{cu}A_p=\dfrac{1}{4\times0.85}\times20\times10^3\times3.14\times0.25^2=1154kN$

$R_a=u_p\sum\limits_{i=1}^{n}q_{si}l_{pi}+\alpha_pq_pA_p$

$=3.14\times0.5\times(6.0\times8.0+15.0\times3.0+12.0\times3.0)+1.0\times200\times3.14\times0.25^2$

$=241.78kN$

R_a 取小值,取 $R_a=241.78kN$

(2) $m=\dfrac{f_{spk}-\beta f_{sk}}{\lambda\dfrac{R_a}{A_p}-\beta f_{sk}}=\dfrac{180-0.9\times50}{0.85\times\dfrac{241.78}{3.14\times0.25^2}-0.9\times50}=13.47\%$

16. [答案] A

[解析] (1) $R_a=u_p\sum\limits_{i=1}^{n}q_{si}l_{pi}+\alpha_pq_pA_p=3.14\times0.6\times(6.0\times8.0+15.0\times3.0+12.0\times$

$3.0)+0.4\times200\times3.14\times0.3^2=265.6kN$

$R_a=\eta f_{cu}A_p=0.25\times900\times3.14\times0.3^2=63.6kN$,取两者的小值 $R_a=63.6kN$

(2) $m=\dfrac{d^2}{d_e^2}=\dfrac{0.6^2}{1.05^2\times1^2}=0.327$

$f_{spk}=\lambda m\dfrac{R_a}{A_p}+\beta(1-m)f_{sk}$

$=1.0\times0.327\times\dfrac{63.6}{3.14\times0.3^2}+0.35\times(1-0.327)\times50=85kPa$

17. [答案] B

[解析] $S=0.95\xi d\sqrt{\dfrac{1+e_0}{e_0-e_1}}=0.95\times1.1\times0.5\times\sqrt{\dfrac{1+0.95}{0.95-0.6}}=1.233m$

18. [答案] A

[解析] $E_w=\dfrac{1}{2}\gamma_wH^2=25\times10/2=125kN$

19. [答案] A

[解析] 每个等势线间的水头差:$\Delta h=16/22=0.73m$

G 点的总水头:$h_G=16-2\times0.73=14.55m$,位置水头为 11.5m

压力水头:$h_w=14.55-11.5=3m$

孔隙水压力:$p_w=3\times10=30kPa$

20. [答案] C

[解析]《建筑地基基础设计规范》(GB 50007—2011)第6.7.5条列出的公式原理。

$$K_s = \frac{(G_n + E_{an})\mu}{E_{at} - G_t} \geqslant 1.3$$

列出新的表达式:

$$K_s = \frac{[(G + E_y) \cdot \cos\alpha + E_x \sin\alpha]\mu}{E_x \cdot \cos\alpha - (G + E_y) \cdot \sin\alpha}$$

代入得到 $K_s = \dfrac{[(200+80)\cos15° + 200\sin15°] \times 0.65}{200\cos15° - (200+80)\sin15°} = \dfrac{209.4}{120.7} = 1.73$

21. [答案] C

[解析] $K_{a砂} = \tan^2\left(45° - \dfrac{\varphi_砂}{2}\right) = \tan^2\left(45° - \dfrac{30°}{2}\right) = 1/3$

$K_{a黏} = \tan^2\left(45° - \dfrac{\varphi_黏}{2}\right) = \tan^2\left(45° - \dfrac{18°}{2}\right) = 0.528$

$z_0 = \dfrac{2c_黏}{\gamma_砂 \sqrt{K_{a黏}}} = \dfrac{2 \times 10}{17.5 \times \sqrt{0.528}} = 1.573\text{m} \approx 1.6\text{m}$

取近似解:$E_{a砂} = \dfrac{1}{2}\gamma_砂 K_{a砂} h^2 = \dfrac{1}{2} \times 17.5 \times \dfrac{1}{3} \times 1.6^2 = 7.5\text{kN}$

$E_{a黏} = \dfrac{1}{2}\gamma_黏 K_{a黏} (H-h)^2 = \dfrac{1}{2} \times 18.5 \times 0.528 \times (6-1.6)^2 = 94.6\text{kN}$

$E_a = E_{a砂} + E_{a黏} = 7.5 + 94.6 = 102\text{kN}$

22. [答案] C

[解析] 抗滑力矩由两部分组成,即土的抗滑力矩和第二道支撑的抗滑力矩。分别计算如下。

半径:$R = 16.3 + 17.3 = 33.6\text{m}$

弧的夹角:$\beta = 180 - 29 = 151°$

弧长:$l = 2 \times 33.6 \times \pi \times 151/360 = 88.55\text{m}$

$M_{R1} = 88.55 \times 34 \times 33.6 = 101160\text{kN} \cdot \text{m}$

$M_{R2} = 2970 \times 12.8 = 38016\text{kN} \cdot \text{m}$

$M_R = 101160 + 37897 = 139176\text{kN} \cdot \text{m}$

$K = 139176/154230 = 0.9$

23. [答案] A

[解析] (1)首先确定承压水水位需要的降幅 S:

$S = 13.0 + 1.0 - 6.0 = 8.0\text{m}$

(2)确定沉井降水涌水量 Q:

本场地为均质含水层承压水—潜水完整井降水,为达到降水设计目标,涌水量 Q 为:

$$Q = \pi k \frac{(2H_0 - M)M - h^2}{\ln\left(1 + \dfrac{R}{r_0}\right)} = 3.14 \times 13 \times \frac{[2 \times (18+13-6)-18] \times 18 - (18-1)^2}{\ln\left(1 + \dfrac{160}{10}\right)}$$

$= 4135\text{m}^3/\text{d}$

(3)确定所需要的降水井数目 n:

$$n=1.1\frac{Q}{q}=1.1\times\frac{4135}{50\times24}=3.8 \text{口,降水井取 4 口}$$

24.[答案] B

[解析] (1)AB 两点间(即中点处)倾斜:$i_{AB}=\frac{42\text{mm}}{20\text{m}}=2.1\text{mm/m}<3\text{mm/m}$

BC 两点间(即中点处)倾斜:$i_{BC}=\frac{30\text{mm}}{20\text{m}}=1.5\text{mm/m}<3\text{mm/m}$

(2)ABC 平均曲率:$k=\frac{2.1-1.5}{(20+20)\times0.5}=0.03\text{mm/m}^2<0.2\text{mm/m}$

(3)水平变形:$\varepsilon_{AB}=\frac{30\text{mm}}{20\text{m}}=1.5\text{mm/m}<2\text{mm/m}$

$\varepsilon_{BC}=\frac{20\text{mm}}{20\text{m}}=1.0\text{mm/m}<2\text{mm/m}$

(4)判定:地表倾斜、曲率、水平变形值都小于《岩土工程勘察规范》(GB 50021—2001)第 5.5.5 条的限值,故选 B。

25.[答案] B

[解析] (1)10 年后因地下水位下降,有效应力增大,施加于各土层的平均附加应力 Δp 见下表(地下水每降 1m 产生的水压力 0.01MPa,卵石层不沉降)。

题 25 解表

序号	土层	埋深 (m)	层厚 (m)	地下水降幅 (m)	水压力 (MPa)	Δp (MPa)
1	黏土	10	10	0	0	0
		14	4	4	0.01×4=0.04	(0.04+0)/2=0.02
2	细砂	30	16	20	0.01×20=0.2	(0.2+0.04)/2=0.12
3	粉土	48	18	20	0.2	0.2

(2)计算各土层 10 年后的沉降量。

黏土及粉土计算公式:$S=\frac{a}{1+e_0}\Delta p\cdot H$;砂土计算公式:$S=\frac{\Delta p\cdot H}{E}$

代入各土层计算参数后得出:$S_1=13.1\text{mm}$,$S_2=128\text{mm}$,$S_3=402.5\text{mm}$

(3)10 年地面总沉降量:$S=S_1+S_2+S_3=543.6\text{mm}$

26.[答案] B

[解析] 受坍塌影响的岩层厚度:$H'=\frac{H_0}{k-1}=\frac{2}{1.2-1}=10\text{m}$

不受坍塌影响的岩层安全厚度:$H=17-H'=7\text{m}$

27.[答案] C

[解析] 进行反压后,增加了阻碍力矩 W_3d_3

反压后稳定系数:$K_2=K_1+\frac{W_3d_3}{W_1d_1}=1+\frac{9.0\times20\times3.0}{30.2\times17\times3.2}=1.33$

28. [答案] C

[解析] (1)确定建筑场地类别

①覆盖层厚度：由于 $\dfrac{v_4}{v_3}=\dfrac{460}{180}=2.56>2.5$，$v_4>400\text{m/s}$，故覆盖层厚度可取 16m。

②等效剪切波速，计算深度 d_0 取 16m。

$$v_{se}=\dfrac{16}{(5/120+5/90+6/180)}=122.6\text{m/s}$$

③场地类别为 Ⅲ 类。

(2)确定地震影响系数

特征周期：$T_g=0.45T=0.40\text{s}<T_g$

多遇地震 8 度地震影响系数最大值 $\alpha_{max}=0.16$，阻尼比 0.05，$\eta_2=1.0$

$\alpha=\eta_2\alpha_{max}=0.16$

29. [答案] B

[解析] 有两种解答方式。

解法一：

(1)场地等效剪切波速计算公式：$v_{se}=\dfrac{d_0}{t}=\dfrac{18}{0.0689}\approx261\text{m/s}$

其中：$d_0=18\text{m}$；$t=\dfrac{1.4}{155}+\dfrac{5.8}{220}+\dfrac{2.5}{255}+\dfrac{8.3}{350}=0.0689\text{s}$

(2)查表 4.1.6，场地土层等效剪切波速 $v_{se}=261\text{m/s}$，在 $500\geqslant v_{se}>250$ 范围内，场地覆盖层厚度大于 5m。场地类别 Ⅱ 类。

解法二：

此题可以不经过计算，目测分析即可。

(1)覆盖层厚度为 18.0m，不可能是 Ⅰ、Ⅳ 类场地。

(2)土层剪切波速都大于 140m/s，所以不可能是 Ⅲ 类场地。

(3)只可能是 Ⅱ 类场地。

30. [答案] B

[解析] (1)对于陡变型 v-δ 曲线，取陡升起始点对应荷载值为单桩竖向抗拔极限承载力：$v_k=13200\text{kN}$

(2)极限侧阻力：$Q_{sk}=(1-0.17)Q_{uk}=0.83\times22000=18260\text{kN}$

(3)抗拔系数：$\lambda=\dfrac{v_k}{Q_{sk}}=\dfrac{13200}{18260}=0.72$

2010 年案例分析试题(上午卷)

1. 某压水试验地面进水管的压力表读数 $p_P=0.90\mathrm{MPa}$,压力表中心高于孔口 0.5m,压入流量 $Q=80\mathrm{L/min}$,试验段长度 $L=5.1\mathrm{m}$,钻杆及接头的压力总损失为 0.04MPa,钻孔为斜孔,其倾角 $\alpha=60°$,地下水位位于试验段之上,自孔口至地下水位沿钻孔的实际长度 $H=24.8\mathrm{m}$,试问试验段地层的透水率(Lu)最接近下列何项数值? ( )

(A)14.0 (B)14.5
(C)15.6 (D)16.1

2. 某公路工程,承载比(CBR)三次平行试验成果如下表。三次平行试验土的干密度满足规范要求,则据表中资料确定的 CBR 值应为下列何项数值? ( )。

题 2 表

贯入量(0.01mm)		100	150	200	250	300	400	500	750
荷载强度 (kPa)	试件 1	164	224	273	308	338	393	442	496
	试件 2	136	182	236	280	307	362	410	460
	试件 3	183	245	313	357	384	449	493	532

(A)4.0% (B)4.2%
(C)4.4% (D)4.5%

3. 某工程测得中等风化岩体压缩波波速 $V_{pm}=3185\mathrm{m/s}$,剪切波波速 $V_s=1603\mathrm{m/s}$,相应岩块的压缩波波速 $V_{pr}=5067\mathrm{m/s}$,剪切波波速 $V_s=2438\mathrm{m/s}$;岩石质量密度 $\rho=2.64\mathrm{g/cm^3}$,饱和单轴抗压强度 $R_c=40\mathrm{MPa}$。则该岩体基本质量指标 BQ 为下列何项数值? ( )

(A)255 (B)310
(C)491 (D)714

4. 已知某地区淤泥土标准固结试验 $e\text{-}\log p$ 曲线上直线段起点在 50~100kPa 之间,该地区某淤泥土样测得 100~200kPa 压力段压缩系数 $a_{1\text{-}2}$ 为 1.66MPa^{-1},试问其压缩指数 C_c 值最接近下列何项数值? ( )

(A)0.40 (B)0.45
(C)0.50 (D)0.55

5. 如图所示(图中单位为 mm),某建筑采用柱下独立方形基础,基础底面尺寸为 2.4m×2.4m,柱截面尺寸为 0.4m×0.4m。基础顶面中心处作用的柱轴竖向力为

$F=700\text{kN}$，力矩 $M=0$，根据《建筑地基基础设计规范》(GB 50007—2011)，试问基础的柱边截面处的弯矩设计值最接近下列何项数值？　　　　　　　　（　　）

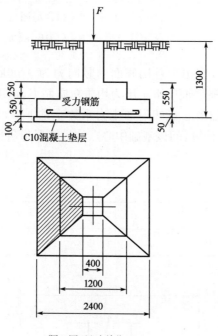

题 5 图（尺寸单位：mm）

(A)105kN·m   (B)145kN·m

(C)185kN·m   (D)225kN·m

6.某毛石基础如图所示，荷载效应标准组合时基础底面处的平均压力值为110kPa，基础中砂浆强度等级为 M5，根据《建筑地基基础设计规范》(GB 50007—2011)设计，试问基础高度 H_0 至少应取下列何项数值？　　　　　　　　（　　）

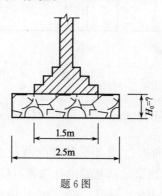

题 6 图

(A)0.5m   (B)0.75m

(C)1.0m   (D)1.5m

7.某条形基础，上部结构传至基础顶面的竖向荷载 $F_k=320\text{kN/m}$，基础宽度 $b=4\text{m}$，基础埋置深度 $d=2\text{m}$，基础底面以上土层的天然重度 $\gamma=18\text{kN/m}^3$，基础及其上土

的平均重度为 $20kN/m^3$，基础底面至软弱下卧层顶面距离 $z=2m$，已知扩散角 $\theta=25°$。试问，扩散到软弱下卧层顶面处的附加压力最接近下列何项数值？　　　　　（　　）

(A)35kPa　　　　　　　　　　　　(B)45kPa

(C)57kPa　　　　　　　　　　　　(D)66kPa

8.某建筑方形基础，作用于基础底面的竖向力为9200kN，基础底面尺寸为6m×6m，基础埋深2.5m，基础底面上下土层为均质粉质黏土，重度为 $19kN/m^3$，综合 e-p 关系试验数据见下表，基础中心点的附加应力系数 α 见下图，已知沉降计算经验系数为0.4，将粉质黏土按一层计算，问该基础中心点的最终沉降量最接近下列哪个选项？

　　　　　　　　　　　　　　　　　　　　　　　　　　　　（　　）

题 8 表

压力 p_i(kPa)	0	50	100	200	300	400
孔隙比 e	0.544	0.534	0.526	0.512	0.508	0.506

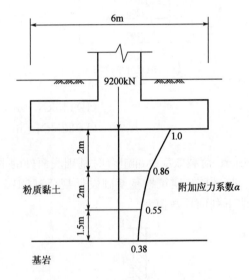

题 8 图

(A)10mm　　　　(B)23mm　　　　(C)35mm　　　　(D)57mm

9.某建筑物基础承受轴向压力，其矩形基础剖面及土层的指标如图所示，基础底面尺寸为1.5m×2.5m。根据《建筑地基基础设计规范》(GB 50007—2011)由土的抗剪强度指标确定的地基承载力特征值 f_a，应与下列何项数值最为接近？　　　　（　　）

(A)138kPa　　　　(B)143kPa　　　　(C)148kPa　　　　(D)153kPa

10.某构筑物其基础底面尺寸为3m×4m，埋深为3m，基础及其上土的平均重度为 $20kN/m^3$，构筑物传至基础顶面的偏心荷载 $F_k=1200kN$，距基底中心1.2m，水平荷载

$H_k = 200\text{kN}$, 作用位置如图所示。试问, 基础底面边缘的最大压力值 p_{kmax}, 与下列何项数值最为接近? （　　）

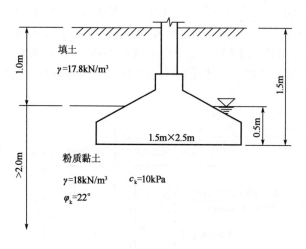

题 9 图

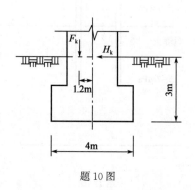

题 10 图

(A) 265kPa
(B) 341kPa
(C) 415kPa
(D) 454kPa

11. 某灌注桩直径 800mm, 桩身露出地面的长度为 10m, 桩入土长度为 20m, 桩端嵌入较完整的坚硬岩石, 桩的水平变形系数 α 为 0.520(1/m), 桩顶铰接, 桩顶以下 5m 范围内箍筋间距为 200mm, 该桩轴心受压, 桩顶轴向压力设计值为 6800kN。成桩工艺系数 ψ_c 取 0.8, 按《建筑桩基技术规范》(JGJ 94—2008), 试问桩身混凝土轴心抗压强度设计值应不小于下列何项数值? （　　）

(A) 15MPa
(B) 17MPa
(C) 19MPa
(D) 21MPa

12. 群桩基础中的某灌注桩基桩, 桩身直径 700mm, 入土深度 25m, 配筋率为 0.60%, 桩身抗弯刚度 EI 为 $2.83 \times 10^5 \text{kN} \cdot \text{m}^2$, 桩侧土水平抗力系数的比例系数 m 为 2.5MN/m^4, 桩顶为铰接, 按《建筑桩基技术规范》(JGJ 94—2008), 试问当桩顶水平荷载为 50kN 时, 其水平位移值最接近下列何项数值? （　　）

(A)6mm   (B)9mm

(C)12mm   (D)15mm

13. 某软土地基上多层建筑,采用减沉复合疏桩基础,筏板平面尺寸为 $35m \times 10m$,承台底设置钢筋混凝土预制方桩共计 102 根,桩截面尺寸为 $200mm \times 200mm$,间距 2m,桩长 15m,正三角形布置,地层分布及土层参数如图所示,试问按《建筑桩基技术规范》(JGJ 94—2008)计算的基础中心点由桩土相互作用产生的沉降 s_{sp},其值与下列何项数值最为接近?   (　　)

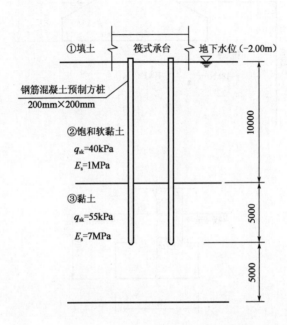

题 13 图

注:图中尺寸以 mm 计。

(A)6.4mm   (B)8.4mm

(C)11.9mm   (D)15.8mm

14. 为确定水泥土搅拌桩复合地基承载力,进行多桩复合地基静载试验,桩径 500mm,正三角形布置,桩中心距 1.20m。试问进行三桩复合地基载荷试验的圆形承压板直径,应取下列何项数值?   (　　)

(A)2.00m   (B)2.20m

(C)2.40m   (D)2.65m

15. 某软土地基拟采用堆载预压法进行加固,已知淤泥的水平向排水固结系数 $c_h = 3.5 \times 10^{-4} \, cm^2/s$,塑料排水板宽度为 100mm,厚度为 4mm,间距为 1.0m,等边三角形布置,预压荷载一次施加,如果不计竖向排水固结和排水板的井阻及涂抹的影响,按《建筑地基处理技术规范》(JGJ 79—2012)计算,试问当淤泥固结度达到 90% 时,所需的预压时间与下列何项最为接近?   (　　)

(A)5 个月   (B)7 个月

(C)8 个月   (D)10 个月

16. 对于某新近堆积的自重湿陷性黄土地基,拟采用灰土挤密桩对柱下独立基础的地基进行加固。已知基础为 $1.0m \times 1.0m$ 的方形,该层黄土平均含水量为 10%,最优含水量为 18%,平均干密度为 $1.50t/m^3$。根据《建筑地基处理技术规范》(JGJ 79—2012),为达到最好加固效果,拟对该基础 5.0m 深度范围内的黄土进行增湿,试问最少加水量取下列何项数值合适? （　　）

(A)0.65t   (B)2.6t

(C)3.8t   (D)5.8t

17. 岩质边坡由泥质粉砂岩与泥岩互层组成为不透水边坡,边坡后部有一充满水的竖直拉裂带,如图所示。静水压力 p_w 为 1125kN/m,可能滑动的层面上部岩体重量 W 为 22000kN/m,层面摩擦角 φ 为 $22°$,黏聚力 c 为 20kPa,试问其安全系数最接近下列何项数值? （　　）

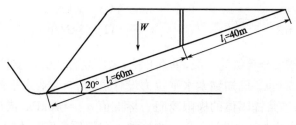

题 17 图

(A)$K=1.09$ (B)$K=1.17$ (C)$K=1.27$ (D)$K=1.37$

18. 水电站的地下厂房围岩为白云质灰岩,饱和单轴抗压强度为 50MPa,围岩岩体完整性系数 $K_v=0.50$。结构面宽度 3mm,充填物为岩屑,裂隙面平直光滑,结构面延伸长度 7m。岩壁渗水。围岩的最大主应力为 8MPa。根据《水利水电工程地质勘察规范》(GB 50487—2008),该厂房围岩的工程地质类别应为下列何项所述? （　　）

(A)Ⅰ类   (B)Ⅱ类

(C)Ⅲ类   (D)Ⅳ类

19. 有一部分浸水的砂土坡,坡率为 1:1.5,坡高 4m,水位在 2m 处;水上、水下的砂土的内摩擦角均为 $\varphi=38°$;水上砂土重度 $\gamma=18kN/m^3$,水下砂土饱和重度 $\gamma_{sat}=20kN/m^3$。用传递系数法计算沿图示的折线滑动面滑动的安全系数最接近下列何项数值?(已知 $W_2=1000kN$,$P_1=560kN$,$\alpha_1=38.7°$,$\alpha_2=15.0°$,P_1 为第一块传递到第二块上的推力,W_2 为第二块已扣除浮力的自重) （　　）

(A)1.17   (B)1.04

(C)1.21   (D)1.52

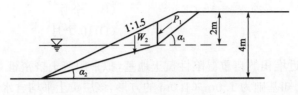

题 19 图

20. 图示重力式挡土墙和墙后岩石陡坡之间填砂土,墙高 6m,墙背倾角 60°,岩石陡坡倾角 60°,砂土 $\gamma=17kN/m^3$,$\varphi=30°$;砂土与墙背及岩坡间的摩擦角均为 15°,根据《建筑边坡工程技术规范》(GB 50330—2013)计算挡土墙上的主动土压力合力 E_a 与下列何项数值最为接近?　　　　　( )

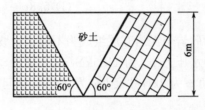

题 20 图

(A)275kN/m (B)250kN/m
(C)187kN/m (D)83kN/m

21. 某基坑侧壁安全等级为三级,垂直开挖,采用复合土钉墙支护,设一排预应力锚索,自由段长度为 5.0m。已知锚索水平拉力设计值为 250kN,水平倾角 20°,锚孔直径为 150mm,土层与砂浆锚固体的极限摩阻力标准值 $q_{sik}=46kPa$,锚杆轴向受拉抗力分项系数取 1.25。试问锚索的设计长度至少应取下列何项数值时才能满足要求?( )

(A)16.0m (B)18.0m
(C)21.0m (D)24.0m

22. 一个饱和软黏土中的重力式水泥土挡土墙如图所示,土的不排水抗剪强度 $c_u=30kPa$,基坑深度 5m,墙的埋深 4m,滑动圆心在墙顶内侧 O 点,滑动圆弧半径 $R=10m$。沿着图示的圆弧滑动面滑动,试问每米宽度上的整体稳定抗滑力矩最接近下列何项数值?　　　　　( )

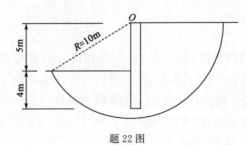

题 22 图

(A)1570kN・m/m (B)4710kN・m/m
(C)7850kN・m/m (D)9420kN・m/m

23. 拟在砂卵石地基中开挖 10m 深的基坑,地下水与地面齐平,坑底为基岩。拟用旋喷法形成厚度 2m 的截水墙,在墙内放坡开挖基坑,坡度为 1:1.5。截水墙外侧砂卵石的饱和重度为 19kN/m³,截水墙内侧砂卵石重度为 17kN/m³,内摩擦角 $\varphi=35°$(水上下相同),截水墙水泥土重度为 $\gamma=20$kN/m³,墙底及砂卵石土坑滑体与基岩的摩擦系数 $\mu=0.4$。试问该挡土体的抗滑稳定安全系数最接近下列何项数值? ( )

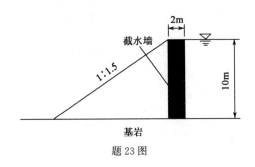

题 23 图

(A)1.00 　　　　　　　　　　(B)1.08

(C)1.32 　　　　　　　　　　(D)1.55

24. 有一个岩石边坡,要求垂直开挖,采用预应力锚索加固,如图所示。已知岩体的一个最不利结构面为顺坡方向,与水平方向夹角 55°。锚索与水平方向夹角 20°,要求锚索自由段伸入该潜在滑动面的长度不小于 1m。试问在 10m 高处的该锚索的自由段总长度至少应达到下列何项数值? ( )

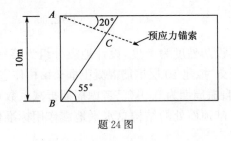

题 24 图

(A)5.0m 　　　　　　　　　　(B)7.0m

(C)8.0m 　　　　　　　　　　(D)10.0m

25. 一悬崖上突出一矩形截面的完整岩体,如图所示,长 L 为 8m,厚(高)h 为 6m,重度 γ 为 22kN/m³,允许抗拉强度$[\sigma_t]$为 1.5MPa,试问该岩体拉裂崩塌的稳定系数最接近下列何项数值? ( )

(A)2.2 　　　　　　　　　　(B)1.8

(C)1.4 　　　　　　　　　　(D)1.1

26. 一无黏性土均质斜坡,处于饱和状态,地下水平行坡面渗流,土体饱和重度 γ_{sat} 为 20kN/m³,$c=0$,$\varphi=30°$,假设滑动面为直线形,试问该斜坡稳定的临界坡角最接近下列何项数值? ( )

(A)14°   (B)16°
(C)22°   (D)30°

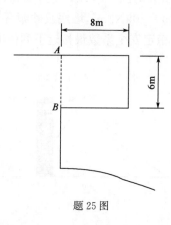

题 25 图

27. 某场地抗震设防烈度为 8 度,场地类别为Ⅱ类,设计地震分组为第一组,建筑物 A 和建筑物 B 的结构基本自振周期分别为: $T_A = 0.2s$ 和 $T_B = 0.4s$,阻尼比均为 $\zeta = 0.05$。根据《建筑抗震设计规范》(GB 50011—2010),如果建筑物 A 和 B 的相应于结构基本自振周期的水平地震影响系数分别以 α_A 和 α_B 表示,试问两者的比值(α_A/α_B)最接近下列何项数值?   ( )

(A)0.83   (B)1.23
(C)1.13   (D)2.13

28. 某建筑场地抗震设防烈度为 7 度,设计地震分组为第一组,设计基本地震加速度为 0.10g,场地类别Ⅲ类,拟建 10 层钢筋混凝土框架结构住宅。结构等效总重力荷载为 137062kN,结构基本自振周期为 0.9s(已考虑周期折减系数),阻尼比为 0.05。试问当采用底部剪力法时,基础顶面处的结构总水平地震作用标准值与下列何项数值最为接近?   ( )

(A)5875kN   (B)6375kN
(C)6910kN   (D)7500kN

29. 在存在液化土层的地基中的低承台群桩基础,若打桩前该液化土层的标准贯入锤击数为 10 击,打入式预制桩的面积置换率为 3.3%,按照《建筑抗震设计规范》(GB 50011—2010)计算,试问打桩后桩间土的标准贯入试验锤击数最接近下列何项数值?   ( )

(A)10 击   (B)18 击
(C)13 击   (D)30 击

30. 某 PHC 管桩,桩径 500mm,壁厚 125mm,桩长 30m,桩身混凝土弹性模量为 36×10^6 kPa(视为常量),桩底用钢板封口,对其进行单桩静载试验并进行桩身内力测

2010 年案例分析试题(上午卷)

试。根据实测资料,在极限荷载作用下,桩端阻力为1835kPa,桩侧阻力如下图所示。试问该PHC管桩在极限荷载条件下,桩顶面下10m处的桩身应变最接近下列何项数值?
（　　）

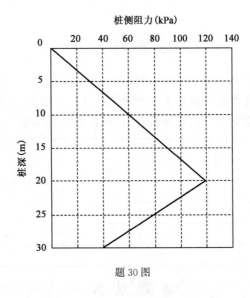

题30图

(A)4.16×10^{-4}

(B)4.29×10^{-4}

(C)5.55×10^{-4}

(D)5.72×10^{-4}

标 准 答 案

本试卷由 30 道题组成,全部为单项选择题。考生可任选 25 道题作答。每题 2 分,满分为 50 分。若考生在答题卡或试卷上的作答超过 25 道题,则按题目序号从小到大的顺序对作答的前 25 道题计分及复评试卷,其他作答题目无效。

1	B	2	B	3	B	4	D	5	A
6	B	7	C	8	B	9	B	10	D
11	D	12	A	13	D	14	B	15	B
16	D	17	A	18	D	19	C	20	A
21	C	22	C	23	B	24	B	25	A
26	B	27	C	28	A	29	C	30	D

解 题 过 程

1.[答案] B

[解析]《工程地质手册》(第五版)第 1241~1246 页。

水柱压力:$p_z = \dfrac{(0.5 + 24.8 \times \sin 60°) \times 10}{1000} = 0.22 \text{MPa}$

管路损失:$p_s = 0.04 \text{MPa}$

$p = p_P + p_z - p_s = 0.9 + 0.22 - 0.04 = 1.08$

透水率:$q = \dfrac{Q}{L \cdot p} = \dfrac{80}{5.1 \times 1.08} = 14.5 \text{Lu}$

2.[答案] B

[解析]《土工试验方法标准》(GB/T 50123—2019)第 14.4.1 条。

$\text{CBR}_{2.5} = \dfrac{p}{7000} \times 100\%$,$\text{CBR}_{5.0} = \dfrac{p}{10500} \times 100\%$

第一次:$\text{CBR}_{2.5} = 4.4\%$,$\text{CBR}_{5.0} = 4.2\%$

第二次:$\text{CBR}_{2.5} = 4.0\%$,$\text{CBR}_{5.0} = 3.9\%$

第三次:$\text{CBR}_{2.5} = 5.1\%$,$\text{CBR}_{5.0} = 4.7\%$

三次试验中,$\text{CBR}_{5.0}$ 均不大于 $\text{CBR}_{2.5}$

平均值 $\overline{x} = 4.5\%$,标准差 $s = \sqrt{\dfrac{1}{n-1}\sum\limits_{i=1}^{n}(x_i - \overline{x})^2} = 0.56$

变异系数 $C_v = \dfrac{s}{x} = \dfrac{0.56}{4.5} = 12.4 > 12\%$

故应去掉偏离大的值($\text{CBR}_{2.5} = 5.1\%$ 去掉),取剩下 2 个值的平均值:

$\text{CBR}_{2.5} = \dfrac{4.4 + 4.0}{2} = 4.2\%$

3. [答案] B

[解析]《工程岩体分级标准》(GB/T 50218—2014)附录 B、第 4.2.2 条。

$$K_v = \left(\frac{V_{pm}}{V_{pr}}\right)^2 = \left(\frac{3185}{5067}\right)^2 = 0.395$$

$90K_v + 30 = 65.55 > R_c = 40$，取 $R_c = 40$

$0.04R_c + 0.4 = 2 > K_v = 0.395$，取 $K_v = 0.395$

$BQ = 100 + 3R_c + 250K_v = 100 + 3 \times 40 + 250 \times 0.395 = 318.75$

4. [答案] D

[解析]《土工试验方法标准》(GB/T 50123—2019)第 17.2.3 条。

$$\Delta e = a_{1-2}\Delta P = 1.66 \times (0.2 - 0.1) = 0.166$$

$$C_c = \frac{\Delta e}{\log 0.2 - \log 0.1} = 0.551$$

5. [答案] A

[解析]《建筑地基基础设计规范》(GB 50007—2011)第 8.2.11 条。

$M = 0$

基底反力设计值：$p_{jmax} = p_{jmin} = \dfrac{F}{A} = \dfrac{700}{2.4 \times 2.4} = 121.5 \text{kPa}$

柱边截面弯矩：$M_I = \dfrac{1}{12}a_1^2\left[(2l + a')\left(p_{max} + p - \dfrac{2G}{A}\right) + (p_{max} - p)l\right]$

$\qquad = \dfrac{1}{12} \times \left(\dfrac{2.4}{2} - \dfrac{0.4}{2}\right)^2 \times [(2 \times 2.4 + 0.4) \times 2 \times 121.5]$

$\qquad = 105.3 \text{kN} \cdot \text{m}$

6. [答案] B

[解析]《建筑地基基础设计规范》(GB 50007—2011)第 8.1.1 条。

查表得 $\tan\alpha = \dfrac{1}{1.5}$

$$H_0 = \frac{b - b_0}{2\tan\alpha} = \frac{2.5 - 1.5}{2} \times 1.5 = 0.75 \text{m}$$

7. [答案] C

[解析]《建筑地基基础设计规范》(GB 50007—2011)第 5.2.2 条、5.2.7 条。

基底平均压应力：$p_k = \dfrac{F_k + G_k}{A} = \dfrac{320 + 4 \times 1 \times 2 \times 20}{4 \times 1} = 120 \text{kPa}$

基底附加应力：$p = p_k - p_c = 120 - 2 \times 18 = 84 \text{kPa}$

软弱下卧层处附加压应力：$p_z = \dfrac{4 \times 84}{4 + 2 \times 2 \times \tan 25°} = 57.3 \text{kPa}$

8. [答案] B

[解析]《建筑地基基础设计规范》(GB 50007—2011)第5.3.5条。

因为将粉质黏土压缩层按一层计算可取基底下、基岩以上土层的中点的土层参数进行计算。

(1)平均自重:$p_z = 2.5 \times 19 + \dfrac{2 + 2 + 1.5}{2} \times 19 = 99.75 \text{kPa}$

自重对应的孔隙比:$e_1 = 0.526$

(2)基底附加压力:$p_0 = \dfrac{9200}{6 \times 6} - 2.5 \times 79 = 208.1 \text{kPa}$

平均附加应力系数:

$$\bar{a} = \left(\dfrac{1.0 + 0.8}{2} \times 2 + \dfrac{0.86 + 0.5}{2} \times 2 + \dfrac{0.55 + 0.38}{2} \times 1.5 \right) \times \dfrac{1}{2 + 2 + 1.5}$$
$$= 0.721$$

(3)在附加荷载作用下,土层中点的压应力:$p = 99.75 + 0.721 \times 208.1 = 250 \text{kPa}$

对应的孔隙比:$e_2 = \dfrac{0.152 + 0.508}{2} = 0.51$

(4)最终沉降量:$s = \psi_s \dfrac{e_1 - e_2}{1 + e_1} H = 0.4 \times \dfrac{0.526 - 0.51}{1 + 0.526} \times 5500 = 23 \text{mm}$

9. [答案] B

[解析]《建筑地基基础设计规范》(GB 50007—2011)第5.2.5条。

$\varphi_k = 22°$,查表5.2.5可得:

$M_b = 0.61, M_d = 3.44, M_c = 6.04, \gamma_m = \dfrac{17.8 \times 1 + (18 - 10) \times 0.5}{1 + 0.5} = 14.53$

则 $f_a = M_b \gamma b + M_d \gamma_m d + M_c c_k$
$= 0.61 \times (18 - 10) \times 1.5 + 3.44 \times 14.53 \times 1.5 + 6.04 \times 10$
$= 142.7 \text{kPa}$

10. [答案] D

[解析]《建筑地基基础设计规范》(GB 50007—2011)第5.2.2条。

$G_k = 3 \times 4 \times 3 \times 20 = 720 \text{kN}$

$M_k = F_k e' + H_k h = 1200 \times 1.2 + 200 \times 3 = 2040 \text{kN} \cdot \text{m}$

$e = \dfrac{M_k}{N} = \dfrac{2040}{720 + 1200} = 1.063 > \dfrac{b}{6} = \dfrac{4}{6}, a = \dfrac{b}{2} - e = 0.937$

$p_{kmax} = \dfrac{2(F_k + G_k)}{3la} = \dfrac{2 \times (1200 + 720)}{3 \times 3 \times 0.937} = 455 \text{kPa}$

11. [答案] D

[解析]《建筑桩基技术规范》(JGJ 94—2008)第5.8.4条。

$l_c = 0.7(l_0 + 4.0/\alpha) = 0.7 \times (10 + 4.0/0.52) = 12.38$

$l_c/d = 12.38/0.8 = 15.5$

查表5.8.4得 $\varphi = 0.81$

$$f_c \geq \frac{N}{\varphi \cdot \varphi_c A_{ps}} = \frac{6800}{0.81 \times 0.8 \times \frac{3.14 \times 0.8^2}{4}} = 20.9 \text{MPa}$$

12. [答案] A

[解析]《建筑桩基技术规范》(JGJ 94—2008)第5.7节。

桩身宽度：$b_0 = 0.9 \times (1.5 \times 0.7 + 0.5) = 1.395$

水平变形系数：$\alpha = \left(\frac{mb_0}{EI}\right)^{1/5} = [2.5 \times 10^3 \times 1.395/(2.83 \times 10^5)]^{1/5} = 0.415$

查表5.7.2，可知 $\alpha h = 0.415 \times 25 = 10.4$，$v_x = 2.441$

则 $x_{0a} = \frac{R_{ha} \cdot v_x}{\alpha^3 \cdot EI} = \frac{50 \times 2.441}{0.415^3 \times 2.83 \times 10^5} = 0.006 \text{m}$

13. [答案] D

[解析]《建筑桩基技术规范》(JGJ 94—2008)第5.6.2条。

$d = 1.27 \times 0.2 = 0.254$

$\frac{s_a}{d} = \frac{0.88\sqrt{A}}{\sqrt{n} \cdot b} = \frac{0.886 \times \sqrt{35 \times 10}}{\sqrt{102} \times 0.2} = 8.206$

$\overline{q}_{su} = \frac{40 \times 10 + 55 \times 5}{10 + 5} = 45 \text{kPa}$

$\overline{E}_s = \frac{1 \times 10 + 7 \times 5}{10 + 5} = 3 \text{MPa}$

$s_{sp} = 280 \cdot \frac{\overline{q}_{su}}{\overline{E}_s} \cdot \frac{d}{(s_a/d)^2} = 280 \times \frac{45}{3} \times \frac{0.254}{8.206^2} = 15.84 \text{mm}$

14. [答案] B

[解析]《建筑地基处理技术规范》(JGJ 79—2012)附录B。

$d_e = 1.05s = 1.05 \times 1.2 = 1.26$

$A_e = \frac{\pi d_e^2}{4} = \frac{3.14 \times 1.26^2}{4} = 1.246 \text{m}^2$

$3A_e = A = \frac{\pi D^2}{4}$

$D = \left(\frac{12 \times 1.246}{3.14}\right)^{1/2} = 2.18 \text{m}$

15. [答案] B

[解析] $d_e = 1.05 \times 1.0 = 1.05 \text{m}$

$d_p = \frac{2(b + \delta)}{\pi} = \frac{2 \times (0.1 + 0.004)}{3.14} = 0.066$

$n = \frac{d_e}{d_p} = \frac{1.05}{0.066} = 15.91 > 15$

$F_n = \ln 15.91 - \frac{3}{4} = 2.02$

$c_h = 3.5 \times 10^{-4} \text{cm}^2/\text{s} = \frac{3.5 \times 10^{-4} \times 24 \times 60 \times 60}{100 \times 100} = 3.024 \times 10^{-3} \text{m}^2/\text{d}$

$$\overline{U}_r = 1 - e^{\frac{-8c_h}{F_n d_e^2} \cdot t}$$

$$t = \frac{\ln(1 - \overline{U}_r) \times (-F_n \cdot d_e^2)}{8c_h} = \frac{\ln(1 - 0.9)(-2.02 \times 1.05^2)}{8 \times 3.024 \times 10^{-3}} = 212d$$

$$\frac{212}{30} = 7.07 \text{ 月}$$

16. [答案] D

[解析] 《建筑地基处理技术规范》(JGJ 79—2012)第7.5.2条、7.5.3条。

局部处理自重湿陷性黄土地基每边不应小于基础底面宽度的75%,且不小于1m。

$1 \times 75\% = 0.75m < 1m$,取 1m

$v = 3 \times 3 \times 5 = 45m^3$

$Q = v\overline{\rho}_d(w_{op} - \overline{w})k = 45 \times 1.5 \times (18 - 10)\% \times (1.05 \sim 1.10) = 5.67 \sim 5.94t$

17. [答案] A

[解析] $\cos\alpha = \cos20° = 0.94$,$\sin\alpha = \sin20° = 0.342$,$\tan\varphi = \tan22° = 0.4$

$$K = \frac{W\cos\alpha\tan\varphi + cl_2 - P_w\sin\alpha \cdot \tan\varphi}{W\sin\alpha + P_w\cos\alpha}$$

$$= \frac{22000 \times 0.94 \times 0.40 + 20 \times 60 - 1125 \times 0.342 \times 0.4}{22000 \times 0.342 + 1125 \times 0.94} = 1.095$$

18. [答案] D

[解析] 根据《水利水电工程地质勘察规范》(GB 50487—2008)中附录N,对该围岩分类分项评分。

岩石强度: $A = 16.7$

岩石完整程度: $B = 20$

结构面状态: $C = 12$

则 $T' = A + B + C = 48.7$

地下水 $D = -6$

总评: $T = 48.7 - 6 = 42.7$

$$S = \frac{R_b \cdot K_v}{\sigma_m} = \frac{50 \times 0.5}{8} = 3.125$$

判定围岩类别为IV类。

19. [答案] C

[解析] $$F_s = \frac{[P_1\sin(\alpha_1 - \alpha_2) + W_2 \cdot \cos\alpha_2] \cdot \tan\varphi}{P_1\cos(\alpha_1 - \alpha_2) + W_2 \cdot \sin\alpha_2}$$

$$= \frac{(560 \times \sin23.7° + 1000 \times \cos15°) \times \tan38°}{560 \times \cos23.7° + 1000 \times \sin15°}$$

$$= 1.205$$

本题也可参考《岩土工程勘察规范》(GB 50021—2001)(2009 年版)第5.2.8条条文说明。

20. [答案] A

[解析] 《建筑边坡工程技术规范》(GB 50330—2013)第6.2.8条。

2010 年案例分析试题答案(上午卷)

$$\eta = \frac{2c}{\gamma H}, \text{因 } c = 0, \text{故 } \eta = 0$$

$$K_a = \frac{\sin(60° + 0°)}{\sin(60° - 15° + 60° - 15°) \times \sin(60° - 0°)} \times$$

$$\left[\frac{\sin(60° + 60°) \times \sin(60° - 15°)}{\sin^2 60°} - 0 \times \frac{\cos 15°}{\sin 60°} \right] = 0.816$$

$$E_a = \frac{1}{2} \gamma H^2 \cdot K_a = \frac{1}{2} \times 17 \times 6^2 \times 0.816 = 250 \text{kN}$$

根据第11.2.1条,主动土压力值增大系数为1.1,则 $1.1 E_a = 1.1 \times 250 = 275 \text{kN/m}$。

21. [答案] C

[解析]《建筑基坑支护技术规程》(JGJ 120—2012)第3.1.6条、3.1.7条、4.7.2条和4.7.4条。

$$N = \gamma_0 \gamma_F N_K = \frac{200}{\cos 20°} = 266 \text{kN}$$

$$N_K = \frac{N}{\gamma_0 \gamma_F} = \frac{266}{0.9 \times 1.25} = 236 \text{kN}$$

$$R_K \geq K_t N_K = 1.4 \times 236 = 330 \text{kN}$$

$$R_K = \pi d \sum q_{sik} l_i$$

$$l_i \geq \frac{R_K}{\pi d \sum q_{sik}} = \frac{330}{3.14 \times 0.5 \times 46} = 15.2 \text{m}$$

锚杆设计长度:$L \geq 15.2 + 5 = 20.2 \text{m}$

22. [答案] C

[解析]《土力学》(李广信等编,第2版,清华大学出版社)第262页。

$$M_R = C \cdot \overset{\frown}{AC} \cdot R$$

$\overset{\frown}{AC}$ 为弧长,R 为滑动半径

圆弧对应角度:$90° + \arccos \frac{5}{10} = 150°$

$$\overset{\frown}{AC} = \frac{150°}{360°} \times 10 \times 2 \times 3.14 = 26.2$$

$$M_R = 30 \times 26.2 \times 10 = 7860 \text{kN} \cdot \text{m}$$

23. [答案] B

[解析]砂卵石应采用水土分算:$K_a = \tan^2 \left(45° - \frac{35°}{2} \right) = 0.27$

水产生推力:$P_w = \frac{1}{2} \gamma_w H^2 = \frac{1}{2} \times 10 \times 10^2 = 500$

砂卵石推力:$E_a = \frac{1}{2} \gamma' H^2 K_a = \frac{1}{2} \times (19 - 10) \times 10^2 \times 0.27 = 122$

截水墙自重:$W_1 = 2 \times 10 \times 20 = 400$

截水墙内侧土体自重:$W_2 = \frac{1}{2} \times 10 \times 15 \times 17 = 1275$

滑动力:$T = P_w + E_a = 622$

$$抗滑力:R=(W_1+W_2)\times\mu=1675\times0.4=670$$

$$安全系数:F_s=\frac{R}{T}=\frac{670}{622}=1.08$$

24. [答案] B

[解析] 由三角形关系可得:

$$l_{AC}=\frac{l_{AB}}{\sin(20°+55°)}\times\sin(90°-55°)=\frac{10\times\sin35°}{\sin75°}=5.94$$

自由段长度:$L=5.94+1.0=6.94\text{m}$

25. [答案] A

[解析]《工程地质手册》(第五版)第680页。

$$\sigma_{A拉}=\frac{My}{I}$$

$$M=\frac{1}{2}\gamma Hl^2=\frac{1}{2}\times22\times6\times8^2=4224$$

$$I=\frac{bh^3}{12}=\frac{1\times6^3}{12}=18$$

$$y=\frac{h}{2}=\frac{6}{2}=3$$

$$\sigma_{A拉}=\frac{4224\times3}{18}=704$$

$$K=\frac{[\sigma_{A拉}]}{\sigma_{A拉}}=\frac{1.5\times10^3}{704}=2.13$$

26. [答案] B

[解析]《土力学》(李广信等编,第2版,清华大学出版社)(水平渗流和顺坡渗流)相关内容。取单位体积V进行分析。

(1)渗流力:$i=\sin\alpha$

$$P_w=\gamma_w i\cdot V=\gamma_w\sin\alpha\cdot V$$

(2)土体下滑力:$G_t=\gamma'V\cdot\sin\alpha$

(3)土体抗滑力$(c=0):R=G_n\cdot\tan\varphi=\gamma'V(\cos\alpha\cdot\tan\varphi)$

题26解图

$$K=\frac{R}{P_w+G_t}\geq1,\gamma'=26-10=10$$

$$\frac{10\times V\times\tan30°\times\cos\alpha_{cr}}{10\times\sin\alpha_{cr}\times V+10\times\sin\alpha_{cr}\times V}=1$$

$$\frac{\tan30°}{\tan\alpha_{cr}}=2,\alpha_{cr}=16.1°$$

27. [答案] C

[解析]《建筑抗震设计规范》(GB 50011—2010)中第5.1.4条、5.1.5条。

由$T_g=0.35,\zeta=0.05$

可得:$\eta_2=1.0,\gamma=0.9$

$$\alpha_A=\eta_2\alpha_{max}=\alpha_{max}$$

$$\alpha_B = \left(\frac{T_g}{T}\right)^\gamma \eta_2 \alpha_{max} = \left(\frac{0.35}{0.4}\right)^{0.9} \alpha_{max} = 0.887\alpha_{max}$$

$$\frac{\alpha_A}{\alpha_B} = \frac{\alpha_{max}}{0.887\alpha_{max}} = 1.13$$

28. [答案] A

[解析]《建筑抗震设计规范》(GB 50011—2010)第5.1.5条、5.2.1条。

$\alpha_{max} = 0.08, T_g = 0.45, F_{Ek} = \alpha G_{eq}, T = 0.9, \zeta = 0.05$

得：$\eta_2 = 1.0, \gamma = 0.9$

$$\alpha = \left(\frac{T_g}{T}\right)^\gamma \eta_2 \alpha_{max} = \left(\frac{0.45}{0.9}\right)^{0.9} \times 1 \times 0.08 = 0.043$$

$F_{Ek} = 0.043 \times 137062 = 5894 kN$

29. [答案] C

[解析]《建筑抗震设计规范》(GB 50011—2010)第4.4.3条。

$N_1 = N_P + 100\rho(1 - e^{-0.3N_P}) = 10 + 100 \times 0.033 \times (1 - e^{-0.3 \times 10}) = 13.14$

30. [答案] D

[解析] 求桩身10m处应变,应先求10m桩轴力桩承载力：$Q_{uk} = Q_{sk} + Q_{pk}$

$$Q_{sk} = 3.14 \times 0.5 \times \left(20 \times \frac{120}{2} + 10 \times \frac{40 + 120}{2}\right) = 3140$$

$Q_{pk} = 3.14 \times 0.25^2 \times 1835 = 360$

$Q_{uk} = 3140 + 360 = 3500$

10m处桩轴力 $N_{10} = 3500 - 3.14 \times 0.5 \times 10 \times \frac{60}{2} = 3029$

10m处应变 $\varepsilon = \frac{N_{10}}{EA} = 5.72 \times 10^{-4}$

2010年案例分析试题(下午卷)

1. 某工程采用灌砂法测定表层土的干密度,注满试坑用标准砂质量5625g。标准砂密度1.55g/cm³。试坑采取的土试样质量6898g,含水量17.8%,该土层的干密度数值接近下列哪个选项? ( )

    (A)1.60g/cm³   (B)1.65g/cm³

    (C)1.70g/cm³   (D)1.75g/cm³

2. 已知一砂土层中某点应力达到极限平衡时,过该点的最大剪应力平面上的法向应力和剪应力分别为264kPa和132kPa。问关于该点处的大主应力 σ_1、小主应力 σ_3 以及该砂土内摩擦角 φ 的值,下列哪个选项是正确的? ( )

    (A)$\sigma_1=396$kPa,$\sigma_3=132$kPa,$\varphi=28°$ (B)$\sigma_1=264$kPa,$\sigma_3=132$kPa,$\varphi=30°$

    (C)$\sigma_1=396$kPa,$\sigma_3=132$kPa,$\varphi=30°$ (D)$\sigma_1=396$kPa,$\sigma_3=264$kPa,$\varphi=36°$

3. 某工地需进行夯实填土。经试验得知,所用土料的天然含水量为5%,最优含水量为15%。为使填土在最优含水量状态下夯实,1000kg原土料中应加入下列哪个选项的水量? ( )

    (A)95kg   (B)100kg

    (C)115kg   (D)145kg

4. 在某建筑地基中存在一细粒土层,该层土的天然含水量为24.0%。经液、塑限联合测定法试验求得:对应圆锥下沉深度2mm、10mm、17mm时的含水量分别为16.0%、27.0%、34.0%。请分析判断,根据《岩土工程勘察规范》(GB 50021—2001)(2009年版)对本层土的定名和状态描述,下列哪一选项是正确的? ( )

    (A)粉土,湿   (B)粉质黏土,可塑

    (C)粉质黏土,软塑   (D)黏土,可塑

5. 某筏基底板梁板布置如图所示,筏板混凝土强度等级为C35($f_t=1.57$N/mm²),根据《建筑地基基础设计规范》(GB 50007—2011)计算,该底板受冲切承载力最接近下列何项数值? ( )

    (A)$5.60×10^3$kN   (B)$11.25×10^3$kN

    (C)$16.08×10^3$kN   (D)$19.70×10^3$kN

6. 某老建筑物采用条形基础,宽度2.0m,埋深2.5m,拟增层改造,探明基底以下2.0m深处下卧淤泥质粉土,$f_{ak}=90$kPa,$E_s=3$MPa。如图所示,已知上层土的重度为18kN/m³,基础及其上土的平均重度为20kN/m³。地基承载力特征值 $f_{ak}=160$kPa,无

地下水,试问,基础顶面所允许的最大竖向力 F_k 与下列何项数值最为接近?　　(　　)

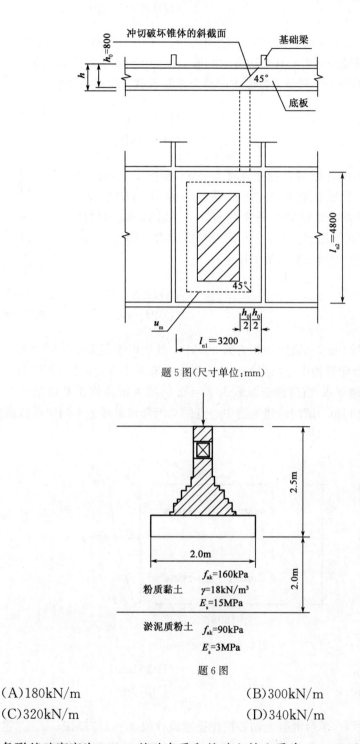

题 5 图(尺寸单位:mm)

题 6 图

(A)180kN/m   (B)300kN/m

(C)320kN/m   (D)340kN/m

7. 条形基础宽度为 3.6m,基础自重和基础上的土重为 $G_k=100$kN/m,上部结构传至基础顶面的竖向力值为 $F_k=200$kN/m。F_k+G_k 合力的偏心距为 0.4m,修正后的地基承载力特征值至少要达到下列哪个选项的数值时才能满足承载力验算要求?(　　)

(A)68kPa　　　　　　　　　　　　　(B)83kPa

(C)116kPa　　　　　　　　　　　　(D)139kPa

8. 作用于高层建筑基础底面的总的竖向力 $F_k + G_k = 120MN$,基础底面积 $30m \times 10m$,荷载重心与基础底面形心在短边方向的偏心距为 1.0m,试问修正后的地基承载力特征值 f_a 至少应不小于下列何项数值才能符合地基承载力验算的要求?　　　　（　　）

(A)250kPa　　　　　　　　　　　　(B)350kPa

(C)460kPa　　　　　　　　　　　　(D)540kPa

9. 有一工业塔,刚性连接设置在宽度 $b = 6m$,长度 $l = 10m$。埋置深度 $d = 3m$ 的矩形基础板上,包括基础自重在内的总重为 $N_k = 20MN$,作用于塔身上部的水平合力 $H_k = 1.5MN$,基础侧面抗力不计。为保证基底不出现零压力区,试问水平合力作用点与基底距离 h 最大值应与下列何项数值最为接近?　（　　）

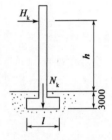

题 9 图(尺寸单位:mm)

(A)15.2m　　　　　　　　　　　　(B)19.3m

(C)21.5m　　　　　　　　　　　　(D)24.0m

10. 建筑物埋深 10m,基底附加压力为 300kPa,基底以下压缩层范围内各土层的压缩模量、回弹模量及建筑物中心点附加压力系数 α 分布见下图,地面以下所有土的重度均为 $20kN/m^3$,无地下水,沉降修正系数为 $\psi_s = 0.8$,回弹沉降修正系数 $\psi_c = 1.0$,回弹变形的计算深度为 11m。试问该建筑物中心点的总沉降量最接近下列何项数值?

（　　）

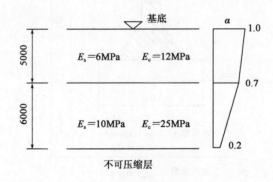

题 10 图(尺寸单位:mm)

(A)142mm　　　　　　　　　　　　(B)161mm

(C)327mm　　　　　　　　　　　　(D)373mm

11. 柱下桩基承台,承台混凝土轴心抗拉强度设计值 $f_t = 1.71MPa$,试按《建筑桩基技术规范》(JGJ 94—2008),计算承台柱边 $A_1 - A_1$ 斜截面的受剪承载力,其值与下列何项数值最为接近? (图中尺寸单位为 mm)　　　　（　　）

(A)1.00MN　　　　　　　　　　　　(B)1.21MN

(C)1.53MN   (D)2.04MN

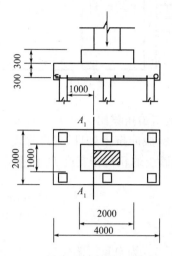

题11图(尺寸单位:mm)

12.某泥浆护壁灌注桩桩径800mm,桩长24m,采用桩端桩侧联合后注浆,桩侧注浆断面位于桩顶下12m,桩周土性及后注浆桩侧阻力与桩端阻力增强系数如图所示。按《建筑桩基技术规范》(JGJ 94—2008),估算的单桩极限承载力最接近下列何项数值?
                                                                    (   )

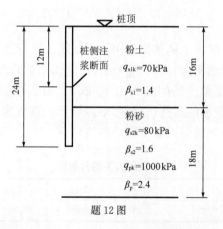

题12图

(A)5620kN   (B)6460kN
(C)7420kN   (D)7700kN

13.铁路桥梁采用钢筋混凝土沉井基础,沉井壁厚0.4m,高度12m,排水挖土下沉施工完成后,沉井顶和河床面平齐,假定井壁四周摩擦力分布为倒三角,施工中沉井井壁截面的最大拉应力与下列何项数值最为接近?(注:井壁重度为25kN/m³)   (   )

(A)0   (B)75kPa
(C)150kPa   (D)300kPa

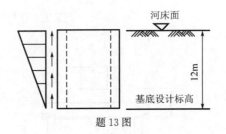

题 13 图

14. 某松散砂土地基,砂土初始孔隙比 $e_0 = 0.850$,最大孔隙比 $e_{max} = 0.900$,最小孔隙比 $e_{min} = 0.550$;采用不加填料振冲挤密处理,处理深度 8.00m,振密处理后地面平均下沉 0.80m,此时处理范围内砂土的相对密实度 D_r 最接近下列哪一项?　　　　(　　)

(A)0.76 　　　　　　　　　　　　　(B)0.72

(C)0.66 　　　　　　　　　　　　　(D)0.62

15. 某黄土场地,地面以下 8m 为自重湿陷性黄土,其下为非湿陷性黄土层。建筑物采用筏板基础,底面积为 18m×45m,基础埋深 3.00m。采用灰土挤密桩法消除自重湿陷性黄土的湿陷性,灰土桩直径 φ400mm,桩间距 1.00m,等边三角形布置。根据《建筑地基处理技术规范》(JGJ 79—2012)规定,处理该场地的灰土桩数量(根),最少应为下列哪项?　　　　(　　)

(A)936 　　　　　　　　　　　　　(B)1245

(C)1328 　　　　　　　　　　　　　(D)1592

16. 某填海造地工程对软土地基拟采用堆载预压法进行加固,已知海水深 1.0m,下卧淤泥层厚度 10.0m,天然密度 $\rho = 1.5g/cm^3$,室内固结试验测得各级压力下的孔隙比如表所示。如果淤泥上覆填土的附加压力 p_0 取 125kPa,按《建筑地基处理技术规范》(JGJ 79—2012)计算该淤泥的最终沉降量,取经验修正系数为 1.2,将 10m 厚的淤泥层按一层计算,则最终沉降量最接近以下哪个数值?　　　　(　　)

各级压力下的孔隙比　　　　　　　　　　　　　　题 16 表

p(kPa)	0	12.5	25.0	50.0	100.0	200.0	300.0
e	2.325	2.215	2.102	1.926	1.710	1.475	1.325

(A)1.46m 　　　　　　　　　　　　(B)1.82m

(C)1.96 　　　　　　　　　　　　　(D)2.64

17. 拟对厚度为 10.0m 的淤泥层进行预压法加固。已知淤泥面上铺设 1.0m 厚中粗砂垫层,再上覆厚 2.0m 压实填土,地下水位与砂层顶面齐平。淤泥三轴固结不排水试验得到的黏聚力 $c_{cu} = 10.0kPa$,内摩擦角 $\varphi_{cu} = 9.5°$,淤泥面处的天然抗剪强度 $\tau_0 = 12.3kPa$,中粗砂重度为 20kN/m³,填土重度为 18kN/m³,按《建筑地基处理技术规范》(JGJ 79—2012)计算,如果要使淤泥面处抗剪强度值提高 50%,则要求该处的固结度至少达到以下哪个选项?　　　　(　　)

2010 年案例分析试题(下午卷)

(A)60%　　　　(B)70%　　　　(C)80%　　　　(D)90%

18. 某重力式挡土墙如图所示。墙重为767kN/m,墙后填砂土,$\gamma=17kN/m^3$,$c=0$,$\varphi=32°$;墙底与地基间的摩擦系数$\mu=0.5$;墙背与砂土间的摩擦角$\delta=16°$,用库仑土压力理论计算此墙的抗滑稳定安全系数最接近下面哪个选项?　　　　（　　）

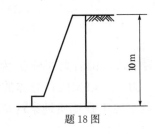

题18图

(A)1.23　　　　　　　　　　　　(B)1.83

(C)1.68　　　　　　　　　　　　(D)1.60

19. 设计一个坡高15m的填方土坡,用圆弧条分法计算得到的最小安全系数为0.89,对应的滑动力矩为36000kN·m/m,圆弧半径为37.5m;为此需要对土坡进行加筋处理,如图所示。如果要求的安全系数为1.3,按照《土工合成材料应用技术规范》(GB/T 50290—2014)计算,1延米填方需要的筋材总加筋力最接近下面哪个选项?

（　　）

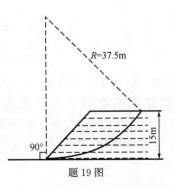

题19图

(A)1400kN/m　　　　　　　　(B)1000kN/m

(C)454kN/m　　　　　　　　　(D)400kN/m

20. 图示的挡土墙,墙背竖直光滑,墙后填土水平,上层填3m厚的中砂,重度为$18kN/m^3$,内摩擦角28°;下层填5m厚的粗砂,重度为$19kN/m^3$,内摩擦角32°。试问5m粗砂层作用在挡墙上的总主动压力最接近下列哪个选项?　　　　（　　）

(A)172kN/m

(B)168kN/m

(C)162kN/m

(D)156kN/m

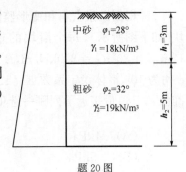

题20图

21. 在软土地基上快速填筑了一路堤,建成后 70d 观测的平均沉降为 120mm;140d 观测的平均沉降为 160mm。已知如果固结度 $U_t \geqslant 60\%$,可按照太沙基的一维固结理论公式 $U = 1 - 0.81e^{-\alpha}$ 预测其后期沉降量和最终沉降量,试问此路堤最终沉降量 s 最接近下面哪一个选项? ( )

(A)180mm   (B)200mm

(C)220mm   (D)240mm

22. 某洞段围岩,由厚层砂岩组成。围岩总评分 T 为 80。岩石的饱和单轴抗压强度 R_b 为 55MPa,围岩的最大主应力 σ_m 为 9MPa。岩体的纵波速度为 3000m/s,岩石的纵波速度为 4000m/s。按照《水利水电工程地质勘察规范》(GB 50487—2008),该洞段围岩的类别是下列哪一选项? ( )

(A) Ⅰ类围岩   (B) Ⅱ类围岩

(C) Ⅲ类围岩   (D) Ⅳ类围岩

23. 某基坑深 6.0m,采用悬臂排桩支护,排桩嵌固深度为 6.0m,地面无超载,重要性系数 $\gamma_0 = 1.0$。场地内无地下水,土层为砾砂层,$\gamma = 20\text{kN/m}^3$,$c = 0\text{kPa}$,$\varphi = 30°$,厚 15.0m。按照《建筑基坑支护技术规程》(JGJ 120—2012),问悬臂排桩抗倾覆稳定系数 K_s 最接近以下哪个数值? ( )

(A)1.10   (B)1.20

(C)1.30   (D)1.40

24. 某单层湿陷性黄土场地,黄土的厚度为 10m,该层黄土的自重湿陷量计算值 $\Delta_{zs} = 300\text{mm}$。在该场地上拟建建筑物拟采用钻孔灌注桩基础,桩长 45m,桩径 1000mm,桩端土的承载力特征值为 1200kPa,黄土以下的桩周土的摩擦力特征值为 25kPa,根据《湿陷性黄土地区建筑标准》(GB 50025—2018)估算该单桩竖向承载力特征值最接近下列哪一选项? ( )

(A)4474.5kN   (B)3689.5kN

(C)3061.5kN   (D)3218.5kN

25. 根据勘察资料和变形监测结果,某滑坡体处于极限平衡状态,且可分为 2 个条块(如下图所示),每个滑块的重力、滑动面长度和倾角分别为:$G_1 = 500\text{kN/m}$,$L_1 = 12\text{m}$,$\beta_1 = 30°$;$G_2 = 800\text{kN/m}$,$L_2 = 10\text{m}$,$\beta_2 = 10°$。现假设各滑动面的内摩擦角标准值 φ 均为 10°,滑体稳定系数 $K = 1.0$,如采用传递系数法进行反分析求滑动面的黏聚力标准值 c,其值最接近下列哪一选项? ( )

(A)7.4kPa   (B)8.6kPa

(C)10.5kPa   (D)14.5kPa

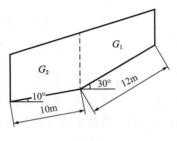

题 25 图

26. 某膨胀土地区的多年平均蒸发力和降水量值详见下表。请根据《膨胀土地区建筑技术规范》(GB 50112—2013)确定该地区大气影响急剧层深度最接近下列哪个选项的数值? (   )

题 26 表

项　　目	月　　份											
	1 月	2 月	3 月	4 月	5 月	6 月	7 月	8 月	9 月	10 月	11 月	12 月
蒸发力(mm)	14.2	20.6	43.6	60.3	94.1	114.8	121.5	118.1	57.4	39.0	17.6	11.9
降水量(mm)	7.5	10.7	32.2	68.1	86.6	110.2	158.0	141.7	146.9	80.3	38.0	9.3

(A)4.0m　　　　　　　　　　　　(B)3.0m

(C)1.8m　　　　　　　　　　　　(D)1.4m

27. 某非自重湿陷性黄土试样含水量 $w=15.6\%$,土粒相对密度(比重)$D_r=2.70$,质量密度 $\rho=1.60\mathrm{g/cm^3}$,液限 $w_L=30.0\%$,塑限 $w_P=17.9\%$,桩基设计时需要根据饱和状态下的液性指数查取设计参数,该试样饱和度达 85% 时的液性指数最接近下列哪一选项? (   )

(A)0.85　　　　　　　　　　　　(B)0.92

(C)0.99　　　　　　　　　　　　(D)1.06

28. 某拟建工程建成后正常蓄水深度 3.0m。该地区抗震设防烈度为 7 度,只考虑近震影响。因地层松散,设计采用挤密法进行地基处理,处理后保持地面标高不变。勘察时地下水位埋深 3m,地下 5m 深度处粉细砂的标准贯入试验实测击数为 5,取扰动样室内测定黏粒含量<3%。按照《水利水电工程地质勘察规范》(GB 50487—2008),问处理后该处标准贯入试验实测击数至少达到下列哪个选项时,才能消除地震液化影响? (   )

(A)5 击　　　　　　　　　　　　(B)13 击

(C)19 击　　　　　　　　　　　　(D)30 击

29. 已知某建筑场地抗震设防烈度为 8 度,设计基本地震加速度为 0.30g。设计地震分组为第一组。场地覆盖层厚度为 20m,等效剪切波速为 240m/s,结构自振周期为 0.40s,阻尼比为 0.40。在计算水平地震作用时,相应于多遇地震的水平地震影响系数

值最接近下列哪个选项？ （　）

(A)0.24 　　　　　　　　　　 (B)0.22
(C)0.14 　　　　　　　　　　 (D)0.12

30.某建筑地基处理采用 3∶7 灰土垫层换填,该 3∶7 灰土击实试验结果见下表。采用环刀法对刚施工完毕的第一层灰土进行施工质量检验,测得试样的湿密度为 1.78g/cm³,含水量为 19.3%,其压实系数最接近下列哪个选项？ （　）

题 30 表

湿密度(g/cm³)	1.59	1.76	1.85	1.79	1.63
含水量(%)	17.0	19.0	21.0	23.0	25.0

(A)0.94 　　　　　　　　　　 (B)0.95
(C)0.97 　　　　　　　　　　 (D)0.99

2010年案例分析试题答案(下午卷)

标 准 答 案

本试卷由30道题组成,全部为单项选择题。考生可任选25道题作答。每题2分,满分为50分。若考生在答题卡或试卷上的作答超过25道题,则按题目序号从小到大的顺序对作答的前25道题计分及复评试卷,其他作答题目无效。

1	A	2	C	3	A	4	B	5	B
6	B	7	C	8	D	9	B	10	C
11	A	12	D	13	B	14	C	15	C
16	C	17	C	18	B	19	C	20	D
21	B	22	C	23	A	24	D	25	A
26	D	27	C	28	B	29	D	30	C

解 题 过 程

1.[答案] A

[解析]《土工试验方法标准》(GB/T 50123—2019)第41.2.4条。

$m_p = 6898g, w_1 = 17.8, m_s = 5625g, \rho_s = 1.55g/cm^3$

则 $\rho_d = \dfrac{\dfrac{m_p}{1+0.01w_1}}{\dfrac{m_s}{\rho_s}} = \dfrac{\dfrac{6898}{1+0.01\times17.8}}{\dfrac{5625}{1155}} = 1.614$

2.[答案] C

[解析]《土力学》教材相关知识。

$\begin{cases} \dfrac{1}{2}(\sigma_1-\sigma_3)=132 \\ \dfrac{1}{2}(\sigma_1-\sigma_3)=264 \end{cases}$

解得: $\begin{cases} \sigma_1=396kPa \\ \sigma_3=132kPa \end{cases}$

$\sin\varphi = \dfrac{132}{264} = 0.5, \varphi=30°$

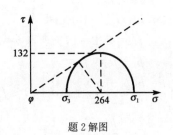

题2解图

3.[答案] A

[解析]《土力学》教材三相图。

$m_s = \dfrac{G}{H_w} = \dfrac{1000}{1+0.05} = 952kg$

最优含水量下 $m_w = 952 \times 15\% = 142.8kg$

$\Delta m_w = 142.8 - 952 \times 5\% = 95.2kg$

4.[答案] B

[解析]《岩土工程勘察规范》(GB 50021—2001)(2009 年版)第 3.3.5 条。

塑限为 2mm,对应含水量为 16%;液限为 10mm,对应含水量为 27%。

$I_p = W_L - W_P = 27 - 16 = 11$

$10 < I_P < 17$,定名为粉质黏土。

$I_L = \dfrac{W_0 - W_p}{I_p} = \dfrac{24 - 16}{11} = 0.73$

$0.25 < I_L < 0.75$,土为可塑。

5.[答案] B

[解析]《建筑地基基础设计规范》(GB 50007—2011)第 8.4.12 条及 8.2.8 条。

$F_L \leqslant 0.7\beta_{hp} f_t u_m h_0$

$\beta_{hp} = 1.0 - \dfrac{h - 800}{12000} = 0.996$

$u_m = 2(l_{n_1} - h_0) + 2(l_{n_2} - h_0) = 2 \times (3.2 - 0.8) + 2 \times (4.8 - 0.8) = 12.8$

$0.7\beta_{hp} \cdot f_t u_m \cdot h_0 = 0.7 \times 0.996 \times 1.57 \times 10^3 \times 12.8 \times 0.8 = 11.21 \times 10^3 \text{kN}$

6.[答案] B

[解析]《建筑地基基础设计规范》(GB 50007—2011)第 5.2.4 条及 5.2.7 条。

基础底面处地基承载力验算:

$f_a = f_{ak} + \eta_b \gamma(b - 3) + \eta_d \gamma_m(d - 0.5) = 160 + 0 + 1.6 \times 18 \times (2.5 - 0.5)$
$\quad = 217.6 \text{kPa}$

无偏心荷载作用下应满足 $\dfrac{F_k + G_k}{A} \leqslant f_a$

$F_k \leqslant f_a \cdot A - G_k = 217.6 \times 2 \times 1 - 2 \times 2.5 \times 1 \times 20 = 335.2 \text{kN/m}$

软弱下卧层验算:

$f_{az} = f_{ak} + \eta_d \gamma_d(z - 0.5) = 90 + 1.0 \times 18 \times (4.5 - 0.5) = 162 \text{kPa}$

$E_{s1} / E_{s2} = 15/3 = 5$

$z/b = 2/2 = 1$,查表取 $\theta = 25°$

$p_z + p_{cz} \leqslant f_{az}$

$\dfrac{b(p_k - p_c)}{b + 2z\tan\theta} + \gamma(d + z) \leqslant f_{az}$

$\dfrac{2 \times (p_k - 2.5 \times 18)}{2 + 2 \times 2 \times \tan 25°} + 18 \times (2.5 + 2) \leqslant 162$

可解得 $p_k \leqslant 201 \text{kPa}$

即 $\dfrac{F_k + G_k}{A} \leqslant 201$

$\dfrac{F_k + 2 \times 2.5 \times 1 \times 20}{2 \times 1} \leqslant 201$

$F_k \leqslant 303 \text{kN/m}$

取基层面验算与软弱下卧层验算二者结果的小值。

7. [答案] C

[解析]《建筑地基基础设计规范》(GB 50007—2011)第5.2.1条及5.2.2条。

$e = 0.4, \dfrac{b}{6} = 0.6, e < \dfrac{b}{6}$,为小偏心

$p_k = \dfrac{F_k + G_k}{A} = \dfrac{200 + 100}{3.6 \times 1} = 83.3$

$p_{kmax} = p_k + \dfrac{M_k}{W} = 83.3 + \dfrac{300 \times 0.4 \times 6^2}{1 \times 3.6} = 139$

$\begin{cases} p_k \leqslant f_a \\ p_{kmax} \leqslant 1.2 f_a \end{cases}$,得$\begin{cases} f_a \geqslant 83.3 \\ f_a \geqslant 115.7 \end{cases}$

二者取大值。

8. [答案] D

[解析]《建筑地基基础设计规范》(GB 50007—2011)第5.2.2条。

$p_k = \dfrac{F_k + G_k}{A} = \dfrac{120 \times 10^3}{30 \times 10} = 400$

$e = 1.0, \dfrac{b}{6} = \dfrac{10}{6} = 1.67, e < \dfrac{b}{6}$,为小偏心

$p_{kmax} = p_k + \dfrac{M_k}{W} = 400 + \dfrac{120 \times 10^3 \times 1 \times 6}{30 \times 10^2} = 640$

$\begin{cases} p_k \leqslant f_a \\ p_{kmax} \leqslant 1.2 f_a \end{cases}$,得$\begin{cases} f_a \geqslant 400 \\ f_a \geqslant 533.3 \end{cases}$

二者取大值。

9. [答案] B

[解析] 偏心距:$e = \dfrac{H_k(h+d)}{N_k}$

不出现震应力区保证 $e \leqslant \dfrac{l}{6} = \dfrac{10}{6} = 1.67$

$\dfrac{H_k(h+d)}{N_k} \leqslant 1.67$

得:$h \leqslant \dfrac{eN_k}{H_k} - d = \dfrac{1.67 \times 20}{1.5} - 3 = 19.3$

10. [答案] C

[解析]《建筑地基基础设计规范》(GB 50007—2011)第5.3.5条及5.3.10条。

地基变形由两部分组成:压缩变形和回弹变形。

两层土的平均附加压力系数 $\bar{\alpha}$ 分别为:

$\bar{\alpha}_1 = \dfrac{1.0 + 0.7}{2} = 0.85, \bar{\alpha}_2 = \dfrac{5 \times 0.85 + \dfrac{0.7 + 0.2}{2} \times 6}{11} = 0.632$

压缩量:

$s = \psi_s \sum\limits_{i=1}^{n} \dfrac{P_0}{E_{si}} (z_i \bar{\alpha}_i - z_{i-1} \bar{\alpha}_{i-1})$

$$= 0.8 \times \left[\frac{300}{6000} \times 5000 \times 0.85 + \frac{300}{10000} \times (0.632 \times 11000 - 0.85 \times 5000) \right]$$

$$= 0.8 \times (212.5 + 81) = 235 \text{mm}$$

回弹量：

$$s_c = \psi_c \sum_{i=1}^{h} \frac{p_c}{E_{si}} (z_i \bar{\alpha}_i - z_{i-1} \bar{\alpha}_{i-1})$$

$$p_c = 10 \times 20 = 200$$

$$s_c = 1.0 \times \left[\frac{200}{12000} \times 5000 \times 0.85 + \frac{200}{25000} \times (0.632 \times 11000 - 0.85 \times 5000) \right]$$

$$= 1.0 \times (70.8 + 21.6) = 92.4$$

总沉降量：

$$s_总 = s + s_c = 235 + 92.4 = 327.4 \text{mm}$$

11. [答案] A

[解析] 《建筑桩基技术规范》(JGJ 94—2008)第5.9.10条。

$$a_x = 1.0, \lambda_x = \frac{a_x}{h_0} = \frac{1}{0.3 + 0.3} = 1.67$$

$$\alpha = \frac{1.75}{1 + \lambda} = \frac{1.75}{1.67 + 1} = 0.655$$

$$\beta_{hp} \alpha f_t b_0 h_0 = 1.0 \times 0.655 \times 1.71 \times (1 \times 0.3 + 2 \times 0.3) = 1.0 \times 10^3 \text{kN}$$

12. [答案] D

[解析] 《建筑桩基技术规范》(JGJ 94—2008)第5.3.10条。

$$Q_{uk} = Q_{sk} + Q_{gsk} + Q_{gpk} = u \sum q_{sjk} l_j + u \sum \beta_{si} q_{sik} l_{gi} + \beta_p q_{pk} A_p$$

$$= 0 + 0.8 \times 3.14 (1.4 \times 70 \times 16 + 1.6 \times 80 \times 8) + \frac{3.14}{4} \times 0.8^2 \times 1000 \times 2.4$$

$$= 7717 \text{kN}$$

13. [答案] B

[解析] 设沉井自重为 G，沉井面面积为 A，则

$$G = r \cdot l \cdot A = 12 \times 25 \times A = 300A$$

因侧阻三角形分布，沉井自重线性均匀分布，二者大小取等，所以在 $\frac{1}{2} l$ 处位置，侧阻与自重单位长度力相等，在 $\frac{1}{2} l$ 上方侧阻力大小等于重力(单位长度计算)。

所以在 $\frac{1}{2} l$ 处沉井层受的拉力最大，最大拉应力大小为：

$$\sigma_{max} = \frac{\left(\frac{2G + G}{2} \right) \times \frac{1}{2} - \frac{G}{2}}{A} = \frac{0.75 \cdot G - 0.5 \cdot G}{A} = \frac{0.25 \times 300A}{A} = 75$$

14.［答案］C

［解析］《土力学》三相关系图。

$$\frac{1+e_0}{1+e_1} = \frac{H_0}{H_1}$$

$$H_1 = H_0 - 0.8 = 8 - 0.8 = 7.2$$

$$\frac{1+0.85}{1+e_1} = \frac{8}{7.2}$$

可得：$e_1 = 0.665$

$$D_r = \frac{0.90 - 0.665}{0.90 - 0.550} = 0.67$$

15.［答案］C

［解析］《建筑地基处理技术规范》(JGJ 79—2012)第7.5.2条。

整片处理时，每边不小于处理厚度的 $\frac{1}{2}$ 且不应小于2m。

$$d_e = 1.05s = 1.05 \times 1.0 = 1.05\text{m}$$

$$A_e = \pi \frac{d_e^2}{4} = \frac{\pi \times 1.05^2}{4} = 0.866\text{m}^2$$

处理深度：

$$8 - 3 = 5\text{m}$$

处理地基的面积：

$$A = \left(45 + \frac{1}{2} \times 5 \times 2\right) \times \left(18 + \frac{1}{2} \times 5 \times 2\right) = 50 \times 23 = 1150\text{m}^2$$

$$n = \frac{A}{A_e} = \frac{1150}{0.866} = 1328$$

16.［答案］C

［解析］《建筑地基处理技术规范》(JGJ 79—2012)第5.2.12条。

$$s_f = \xi \sum_{i=1}^{n} \frac{e_{0i} - e_{1i}}{1 + e_{0i}} h_i$$

淤泥层中点初始应力：$\sigma_0 = \frac{1}{2}\gamma H = \frac{1}{2}(15 - 10) \times 10 = 25\text{kPa}$

查表知，$e_0 = 2.102$

堆载后中点应力：$\sigma_1 = \sigma_0 + p = 25 + 125 = 150 \text{ kPa}$

对应的 $e_1 = \frac{1.71 + 1.475}{2} = 1.593$

$$s_f = 1.2 \times \frac{2.102 - 1.593}{1 + 2.102} \times 10 = 1.969\text{m}$$

17.［答案］C

［解析］《建筑地基处理技术规程》(JGJ 79—2012)第5.2.11条。

$$\tau_f = \tau_{f0} + \Delta\sigma_z U_t \tan\varphi_{cu}$$

$$U_t = \frac{\tau_{ft} - \tau_{f0}}{\Delta\sigma_z \tan\varphi_{cu}} = \frac{1.5 \times 12.3 - 12.3}{(2 \times 18 + 10 \times 1) \times \tan 9.5} = 0.80(80\%)$$

18.[答案] B

[解析] $K_a = \dfrac{\cos^2 32°}{\cos 16° \times \left[1 + \sqrt{\dfrac{\sin(32° + 16°) \times \sin 32°}{\cos 16°}}\right]^2} = \dfrac{0.72}{0.96 \times 2.7} = 0.278$

$E_a = \dfrac{1}{2} \times 0.278 \times 10^2 \times 17 = 236$

$E_{ax} = E_a \cdot \cos 16° = 236 \times \cos 16° = 227$

$E_{az} = E_a \cdot \sin 16° = 236 \times \sin 16° = 65$

$K = \dfrac{(G + E_{az}) \cdot \mu}{E_{ax}} = \dfrac{(767 + 65) \times 0.5}{227} = 1.83$

19.[答案] C

[解析] 《土工合成材料应用技术规范》(GB/T 50290—2014)第7.5.3条。

$D = R - \dfrac{H}{3}$

$T_s = \dfrac{(F_{sr} - F_{su})M_D}{D} = \dfrac{(1.3 - 0.89) \times 36000}{37.5 - \dfrac{15}{3}} = 454.2 \text{kN/m}$

20.[答案] D

[解析] $K_{a2} = \tan^2\left(45° - \dfrac{32°}{2}\right) = 0.31$

$e_{a2顶} = \sigma_1 K_{a2} = 18 \times 3 \times 0.31 = 16.7 \text{kPa}$

$e_{a2底} = \sigma_2 K_{a2} = (18 \times 3 + 19 \times 5) \times 0.31 = 46.2 \text{kPa}$

$E_{a2} = \dfrac{1}{2}(e_{a2顶} + e_{a2底}) \times h_2$

$\quad = \dfrac{1}{2} \times (16.7 + 46.2) \times 5$

$\quad = 157.3 \text{kN/m}$

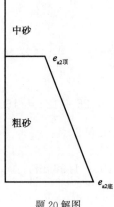

题20解图

21.[答案] B

[解析] 设最终沉降量为 s, 则70d的固结度为 $\dfrac{120}{s}$, 140d的固结度为 $\dfrac{160}{s}$。

$$\begin{cases} \dfrac{120}{s} = 1 - 0.81 \times e^{-\alpha \times 70} \\ \dfrac{160}{s} = 1 - 0.81 \times e^{-\alpha \times 140} \end{cases}$$

求得：$e^{-70\alpha} = 0.485(0.845)$，$s = 198\text{mm}(380\text{mm})$

22. [答案] C

[解析]《水利水电工程地质勘察规范》(GB 50487—2008)附录 N。

$$K_v = \left(\frac{V_{pm}}{V_{pr}}\right)^2 = \left(\frac{3000}{4000}\right)^2 = 0.6525$$

$$S = \frac{R_b \cdot K_v}{\sigma_m} = \frac{55 \times 0.5625}{9} = 3.4375$$

$T = 80$，围岩等级判定为 II 类；

$S < 4$，围岩类别宜降一级为 III 类。

23. [答案] A

[解析]《建筑基坑支护技术规程》(JGJ 120—2012)第 4.2.1 条。

$$\frac{E_{pk}\alpha_{p1}}{E_{ak}\alpha_{a1}} \geqslant K_e$$

$$K_a = \tan^2\left(45° - \frac{\varphi}{2}\right) = \tan^2\left(45° - \frac{30°}{2}\right) = 0.333$$

$$K_p = \tan^2\left(45° + \frac{\varphi}{2}\right) = \tan^2\left(45° + \frac{30°}{2}\right) = 3.0$$

$$p_{ak} = \gamma h_1 K_a = 20 \times 12 \times 0.333 = 80\text{kPa}$$

$$p_{pk} = \gamma h_2 K_p = 20 \times 6 \times 3.0 = 360\text{kPa}$$

$$E_{ak} = \frac{1}{2} \times p_{ak} \times h_1 = \frac{1}{2} \times 80 \times 12 = 480\text{kN}$$

$$E_{pk} = \frac{1}{2} \times p_{pk} \times h_2 = \frac{1}{2} \times 360 \times 6 = 1080\text{kN}$$

$$K_e = \frac{E_{pk}\alpha_{p1}}{E_{ak}\alpha_{a1}} = \frac{1080 \times \frac{1}{3} \times 6}{480 \times \frac{1}{3} \times 12} = 1.13$$

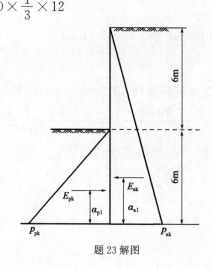

题 23 解图

24. [答案] D

[解析] 《湿陷性黄土地区建筑标准》(GB 50025—2018)第5.7.6条、5.7.4条条文说明。

查表5.7.6得:$\overline{q_{sa}}=15$。则

$$R_a = q_{pa} \cdot A_p + u q_{sa}(l-z) - u \overline{q_{sa}} z$$
$$= 1200 \times 3.14 \times 0.5^2 + 3.14 \times 1.0 \times 25 \times (45-10) - 3.14 \times 1.0 \times 15 \times 10$$
$$= 3218.5 \text{kN}$$

25. [答案] A

[解析] 《建筑地基基础设计规范》(GB 50007—2011)第6.4.3条。

$$F_1 = \gamma_t G_{1t} - G_{1n} \tan\varphi_1 - c_1 l_1$$
$$= 500 \times \sin 30° - 500 \times \cos 30° \times \tan 10° - c \times 12 = 174 - 12c$$

$$\varphi = \cos(\beta_{n-1} - \beta_n) - \sin(\beta_{n-1} - \beta_n) \tan\varphi_n$$
$$= \cos(30° - 10°) - \sin(30° - 10°) \times \tan 10° = 0.8794$$

$$F_2 = F_1 \psi + \gamma_t G_{2t} - G_{2n} \tan\varphi_2 - c_2 l_2$$
$$= (174 - 12c) \times 0.8794 + 1 \times 800 \times \sin 10° - 800 \times \cos 10° \times \tan 10° - c \times 10$$
$$= 152.7 - 20.55c$$
$$= 0$$

得 $c = 7.43 \text{kPa}$

26. [答案] D

[解析] 《膨胀土地区建筑技术规范》(GB 50112—2013)第5.2.11条及5.2.12条。

$$\alpha = \frac{57.4 + 39 + 17.6 + 11.9 + 14.2 + 20.6}{57.4 + 39 + 17.6 + 11.9 + 14.2 + 20.6 + 43.6 + 60.3 + 94.1 + 114.8 + 121.5 + 118.1}$$
$$= 0.22535$$

$$c = (14.2 - 7.5) + (20.6 - 10.7) + (43.6 - 32.2) + (94.1 - 86.6) + (114.8 -$$
$$110.2) + (11.9 - 9.3) = 42.7$$

$$\psi_w = 1.152 - 0.726\alpha - 0.00107c = 1.152 - 0.726 \times 0.22535 - 0.00107 \times 42.7 = 0.94$$

大气影响深度:$d_a = 3.0 \text{m}$

大气影响急剧层深度为 $0.45 d_a = 0.45 \times 3 = 1.35$

27. [答案] C

[解析] 《湿陷性黄土地区建筑标准》(GB 50025—2018)第5.7.4条条文说明。

天然孔隙比:$e = \dfrac{d_s \rho_w (1 + 0.01w)}{\rho} - 1 = \dfrac{2.7 \times 1 \times (1 + 0.156)}{1.60} - 1 = 0.95$

$$I_l = \frac{S_r e / d_s - \omega_p}{\omega_L - \omega_p} = \frac{0.85 \times 0.95 / 2.70 - 0.179}{0.30 - 0.179} = 0.99$$

28. [答案] B

[解析] 《水利水电工程地质勘察规范》(GB 50487—2008)中附录P。

$$N_0 = 6$$

$$N_{cr} = N_0[0.9 + 0.1(d_s - d_w)]\sqrt{\frac{3\%}{\rho_c}} = 6 \times [0.9 + 0.1 \times (5-0)] \times 1 = 8.4$$

当 $N \geqslant 8.4$ 时,不液化,则

$$N = N'\left(\frac{d_s + 0.9d_w + 0.7}{d_s' + 0.9d_w' + 0.7}\right) \geqslant 8.4$$

即:$N' \times \left(\dfrac{5 + 0.9 \times 0 + 0.7}{5 + 0.9 \times 3 + 0.7}\right) \geqslant 8.4$

$$N' \geqslant 12.4$$

29. **[答案]** D

[解析] 《建筑抗震设计规范》(GB 50011—2010)第 5.1.4～5.1.6 条。

Ⅱ 类场地:

$$\alpha_{max} = 0.24, T_g = 0.35s < T = 0.4s < 5T_g = 1.75s$$

$$\gamma = 0.9 + \frac{0.05 - 0.4}{0.3 + 6 \times 0.4} = 0.77$$

$$\eta_2 = 1 + \frac{0.05 - 0.4}{0.08 + 1.6 \times 0.4} = 0.514 < 0.55, \text{取 } 0.55$$

$$\alpha = \left(\frac{T_g}{T}\right)^\gamma \eta_2 \alpha_{max} = \left(\frac{0.35}{0.40}\right)^{0.77} \times 0.55 \times 0.24 = 0.119$$

30. **[答案]** C

[解析] 《土工试验方法标准》(GB/T 50123—2019)第 13.4.2 条。

$$\rho_d = \frac{\rho_0}{1 + 0.01w_i}$$

击实试验时:$\rho_{d1} = \dfrac{1.59}{1 + 0.17} = 1.36$

$$\rho_{d2} = \frac{1.76}{1 + 0.19} = 1.48$$

$$\rho_{d3} = \frac{1.85}{1 + 0.21} = 1.53$$

$$\rho_{d4} = \frac{1.79}{1 + 0.23} = 1.46$$

$$\rho_{d5} = \frac{1.63}{1 + 0.25} = 1.30$$

$$\rho_{dmax} = 1.53$$

施工检测时:$\rho_d = \dfrac{1.78}{1 + 0.193} = 1.49$

$$\lambda = \frac{\rho_d}{\rho_{dmax}} = \frac{1.49}{1.53} = 0.975$$

2011年案例分析试题(上午卷)

1. 某建筑基槽宽5m,长20m,开挖深度为6m,基底以下为粉质黏土。在基槽底面中间进行平板载荷试验,采用直径为800mm的圆形承压板。载荷试验结果显示,在 p-s 曲线线性段对应100kPa压力的沉降量为6mm。试计算,基底土层的变形模量 E_0 值最接近下列哪个选项? （　　）

(A)6.3MPa　　　　(B)9.0MPa　　　　(C)12.3MPa　　　　(D)14.1MPa

2. 取网状构造冻土试样500g,待冻土样完全融化后,加水调成均匀的糊状,糊状土质量为560g,经试验测得糊状土的含水量为60%,问冻土试样的含水量最接近下列哪个选项? （　　）

(A)43%　　　　(B)48%　　　　(C)54%　　　　(D)60%

3. 取某土试样2000g,进行颗粒分析试验,测得各级筛上质量见下表。筛底质量为560g。已知土样中的粗颗粒以棱角形为主,细颗粒为黏土。问下列哪一选项对该土样的定名最准确? （　　）

题3表

孔径(mm)	20	10	5	2.0	1.0	0.5	0.25	0.075
筛上质量(g)	0	100	600	400	100	50	40	150

(A)角砾　　　　　　　　　　(B)砾砂
(C)含黏土角砾　　　　　　　(D)角砾混黏土

4. 下图为一工程地质剖面图,图中虚线为潜水水位线。已知 $h_1=15m$, $h_2=10m$, $M=5m$, $l=50m$,第①层土渗透系数 $k_1=5m/d$,第②层土渗透系数 $k_2=50m/d$,其下为不透水层。问通过1、2断面之间的单宽(每米)平均水平渗流流量最接近下列哪个选项的数值? （　　）

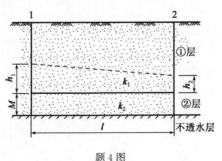

题4图

(A)6.25m³/d　　　　　　　　(B)15.25m³/d

(C)25.00m³/d   (D)31.25m³/d

5. 在地面作用矩形均布荷载 $p=400$kPa,承载面积为 4m×4m。试求承载面积中心 O 点下 4m 深处的附加应力与角点 C 下 8m 深处的附加应力比值最接近下列何值?(矩形均布荷载中心点下竖向附加应力系数 α_0 可由下表查得) ( )

题5表

z/b	l/b	
	1.0	2.0
0.0	1.000	1.000
0.5	0.701	0.800
1.0	0.336	0.481

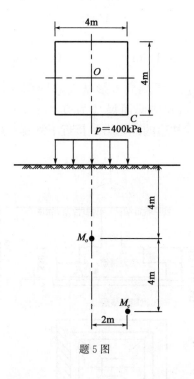

题5图

(A)1/2   (B)1   (C)2   (D)4

6. 如图所示柱基础底面尺寸为 1.8m×1.2m,作用在基础底面的偏心荷载 $F_k+G_k=300$kN,偏心距 $e=0.2$m,基础底面应力分布最接近下列哪项? ( )

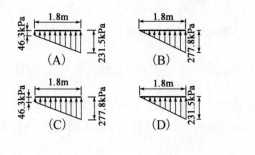

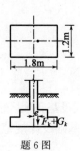

题6图

7. 如图所示矩形基础, 地基土的天然重度 $\gamma = 18\text{kN/m}^3$, 饱和重度 $\gamma_{sat} = 20\text{kN/m}^3$, 基础及基础上土重度 $\gamma_G = 20\text{kN/m}^3$, $\eta_b = 0$, $\eta_d = 1.0$, 估算该基础底面积最接近下列何值? ( )

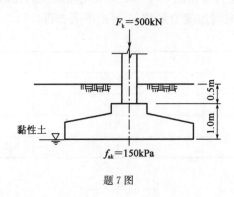

题7图

(A)3.2m² (B)3.6m² (C)4.2m² (D)4.6m²

8. 如图所示, 某建筑采用柱下独立方形基础, 拟采用 C20 钢筋混凝土材料, 基础分二阶, 底面尺寸 2.4m×2.4m, 柱截面尺寸为 0.4m×0.4m。基础顶面作用竖向力 700kN, 力矩 87.5kN·m, 问柱边的冲切力最接近下列哪个选项? ( )

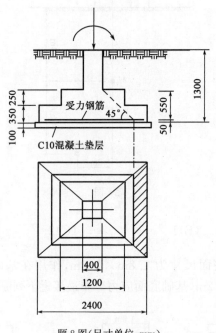

题8图(尺寸单位:mm)

(A)95kN (B)110kN (C)140kN (D)160kN

9. 某梁板式筏基底板区格如图所示, 筏板混凝土强度等级为 C35($f_t = 1.57\text{N/mm}^2$), 根据《建筑地基基础设计规范》(GB 50007—2011)计算, 该区格底板斜截面受剪承载力

2011年案例分析试题(上午卷)

最接近下列何值? ( )

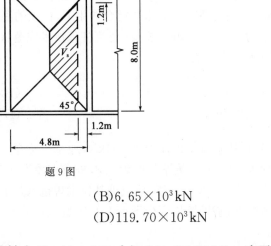

题 9 图

(A)5.6×10³kN   (B)6.65×10³kN

(C)16.08×10³kN   (D)119.70×10³kN

10. 桩基承台如图所示,已知柱轴力 $F=12000kN$,力矩 $M=1500kN \cdot m$,水平力 $H=600kN$(F、M 和 H 均对应荷载效应基本组合),承台及其上填土的平均重度为 20kN/m³。试按《建筑桩基技术规范》(JGJ 94—2008)计算图示虚线截面处的弯矩设计值最接近下列哪一数值? ( )

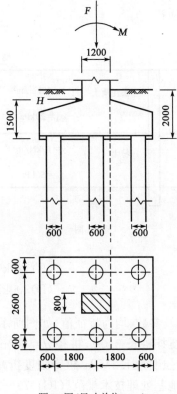

题 10 图(尺寸单位:mm)

(A)4800kN・m   (B)5300kN・m
(C)5600kN・m   (D)5900kN・m

11. 钻孔灌注桩单桩基础,桩长 24m,桩身直径 $d=600mm$,桩顶以下 30m 范围内均为粉质黏土,在荷载效应准永久组合作用下,桩顶的附加荷载为 1200kN,桩身混凝土的弹性模量为 $3.0 \times 10^4 MPa$,根据《建筑桩基技术规范》(JGJ 94—2008),计算桩身压缩变形最接近下列哪一项?   ( )

 (A)2.0mm   (B)2.5mm
 (C)3.0mm   (D)3.5mm

12. 某抗拔基桩桩顶拔力为 800kN,地基土为单一的黏土,桩侧土的抗压极限侧阻力标准值为 50kPa,抗拔系数取为 0.8,桩身直径为 0.5m,桩顶位于地下水位以下,桩身混凝土重度为 $25kN/m^3$,按《建筑桩基技术规范》(JGJ 94—2008)计算,群桩基础呈非整体破坏情况下,基桩桩长至少不小于下列哪一选项?   ( )

 (A)15m   (B)18m
 (C)21m   (D)24m

13. 某端承桩单桩基础桩直径 $d=600mm$,桩端嵌入基岩,桩顶以下 10m 为欠固结的淤泥质土,该土有效重度为 $8.0kN/m^3$,桩侧土的抗压极限侧阻力标准值为 20kPa,负摩阻力系数 $\xi_n=0.25$,按《建筑桩基技术规范》(JGJ 94—2008)计算,桩侧负摩阻力引起的下拉荷载最接近下列哪一项?   ( )

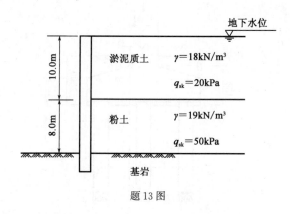

题 13 图

 (A)150kN   (B)190kN
 (C)250kN   (D)300kN

14. 某建筑场地地层分布及参数(均为特征值)如图所示,拟采用水泥土搅拌桩复合地基。已知基础埋深 2.0m,搅拌桩长 8.0m,桩径 $d=600mm$,等边三角形布置。经室内配比试验,水泥加固土试块强度为 1.2MPa,桩身强度折减系数 $\eta=0.25$,桩间土承载力发挥系数 $\beta=0.4$,按《建筑地基处理技术规范》(JGJ 79—2012)计算,要求复合地基承载力特征值达到 100kPa,则搅拌桩间距值取下列哪项?   ( )

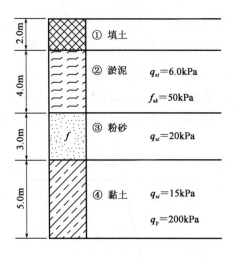

题 14 图

(A)0.9m (B)1.0m

(C)1.3m (D)1.5m

15. 某工程,地表淤泥层厚 12.0m,淤泥层重度为 16kN/m³。已知淤泥的压缩试验数据如表所示,地下水位与地面齐平。采用堆载预压法加固,先铺设厚 1.0m 砂垫层,砂垫层重度为 20kN/m³,堆载土层厚 2.0m,重度为 18kN/m³。沉降经验系数 ξ 取 1.1,假定地基沉降过程中附加应力不发生变化,按《建筑地基处理技术规范》(JGJ 79—2012)估算淤泥层的压缩量最接近下列哪一选项? (   )

题 15 表

压力 p(kPa)	12.5	25.0	50.0	100.0	200.0	300.0
孔隙比 e	2.108	2.005	1.786	1.496	1.326	1.179

(A)1.2m (B)1.4m (C)1.7m (D)2.2m

16. 某独立基础底面尺寸为 2.0m×4.0m,埋深 2.0m,相应荷载效应标准组合时,基础底面处平均压力 p_k=150kPa;软土地基承载力特征值 f_{ak}=70kPa,天然重度 γ=18.0 kN/m³,地下水位埋深 1.0m;采用水泥土搅拌桩处理,桩径 500mm,桩长 10.0m;桩间土承载力发挥系数 β=0.4;经试桩,单桩承载力特征值 R_a=110kN,则基础下布桩量为多少根? (   )

(A)6 (B)8

(C)10 (D)12

17. 砂土地基,天然孔隙比 e_0=0.892,最大孔隙比 e_{max}=0.988,最小孔隙比 e_{min}= 0.742,该地基拟采用振冲碎石桩加固,按等边三角形布桩,碎石桩直径为 0.50m,挤密后要求砂土相对密度 D_{r1}=0.886,问满足要求的碎石桩桩距(修正系数 ξ 取 1.0)最接近下列哪一选项? (   )

(A)1.4m   (B)1.6m

(C)1.8m   (D)2.0m

18. 某很长的岩质边坡的断面形状如图,岩体受一组走向与边坡平行的节理面所控制,节理面的内摩擦角 35°,黏聚力为 70kPa,岩体重度为 23kN/m³。请验算边坡沿节理面的抗滑稳定系数最接近下列哪个选项?　　　　　　　　　　(　　)

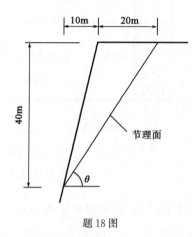

题 18 图

(A)0.8   (B)1.0

(C)1.2   (D)1.3

19. 一个坡角为 28°的均质土坡,由于降雨,土坡中地下水发生平行于坡面方向的渗流,利用圆弧条分法进行稳定分析时,其中第 i 条块高度为 6m,作用在该条块底面上的孔隙水压力最接近下面哪一数值?　　　　　　　　　　(　　)

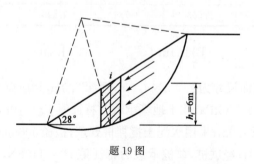

题 19 图

(A)60kPa   (B)53kPa

(C)47kPa   (D)30kPa

20. 重力式挡土墙墙高 8m,墙背垂直光滑,填土与墙顶平,填土为砂土,$\gamma=20kN/m^3$,内摩擦角 $\varphi=36°$。该挡土墙建在岩石边坡前,岩石边坡坡脚与水平方向夹角 $\theta=70°$,岩石与砂填土间摩擦角为 18°。计算作用于挡土墙上的主动土压力最接近下列哪一选项?

                   (　　)

(A)166kN/m   (B)298kN/m

(C)157kN/m   (D)213kN/m

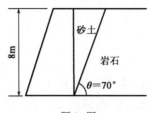

题 20 图

21. 采用土钉加固一破碎岩质边坡，其中某根土钉有效锚固长度 L 为 4m，该土钉计算承受拉力 E 为 188kN，锚孔直径 d 为 108mm，锚孔孔壁和砂浆间的极限抗剪强度 τ 为 0.25MPa，钉材与砂浆间极限黏结力 τ_g 为 2MPa，钉材直径 d_b 为 32mm，该土钉抗拔安全系数最接近下列哪个数值？   （　）

(A)$K=0.55$ (B)$K=1.80$
(C)$K=2.37$ (D)$K=4.28$

22. 在饱和软黏土地基中开挖条形基坑，采用 8m 长的板桩支护。地下水位已降至板桩底部，坑边地面无荷载。地基土重度 $\gamma=19kN/m^3$。通过十字板现场测试得地基土的抗剪强度为 30kPa。按《建筑地基基础设计规范》(GB 50007—2011)规定，为满足基坑抗隆起稳定性要求，此基坑最大开挖深度不能超过下列哪一选项？   （　）

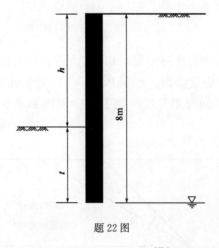

题 22 图

(A)1.2m   (B)3.3m
(C)6.1m   (D)8.5m

23. 基坑锚杆拉拔试验时，已知锚杆水平拉力 $T=400kN$，锚杆倾角 $\alpha=15°$，锚固体直径 $D=150mm$，锚杆总长度为 18m，自由段长度为 6m。在其他因素都已考虑的情况下，锚杆锚固体与土层的平均摩阻力最接近下列哪一个数值？   （　）

(A)49kPa   (B)73kPa
(C)82kPa   (D)90kPa

24. 某推移式均质堆积土滑坡，堆积土的内摩擦角 $\varphi=40°$，该滑坡后缘滑裂面与水平面的夹角最可能是下列哪一选项？ （　　）

(A)40° (B)60°
(C)65° (D)70°

25. 斜坡上有一矩形截面的岩体，被一走向平行坡面、垂直层面的张裂隙切割到层面（如图），岩体重度 $\gamma=24kN/m^3$，层面倾角 $\alpha=20°$，岩体的重心铅垂延长线距 O 点 $d=0.44m$，在暴雨充水至张裂隙顶面时，该岩体倾倒稳定系数 K 最接近下列哪一选项？（不考虑岩体两侧及底面阻力和扬压力） （　　）

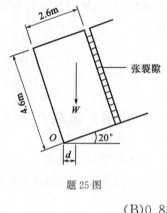

题 25 图

(A)0.78 (B)0.83
(C)0.93 (D)1.20

26. 如图，边坡岩体由砂岩夹薄层页岩组成，边坡岩体可能沿软弱的页岩层面发生滑动。已知页岩层面抗剪强度参数 $c=15kPa$，$\varphi=20°$，砂岩重度 $\gamma=25kN/m^3$。设计要求抗滑安全系数为 1.35，问每米宽度滑面上至少需增加多少法向压力才能满足设计要求？ （　　）

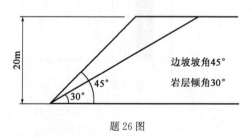

题 26 图

(A)2180kN (B)1970kN
(C)1880kN (D)1730kN

27. 某黄土试样的室内双线法压缩试验数据如下表，其中一个试样保持在天然湿度下分级加荷至 200kPa，下沉稳定后浸水饱和；另一个试样在浸水饱和状态下分级加荷至 200kPa。按此表计算黄土湿陷起始压力最接近下列哪个选项的数据？ （　　）

2011 年案例分析试题（上午卷）

压力 p(kPa)	0	50	100	150	200	200(浸水饱和)
天然湿度下试样高度 h_p(mm)	20.00	19.79	19.53	19.25	19.00	18.60
浸水饱和状态下试样高度 h'_p(mm)	20.00	19.58	19.26	18.92	18.60	—

  (A)75kPa   (B)100kPa   (C)125kPa   (D)150kPa

  28.某场地的钻孔资料和剪切波速测试结果见下表,按《建筑抗震设计规范》(GB 50011—2010)确定的场地覆盖层厚度和计算得出的土层等效剪切波速 v_{se} 与下列哪个选项最为接近?   ( )

土 层 序 号	土 层 名 称	层底深度(m)	剪切波速(m/s)
①	粉质黏土	2.5	160
②	粉细砂	7.0	200
③-1	残积土	10.5	260
③-2	孤石	12.0	700
③-3	残积土	15.0	420
④	强风化基岩	20.0	550
⑤	中风化基岩		

  (A)10.5m,200m/s   (B)13.5m,225m/s
  (C)15.0m,235m/s   (D)15.0m,250m/s

  29.某 8 层建筑物高 25m,筏板基础宽 12m,长 50m,地基土为中密细砂层。已知按地震作用效应标准组合传至基础底面的总竖向力(包括基础自重和基础上的土重)为 100MN。基底零压力区达到规范规定的最大限度时,该地基土经深宽修正后的地基土承载力特征值 f_a 至少不能小于下列哪个选项的数值,才能满足《建筑抗震设计规范》(GB 50011—2010)关于天然地基基础抗震验算的要求?   ( )

  (A)128kPa   (B)167kPa
  (C)251kPa   (D)392kPa

  30.某灌注桩,桩径 1.2m,桩长 60m,采用声波透射法检测桩身完整性,两根钢制声测管中心间距为 0.9m,管外径为 50mm,壁厚 2mm,声波探头外径 28mm。水位以下某一截面平测实测声时为 0.206ms,试计算该截面处桩身混凝土的声速最接近下列哪一选项?(注:声波探头位于测管中心;声波在钢材中的传播速度为 5420m/s,在水中的传播速度为 1480m/s;仪器系端延迟时间为 0s)   ( )

  (A)4200m/s   (B)4400m/s
  (C)4600m/s   (D)4800m/s

2011年案例分析试题答案(上午卷)

标 准 答 案

本试卷由30道题组成,全部为单项选择题。考生可任选25道题作答。每题2分,满分为50分。若考生在答题卡或试卷上的作答超过25道题,则按题目序号从小到大的顺序对作答的前25道题计分及复评试卷,其他作答题目无效。

1	B	2	A	3	C	4	D	5	D
6	A	7	B	8	C	9	B	10	C
11	A	12	D	13	B	14	B	15	C
16	B	17	C	18	B	19	C	20	B
21	B	22	B	23	B	24	C	25	B
26	B	27	C	28	C	29	C	30	B

解 题 过 程

1.［答案］B

［解析］首先判断该试验属于浅层还是深层平板载荷试验:虽然试验深度为6m,但基槽宽度已大于承压板直径3倍,故属于浅层载荷试验。

根据《岩土工程勘察规范》(GB 50021—2001)式(10.2.5-1)计算变形模量:

$$E_0 = I_0(1-\mu^2)\frac{pd}{s} = 0.785(1-0.38^2)\frac{100\times0.8}{6} = 8.96\text{MPa}$$

若按深层载荷板式(10.2.5-2),则结果为:

$$E_0 = \omega\frac{pd}{s} = 0.475\frac{100\times0.8}{6} = 6.33\text{MPa},这个答案就是迷惑选项。$$

2.［答案］A

［解析］《土工试验方法标准》(GB/T 50123—2019)第32.2.3条。

$$\omega_f = \left[\frac{m_{f0}}{m_{f1}}(1+0.01\omega_n)-1\right]\times100 = \left[\frac{500}{560}(1+0.01\times60)-1\right]\times100 = 42.9\%$$

该题可不用规范公式,直接通过指标换算得出答案:

设该试样中土粒质量为m_s,则

$$m_s\times60\%+m_s=560$$

$$m_s=350\text{g}$$

原冻土的含水量为:$\dfrac{500-350}{350} = 42.9\%$

3.［答案］C

［解析］首先看颗分结果:大于2mm颗粒含量$=\dfrac{100+600+400}{2000}=55\%$,大于50%;

粗颗粒以棱形为主,属角砾;再看小于0.075mm的细颗粒含量$=\dfrac{560}{2000}=28\%$,大于

25%,根据《岩土工程勘察规范》(GB 50021—2001)(2009 年版)第 6.4.1 条判断属混合土,由于细颗粒为黏土,则定名为含黏土角砾。

4.[答案] D

[解析] 1、2 两断面间的水力梯度:$i = \dfrac{15-10}{50} = 0.1$

第一层土的单宽渗流流量:$q_1 = \dfrac{k_1 i (h_1 + h_2)}{2} \times 1 = \dfrac{5 \times 0.1 \times (15+10)}{2} \times 1 = 6.25 \text{m}^3/\text{d}$

第二层土的单宽渗流流量:$q_2 = k_2 i M \times 1 = 50 \times 0.1 \times 5 \times 1 = 25 \text{m}^3/\text{d}$

整个断面的渗流流量:$q = q_1 + q_2 = 6.25 + 25 = 31.25 \text{m}^3/\text{d}$

答案为 D,若只计算第一层的渗流量,则答案为 A。

本题也可用等效渗透系数计算。

5.[答案] D

[解析] (1)求 σ_{ZO}:由 $z/b = 4/4 = 1.0$,$l/b = 4/4 = 1.0$,查表得 $\alpha_O = 0.336$;承载面积中心 O 点下 $z = 4\text{m}$ 处 M_O 点的附加应力 $\sigma_{zO} = \alpha_O p = 0.336 \times 400 = 134.4 \text{kPa}$。

(2)求 σ_{ZC}:由 $z/2b = 8/8 = 1.0$,$2l/2b = 8/8 = 1.0$,查表得 $\alpha_0 = 0.336$;承载面积中心 C 点下 $z = 8\text{m}$ 处 M_c 点的附加应力 $\sigma_{ZC} = \dfrac{1}{4} \alpha_0 p = \dfrac{1}{4} \times 0.336 \times 400 = 33.6 \text{kPa}$。

(3) $\dfrac{\sigma_{ZO}}{\sigma_{ZC}} = \dfrac{\alpha_O p}{\dfrac{1}{4} \alpha_O p} = 4$

计算时可采用两种不同处理方法:①不求出具体数值来,只用符号代表来推导得出;②用规范表查附加应力系数计算后得出。

6.[答案] A

[解析] $e = 0.2\text{m} < \dfrac{l}{6} = \dfrac{1.8}{6} = 0.3\text{m}$,为小偏心,则

$$p_{kmax} = \dfrac{F_k + G_k}{lb}\left(1 + \dfrac{6e}{l}\right) = \dfrac{300}{1.8 \times 1.2}\left(1 + \dfrac{6 \times 0.2}{1.8}\right) = 231.48 \text{kPa}$$

$$p_{kmin} = \dfrac{F_k + G_k}{lb}\left(1 - \dfrac{6e}{l}\right) = \dfrac{300}{1.8 \times 1.2}\left(1 - \dfrac{6 \times 0.2}{1.8}\right) = 46.3 \text{kPa}$$

先判断小偏心,应力分布为梯形,然后只计算 p_{kmax} 亦可。

7.[答案] B

[解析] (1)求地基承载力特征值

$$f_a = f_{ak} + \eta_b \gamma (b-3) + \eta_d \gamma_m (d-0.5) = 150 + 1.0 \times 18 \times (1.5-0.5) = 168 \text{kPa}$$

(2)确定基础底面积

按中心荷载作用计算基底面积 $A_0 = \dfrac{F_k}{f_a - \gamma_G d} = \dfrac{500}{168 - 20 \times 1.5} = 3.62 \text{m}^2$

或 $A = \dfrac{F_k + G_k}{f_a} = \dfrac{F_k + A \times 1.5 \times 20}{f_a}$,$F_k = 500\text{kN}$,$f_a = 168\text{kPa}$,求得 $A = 3.62 \text{m}^2$。

8. **[答案]** C

[解析] (1)计算偏心距

$$e = \frac{M}{F} = \frac{87.5}{700} = 0.125\text{m} < \frac{2.4}{6} = 0.4\text{m},\text{属小偏心。}$$

(2)计算基底最大净反力

$$p_{j\max} = \frac{F}{b^2}\left(1 + \frac{6e}{b}\right) = \frac{700}{2.4^2} \times \left(1 + \frac{6 \times 0.125}{2.4}\right) = 159.5\text{kPa}$$

(3)基础有效高度 $h_0 = 0.55\text{m}$,阴影宽度 $= \frac{2.4}{2} - \frac{0.4}{2} - 0.55 = 0.45\text{m}$

(4)冲切力 $= p_{j\max} \times A_l = 159.5 \times \frac{1}{2} \times 0.45 \times (2.4 + 2.4 - 2 \times 0.45) = 139.96\text{kN}$

注:《建筑地基基础设计规范》第8.2.7条规定偏心荷载时 p_j 取 $p_{j\max}$。

9. **[答案]** B

[解析] 根据《建筑地基基础设计规范》(GB 50007—2011)第8.4.12条。

$$V_s \leqslant 0.7\beta_{hs}f_t(l_{n2} - 2h_0)h_0$$

$$\beta_{hs} = \left(\frac{800}{h_0}\right)^{\frac{1}{4}} = \left(\frac{800}{1200}\right)^{\frac{1}{4}} = 0.9$$

$$\begin{aligned}0.7\beta_{hs}f_t(l_{n2} - 2h_0)h_0 &= 0.7 \times 0.9 \times 1.57 \times (8.0 - 2 \times 1.2) \times 1.2 \times 10^3 \\ &= 6.65 \times 10^3\,\text{kN}\end{aligned}$$

10. **[答案]** C

[解析] 该题属于桩基础承台结构抗弯承载力验算,根据《建筑桩基技术规范》(JGJ 94—2008)第5.9.1条、第5.9.2条,先计算右侧两基桩净反力设计值。

$$N_{右} = \frac{F}{n} + \frac{M_y x_i}{\sum x_j^2} = \frac{12000}{6} + \frac{(1500 + 600 \times 1.5) \times 1.8}{4 \times 1.8^2} = 2333\text{kN}$$

因此,弯矩设计值 $M_y = \sum N_i x_i = 2 \times 2333 \times (1.8 - 0.6) = 5599\text{kN} \cdot \text{m}$。

11. **[答案]** A

[解析] (1)根据《建筑桩基技术规范》(JGJ 94—2008)第5.5.14条。

摩擦桩 $\dfrac{l}{d} = \dfrac{24}{0.6} = 40$, $\xi_e = \dfrac{\frac{2}{3} + \frac{1}{2}}{2} = 0.5833$, $A_{ps} = 0.3^2 \times 3.14 = 0.2826\,\text{m}^2$,

$E_c = 3.0 \times 10^4\text{MPa}$

(2) $s_e = \xi_e \dfrac{Q_j l_j}{E_c A_{ps}} = 0.5833 \times \dfrac{1200 \times 24}{3.0 \times 10^4 \times 0.2826} = 1.98\text{mm}$

12. **[答案]** D

[解析] 本题考查桩基抗浮承载力计算。根据《建筑桩基技术规范》(JGJ 94—2008)第5.4.5条,有

$$G_p = \frac{(\gamma - \gamma_w)l\pi d^2}{4} = \frac{15l \times 3.14 \times 0.5^2}{4} = 2.94l$$

$$T_{uk} = \sum \lambda_i q_{sik} u_i l_i = 0.8 \times 50 \times 3.14 \times 0.5l = 62.8l$$

$$N_k \leqslant \frac{1}{2}T_{uk} + G_p, \text{即 } 800 \leqslant \frac{1}{2} \times 62.8l + 2.94l, 800 \leqslant 34.34l, l \geqslant 23.3\text{m}$$

13. [答案] B

[解析]《建筑桩基技术规范》(JGJ 94—2008)第5.4.3条、5.4.4条。

查表5.4.4-2,桩端嵌入基岩,$l_n/l_0 = 1$, $l_n = l_0 = 10\text{m}$

$$\sigma'_{\gamma 1} = \frac{0 + \gamma' h}{2} = \frac{0 + 8.0 \times 10}{2} = 40.0\text{kPa}$$

$$q^n_{s1} = \xi_{n1}\sigma'_1 = \xi_{n1}\sigma'_{\gamma 1} = 0.25 \times 40 = 10.0\text{kPa} < 20\text{kPa}, \text{取 } q^n_{s1} = 10.0\text{kPa}$$

$$Q^n_g = uq^n_{s1}l_1 = 3.14 \times 0.6 \times 10 \times 10 = 188.4\text{kN}$$

14. [答案] B

[解析] $R_a = u_p \sum\limits_{i=1}^{n} q_{si}l_{pi} + \alpha_p q_p A_p$

$\quad = 3.14 \times 0.6 \times (6.0 \times 4.0 + 20.0 \times 3.0 + 15.0 \times 1.0) + (0.4 \sim 0.6) \times$

$\quad 200 \times 3.14 \times 0.3^2 = 209.13 \sim 220.43\text{kN}$

$R_a = \eta f_{cu} A_p = 0.25 \times 1.2 \times 1000 \times 3.14 \times 0.3^2 = 84.78\text{kN}, \text{取小值}$。

因此 $m = \dfrac{f_{spk} - \beta f_{sk}}{\dfrac{\lambda R_a}{A_p} - \beta f_{sk}} = \dfrac{100 - 0.4 \times 50}{300 - 0.4 \times 50} = 28.6\%$

$$s = \frac{1}{1.05} \frac{d}{\sqrt{m}} = \frac{0.6}{1.05 \times \sqrt{0.286}} = 1.07\text{m}$$

15. [答案] C

[解析]《建筑地基处理技术规范》(JGJ 79—2012)第5.2.12条。

淤泥层中点自重应力为:$\gamma h = (16 - 10) \times 6.0 = 36.0\text{kPa}$

查表得相应孔隙比 $e_1 = 1.909$

淤泥层中点自重应力与附加应力之和为:$36.0 + 20 \times 1.0 + 18 \times 2.0 = 92.0\text{kPa}$

查表得相应孔隙比 $e_2 = 1.542$

$$s = \xi \sum\limits_{i=1}^{n} \frac{e_{1i} - e_{2i}}{1 + e_{1i}}h_i = 1.1 \times \frac{1.909 - 1.542}{1 + 1.909} \times 12 = 1.67\text{m}$$

16. [答案] B

[解析] (1)《建筑地基处理技术规范》(JGJ 79—2012)第7.1.5条、7.3.3条。

$$f_{spk} = \lambda m \times \frac{R_a}{A_p} + \beta \times (1 - m) \times f_{ak}$$

$$= \lambda m \times \frac{110}{0.196} + 0.5 \times (1 - m) \times 70$$

$$= (526.2m + 35)\text{kPa}$$

其中:$A_p = 0.25 \times 0.25 \times \pi = 0.196\text{m}^2$

(2)经深度修正后,复合地基承载力特征值:

$$f_{spa} = f_{spk} + \eta_d \cdot \gamma_m \cdot (d - 0.5) = 526.2m + 35 + 1.0 \times 13 \times (2 - 0.5)$$

$$= (526.2m + 54.5)\text{kPa}$$

其中：$\eta_d = 1.0$，$\gamma_m = (1.00 \times 18 + 1.00 \times 8)/2.0 = 13.0 \text{kN/m}^3$

(3) $p_k \leqslant f_a$，即 $150 \leqslant 526.2m + 54.5$，解得 $m \geqslant 0.18$

水泥土搅拌桩可只在基础内布桩，$m = n \times A_p/A$，$n = m \times A/A_p = 0.18 \times 2 \times 4/0.196 = 7.35$ 根，取 $n = 8$ 根。

17. [答案] C

[解析]《建筑地基处理技术规范》(JGJ 79—2012)第 7.2.2 条。

$$s = 0.95 \xi d \cdot \sqrt{\frac{1+e_0}{e_0 - e_1}}$$

$$e_1 = e_{max} - D_{r1}(e_{max} - e_{min}) = 0.988 - 0.886 \times (0.988 - 0.742) = 0.770$$

$$s = 0.95 \times 1.0 \times 0.5 \times \sqrt{\frac{1+0.892}{0.892 - 0.770}} = 0.95 \times 1.0 \times 0.5 \times 3.938 = 1.87$$

取 $s \approx 1.80 \text{m}$

18. [答案] B

[解析] (1) 不稳定岩体(即节理面上的岩体)体积：$V = \frac{1}{2} \times 20 \times 40 = 400 \text{m}^3/\text{m}$

(2) 单位宽度滑面面积：$A = BL = 1 \times [(10+20)^2 + 40^2]^{1/2} = 50 \text{m}^2/\text{m}$

(3) 稳定性安全系数：

$$F_s = \frac{\gamma \times V \times \cos\theta \tan\varphi + A \times c}{\gamma \times V \times \sin\theta} = \frac{23 \times 400 \times 0.6 \times \tan 35° + 50 \times 70}{23 \times 400 \times 0.8}$$

$$= \frac{3865 + 3500}{7360} = 1.0$$

19. [答案] C

[解析] 由于产生沿着坡面的渗流，坡面线为一流线，过该条底部中点的等势线为 ab 线，水头高度为

$$h_w = \overline{ad} = \overline{ab} \cdot \cos\theta = (\overline{ac}\cos\theta)\cos\theta = h_i\cos^2\theta = 6\cos^2 28° = 4.68 \text{m}$$

孔隙水压力 $p_w = h_w \cdot \gamma_w = 4.68 \times 10 = 46.8 \text{kPa}$

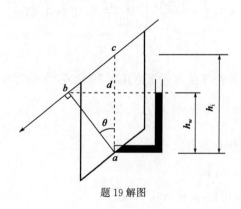

题 19 解图

20. [答案] B

[解析] 楔体自重 $W = \frac{20 \times 8 \times 8}{2 \times \tan 70°} = 233 \text{kN}$，根据受力分析可知，作用于楔体的 W、

R、E_a 形成力的闭合三角形，根据力的三角函数关系可知：$E_a = W\tan52° = 298\text{kN}$

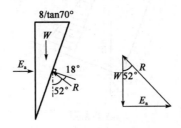

题 20 解图

21.[答案] B

[解析] 用锚孔壁岩土对砂浆抗剪强度计算土钉极限锚固力 F_1：

$$F_1 = \pi \cdot d \cdot l \cdot \tau = 3.1416 \times 0.108 \times 4 \times 250 = 339\text{kN}$$

用钉材与砂浆间黏结力计算土钉极限锚固力 F_2：

$$F_2 = \pi \cdot d_b \cdot l \cdot \tau_g = 3.1416 \times 0.032 \times 4 \times 2000 = 804\text{kN}$$

有效锚固力 F 取小值 339kN，土钉抗拔安全系数 $K = F/E = 339/188 = 1.80$。

22.[答案] B

[解析]《建筑地基基础设计规范》(GB 50007—2011) 附录 V。

$$\frac{N_c\tau_0 + \gamma t}{\gamma(h+t) + q} \geqslant 1.6, \tau_0 = c_u = 30\text{kPa}, N_c = 5.14, q = 0, h+t = 8\text{m}$$

即 $\dfrac{5.14 \times 30 + 19t}{19 \times 8} \geqslant 1.6, 19t \geqslant 89, t = 4.68\text{m}, h = 3.32\text{m}$

23.[答案] B

[解析] 锚固段长度：$l = 18 - 6 = 12\text{m}$

轴向拉力：$N = \dfrac{T}{\cos\alpha} = \dfrac{400}{\cos15°} = 414\text{kN}$

$$\overline{q}_s = \frac{N}{\pi Dl} = \frac{414}{\pi \times 0.15 \times 12} = 73\text{kPa}$$

24.[答案] C

[解析] 滑坡主滑段后面牵引段的大主应力 σ_1 为土体铅垂方向的自重力，小主应力 σ_3 为水平压应力。

因滑动失去侧向支撑而产生主动土压破裂，破裂面（即滑坡壁）与水平面夹角 $\beta = 45° + \varphi/2 = 45° + 40°/2 = 65°$，故选 C。

25.[答案] B

[解析] 由图可知，岩体的重力 W 为抗倾覆力，张裂隙中的静水压力 f 为倾覆力，因此岩体抗倾覆稳定系数为

$$K = \frac{Wd}{fd_1} = \frac{\gamma \times b \times l \times 0.44}{\frac{1}{2} \times \gamma_w \times h_w^2 \times \cos20° \times \frac{h_w}{3}} = \frac{24 \times 2.6 \times 4.6 \times 0.44}{\frac{10}{2} \times 4.6^2 \times \cos20° \times \frac{4.6}{3}} = 0.83$$

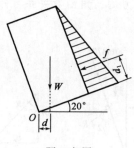

题 25 解图

26. [答案] B

[解析] 取 1m 计算宽度来计算：

滑体体积

$$V = \frac{1}{2}H^2\cot\beta - \frac{1}{2}H^2\cot\alpha = \frac{1}{2} \times 20 \times 20(\cot30° - \cot45°) = 146.4\text{m}^3$$

滑体重量 $W = \gamma V = 25 \times 146.4 = 3660\text{kN}$

假设施加法向力为 f，则抗滑安全系数：

$$F = \frac{d + (W\cos\beta + f)\tan\varphi}{W\sin\beta} = \frac{15 \times \dfrac{20}{\sin30°} + (3660 \times \cos30° + f) \times \tan20°}{3660\sin30°} = 1.35$$

计算可得：$f = 1969\text{kN}$

27. [答案] C

[解析] 根据《湿陷性黄土地区建筑标准》(GB 50025—2018)第 4.3.4 条条文说明，湿陷起始压力下：

$$\frac{h_\text{p} - h'_\text{p}}{h_0} = 0.015, \quad h_\text{p} - h'_\text{p} = 0.015 \times 20 = 0.3\text{mm}$$

当 $p = 100\text{kPa}$ 时，$h_\text{p} - h'_\text{p} = 0.27\text{mm}$；当 $p = 150\text{kPa}$ 时，$h_\text{p} - h'_\text{p} = 0.33\text{mm}$，则

$$\frac{p_\text{sh} - 100}{0.3 - 0.27} = \frac{150 - 100}{0.33 - 0.27}$$

解得 $p_\text{sh} = 125\text{kPa}$

28. [答案] C

[解析] 按《建筑抗震设计规范》(GB 50011—2010)第 4.1.4 条，取土层①、②、③$_{-1}$、③$_{-2}$、③$_{-3}$ 为覆盖层，厚度为 15.0m。

将孤石③$_{-2}$ 视残积土③$_{-1}$，

$$v_\text{se} = \frac{15.0}{\dfrac{2.5}{160} + \dfrac{4.5}{200} + \dfrac{5.0}{260} + \dfrac{3.0}{420}} = 232\text{m/s}$$

将孤石③$_{-2}$ 视残积土③$_{-3}$，

$$v_\text{se} = \frac{15.0}{\dfrac{2.5}{160} + \dfrac{4.5}{200} + \dfrac{3.5}{260} + \dfrac{4.5}{420}} = 240\text{m/s}$$

取最接近选项 C。

29.[**答案**] C

[**解析**] 按《建筑抗震设计规范》(GB 50011—2010)表 4.2.3,地基抗震承载力调整系数取 $\xi_a=1.3$。

(1)按基础底面平均压力的验算反求地基承载力特征值

基础底面平均压力 $p=\dfrac{100000}{12\times50}=167\text{kPa}$

按规范式(4.2.4-1), $p\leqslant f_{aE}=\xi_a\times f_a$,推出 $f_a=\dfrac{167}{1.3}=128\text{kPa}$

(2)按基础边缘最大压力的验算反求地基承载力特征值

建筑物高宽比 $25/12=2.1<4$,基础底面与地基土之间脱离区(零应力区)取 15%,计算基础边缘最大压力,得

$$p_{max}=\dfrac{2\times100000}{(1-0.15)\times12\times50}=392\text{kPa}$$

按规范式(4.2.4-2), $p_{max}=392\leqslant1.2f_{aE}=1.2\times1.3\times f_a$

推出 $f_a\geqslant\dfrac{392}{1.2\times1.3}=251\text{kPa}$

(1)、(2)两种情况取其大者, $f_a\geqslant251\text{kPa}$。

30.[**答案**] B

[**解析**] (1)声波在钢管中的传播时间: $t_{钢}=\dfrac{4\times10^{-3}}{5420}=0.738\times10^{-6}\text{s}$

(2)声波在水中的传播时间: $t_{水}=\dfrac{(46-28)\times10^{-3}}{1480}=12.162\times10^{-6}\text{s}$

(3)声波在钢管中和水中的传播时间之和:

$t'=t_{钢}+t_{水}=12.900\times10^{-6}\text{s}=12.900\times10^{-3}\text{ms}$

(4)两个测管外壁之间的净距离: $L=0.9-0.05=0.85\text{m}$

(5)声波在混凝土中的传播时间:

$t_{ci}=0.206-0-12.900\times10^{-3}=0.1931\text{ms}=1.931\times10^{-4}\text{s}$

(6)该截面混凝土声速: $v_i=\dfrac{l}{t_{ci}}=\dfrac{0.85}{1.931\times10^{-4}}=4402\text{m/s}$

2011 年案例分析试题（下午卷）

1. 某砂土试样高度 $H=30\text{cm}$，初始孔隙比 $e_0=0.803$，相对密度 $G_s=2.71$，进行渗透试验（见图）。渗透水力梯度达到流土的临界水力梯度时，总水头差 Δh 应为下列哪个选项？　　（　　）

(A)13.7cm　　　　(B)19.4cm

(C)28.5cm　　　　(D)37.6cm

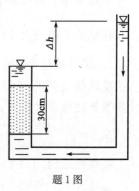

题1图

2. 用内径 8.0cm，高 2.0cm 的环刀切取饱和原状土试样，湿土质量 $m_1=183\text{g}$，进行固结试验后，湿土的质量 $m_2=171.0\text{g}$，烘干后土的质量 $m_3=131.4\text{g}$，土的相对密度 $G_s=2.70$，则经压缩后，土孔隙比变化量 Δe 最接近下列哪个选项？　　（　　）

(A)0.137　　　　　　　　　(B)0.250

(C)0.354　　　　　　　　　(D)0.503

3. 某土层颗粒级配曲线见图，试用《水利水电工程地质勘察规范》(GB 50487—2008)，判断其渗透变形最有可能是下列哪一选项？　　　　　　（　　）

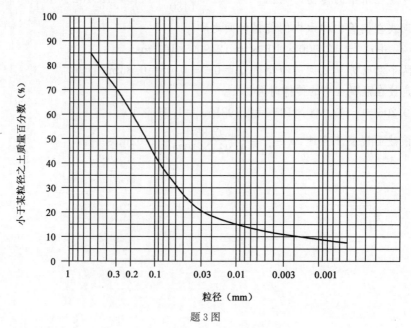

题3图

(A)流土　　　　　　　　　(B)管涌

(C)接触冲刷　　　　　　　(D)接触流失

4. 某新建铁路隧道埋深较大，其围岩的勘察资料如下：①岩石饱和单轴抗压强度

$R_c=55\text{MPa}$,岩体纵波波速 5400m/s,岩石纵波波速 6200m/s。②围岩中地下水水量较大。③围岩的应力状态为极高应力。试问其围岩的级别为下列哪个选项？ （　）

(A)Ⅰ级   (B)Ⅱ级

(C)Ⅲ级   (D)Ⅳ级

5. 甲建筑已沉降稳定,其东侧新建乙建筑,开挖基坑时,采取降水措施,使甲建筑东侧潜水地下水位由-5.0m下降至-10.0m,基底以下地层参数及地下水位见图。估算甲建筑东侧由降水引起的沉降量接近下列何值？ （　）

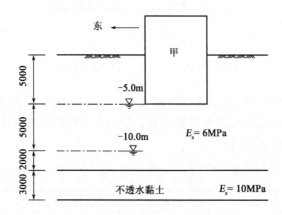

题5图(尺寸单位:mm)

(A)38mm   (B)41mm

(C)63mm   (D)76mm

6. 从基础底面算起的风力发电塔高 30m,圆形平板基础直径 $d=6\text{m}$,侧向风压的合力为 15kN,合力作用点位于基础底面以上 10m 处,当基础底面的平均压力为 150kPa 时,基础边缘的最大与最小压力之比最接近下列何值？(圆形板的抵抗矩 $W=\pi d^3/32$)

（　）

(A)1.10   (B)1.15

(C)1.20   (D)1.25

7. 某条形基础宽度 2m,埋深 1m,地下水埋深 0.5m。承重墙位于基础中轴,宽度 0.37m,作用于基础顶面荷载 235kN/m,基础材料采用钢筋混凝土。问验算基础底板配筋时的弯矩最接近下列哪个选项？ （　）

(A)35kN・m   (B)40kN・m

(C)55kN・m   (D)60kN・m

8. 既有基础平面尺寸 4m×4m,埋深 2m,底面压力 150kPa,如图,新建基础紧贴既有基础修建,基础平面尺寸 4m×2m,埋深 2m,底面压力 100kPa,已知基础下地基土为均质粉土,重度 $\gamma=20\text{kN/m}^3$,压缩模量 $E_s=10\text{MPa}$,层底埋深 8m,下卧基岩,问新建基

础的荷载引起的既有基础中心点的沉降量最接近下列哪个选项?(沉降修正系数取1.0) （ ）

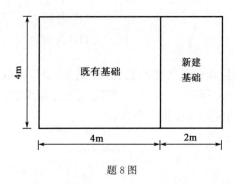

题 8 图

(A)1.8mm (B)3.0mm (C)3.3mm (D)4.5mm

9.某独立基础平面尺寸 5m×3m,埋深 2.0m,基础底面压力标准组合值 150kPa。场地地下水位埋深 2m,地层及岩土参数见表,问软弱下卧层②的层顶附加应力与自重应力之和最接近下列哪个选项? （ ）

题 9 表

层 号	层底埋深(m)	天然重度(kN/m³)	承载力特征值 f_{ak}(kPa)	压缩模量(MPa)
①	4.0	18	180	9
②	8.0	18	80	3

(A)105kPa (B)125kPa (C)140kPa (D)150kPa

10.某混凝土预制桩,桩径 $d=0.5$m,桩长 18m,地基土性质与单桥静力触探资料如图,按《建筑桩基技术规范》(JGJ 94—2008)计算,单桩竖向极限承载力标准值最接近下列哪个选项?(桩端阻力修正系数 α 取为 0.8) （ ）

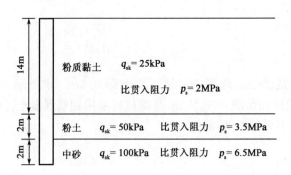

题 10 图

(A)900kN (B)1020kN

(C)1920kN (D)2230kN

11. 某柱下桩基础如图,采用 5 根相同的基桩,桩径 $d=800\text{mm}$,地震作用效应和荷载效应标准组合下,柱作用在承台顶面处的竖向力 $F_k=10000\text{kN}$,弯矩设计值 $M_{yk}=480\text{kN} \cdot \text{m}$,承台与土自重标准值 $G_k=500\text{kN}$,根据《建筑桩基技术规范》(JGJ 94—2008),基桩竖向承载力特征值至少要达到下列何值,该柱下桩基才能满足承载力要求?

（　　）

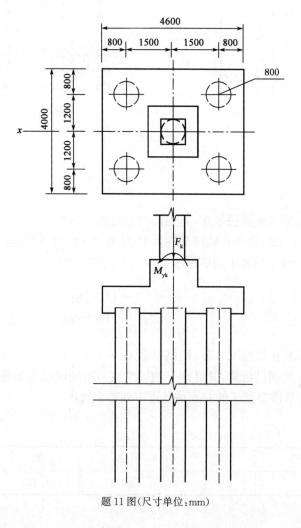

题 11 图(尺寸单位:mm)

(A)1460kN　　　　　　　　　　(B)1680kN

(C)2100kN　　　　　　　　　　(D)2180kN

12. 某构筑物柱下桩基础采用 16 根钢筋混凝土预制桩,直径 $d=0.5\text{m}$,桩长 20m,承台埋深 5m,其平面布置、剖面、地层如图。荷载效应标准组合下,作用于承台顶面的竖向荷载 $F_k=27000\text{kN}$,承台及其上土重 $G_k=1000\text{kN}$,桩端以上各土层的 $q_{sik}=60\text{kPa}$,软弱层顶面以上土的平均重度 $\gamma_m=18\text{kN/m}^3$,按《建筑桩基技术规范》(JGJ 94—2008)验算,软弱下卧层承载力特征值至少应接近下列何值才能满足要求?(取 $\eta_d=1.0, \theta=15°$)

（　　）

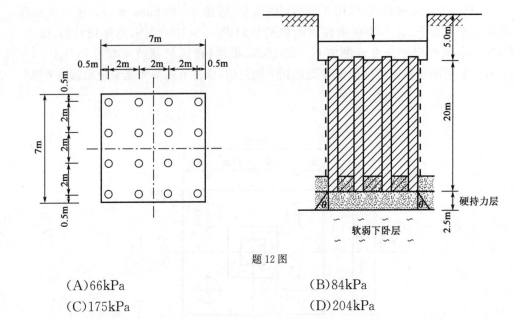

题 12 图

(A)66kPa   (B)84kPa

(C)175kPa   (D)204kPa

13. 某黄土地基采用碱液法处理,其土体天然孔隙比为 1.1,灌注孔成孔深度 4.8m,注液管底部距地表 1.4m,若单孔碱液灌注量 V 为 960L 时,按《建筑地基处理技术规范》(JGJ 79—2012),计算其加固土层的厚度最接近下列哪个选项?   (   )

(A)4.8m   (B)3.8m

(C)3.4m   (D)2.9m

14. 某饱和淤泥质土层厚 6.00m,固结系数 $C_v=1.9\times10^{-2}$ cm²/s,在大面积堆载作用下,淤泥质土层发生固结沉降,其竖向平均固结度与时间因数关系见下表。当平均固结度 $\overline{U}_z$ 达 75% 时,所需要预压的时间最接近下列哪个选项?   (   )

题 14 表

竖向平均固结度 $\overline{U}_z$(%)	25	50	75	90
时间因数 T_v	0.050	0.196	0.450	0.850

(A)60d   (B)100d

(C)140d   (D)180d

15. 某软土场地,淤泥质土承载力特征值 $f_a=75$kPa;初步设计采用水泥土搅拌桩复合地基加固,等边三角形布桩,桩间距 1.2m,桩径 500mm,桩长 10.0m,桩间土承载力发挥系数 β 取 0.4,设计要求加固后复合地基承载力特征值达到 160kPa;经载荷试验,复合地基承载力特征值 $f_{spk}=145$kPa,若其他设计条件不变,调整桩间距,下列哪个选项满足设计要求的最适宜桩距?   (   )

(A)0.90m   (B)1.00m

(C)1.10m   (D)1.20m

16. 某大型油罐群位于滨海均质正常固结软土地基上,采用大面积堆载预压法加固,预压荷载 140kPa,处理前测得土层的十字板剪切强度为 18kPa,由三轴固结不排水剪测得土的内摩擦角 $\varphi_{cu}=16°$。堆载预压至 90d 时,某点土层固结度为 68%,计算此时该点土体由固结作用增加的强度最接近下列哪一选项? （   ）

(A)45kPa   (B)40kPa
(C)27kPa   (D)25kPa

17. 现需设计一无黏性土的简单边坡,已知边坡高度为 10m,土的内摩擦角 $\varphi=45°$,黏聚力 $c=0$,当边坡坡角 β 最接近下列哪个选项时,其稳定安全系数 $F_s=1.3$?（   ）

(A)45°   (B)41.4°
(C)37.6°   (D)22.8°

18. 纵向很长的土坡剖面上取一条块如图,土坡坡角为 30°,砂土与黏土的重度都是 18kN/m³ 砂土 $c_1=0$,$\varphi_1=35°$,黏土 $c_2=30$kPa,$\varphi_2=20°$,黏土与岩石界面的 $c_3=25$kPa,$\varphi_3=15°$,假设滑动面都平行于坡面,请计算论证最小安全系数的滑动面位置将相应于下列哪个选项? （   ）

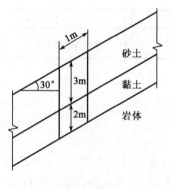

题 18 图

(A)砂土层中部   (B)砂土与黏土界面,在砂土一侧
(C)砂土与黏土界面,在黏土一侧   (D)黏土与岩石界面上

19. 重力式挡土墙断面如图,墙基底倾角为 6°,墙背面与竖直方向夹角 20°。用库仑土压力理论计算得到每延米的总主动压力为 $E_a=200$kN/m,墙体每延米自重 300kN/m,墙底与地基土间摩擦系数为 0.33,墙背面与填土间摩擦角 15°。计算该重力式挡土墙的抗滑稳定安全系数最接近下列哪个选项? （   ）

(A)0.50   (B)0.66
(C)1.10   (D)1.20

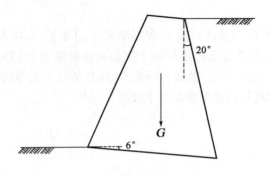

题 19 图

20. 一个采用地下连续墙支护的基坑土层分布如图,砂土与黏土天然重度均为 $20kN/m^3$,砂层厚 10m,黏土隔水层厚 1m,在黏土隔水层以下砾石层中有承压水,承压水头 8m。没有采用降水措施,为了保证抗突涌的渗透稳定安全系数不小于 1.1,该基坑的最大开挖深度 H 不能超过下列哪一选项? （ ）

题 20 图

(A)2.2m   (B)5.6m

(C)6.6m   (D)7.0m

21. 有一均匀黏性土地基,要求开挖深度 15m 的基坑,采用桩锚支护。已知该黏性土的重度 $\gamma=19kN/m^3$,黏聚力 $c=15kPa$,内摩擦角 $\varphi=26°$。坑外地面均布荷载为 48kPa,按《建筑边坡工程技术规范》(GB 50330—2013)规定计算等值梁的弯矩零点与坑底面的距离最接近下列哪一个数值? （ ）

(A)2.3m   (B)1.5m

(C)1.3m   (D)0.4m

22. 某电站引水隧洞,围岩为流纹斑岩,其各项评分见表,实测岩体纵波波速平均值为 3320m/s,岩块的纵波波速为 4176m/s。岩石饱和单轴抗压强度 $R_b=55.8MPa$,围岩最大主应力 $\sigma_m=11.5MPa$,试按《水利水电工程地质勘察规范》(GB 50487—2008)的要求进行的围岩分类是下列哪一选项? （ ）

(A)Ⅰ类   (B)Ⅱ类

(C)Ⅲ类   (D)Ⅳ类

项目	岩石强度	岩体完整程度	结构面状态	地下水状态	主要结构
评分	20分	28分	24分	−3分	−2分

23. 某基坑开挖深度10m,地面以下2m为人工填土,填土以下18m厚为中、细砂,含水层平均渗透系数$k=1.0$m/d;砂层以下为黏土层,地下水位在地表以下2m。已知基坑的等效半径$r_0=10$m,降水影响半径$R=76$m,要求地下水位降到基坑底面以下0.5m,井点深为20m,基坑远离边界,不考虑周边水体的影响。问该基坑降水的涌水量最接近下列哪个数值? ( )

(A)342m³/d   (B)380m³/d

(C)425m³/d   (D)453m³/d

24. 某城市位于长江一级阶地以上,基岩面以上地层具有明显的二元结构,上部0~30m为黏性土,孔隙比$e_0=0.7$,压缩系数$a_v=0.35$MPa^{-1},平均竖向固结系数$C_v=4.5\times10^{-3}$cm²/s;30m以下为砂砾层。目前该市地下水位位于地表下2.0m,由于大量抽汲地下水引起的水位年平均降幅为5m。假设不考虑30m以下地层的压缩量,问该市抽水一年后引起的地表最终沉降量最接近下列哪个选项? ( )

(A)26mm   (B)84mm

(C)237mm   (D)263mm

25. 某季节性冻土地基冻土层冻后的实测厚度为2.0m,冻前原地面标高为195.426m,冻后实测地面标高为195.586m,按《铁路工程特殊岩土勘察规程》(TB 10038—2012)确定该土层平均冻胀率最接近下列哪个选项? ( )

(A)7.1%   (B)8.0%

(C)8.7%   (D)9.2%

26. 某单层住宅楼位于一平坦场地,基础埋置深度$d=1$m,各土层厚度及膨胀率、收缩系数列于表。已知地表下1m处土的天然含水量和塑限含水量分别为$\omega_1=22\%$,$\omega_P=17\%$,按此场地的大气影响深度取胀缩变形计算深度$z_n=3.6$m。试问根据《膨胀土地区建筑技术规范》(GB 50112—2013)计算地基土的胀缩变形量最接近下列哪个选项? ( )

层号	分层深度 z_i(m)	分层厚度 h_i(mm)	各分层发生的含水量变化均值 $\Delta\omega_i$	膨胀率 δ_{epi}	收缩系数 λ_{si}
1	1.64	640	0.0285	0.0015	0.28
2	2.28	640	0.0272	0.0240	0.48
3	2.92	640	0.0179	0.0250	0.31
4	3.60	680	0.0128	0.0260	0.37

(A)16mm　　　　　　　　　　　　　　(B)30mm

(C)49mm　　　　　　　　　　　　　　(D)60mm

27. 某建筑拟采用天然地基,基础埋置深度1.5m。地基土由厚度为 d_u 的上覆非液化土层和下伏的饱和砂土组成。地震烈度8度,近期内年最高地下水位深度为 d_w。按《建筑抗震设计规范》(GB 50011—2010)对饱和砂土进行液化初步判别后,下列哪个选项还需要进一步进行液化判别?　　　　　　　　　　　　　　　　　　　　　　(　　)

(A)$d_u=7.0m;d_w=6.0m$　　　　　　　　(B)$d_u=7.5m;d_w=3.5m$

(C)$d_u=9.0m;d_w=5.0m$　　　　　　　　(D)$d_u=3.0m;d_w=7.5m$

28. 如图,位于地震区的非浸水公路挡土墙,墙高5m,墙后填料的内摩擦角 $\varphi=36°$,墙背摩擦角 $\delta=\varphi/2$,填料重度 $\gamma=19kN/m^3$,抗震设防烈度为9度,无地下水。试问作用在该墙上的地震主动土压力 E_a 与下列哪个选项最接近?　　　　(　　)

提示:库仑主动土压力系数基本公式 $K_a=\dfrac{\cos^2\varphi}{\cos\delta\left(1+\sqrt{\dfrac{\sin(\varphi+\delta)\cdot\sin\varphi}{\cos\delta}}\right)^2}$

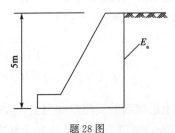

题28图

(A)180kN/m　　　　　　　　　　　　(B)150kN/m

(C)120kN/m　　　　　　　　　　　　(D)70kN/m

29. 某场地设防烈度为8度,设计地震分组为第一组,地层资料见表,问按《建筑抗震设计规范》(GB 50011—2010)确定的特征周期最接近下列哪个选项?　　　　(　　)

题29表

土　名	层底埋深(m)	土层厚度(m)	土层剪切波速(m/s)
粉细砂	9	9	170
粉质黏土	37	28	130
中砂	47	10	230
粉质黏土	58	11	200
中砂	66	8	350
砾石	84	18	550
强风化岩	94	10	600

(A)0.20s   (B)0.35s

(C)0.45s   (D)0.55s

30. 某住宅楼钢筋混凝土灌注桩,桩径为 0.8m,桩长为 30m,桩身应力波传播速度为 3800m/s。对该桩进行高应变应力测试后得到如下图所示的曲线和数据,其中 $R_x =$ 3MN。判定该桩桩身完整性类别为下列哪一选项?   (   )

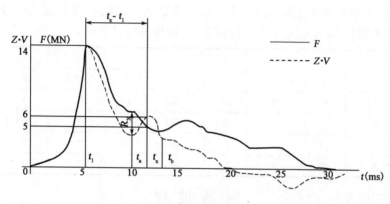

题 30 图

(A) Ⅰ 类   (B) Ⅱ 类

(C) Ⅲ 类   (D) Ⅳ 类

2011 年案例分析试题答案(下午卷)

标 准 答 案

本试卷由 30 道题组成,全部为单项选择题。考生可任选 25 道题作答。每题 2 分,满分为 50 分。若考生在答题卡或试卷上的作答超过 25 道题,则按题目序号从小到大的顺序对作答的前 25 道题计分及复评试卷,其他作答题目无效。

1	C	2	B	3	B	4	C	5	A
6	A	7	B	8	A	9	A	10	C
11	B	12	B	13	B	14	B	15	C
16	C	17	C	18	D	19	D	20	C
21	B	22	C	23	A	24	D	25	C
26	A	27	B	28	D	29	C	30	C

解 题 过 程

1. [答案] C

[解析] 砂土有效重度:$\gamma' = \gamma_w \dfrac{G_s - 1}{1 + e_0} = 10 \times \dfrac{2.71 - 1}{1 + 0.803} = 9.5\,\text{kN/m}^3$

渗透水力梯度=临界水力梯度,临界水力梯度 $J_{cr} = \dfrac{\gamma'}{\gamma_w}$,即 $\dfrac{\Delta h}{H} = \dfrac{\gamma'}{\gamma_w}$

推出:$\dfrac{\Delta h}{30} = \dfrac{9.5}{10}$,$\Delta h = 30 \times \dfrac{9.5}{10} = 28.5\,\text{cm}$

2. [答案] B

[解析] 原状土样的体积:$V_1 = \pi \times 4 \times 4 \times 2 = 100.5\,\text{cm}^3$

土的干密度:$\rho_d = \dfrac{m_3}{V_1} = \dfrac{131.4}{100.5} = 1.31\,\text{g/cm}^3$

土的初始孔隙比:$e_0 = G_s \dfrac{\rho_w}{\rho_d} - 1 = 2.7 \times \dfrac{1.0}{1.31} - 1 = 1.061$

压缩后土中孔隙的体积:$V_2 = \dfrac{m_2 - m_3}{\rho_w} = \dfrac{171.0 - 131.4}{1.0} = 39.6\,\text{cm}^3$

土粒的体积:$V_3 = \dfrac{m_3}{G_s \rho_w} = \dfrac{131.4}{2.7 \times 1.0} = 48.7\,\text{cm}^3$

压缩后土的孔隙比:$e_1 = \dfrac{V_2}{V_3} = \dfrac{39.6}{48.7} = 0.813$,$\Delta e = 1.061 - 0.813 = 0.248$

该题计算步骤稍多,但均是土工试验基本概念换算,概念明确,计算简单。

另一解法:

孔隙体积变化:$\Delta V = \dfrac{m_1 - m_2}{\rho_w} = \dfrac{183 - 171}{1} = 12\,\text{cm}^3$

孔隙比变化:$\Delta e = \dfrac{\Delta V}{V_s} = \dfrac{12}{131.4/2.7} = 0.247$

3. [答案] B

[解析] 按题干曲线所示，$d_{10}=0.002$，$d_{60}=0.2$，$d_{70}=0.3$；依据《水利水电工程地质勘察规范》(GB 50487—2008)，附录G求不均匀系数。

$$C_u = \frac{d_{60}}{d_{10}} = \frac{0.2}{0.002} = 100，C_u > 5，则需求细粒含量P。$$

图示曲线为级配连续的土，其粗、细颗粒的区分粒径d为：

$$d = \sqrt{d_{70} \cdot d_{10}} = \sqrt{0.3 \times 0.002} = 0.024$$

其中细颗粒含量从曲线中求取$P \approx 20\% < 25\%$，故判别为管涌。

4. [答案] C

[解析]《铁路隧道设计规范》(TB 10003—2016)附录B。

(1)基本分级

$R_c = 55\text{MPa}$，属硬质岩；

$$K_v = \left(\frac{5400}{6200}\right)^2 = 0.76 > 0.75，属完整岩石；$$

岩体纵波波速5400m/s，故围岩基本分级为Ⅱ级。

(2)围岩分级修正

①地下水修正，地下水水量较大，Ⅱ级修正为Ⅲ级；

②应力状态为极高应力状态，Ⅱ级不修正；

③综合修正为Ⅲ级。

5. [答案] A

[解析] 根据$S = \frac{P}{E}\Delta H$可知：$S = \left(\frac{50/2}{6} \times 5 + \frac{50}{6} \times 2\right) = 37.5\text{mm}$

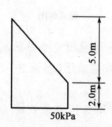

题5解图(有效应力变化示意图)

6. [答案] A

[解析] 基础底面抵抗矩：$W = \frac{\pi d^3}{32} = \frac{3.14 \times 6^3}{32} = 21.2\text{m}^3$

弯矩：$M = 10 \times 15\text{kN} \cdot \text{m}$

根据《建筑地基基础设计规范》(GB 50007—2011)式(5.2.2-2)：

$$p_{max} = p_k + \frac{M}{W} = 150 + \frac{10 \times 15}{21.2} = 157.1\text{kPa}$$

$$P_{min} = p_k - \frac{M}{W} = 150 - \frac{10 \times 15}{21.2} = 142.9\text{kPa}$$

$$\frac{p_{\max}}{p_{\min}} = \frac{157.1}{142.9} = 1.1$$

7. [答案] B

[解析]《建筑地基基础设计规范》(GB 50007—2011)第8.2.14条。

$$p_{\max} = p = \frac{F+G}{A}$$

$$G = 1.35G_k = 1.35 \times [20 \times 0.5 + (20-10) \times 0.5] \times 2 \times 1 = 40.5 \text{kN}$$

$$M = \frac{1}{6}a_1^2 \left(2p_{\max} + p - \frac{3G}{A}\right) = \frac{1}{6} \times \left(\frac{2-0.37}{2}\right)^2 \left(3 \times \frac{235+40.5}{2 \times 1} - \frac{3 \times 40.6}{2 \times 1}\right)$$

$$= 39 \text{kN} \cdot \text{m}$$

简单解法：

(1)计算基础净反力：净反力计算与地下水无关，$p_j = F/b = 235/2 = 118 \text{kPa}$

(2)按照简单力学关系计算弯矩：$M = \frac{1}{2}p_j a_1^2 = \frac{1}{2} \times 118 \times \left(\frac{2-0.37}{2}\right)^2 = 39 \text{kN} \cdot \text{m}$

8. [答案] A

[解析]

(1)计算 $ABED$ 的角点 A 的平均附加应力系数 $\bar{\alpha}_{A1}$

$l/b = 1.0, z/2 = 6/2 = 3.0$，既有基础下(埋深 2~8m)平均附加应力系数：

$$\bar{\alpha}_{A1} = 0.13692$$

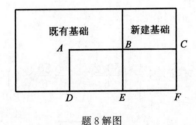

题8解图

(2)计算 $ACFD$ 的角点 A 的平均附加应力系数 $\bar{\alpha}_{A2}$

$l/b = 2.0, z/2 = 6/2 = 3.0$，既有基础下(埋深 2~8m)平均附加应力系数：

$$\bar{\alpha}_{A2} = 0.16193$$

(3)计算 $BCFE$ 对 A 点的平均附加应力系数 $\bar{\alpha}_A$

$$\bar{\alpha}_A = \bar{\alpha}_{A2} - \bar{\alpha}_{A1} = 0.025$$

(4)计算沉降量

A 点沉降量是 $BCFE$ 范围内荷载产生的沉降量的 2 倍。

$$s = 2\psi_s s' = \psi_s \sum_{i=1}^{n} \frac{p_0}{E_{si}}(z_i \bar{\alpha}_i - z_{i-1}\bar{\alpha}_{i-1}) = 2 \times 1.0 \times \frac{100 - 2 \times 20}{10} \times 0.025 \times 6$$

$$= 1.8 \text{mm}$$

或者依据叠加原理直接计算：

$$s = \frac{60}{10} \times 6 \times 2 \times 0.1619 - \frac{60}{10} \times 6 \times 2 \times 0.1369 = 1.8 \text{mm}$$

9. [答案] A

[解析]《建筑地基基础设计规范》(GB 50007—2011)第5.2.7条。

基底附加压力：$p_0 = (p_k - p_c) = 150 - 2 \times 18 = 114\text{kPa}$

模量比：$E_{s1}/E_{s2} = 9/3 = 3$，$z/b = 2/3 = 0.67 > 0.5$，扩散角取 23°。

依据规范式(5.2.7-3)，②的层顶附加应力：

$$p_z = \frac{lb(p_k - p_c)}{(b + 2z\tan\theta)(l + 2z\tan\theta)} = \frac{5 \times 3 \times 114}{(3 + 2 \times 2 \times \tan 23°)(5 + 2 \times 2 \times \tan 23°)}$$
$$= 54\text{kPa}$$

②的层顶自重应力(有效应力)：$p_{cz} = 2 \times 18 + 2 \times (18 - 10) = 52\text{kPa}$

②的层顶附加应力与自重应力之和：$p_z + p_{cz} = 54 + 52 = 106\text{kPa}$

10. [答案] C

[解析] 本题依据单桥静力触探原位测试资料计算单桩承载力。根据《建筑桩基技术规范》(JGJ 94—2008)第 5.3.3 条。

(1) $p_{sk1} = \frac{3.5 + 6.5}{2} = 5\text{MPa}$，$p_{sk2} = 6.5\text{MPa}$

$P_{sk1} < p_{sk2}$，所以 $p_{sk} = \frac{1}{2}(p_{sk1} + \beta \cdot p_{sk2})$

$\frac{p_{sk2}}{p_{sk1}} = \frac{6.5}{5} = 1.3 < 5$，查规范表 5.3.3-3，$\beta = 1$

$p_{sk} = \frac{1}{2} \times (5 + 6.5) = 5.75\text{MPa} = 5750\text{kPa}$

(2) $Q_{uk} = Q_{sk} + Q_{pk} = u\sum q_{sik}l_i + \alpha p_{sk}A_p$

$\qquad = 3.14 \times 0.5 \times (14 \times 25 + 2 \times 50 + 2 \times 100) + 0.8 \times 5750 \times 0.25 \times 3.14 \times$

$\qquad 0.5^2$

$\qquad = 1020.5 + 902.8$

$\qquad = 1923.3\text{kN}$

11. [答案] B

[解析] 本题考查不同荷载效应组合下，群桩基础桩顶作用荷载的计算及桩基承载力验算。要求在两种荷载效应组合下，基桩承载力都应满足要求。根据《建筑桩基技术规范》(JGJ 94—2008)第 5.1.1 条、5.2.1 条：

(1) $N_{E\text{kmax}} = \frac{F_k + G_k}{n} + \frac{M_{yk}x_i}{\sum x_j^2} = \frac{10000 + 500}{5} + \frac{480 \times 1.5}{4 \times 1.5^2} = 2100 + 80 = 2180\text{kN}$

$N_{Ek} = \frac{F_k + G_k}{n} = \frac{10000 + 500}{5} = 2100\text{kN}$

(2) $N_{Ek} \leqslant 1.25R$，$R \geqslant \frac{N_{Ek}}{1.25} = \frac{2100}{1.25} = 1680\text{kN}$

(3) $N_{E\text{kmax}} \leqslant 1.5R$，$R \geqslant \frac{N_{E\text{kmax}}}{1.5} = \frac{2180}{1.5} = 1453\text{kN}$

两者选其大值，基桩竖向承载力特征值为 1680kN。

12. [答案] B

[解析] 本题考查群桩基础软弱下卧层验算。根据《建筑桩基技术规范》(JGJ 94—2008)第 5.4.1 条：

$$(1)\ \sigma_z + \gamma_m z \leqslant f_{az},\sigma_z = \frac{(F_k + G_k) - \frac{3}{2}(A_0 + B_0) \cdot \sum q_{sik} l_i}{(A_0 + 2t \cdot \tan\theta)(B_0 + 2t \cdot \tan\theta)}$$

(2) $(A_0 + B_0)q_{sik}l_i = (6.5 + 6.5) \times 60 \times 20 = 15600\text{kN}$

$(A_0 + 2t \cdot \tan\theta)(B_0 + 2t \cdot \tan\theta) = (6.5 + 2 \times 2.5 \times \tan15°) \times (6.5 + 2 \times 2.5 \times \tan15°) = 61.46\text{m}^2$

(3) $\sigma_z = \dfrac{28000 - 1.5 \times 15600}{61.46} = \dfrac{4600}{61.46} = 74.85\text{kPa}$

(4) $f_{az} = f_{ak} + \eta_d \gamma_m (22.5 - 0.5) \geqslant \sigma_z + \gamma_m 22.5$

取 $f_{ak} = \sigma_z + \gamma_m \times 0.5 = 74.85 + 18 \times 0.5 = 83.85\text{kPa}$

13. [答案] B

[解析]《建筑地基处理技术规范》(JGJ 79—2012)第8.2.3条。

加固土层厚:$h = l + r$

l 为灌注孔长度,从注液管底部到灌注孔底部距离 $l = 4.8 - 1.4 = 3.4\text{m}$,$r$ 为有效加固半径。

$$r = 0.6\sqrt{\frac{V}{nl \times 10^3}} = 0.6 \times \sqrt{\frac{960}{0.523 \times 3.4 \times 10^3}} = 0.44$$

其中:n 为天然孔隙率,$n = \dfrac{e}{1+e} = \dfrac{1.1}{1+1.1} = 0.523$

故 $h = 3.4 + 0.44 = 3.8\text{m}$

14. [答案] B

[解析]《土力学》固结理论基本概念。

查表,$\overline{U}_z = 75\%$ 时,$T_v = 0.45$

$$T_v = C_v \times \frac{t}{H^2}$$

$$t = T_v \times \frac{H^2}{C_v} = 0.45 \times \frac{600^2}{1.9 \times 10^{-2}} = 8526316\text{s} \approx 99\text{d}$$

15. [答案] C

[解析]《建筑地基处理技术规范》(JGJ 79—2012)第7.1.5条。

三角形布桩时:

$$d_{e1} = 1.05 \times s_1 = 1.05 \times 1.20 = 1.26\text{m},m_1 = \left(\frac{d}{d_{e1}}\right)^2 = \left(\frac{0.5}{1.26}\right)^2 = 0.1575$$

依据《建筑地基处理技术规范》(JGJ 79—2012)式(7.1.5-2),对于水泥土搅拌桩式(7.1.5-2)中 λ 取 1.0,则

$$145 = 0.1575 \times \frac{R_a}{0.25 \times 0.25 \times \pi} + 0.4 \times (1 - 0.1575) \times 75 \text{,求得 } R_a = 149.2 \text{ kPa}$$

所以:$160 = m_2 \times \dfrac{149.2}{0.25 \times 0.25 \times \pi} + 0.4 \times (1 - m_2) \times 75$,得到 $m_2 = 0.178$

故:$d_{e2} = \sqrt{\dfrac{0.5 \times 0.5}{0.178}} = 1.19\text{m},s_2 = \dfrac{d_{e2}}{1.05} = \dfrac{1.19}{1.05} = 1.13\text{m}$

16. [答案] C

[解析] 《建筑地基处理技术规范》(JGJ 79—2012)第 5.2.11 条。

强度增长值 $\Delta\tau = \Delta\sigma_z U_t \tan\varphi_{cu}$

其中 $\Delta\sigma_z$ 为预压荷载引起的该点土体附加竖向应力,由于大面积堆载可取预压荷载 140kPa,所以:

$$U_t = 0.68, \varphi_{cu} = 16°, \Delta\tau = 140 \times 0.68\tan16° = 27.3\text{kPa}$$

17. [答案] C

[解析] 无黏性土坡稳定性分析。

无黏性土坡安全系数 $F_s = \dfrac{\tan\varphi}{\tan\beta}$,推出 $\tan\beta = \dfrac{\tan\varphi}{F_s} = 0.769, \beta = 37.6°$

18. [答案] D

[解析] (1)砂土一侧,在任意深度处直线滑动面的安全系数:

$$F_s = \frac{\tan\varphi}{\tan\theta} = \frac{\tan\varphi}{\tan30°} = 1.21, 此计算值对应 A、B 选项。$$

(2)砂土与黏土界面上,在黏土一侧,纵向与顺坡向都取单位宽度计算:

$$W = V \times \gamma = 3 \times 1 \times \cos30° \times 18 = 46.8\text{kN/m}$$

$$F_s = \frac{W\cos30°\tan20° + 30}{W\sin30°} = \frac{44.75}{23.4} = 1.91$$

(3)黏土与岩石界面上,纵向与顺坡方向都取单位宽度计算:

$$W = V \times \gamma = 5 \times 1 \times \cos30° \times 18 = 77.9\text{kN/m}$$

$$F_s = \frac{W\cos\theta\tan\varphi + c}{W\sin\theta} = \frac{77.9\cos30°\tan15° + 25}{77.9\sin30°} = \frac{43.1}{39} = 1.11$$

比较后取 1.11。

19. [答案] D

[解析] 《建筑地基基础设计规范》(GB 50007—2011)式(6.7.5-1)。

$$F_s = \frac{(G_n + E_{an})\mu}{E_{at} - G_t}$$

$$G_n = G\cos6° = 298.4\text{kN}, G_t = G\sin6° = 31.4\text{kN}$$

$$E_{an} = 200\cos(70° - 6° - 15°) = 131\text{kN}, E_{at} = 200\sin(70° - 6° - 15°) = 150.3\text{kN}$$

$$F_s = \frac{(298.4 + 131) \times 0.33}{150.3 - 31.4} = 1.190$$

如果未考虑墙底倾斜,则会选其他错误答案。

20. [答案] C

[解析] 《建筑地基基础设计规范》(GB 50007—2011)附录 W。

$$\frac{(10 + 1 - H) \times 20}{8 \times 10} = 1.1, 解得 H = 6.6\text{m}$$

《建筑基坑支护技术规程》(JGJ 120—2012)附录 C 也有类似公式。

注:如果安全系数取 1 时计算结果为 7.0m;按浮重度计算时为 2.2m;不考虑黏土层自重时为 5.6m。

21. [答案] B

[解析] 使用等值梁法计算时,是假设弯矩零点与土压力强度零点重合,将超静定的支挡结构简化为静定结构来计算。因此依据等值梁法计算原理,可计算相应的主动土压力和被动土压力,主动土压力和被动土压力相等点即为弯矩零点。

所以设弯矩零点距坑底面的距离为 h_c,则

$$\sqrt{k_a} = \tan(45° - \varphi/2) = \tan 32° = 0.625, k_a = 0.39$$

$$\sqrt{k_p} = \tan(45° + \varphi/2) = 1.6, k_p = 2.56$$

$$e_{ai} = [19 \times (15 + h_c) + 48] \times 0.39 - 2 \times 15 \times 0.625 = 111.1 + 7.4 h_c$$

$$e_{pi} = 19 \times h_c \times 2.56 + 2 \times 15 \times 1.6 = 48.6 h_c + 48$$

令 $e_{ai} = e_{pi}$,计算可得: $h_c = \dfrac{111.1 - 48}{48.6 - 7.4} = 1.53$

22. [答案] C

[解析]《水利水电工程地质勘察规范》(GB 50487—2008)附录 N。

(1)围岩总评分: $T = 20 + 28 + 24 - 3 - 2 = 67 < 85, 65 < T \leqslant 85$,为 Ⅱ 类围岩;

(2)围岩强度应力比: $k_v = \left(\dfrac{3320}{4176}\right)^2 = 0.63$

$$S = \frac{R_b \cdot k_v}{\sigma_m} = \frac{55.8 \times 0.63}{11.5} = 3.07 < 4$$

(3)按规范表 N.0.7,围岩级别相应降一级,综合判定为 Ⅲ 类围岩,选 C。

23. [答案] A

[解析]《建筑基坑支护技术规程》(JGJ 120—2012)附录 E。

依据边界条件判定为潜水完整井,因此:

$$S_d = 10 + 0.5 - 2 = 8.5 \text{m}, H = 18 \text{m}, R = 76 \text{m}, r_0 = 10 \text{m}, k = 1.0 \text{m/d}$$

涌水量: $Q = \pi k \dfrac{(2H - S_d)S_d}{\ln(1 + R/r_0)} = 3.14 \times 1.0 \times \dfrac{(36 - 8.5)8.5}{\ln(1 + 7.6)} = 341.1 \text{m}^3/\text{d}$

24. [答案] D

[解析] (1)采用分层总和法计算: $s = \sum_{i=1}^{n} \dfrac{a_v}{1 + e_0} \Delta p_i H_i$

(2)将地层分为 2 层,2~7m 为第一层,厚度 5m;7~30m 为第二层,厚度 23m。

(3)计算各层地面最终沉降量 s_∞:

$$s_{1\infty} = \frac{a_v}{1 + e_0} \cdot \Delta p \cdot H = \frac{0.35}{1 + 0.7} \times 25 \times 5 = 25.74 \text{mm}$$

$$s_{2\infty} = \frac{a_v}{1 + e_0} \cdot \Delta p \cdot H = \frac{0.35}{1 + 0.7} \times 50 \times 23 = 236.76 \text{mm}$$

$$s_\infty = 25.74 + 236.76 = 262.5 \text{mm}$$

25. [答案] C

[解析]《铁路工程特殊岩土勘察规程》(TB 10038—2012)第 8.5.5 条。

地表冻胀量: $\Delta Z = 195.586 - 195.426 = 0.16 \text{m}$

平均冻胀率：$\eta = \dfrac{\Delta Z}{z_{\mathrm{d}}} \times 100\% = \dfrac{0.16}{2.0 - 0.16} \times 100\% = 8.7\%$

26.[答案] A

[解析]《膨胀土地区建筑技术规范》(GB 50112—2013)第5.2.7条、5.2.9条。

由于离地面1m处地基土的天然含水量与塑限含水量之比 $\dfrac{w}{w_{\mathrm{p}}} = \dfrac{22\%}{17\%} = 1.29 >$

1.2，因此膨胀土地基变形只计算收缩变形量。

根据规范式(5.2.9)，单层住宅 $\psi_{\mathrm{s}} = 0.8$，则

$$S_{\mathrm{s}} = \psi_{\mathrm{s}} \sum_{i=1}^{n} \lambda_{si} \Delta w_i \cdot h_i$$

$$= 0.8 \times (0.28 \times 0.0285 \times 640 + 0.48 \times 0.0272 \times 640 + 0.31 \times 0.0179 \times 640 +$$

$$0.37 \times 0.0128 \times 680)$$

$$= 0.8 \times (5.11 + 8.36 + 3.55 + 3.22)$$

$$= 16.2\mathrm{mm}$$

27.[答案] B

[解析]《建筑抗震设计规范》(GB 50011—2010)第4.3.3条。

(1)基础埋置深度 $d_{\mathrm{b}} = 1.5\mathrm{m}$，不超过2m，应取 $d_{\mathrm{b}} = 2\mathrm{m}$ 来计算。

(2)烈度8度时，查表4.3.3，液化土特征深度 $d_0 = 8\mathrm{m}$。

依据规范第4.3.3条第3款进行初判：

$d_{\mathrm{u}} > d_0 + d_{\mathrm{b}} - 2$

$d_{\mathrm{w}} > d_0 + d_{\mathrm{b}} - 3$

$d_{\mathrm{u}} + d_{\mathrm{w}} > 1.5 d_0 + 2 d_{\mathrm{b}} - 4.5$

$d_{\mathrm{u}} > 8 + 2 - 2 = 8\mathrm{m}, d_{\mathrm{w}} > 8 + 2 - 3 = 7\mathrm{m}, d_{\mathrm{u}} + d_{\mathrm{w}} > 1.5 \times 8 + 2 \times 2 - 4.5 = 11.5\mathrm{m}$

只有选项B三个条件都不满足。

28.[答案] D

[解析]《公路工程抗震规范》(JTG B02—2013)附录A。

(1)抗震设防烈度为9度时，对应设计基本地震动峰值加速度为 $0.4g$，因此根据表A.0.1，对于非浸水挡土墙，地震角 θ 为 $6°$。

(2)主动土压力系数为：

$$K_{\mathrm{a}} = \dfrac{\cos^2(\varphi - \alpha - \theta)}{\cos\theta \cos^2\alpha \cos(\alpha + \delta + \theta)\left[1 + \sqrt{\dfrac{\sin(\varphi + \delta)\sin(\varphi - \beta - \theta)}{\cos(\alpha - \beta)\cos(\theta + \alpha + \delta)}}\right]^2}$$

对于本题：$\varphi = 36°$，$\alpha = 0°$，$\delta = 18°$，$\beta = 0°$

因此，$K_{\mathrm{a}} = \dfrac{\cos^2(36° - 0° - 6°)}{\cos 6° \cos^2 0° \cos(0° + 18° + 6°)\left[1 + \sqrt{\dfrac{\sin(36° + 18°)\sin(36° - 0 - 6°)}{\cos(0° - 0°)\cos(6° + 0 + 18°)}}\right]^2}$

$$= \frac{\cos^2 30°}{\cos 6° \cos 24° \left(1 + \sqrt{\frac{\sin 54° \sin 30°}{\cos 24°}}\right)^2}$$

$$= 0.2976$$

(3) $E_{ea} = \left[\frac{1}{2}\gamma H^2 + qH\frac{\cos\alpha}{\cos(\alpha-\beta)}\right]K_a - 2cHK_{ca}$

$$= \frac{1}{2}K_a\gamma H^2 = \frac{1}{2} \times 0.2976 \times 19 \times 5^2$$

$$= 70.68 \text{kN/m}$$

29. [答案] C

[解析] (1)剪切波从地表传至20m深度的传播时间:

$$t = \sum \frac{d_i}{v_{si}} = \frac{9}{170} + \frac{11}{130} = 0.1376\text{s}$$

(2)等效剪切波速:$v_{se} = 20/0.1376 = 145.3\text{m/s}$

(3)确定覆盖层厚度66m。

(4)查《建筑抗震设计规范》(GB 5011—2010)表4.1.6得出场地类别为Ⅲ类。查表5.1.4-2得出特征周期为0.45s。

30. [答案] C

[解析] (1)根据《建筑基桩检测技术规范》(JGJ 106—2014)式(9.4.11-1)计算桩身完整性系数 β:

$$\beta = \frac{F(t_1) + F(t_x) + Z \cdot [V(t_1) - V(t_x)] - 2R_x}{F(t_1) - F(t_x) + Z \cdot [V(t_1) + V(t_x)]}$$

从题中和图中可知:

$F(t_1) = 14\text{MN}, Z \cdot V(t_1) = 14\text{MN}, F(t_X) = 5\text{MN}, Z \cdot V(t_X) = 6\text{MN}$

代入上面公式计算得 $\beta = 0.724$

(2)按规范表9.4.11确定该桩身完整性类别:

$0.6 \leqslant \beta < 0.8$,因此该桩桩身完整性类别为Ⅲ类。

2012年案例分析试题(上午卷)

1.在某建筑场地的岩石地基上进行了 3 组岩基载荷试验,试验结果见下表。根据试验结果确定的岩石地基承载力特征值最接近下列哪一选项? 并说明确定过程。（　　）

题1表

试 验 编 号	比例界限对应的荷载值(kPa)	极限荷载值(kPa)
1	640	1920
2	510	1580
3	560	1440

(A)480kPa　　　　　　　　　　(B)510kPa

(C)570kPa　　　　　　　　　　(D)820kPa

2.某洞室轴线走向为南北向,其中某工程段岩体实测弹性纵波速度为 3800m/s,主要软弱结构面的产状为:倾向 NE68°,倾角 59°;岩石单轴饱和抗压强度 $R_c=72$ MPa,岩块弹性纵波速度为 4500m/s;垂直洞室轴线方向的最大初始应力为 12MPa;洞室地下水呈淋雨状出水,水量为 8L/(min·m)。该工程岩体的质量等级为下列哪个选项?（　　）

(A)Ⅰ级　　　　　　　　　　(B)Ⅱ级

(C)Ⅲ级　　　　　　　　　　(D)Ⅳ级

3.某工程进行现场水文地质试验,已知潜水含水层底板埋深为 9.0m,设置潜水完整井,井径 $D=200$ mm,实测地下水位埋深 1.0m,抽水至水位埋深 7.0m 后让水位自由恢复,不同恢复时间实测得到的地下水位如下。则估算的地层渗透系数最接近以下哪个数值?（　　）

题3表

测读时间(min)	1.0	5.0	10.0	30.0	60.0
水位埋深(cm)	603.0	412.0	332.0	190.0	118.5

(A)1.3×10^{-3}cm/s　　　　　　　(B)1.8×10^{-4}cm/s

(C)4.0×10^{-4}cm/s　　　　　　　(D)5.2×10^{-4}cm/s

4.某高层建筑拟采用天然地基,基础埋深 10m,基底附加压力为 280kPa,基础中心点下附加应力系数见附表。被勘探明地下水位埋深 3m,地基土为中、低压缩性的粉土和粉质黏土,平均天然重度为 $\gamma=19$ kN/m³,孔隙比为 $e=0.7$,土粒相对密度 $G_s=2.70$。问详细勘察时,钻孔深度至少达到下列哪个选项的数值才能满足变形计算的要求?(水

的重度取 $10kN/m^3$）   （ ）

题 4 表

基础中心点下深度 z(m)	8	12	16	20	24	28	32	36	40
附加应力系数 α_i	0.80	0.61	0.45	0.33	0.26	0.20	0.16	0.13	0.11

(A)24m   (B)28m

(C)34m   (D)40m

5. 图示柱下钢筋混凝土独立基础,底面尺寸为 $2.5m \times 2.0m$,基础埋深为 2m,上部结构传至基础顶面的竖向荷载 F 为 700kN,基础及其上土的平均重度为 $20kN/m^3$,作用于基础底面的力矩 M 为 260kN·m,距基底 1m 处作用水平荷载 H 为 190kN。该基础底面的最大压力与下列哪个数值最接近?   （ ）

(A)400kPa   (B)396kPa

(C)213kPa   (D)180kPa

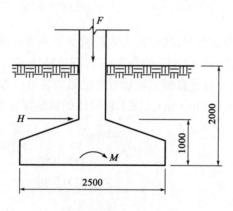

题 5 图(尺寸单位:mm)

6. 大面积料场场区地层分布及参数如图所示。②层黏土的压缩试验结果见下表,地表堆载 120kPa,则在此荷载作用下,黏土层的压缩量与下列哪个数值最接近?   （ ）

题 6 表

p(kPa)	0	20	40	60	80	100	120	140	160	180
e	0.900	0.865	0.840	0.825	0.810	0.800	0.791	0.783	0.776	0.771

题 6 图

(A)46mm   (B)35mm

(C)28mm   (D)23mm

7. 多层建筑物,条形基础,基础宽度 1.0m,埋深 2.0m。拟增层改造,荷载增加后,相应于荷载效应标准组合时,上部结构传至基础顶面的竖向力为160kN/m,采用加深、加宽基础方式托换,基础加深 2.0m,基底持力层土质为粉砂,考虑深宽修正后持力层地基承载力特征值为 200kPa,无地下水,基础及其上土的平均重度取 22kN/m³。荷载增加后设计选择的合理的基础宽度为下列哪个选项? ( )

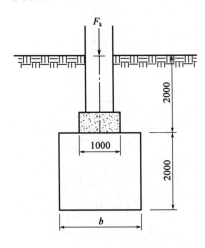

题7图(尺寸单位:mm)

(A)1.4m   (B)1.5m   (C)1.6m   (D)1.7m

8. 某高层住宅楼与裙楼的地下结构相互连接,均采用筏板基础,基底埋深为室外地面下 10.0m。主楼住宅楼基底平均压力 $p_{k1}=260kPa$,裙楼基底平均压力 $p_{k2}=90kPa$,土的重度为18kN/m³,地下水位埋深 8.0m,住宅楼与裙楼长度方向均为50m,其余指标如图所示。试计算修正后住宅楼地基承载力特征值最接近下列哪个选项? ( )

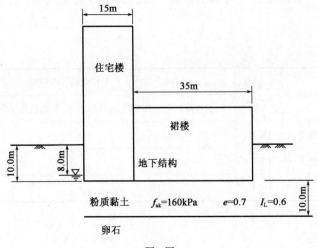

题8图

(A)299kPa   (B)307kPa

(C)319kPa   (D)410kPa

9. 某高层建筑采用梁板式筏形基础,柱网尺寸为 8.7m×8.7m,柱横截面为 1450mm× 1450mm,柱下为交叉基础梁,梁宽为 450mm,荷载效应基本组合下地基净反力为 400kPa,设梁板式筏基的底板厚度为 1000mm,双排钢筋,钢筋合力点至板截面近边的距离取 70mm,按《建筑地基基础设计规范》(GB 50007—2011)计算距基础梁边缘 h_0(板的有效高度)处底板斜截面所承受剪力设计值最接近下列何值?   ( )

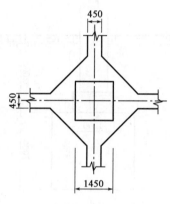

题 9 图(尺寸单位:mm)

(A)4100kN   (B)5500kN

(C)6200kN   (D)6500kN

10. 某甲类建筑物拟采用干作业钻孔灌注桩基础,桩径 0.80m,桩长 50.0m;拟建场地土层如图所示,其中土层②、③层均为湿陷性黄土状粉土,该两层土自重湿陷量 $\Delta_{zs} =$ 440mm,④层粉质黏土无湿陷性。桩基设计参数见下表,请问根据《建筑桩基技术规范》(JGJ 94—2008)和《湿陷性黄土地区建筑标准》(GB 50025—2018)规定,单桩所能承受的竖向力 N_k 最大值最接近下列哪项数值?(注:黄土状粉土的中性点深度比取 $l_n/l_0 =$ 0.5)   ( )

题 10 表

地层编号	地层名称	天然重度 γ (kN/m³)	干作业钻孔灌注桩	
			桩的极限侧阻力标准值 q_{ik}(kPa)	桩的极限端阻力标准值 q_{pk}(kPa)
②	黄土状粉土	18.7	31	
③	黄土状粉土	19.2	42	
④	粉质黏土	19.2	100	2200

(A)2110kN   (B)2486kN

(C)2864kN   (D)3642kN

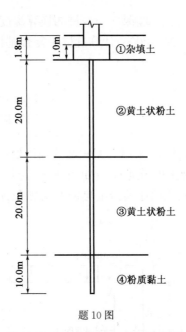

题 10 图

11. 某地下箱形构筑物,基础长 50m,宽 40m,顶面高程-3m,底面高程为-11m,构筑物自重(含上覆土重)总计 $1.2×10^5$ kN,其下设置 100 根 $\phi600$ 抗浮灌注桩,桩轴向配筋抗拉强度设计值为 300N/mm²,抗浮设防水位为-2m,假定不考虑构筑物上的侧摩阻力,按《建筑桩基技术规范》(JGJ 94—2008)计算,桩顶截面配筋率至少是下列哪一个选项?(分项系数取 1.35,不考虑裂缝验算,抗浮稳定安全系数取 1.0)　　　( )

(A)0.40%　　　　　　　　　　　　(B)0.50%

(C)0.65%　　　　　　　　　　　　(D)0.96%

12. 某公路跨河桥梁采用钻孔灌注桩(摩擦桩),桩径 1.2m,桩端入土深度 50m,桩端持力层为密实粗砂,桩周及桩端地基土的参数见下表,桩位于水位以下,无冲刷,假定清底系数为 0.8,桩端以上土层的加权平均浮重度为 9.0kN/m³,按《公路桥涵地基与基础设计规范》(JTG 3363—2019)计算,施工阶段单桩轴向抗压承载力特征值最接近下列哪一个选项?　　( )

题 12 表

土　层	土层厚度(m)	侧摩阻力标准值 q_{ik}(kPa)	承载力特征值 f_{a0}(kPa)
①黏土	35	40	
②粉土	10	60	
③粗砂	20	120	500

(A)6000kPa　　　　　　　　　　　(B)7000kPa

(C)8000kPa　　　　　　　　　　　(D)9000kPa

13. 某钻孔灌注桩群桩基础,桩径为 0.8m,单桩水平承载力特征值为 $R_{ha}=100$kN(位移控制),沿水平荷载方向布桩排数 $n_1=3$,垂直水平荷载方向每排桩数 $n_2=4$,距径

比 $s_a/d=4$，承台位于松散填土中，埋深 0.5m，桩的换算深度 $\alpha h=3.0$m，考虑地震作用，按《建筑桩基技术规范》(JGJ 94—2008)计算群桩中复合基桩水平承载力特征值最接近下列哪个选项？　　　　　　　　　　　　　　　　　　　　　　　（　　）

　　(A)134kN　　　　　　　　　　　　　(B)154kN
　　(C)157kN　　　　　　　　　　　　　(D)177kN

　　14. 某厚度 6m 的饱和软土层，采用大面积堆载预压处理，堆载压力 $p_0=100$kPa，在某时刻测得超孔隙水压力沿深度分布曲线如图所示，土层的 $E_s=2.5$MPa、$k=5.0\times10^{-8}$cm/s，试求此时刻饱和软土的压缩量最接近下列哪个数值？（总压缩量计算经验系数取 1.0）　　　　　　　　　　　　　　　　　　　　　　　　　　（　　）

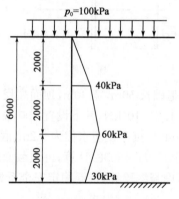

题 14 图(尺寸单位:mm)

　　(A)92mm　　　　　(B)118mm　　　　　(C)148mm　　　　　(D)240mm

　　15. 某场地地基为淤泥质粉质黏土，天然地基承载力特征值为 60kPa。拟采用水泥土搅拌桩复合地基加固，桩长 15.0m，桩径 600mm，桩周侧阻力特征值 $q_s=10$kPa、端阻力特征值 $q_p=40$kPa，桩身强度折减系数 η 取 0.2，桩端端阻力发挥系数 α_p 取 0.4，水泥加固土试块 90d 龄期立方体抗压强度平均值为 $f_{cu}=1.8$MPa，桩间土承载力发挥系数 β 取 0.4，单桩承载力发挥系数 λ 取 1.0。试问要使复合地基承载力特征值达到 160kPa，用等边三角形布桩时，计算桩间距最接近下列哪个选项的数值？　　　　　　（　　）

　　(A)0.5m　　　　　　　　　　　　　(B)0.9m
　　(C)1.2m　　　　　　　　　　　　　(D)1.6m

　　16. 某软土地基拟采用堆载预压法进行加固，已知在工作荷载作用下软土地基的最终固结沉降量为 248cm，在某一超载预压荷载作用下软土的最终固结沉降量为 260cm。如果要求该软土地基在工作荷载作用下工后沉降量小于 15cm，问在该超载预压荷载作用下软土地基的平均固结度应达到以下哪个选项？　　　　　　　　　　　　　　（　　）

　　(A)80%　　　　　　　　　　　　　(B)85%
　　(C)90%　　　　　　　　　　　　　(D)95%

17. 某地基软黏土层厚 10m,其下为砂层,土的固结系数为 $c_h = c_v = 1.8 \times 10^{-3} \, \text{cm}^2/\text{s}$,采用塑料排水板固结排水,排水板宽 $b=100\text{mm}$,厚度 $\delta=4\text{mm}$,塑料排水板正方形排列,间距 $l=1.2\text{m}$,深度打至砂层顶,在大面积瞬时预压荷载 120kPa 作用下,按《建筑地基处理技术规范》(JGJ 79—2012)计算,预压 60d 时地基达到的固结度最接近下列哪个值?(为简化计算,不计竖向固结度,不考虑涂抹和井阻影响)   (   )

(A)65%   (B)73%
(C)83%   (D)91%

18. 图示的岩石边坡坡高 12m,坡面 AB 坡率为 1∶0.5,坡顶 BC 水平,岩体重度 $\gamma=23\text{kN/m}^3$。已查出坡体内软弱夹层形成的滑面 AC 的倾角为 $\beta=42°$,测得滑面材料饱水时的内摩擦角 $\varphi=18°$。问边坡的滑动安全系数为 1.0 时,滑动的黏结力最接近下列哪个选项的数值?   (   )

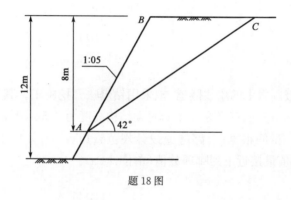

题 18 图

(A)21kPa   (B)16kPa
(C)25kPa   (D)12kPa

19. 有一重力式挡土墙,墙背垂直光滑,填土面水平,地表荷载 $q=49.4\text{kPa}$,无地下水,拟使用两种墙后填土,一种是黏土 $c_1=20\text{kPa}$、$\varphi_1=12°$、$\gamma_1=19\text{kN/m}^3$,另一种是砂土 $c_2=0$、$\varphi_2=30°$、$\gamma_2=21\text{kN/m}^3$。问当采用黏土填料和砂土填料的墙背总主动土压力两者基本相等时,墙高 H 最接近下列哪个选项?   (   )

(A)4.0m   (B)6.0m
(C)8.0m   (D)10.0m

20. 某加筋土挡墙高 7m,加筋土的重度 $\gamma=19.5\text{kN/m}^3$、内摩擦角 $\varphi=30°$,筋材与填土的摩擦系数 $f=0.35$,筋材宽度 $B=10\text{cm}$,设计要求筋材的抗拔力为 $T=35\text{kN}$。按《土工合成材料应用技术规范》(GB/T 50290—2014)的相关要求,距墙顶面下 3.5m 处加筋筋材的有效长度最接近下列哪个选项?   (   )

(A)5.5m   (B)7.5m
(C)9.5m   (D)11.5m

21. 某建筑浆砌石挡土墙重度 22kN/m³,墙高 6m,底宽 2.5m,顶宽 1m,墙后填料重度 19kN/m³,黏聚力 20kPa,内摩擦角 15°,忽略墙背与填土的摩阻力,地表均布荷载 25kPa。问该挡土墙的抗倾覆稳定安全系数最接近下列哪个选项? （　　）

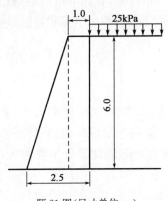

题 21 图(尺寸单位:m)

(A)1.5 (B)1.8

(C)2.0 (D)2.2

22. 某公路Ⅳ级围岩中的单线隧道,拟采用钻爆法开挖施工。其标准断面衬砌顶距地面距离为 13m,隧道开挖宽度为 6.4m,衬砌结构高度为 6.5m,围岩重度为 24kN/m³,计算摩擦角为 50°。试问根据《公路隧道设计规范》(JTG 3370.1—2018)计算,该隧道水平围岩压力最小值最接近下列哪项数值(单位:kPa)? （　　）

(A)14.8 (B)41.4

(C)46.8 (D)98.5

23. 在一均质土层中开挖基坑,基坑深度 15m,支护结构安全等级为二级,采用桩锚支护形式,一桩一锚,桩径 800mm,间距 1m,土层的黏聚力 $c=15$kPa,内摩擦角 $\varphi=20°$,重度 $\gamma=20$kN/m³,第一道锚杆位于地面下 4.0m,锚杆体直径 150mm,倾角 15°,弹性支点水平反力 $F_h=200$kN,土层与锚杆杆体极限摩阻力标准值为 50kPa。根据《建筑基坑支护技术规程》(JGJ 120—2012),该层锚杆设计长度最接近下列选项中的哪一项?(假设潜在滑动面通过基坑坡脚处) （　　）

(A)18.0m (B)21.0m

(C)22.5m (D)24.0m

24. 如图所示的顺层岩质边坡,已知每延米滑体作用在桩上的剩余下滑力为 900kN,桩间距为 6m,悬臂段长 9m,锚固段 8m,剩余下滑力在桩上的分布按矩形分布,试问抗滑桩锚固段顶端截面上的弯矩是下列哪个选项? （　　）

(A)28900kN・m (B)24300kN・m

(C)32100kN・m (D)19800kN・m

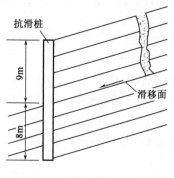

题 24 图

25. 有一 6m 高的均匀土质边坡,$\gamma = 17.5 \text{kN/m}^3$,根据最危险滑动圆弧计算得到的抗滑力矩为 3580kN·m,滑动力矩为 3705kN·m。为提高边坡的稳定性提出图示两种卸荷方案,卸荷土方量相同而卸荷部位不同,试计算卸荷前、卸荷方案 1、卸荷方案 2 的边坡稳定系数(分别为 K_0、K_1、K_2),判断三者关系为下列哪一选项?(假设卸荷后抗滑力矩不变) ( )

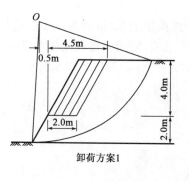

卸荷方案1

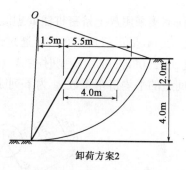

卸荷方案2

题 25 图

(A)$K_0 = K_1 = K_2$ (B)$K_0 < K_1 = K_2$

(C)$K_0 < K_1 < K_2$ (D)$K_0 < K_2 < K_1$

26. 某地面沉降区,据观测其累计沉降量为 120cm,预估后期沉降量为 50cm。今在其上建设某工程,场地长 200m,宽 100m,设计要求沉降稳定后地面标高与沉降发生前的地面标高相比高出 0.8m(填土沉降忽略不计),回填要求的压实度不小于 0.94,已知料场中土料天然含水量为 29.6%,重度为 19.6kN/m³,土粒相对密度为 2.71,最大干密度为 1.69g/cm³,最优含水量为 20.5%,则场地回填所需土料的体积最接近下列哪个数值? ( )

(A)21000m³   (B)42000m³   (C)52000m³   (D)67000m³

27. 某二级公路抗震重要程度为一般工程的路肩挡土墙,位于抗震设防烈度 8 度区,水平向设计基本地震动峰值加速度为 0.20g,设计墙高 8m,墙后填土为无黏性土,土的重度为 18kN/m³,内摩擦角为 33°,问在进行抗震设计时,作用于墙背每延米长度上的地震主动土压力为下列何值? ( )

(A)105kN/m   (B)186kN/m   (C)236kN/m   (D)286kN/m

28. 某水利工程场地勘察,在进行标准贯入试验时,标准贯入点在当时地面以下的深度为5m,地下水位在当时地面以下的深度为2m。工程正常运用时,场地已在原地面上覆盖了3m厚的填土,地下水位较原水位上升了4m。已知该地地震设防烈度为8度,比相应的震中烈度小2度。现需对该场地粉砂(黏粒含量 $\rho_c=6\%$)进行地震液化复判。按照《水利水电工程地质勘察规范》(GB 50487—2008),当时实测的标准贯入锤击数至少要不小于下列哪个选项的数值时,才可将该粉砂复判为不液化土?   (　　)

(A)14   (B)13   (C)12   (D)11

29. 某Ⅲ类场地上的建筑结构,设计基本地震加速度0.30g,设计地震分组第一组,按《建筑抗震设计规范》(GB 50011—2010)规定,当有必要进行罕遇地震作用下的变形验算时,算得的水平地震影响系数与下列哪个选项的数值最为接近?(已知结构自振周期 $T=0.75$s,阻尼比 $\zeta=0.075$)   (　　)

(A)0.55   (B)0.62   (C)0.74   (D)0.83

30. 某住宅楼采用灰土挤密桩法处理湿陷性黄土地基,桩径为0.4m,桩长为6.0m,桩中心距为0.9m,呈正三角形布桩。通过击实试验,桩间土在最优含水量 $w_{op}=17.0\%$ 时的湿密度 $\rho=2.00$g/cm^3。检测时在 A、B、C 三处分别测得的干密度 ρ_d(g/cm^3)见下表,请问桩间土的平均挤密系数 η_c 为下列哪一选项?   (　　)

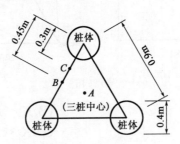

题30图

题30表

取样深度	取 样 位 置		
(m)	A	B	C
0.5	1.52	1.58	1.63
1.5	1.54	1.60	1.67
2.5	1.55	1.57	1.65
3.5	1.51	1.58	1.66
4.5	1.53	1.59	1.64
5.5	1.52	1.57	1.62

(A)0.894   (B)0.910   (C)0.927   (D)0.944

2012 年案例分析试题答案(上午卷)

标 准 答 案

本试卷由 30 道题组成,全部为单项选择题。考生可任选 25 道题作答。每题 2 分,满分为 50 分。若考生在答题卡或试卷上的作答超过 25 道题,则按题目序号从小到大的顺序对作答的前 25 道题计分及复评试卷,其他作答题目无效。

1	A	2	C	3	C	4	C	5	A
6	D	7	B	8	A	9	A	10	A
11	C	12	C	13	C	14	C	15	B
16	C	17	C	18	B	19	B	20	B
21	C	22	A	23	D	24	B	25	C
26	C	27	B	28	C	29	C	30	D

解 题 过 程

1.[答案] A

[解析]《建筑地基基础设计规范》(GB 50007—2011)附录 H.0.10 条。

极限荷载除以 3 的安全系数与比例界限对应限荷载比较,取小值。

第一组:$\dfrac{1920}{3}=640=640$,取 640kPa;

第二组:$\dfrac{1580}{3}=526.7>510$,取 510kPa;

第三组:$\dfrac{1440}{3}=480<560$,取 480kPa;

取最小值作为岩石地基承载力特征值,$f_a=480$kPa。

2.[答案] C

[解析]《工程岩体分级标准》(GB/T 50218—2014)第 4.1.1 条、4.2.2 条和 5.2.2 条。

$$K_v=\left(\dfrac{V_{pm}}{V_{pr}}\right)^2=\left(\dfrac{3800}{4500}\right)^2=0.71$$

$90K_v+30=93.9>R_c=72$,取 $R_c=72$

$0.04R_c+0.4=3.28>K_v=0.71$,取 $K_v=0.71$

$BQ=100+3R_c+250K_v=100+3\times72+250\times0.71=493.5$

查表可知岩体基本质量分级为 Ⅱ 级。

地下水影响修正系数:查表 5.2.2-1,$K_1=0.1$

主要结构面产状影响修正系数:查表 5.2.2-2,$K_2=0.4\sim0.6$

初始应力状态影响修正系数:$\dfrac{R_c}{\sigma_{max}}=\dfrac{72}{12}=6$,查表 5.2.2-3,$K_3=0.5$

岩体质量指标：

$$[BQ] = BQ - 100(K_1 + K_2 + K_3) = 493.5 - 100 \times [0.1 + (0.4 \sim 0.6) + 0.5]$$
$$= 373.5 \sim 393.5$$

故确定该岩体质量等级为Ⅲ级。

3.[答案] C

[解析]《工程地质手册》(第五版)第 1238 页。

含水层厚度 $H = 900 - 100 = 800\mathrm{cm}$，初始地下水位降深 $s_1 = 700 - 100 = 600\mathrm{cm}$，抽水孔半径 $r_\mathrm{w} = 10\mathrm{cm}$；直接选取最后一次抽水试验进行计算：

$$k = \frac{3.5r_\mathrm{w}^2}{(H + 2r_\mathrm{w})t} \ln \frac{s_1}{s_2} = \frac{3.5 \times 10^2}{(800 + 2 \times 10) \times 60 \times 60} \times \ln \frac{600}{118.5 - 100} = 4.1 \times 10^{-4}\ \mathrm{cm/s}$$

4.[答案] C

[解析]《岩土工程勘察规范》(GB 50021—2001)(2009 年版)第 4.1.19 条。

假设钻孔深度为 34m，距基底深度：$z = 34 - 10 = 24\mathrm{m}$

土层有效重度：$\gamma' = \dfrac{G_\mathrm{s} - 1}{1 + e} \gamma_\mathrm{w} = \dfrac{2.70 - 1}{1 + 0.7} \times 10 = 10\ \mathrm{kN/m^3}$

34m 处的自重应力：$\sigma_z = 3 \times 19 + 31 \times 10 = 367\mathrm{kPa}$

34m 处的附加应力，$z = 24\mathrm{m}$，$p_z = p_0 a_i = 280 \times 0.26 = 72.8\mathrm{kPa}$

$\dfrac{p_z}{\sigma_z} = \dfrac{72.8}{367} = 0.198$，小于 20%，满足要求。

5.[答案] A

[解析] 基础及其上土重：$G_\mathrm{k} = 20 \times 2 \times 2.5 \times 2 = 200\mathrm{kN}$

偏心距：$e = \dfrac{M_\mathrm{k}}{F_\mathrm{k} + G_\mathrm{k}} = \dfrac{260 + 190 \times 1}{700 + 200} = 0.5\mathrm{m} > \dfrac{b}{2} = 0.42\mathrm{m}$，大偏心。

$$p_\mathrm{kmax} = \frac{2(F_\mathrm{k} + G_\mathrm{k})}{3al} = \frac{2 \times (700 + 200)}{3 \times \left(\dfrac{2.5}{2} - 0.5\right) \times 2} = 400\mathrm{kPa}$$

6.[答案] D

[解析] 黏土层层顶自重应力：$2 \times 17 = 34\mathrm{kPa}$

层底自重应力：$34 + 0.66 \times 18 = 45.88\mathrm{kPa}$

黏土层平均自重应力：$\dfrac{34 + 45.88}{2} = 39.94\mathrm{kPa}$，查表得 $e_1 = 0.84$

黏土层平均自重应力＋平均附加应力＝$39.94 + 120 = 159.94\mathrm{kPa}$

对应孔隙比：$e_2 = 0.776$

$$s = \frac{e_1 - e_2}{1 + e_1} h = \frac{0.84 - 0.776}{1 + 0.84} \times 0.66 = 0.023\mathrm{m} = 23\mathrm{mm}$$

7.[答案] B

[解析] 对于条形基础，$b \geqslant \dfrac{F_\mathrm{k}}{f_\mathrm{a} - \gamma_\mathrm{G} d} = \dfrac{160}{200 - 22 \times 4} = 1.43\mathrm{m}$

8.[答案] A

[解析] 据《建筑地基基础设计规范》(GB 50007—2011)第5.2.4条条文说明,基础埋深范围内土的加权平均重度:$\gamma_{\mathrm{m}} = \dfrac{18 \times 8 + 8 \times 2}{10} = 16\,\mathrm{kN/m^3}$

主楼宽度15m,裙楼宽度35m,大于2倍主楼宽度,裙楼基底压力折算成土层厚度:$d_1 = \dfrac{90}{16} = 5.63\,\mathrm{m}$

按最不利原则,取较小的埋深计算,埋置深度:$d = 5.63\,\mathrm{m}$

$b = 15\,\mathrm{m} > 6\,\mathrm{m}$ 取 $b = 6\,\mathrm{m}$,查表:$\eta_b = 0.3$,$\eta_d = 1.6$

$f_{\mathrm{a}} = f_{\mathrm{ak}} + \eta_b \gamma (b - 3) + \eta_{\mathrm{d}} \gamma_{\mathrm{m}} (d - 0.5) = 160 + 0.3 \times 8 \times (6 - 3) + 1.6 \times 16 \times (5.63 - 0.5) = 298.53\,\mathrm{kPa}$

9.[答案] A

[解析]《建筑地基基础设计规范》(GB 50007—2011)。

$h_0 = 1000 - 70 = 930\,\mathrm{mm} = 0.93\,\mathrm{m}$

阴影部分三角形底边长:$a = 8.7 - 2 \times \left(\dfrac{0.45}{2} + 0.93\right) = 6.39\,\mathrm{m}$

阴影部分三角形的高:$h = \dfrac{8.7 - 0.45}{2} - 0.93 = 3.195\,\mathrm{m}$

剪力设计值:$V_{\mathrm{s}} = p_{\mathrm{j}} A = 400 \times \dfrac{1}{2} \times 6.39 \times 3.195 = 4083.21\,\mathrm{kN}$

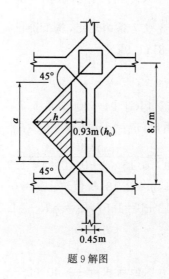

题9解图

10.[答案] A

[解析] $\dfrac{l_{\mathrm{n}}}{l_0} = 0.5$,中性点深度:$l_{\mathrm{n}} = 0.5 \times 40 = 20\,\mathrm{m}$

据《湿陷性黄土地区建筑标准》(GB 50025—2018)表5.7.6,湿陷性黄土的负摩阻力特征值为15kPa。

$Q_{\mathrm{uk}} = u \sum q_{\mathrm{sik}} l_i + q_{\mathrm{pk}} A_{\mathrm{p}} = 3.14 \times 0.8 \times (42 \times 20 + 100 \times 10) + 2200 \times 3.14 \times 0.4^2$

$= 5727.36\,\mathrm{kN}$

$$N_k + Q_g^n \leqslant R_a, Q_g^n = u\sum q_{si} l_i = 3.14 \times 0.8 \times 15 \times 20 = 753.6\text{kN}$$

$$N_k = R_a - Q_g^n = \frac{1}{2} \times 5727.36 - 753.6 = 2110.08\text{kN}$$

11. [答案] C

[解析] 受到的浮力：$N_w = 50 \times 40 \times (11-3) \times 10 = 1.6 \times 10^5 \text{kN}$

自重：$G = 1.2 \times 10^5 \text{kN}$

构筑物所受到的拉力：$F = 1.6 \times 10^5 - 1.2 \times 10^5 \text{kN} = 4 \times 10^4 \text{kN}$

基本组合下构筑物中基桩受到的拉力设计值：$N = 1.35 \times \dfrac{4 \times 10^4}{100} = 540\text{kN}$

桩身正截面受拉承载力计算钢筋面积：$N \leqslant f_y A_s, A_s \geqslant \dfrac{540 \times 10^3}{300} = 1800\text{mm}^2$

配筋率：$\rho = \dfrac{A_s}{A} = \dfrac{1800}{3.14 \times 300^2} \times 100\% = 0.637\%$

12. [答案] C

[解析]《公路桥涵地基与基础设计规范》(JTG 3363—2019) 第 6.3.3 条。

查表 6.3.3-2 知，$\lambda = 0.85$；查表 4.3.4 知，$k_2 = 6.0$

$q_r = m_0 \lambda [f_{a0} + k_2 \gamma_2 (h-3)] = 0.8 \times 0.85 \times [500 + 6 \times 9 \times (40-3)] = 1698.6\text{kPa} > 1450\text{kPa}$，取 $q_r = 1450\text{kPa}$

$R_a = \dfrac{1}{2} u \sum q_{ik} l_i + A_p q_r = 0.5 \times 3.14 \times 1.2 \times (40 \times 35 + 60 \times 10 + 120 \times 5) + 3.14 \times 0.6^2 \times 1450 = 6537.5\text{kN}$，按第 3.0.7 条的规定，施工阶段抗力系数取 1.25，则

$1.25 R_a = 1.25 \times 6537.5 = 8171.9\text{kN}$

13. [答案] C

[解析]《建筑桩基技术规范》(JGJ 94—2008) 第 5.7.3 条。

$s_a/d = 4 < 6$，考虑地震作用时，$\eta_h = \eta_i \eta_r + \eta_l$

$$\eta_i = \frac{(s_a/d)^{0.015n_2 + 0.45}}{0.15n_1 + 0.10n_2 + 1.9} = \frac{(4)^{0.015 \times 4 + 0.45}}{0.15 \times 3 + 0.10 \times 4 + 1.9} = 0.737$$

$ah = 3.0\text{m}$，查表 5.7.3—1，$\eta_r = 2.13$，松散填土 $\eta_l = 0$

$\eta_h = \eta_i \eta_r + \eta_l = 0.737 \times 2.13 + 0 = 1.57, R_h = \eta_h R_{ha} = 1.57 \times 100 = 157\text{kN}$

14. [答案] C

[解析] 某时刻超孔隙水压力图的面积 $= \dfrac{1}{2} \times 40 \times 2 + \dfrac{1}{2} \times (40+60) \times 2 + \dfrac{1}{2} \times (30+60) \times 2 = 230$

初始超孔隙水压力图的面积 $= 100 \times 6 = 600$

某时刻的固结度：$U_t = 1 - \dfrac{230}{600} = 0.617$

总沉降量：$s = \dfrac{p_0}{E_s} h = \dfrac{100}{2.5 \times 10^3} \times 6000 = 240\text{mm}$

固结度 0.617 时刻的沉降量：$s_t = s U_t = 0.617 \times 240 = 148\text{mm}$

15. [答案] B

[解析]《建筑地基处理技术规范》(JGJ 79—2012)第7.1.5条、7.3.3条。

搅拌桩的截面积：$A_p = 3.14 \times 0.3^2 = 0.283 \text{m}^2$

桩身强度确定单桩竖向承载力：$R_a = \eta f_{cu} A_p = 0.2 \times 1800 \times 0.283 = 101.88 \text{kN}$

桩周土和桩端土抗力确定单桩竖向承载力：$R_a = u_p \sum\limits_{i=1}^{n} q_{si} l_{pi} + a_p q_p A_p$

$$= 3.14 \times 0.6 \times 10 \times 15 + 0.4 \times 40 \times 0.283$$

$$= 287.13 \text{kN}$$

取两者小值，$R_a = 101.88 \text{kN}$

面积置换率：$m = \dfrac{f_{spk} - \beta f_{sk}}{\lambda \dfrac{R_a}{A_p} - \beta f_{sk}} = \dfrac{160 - 0.4 \times 60}{1 \times \dfrac{101.88}{0.283} - 0.4 \times 60} = 0.405$

桩间距：$s = \dfrac{0.6}{1.05 \times \sqrt{0.405}} = 0.9 \text{m}$

16. [答案] C

[解析] 工后沉降量为15cm，则预压沉降量：$248 - 15 = 233 \text{cm}$

超载下的最终沉降量为260cm，已完成沉降量233cm时的固结度：

$$U = \frac{233}{260} \times 100\% = 89.6\%$$

17. [答案] C

[解析]《建筑地基处理技术规范》(JGJ 79—2012)第5.2节。

$c_h = 1.8 \times 10^{-3} \times 8.64 = 1.56 \times 10^{-2} \text{m}^2/\text{s}$

有效排水直径：$d_e = 1.13 l = 1.13 \times 1.2 = 1.356 \text{m}$

当量换算直径：$d_p = \dfrac{2(a+b)}{\pi} = \dfrac{2 \times (100+4)}{3.14} = 66.2 \text{mm}$

井径比：$n = \dfrac{d_e}{d_p} = \dfrac{1356}{66.2} = 20.5 > 15$，$F_n = \ln(n) - \dfrac{3}{4} = \ln 20.5 - 0.75 = 2.28$

$U = 1 - a e^{-\beta}$，不计竖向固结，$a = 1$，$\beta = \dfrac{8 c_h}{F_n d_e^2} = \dfrac{8 \times 1.56 \times 10^{-2}}{2.28 \times 1.356^2} = 0.03$，则

$U = 1 - e^{-0.03 \times 60} = 0.835 = 83.5\%$

18. [答案] B

[解析] 坡角 $\alpha = \arctan\left(\dfrac{1}{0.5}\right) = 63.43°$

$BC = \dfrac{8}{\tan 42°} - 8 \times \tan(90° - 63.43°) = 4.88 \text{m}$

滑体自重：$W = \dfrac{1}{2} \times 4.88 \times 8 \times 23 = 448.96 \text{kN/m}$

$K = \dfrac{W \cos\beta \tan\varphi + cl}{W \sin\beta} = \dfrac{448.96 \times \cos 42° \times \tan 18° + \dfrac{8}{\sin 42°} c}{448.96 \times \sin 42°} = 1$，解得 $c = 16 \text{kPa}$

19. [答案] B

[解析] 采用黏土时，$k_{a1}=\tan^2\left(45°-\dfrac{12°}{2}\right)=0.656$，

$$z_0=\frac{2c_1}{\gamma_1\sqrt{k_{a1}}}-\frac{q}{\gamma_1}=\frac{2\times20}{19\times\sqrt{0.656}}-\frac{49.4}{19}=0\text{m}$$

土压力沿墙高三角形分布，$E_{a1}=\dfrac{1}{2}\gamma_1H^2k_{a1}=0.5\times19\times H^2\times0.656=6.232H^2$

采用砂土时，$k_{a2}=\tan^2\left(45°-\dfrac{30°}{2}\right)=\dfrac{1}{3}$

$E_{a2}=\dfrac{1}{2}\gamma_2H^2k_{a2}+qHk_{a2}=0.5\times21\times H^2\times\dfrac{1}{3}+49.4\times H\times\dfrac{1}{3}=3.5H^2+16.74H$

$E_{a1}=E_{a2}$，$3.5H^2+16.47H=6.232H^2$，解得 $H=6.02\text{m}$

20. [答案] B

[解析]《土工合成材料应用技术规范》(GB/T 50290—2014)第7.3.5条。

$\sigma_v=\gamma h=19.5\times3.5=68.25\text{kPa}$

$T=2\sigma_vBL_ef$

$L_e=\dfrac{T}{2\sigma_vBf}=\dfrac{35}{2\times68.25\times0.1\times0.35}=7.3\text{m}$

21. [答案] C

[解析] $k_a=\tan^2\left(45°-\dfrac{15°}{2}\right)=0.59$，$z_0=\dfrac{2c}{\gamma\sqrt{k_a}}-\dfrac{q}{\gamma}=\dfrac{2\times20}{19\times\sqrt{0.59}}-\dfrac{25}{19}=1.43\text{m}$

墙底土压力强度：$e_a=(\gamma h+q)k_a-2c\sqrt{k_a}=(19\times6+25)\times0.59-2\times20\times\sqrt{0.59}$
$\qquad\qquad=51.29\text{kPa}$

$E_a=\dfrac{1}{2}\times(6-1.43)\times51.29=117.2\text{kPa}$，作用点距墙底$\dfrac{6-1.43}{3}=1.52\text{m}$

挡土墙自重：$G=1\times6\times22+\dfrac{1}{2}\times(2.5-1)\times6\times22=132+99=231\text{kN/m}$

挡墙自重到墙趾的距离：$x=\dfrac{132\times(2.5-0.5)+99\times\dfrac{2}{3}\times(2.5-1)}{231}=1.57\text{m}$

抗倾覆稳定安全系数：$K=\dfrac{231\times1.57}{117.2\times1.53}=2.02$

22. [答案] A

[解析]《公路隧道设计规范》(JTG 3370.1—2018)第6.2.2条及附录D。

$\omega=1+i(B-5)=1+0.1\times(6.4-5)=1.14$

$h=0.45\times2^{s-1}\omega=0.45\times2^{4-1}\times1.14=4.104$

$q=\gamma h=24\times4.104=98.496\text{kPa}$

荷载等效高度：$h_q=\dfrac{q}{r}=\dfrac{98.496}{24}=4.104\text{m}$

钻爆法施工，Ⅳ级围岩，浅埋隧道分界深度：

$H_p=2.5h_q=2.5\times4.104=10.26\text{m}<13\text{m}$

2012年案例分析试题答案（上午卷）

应按深埋隧道计算,水平均布压力:$e=(0.15\sim0.3)q$,取最小值,则

$e=0.15q=0.15\times98.496=14.77\text{kPa}$

23.[答案] D

[解析]《建筑基坑支护技术规程》(JGJ 120—2012)第4.7.2条、4.7.3条、4.7.5条。

锚杆轴向拉力标准值:$N_k=\dfrac{F_h s}{b_a\cos\alpha}=\dfrac{200\times1}{1\times\cos15°}=207.1\text{kN}$

极限抗拔承载力标准值:$R_k=K_t N_k=1.6\times207.1=331.4\text{kN}$

$R_k=\pi d\sum q_{ski}l_i$

锚固段长度:$l=\dfrac{331.4}{3.14\times0.15\times50}=14.1\text{m}$

非锚固段长度:

$$l_f\geqslant\dfrac{(a_1+a_2-d\tan\alpha)\sin\left(45°-\dfrac{\varphi_m}{2}\right)}{\sin\left(45°+\dfrac{\varphi_m}{2}+\alpha\right)}+\dfrac{d}{\cos\alpha}+1.5$$

$$=\dfrac{(11+2.7-0.8\times\tan15°)\times\sin\left(45°-\dfrac{20°}{2}\right)}{\sin\left(45°+\dfrac{20°}{2}+15°\right)}+\dfrac{0.8}{\cos15°}+1.5=10.6\text{m}>5\text{m}$$

锚杆设计长度:$L=14.1+10.6=24.7\text{m}$

24.[答案] B

[解析] 矩形分布荷载在桩上的产生的作用力:$P=900\times6=5400\text{kN}$

作用点距锚固段顶部的距离:$l=9/2=4.5\text{m}$

作用力产生的弯矩:$M=Pl=5400\times4.5=24300\text{kN}\cdot\text{m}$

25.[答案] C

[解析] $K_0=\dfrac{3580}{3705}=0.97$

$K_1=\dfrac{3580}{3705-2\times4\times17.5\times2.75}=1.08$

$K_2=\dfrac{3580}{3705-4\times2\times17.5\times4.25}=1.15$

$K_0<K_1<K_2$

26.[答案] C

[解析] 填筑体积:$V_0=200\times100\times(1.2+0.5+0.8)=50000\text{m}^3$

填筑后的土料干密度:$\rho_{d0}=0.94\times1.69=1.59\text{kg/m}^3$

天然土料的干密度:$\rho_d=\dfrac{\gamma}{(1+w)\gamma_w}=\dfrac{19.6}{(1+0.296)\times10}=1.51\text{kg/m}^3$

根据填筑前后土粒质量相等,$\rho_{d0}V_0=\rho_d V$,得

$V=\dfrac{\rho_{d0}V_0}{\rho_d}=\dfrac{1.59\times50000}{1.51}=52649\text{m}^3$

27. [答案] B

[解析]《公路工程抗震规范》(JTG B02—2013)第7.2.5条。

$$k_a = \frac{\cos^2\varphi}{(1+\sin\varphi)^2} = \frac{\cos^2 33°}{(1+\sin 33°)^2} = 0.295，查表 3.2.2，重要性系数 C_i = 1.0$$

$$E_{ea} = \frac{1}{2}\gamma H^2 k_a(1 + 0.75 C_i K_h \tan\varphi)$$

$$= \frac{1}{2} \times 18 \times 8^2 \times 0.295 \times \left(1 + 0.75 \times 1 \times \frac{0.2g}{g} \times \tan 33°\right) = 186.5\,\text{kN/m}$$

28. [答案] D

[解析]《水利水电工程地质勘察规范》(GB 50487—2008)附录P。

标准贯入锤击数临界值：

$$N_{cr} = N_0[0.9 + 0.1(d_s - d_w)]\sqrt{\frac{3}{\rho_c}} = 12 \times [0.9 + 0.1 \times (8-1)] \times \sqrt{\frac{3}{6}} = 13.6$$

校正后的标准贯入锤击数：

$$N = N' \times \left(\frac{d_s + 0.9 d_w + 0.7}{d'_s + 0.9 d'_w + 0.7}\right) = N' \times \left(\frac{8 + 0.9 \times 1 + 0.7}{5 + 0.9 \times 2 + 0.7}\right) = 1.28 N'$$

$1.28 N' > N_{cr}$ 时，不液化，因此 $N' > \dfrac{13.6}{1.28} = 10.6$

29. [答案] C

[解析]《建筑抗震设计规范》(GB 50011—2011)第5.1.5条。

场地特征周期：$T_g = 0.45\text{s} + 0.05\text{s} = 0.5\text{s}$

地震影响系数最大值：$\alpha_{max} = 1.20$

自振周期 $T = 0.75\text{s}$，位于曲线下降段，阻尼比 $\xi = 0.075$

曲线下降段的衰减指数：$\gamma = 0.9 + \dfrac{0.05 - \xi}{0.3 + 6\xi} = 0.9 + \dfrac{0.05 - 0.075}{0.3 + 6 \times 0.075} = 0.87$

阻尼调整系数：$\eta_2 = 1 + \dfrac{0.05 - \xi}{0.08 + 1.6\xi} = 1 + \dfrac{0.05 - 0.075}{0.08 + 1.6 \times 0.075} = 0.875 > 0.55$

$$\alpha = \left(\frac{T_g}{T}\right)^\gamma \eta_2 \alpha_{max} = \left(\frac{0.5}{0.75}\right)^{0.87} \times 0.875 \times 1.2 = 0.74$$

30. [答案] D

[解析]《建筑地基处理技术规范》(JGJ 79—2012)第7.5.2条条文说明第4款。

桩间土的平均干密度取样自桩顶下0.5m起，桩孔外100mm一点，桩孔之间的中心距1/2处一点，即B、C两点的干密度。

平均干密度：

$$\bar{\rho}_d = \frac{1.58 + 1.60 + 1.57 + 1.58 + 1.59 + 1.57 + 1.63 + 1.67 + 1.65 + 1.66 + 1.64 + 1.62}{12}$$

$$= 1.613\,\text{g/m}^3$$

最大干密度：$\rho_{dmax} = \dfrac{2}{1 + 0.17} = 1.709\,\text{g/m}^3$

平均挤密系数：$\eta_c = \dfrac{\bar{\rho}_d}{\rho_{dmax}} = \dfrac{1.613}{1.709} = 0.944$

2012年案例分析试题(下午卷)

1.某工程场地进行十字板剪切试验,测定的 8m 以内土层的不排水抗剪强度如下表。其中软土层的十字板剪切强度与深度呈线性相关(相关系数 $r=0.98$),最能代表试验深度范围内软土不排水抗剪强度标准值的是下列哪个选项? ( )

题1表

试验深度 H(m)	1.0	2.0	3.0	4.0	5.0	6.0	7.0	8.0
不排水抗剪强度 c_u(kPa)	38.6	35.3	7.0	9.6	12.3	14.4	16.7	19.0

(A)9.5kPa (B)12.5kPa

(C)13.9kPa (D)17.5kPa

2.某勘察场地地下水为潜水,布置 k_1、k_2、k_3 三个水位观测孔,同时观测稳定水位埋深分别为 2.70m、3.10m、2.30m,观测孔坐标和高程数据如下表所示。地下水流向正确的选项是哪一个?(选项中流向角度是指由正北方向顺时针旋转的角度) ( )

题2表

观测孔号	坐标		孔口高程
	X(m)	Y(m)	(m)
k_1	25818.00	29705.00	12.70
k_2	25818.00	29755.00	15.60
k_3	25868.00	29705.00	9.80

(A)45° (B)135° (C)225° (D)315°

3.某场地位于水面以下,表层 10m 为粉质黏土,土的天然含水量为 31.3%,天然重度为 17.8kN/m³,天然孔隙比为 0.98,土粒相对密度为 2.74,在地表下 8m 深度取土样测得先期固结压力为 76kPa,该深度处土的超固结比接近下列哪一选项? ( )

(A)0.9 (B)1.1 (C)1.3 (D)1.5

4.某铁路工程中,提示地层如下:①粉细砂层,厚度 4m;②软黏土层,未揭穿;地下水位埋深为 2m。粉细砂层的土料相对密度 $G_s=2.65$,水上部分的天然重度 $\gamma=19.0kN/m^3$,含水量 $w=15\%$,整个粉细砂层密实程度一致;软黏土层的不排水抗剪强度 $C_u=20kPa$。问软黏土层顶面的容许承载力为下列何值?(取安全系数 $m'=1.5$) ( )

(A)69kPa (B)98kPa

(C)127kPa (D)147kPa

5. 天然地基上的桥梁基础,底面尺寸为 2m×5m,基础埋置深度、地层分布及相关参数见图示。地基承载力特征值为 200kPa,根据《公路桥涵地基与基础设计规范》(JTG 3363—2019),计算修正后的地基承载力特征值最接近下列哪个选项? （　）

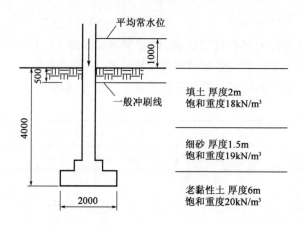

题5图(尺寸单位:mm)

(A)200kPa   (B)220kPa

(C)238kPa   (D)356kPa

6. 某高层建筑筏板基础,平面尺寸 20m×40m,埋深 8m,基底压力的准永久组合值为 607kPa,地面以下 25m 范围内为山前冲洪积粉土、粉质黏土,平均重度 19kN/m³,其下为密实卵石,基底下 20m 深度内的压缩模量当量值为 18MPa。实测筏板基础中心点最终沉降量为 80mm,问由该工程实测资料推出的沉降经验系数最接近下列哪个选项? （　）

(A)0.15   (B)0.20

(C)0.66   (D)0.80

7. 某地下车库采用筏板基础,基础宽35m,长50m,地下车库自重作用于基底的平均压力 $p_k=70$kPa,埋深10.0m,地面下15m范围内土的重度为18kN/m³(回填前后相同),抗浮设计地下水位埋深1.0m。若要满足抗浮安全系数1.05的要求,需用钢渣替换地下车库顶面一定厚度的覆土,计算钢渣的最小厚度接近下列哪个选项? （　）

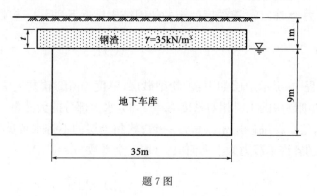

题7图

(A)0.22m   (B)0.33m

2012 年案例分析试题(下午卷)

(C)0.38m   (D)0.70m

8. 某建筑物采用条形基础,基础宽度2.0m,埋深3.0m,基底平均压力为180kPa,地下水位埋深1.0m,其他指标如图所示,问软弱下卧层修正后地基承载力特征值最小为下列何值时,才能满足规范要求?   (   )

(A)134kPa   (B)145kPa
(C)154kPa   (D)162kPa

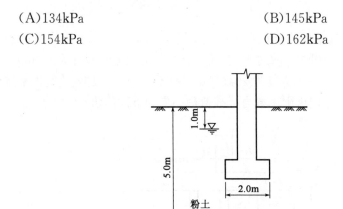

$\gamma=19kN/m^3$, $E_{s1}=12MPa$

淤泥质黏土

$\gamma=20kN/m^3$, $E_{s2}=4MPa$

题8图

9. 如图示,某建筑采用条形基础,基础埋深2m,基础宽度5m。作用于每延米基础底面的竖向力为F,力矩M为$300kN\cdot m/m$,基础下地基反力无零应力区。地基土为粉土,地下水位埋深1.0m,水位以上土的重度为$18kN/m^3$,水位以下土的饱和重度为$20kN/m^3$,黏聚力为25kPa,内摩擦角为$20°$。问该基础作用于每延米基础底面的竖向力F最大值接近下列哪个选项?   (   )

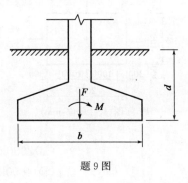

题9图

(A)253kN/m   (B)1157kN/m
(C)1265kN/m   (D)1518kN/m

10. 某正方形承台下布端承型灌注桩9根,桩身直径为700mm,纵、横桩间距均为2.5m,地下水位埋深为0m,桩端持力层为卵石,桩周土0~5m为均匀的新填土,以下为正常固结土层,假定填土重度为 $18.5kN/m^3$,桩侧极限负摩阻力标准值为 $30kPa$,按《建筑桩基技术规范》(JGJ 94—2008)考虑群桩效应时,计算基桩下拉荷载最接近下列哪个选项? （ ）

(A)180kN   (B)230kN

(C)280kN   (D)330kN

11. 假设某工程中上部结构传至承台顶面处相应于荷载效应标准组合下的竖向力 $F_k=10000kN$、弯矩 $M_k=500kN \cdot m$,水平力 $H_k=100kN$,设计承台尺寸为 $1.6m \times 2.6m$,厚度为 $1.0m$,承台及其上土平均重度为 $20kN/m^3$,桩数为 5 根。根据《建筑桩基技术规范》(JGJ 94—2008),单桩竖向极限承载力标准值最小应为下列何值? （ ）

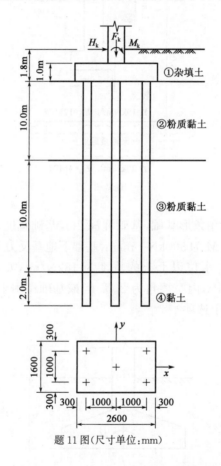

题 11 图(尺寸单位:mm)

(A)1690kN   (B)2030kN

(C)4060kN   (D)4800kN

12. 某多层住宅框架结构,采用独立基础,荷载效应准永久值组合下作用于承台底的总附加荷载 $F_k=360kN$,基础埋深 1m,方形承台,边长为 2m,土层分布如图。为减少基础沉降,基础下疏布 4 根摩擦桩,钢筋混凝土预制方桩 $0.2m \times 0.2m$,桩长 10m,单桩承载力特征值 $R_a=80kN$,地下水水位在地面上 0.5m,根据《建筑桩基技术规范》(JGJ 94—2008),计算由承台底地基土附加压力作用下产生的承台中点沉降量为下列

何值？（沉降计算深度取承台底面下 3.0m）　　　　　　　　　　　　（　　）

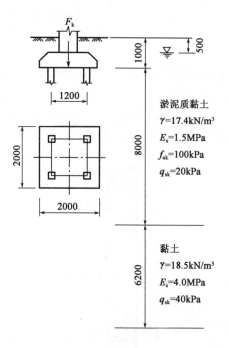

题 12 图（尺寸单位：mm）

(A)14.8mm　　　　　　　　　　　　(B)20.9mm

(C)39.7mm　　　　　　　　　　　　(D)53.9mm

13. 某建筑松散砂土地基，处理前现场测得砂土孔隙比 $e=0.78$，砂土最大、最小孔隙比分别为 0.91 和 0.58，采用砂石桩法处理地基，要求挤密后砂土地基相对密实度达到 0.85，若桩径 0.8m，等边三角形布置，试问砂石桩的间距为下列何项数值？（取修正系数 $\xi=1.2$）　　　　　　　　　　　　　　　　　　　　　　　　　（　　）

(A)2.90m　　　　　　　　　　　　(B)3.14m

(C)3.62m　　　　　　　　　　　　(D)4.15m

14. 拟对非自重湿陷性黄土地基采用灰土挤密桩加固处理，处理面积为 $22m \times 36m$，采用正三角形满堂布桩，桩距 1.0m，桩长 6.0m，加固前地基土平均干密度 $\rho_d=1.4 t/m^3$，平均含水量 $w=10\%$，最优含水量 $w_{op}=16.5\%$。为了优化地基土挤密效果，成孔前拟在三角形布桩形心处挖孔预渗水增湿，损耗系数为 $k=1.1$，试问完成该场地增湿施工需加水量接近下列哪个选项数值？　　　　　　　　　　　　　　　　　　（　　）

(A)289t　　　　　　　　　　　　(B)318t

(C)410t　　　　　　　　　　　　(D)476t

15. 某场地用振冲法复合地基加固，填料为砂土，桩径 0.8m，正方形布桩，桩距 2.0m，现场平板载荷试验测定复合地基承载力特征值为 200kPa，桩间土承载力特征值为

150kPa,试问,估算的桩土应力比与下列何项数值最为接近? （　　）

(A)2.67　　　　　　　　　　　　　　(B)3.08

(C)3.30　　　　　　　　　　　　　　(D)3.67

16. 某堆载预压法工程,典型地质剖面如图所示,填土层重度为 18kN/m³,砂垫层重度为 20kN/m³,淤泥层重度为 16kN/m³,$e_0 = 2.15$,$c_v = c_h = 3.5 \times 10^{-4}$ cm²/s。如果塑料排水板断面尺寸为 100mm×4mm,间距为 1.0m×1.0m,正方形布置,长 14.0m,堆载一次施加,问预压 8 个月后,软土平均固结度 $\overline{U}$ 最接近以下哪个选项? （　　）

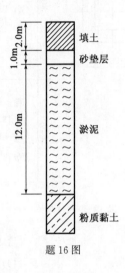

题 16 图

(A)85%　　　　　　　　　　　　　　(B)91%

(C)93%　　　　　　　　　　　　　　(D)96%

17. 如图所示,挡墙背直立、光滑,墙后的填料为中砂和粗砂,厚度分别为 $h_1 = 3$m 和 $h_2 = 5$m,重度和内摩擦角见图示,土体表面受到均匀满布荷载 $q = 30$kPa 的作用,试问荷载 q 在挡墙上产生的主动土压力接近下列哪个选项? （　　）

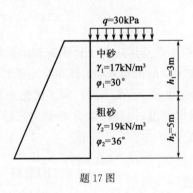

题 17 图

(A)49kN/m　　　　　　　　　　　　(B)59kN/m

(C)69kN/m　　　　　　　　　　　　(D)79kN/m

18. 某建筑旁有一稳定的岩石山坡,坡角60°,依山拟建挡土墙,墙高6m,墙背倾角75°,墙后填料采用砂土,重度20kN/m³,内摩擦角28°,土与墙背间的摩擦角为15°,土与山坡间的摩擦角为12°,墙后填土高度5.5m。问挡土墙墙背主动土压力最接近下列哪个选项? （　　）

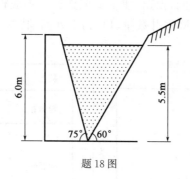

题18图

(A)160kN/m   (B)190kN/m

(C)220kN/m   (D)260kN/m

19. 如图所示,挡墙墙背直立、光滑,填土表面水平。填土为中砂,重度 $\gamma = 18kN/m^3$,饱和重度 $\gamma_{sat} = 20kN/m^3$,内摩擦角 $\varphi = 32°$。地下水位距离墙顶3m。作用在墙上的总的水土压力(主动)接近下列哪个选项? （　　）

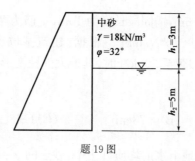

题19图

(A)180kN/m   (B)230kN/m

(C)270kN/m   (D)310kN/m

20. 如图所示,某场地的填筑体的支挡结构采用加筋土挡墙。复合土工带拉筋间的水平间距与垂直间距分别为0.8m和0.4m,土工带宽10cm。填料重度18kN/m³,综合内摩擦角32°。拉筋与填料间的摩擦系数为0.26,拉筋拉力峰值附加系数为2.0。根据《铁路路基支挡结构设计规范》(TB 10025—2019),按照内部稳定性验算,问深度6m处的最短拉筋长度接近下列哪一选项? （　　）

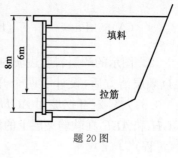

题20图

(A)3.5m   (B)4.2m

(C)5.0m   (D)5.8m

21. 某基坑开挖深度为 8.0m,其基坑形状及场地土层如下图所示,基坑周边无重要构筑物及管线。粉细砂层渗透系数为 1.5×10^{-2} cm/s,在水位观测孔中测得该层地下水水位埋深为 0.5m。为确保基坑开挖过程中不致发生突涌,拟采用完整井降水措施(降水井管井过滤器半径设计为 0.15m,过滤器长度与含水层厚度一致),将地下水水位降至基坑开挖面以下 0.5m,试问,根据《建筑基坑支护技术规程》(JGJ 120—2012)估算本基坑降水时至少需要布置的降水井数量(口)为下列何项? （　　）

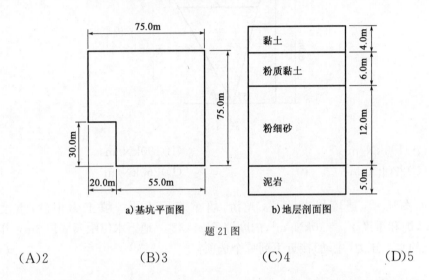

a) 基坑平面图　　　　　b) 地层剖面图

题 21 图

(A)2　　　　　　(B)3　　　　　　(C)4　　　　　　(D)5

22. 锚杆自由段长度为 6m,锚固段长度为 10m,主筋为两根直径 25mm 的 HRB400 钢筋,钢筋弹性模量为 2.0×10^5 N/mm²。根据《建筑基坑支护技术规程》(JGJ 120—2012)计算,锚杆验收最大加载至 300kN 时,其最大弹性变形值应不小于下列哪个数值? （　　）

(A)0.45cm　　　　(B)0.73cm　　　　(C)1.68cm　　　　(D)2.37cm

23. 一地下结构置于无地下水的均质砂土中,砂土的 $\gamma = 20$ kN/m³、$c = 0$、$\varphi = 30°$,上覆砂土厚度 $H = 20$m,地下结构宽 $2a = 8$m、高 $h = 5$m。假定从洞室的底角起形成一与结构侧壁成($45° - \varphi/2$)的滑移面,并延伸到地面(如图),取 $ABCD$ 为下滑体。作用在地下结构顶板上的竖向压力最接近下列哪个选项? （　　）

(A)65kPa　　　　(B)200kPa　　　　(C)290kPa　　　　(D)400kPa

24. 图示的顺层岩质边坡内有一软弱夹层 $AFHB$,层面 CD 与软弱夹层平行,在沿 CD 顺层清方后,设计了两个开挖方案,方案 1:开挖坡面 $AEFB$,坡面 AE 的坡率为 1：0.5;方案 2:开挖坡面 $AGHB$,坡面 AG 的坡率为 1：0.75。比较两个方案中坡体 AGH 和 AEF 在软弱夹层上的滑移安全系数,下列哪个选项的说法是正确的?(要求解答过程) （　　）

(A)二者的安全系数相同　　　　　　　(B)方案 2 坡体的安全系数小于方案 1
(C)方案 2 坡体的安全系数大于方案 1　　(D)难以判断

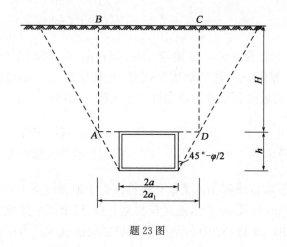

题 23 图

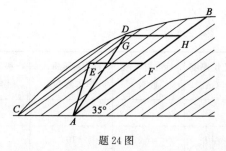

题 24 图

25. 某滨海盐渍土地区需修建一级公路,料场土料为细粒氯盐渍土或亚氯盐渍土,对料场深度 2.5m 以内采取土样进行含盐量测定,结果见下表。根据《公路工程地质勘察规范》(JTG C20—2011),判断料场盐渍土作为路基填料的可用性为下列哪项?

（　　）

题 25 表

取样深度(m)	0~0.05	0.05~0.25	0.25~0.5	0.5~0.75	0.75~1.0	1.0~1.5	1.5~2.0	2.0~2.5
含盐量(%)	6.2	4.1	3.1	2.7	2.1	1.7	0.8	1.1

注:离子含量以 100g 干土内的含盐量计。

(A)0~0.80m 可用　　　　　　　　(B)0.80~1.50m 可用

(C)1.50m 以下可用　　　　　　　(D)不可用

26. 陡崖上悬出截面为矩形的危岩体(如图示),长 $L=7m$,高 $h=5m$,重度 $\gamma=24kN/m^3$,抗拉强度 $[\sigma_t]=0.9MPa$,A 点处有一竖向裂隙,问:危岩处于沿 ABC 截面的拉裂式破坏极限状态时,A 点处的张拉裂隙深度 a 最接近下列哪一个数值?

（　　）

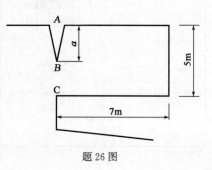

题 26 图

(A)0.3m   (B)0.6m

(C)1.0m   (D)1.5m

27. 建筑物位于小窑采空区,小窑巷道采煤,煤巷宽 2m,顶板至地面 27m,顶板岩体重度 22kN/m³,内摩擦角 34°,建筑物横跨煤巷,基础埋深 2m,基底附加压力 250kPa,问:按顶板临界深度法近似评价地基稳定性为下列哪一选项?   (   )

(A)地基稳定   (B)地基稳定性差

(C)地基不稳定   (D)地基极限平衡

28. 8 度地区地下水位埋深 4m,某钻孔桩桩顶位于地面以下 1.5m,桩顶嵌入承台底面 0.5m,桩直径 0.8m,桩长 20.5m,地层资料见下表,桩全部承受地震作用,问按照《建筑抗震设计规范》(GB 50011—2010)的规定,单桩竖向抗震承载力特征值最接近下列哪个选项?   (   )

题 28 表

土 层 名 称	层底埋深 (m)	土层厚度 (m)	标准贯入锤数 N	临界标准贯入锤击数 N_{cr}	极限侧阻力标准值(kPa)	极限端阻力标准值(kPa)
粉质黏土①	5.0	5	—	—	30	
粉土②	15.0	10	7	10	20	
密实中砂③	30.0	15	—	—	50	4000

(A)1680kN   (B)2100kN

(C)3110kN   (D)3610kN

29. 某场地设计基本地震加速度为 0.15g,设计地震分组为第一组,地下水位深度 2.0m,地层分布和标准贯入点深度及锤击数见下表。按照《建筑抗震设计规范》(GB 50011—2010)进行液化判别得出的液化指数和液化等级最接近下列哪个选项?   (   )

题 29 表

土 层 序 号		土 层 名 称	层底深度(m)	标贯深度 d_s(m)	标贯击数 N_i
①		填土	2.0		
②	②₁	粉土(黏粒含量为 6%)	8.0	4.0	5
	②₂			6.0	6
③	③₁	粉细砂	15.0	9.0	12
	③₂			12.0	18
④		中粗砂	20.0	16.0	24
⑤		卵石			

(A)12.0、中等   (B)15.0、中等

(C)16.5、中等   (D)20.0、严重

30.某建筑工程基础采用灌注桩,桩径 $\phi600mm$,桩长 25m,低应变检测结果表明这6根基桩均为Ⅰ类桩。对6根基桩进行单桩竖向抗压静载试验的成果见下表,该工程的单桩竖向抗压承载力特征值最接近下列哪一选项? ( )

题 30 表

试桩编号	1	2	3	4	5	6
Q_u(kN)	2880	2580	2940	3060	3530	3360

(A)1290kN   (B)1480kN

(C)1530kN   (D)1680kN

2012年案例分析试题答案(下午卷)

标 准 答 案

本试卷由30道题组成,全部为单项选择题。考生可任选25道题作答。每题2分,满分为50分。若考生在答题卡或试卷上的作答超过25道题,则按题目序号从小到大的顺序对作答的前25道题计分及复评试卷,其他作答题目无效。

1	B	2	D	3	B	4	D	5	C
6	B	7	C	8	A	9	B	10	B
11	C	12	A	13	B	14	D	15	D
16	B	17	C	18	C	19	C	20	C
21	B	22	B	23	C	24	A	25	C
26	B	27	B	28	B	29	C	30	B

解 题 过 程

1.[答案] B

[解析] 据《岩土工程勘察规范》(GB 50021—2001)(2009年版)第14.2节,剔除深度1.0m、2.0m处异常值。

平均值: $C_m = \dfrac{\sum\limits_{i=1}^{n} C_i}{n} = \dfrac{7.0+9.6+12.3+14.4+16.7+19.0}{6} = 13.2 \text{kPa}$

标准差: $\sigma_f = \sqrt{\dfrac{\sum\limits_{i=1}^{n} C_i^2 - nC_m^2}{n-1}}$

$= \sqrt{\dfrac{7.0^2+9.6^2+12.3^2+14.4^2+16.7^2+19.0^2-6\times13.2^2}{6-1}} = 4.34$

剩余标准差: $\sigma_r = \sigma_f(1-r^2) = 4.34\times(1-0.98^2) = 0.89$

变异系数: $\delta = \dfrac{\sigma_r}{C_m} = \dfrac{0.89}{13.2} = 0.067$

统计修正系数: $\gamma_s = 1-\left(\dfrac{1.704}{\sqrt{6}}+\dfrac{4.678}{6^2}\right)\times0.067 = 0.945$

抗剪强度标准值: $C_k = \gamma_s C_m = 0.945\times13.2 = 12.5 \text{kPa}$

2.[答案] D

[解析]《工程地质手册》(第五版)第1230页。

水位高程 k_1 孔为 $12.70-2.70=10.00\text{m}$,k_2 孔为 $15.6-3.10=12.50\text{m}$,k_3 孔为 $9.80-2.30=7.50\text{m}$。

根据钻孔坐标绘图,实地坐标和图上坐标的 X、Y 轴相反。

由 k_1 向 k_2、k_3 的连线作等水位线,k_2、k_3 的连线方向即为地下水流向,与正北方向

的夹角为 $360°-45°=315°$

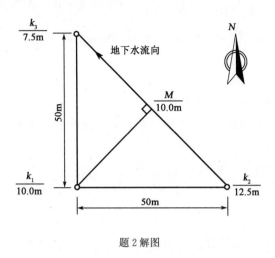

题2解图

3. [答案] B

[解析] $\gamma' = \dfrac{G_s-1}{1+e}\gamma_w = \dfrac{2.74-1}{1+0.98}\times 10 = 8.79\text{kN/m}^3$

自重应力：$p_z = 8.79\times 8 = 70.3\text{kPa}$

超固结比：$\text{OCR} = \dfrac{p_c}{p_z} = \dfrac{76}{70.3} = 1.08$

4. [答案] D

[解析]《铁路桥涵地基和基础设计规范》(TB 10093—2017)第4.1.4条。

持力层为不透水层，水中部分粉细砂按饱和重度计算。

粉细砂层孔隙比：$e = \dfrac{G_s\gamma_w(1+w)}{\gamma}-1 = \dfrac{2.65\times 10\times(1+0.15)}{19.0}-1 = 0.604$

粉细砂层饱和重度：$\gamma_{sat} = \dfrac{G_s+e}{1+e}\gamma_w = \dfrac{2.65-0.604}{1+0.604}\times 10 = 20.29\text{kN/m}^3$

容许承载力：$[\sigma] = 5.14C_u\dfrac{1}{m}+\gamma_2 h = \dfrac{5.14\times 20}{1.5}+2\times 19+2\times 20.29 = 147\text{kPa}$

5. [答案] C

[解析]《公路桥涵地基与基础设计规范》(JTG 3363—2019)第4.3.4条。

基础埋置深度 h 自一般冲刷线算起，取 $h=3.5\text{m}$，基底位于水面下，持力层为不透水层，取 $\gamma_1 = 20\text{kN/m}^3$，基底以上土的加权重度 $\gamma_2 = \dfrac{1.5\times 18+1.5\times 19+0.5\times 20}{3.5} = 18.71\text{kN/m}^3$

查表 4.3.4，$k_1=0$，$k_2=2.5$，$f_a = f_{a0}+k_1\gamma_1(b-2)+k_2\gamma_2(h-3) = 200+0+2.5\times 18.71\times(3.5-3) = 223.4\text{kPa}$

按平均常水位至一般冲刷线每米增大 10kPa，$f_a = 223.4+10\times 1.5 = 238.4\text{kPa}$

6. [答案] B

[解析] 基底附加压力 $p_0 = 607-19\times 8 = 455\text{kPa}$，压缩模量当量值为沉降计算中与分

层压缩模量等效的值。$\dfrac{l}{b}=\dfrac{20}{10}=2,\dfrac{z}{b}=\dfrac{20}{10}=2$,平均附加应力系数$\bar{a}=0.1958$

$$s'=4\dfrac{p_0}{E_s}\bar{a}z=4\times\dfrac{455}{18}\times0.1958\times20=396\text{mm},\psi_s=\dfrac{s}{s'}=\dfrac{80}{396}=0.2$$

7.[答案] C

　　[解析] 地下室浮力为 $9\times10=90\text{kPa}$

　　基底平均压力 $p_k=70\text{kPa}$,设钢渣厚度为 t,则单位面积上钢渣和上覆土自重为 $35t+18\times(1-t)$

$$K_w=\dfrac{70+35t+18\times(1-t)}{90}=1.05,\text{解得 } t=0.38\text{m}$$

8.[答案] A

　　[解析] $\dfrac{E_{s1}}{E_{s2}}=\dfrac{12}{4}=3,\dfrac{z}{b}=\dfrac{5-3}{2}=1$,查规范表 5.2.7,$\theta=23°$

　　基础底面以上土的自重应力:$p_c=19\times1+9\times2=37\text{kPa}$

　　下卧层顶面附加应力:$p_z=\dfrac{b(p_k-p_c)}{b+2z\tan\theta}=\dfrac{2\times(180-37)}{2+2\times2\times\tan23°}=77.3\text{kPa}$

　　下卧层顶面处土的自重应力:$p_{cz}=19\times1+9\times4=55\text{kPa}$

　　$p_z+p_{cz}=55+77.3=132.3\text{kPa}\leqslant f_{az}$

9.[答案] B

　　[解析] 据《建筑地基基础设计规范》(GB 50007—2011),$\varphi=20°,M_b=0.51,M_d=3.06,M_c=5.66$

$$f_a=M_b\gamma b+M_d\gamma_m d+M_c c_k=0.51\times10\times5+3.06\times\dfrac{18+10}{2}\times2+5.66\times25$$

$$=253\text{kPa}$$

$$p_{max}\leqslant1.2f_a=1.2\times253=303.6\text{kPa}$$

$$p_{max}=\dfrac{F}{A}+\dfrac{M}{W}=\dfrac{F}{5}+\dfrac{300\times6}{5^2\times1}=\dfrac{F}{5}+72\leqslant303.6,\text{解得 } F\leqslant1158\text{kN}$$

10.[答案] B

　　[解析]《建筑桩基技术规范》(JGJ 94—2008)第 5.4.4 条。

　　查表 5.4.4-2,$\dfrac{l_n}{l_0}=0.9,l_n=0.9\times5=4.5\text{m}$

$$\eta_n=\dfrac{s_{ax}s_{ay}}{\pi d\left(\dfrac{q_s^n}{\gamma_m}+\dfrac{d}{4}\right)}=\dfrac{2.5\times2.5}{3.14\times0.7\times\left(\dfrac{30}{8.5}+\dfrac{0.7}{4}\right)}=0.768$$

　　下拉荷载:$Q_g^n=\eta_n\cdot u\sum\limits_{i=1}^{n}q_{si}^n l_i=0.768\times3.14\times0.7\times30\times4.5=227.9\text{kN}$

11.[答案] C

　　[解析]《建筑桩基技术规范》(JGJ 94—2008)第 5.1.1 条、5.2.1 条。

　　承台及其上土重 $G_k=20\times1.6\times2.6\times1.8=150\text{kN}$

$$N_k = \frac{F_k + G_k}{n} = \frac{10000 + 150}{5} = 2030 \text{kN} \leqslant R$$

$$N_{kmax} = \frac{F_k + G_k}{n} + \frac{M_{yk} x_i}{\sum x_j^2} = 2030 + \frac{(500 + 100 \times 1.8) \times 1}{4 \times 1^2} = 2200 \text{kN} \leqslant 1.2R$$

$$R \geqslant \frac{2200}{1.2} = 1833 \text{kN}, Q_{uk} = 2R = 2 \times 2030 = 4060 \text{kN}$$

12.[答案] A

[解析]《建筑桩基技术规范》(JGJ 94—2008)第5.6.2条。

$$A_c = A - nA_{ps} = 2 \times 2 - 4 \times 0.2^2 = 3.84 \text{m}^2$$

$$p_0 = \eta_p \frac{F - nR_a}{A_c} = 1.3 \times \frac{360 - 4 \times 80}{3.84} = 13.54 \text{kPa}$$

计算如下:

$$s_s = 4p_0 \sum \frac{z_i \bar{a}_i - z_{i-1} \bar{a}_{i-1}}{E_{si}} = 4 \times 13.54 \times \frac{0.4107}{1.5} = 14.83 \text{mm}$$

题12解表

z_i(m)	l/b	z/b	$\bar{a}_i$	$z_i \bar{a}_i$	$z_i \bar{a}_i - z_{i-1} \bar{a}_{i-1}$	E_{si}(MPa)
0	1	0	0.25	0		
3	1	3	0.1369	0.4107	0.4107	1.2

13.[答案] B

[解析]《建筑地基处理技术规范》(JGJ 79—2012)第7.2.2条。

$$e_1 = e_{max} - D_{r1}(e_{max} - e_{min}) = 0.91 - 0.85 \times (0.91 - 0.58) = 0.63$$

$$s = 0.95 \xi d \sqrt{\frac{1 + e_0}{e_0 - e_1}} = 0.95 \times 1.2 \times 0.8 \times \sqrt{\frac{1 + 0.78}{0.78 - 0.63}} = 3.14 \text{m}$$

14.[答案] D

[解析]《建筑地基处理技术规范》(JGJ 79—2012)第7.5.3条。

拟加固土的体积 $v = 22 \times 36 \times 6 = 4753 \text{m}^3$

用水量 $Q = v \bar{\rho}_d (w_{op} - \bar{w})k = 4753 \times 1.4 \times (0.165 - 0.10) \times 1.1 = 476 \text{t}$

15.[答案] D

[解析]《建筑地基处理技术规范》(JGJ 79—2012)第7.1.5条。

置换率:$m = \frac{d^2}{d_e^2} = \frac{0.8^2}{(1.13 \times 2)^2} = 0.125$

$$f_{spk} = [1 + m(n-1)]f_{sk}, n = \frac{f_{spk} - f_{sk}}{mf_{sk}} + 1 = \frac{200 - 150}{0.125 \times 150} + 1 = 3.67$$

16.[答案] B

[解析]《建筑地基处理技术规范》(JGJ 79—2012)第5.2条。

$$c_v = c_h = 3.5 \times 10^{-4} \times 8.64 = 3.024 \times 10^{-3} \text{m}^2/\text{s}$$

有效排水直径: $d_e = 1.13l = 1.13 \times 1 = 1.13\text{m}$

当量换算直径: $d_p = \dfrac{2(a+b)}{\pi} = \dfrac{2 \times (100+4)}{3.14} = 66.2\text{mm}$

井径比: $n = \dfrac{d_e}{d_p} = \dfrac{1130}{66.2} = 17 > 15$, $F_n = \ln(n) - \dfrac{3}{4} = \ln 17 - 0.75 = 2.08$

$U = 1 - a e^{-\beta}$, $a = \dfrac{8}{\pi^2} = 0.81$

$\beta = \dfrac{\pi^2 c_v}{4H^2} + \dfrac{8 c_h}{F_n d_e^2} = \dfrac{3.14^2 \times 3.024 \times 10^{-3}}{4 \times 12^2} + \dfrac{8 \times 3.024 \times 10^{-3}}{2.08 \times 1.13^2} = 9.2 \times 10^{-3}$

$U = 1 - 0.81 \times e^{9.2 \times 10^{-3} \times 8 \times 30} = 91.1\%$

17. [答案] C

[解析] $k_{a1} = \tan^2\left(45° - \dfrac{30°}{2}\right) = \dfrac{1}{3}$, $k_{a2} = \tan^2\left(45° - \dfrac{36°}{2}\right) = 0.26$

$E = q h_1 k_{a1} + q h_2 k_{a2} = 30 \times \dfrac{1}{3} \times 3 + 30 \times 0.26 \times 5 = 69\text{kN/m}$

18. [答案] C

[解析] $\theta = 60° > 45° + \dfrac{28°}{2} = 59°$, $\delta = 12° < \varphi = 28°$, 滑动面沿坡面滑动, 采用滑动楔体静力平衡法。

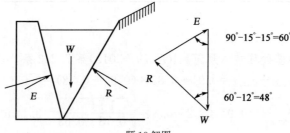

题18解图

填料自重: $W = \dfrac{1}{2} \times 5.5 \times \left(\dfrac{5.5}{\tan 75°} + \dfrac{5.5}{\tan 60°}\right) \times 20 = 255.7\text{kN/m}$

$E_a = \dfrac{255.7 \times \sin(60° - 12°)}{\sin(90° + 15° + 12° + 15° - 60°)} = 199.8\text{kN/m}$

根据《建筑地基基础设计规范》(GB 50007—2011)第6.7.3条, 主动土压力增大系数取1.1, $E_a = 1.1 \times 199.8 = 219.78\text{kN/m}$

19. [答案] C

[解析] $k_a = \tan^2\left(45° - \dfrac{32°}{2}\right) = 0.31$

水位处土压力强度: $e_a = \gamma h_1 k_a = 18 \times 3 \times 0.31 = 16.74\text{kPa}$

墙底处土压力强度: $e_a = \gamma h k_a = (18 \times 3 + 10 \times 5) \times 0.31 = 32.24\text{kPa}$

土压力合力: $E_a = \dfrac{1}{2} \times 3 \times 16.74 + \dfrac{1}{2} \times 5 \times (16.74 + 32.24) = 147.56\text{kN/m}$

水压力: $P_w = \dfrac{1}{2} \gamma_w h_2^2 = \dfrac{1}{2} \times 10 \times 5^2 = 125\text{kN/m}$

总压力：$P = 147.56 + 125 = 272.56 \text{kN/m}$

20. [答案] C

[解析]《铁路路基支挡结构设计规范》(TB 10025—2019)第9.2.3条。

根据几何关系，非锚固段长度：$L_a = 0.6(H - h_i) = 0.6 \times (8 - 6) = 1.2 \text{m}$

$$h_i = 6\text{m}, \lambda_a = \tan\left(45° - \frac{32°}{2}\right) = 0.31, \lambda_0 = 1 - \sin 32° = 0.47$$

$$\lambda_i = \lambda_0\left(1 - \frac{h_i}{6}\right) + \lambda_a \frac{h_i}{6} = 0 + 0.31 = 0.31$$

6m深度处的水平土压力 $\sigma_{hli} = \lambda_i \gamma h_i = 0.31 \times 18 \times 6 = 33.48 \text{kN/m}^3$

拉筋拉力：$T_i = K\sigma_{hi} S_x S_y = 2 \times 33.48 \times 0.8 \times 0.4 = 21.4 \text{kN}$

拉筋抗拔力：$S_{fi} = 2\sigma_{vi} a L_b f = 2 \times 18 \times 6 \times 0.1 \times 0.26 \times L_b = 5.616 L_b$

$$S_{fi} \geqslant T_i, L_b \geqslant \frac{21.4}{5.616} = 3.81\text{m}, L = L_a + L_b = 3.81 + 1.2 = 5.01\text{m}$$

21. [答案] B

[解析]《建筑基坑支护技术规程》(JGJ 120—2012)附录 E.0.3。

按承压水完整井计算基坑涌水量，$k = 1.5 \times 10^{-2} \times 864 = 12.96 \text{m/d}$

基坑等效半径：$r_0 = \sqrt{\dfrac{A}{\pi}} = \sqrt{\dfrac{75^2 - 20 \times 30}{3.14}} = 40\text{m}$

设计降深：$s_d = 8 - 0.5 + 0.5 = 8\text{m}$

井水位降深：$s_w = 10\text{m}$

影响半径：$R = 10 s_w \sqrt{k} = 10 \times 10 \times \sqrt{12.96} = 360\text{m}$

基坑涌水量：$Q = 2\pi k \dfrac{M s_d}{\ln\left(1 + \dfrac{R}{r_0}\right)} = 2 \times 3.14 \times 12.96 \times \dfrac{12 \times 8}{\ln\left(1 + \dfrac{360}{40}\right)} = 3393.3 \text{m}^3/\text{d}$

单井出水能力：$q_0 = 120\pi r_s l \sqrt[3]{k} = 120 \times 3.14 \times 0.15 \times 12 \times \sqrt[3]{12.96} = 1593 \text{m}^3/\text{d}$

需要降水井数量：$n = 1.1 \dfrac{Q}{q_0} = 1.1 \times \dfrac{3393.3}{1593} = 2.34 \approx 3$

22. [答案] B

[解析]《建筑基坑支护技术规程》(JGJ 120—2012)附录 A.4.6。

在抗拔承载力检测值下测得的弹性位移量应大于杆体自由段长度理论弹性伸长量的80%。

自由段理论弹性变形量：$\varepsilon = \dfrac{NL}{EA} = \dfrac{300 \times 10^3 \times 6000}{2.0 \times 10^5 \times 2 \times 3.14 \times \dfrac{25^2}{4}} = 9.17\text{mm}$

弹性变形值 $> 9.17 \times 0.8 = 7.34\text{mm} = 0.734\text{cm}$

23. [答案] C

[解析]《工程地质手册》(第五版)第810页。

$$K_1 = \tan\varphi \cdot \tan^2\left(45° - \frac{\varphi}{2}\right) = \tan 30° \times \tan^2\left(45° - \frac{30°}{2}\right) = 0.19$$

$$a_1 = a + h\tan\left(45° - \frac{\varphi}{2}\right) = 4 + 5 \times \tan\left(45° - \frac{30°}{2}\right) = 6.89\text{m}$$

$$q_v = \gamma H\left(1 - \frac{H}{2a_1}K_1\right) = 20 \times 20 \times \left(1 - \frac{20}{2 \times 6.89} \times 0.19\right) = 289.7\text{kPa}$$

24. [答案] A

[解析] 滑体安全系数 $K = \dfrac{W\cos\theta\tan\varphi + cl}{W\sin\theta}$

方案 1: $K_1 = \dfrac{\frac{1}{2}\gamma hl\cos\theta\tan\varphi + cl}{\frac{1}{2}\gamma hl\sin\theta} = \dfrac{\frac{1}{2}\gamma h\cos\theta\tan\varphi + c}{\frac{1}{2}\gamma h\sin\theta}$

方案 2: $K_2 = \dfrac{\frac{1}{2}\gamma hl\cos\theta\tan\varphi + cl}{\frac{1}{2}\gamma hl\sin\theta} = \dfrac{\frac{1}{2}\gamma h\cos\theta\tan\varphi + c}{\frac{1}{2}\gamma h\sin\theta}$

由于滑体高度 h 相同, $K_1 = K_2$

25. [答案] C

[解析]《公路工程地质勘察规范》(JTG C20—2011)第 8.4.9 条。

$$\overline{DT} = \frac{\sum h_i DT_i}{\sum h_i}$$

$$= \frac{0.05 \times 6.2 + 0.2 \times 4.1 + 0.25 \times (3.1 + 2.7 + 2.1) + 0.5 \times (1.7 + 0.8 + 1.1)}{2.5}$$

$$= 1.96$$

据表 8.4.4,该盐渍土属中盐渍土;

按表 8.4.9-2,判定作为一级公路路基的可能性为 1.5m 以下可用。

26. [答案] B

[解析]《工程地质手册》(第五版)第 680 页。

$$K = \frac{[\sigma_{拉}]}{[\sigma_{B拉}]} = \frac{(h-a)^2[\sigma_{B拉}]}{3l^2\gamma h} = 1$$

$$(5-a)^2 = \frac{3 \times 7^2 \times 24 \times 5}{900} = 19.6, 解得 a = 5 - \sqrt{19.6} = 0.57\text{m}$$

27. [答案] B

[解析]《工程地质手册》(第五版)第 713 页。

顶板临界深度:

$$H_0 = \frac{B\gamma + \sqrt{B^2\gamma^2 + 4B\gamma P_0\tan\varphi\tan^2\left(45° - \frac{\varphi}{2}\right)}}{2\gamma\tan\varphi\tan^2\left(45° - \frac{\varphi}{2}\right)}$$

$$= \frac{2 \times 22 + \sqrt{2^2 \times 22^2 + 4 \times 2 \times 22 \times 250 \times \tan34° \times \tan^2\left(45° - \frac{34°}{2}\right)}}{2 \times 22 \times \tan34° \times \tan^2\left(45° - \frac{34°}{2}\right)}$$

$$= 17.35\text{m}$$

顶板埋藏深度:$H=27-2=25$m,$H_0=17.35$m$<H=25$m$<1.5H_0=26$m,地基稳定性差。

28.[答案] B

[解析]《建筑抗震设计规范》(GB 50011—2010)第4.4节。

液化折减系数:$\lambda=\dfrac{N}{N_{cr}}=\dfrac{7}{10}=0.7$

地面下5~10m,折减系数取$\dfrac{1}{3}$,10~15m,折减系数取$\dfrac{2}{3}$。

单桩极限承载力标准值:$Q_{uk}=u\sum q_{sik}l_i+q_{pk}A_p$

$$=3.14\times0.8\times\left(3\times30+5\times20\times\dfrac{1}{3}+5\times20\times\dfrac{2}{3}+\right.$$

$$\left.7\times50\right)+3.14\times0.4^2\times4000$$

$$=3366.08\text{kN}$$

单桩极限承载力特征值:$R_a=\dfrac{Q_{uk}}{2}=\dfrac{3366.08}{2}=1683.04$kN

抗震时提高25%,$1683.04\times1.25=2103.8$kN

29.[答案] C

[解析]《建筑抗震设计规范》(GB 50011—2010)第4.3节。

锤击数临界值 $N_{cr}=N_0\beta\left[\ln(0.6d_s+1.5)-0.1d_w\right]\sqrt{\dfrac{3}{\rho_c}}$

4m 处:$N_{cr}=10\times0.8\times\left[\ln(0.6\times4+1.5)-0.1\times2\right]\times\sqrt{\dfrac{3}{6}}=6.6>5$

6m 处:$N_{cr}=10\times0.8\times\left[\ln(0.6\times6+1.5)-0.1\times2\right]\times\sqrt{\dfrac{3}{6}}=8.1>6$

9m 处:$N_{cr}=10\times0.8\times\left[\ln(0.6\times9+1.5)-0.1\times2\right]\times1=13.9>12$

12m 处:$N_{cr}=10\times0.8\times\left[\ln(0.6\times12+1.5)-0.1\times2\right]\times1=15.7<18$

16m 处:$N_{cr}=10\times0.8\times\left[\ln(0.6\times16+1.5)-0.1\times2\right]\times1=17.7<24$

4m、6m、9m处液化,各点土层厚度及中点深度和权函数计算如下表。

题29解表

深　　度	土层厚度	中点深度	权函数
4m	$4-2+\dfrac{6-4}{2}=3$	$2+\dfrac{3}{2}=3.5$	10
6m	$8-6+\dfrac{6-4}{2}=3$	$8-\dfrac{3}{2}=6.5$	$\dfrac{2}{3}\times(20-6.5)=9$
9m	$9-8+\dfrac{12-9}{2}=2.5$	$8+\dfrac{2.5}{2}=9.25$	$\dfrac{2}{3}\times(20-9.25)=7.17$

$$I_{lE}=\sum_{i=1}^{n}\left(1-\dfrac{N_i}{N_{cri}}\right)d_iW_i=\left(1-\dfrac{5}{6.6}\right)\times3\times10+\left(1-\dfrac{6}{8.1}\right)\times3\times9+\left(1-\dfrac{12}{13.9}\right)\times2.5\times$$

$7.17=16.6$,液化等级为中等。

30. [答案] B

[解析]《建筑基桩检测技术规范》(JGJ 106—2014)第 4.4 节。

$$平均值 = \frac{2880+2580+2940+3060+3530+3360}{6} = 3058.3 \text{kN}$$

$极差 = 3530 - 2580 = 950 \text{kN}$，$\dfrac{950}{3058.3} = 0.31 > 0.3$，不符合规范，舍弃最大值重新统计。

$$平均值 = \frac{2880+2580+2940+3060+3360}{6} = 2964 \text{kN}$$

$极差 = 3360 - 2580 = 780 \text{kN}$，$\dfrac{780}{2964} = 0.26 < 0.3$，满足要求。

单桩竖向抗压承载力特征值：$R_a = \dfrac{2964}{2} = 1482 \text{kN}$

2013 年案例分析试题(上午卷)

1. 某多层框架建筑位于河流阶地上,采用独立基础,基础埋深 2.0mm,基础平面尺寸 2.5m×3.0m,基础下影响深度范围内地基土均为粉砂,在基底标高进行平板载荷试验,采用 0.3m×0.3m 的方形载荷板,各级试验载荷下的沉降数据见下表。问实际基础下的基床系数最接近下列哪一项? ( )

题 1 表

荷载 p(kPa)	40	80	120	160	200	240	280	320
沉降量 s(mm)	0.9	1.8	2.7	3.6	4.5	5.6	6.9	9.2

(A)13938kN/m³   (B)27484kN/m³
(C)44444kN/m³   (D)89640kN/m³

2. 某场地冲积砂层内需测定地下水的流向和流速,呈等边三角形布置 3 个钻孔,如图所示,钻孔孔距为 60.0m,测得 A、B、C 三孔的地下水位标高分别为 28.0m、24.0m、24.0m,地层的渗透系数为 $1.8×10^{-3}$cm/s,则地下水的流速接近下列哪一项? ( )

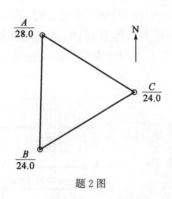

题 2 图

(A)$1.20×10^{-4}$cm/s   (B)$1.40×10^{-4}$cm/s
(C)$1.60×10^{-4}$cm/s   (D)$1.80×10^{-4}$cm/s

3. 某正常固结饱和黏性土试样进行不固结不排水试验得:$\varphi_u=0$,$c_u=25$kPa;对同样的土进行固结不排水试验,得到有效抗剪强度指标:$c'=0$,$\varphi'=30°$。问该试样在固结不排水条件下剪切破坏时的有效大主应力和有效小主应力为下列哪一项? ( )

(A)$\sigma'_1=50$kPa,$\sigma'_3=20$kPa   (B)$\sigma'_1=50$kPa,$\sigma'_3=25$kPa
(C)$\sigma'_1=75$kPa,$\sigma'_3=20$kPa   (D)$\sigma'_1=75$kPa,$\sigma'_3=25$kPa

4. 某港口工程拟利用港池航道疏浚土进行冲填造陆,冲填区需填方量为 10000m³,疏浚土的天然含水量为 31.0%、天然重度为 18.9kN/m³,冲填施工完成后冲填土的含

水量为 62.6%,重度为 16.4kN/m³,不考虑沉降和土颗粒流失,使用的疏浚土方量接近下列哪一选项? ( )

    (A)5000m³   (B)6000m³

    (C)7000m³   (D)8000m³

5. 某建筑基础为柱下独立基础,基础平面尺寸为 5m×5m,基础埋深 2m,室外地面以下土层参数见下表,假定变形计算深度为卵石层顶面。问计算基础中点沉降时,沉降计算深度范围内的压缩模量当量值最接近下列哪个选项? ( )

题 5 表

土 层 名 称	土层层底埋深(m)	重度(kN/m³)	压缩模量 E_s(MPa)
粉质黏土	2.0	19	10
粉土	5.0	18	12
细砂	8.0	18	18
密实卵石	15.0	18	90

    (A)12.6MPa   (B)13.4MPa

    (C)15.0MPa   (D)18.0MPa

6. 如图所示双柱基础,相应于作用的标准组合时,Z_1 的柱底轴力 1680kN,Z_2 的柱底轴力 4800kN,假设基础底面压力线性分布,问基础底面边缘 A 的压力值最接近下列哪个选项的数值?(基础及其上土平均重度取 20kN/m³) ( )

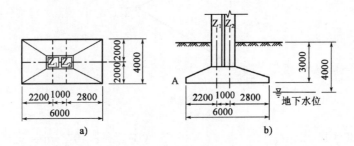

题 6 图(尺寸单位:mm)

    (A)286kPa   (B)314kPa

    (C)330kPa   (D)346kPa

7. 某墙下钢筋混凝土条形基础如图所示,墙体及基础的混凝土强度等级均为 C30,基础受力钢筋的抗拉强度设计值 f_y 为 300N/mm²,保护层厚度 50mm,该条形基础承受轴心荷载,假定地基反力线性分布,相应于作用的基本组合时基础底面地基净反力设计值为 200kPa。问:按照《建筑地基基础设计规范》(GB 50007—2011),满足该规范规定且经济合理的受力主筋面积为下列哪个选项? ( )

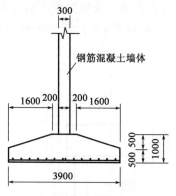

题7图(尺寸单位:mm)

(A)1263mm²/m (B)1425mm²/m
(C)1695mm²/m (D)1520mm²/m

8. 如图所示某钢筋混凝土地下构筑物,结构物、基础底板及上覆土体的自重传至基底的压力值为 70kN/m²,现拟通过向下加厚结构物基础底板厚度的方法增加其抗浮稳定性及减小底板内力。忽略结构物四周土体约束对抗浮的有利作用,按照《建筑地基基础设计规范》(GB 50007—2011),筏板厚度增加量最接近下列哪个选项的数值?(混凝土的重度取 25kN/m³) ( )

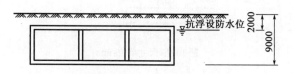

题8图(尺寸单位:mm)

(A)0.25m (B)0.40m
(C)0.55m (D)0.70m

9. 某多层建筑,设计拟选用条形基础,天然地基,基础宽度 2.0m,地层参数见下表,地下水位埋深10m,原设计基础埋深2m时,恰好满足承载力要求。因设计变更,预估基底压力将增加 50kN/m,保持基础宽度不变,根据《建筑地基基础设计规范》(GB 50007—2011),估算变更后满足承载力要求的基础埋深最接近下列哪个选项? ( )

题9表

层 号	层底埋深(m)	天然重度(kN/m³)	土 的 类 别
①	2.0	18	填土
②	10.0	18	粉土(黏粒含量为 8%)

(A)2.3m (B)2.5m
(C)2.7m (D)3.4m

10. 柱下桩基如图所示,若要求承台长边斜截面的受剪承载力不小于11MN,按《建筑桩基技术规范》(JGJ 94—2008)计算,承台混凝土轴心抗拉强度设计值 f_t 最小应为下列何值?　　　　　　　　　　　　　　　　　　　　　　　　　　（　　）

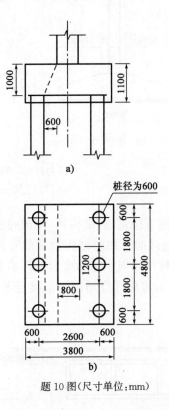

题 10 图(尺寸单位:mm)

(A)1.96MPa　　　　　　　　　　　　(B)2.10MPa

(C)2.21MPa　　　　　　　　　　　　(D)2.80MPa

11. 某承受水平力的灌柱桩,直径为 800mm,保护层厚度为 50mm,配筋率为0.65%,桩长30m,桩的水平变形系数为 0.360(1/m),桩身抗弯刚度为 6.75×10^{11} kN·mm^2,桩顶固接且容许水平位移为4mm,按《建筑桩基技术规范》(JGJ 94—2008)估算,由水平位移控制的单桩水平承载力特征值最接近以下哪个选项?　　　　　（　　）

(A)50kN　　　　　　　　　　　　　　(B)100kN

(C)150kN　　　　　　　　　　　　　　(D)200kN

12. 某多层住宅框架结构,采用独立基础,荷载效应准永久值组合下作用于承台底的总附加荷载 $F_k=360$kN,基础埋深 1m,方形承台,边长为 2m,土层分布如图所示。为减少基础沉降,基础下疏布 4 根摩擦桩,钢筋混凝土预制方桩 0.2m×0.2m,桩长 10m,根据《建筑桩基技术规范》(JGJ 94—2008),计算桩土相互作用产生的基础中心点沉降量 s_{sp} 最接近下列何值?　　　　　　　　　　　　　　　　　　　　（　　）

(A)15mm　　　　　(B)20mm　　　　　(C)40mm　　　　　(D)54mm

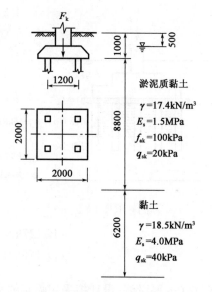

题 12 图(尺寸单位:mm)

13. 拟对某淤泥土地基采用预压法加固,已知淤泥的固结系数 $C_h = C_v = 2.0 \times 10^{-3} \text{cm}^2/\text{s}$,淤泥层厚度为 20.0m,在淤泥层中打设塑料排水板,长度打穿淤泥层,预压荷载 $p = 100\text{kPa}$,分两级等速加载,如图所示。按照《建筑地基处理技术规范》(JGJ 79—2012) 公式计算,如果已知固结度计算参数 $\alpha = 0.8, \beta = 0.025$,问地基固结度达到 90% 时预压时间为以下哪个选项?　　　　　　　　　　　　　　　　　　　（　　）

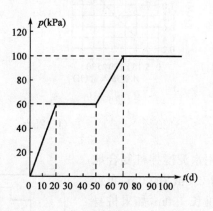

题 13 图

(A)110d (B)125d
(C)150d (D)180d

14. 如图所示,拟对某淤泥质软土地基采用树根桩进行加固,直径为 300mm,间距为 900mm,正三角形布置,桩长为 7.0m,采用二次注浆工艺,根据《建筑地基处理技术规范》(JGJ 79—2012),计算单桩承载力特征值最大值接近以下哪个选项?(不考虑桩端端阻力)　　　　　　　　　　　　　　　　　　　　　　　　（　　）

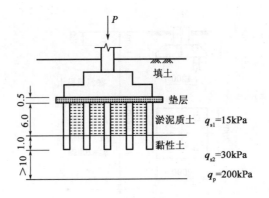

题 14 图(尺寸单位:m)

(A)113kN   (B)127kN

(C)158kN   (D)178kN

15. 某建筑场地浅层有 6.0m 厚淤泥,设计拟采用喷浆的水泥搅拌桩法进行加固,桩径取 600mm,室内配比试验得出了不同水泥掺入量时水泥土 90d 龄期抗压强度值,如图所示,如果单桩承载力由桩身强度控制且要求达到 70kN,桩身强度折减系数取 0.25,问水泥掺入量至少应选择以下哪个选项? ( )

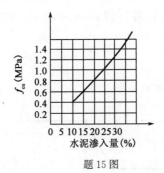

题 15 图

(A)15%   (B)20%   (C)25%   (D)30%

16. 已知独立柱基采用水泥搅拌桩复合地基,如图所示,承台尺寸为 2.0m×4.0m,布置 8 根桩,桩直径 ϕ600mm,桩长 7.0m,如果桩身抗压强度取 1.0MPa,桩身强度折减系数 0.25,桩间土和桩端土承载力发挥系数均为 0.4,不考虑深度修正,充分发挥复合地基承载力,则基础承台底最大荷载(荷载效应标准组合)最接近以下哪个选项? ( )

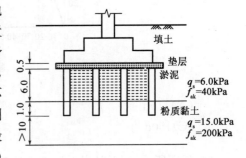

题 16 图(尺寸单位:m)

(A)475kN   (B)655kN

(C)710kN   (D)950kN

17. 二级土质边坡采用永久锚杆支护,锚杆倾角为15°,锚杆锚固段钻孔直径为0.15m,土体与锚固体极限黏结强度标准值为60kPa,锚杆水平间距为2m,排距为2.2m,其主动土压力标准值的水平分量 e_{ahk} 为18kPa。按照《建筑边坡工程技术规范》(GB 50330—2013)计算,以锚固体与地层间锚固破坏为控制条件,其锚固段长度宜为下列哪个选项?　　(　　)

　(A)1.0m　　　　　(B)5.0m　　　　　(C)7.0m　　　　　(D)10.0m

18. 某带卸荷台的挡土墙,如图所示, $H_1=2.5$m, $H_2=3$m, $L=0.8$m,墙后填土的重度 $\gamma=18$kN/m³, $c=0$, $\varphi=20°$。按朗肯土压力理论计算,挡土墙墙后 BC 段上作用的主动土压力合力最接近下列哪个选项?　　(　　)

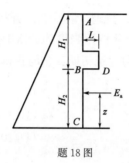

题 18 图

　(A)93kN　　　　　　　　　　　(B)106kN
　(C)121kN　　　　　　　　　　　(D)134kN

19. 如图所示某碾压土石坝的地基为双层结构,表层土④的渗透系数 k_1 小于下层土⑤的渗透系数 k_2,表层土④厚度为4m,饱和重度为19kN/m³,孔隙率为0.45;土石坝下游坡脚处表层土④的顶面水头为2.5m,该处底板水头为5m,安全系数为2.0,按《碾压式土石坝设计规范》(DL/T 5395—2007)计算下游坡脚排水盖重层②的厚度不小于下列哪个选项?(盖重层②饱和重度取19kN/m³)　　(　　)

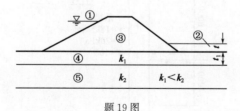

题 19 图

　(A)0m　　　　　　　　　　　(B)0.75m
　(C)1.55m　　　　　　　　　　(D)2.65m

20. 某高填方路堤公路选线时发现某段路堤附近有一溶洞,如图所示,溶洞顶板岩层厚度为2.5m,岩层上覆土厚度为3.0m,顶板岩体内摩擦角为40°,对一级公路安全系数取为1.25,根据《公路路基设计规范》(JTG D30—2015),该路堤坡脚与溶洞间的最小安全距离 L 不小于下列哪个选项?(覆盖土层稳定坡率为1∶0.7)　　(　　)

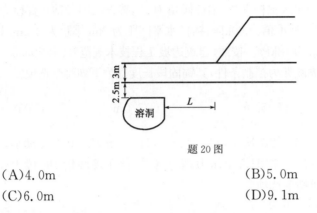

题 20 图

(A)4.0m   (B)5.0m

(C)6.0m   (D)9.1m

21. 两车道公路隧道采用复合式衬砌,埋深 12m,开挖高度和宽度分别为 6m 和 5m。围岩重度为 22kN/m³,岩石单轴饱和抗压强度为 35MPa,岩体和岩石的弹性纵波速度分别为 2.8km/s 和 4.2km/s。试问施筑初期支护时拱部和边墙喷射混凝土厚度范围宜选用下列哪个选项? (单位:cm)   ( )

(A)5～8   (B)8～12

(C)12～20   (D)20～30

22. 某基坑开挖深度为 6m,地层为均质一般黏性土,其重度 $\gamma = 18.0\text{kN/m}^3$,黏聚力 $c = 20\text{kPa}$,内摩擦角 $\varphi = 10°$。距离基坑边缘 3m 至 5m 处,坐落一条形构筑物,其基底宽度为 2m,埋深为 2m,基底压力为 140kPa,假设附加荷载按 45°应力双向扩散,基底以上土与基础平均重度为 18kN/m³,如图所示,试问自然地面下 10m 处支护结构外侧的主动土压力强度标准值最接近下列哪个选项?   ( )

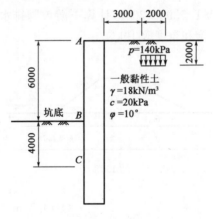

题 22 图(尺寸单位:mm)

(A)93kPa   (B)112kPa

(C)118kPa   (D)192kPa

23. 某二级基坑,开挖深度 $H = 5.5\text{m}$,拟采用水泥土墙支护结构,其嵌固深度 $l_d = 6.5\text{m}$,水泥土墙体的重度为 19kN/m³,墙体两侧主动土压力与被动土压力强度标准值分布如图所示(单位:kPa)。按照《建筑基坑支护技术规程》(JGJ 120—2012),计算该重力式水泥土墙满足倾覆稳定性要求的宽度,其值最接近下列哪个选项?　　　　　(　　)

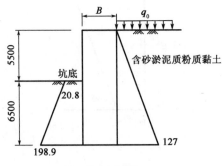

含砂淤泥质粉质黏土

题23图(尺寸单位:mm)

(A)4.2m　　　　　　　　　　　　(B)4.5m

(C)5.0m　　　　　　　　　　　　(D)5.5m

24.西南地区某沟谷中曾遭受过稀性泥石流灾害,铁路勘察时通过调查,该泥石流中固体物质相对密度为2.6,泥石流流体重度为13.8kN/m³,泥石流发生时沟谷过水断面宽为140m、面积为560m²,泥石流流面纵坡为4.0%,粗糙系数为4.9,试计算该泥石流的流速最接近下列哪一选项?(可按公式$V_m = \dfrac{m_m}{\alpha} R_m^{2/3} I^{1/2}$进行计算)　　(　　)

(A)1.20m/s　　　　　　　　　　(B)1.52m/s

(C)1.83m/s　　　　　　　　　　(D)2.45m/s

25.根据勘察资料某滑坡体分别为2个块段,如图所示,每个块段的重力、滑面长度、滑面倾角及滑面抗剪强度标准值分别为:$G_1 = 700$kN/m,$L_1 = 12$m,$\beta_1 = 30°$,$\varphi_1 = 12°$,$c_1 = 10$kPa;$G_2 = 820$kN/m,$L_2 = 10$m,$\beta_2 = 10°$,$\varphi_2 = 10°$,$c_2 = 12$kPa,试采用传递系数法计算滑坡稳定安全系数F_s最接近下列哪一选项?　　(　　)

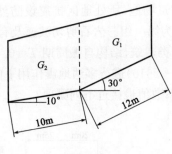

题25图

(A)0.94　　　　　　　　　　　　(B)1.00

(C)1.07　　　　　　　　　　　　(D)1.15

26.岩坡顶部有一高5m倒梯形危岩,下底宽2m,如图所示,其后裂缝与水平向夹角为 60°,由于降雨使裂缝中充满了水。如果岩石重度为 23kN/m³,在不考虑两侧阻力及底面所受水压力的情况下,该危岩的抗倾覆安全系数最接近下面哪一选项?   （   ）

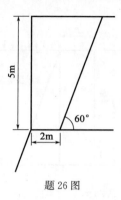

题 26 图

(A)1.5   (B)1.7
(C)3.0   (D)3.5

27. 有四个黄土场地,经试验其上部土层的工程特性指标代表值分别见下表。根据《湿陷性黄土地区建筑标准》(GB 50025—2018)判定,下列哪一个黄土场地分布有新近堆积黄土?   （   ）

题 27 表

土 性 指 标	e	a_{50-150}(MPa^{-1})	γ(kN/m³)	ω(%)
场地一	1.120	0.62	14.3	17.6
场地二	1.090	0.62	14.3	12.0
场地三	1.051	0.51	15.2	15.5
场地四	1.120	0.51	15.2	17.6

(A)场地一   (B)场地二
(C)场地三   (D)场地四

28. 某临近岩质边坡的建筑场地,所处地区抗震设防烈度为 8 度,设计基本地震加速度为 0.30g,设计地震分组为第一组。岩石剪切波速及有关尺寸如图所示。建筑采用框架结构,抗震设防分类属丙类建筑,结构自振周期 $T=0.40s$,阻尼比 $\xi=0.05$。按《建筑抗震设计规范》(GB 50011—2010)进行多遇地震作用下的截面抗震验算时,相应于结构自振周期的水平地震影响系数值最接近下列哪项?   （   ）

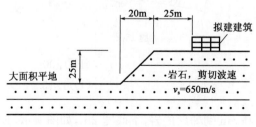

题 28 图

(A)0.13   (B)0.16
(C)0.18   (D)0.22

29.某建筑场地设计基本地震加速度 0.30g,设计地震分组为第二组,基础埋深小于
2m。某钻孔揭示地层结构如图所示;勘察期间地下水位埋深 5.5m,近期内年最高水位
埋深 4.0m;在地面下 3.0m 和 5.0m 处实测标准贯入试验锤击数均为 3 击,经初步判别
认为需对细砂土进一步进行液化判别。若标准贯入锤击数不随土的含水量变化而变
化,试按《建筑抗震设计规范》(GB 50011—2010)计算该钻孔的液化指数最接近下列哪
项数值(只需判别 15m 深度范围以内的液化)?   (   )

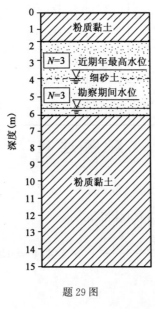

题 29 图

(A)3.9   (B)8.2
(C)16.4   (D)31.5

30.某工程采用钻孔灌注桩基础,桩径 800mm,桩长 40m,桩身混凝土强度为 C30。
钢筋笼上埋设钢弦式应力计量测桩身内力。已知地层深度 3～14m 范围内为淤泥质黏
土。建筑物结构封顶后进行大面积堆土造景,测得深度 3m,14m 处钢筋应力分别为
30000kPa 和 37500kPa,问此时淤泥质黏土层平均侧摩擦力最接近下列哪个选项?(钢
筋弹性模量 $E_s=2.0\times10^5\text{N/mm}^2$,桩身材料弹性模量 $E=3.0\times10^4\text{N/mm}^2$)   (   )

(A)25.0kPa   (B)20.5kPa
(C)−20.5kPa   (D)−25.0kPa

标 准 答 案

本试卷由30道题组成,全部为单项选择题。考生可任选25道题作答。每题2分,满分为50分。若考生在答题卡或试卷上的作答超过25道题,则按题目序号从小到大的顺序对作答的前25道题计分及复评试卷,其他作答题目无效。

1	A	2	B	3	D	4	C	5	B
6	D	7	B	8	A	9	C	10	C
11	B	12	C	13	B	14	C	15	C
16	B	17	C	18	A	19	C	20	D
21	C	22	B	23	B	24	C	25	C
26	B	27	A	28	D	29	C	30	C

解 题 过 程

1. [答案] A

[解析]《工程地质手册》(第五版)第261~262页。

$$K_v = \frac{p}{s} = \frac{40}{0.9 \times 10^{-3}} = 44444 \text{kN/m}^3$$

$$K_s = \left(\frac{B+0.3}{2B}\right)^2 K_v = \left(\frac{2.5+0.3}{2 \times 2.5}\right)^2 \times 44444 = 13938 \text{kN/m}^3$$

2. [答案] B

[解析] $l = \frac{\sqrt{3}}{2} \times 60 = 52\text{m}, \Delta h = 4\text{m}, i = \Delta h/l = 0.077$

$v = ki = 1.8 \times 10^{-3} \times 0.077 = 1.386 \times 10^{-4} \text{cm/s}$

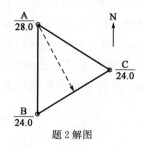

题2解图

3. [答案] D

[解析] $\sigma_1 = \sigma_3 \tan^2\left(45° + \frac{\varphi}{2}\right) + 2c\tan\left(45° + \frac{\varphi}{2}\right)$

$\sigma_1' = \sigma_3' \tan^2\left(45° + \frac{30°}{2}\right) + 2 \times 0 \times \tan\left(45° + \frac{30°}{2}\right) = 3\sigma_3'$

故只有D选项满足条件。

4.[答案] C

[解析] 用三项换算草图计算:

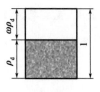

题4解图

$$\rho_d(1+w)=\rho$$

$$\rho_{d1}=\frac{\rho_1}{1+w_1}=\frac{1.89}{1+0.31}=1.443$$

$$\rho_{d2}=\frac{\rho_2}{1+w_2}=\frac{1.64}{1+0.626}=1.009$$

$$\rho_{d1}V_1=\rho_{d2}V_2$$

$$1.443V_1=10000\times1.009$$

$$V_1=6692\text{m}^3$$

5.[答案] B

[解析]《建筑地基基础设计规范》(GB 50007—2011)第5.3.6条。

题5解表

分层点	基底下层点深度 Z(m)	$Z/(b/2)$	L/b	层号	附录 K.$0.1-2\overline{a_j}$	$\overline{a_j}Z_j$	$A_i=\overline{a_j}Z_i-\overline{a_{j-1}}Z_{i-1}$
0	0	0	1			0	
1	3	1.2	1	①	0.2149	0.6447	0.6447
2	6	2.4	1	②	0.1578	0.9468	0.3021

$$压缩模量当量值: \overline{E}_s=\frac{\sum A_i}{\sum\dfrac{A_i}{E_{si}}}=\frac{0.6447+0.3021}{\dfrac{0.6447}{12}+\dfrac{0.3021}{18}}=13.43\text{MPa}$$

6.[答案] D

[解析] $e=\dfrac{M}{N}=\dfrac{1680\times0.8-4800\times0.2}{1680+4800+4\times6\times3\times20}=\dfrac{384}{7920}=0.0485<\dfrac{b}{6}=1$(判断为小偏心)

$$p_{max}=\frac{7920}{4\times6}\times\left(1+\frac{6\times0.0485}{6}\right)=346.0\text{kPa}$$

7.[答案] B

[解析] 根据《建筑地基基础设计规范》(GB 50007—2011)第8.2.1条第3款,每米分布筋的面积不少于受力筋的15%,由式(8.2.14)和式(8.2.12)得:

$$M_1=\frac{1}{6}a_1^2\left(2p_{max}+p-\frac{3G}{A}\right)=\frac{1}{6}\times1.8^2\times(3\times200)=324\text{kN}\cdot\text{m/m}$$

$$A_s=\frac{M}{0.9f_yh_0}=\frac{324\times1000\times1000}{0.9\times300\times(1000-50)}=1263.16\text{mm}^2/\text{m}$$

$$A_s=0.15\%\times950\times1000=1425\text{mm}^2/\text{m}$$

两者取大值,$A_s=1425\text{mm}^2/\text{m}$

8.[答案] A

[解析]《建筑地基基础设计规范》(GB 50007—2011)第5.4.3条。

$$\frac{G_k}{N_{w,k}}\geqslant K_w$$

取单位长度、宽度均为 1m 为研究对象，$\dfrac{70+25h}{10\times1\times1\times(9-2+h)}=1.05$

得 $h=0.241$m

9. [答案] C

[解析]《建筑地基基础设计规范》(GB 50007—2011)第 5.2.4 条。

设地基承载力特征值为 f_{ak}，原设计 2m 埋深：

$\eta_d=2;\gamma_m=18$kN/m³

$f_{a1}=f_{ak}+\eta_b\gamma(b-3)+\eta_d\gamma_m(d_1-0.5)$

增加埋深后：

$f_{a2}=f_{ak}+\eta_b\gamma(b-3)+\eta_d\gamma_m(d_2-0.5)$

$\Delta f_a=f_{a2}-f_{a1}=25$kPa

$\eta_d\gamma_m\Delta d=25,\Delta d=0.69$m

$d_2=2.69$m

10. [答案] C

[解析]《建筑桩基技术规范》(JGJ 94—2008)第 5.9.10 条。

$h_0=1000$mm$,\beta_{hs}=\left(\dfrac{800}{1000}\right)^{1/4}=0.946$

$\lambda_x=\dfrac{a_x}{h_0}=\dfrac{0.6}{1}=0.6$,满足要求；

$\alpha=\dfrac{1.75}{\lambda_x+1}=\dfrac{1.75}{0.6+1}=1.094$

$11\times1000=\beta_{hs}\alpha f_t b_0 h_0=0.946\times1.094\times f_t\times4.8\times1$

$f_t=2214.3$kPa

11. [答案] B

[解析]《建筑桩基技术规范》(JGJ 94—2008)第 5.7.2 条。

$\alpha h=0.36\times30=10.8$

$\alpha h>4$ 时,取 $\alpha h=4$。查表 5.7.2,$v_x=0.94$

$R_{ha}=0.75\dfrac{\alpha^3 EL}{v_x}X_{0a}=0.75\times\dfrac{0.36^3\times6.75\times10^5}{0.94}\times4\times10^{-3}=100.5$kN

12. [答案] C

[解析]《建筑桩基技术规范》(JGJ 94—2008)第 5.6.2 条。

$\overline{q}_{su}=\dfrac{20\times8.8+40\times1.2}{8.8+1.2}=22.4$

$\overline{E}_s=\dfrac{8.8\times1.5+1.2\times4}{8.8+1.2}=1.8$

对于方桩：

$d=1.27b=0.254$m $\quad s_a/d=1.2/0.254=4.72$

$s_{sp}=280\dfrac{\overline{q}_{su}}{\overline{E}_s}\dfrac{d}{(s_d/d)^2}=280\times\dfrac{22.4}{1.8}\times\dfrac{0.254}{4.72^2}=39.7$mm

13. [答案] B

[解析]《建筑地基处理技术规范》(JGJ 79—2012)第5.2.7条。

$$\overline{U}_t = \sum_{i=1}^n \frac{\dot{q}_i}{\sum \Delta p} \Big[(T_i - T_{i-1}) - \frac{\alpha}{\beta} e^{-\beta t} (e^{\beta T_i} - e^{\beta T_{i-1}}) \Big]$$

$$= \frac{3}{100} \times \Big[(20 - 0) - \frac{0.8}{0.025} e^{-0.025t} (e^{0.025 \times 20} - e^0) \Big] + \frac{2}{100} \times \Big[(70 - 50) -$$

$$\frac{0.8}{0.025} e^{-0.025t} (e^{-0.025 \times 70} - e^{0.025 \times 50}) \Big]$$

$$= 1 - 2.073 e^{-0.025t} = 0.9$$

解得 $t = 121$d

14. [答案] C

[解析]《建筑地基处理技术规范》(JGJ 79—2012)第7.1.5条、9.2.2条。

$$R_a = u_p \sum_{i=1}^h q_{si} l_{pi} = 3.14 \times 0.3 \times (15 \times 6 + 1 \times 30) = 113 \text{kN}$$

$$1.4 R_a = 158 \text{kN}$$

15. [答案] C

[解析]《建筑地基处理技术规范》(JGJ 79—2012)第7.3.3条。

$$70 = R_a = \eta f_{cu} A_p = 0.25 \times f_{cu} \times 3.14 \times 0.3^2$$

$f_{cu} = 0.99$MPa，查曲线：水泥掺入量接近25%。

16. [答案] B

[解析]《建筑地基处理技术规范》(JGJ 79—2012)第7.1.5条、7.3.3条。

$$R_a = u_p \sum_{i=1}^n q_{si} l_{pi} + \alpha_p q_p A_p$$

$$= 3.14 \times 0.6 \times (6 \times 6 + 15 \times 1) + 0.4 \times 200 \times 3.14 \times 0.3^2 = 118.692 \text{kN}$$

$$R_a = \eta f_{cu} A_p = 0.25 \times 1000 \times 3.14 \times 0.3^2 = 70.65 \text{kN}, R_a \text{ 取 } 70.65$$

$$m = \frac{8 \times 3.14 \times 0.3^2}{2 \times 4} = 0.2826$$

$$f_{spk} = \lambda m \frac{R_a}{A_p} + \beta (1 - m) f_{sk}$$

$$= 0.2826 \times \frac{1.0 \times 70.65}{3.14 \times 0.3^2} + 0.4 \times (1 - 0.2826) \times 40$$

$$= 82.1 \text{kPa}$$

$$F_k + G_k = f_{spk} \cdot A = 2 \times 4 \times 82.1 = 656.8 \text{kN}$$

17. [答案] C

[解析]《建筑边坡工程技术规范》(GB 50330—2013)第8.2.1条、8.2.3条。

$$N_{ak} = \frac{H_{tk}}{\cos \alpha} = \frac{18 \times 2 \times 2.2}{\cos 15°} = 82.0$$

$$l_a \geqslant \frac{K \cdot N_{ak}}{\pi D f_{rbk}} = \frac{2.4 \times 82}{3.14 \times 0.15 \times 60} = 7.0 \text{m}$$

2013年案例分析试题答案（上午卷）

18. **[答案]** A

    [解析] 此题可参考《土力学》(李广信等编,第 2 版,清华大学出版社)第 6.6.4 节。

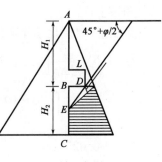

题 18 解图

$$K_a = \tan^2\left(45° - \frac{\varphi}{2}\right) = 0.49$$

$$BE = L \times \tan\left(45° + \frac{\varphi}{2}\right) = 0.8\tan55° = 1.143\text{m}$$

$B: p_{aB} = 0$

$D: p_{aD} = K_a18 \times 2.5 = 22.05\text{kPa}$

$C: p_{aC} = K_a18 \times 5.5 = 48.51\text{kPa}$

$$E_{aB-C} = \frac{1}{2} \times (22.05 + 48.51) \times 3 - \frac{1}{2} \times 1.143 \times 22.05 = 93.2\text{kN}$$

19. **[答案]** C

    [解析]《碾压式土石坝设计规范》(DL/T 5395—2007)第 10.2.4 条。

$$G_s = \frac{100\rho - 0.01nS_r\rho_w}{(100 - n)\rho_w} = \frac{100 \times 1.9 - 0.01 \times 0.450 \times 100 \times 1}{(100 - 45) \times 1} = 2.64$$

$$0.625 = \frac{5 - 2.5}{4} = J_{a-x} > \frac{(G_{s1} - 1)(1 - n_1)}{K} = \frac{(2.64 - 1)(1 - 0.45)}{2} = 0.451$$

$$t = \frac{KJ_{a-x}t_1\gamma_w - (G_{s1} - 1)(1 - n_1)t_1\gamma_w}{\gamma}$$

$$= \frac{2 \times \frac{5 - 2.5}{4} \times 4 \times 10 - (2.64 - 1)(1 - 0.45) \times 4 \times 10}{9}$$

$$= 1.547\text{m}$$

20. **[答案]** D

    [解析]《公路路基设计规范》(JTG D30—2015)第 7.6.3 条。

$$\beta = \frac{45° + \frac{\varphi}{2}}{K} = \frac{45° + \frac{40°}{2}}{1.25} = 52°$$

$$L' = H \times \cot\beta = 3\cot52° = 1.95\text{m}$$

覆盖土层稳定坡率为 1:0.7,则 $\theta = 55°$。

$$L = 1.95 + 3\cot55° + 5.0 = 9.1\text{m}$$

21. **[答案]** C

    [解析]《公路隧道设计规范》(JTG 3370.1—2018)附录 P,隧道支护参数表。

(1)判断围岩类别。

$BQ = 100 + 3R_c + 250K_v$,其中 $K_v = (V_{pm}/V_{pr})^2 = (2.8/4.2)^2 = 0.444$

由于 $K_v < 0.04R_c + 0.4$,$R_c < 90K_v + 30$,不需修正,则

$BQ = 100 + 3R_c + 250K_v = 100 + 105 + 111 = 316$,围岩类别为 Ⅳ 类。

(2)查表,对于两车隧道,Ⅳ 类围岩,衬砌厚度为 12~20cm。

22. [答案] B

[解析]《建筑基坑支护技术规程》(JGJ 120—2012)第3.4.7条。

$b=2\text{m},a=3\text{m},d=2\text{m}$

$p_0=p-\gamma d$

由图可见,地面以下10m,在局部荷载的影响区内,

$$\Delta\sigma_k=\frac{p_0 b}{b+2a}=\frac{(140-2\times18)\times2}{2+2\times3}=26$$

$$\sigma_{ak}=\sigma_{ac}+\sum\Delta\sigma_{k,j}=10\times18+26=206$$

$$p_{ak}=\sigma_{ak}\tan^2\left(45°-\frac{\varphi_i}{2}\right)-2c_i\tan\left(45°-\frac{\varphi_i}{2}\right)=206\tan\left(45°-\frac{10°}{2}\right)-2\times20\tan\left(45°-\frac{10°}{2}\right)$$

$$=111.48\text{kPa}$$

23. [答案] B

[解析]《建筑基坑技术规程》(JGJ 120—2012)第6.1.2条。

$$\frac{E_{pk}a_p+(G-u_m B)a_G}{E_{ak}a_a}\geqslant K_{ov}$$

$$\frac{20.8\times6.5\times\frac{6.5}{2}+\frac{1}{2}\times(198.9-20.8)\times6.5\times\frac{6.5}{3}+(6.5+5.5)\times B\times0.5B\times19}{\frac{1}{2}\times127\times(6.5+5.5)\times\frac{6.5+5.5}{3}}=1.3$$

$$B=4.46\text{m}$$

24. [答案] C

[解析]《工程地质手册》(第五版)第687页。

$$V_m=\frac{m_m}{\alpha}R_m^{2/3}I^{1/2}$$

$m_m=4.9,I=0.04,R_m=w/p=560/140=4\text{m}$

查手册中表6-4-9,$\alpha=1.35$

$$V_m=\frac{m_m}{\alpha}R_m^{2/3}I^{2/3}=\frac{4.9}{1.35}4^{2/3}\sqrt{0.04}=3.63\times2.52\times0.2=1.83\text{m/s}$$

25. [答案] C

[解析]《岩土工程勘察规范》(GB 50021—2001)(2009年版)第5.2.8条条文说明。

$$K_s=\frac{\sum R_i\psi_i\psi_{i+1}\cdots\psi_{n-1}+R_n}{\sum T_i\psi_i\psi_{i+1}\cdots\psi_{n-1}+T_n}\qquad(i=1,2,3\cdots n-1)$$

$$\psi_1=\cos(\theta_i-\theta_{i+1})-\sin(\theta_i-\theta_{i+1})\tan\psi_{i+1}=\cos(30°-10°)-\sin(30°-10°)\tan10°$$

$$=0.879$$

$$K_s=\frac{R_1\psi_1+R_2}{T_1\psi_1+T_1}$$

$$=\frac{(10\times12+700\times\cos30°\times\tan12°)\times0.879+(12\times10+820\times\cos10°\times\tan10°)}{700\times\sin30°\times0.879+820\times\sin10°}$$

$$=1.069$$

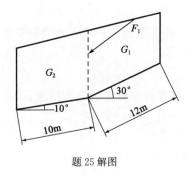

题 25 解图

26. **[答案]** B

    [解析] 此题可以以水压力产生倾覆力矩,岩块自重产生抗倾覆力矩计算:

$$抗倾覆安全系数 = \frac{抗倾覆力矩}{倾覆力矩}$$

$$= \frac{2 \times 5 \times 1 \times 23 \times 1 + \frac{1}{2} \times 5 \times 5\tan30° \times 1 \times 23 \times \left(2 + \frac{5\tan30°}{3}\right)}{\frac{1}{2} \times 5 \times 10 \times \frac{5}{\sin60°} \times \left(2 \times \sin30° + \frac{5}{3\sin60°}\right)}$$

$$= \frac{230 + 491.7}{422.1} = 1.71$$

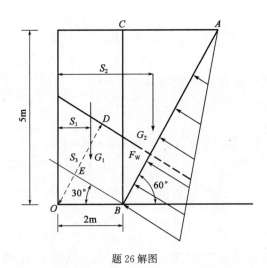

题 26 解图

27. **[答案]** A

    [解析]《湿陷性黄土地区建筑标准》(GB 50025—2018)附录 D。

$$R = -68.45e + 10.98a - 7.16\gamma + 1.18\omega$$

$$R_0 = -154.80$$

$$R_1 = -68.45 \times 1.12 + 10.98 \times 0.62 - 7.16 \times 14.3 + 1.18 \times 17.6 = -151.48 > -154.80$$

$$R_2 = -68.45 \times 1.09 + 10.98 \times 0.62 - 7.16 \times 14.3 + 1.18 \times 12 = -156.03 < -154.80$$

$$R_3 = -68.45 \times 1.051 + 10.98 \times 0.51 - 7.16 \times 15.2 + 1.18 \times 15.5 = -156.88 < -154.80$$

$$R_4 = -68.45 \times 1.12 + 10.98 \times 0.51 - 7.16 \times 15.2 + 1.18 \times 17.6 = -159.13 < -154.80$$

28.[答案] D

[解析] 根据《建筑抗震设计规范》(GB 50011—2010)第4.1.8条和表5.1.5,边坡边缘的建筑物,影响系数为1.1~1.6,见第4.1.8条的条文说明式(2)。

$L_1/H = 25/25 = 1$,故 $\xi = 1$;$H/L = 25/20 = 1.25$,查表 $\alpha = 0.4$

$\lambda = 1 + \xi\alpha = 1 + 1 \times 0.4 = 1.4$

等效剪切波速650m/s,场地类别为 I_1 类,地震分组为第一组,特征周期0.25s。

设计基本地震加速度0.3g,多遇地震 $\alpha_{max} = 0.24$,则

$$T_g < T = 0.4 < 5T_g, \alpha = \left(\frac{T_g}{T}\right)^{\gamma}\eta_2\alpha_{max} = \left(\frac{0.25}{0.4}\right)^{0.9} \times 1 \times 0.24 = 0.157$$

该场地的 $\alpha = 1.4 \times 0.157 = 0.22$

29.[答案] C

[解析]《建筑抗震设计规范》(GB 50011—2010)第4.3.4条、4.3.5条。

可能液化的范围为4m至6m段,中点深度为5m,$W_i = 10$

$$N_{cr} = N_0\beta[\ln(0.6d_s + 1.5) - 0.1d_w]\sqrt{\frac{3}{\rho_c}}$$

$$= 16 \times 0.95 \times [\ln(0.6 \times 5 + 1.5) - 0.1 \times 4]\sqrt{\frac{3}{3}}$$

$$= 16.78$$

$$I_{lE} = \sum_{i=1}^{n}\left(1 - \frac{N_i}{N_{cri}}\right)d_iW_i = \left(1 - \frac{3}{16.78}\right) \times 2 \times 10 = 16.42$$

30.[答案] C

[解析] 假设钢筋的应变与混凝土应变相等:

$$\frac{30000 - 37500}{2 \times 10^5} = \frac{桩身截面应力增量}{3 \times 10^4}$$

桩身截面应力增量 $= -1125$kPa,故负摩阻力引起的下拉荷载为

$-1125 \times 3.14 \times 0.4^2 = -565.2$kN

$-565.2 = Q_g^n = \eta_n \cdot u\sum_{i=1}^{n}q_{si}^nl_i = 1 \times 3.14 \times 0.8 \times (14 - 3)q_{s1}^n$

$q_{s1}^n = -20.45$kPa

2013 年案例分析试题(下午卷)

1. 某工程勘察场地地下水位埋藏较深,基础埋深范围为砂土,取砂土样进行腐蚀性测试,其中一个土样的测试结果见下表,按Ⅱ类环境、无干湿交替考虑,此土样对基础混凝土结构腐蚀性正确的选项是哪一个? ( )

题 1 表

腐蚀介质	SO_4^{2-}	Mg^{2+}	NH_4^+	OH^-	总矿化度	pH 值
含量(mg/kg)	4551	3183	16	42	20152	6.85

(A)微腐蚀　　　　　　　　　　　(B)弱腐蚀
(C)中等腐蚀　　　　　　　　　　(D)强腐蚀

2. 在某花岗岩岩体中进行钻孔压水试验,钻孔孔径为 110mm,地下水位以下试段长度为 5.0m。资料整理显示,该压水试验 P-Q 曲线为 A(层流)型,第三(最大)压力阶段试段压力为 1.0MPa,压入流量为 7.5L/min。问该岩体的渗透系数最接近下列哪个选项? ( )

(A)1.4×10^{-5} cm/s　　　　　　(B)1.8×10^{-5} cm/s
(C)2.2×10^{-5} cm/s　　　　　　(D)2.6×10^{-5} cm/s

3. 某粉质黏土土样中混有粒径大于 5mm 的颗粒,占总质量的 20%,对其进行轻型击实试验,干密度 ρ_d 和含水量 w 数据见下表,该土样的最大干密度最接近的选项是哪个?(注:粒径大于 5mm 的土颗粒的饱和面干比重取值 2.60) ( )

题 3 表

ω(%)	16.9	18.9	20.0	21.1	23.1
ρ_d(g/cm³)	1.62	1.66	1.67	1.66	1.62

(A)1.61g/cm³　　　　　　　　　(B)1.67g/cm³
(C)1.74g/cm³　　　　　　　　　(D)1.80g/cm³

4. 某岩石地基进行了 8 个试样的饱和单轴抗压强度试验,试验值分别为:15MPa、13MPa、17MPa、13MPa、15MPa、12MPa、14MPa、15MPa。问该岩基的岩石饱和单轴抗压强度标准值最接近下列何值? ( )

(A)12.3MPa　　　　　　　　　　(B)13.2MPa
(C)14.3MPa　　　　　　　　　　(D)15.3MPa

5. 某正常固结的饱和黏性土层,厚度 4m,饱和重度为 20kN/m³,黏土的压缩试验结果见下表。采用在该黏性土层上直接大面积堆载的方式对该层土进行处理,经堆载处理后土层的厚度为 3.9m,估算的堆载量最接近下列哪个数值?   (   )

p(kPa)	0	20	40	60	80	100	120	140
e	0.900	0.865	0.840	0.825	0.810	0.800	0.794	0.783

(A)60kPa   (B)80kPa   (C)100kPa   (D)120kPa

6. 柱下独立基础面积尺寸 2m×3m,持力层为粉质黏土,重度 $\gamma=18.5$kN/m³, $c_k=20$kPa, $\varphi_k=16°$,基础埋深位于天然地面以下 1.2m。上部结构施工结束后进行大面积回填土,回填土厚度 1.0m,重度 $\gamma=17.5$kN/m³。地下水位位于基底平面处。作用的标准组合下传至基础顶面(与回填土顶面齐平)的柱荷载 $F_k=650$kN, $M_k=70$kN·m,按《建筑地基基础设计规范》(GB 50007—2011)计算,基底边缘最大压力 p_{max} 与持力层地基承载力特征值 f_a 的比值 K 最接近以下何值?   (   )

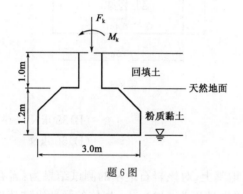

题 6 图

(A)0.85   (B)1.0   (C)1.1   (D)1.2

7. 如图所示甲、乙二相邻基础,其埋深和基底平面尺寸均相同,埋深 $d=1.0$m,底面尺寸均为 2m×4m,地基土为黏土,压缩模量 $E_s=3.2$MPa。作用的准永久组合下基础底面处的附加压力分别为 $p_{0甲}=120$kPa, $p_{0乙}=60$kPa,沉降计算经验系数取 $\psi_s=1.0$,根据《建筑地基基础设计规范》(GB 50007—2011)计算,甲基础荷载引起的乙基础中点的附加沉降量最接近下列何值?   (   )

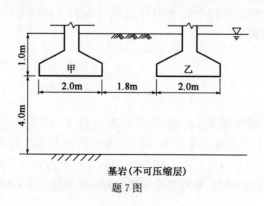

基岩(不可压缩层)

题 7 图

(A)1.6mm　　　　　　　　　　　(B)3.2mm

(C)4.8mm　　　　　　　　　　　(D)40.8mm

8.已知柱下独立基础底面尺寸 2.0m×3.5m,相应于作用效应标准组合时传至基础顶面±0.00 处的竖向力和力矩为 $F_k=800$kN,$M_k=50$kN·m,基础高度 1.0m,埋深 1.5m,如图所示。根据《建筑地基基础设计规范》(GB 50007—2011)方法验算柱与基础交接处的截面受剪承载力时,其剪力设计值最接近以下何值?　　　　　　　( )

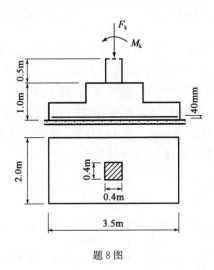

题 8 图

(A)200kN　　　　　　　　　　　(B)350kN

(C)480kN　　　　　　　　　　　(D)500kN

9.某建筑位于岩石地基上,对该岩石地基的测试结果为:岩石饱和抗压强度的标准值为 75MPa,岩块弹性纵波速度为 5100m/s,岩体的弹性纵波速度为 4500m/s。问该岩石地基的承载力特征值为下列何值?　　　　　　　　　　　　　　　　　　( )

(A)1.50×10^4kPa　　　　　　　(B)2.25×10^4kPa

(C)3.75×10^4kPa　　　　　　　(D)7.50×10^4kPa

10.某公路桥梁河床表层分布有 8m 厚的卵石,其下为微风化花岗岩,节理不发育,饱和单轴抗压强度标准值为 25MPa,考虑河床岩层有冲刷,设计采用嵌岩桩基础,桩直径为 1.0m,计算得到桩在基岩顶面处的弯矩设计值为 1000kN·m,问桩嵌入基岩的有效深度最小为下列何值?　　　　　　　　　　　　　　　　　　　　( )

(A)0.69m　　　　　　　　　　　(B)0.78m

(C)0.98m　　　　　　　　　　　(D)1.10m

11.某减沉复合疏桩基础,荷载效应标准组合下,作用于承台顶面的竖向力为 1200kN,承台及其上土的自重标准值为 400kN,承台底地基承载力特征值为 80kPa,承台面积控制系数为 0.60,承台下均匀布置 3 根摩擦型桩,基桩承台效应系数为 0.40,按《建筑桩基技术规范》(JGJ 94—2008)计算,单桩竖向承载力特征值最接近下列哪一个选项?　　　( )

(A)350kN   (B)375kN

(C)390kN   (D)405kN

12. 某框架柱采用6桩独立基础,如图所示,桩基承台埋深2.0m,承台面积3.0m×4.0m,采用边长0.2m钢筋混凝土预制实心方桩,桩长12m。承台顶部标准组合下的轴心竖向力为F_k,桩身混凝土强度等级为C25,抗压强度设计值$f_c=11.9$MPa,箍筋间距150mm,根据《建筑桩基技术规范》(JGJ 94—2008),若按桩身承载力验算,该桩基础能够承受的最大竖向力F_k最接近下列何值?(承台与其上土的重度取20kN/m³,上部结构荷载效应基本组合按标准组合的1.35倍取用)   (   )

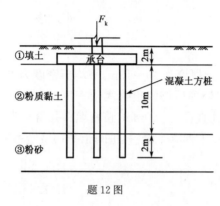

题12图

(A)1320kN   (B)1630kN

(C)1950kN   (D)2270kN

13. 某承台埋深1.5m,承台下为钢筋混凝土预制方桩,断面0.3m×0.3m,有效桩长12m,地层分布如图所示,地下水位于地面下1m。在粉细砂和中粗砂层进行了标准贯入试验,结果如图所示。根据《建筑桩基技术规范》(JGJ 94—2008),计算单桩极限承载力最接近下列何值?   (   )

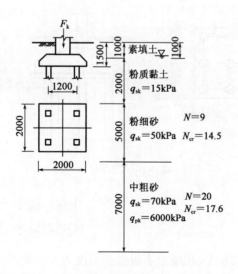

题13图(尺寸单位:mm)

(A)589kN　　　　　　　　　　　　　(B)789kN

(C)1129kN　　　　　　　　　　　　 (D)1329kN

14. 某建筑地基采用CFG桩进行地基处理，桩径400mm，正方形布置，桩距1.5m，CFG桩施工完成后，进行了CFG桩单桩静载试验和桩间土静载试验，试验得到：CFG桩单桩承载力特征值为600kN，桩间土承载力特征值为150kPa。该地区的工程经验为：单桩承载力的发挥系数取0.9，桩间土承载力的发挥系数取0.9。问该复合地基的荷载等于复合地基承载力特征值时，桩土应力比最接近下列哪个选项的数值？　　　（　　）

(A)28　　　　　　　　　　　　　　 (B)32

(C)36　　　　　　　　　　　　　　 (D)40

15. 某场地湿陷性黄土厚度为10～13m，平均干密度为1.24g/cm³，设计拟采用灰土挤密桩法进行处理，要求处理后桩间土最大干密度达到1.60g/cm³。挤密桩正三角形布置，桩长为13m，预钻孔直径为300mm，挤密填料孔直径为600mm。问满足设计要求的灰土桩的最大间距应取下列哪个值？（桩间土平均挤密系数取0.93）　　　（　　）

(A)1.2m　　　　　　　　　　　　　(B)1.3m

(C)1.4m　　　　　　　　　　　　　(D)1.5m

16. 某框架柱采用独立基础、素混凝土桩复合地基，基础尺寸、布桩如图所示。桩径为500mm，桩长为12m。现场静载试验得到单桩承载力特征值为500kN，浅层平板载荷试验得到桩间土承载力特征值为100kPa。充分发挥该复合地基的承载力时，依据《建筑地基处理技术规范》（JGJ 79—2012），《建筑地基基础设计规范》（GB 50007—2011）计算，该柱的柱底轴力（荷载效应标准组合）最接近下列哪个选项的数值？（根据地区经验桩间土承载力发挥系数 β 取0.9，单桩承载力发挥系数 λ 取0.9，地基土的重度取18kN/m³，基础及其上土的平均重度取20kN/m³）　　　（　　）

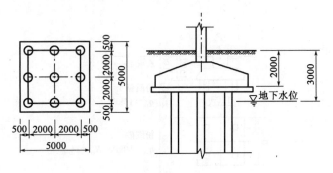

题16图(尺寸单位：mm)

(A)7108N　　　　　　　　　　　　 (B)6358kN

(C)5835kN　　　　　　　　　　　　(D)5778kN

17. 某厚度6m饱和软土，现场十字板抗剪强度为20kPa，三轴固结不排水试验 $c_{cu}=$ 13kPa，$\varphi_{cu}=12°$，$E_s=2.5$MPa。现采用大面积堆载预压处理，堆载压力 $p_0=100$kPa，经

过一段时间后软土层沉降 150mm,问该时刻饱和软土的抗剪强度最接近下列何值? （　　）

(A)13kPa　　　　　　　　　　　(B)21kPa

(C)33kPa　　　　　　　　　　　(D)41kPa

18.某砂土边坡,高 4.5m,如图所示,原为钢筋混凝土扶壁式挡土结构,建成后其变形过大。再采取水平预应力锚索(锚索水平间距为 2m)进行加固,砂土的 $\gamma = 21\text{kN/m}^3$, $c = 0, \varphi = 20°$。按朗肯土压力理论,锚索的预拉锁定值达到下列哪个选项时,砂土将发生被动破坏? （　　）

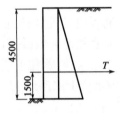

题 18 图(尺寸单位:mm)

(A)210kN　　　　　　　　　　　(B)280kN

(C)435kN　　　　　　　　　　　(D)870kN

19.某建筑岩质边坡如图所示,已知软弱结构面黏聚力 $c_s = 20\text{kPa}$,内摩擦角 $\varphi_s = 35°$,与水平面夹角 $\theta = 45°$,滑裂体自重 $G = 2000\text{kN/m}$,问作用于支护结构上每延米的主动岩石压力合力标准值最接近以下哪个选项? （　　）

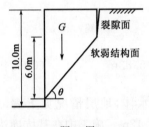

题 19 图

(A)212kN/m　　　　　　　　　　(B)252kN/m

(C)275kN/m　　　　　　　　　　(D)326kN/m

20.一种粗砂的粒径大于 0.5mm 颗粒的质量超过总质量的 50%,细粒含量小于 5%,级配曲线如图所示。这种粗粒土按照铁路路基填料分组应属于下列哪组填料? （　　）

(A)A 组填料　　　　　　　　　　(B)B3 组填料

(C)C3 组填料　　　　　　　　　　(D)D 组填料

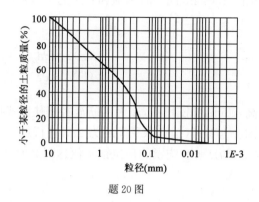

题 20 图

21. 下图所示河堤由黏性土填筑而成,河道内侧正常水深 3.0m,河底为粗砂层,河堤下卧两层粉质黏土层,其下为与河底相通的粗砂层,其中粉质黏土层①的饱和重度为 19.5kN/m³,渗透系数为 2.1×10^{-5} cm/s;粉质黏土层②的饱和重度为 19.8kN/m³,渗透系数为 3.5×10^{-5} cm/s,试问河内水位上涨深度 H 的最小值接近下列哪个选项时,粉质黏土层①将发生渗流破坏? ( )

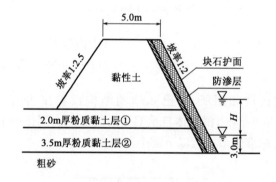

题 21 图

(A)4.46m   (B)5.83m   (C)6.40m   (D)7.83m

22. 某拟建场地远离地表水体,地层情况见下表,地下水埋深 6m,拟开挖一长 100m,宽 80m 的基坑,开挖深度 12m。施工中在基坑周边布置井深 22m 的管井进行降水,降水维持期间基坑内地下水水力坡度为 1/15,在维持基坑中心地下水位位于基底下 0.5m 的情况下,按照《建筑基坑支护技术规程》(JGJ 120—2012)的有关规定,计算的基坑涌水量最接近下列哪一个值? ( )

题 22 表

深 度	地 层	渗透系数(m/d)
0～5	黏质粉土	0.2
5～30	细砂	5
30～35	黏土	—

|(A)2528m³/d | (B)3527m³/d|
|(C)2277m³/d | (D)2786m³/d|

23. 某基坑的土层分布情况如图所示，黏土层厚 2m，砂土层厚 15m，地下水埋深为地下 20m，砂土与黏土的天然重度均按 20kN/m³ 计算，基坑深度为 6m，拟采用悬臂桩支护形式，支护桩桩径 800mm，桩长 11m，间距 1400mm，根据《建筑基坑支护技术规程》(JGJ 120—2012)，支护桩外侧主动土压力合力最接近下列哪一项？ （　）

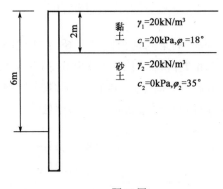

题 23 图

|(A)248kN/m | (B)267kN/m|
|(C)316kN/m | (D)375kN/m|

24. 某季节性冻土层为黏土层，测得地表冻胀前标高为 160.670m，土层冻前天然含水量为 30%，塑限为 22%，液限为 45%，其粒径小于 0.005mm 的颗粒含量小于 60%，当最大冻深出现时，场地最大冻土层厚度为 2.8m，地下水位埋深为 3.5m，地面标高为 160.850m，按《建筑地基基础设计规范》(GB 50007—2011)，该土层的冻胀类别为下列哪个选项？ （　）

(A)弱冻胀　　　　　　　　　　　(B)冻胀
(C)强冻胀　　　　　　　　　　　(D)特强冻胀

25. 某红黏土的天然含水量 51%，塑限 35%，液限 55%，该红黏土的状态及复浸水特征类别为下列哪个选项？ （　）

(A)软塑，Ⅰ类　　　　　　　　　(B)可塑，Ⅰ类
(C)软塑，Ⅱ类　　　　　　　　　(D)可塑，Ⅱ类

26. 膨胀土地基上的独立基础尺寸 2m×2m×2m，埋深为 2m，柱上荷载为 300kN，在地面以下 4m 内为膨胀土，4m 以下为非膨胀土，膨胀土的重度 $\gamma = 18kN/m^3$，室内试验求得的膨胀率 δ_{ep}(%)与压力 P(kPa)的关系见下表，建筑物建成后其基底中心点下，土在平均自重压力与平均附加压力之和作用下的膨胀率 δ_{ep} 最接近下列哪个选项？（基础的重度按 20kN/m³ 考虑） （　）

膨胀率 δ_{ep}(%)	垂直压力 P(kPa)
10	5
6.0	60
4.0	90
2.0	120

(A)5.3%   (B)5.2%

(C)3.4%   (D)2.9%

27. 抗震设防烈度为 8 度地区的某高速公路特大桥,结构阻尼比为 0.05,结构自振周期(T)为 0.45s;场地类型为 II 类,特征周期(T_g)为 0.35s;水平向设计基本地震动峰值加速度为 0.30g,进行 $E2$ 地震作用下的抗震设计时,按《公路工程抗震规范》(JTG B02—2013)确定竖向设计加速度反应谱最接近下列哪项数值? ( )

(A)0.30g (B)0.45g

(C)0.89g (D)1.15g

28. 某水工建筑物场地地层 2m 以内为黏土,2~20m 为粉砂,地下水位埋深 1.5m,场地地震动峰值加速度 0.2g。钻孔内深度 3m、8m、12m 处实测土层剪切波速分别为 180m/s、220m/s、260m/s,请用计算说明地震液化初判结果最合理的是下列哪一项? ( )

(A)3m 处可能液化,8m、12m 处不液化

(B)8m 处可能液化,3m、12m 处不液化

(C)12m 处可能液化,3m、8m 处不液化

(D)3m、8m、12m 处均可能液化

29. 某建筑场地设计基本地震加速度 0.2g,设计地震分组为第二组,土层柱状分布及实测剪切波速见下表,问该场地的特征周期最接近下列哪个选项的数值? ( )

层 序	岩 土 名 称	层厚 d_i(m)	层底深度(m)	实测剪切波速 V_{si}(m/s)
1	填土	3.0	3.0	140
2	淤泥质粉质黏土	5.0	8.0	100
3	粉质黏土	8.0	16.0	160
4	卵石	15.0	31.0	480
5	基岩	—	—	>500

(A)0.30s   (B)0.40s

(C)0.45s   (D)0.55s

30. 某工程采用灌注桩基础，灌注桩桩径为800mm，桩长30m，设计要求单桩竖向抗压承载力特征值为3000kN，已知桩间土的地基承载力特征值为200kPa，按照《建筑基桩检测技术规范》(JGJ 106—2014)采用压重平台反力装置对工程桩进行单桩竖向抗压承载力检测时，若压重平台的支座只能设置在桩间土上，则支座底面积不宜小于以下哪个选项？ （　　）

(A)20m²

(B)24m²

(C)30m²

(D)36m²

2013年案例分析试题答案(下午卷)

标 准 答 案

本试卷由 30 道题组成,全部为单项选择题。考生可任选 25 道题作答。每题 2 分,满分为 50 分。若考生在答题卡或试卷上的作答超过 25 道题,则按题目序号从小到大的顺序对作答的前 25 道题计分及复评试卷,其他作答题目无效。

1	C	2	B	3	D	4	B	5	B
6	C	7	B	8	C	9	C	10	B
11	D	12	A	13	C	14	B	15	A
16	C	17	C	18	D	19	A	20	B
21	C	22	C	23	C	24	B	25	C
26	D	27	B	28	D	29	D	30	

解 题 过 程

1.[答案] C

[解析]《岩土工程勘察规范》(GB 50021—2001)(2009 年版)第 12.2.1 条、12.2.2 条。

SO_4^{2-} 为中等腐蚀性,Mg^{2+} 为弱腐蚀性,NH_4^+ 微腐蚀性,OH^- 微腐蚀性,总矿化度微腐蚀性,pH 值微腐蚀性,综上土对混凝土结构为中等腐蚀。

2.[答案] B

[解析]《工程地质手册》(第五版)第 1246 页。

该压水试验 P-Q 曲线为 A(层流)型

$$q = \frac{Q_3}{Lp_3} = \frac{7.5}{5 \times 1} = 1.5 < 10Lu$$

$$k = \frac{Q}{2\pi HL} \ln\frac{L}{r_0} = \frac{7.5 \times 60 \times 24/1000}{2 \times 3.14 \times 100 \times 5} \times \ln\frac{5}{0.055}$$

$$= 0.0155 \text{m/d} = 1.794 \times 10^{-5} \text{cm/s}$$

3.[答案] D

[解析] 这是一道三相换算的题目,将粗颗粒布置在细粒土的基质之中,如下图所示。

题中表格是分支黏土基质的击实试验结果,可见最大干密度近似为 1.67g/m^3。

如果总体积 $V = 1.0$,设总质量为 $m = x$,粗粒质量为 $m_1 = 0.2x$,体积为 $V_1 = 0.2x/2.6$,细粒土质量 $m_2 = 0.8x$。体积 $V_2 = 0.8x/1.67$

$$V_1 + V_2 = 1 \Rightarrow 0.2x/2.6 + 0.8x/1.67 = 1 \Rightarrow x = 1/0.556 = 1.788 \text{g/cm}^3 = \rho_d$$

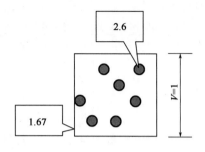

题3解图

4.[答案] B

[解析]《建筑地基基础设计规范》(GB 50007—2011)附录J及《岩土工程勘察规范》(GB 50021—2001)(2009 年版)第14.2.2条。

$$平均值：\phi_m = \frac{\sum\limits_{i=1}^{n} \phi_i}{n} = \frac{15+13+17+13+15+12+14+15}{8} = 14.25$$

$$\sigma_f = \sqrt{\frac{1}{n-1}\left[\sum_{i=1}^{n}\phi_i^2 - \frac{\left(\sum\limits_{i=1}^{n}\phi_i\right)^2}{n}\right]}$$

$$= \sqrt{\frac{1}{8-1}\left[(15^2+13^2+17^2+13^2+15^2+12^2+14^2+15^2) - \frac{(14.25\times8)^2}{8}\right]}$$

$$= 1.58$$

$$\delta = \frac{\sigma_f}{\phi_m} = \frac{1.58}{14.25} = 0.111$$

$$\gamma_s = 1 \pm \left(\frac{1.704}{\sqrt{n}} + \frac{4.678}{n^2}\right)\delta = 1 - 0.6755\times0.111 = 0.925$$

$$\phi_k = \gamma_s\phi_m = 0.925\times14.25 = 13.18$$

5.[答案] B

[解析] 设堆载量为 p,

堆载前：$p_1 = 2\gamma = 40\text{kPa}$

堆载后：$p_2 = 40 + p$

$e_1 = 0.840$

$\frac{\Delta e}{1+e_1}h = 0.1$，则 $\frac{\Delta e}{1.840}\times4 = 0.1 \Rightarrow \Delta e = 0.046, e_2 = 0.794$

查表可见：$p_2 = 120\text{kPa}$，$p = 80\text{kPa}$

6.[答案] C

[解析]（1）持力层承载力特征值

$\varphi_k = 16°; M_b = 0.36; M_d = 2.43; M_c = 5$

$f_a = M_b\gamma b + M_d\gamma_m d + M_c c_k = 0.36\times8.5\times2 + 2.43\times18.5\times1.2 + 5\times20 = 160.066$

(2)可见它属于小偏心的情况,则

$$p_{kmax} = \frac{F_k + G_k}{A} + \frac{W}{bl^2/6} = \frac{650 + 20 \times 3 \times 2 \times 2.2}{3 \times 2} + \frac{6 \times 70}{2 \times 3^2} = 152.3 + 23.3 = 175.6 \text{ kPa}$$

$$(3) K = \frac{175.6}{160.1} = 1.1$$

7.[答案] B

[解析] 如图所示,甲基础对乙基础的作用相当于 $2 \times$(矩形 $ABCD$－矩形 $CDEF$)的作用。

对于矩形 $ABCD$
$Z/b = 4/2 = 2, L/b = 4.8/2 = 2.4$;查表 $\bar{\alpha} = 0.1982$

对于矩形 $CDEF$
$Z/b = 4/2 = 2, L/b = 2.8/2 = 1.4$;查表 $\bar{\alpha} = 0.1875$

$$\Delta S_i = \psi_s \frac{2P_0}{E_{Si}} (\bar{\alpha} Z_{ABCD} - \bar{\alpha} Z_{CDEF}) = 1 \times \frac{2 \times 120}{3.2} \times (0.1982 \times 4 - 0.1875 \times 4) = 3.21 \text{mm}$$

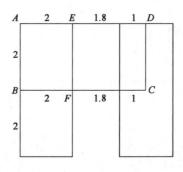

题 7 解图

8.[答案] C

[解析]《建筑地基基础设计规范》(GB 50007—2011)第 8.2.9 条。

柱与基础交接处的截面受剪承载力,应为图 8.2.9-a 中的阴影面积乘以基底平均净反力:

$$\left(\frac{3.5}{2} - 0.2 \right) \times 2 \times \frac{1.35 \times 800}{2 \times 3.5} = 478.278$$

9.[答案] C

[解析]《建筑地基基础设计规范》(GB 50007—2011)第 4.1.4 条、5.2.6 条。

$$K_v = \left(\frac{V_{pm}}{V_{pr}} \right) = \left[\frac{岩体弹性纵波速度(或压缩波速度)}{岩石弹性纵波速度(或压缩波速度)} \right]^2 = \left(\frac{4500}{5100} \right)^2 = 0.778 > 0.75,$$

完整。

$$f_a = \psi_r f_{rk} = 0.5 \times 75 \times 10^3 = 37500 \text{kPa}$$

10.[答案] B

[解析]《公路桥涵地基与基础设计规范》(JTG 3363—2019)第 6.3.8 条。

$$h_r = \frac{1.27H + \sqrt{3.81\beta f_{rk} dM_H + 4.84H^2}}{0.5\beta f_{rk} d}$$

当基岩顶面处的水平力 $H=0$ 时：

$$h_r = \frac{\sqrt{3.81\beta f_{rk} dM_H}}{0.5\beta f_{rk} d} = \sqrt{\frac{M_H}{0.0656\beta f_{rk} d}} = \sqrt{\frac{1000}{0.0656 \times 1 \times 25 \times 1000 \times 1}} = 0.7815\text{m}$$

11. [答案] D

[解析]《建筑桩基技术规范》(JGJ 94—2008)第5.6.1条。

$$A_c = \xi \frac{F_k + G_k}{f_{ak}} = 0.6 \times \frac{1200 + 400}{80} = 12$$

$$3 = n \geqslant \frac{F_k + G_k - \eta_c f_{ak} A_c}{R_a} = \frac{1200 + 400 - 0.4 \times 80 \times 12}{R_a}$$

$$R_a \geqslant 405.3\text{kN}$$

12. [答案] A

[解析]《建筑桩基技术规范》(JGJ 94—2008)第5.8.2条。

箍筋间距 $150\text{mm} > 100\text{mm}$，故 $N \leqslant \psi_c f_c A_{ps} = 0.85 \times 11.9 \times 10^3 \times 0.2^2 = 404.6\text{kN}$

$$N_k = \frac{404.6}{1.35} = 299.7\text{kN}$$

$$299.7 = N_k = \frac{F_k + G_k}{n} = \frac{F_k + 3 \times 4 \times 2 \times 20}{6}$$

$$F_k = 1318.2\text{kN}$$

13. [答案] C

[解析]《建筑桩基技术规范》(JGJ 94—2008)第5.3.5条、5.3.12条。

液化土的折减系数为 ψ_l

粉细砂 $N/N_{cr} = 9/14.5 = 0.621$，$d_1$ 为地面以下 3 至 8m 故 $\psi_l = 1/3$

中粗砂 $N > N_{cr}$ 不液化或者取 $\psi_l = 1$

$$Q_{uk} = Q_{sk} + Q_{pk} = u\sum q_{sik} l_i + q_{pk} A_p = 4 \times 0.3 \times \left(15 \times 1.5 + \frac{1}{3} \times 50 \times 5 + 5.5 \times 70\right) +$$

$$6000 \times 0.3 \times 0.3 = 1129\text{kN}$$

14. [答案] B

[解析]《建筑地基处理技术规范》(JGJ 79—2012)第7.7.2条。

根据题意"复合地基的荷载等于复合地基承载力特征值时,桩土应力比",意思为当桩土承载力完全发挥的时候的桩土应力比。故桩完全发挥时桩上的应力 $\frac{600 \times 0.9}{3.14 \times 0.2^2} =$

4299.36kPa；当土完全发挥时,土的应力为 $150 \times 0.9 = 135$,故桩土应力比为 $\frac{4299.36}{135} = 31.8$

15. [答案] A

[解析]《湿陷性黄土地区建筑标准》(GB 50025—2018)第6.4.3条。

2013 年案例分析试题答案（下午卷）

$$S=0.95\sqrt{\frac{\bar{\eta}_c\rho_{dmax}D^2-\rho_{d0}d^2}{\bar{\eta}_c\rho_{dmax}-\rho_{d0}}}=0.95\times\sqrt{\frac{0.93\times1.6\times0.6^2-1.24\times0.3^2}{0.93\times1.6-1.24}}=1.24m$$

16. [答案] C

[解析]《建筑地基处理技术规范》(JGJ 79—2012)第7.1.5条、3.0.4条。

$$m=\frac{9\times3.14\times0.25^2}{5\times5}=0.071$$

$$f_{spk}=\lambda m\frac{R_a}{A_p}+\beta(1-m)f_{sk}=0.9\times0.071\times\frac{500}{3.14\times0.25^2}+0.9\times(1-0.071)\times100$$

$$=246.4kPa$$

$$f_a=f_{spk}+\eta_d\gamma_m(d-0.5)=246.4+1\times18\times(2-0.5)=273.4kPa$$

轴心荷载作用时应满足

$$\frac{F_k+5\times5\times2\times20}{5\times5}=\frac{F_k+G_k}{A}=p_k\leqslant f_a=273.4,\text{故}\ F_k\leqslant5835kN$$

17. [答案] C

[解析]《建筑地基处理技术规范》(JGJ 79—2012)第5.2.11条。

$$s=\frac{\Delta p}{E_s}h=\frac{100}{2.5\times1000}\times6=0.24m,\text{故固结度}\ U_t=\frac{150}{240}=0.625$$

$$\tau_{ft}=\tau_{f0}+\Delta\sigma_z U_t\tan\varphi_{cu}=20+100\times0.625\times\tan12°=33.28kPa$$

18. [答案] D

[解析] $K_p=\tan^2\left(45°+\frac{\varphi}{2}\right)=2.04$

$$E_p=\frac{\gamma H^2 K_p}{2}=\frac{21\times4.5^2\times2.04}{2}=434$$

$$T\geqslant2E_p=2\times434=868kN$$

19. [答案] A

[解析]《建筑边坡工程技术规范》(GB 50330—2013)第6.3.2条。

$$E_{ak}=G\tan(\theta-\varphi_s)-\frac{c_s L\cos\varphi_s}{\cos(\theta-\varphi_s)}=2000\times\tan(40°-35°)-\frac{20\times6\sqrt{2}\times\cos35°}{\cos(45°-35°)}$$

$$=211.49kN/m$$

20. [答案] B

[解析]《铁路路基设计规范》(TB 10001—2016)附录A。

$$C_u=\frac{d_{60}}{d_{10}}=\frac{0.7}{0.1}=7$$

$$C_c=\frac{d_{30}^2}{d_{10}d_{60}}=\frac{0.2^2}{0.1\times0.7}=0.57$$

$C_u=7<10$,填料为均匀级配。

因细粒含量小于5%,查表A.0.5得,该类土属于B3组填料。

21. [答案] C

[解析] 第一种情况①层发生流土破坏。发生流土破坏的条件是:渗透力＝有效自

重压力(kPa),即 $\gamma_w i = \gamma' \Rightarrow 10 \times \dfrac{\Delta h_1}{2} = 19.5 - 10$,解得 $\Delta h_1 = 1.9\text{m}$

①层与②层接触位置流速 v 相等,则

$$k_1 \frac{\Delta h_1}{h_1} = k_2 \frac{\Delta h_2}{h_2} \Rightarrow 2.1 \times 10^{-5} \times \frac{1.9}{2} = 3.5 \times 10^{-5} \times \frac{\Delta h_2}{3.5} \Rightarrow \Delta h_2 = 1.995$$

取②层底面为零势能面,则 $3 + H = 1.9 + 1.995 + 2 + 3.5$,$H = 6.395$。

22. [答案] C

[解析] 根据《建筑基坑支护技术规程》(JGJ 120—2012)附录 E 式(E.2-1),属于潜水非完整井。

$$h_m = \frac{H+h}{2} = \frac{24+17.5}{2} = 20.75$$

$$r_0 = \sqrt{\frac{A}{\pi}} = \sqrt{\frac{100 \times 80}{3.14}} = 50.48\text{m}$$

基坑内水力坡度 $1/15$,故 $l = 22 - 12 - 0.5 - \dfrac{1}{15} \times 50.48 = 6.135\text{m}$

潜水:$R = 2s_w\sqrt{kH} = 2 \times 10 \times \sqrt{5 \times 24} = 219.1\text{m}$

$$Q = \pi k \frac{H^2 - h^2}{\ln\left(1 + \dfrac{R}{r_0}\right) + \dfrac{h_m - l}{l}\ln\left(1 + 0.2\dfrac{h_m}{r_0}\right)}$$

$$= 3.14 \times 5 \frac{24^2 - 17.5^2}{\ln\left(1 + \dfrac{219.1}{50.48}\right) + \dfrac{20.75 - 6.135}{6.135}\ln\left(1 + 0.2 \times \dfrac{20.75}{50.48}\right)} = 2273\text{m}^3/\text{d}$$

23. [答案] C

[解析] 黏土的临界深度:$Z_0 = \dfrac{2c}{\gamma\sqrt{K_a}} = \dfrac{2 \times 20}{20\tan\left(45° - \dfrac{18°}{2}\right)} = 2.75\text{m}$,故黏性土土压力为 0。

砂土顶面处土压力强度:$p_{ak} = \gamma h\tan^2\left(45° - \dfrac{\varphi_t}{2}\right) = 20 \times 2 \times \tan^2\left(45° - \dfrac{35°}{2}\right) = 10.84\text{kPa}$

支护结构底土压力强度:$p_{ak} = \gamma h\tan^2\left(45° - \dfrac{\varphi_t}{2}\right) = 20 \times 11 \times \tan\left(45° - \dfrac{35°}{2}\right) = 59.62\text{kPa}$

$$E_a = \frac{1}{2} \times (10.84 + 59.62) \times 9 = 317.07\text{kN/m}$$

24. [答案] B

[解析]《建筑地基基础设计规范》(GB 50007—2011)附录 G 表 G.0.1。

$$\eta = \frac{\Delta z}{h - \Delta z} \times 100\% = \frac{160.85 - 160.67}{2.8 - (160.85 - 160.67)} = 0.0687$$

塑限 $+5 = 27 <$ 含水量 $= 30 \leqslant$ 塑限 $+9 = 31$,冻结期间地下水位距冻结面的最小距离 $= 3.5 - 2.8 = 0.7\text{m} < 2\text{m}$,查表为强冻胀。

根据表中注,塑性指数 $45 - 22 = 23 > 22$,冻胀等级降低一级(塑性指数越大黏粒含量越多,渗透系数越小,阻碍毛细水上升,冻胀性越低),因此选冻胀土。

讨论:该表的注是关键,此题的陷阱也就在于此。

25. [答案] C

[解析]《岩土工程勘察规范》(GB 50021—2001)(2009 年版)第 6.2.2 条。

$a_w = \omega/\omega_L = 51/55 = 0.927$，查表属于软塑；

$I_r = \omega_L/\omega_P = 55/35 = 1.57$ $I_r' = 1.4 + 0.0066\omega_L = 1.4 \times 0.0066 \times 55 = 1.763$

$I_r \leq I_r'$，类别为 II 类。

26.[答案] D

[解析] (1)基底处的附加应力：$p_0 = \dfrac{300}{2 \times 2} + 20 \times 2 - 18 \times 2 = 79\text{kPa}$

(2)基底以下 1m 处的附加应力：$l/b = 1$，$z/b = 1$

附加应力系数 $\alpha = 0.175$，$\sigma_z = 4 \times 0.175$，$p_0 = 0.7 \times 79 = 55.3\text{kPa}$

(3)自重应力：$\sigma_c = 3 \times 18 = 54\text{kPa}$

(4)$P = 109.3\text{kPa}$，$\delta = 2.71$

> 注：另一种作法：
> 基础底面以下 2m 处的附加应力：$z/b = 2/1 = 2$，$l/b = 1/1$
> 查附加应力系数表格，$\alpha = 0.084$
> $4 \times 0.084 \times 79 = 26.544$
> 基础底面以下 1m 处附加应力的平均值为 $(79 + 26.544)/2 = 52.772$
> 基础底面中心点 1m 处的自重压力与附加应力之和为 $52.772 + 3 \times 18 = 106.772$
> $\dfrac{106.772 - 90}{120 - 90} = \dfrac{4 - x}{4 - 2}$，解得 $x = 2.882$

27.[答案] B

[解析]《公路工程抗震规范》(JTG B02—2013)第 5.2 条。

$S_{max} = 2.25C_iC_sC_dA_h = 2.25 \times 1.7 \times 1 \times 1 \times 0.3g = 1.1475g$

阻力比为 0.05，特征周期 0.35，自振周期 0.45g，故

$S = S_{max}\dfrac{T_g}{T} = 1.1475g \times \dfrac{0.35}{0.45} = 0.8925g$

$T = 0.45\text{s} > 0.3\text{s}$，故 $R = 0.5$，竖向设计加速度反应谱 $0.44625g$，答案选 B。

28.[答案] D

[解析]《水利水电工程勘察规范》(GB 50487—2008)附录 P。

$V_{st} = 291\sqrt{K_H \cdot Z \cdot r_d}$

3m 处 $V_{st} = 291\sqrt{0.2 \times 3 \times (1 - 0.01 \times 3)} = 222 > 180\text{m/s}$，可能液化；

8m 处 $V_{st} = 291\sqrt{0.2 \times 8 \times (1 - 0.01 \times 8)} = 353 > 220\text{m/s}$，可能液化；

12m 处 $V_{st} = 291\sqrt{0.2 \times 12 \times (1.1 - 0.02 \times 12)} = 418 > 260\text{m/s}$，可能液化。

29.[答案] D

[解析]《建筑抗震设计规范》(GB 50011—2010)第 4.1.4 条~4.1.6 条。

$\dfrac{480}{160} = 3 > 2.5$，卵石以下剪切波速均大于 400m/s，故覆盖层厚度为 16m。

$$v_{se}=\frac{d_0}{\sum\limits_{i=1}^{n}\dfrac{d_i}{v_{si}}}=\frac{16}{\dfrac{3}{140}+\dfrac{5}{100}+\dfrac{8}{160}}=131.76\text{m/s}$$

查表,场地类别为Ⅲ类,第二组:$T=0.55\text{s}$

30.[**答案**] B

[**解析**]《建筑基桩检测技术规范》(JGJ 106—2014)第4.1.3条、4.2.2条。

竖向极限承载力除以2,为单桩承载力特征值。所以最大加载量为6000kN。

反力装置能提供的反力不得小于最大加载量的1.2倍;施加于地基的压应力不宜大于地基承载力特征值的1.5倍。

故反力装置需要提供的反力最小值为 $6000\times1.2=7200\text{kN}$

地基承载力特征值可以放大1.5倍使用 $1.5\times200=300\text{kPa}$

$A=7200/300=24\text{m}^2$

2014年案例分析试题(上午卷)

1. 某饱和黏性土样,测定土粒相对密度为 2.70,含水量为 31.2%,湿密度为 1.85g/cm³,环刀切取高 20mm 的试样,进行侧限压缩试验,在压力 100kPa 和 200kPa 作用下,试样总压缩量分别为 $S_1=1.4$mm 和 $S_2=1.8$mm,问其体积压缩系数 m_{v1-2}(MPa^{-1})最接近下列哪个选项?　　　　　　　　　　　　　　　　　　　　　　（　　）

    (A)0.30　　　　　　　　　　　　　　(B)0.25

    (C)0.20　　　　　　　　　　　　　　(D)0.15

2. 在地面下 7m 处进行扁铲侧胀试验,地下水位埋深 1.0m,试验前率定时膨胀至 0.05mm 及 1.10mm 的气压实测值分别为 10kPa 和 80kPa,试验时膜片膨胀至0.05mm、1.10mm 和回到 0.05mm 的压力值分别为 100kPa、260Pa 和 90kPa,调零前压力表初始读数 8kPa,请计算该试验点的侧胀孔压指数为下列哪项?　　　　　　（　　）

    (A)0.16　　　　　　　　　　　　　　(B)0.48

    (C)0.65　　　　　　　　　　　　　　(D)0.83

3. 某公路隧道走向 80°,其围岩产状 50°∠30°,欲作沿隧道走向的工程地质剖面(垂直比例与水平比例比值为 2),问在剖面图上地层倾角取值最接近下列哪一项?　　　　　　　　　　　　　　　　　　　　　　　　　　　　　　（　　）

    (A)27°　　　　　　　　　　　　　　(B)30°

    (C)38°　　　　　　　　　　　　　　(D)45°

4. 某水运工程,基岩为页岩,试验测得其风化岩体压缩波速度为 2.5km/s,风化岩块压缩波速度为 3.2km/s,新鲜岩体压缩波速度为 3.6km/s。根据《水运工程岩土勘察规范》(JTS 133—2013)判断,该基岩的风化程度(按波速比评价)和完整程度分类为下列哪个选项?　　　　　　　　　　　　　　　　　　　　　　　　　　（　　）

    (A)中等风化、较破碎　　　　　　　　(B)中等风化、较完整

    (C)强风化、较完整　　　　　　　　　(D)强风化、较破碎

5. 柱下独立基础及地基土层如图所示,基础底面尺寸为 3.0m×3.6m,持力层压力扩散角 $\theta=23°$,地下水位埋深 1.2m。按照软弱下卧层承载力的设计要求,基础可承受的竖向作用力 F_k 最大值与下列哪个选项最接近?(基础和基础上土的平均重度取 20kN/m³)　　　　　　　　　　　　　　　　　　　　　　　　　　　（　　）

    (A)1180kN　　　　　　　　　　　　(B)1440kN

    (C)1890kN　　　　　　　　　　　　(D)2090kN

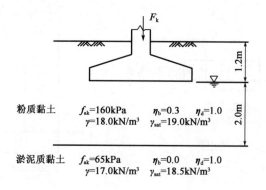

6. 柱下方形基础采用 C15 素混凝土建造,柱脚截面尺寸为 $0.6m \times 0.6m$,基础高度 $H = 0.7m$,基础埋深 $d = 1.5m$,场地地基土为均质黏土,重度 $\gamma = 19.0kN/m^3$,孔隙比 $e = 0.9$,地基承载力特征值 $f_{ak} = 180kPa$,地下水位埋藏很深。基础顶面的竖向力为 580kN,根据《建筑地基基础设计规范》(GB 50007—2011)的设计要求,满足设计要求的最小基础宽度为哪个选项?(基础和基础上土的平均重度取 $20kN/m^3$) ( )

(A)1.8m   (B)1.9m

(C)2.0m   (D)2.1m

7. 某拟建建筑物采用墙下条形基础,建筑物外墙厚 $0.4m$,作用于基础顶面的竖向力为 $300kN/m$,力矩为 $100kN \cdot m/m$,由于场地限制,力矩作用方向一侧的基础外边缘到外墙皮的距离为 $2m$,保证基底压力均布时,估算基础宽度最接近下列哪个选项? ( )

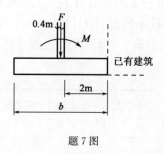

题 7 图

(A)1.98m   (B)2.52m

(C)3.74m   (D)4.45m

8. 某高层建筑,平面、立面轮廓如图。相应于作用标准组合时,地上建筑物平均荷载为 15kPa/层,地下建筑物平均荷载(含基础)为 40kPa/层。假定基底压力线性分布,问基础底面右边缘的压力值最接近下列哪个选项的数值? ( )

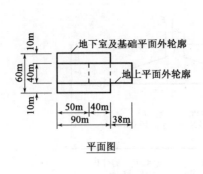

平面图

立面图

题 8 图

  (A)319kPa   (B)668kPa

  (C)692kPa   (D)882kPa

  9.条形基础埋深 3.0m,相应于作用的标准组合时,上部结构传至基础顶面的竖向力 $F_k=200\text{kN/m}$,为偏心荷载。修正后的地基承载力特征值为 200kPa,基础及其上土的平均重度为 20kN/m^3。按地基承载力计算条形基础宽度时,使基础底面边缘处的最小压力恰好为零,且无零应力区,问基础宽度的最小值接近下列何值? ( )

  (A)1.5m   (B)2.3m

  (C)3.4m   (D)4.1m

  10.某桩基础采用钻孔灌注桩,桩径 0.6m,桩长 10.0m。承台底面尺寸及布桩如图所示,承台顶面荷载效应标准组合下的竖向力 $F_k=6300\text{kN}$。土层条件及桩基计算参数如表、图所示。根据《建筑桩基技术规范》(JGJ 94—2008)计算,作用于软弱下卧层④层顶面的附加应力 σ_z 最接近下列何值?(承台及其上覆土的重度取 20kN/m^3) ( )

题 10 表

层序	土名	天然重度 γ (kN/m³)	极限侧阻力标准值 q_{sik} (kPa)	极限端阻力标准值 q_{pk} (kPa)	压缩模量 E_s (MPa)
①	黏土	18.0	35		
②	粉土	17.5	55	2100	10
③	粉砂	18.0	60	3000	16
④	淤泥质黏土	18.5	30		3.2

  (A)8.5kPa   (B)18kPa   (C)30kPa   (D)40kPa

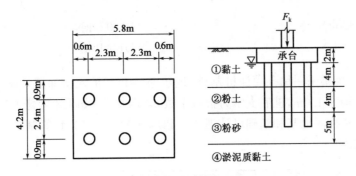

题 10 图

11. 某钻孔灌注桩单桩基础,桩径 1.2m,桩长 16m,土层条件如图所示,地下水位在桩顶平面处。若桩顶平面处作用大面积堆载 $p=50\text{kPa}$,根据《建筑桩基技术规范》(JGJ 94—2008)计算,桩侧负摩阻力引起的下拉荷载 Q_g^n 最接近下列何值?(忽略密实粉砂层的压缩量) （ ）

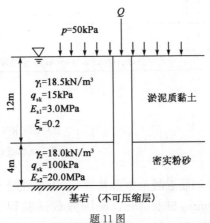

题 11 图

(A)240kN   (B)680kN   (C)910kN   (D)1220kN

12. 某桩基工程,采用 PHC600 管桩,有效桩长 28m,送桩 2m,桩端闭塞,桩端选择密实粉细砂作持力层,桩侧土层分布见下表,根据单桥探头静力触探资料,桩端全截面以上 8 倍桩径范围内的比贯入阻力平均值为 4.8MPa,桩端全截面以下 4 倍桩径范围内的比贯入阻力平均值为 10.0MPa,桩端阻力修正系数 $\alpha=0.8$,根据《建筑桩基技术规范》(JGJ 94—2008),计算单桩极限承载力标准值最接近下列何值? （ ）

题 12 表

序 号	土 名	层底埋深(m)	静力触探 p_s(MPa)	q_{sik}(kPa)
1	填土	6.0	0.7	15
2	淤泥质黏土	10.0	0.56	28
3	淤泥质粉质黏土	20.0	0.70	35
4	粉质黏土	28.0	1.10	52.5
5	粉细砂	35.0	10.0	100

(A)3820kN   (B)3920kN
(C)4300kN   (D)4410kN

13. 某铁路桥梁采用钻孔灌注桩基础,地层条件和基桩入土深度如图所示,成孔桩径和设计桩径均为 1.0m,桩底支承力折减系数 m_0 取 0.7。如果不考虑冲刷及地下水的影响,根据《铁路桥涵地基和基础设计规范》(TB 10093—2017),计算基桩的容许承载力最接近下列何值?   ( )

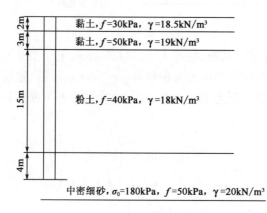

题 13 图

(A)1700kN   (B)1800kN
(C)1900kN   (D)2000kN

14. 某承受轴心荷载的钢筋混凝土条形基础,采用素混凝土桩复合地基,基础宽度、布桩如图所示。桩径 400mm,桩长 15m,现场静载试验得出的单桩承载力特征值 400kN,桩间土承载力特征值 150kPa。充分发挥该复合地基的承载力时,根据《建筑地基处理技术规范》(JGJ 79—2012)计算,该条基顶面的竖向荷载(荷载效应标准组合)最接近下列哪个选项的数值?(土的重度取 18kN/m³,基础和上覆土平均重度 20kN/m³,单桩承载力发挥系数取 0.9,桩间土承载力发挥系数取 1.0)   ( )

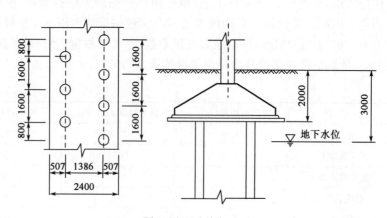

题 14 图(尺寸单位:mm)

(A)700kN/m　　　　　　　　　　　(B)755kN/m
(C)790kN/m　　　　　　　　　　　(D)850kN/m

15.某场地湿陷性黄土厚度 6m,天然含水量 15%,天然重度 14.5kN/m³。设计拟采用灰土挤密桩法进行处理,要求处理后桩间土平均干密度达到 1.5g/cm³。挤密桩等边三角形布置,桩孔直径 400mm,问满足设计要求的灰土桩的最大间距应取下列哪个值?(忽略处理后地面标高的变化,桩间土平均挤密系数不小于 0.93)　　　　　　　( )

(A)0.70m　　　　　　　　　　　(B)0.80m
(C)0.95m　　　　　　　　　　　(D)1.20m

16.某松散粉细砂场地,地基处理前承载力特征值 100kPa,现采用砂石桩满堂处理,桩径 400mm,桩位如图。处理后桩间土的承载力提高了 20%,桩土应力比为 3。问:按照《建筑地基处理技术规范》(JGJ 79—2012)估算的该砂石桩复合地基的承载力特征值接近下列哪个选项的数值?　　　　　　　　　　　　　　　　( )

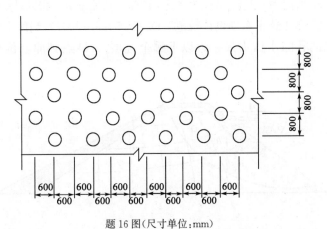

题 16 图(尺寸单位:mm)

(A)135kPa　　　　　　　　　　　(B)150kPa
(C)170kPa　　　　　　　　　　　(D)185kPa

17.某住宅楼基底以下地层主要为:①中砂~砾砂,厚度为 8.0m,承载力特征值 200kPa,桩侧阻力特征值为 25kPa;②含砂粉质黏土,厚度 16.0m,承载力特征值为 250kPa,桩侧阻力特征值为 30kPa,其下卧为微风化大理岩。拟采用 CFG 桩＋水泥土搅拌桩复合地基,承台尺寸 3.0m×3.0m;CFG 桩桩径 ϕ450mm,桩长为 20m,单桩抗压承载力特征值为 850kN;水泥土搅拌桩桩径 ϕ600mm,桩长为 10m,桩身强度为 2.0MPa,桩身强度折减系数 $\eta=0.25$,桩端阻力发挥系数 $\alpha_p=0.5$。根据《建筑地基处理技术规范》(JGJ 79—2012),该承台可承受的最大上部荷载(标准组合)最接近以下哪个选项?(单桩承载力发挥系数取 $\lambda_1=\lambda_2=1.0$,桩间土承载力发挥系数 $\beta=0.9$,复合地基承载力不考虑深度修正)　　　　　　　　　　　　　　　　　　　　　　　　　　( )

(A)4400kN　　　(B)5200kN　　　(C)6080kN　　　(D)7760kN

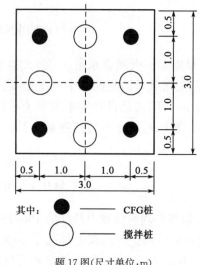

其中： ● —— CFG桩
○ —— 搅拌桩

题 17 图(尺寸单位:m)

18.某土坝的坝体为黏性土,坝壳为砂土,其有效孔隙率 $n=40\%$,原水位(▽1)时流网如下图所示,根据《碾压式土石坝设计规范》(DL/T 5395—2007),当库水位骤降至 B 点以下时,坝内 A 点的孔隙水压力最接近以下哪个选项?(D 点到原水位线的垂直距离为 3.0m) （ ）

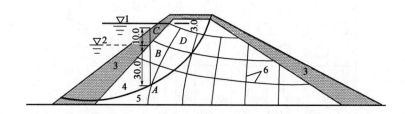

题 18 图(尺寸单位:m)

1-原水位;2-剧降后水位;3-坝壳(砂土);4-坝体(黏性土);5-滑裂面;6-水位降落前的流网

(A)300kPa   (B)330kPa

(C)370kPa   (D)400kPa

19.某直立的黏性土边坡,采用排桩支护,坡高 6m,无地下水,土层参数为 $c=10$kPa, $\varphi=20°$,重度为 18kN/m³,地面均布荷载为 $q=20$kPa,在 3m 处设置一排锚杆,根据《建筑边坡工程技术规范》(GB 50330—2013)相关要求,按等值梁法计算排桩反弯点到坡脚的距离最接近下列哪个选项? （ ）

(A)0.5m   (B)0.65m

(C)0.72m   (D)0.92m

20.如图所示,某填土边坡,高 12m,设计验算时采用圆弧条分法分析,其最小安全系数为 0.88,对应每延米的抗滑力矩为 22000kN·m,圆弧半径 25.0m,不能满足该边坡稳定要求,拟采用加筋处理,等间距布置 10 层土工格栅,每层土工格栅的水平拉力均按 45kN/m

考虑,按照《土工合成材料应用技术规范》(GB/T 50290—2014),该边坡加筋处理后的稳定安全系数最接近下列哪个选项? ( )

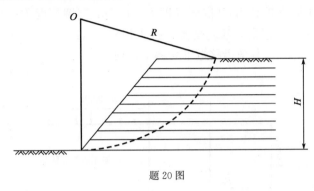

题 20 图

(A)1.15 (B)1.20

(C)1.25 (D)1.30

21. 图示路堑岩石边坡坡顶 BC 水平,已测得滑面 AC 的倾角 $\beta=30°$,滑面内摩擦角 $\varphi=18°$,黏聚力 $c=10$kPa,滑体岩石重度 $\gamma=22$kN/m³。原设计开挖坡面 BE 的坡率为 1:1,滑面出露点 A 距坡顶 $H=10$m。为了增加公路路面宽度,将坡率改为 1:0.5。试问坡率改变后边坡沿滑面 DC 的抗滑安全系数 K_2 与原设计沿滑面 AC 的抗滑安全系数 K_1 之间的正确关系是下列哪个选项? ( )

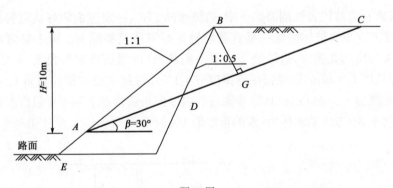

题 21 图

(A)$K_1=0.8K_2$ (B)$K_1=1.0K_2$

(C)$K_1=1.2K_2$ (D)$K_1=1.5K_2$

22. 某水利建筑物洞室由厚层砂岩组成,其岩石的饱和单轴抗压强度 R_b 为 30MPa,围岩的最大主应力 σ_m 为 9MPa。岩体的纵波速度为 2800m/s,岩石的纵波速度为 3500m/s。结构面状态评分为 25,地下水评分为 -2,主要结构面产状评分 -5。根据《水利水电工程地质勘察规范》(GB 50487—2008),该洞室围岩的类别是下列哪一选项? ( )

(A)Ⅰ类围岩 (B)Ⅱ类围岩

(C)Ⅲ类围岩 (D)Ⅳ类围岩

23. 某软土基坑,开挖深度 $H=5.5$m,地面超载 $q_0=20$kPa,地层为均质含砂淤泥质粉质黏土,土的重度 $\gamma=18$kN/m³,黏聚力 $c=8$kPa,内摩擦角 $\varphi=15°$,不考虑地下水的作用,拟采用水泥土墙支护结构,其嵌固深度 $l_d=6.5$m,挡墙宽度 $B=4.5$m,水泥土墙体的重度为 19kN/m³。按照《建筑基坑支护技术规程》(JGJ 120—2012)计算该重力式水泥土墙抗滑移安全系数,其值最接近下列哪个选项?　　　　　　　　(　　)

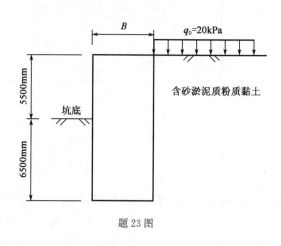

题 23 图

(A)1.0 　　　　　　　　　　　　　(B)1.2

(C)1.4 　　　　　　　　　　　　　(D)1.6

24. 某岩石边坡代表性剖面如下图,边坡倾向 270°,一裂隙面刚好从坡脚出露,裂隙面产状为 270°∠30°,坡体后缘一垂直张裂缝正好贯通至裂隙面。由于暴雨,使垂直张裂缝和裂隙面瞬间充满水,边坡处于极限平衡状态(即滑坡稳定系数 $K_s=1.0$)。经测算,裂隙面长度 $L=30$m,后缘张裂缝深度 $d=10$m,每延米潜在滑体自重 $G=6450$kN,裂隙面的黏聚力 $c=65$kPa,试计算裂隙面的内摩擦角最接近下列哪个数值?(坡脚裂隙面有泉水渗出,不考虑动水压力,水的重度取 10kN/m³)　　　　(　　)

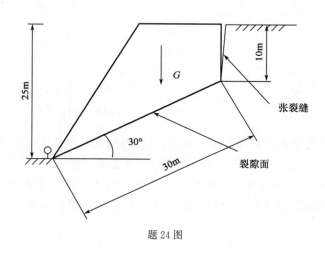

题 24 图

(A)13° 　　　　　(B)17° 　　　　　(C)18° 　　　　　(D)24°

25.如图所示某山区拟建一座尾矿堆积坝,堆积坝采用尾矿细砂分层压实而成,尾矿的内摩擦角为36°,设计坝体下游坡面坡度 $\alpha=25°$。随着库内水位逐渐上升,坝下游坡面下部会有水顺坡渗出,尾矿细砂的饱和重度为22kN/m³,水下内摩擦角33°。试问坝体下游坡面渗水前后的稳定系数最接近下列哪个选项? ( )

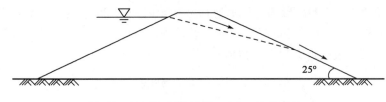

题25图

(A)1.56,0.76

(B)1.56,1.39

(C)1.39,1.12

(D)1.12,0.76

26.某民用建筑场地为花岗岩残积土场地,场地勘察资料表明,土的天然含水量为18%,其中细粒土(粒径小于0.5m)的质量百分含量为70%,细粒土的液限为30%,塑限为18%,该花岗岩残积土的液性指数最接近下列哪个选项? ( )

(A)0

(B)0.23

(C)0.47

(D)0.64

27.某乙类建筑位于建筑设防烈度8度地区,设计基本地震加速度值为0.20g,设计地震分组为第一组,钻孔揭露的土层分布及实测的标贯锤击数如下表所示,近期内年最高地下水埋深6.5m。拟建建筑基础埋深1.5m,根据钻孔资料下列哪个选项的说法是正确的? ( )

题27表

层　序	岩土名称和性状	层厚(m)	标贯试验深度(m)	实测标贯锤击数
1	粉质黏土	2	—	—
2	黏土	4	—	—
3	粉砂	3.5	8	10
4	细砂	15	13	23
			16	25

(A)可不考虑液化影响

(B)轻微液化

(C)中等液化

(D)严重液化

28.某建筑场地位于建筑设防烈度8度地区,设计基本地震加速度值为0.20g,设计地震分组为第一组。根据勘察资料,地面下13m范围内为淤泥和淤泥质土,其下为波速大于500m/s的卵石,若拟建建筑的结构自振周期为3s,建筑结构的阻尼比为0.05,则计算罕遇地震作用时,建筑结构的水平地震影响系数最接近下列选项中的哪一个? ( )

(A)0.023   (B)0.034

(C)0.147   (D)0.194

29. 某场地地层结构如图所示。采用单孔法进行剪切波速测试,激振板长 2m,宽 0.3m,其内侧边缘距孔口 2m,触发传感器位于激振板中心;将三分量检波器放入钻孔内地面下 2m 深度时,实测波形图上显示剪切波初至时间为 29.4ms。已知土层②～④和基岩的剪切波速如图所示,试按《建筑抗震设计规范》(GB 50011—2010)计算土层的等效剪切波速,其值最接近下列哪项数值?   (   )

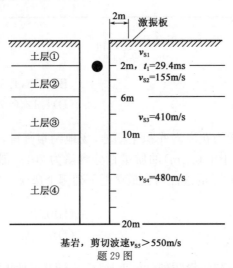

题 29 图

(A)109m/s   (B)131m/s

(C)142m/s   (D)154m/s

30. 某工程采用 CFG 桩复合地基,设计选用 CFG 桩桩径 500mm,按等边三角形布桩,面积置换率为 6.25%,设计要求复合地基承载力特征值 $f_{spk}=300kPa$,请问单桩复合地基载荷试验最大加载压力不应小于下列哪项?   (   )

(A)2261kN   (B)1884kN

(C)1131kN   (D)942kN

2014 年案例分析试题答案(上午卷)

标 准 答 案

本试卷由 30 道题组成,全部为单项选择题。考生可任选 25 道题作答。每题 2 分,满分为 50 分。若考生在答题卡或试卷上的作答超过 25 道题,则按题目序号从小到大的顺序对作答的前 25 道题计分及复评试卷,其他作答题目无效。

1	C	2	D	3	D	4	B	5	B
6	B	7	C	8	B	9	C	10	C
11	B	12	A	13	B	14	B	15	C
16	B	17	C	18	B	19	C	20	C
21	B	22	D	23	C	24	D	25	A
26	C	27	A	28	D	29	B	30	B

解 题 过 程

1. [答案] C

[解析]《土工试验方法标准》(GB/T 50123—2019)第 17.2.3 条。

$$e_0 = \frac{(1+\omega_0)G_s\rho_w}{\rho_0} - 1 = \frac{(1+0.312)\times2.7\times1.0}{1.85} - 1 = 0.915$$

$$e_1 = e_0 - \frac{1+e_0}{h_0}\Delta h_1 = 0.915 - \frac{1+0.915}{20}\times1.4 = 0.781$$

$$e_2 = e_0 - \frac{1+e_0}{h_0}\Delta h_2 = 0.915 - \frac{1+0.915}{20}\times1.8 = 0.743$$

$$a_v = \frac{e_1-e_2}{p_2-p_1} = \frac{0.781-0.743}{0.2-0.1} = 0.38$$

$$m_v = \frac{a_v}{1+e_0} = \frac{0.38}{1+0.915} = 0.20$$

2. [答案] D

[解析]《岩土工程勘察规范》(GB 50021—2001)(2009 年版)第 10.8.3 条。

$$p_0 = 1.05(A-z_m+\Delta A) - 0.05(B-z_m-\Delta B)$$
$$= 1.05\times(100-8+10) - 0.05\times(260-8-80) = 98.5\text{kPa}$$

$$p_2 = C-z_m+\Delta A = 90-8+10 = 92\text{kPa}$$

$$u_0 = 10\times(7-1) = 60\text{kPa}$$

$$U_D = \frac{p_2-u_0}{p_0-u_0} = \frac{92-60}{98.5-60} = 0.83$$

3. [答案] D

[解析]《铁路工程地质手册》(1999 年修订版)附录 I。

$$\tan\beta = \eta\cdot\tan\delta\cdot\sin\alpha = 2\times\tan30°\times\sin60° = 1.0$$

解得 $\beta = 45°$

4. [答案] B

[解析]《水运工程岩土勘察规范》(JTS 133—2013)附录 A、第 4.1.2 条。

(1)风化程度判断

波速比：$K_v=\dfrac{2.5}{3.6}=0.69$，查表 A.01 可知，该基岩的风化程度为中等风化。

(2)完整程度判别

完整性指数：$K_v=\dfrac{2.5^2}{3.2^2}=0.61$，查表 4.1.2-3 可知，该基岩的完整程度为较完整。

5. [答案] B

[解析]《建筑地基基础设计规范》(GB 50007—2011)第 5.2.2 条、5.2.4 条、5.2.7 条。

$$p_k=\frac{F_k+G_k}{A}=\frac{F_k+3.0\times3.6\times1.2\times20}{3.0\times3.6}=\frac{F_k}{10.8}+24$$

$$p_c=1.2\times18=21.6\text{kPa}$$

$$p_{cz}=1.2\times18+2.0\times9=39.6\text{kPa}$$

$$p_z=\frac{3.0\times3.6\times\left[\left(\dfrac{F_k}{10.8}+24\right)-21.6\right]}{(3.0+2\times2\times\tan23°)(3.6+2\times2\times\tan23°)}=0.04F_k+1.04$$

$$f_a=65+1.0\times\frac{1.2\times18+2.0\times9}{3.2}\times(3.2-0.5)=98.4\text{kPa}$$

令 $p_z+p_{cz}=f_a$，即：$0.04F_6+1.04+39.6=98.4$，解得 $F_k=1444.0$kN。

6. [答案] B

[解析]《建筑地基基础设计规范》(GB 50007—2011)第 5.2.1 条、5.2.4 条、8.1.1 条。

$$f_a=180+0+1.0\times19.0\times(1.5-0.5)=199\text{kPa};$$

$$b^2\geqslant\frac{F_k}{f_a-\gamma_Gd}=\frac{580}{199-20\times1.5}=3.43\text{m}^3，解得 b=1.85\text{m}，取 b=1.90\text{m};$$

验算素混凝土基础：$p_k=\dfrac{580}{1.90^2}+1.5\times20=190.7$kPa，查表 $\tan\alpha=1$；

$$H_0=\frac{b-b_0}{2\tan\alpha}=\frac{1.90-0.6}{2\times1}=0.65<0.70\text{m}，满足要求。$$

7. [答案] C

[解析]$e=\dfrac{100}{300}=2+\dfrac{0.4}{2}-\dfrac{b}{2}$，解得 $b=3.73$m。

8. [答案] B

[解析]《建筑地基基础设计规范》(GB 50007—2011)第 5.2.2 条。

$$F_k+G_k=6\times90\times40\times60+45\times50\times15\times40+15\times78\times15\times40=334800\text{kN}$$

$$e=\frac{M_k}{F_k+G_k}=\frac{15\times78\times15\times40\times(78/2+5)-45\times50\times15\times40\times(45-50/2)}{3348000}$$

$$=1.16\text{m}<\frac{b}{6}，属于小偏心。$$

$$p_{\text{kmax}}=\frac{F_k+G_k}{A}\left(1+\frac{6e}{b}\right)=\frac{3348000}{60\times90}\times\left(1+\frac{6\times1.16}{90}\right)=668.0\text{kPa}$$

9. [答案] C

[解析]《建筑地基基础设计规范》(GB 50007—2011)第5.2.1条。

$$\frac{2(F_k+G_k)}{b}\leqslant1.2f_a,即2\times\left(\frac{200}{b}+3\times200\right)\leqslant1.2\times200,解得 b\geqslant3.33\text{m}。$$

10. [答案] C

[解析]《建筑桩基技术规范》(JGJ 94—2008)第5.4.1条。

$$G_k=2\times4.2\times5.8\times20=974.4\text{kN}$$

$$A_0=2.3\times2+0.6=5.2\text{m},B_0=2.4+0.6=3.0\text{m}$$

$$E_{s1}/E_{s2}=16/3.2=5.0,t=3\text{m}>0.5B_0=1.5\text{m},查表\theta=25°$$

$$\sigma_z=\frac{(F_k+G_k)-\dfrac{3}{2}\times(A_0+B_0)\Sigma q_{sik}l_i}{(A_0+2t\tan\theta)(B_0+2t\tan\theta)}$$

$$=\frac{(6300+974.4)-\dfrac{3}{2}\times(5.2+3.0)\times(4\times35+4\times55+2\times60)}{(5.2+2\times3\times\tan25°)(3.0+2\times3\times\tan25°)}=29.55\text{kPa}$$

11. [答案] B

[解析]《建筑桩基技术规范》(JGJ 94—2008)第5.4.4条。

持力层为基岩,取 $l_n/l_0=1.0,l_n=12\text{m}$

$$\sigma'_i=p+\sum_{e=1}^{i-1}\gamma_e\Delta z_e+\frac{1}{2}\gamma_i\Delta z_i=50+\frac{1}{2}\times(18.5-10)\times12=101.0\text{kPa}$$

$$q_{si}^n=\xi_{ni}\sigma'_i=0.2\times101.0=20.2\text{kPa}>q_{sk}=15\text{kPa},取 q_{si}^n=15\text{kPa}$$

$$Q_g^n=\eta_n\cdot u\sum_{i=1}^n q_{si}^n l_i=1\times3.14\times1.2\times15\times12=678.24\text{kN}$$

12. [答案] A

[解析]《建筑桩基技术规范》(JGJ 94—2008)第5.3.3条。

有效桩长28m,送桩2m,即将桩顶打入地面下2m,桩底埋深为 $28+2=30\text{m}$

$$p_{sk1}=4.8\text{MPa}<p_{sk2}=10.0\text{MPa}$$

$$p_{sk2}/p_{sk1}=10/4.8=2.1<5,查表取 \beta=1$$

$$p_{sk}=\frac{1}{2}(p_{sk1}+\beta\cdot p_{sk2})=\frac{1}{2}(4.8+1\times10.0)=7.4\text{MPa}=7400\text{kPa}$$

$$Q_{uk}=u\Sigma q_{sik}l_i+\alpha p_{sk}A_p$$
$$=3.14\times0.6\times(4\times15+4\times28+10\times35+8\times52.5+2\times100)+0.8\times7400\times$$
$$\frac{3.14\times0.6^2}{4}=3825\text{kN}$$

13. [答案] B

[解析]《铁路桥涵地基和基础设计规范》(TB 10093—2017)第4.1.3条、6.2.2条。

$h = 24\text{m} > 10d = 10\text{m}$，查表得 $k_2 = 3$，$k'_2 = \dfrac{3}{2} = 1.5$

$$\gamma_2 = \frac{\sum \gamma_i h_i}{h} = \frac{2 \times 18.5 + 3 \times 19 + 15 \times 18 + 4 \times 20}{24} = 18.5 \text{kN/m}^3$$

$$[\sigma] = \sigma_0 + k_2 \gamma_2 (4d - 3) + k'_2 \gamma_2 \times 6d$$

$$= 180 + 3.0 \times 18.5 \times (4 - 3) + 1.5 \times 18.5 \times 6 = 402 \text{kPa}$$

$$[P] = \frac{1}{2} U \sum f_i l_i + m_0 A [\sigma]$$

$$= \frac{1}{2} \times 3.14 \times 1.0 \times (30 \times 2 + 50 \times 3 + 40 \times 15 + 50 \times 4) + 0.7 \times 3.14 \times 0.5^2 \times 402$$

$$= 1806.6 \text{kPa}$$

14. [答案] B

[解析]《建筑地基处理技术规范》(JGJ 79—2012) 第 7.1.5 条、3.0.4 条。

置换率 $m = \dfrac{6 \times \dfrac{3.14 \times 04^2}{4}}{2.4 \times 4.8} = 0.065$

$f_{\text{spk}} = \lambda m \dfrac{R_a}{A_p} + \beta (1 - m) f_{\text{sk}} = 0.9 \times 0.065 \times \dfrac{400}{\dfrac{3.14 \times 0.4^2}{4}} + 1 \times (1 - 0.065) \times 150$

$= 326.6 \text{kPa}$

修正承载力 $f_a = 326.6 + 1.0 \times 18 \times (2.0 - 0.5) = 353.6 \text{kPa}$

由 $\dfrac{F_k + G_k}{A} = f_a$，得 $F_k = 353.6 \times 2.4 - \times 2 \times 20 \times 2.4 = 752.6 \text{kN}$。

15. [答案] C

[解析]《建筑地基处理技术规范》(JGJ 79—2012) 第 7.5.2 条。

$$\overline{\rho}_d = \frac{\rho}{1 + w} = \frac{14.5/10}{1 + 15\%} = 1.261 \text{g/cm}^3$$

$$s = 0.95d \sqrt{\frac{\eta_c \cdot \overline{\rho}_{\text{dmax}}}{\eta_c \cdot \rho_{\text{dmax}} - \overline{\rho}_d}} = 0.95 \times 0.4 \times \sqrt{\frac{1.5}{1.5 - 1.261}} = 0.95 \text{m}$$

16. [答案] B

[解析]《建筑地基处理技术规范》(JGJ 79—2012) 第 7.1.5 条。

取一个正方形面积作为单元体计算置换率 m，单元体内有 1 个完整桩，4 个 $\dfrac{1}{4}$ 桩，总桩数为 2，得

$$m = \frac{2 \times \dfrac{3.14 \times 0.4^2}{4}}{2 \times 0.6 \times 2 \times 0.8} = 0.131$$

$$f_{\text{spk}} = [1 + m(n - 1)] f_{\text{sk}} = [1 + 0.131 \times (3 - 1)] \times 1.2 \times 100 = 151.4 \text{kPa}$$

17. [答案] C

[解析]《建筑地基处理技术规范》(JGJ 79—2012) 第 7.1.5 条、7.9.6 条、7.9.7 条。

(1)计算置换率

搅拌桩：$m_1 = \dfrac{A_{p1}}{s^2} = \dfrac{4 \times \dfrac{3.14 \times 0.6^2}{4}}{3^2} = 0.1256$

CFG 桩：$m_2 = \dfrac{A_{p2}}{s^2} = \dfrac{5 \times \dfrac{3.14 \times 0.45^2}{4}}{3^2} = 0.0883$

(2)计算搅拌桩 R_{a1}

按土对桩的承载力确定 R_{a1}

$$R_{a1} = u_p \sum_{i=1}^{n} q_{si} l_{pi} + \alpha_p q_p A_p$$

$$= 3.14 \times 0.6 \times (8 \times 25 + 2 \times 30) + 0.5 \times 250 \times \dfrac{3.14 \times 0.6^2}{4} = 525.2 \text{kN}$$

按桩身强度确定 R_{a1}：

$$R_{a1} = \eta f_{cu} A_p = 0.25 \times 2.0 \times 10^3 \times \dfrac{3.14 \times 0.6^2}{4} = 141.3 \text{kN}$$

取小值，$R_{a1} = 141.3 \text{kN}$

$$f_{spk} = m_1 \dfrac{\lambda_1 R_{a1}}{A_{p1}} + m_2 \dfrac{\lambda_2 R_{a2}}{A_{p2}} + \beta(1 - m_1 - m_2) f_{sk}$$

$$= 0.1256 \times \dfrac{1.0 \times 141.3}{3.14 \times 0.6^2} + 0.0883 \times \dfrac{1.0 \times 850}{3.14 \times 0.45^2} + 0.90 \times (1 - 0.1256 - $$

$$0.0883) \times 200 = 676.45 \text{kPa}$$

$$F_k = f_{spk} \cdot A = 676.45 \times 3.0 \times 3.0 = 6088.05 \text{kN}$$

18. [答案] B

[解析]《碾压式土石坝设计规范》(DL/T 5395—2007)附录 D 第 D.4.2 条。

$$u = \gamma_w [h_1 + h_2(1 - n_e) - h']$$

$$= 10 \times [30.0 + 10.0 \times (1 - 0.40) - 3.0]$$

$$= 330 \text{kPa}$$

19. [答案] C

[解析]《建筑边坡工程技术规范》(GB 50330—2013)附录 F 第 F.0.4 条。

设反弯点到基坑地面的距离为 Y_n

$$K_a = \tan^2\left(45° - \dfrac{20°}{2}\right) = 0.49, \quad K_p = \tan^2\left(45° + \dfrac{20°}{2}\right) = 2.04$$

$$e_{ak} = q K_a + \gamma H K_a - 2c\sqrt{K_a}$$

$$= 20 \times 0.49 + 18 \times (6 + Y_n) \times 0.49 - 2 \times 10 \times \sqrt{0.49}$$

$$= 8.82 Y_n + 48.72$$

$$e_{pk} = \gamma H K_p + 2c\sqrt{K_p}$$

$$= 18 \times Y_n \times 2.04 + 2 \times 10 \times \sqrt{2.04}$$

$$= 36.72 Y_n + 28.57$$

由 $e_{ak} = e_{pk}$，即 $8.82 Y_n + 48.72 = 36.72 Y_n + 28.57$，解得 $Y_n = 0.72 \text{m}$。

20. [答案] C

[解析]《土工合成材料应用技术规范》(GB/T 50290—2014)第7.5.3条。

$$M_D = \frac{22000}{0.88} = 25000 \text{kN} \cdot \text{m/m}$$

$$T_s = 45 \times 10 = 450 \text{kN/m}$$

$$D = 25 - \frac{12}{3} = 21\text{m}$$

$$T_s = (F_{sr} - F_{su})\frac{M_D}{D}, \text{即 } 450 = (F_{sr} - 0.88) \times \frac{25000}{21}, \text{解得 } F_{sr} = 1.258$$

21. [答案] B

[解析] $K_s = \dfrac{\gamma V \cos\theta \tan\varphi + Ac}{\gamma V \sin\theta} = \dfrac{0.5\gamma hL\cos\theta\tan\varphi + cL}{0.5\gamma hL\sin\theta} = \dfrac{0.5\gamma h\cos\theta\tan\varphi + c}{0.5\gamma h\sin\theta}$

由此可见，K_s 与滑面长 L 无关，只与三角形滑体的高 h 相关，坡率由1：1改为1：0.5，h 不变，可知抗滑安全系数也不变，即 $K_1 = K_2$。

22. [答案] D

[解析]《水利水电工程地质勘察规范》(GB 50487—2008)附录N。

$R_b = 30 \text{MPa}$，评分 $A = 10$，属软质岩；

$K_v = \left(\dfrac{2800}{3500}\right)^2 = 0.64$，查表插值 $B = 16.25$；

已知 $C = 25, D = -2, E = -5, A + B + C + D + E = 10 + 16.25 + 25 - 2 - 5 = 44.25$；

$S = \dfrac{R_b \cdot K_v}{\sigma_m} = \dfrac{30 \times 0.64}{9} = 2.13 > 2$，不修正，查表围岩类别为Ⅳ类。

23. [答案] C

[解析]《建筑基坑支护技术规程》(JGJ 120—2012)第3.4.2条、6.1.2条。

$K_a = \tan^2\left(45° - \dfrac{15°}{2}\right) = 0.589, K_p = \tan^2\left(45° + \dfrac{15°}{2}\right) = 1.698$

$z_0 = \dfrac{\dfrac{2c}{\sqrt{K_a}} - q}{\gamma} = \dfrac{\dfrac{2 \times 8}{\sqrt{0.589}} - 20}{18} \approx 0$

$E_{ak} = \dfrac{1}{2}\gamma(H - z_0)^2 K_a = \dfrac{1}{2} \times 18 \times (6.5 + 5.5)^2 \times 0.589 = 763.3 \text{kN/m}$

$G = (6.5 + 5.5) \times 4.5 \times 19 = 1026 \text{kN/m}$

$E_{pk} = \dfrac{1}{2}\gamma h^2 K_p + 2ch\sqrt{K_p} = \dfrac{1}{2} \times 18 \times 6.5^2 \times 1.698 + 2 \times 8 \times 6.5 \times \sqrt{1.698}$

$= 781.2 \text{kN/m}$

$K_s = \dfrac{E_{pk} + (G - u_m B)\tan\varphi + cB}{E_{ak}} = \dfrac{781.2 + 1026 \times \tan 15° + 8 \times 4.5}{763.3} = 1.43$

24. [答案] D

[解析]《铁路工程不良地质勘察规程》(TB 10027—2012)附录A第A.1.2条。

$V = \dfrac{1}{2}\gamma_w z_w^2 = \dfrac{1}{2} \times 10 \times 10^2 = 500 \text{kN/m}$

$$u = \frac{1}{2}\gamma_w z_w (H-z)\csc\beta = \frac{1}{2}\times 10 \times 10 \times (25-10)\times\frac{1}{\sin 30°} = 1500\text{kPa}$$

$$K_s = \frac{(\gamma V\cos\beta - u - V\sin\beta)\tan\varphi + Ac}{\gamma V\sin\beta + V\cos\beta}$$

即 $1 = \dfrac{(6450\times\cos 30° - 1500 - 500\times\sin 30°)\tan\varphi + 30\times 65}{6450\times\sin 30° + 500\times\cos 30°}$，解得 $\varphi = 24°$。

25.[答案] A

[解析]《土力学》(李广信等编,第2版,清华大学出版社)7.2.1节、7.2.2节。

渗水前:$K_s = \dfrac{\tan\varphi_1}{\tan\beta} = \dfrac{\tan 36°}{\tan 25°} = 1.56$

渗水后:$K_s = \dfrac{\gamma'}{\gamma_{\text{sat}}}\cdot\dfrac{\tan\varphi_1}{\tan\beta} = \dfrac{12}{22}\times\dfrac{\tan 33°}{\tan 25°} = 0.76$

26.[答案] C

[解析]《岩土工程勘察规范》(GB 50021—2001)(2009年版)第6.9.4条。

$$w_f = \frac{w - 0.01 w_A P_{0.5}}{1 - 0.01 P_{0.5}} = \frac{18 - 0.01\times 5\times(100-70)}{1 - 0.01\times(100-70)} = 23.6$$

$$I_p = w_L - w_p = 30 - 18 = 12$$

$$I_L = \frac{w_f - w_p}{I_p} = \frac{23.6 - 18}{12} = 0.47$$

27.[答案] A

[解析]《建筑抗震设计规范》(GB 50011—2010)第4.3.3条。

液化初判:8度区,砂土,查表 $d_0 = 8\text{m}$

$d_u = 6\text{m} < d_0 + d_b - 2 = 8 + 2 - 2 = 8\text{m}$

$d_w = 6.5\text{m} < d_0 + d_b - 3 = 8 + 2 - 3 = 7\text{m}$

$d_u + d_w = 12.5\text{m} > 1.5 d_0 + 2 d_b - 4.5 = 1.5\times 8 + 2\times 2 - 4.5 = 11.5\text{m}$

初判可不考虑液化影响。

28.[答案] D

[解析]《建筑抗震设计规范》(GB 50011—2010)第4.1.4条、4.1.6条、5.1.4条、5.1.5条。

覆盖层厚度13m,且为淤泥和淤泥质土,查表判别场地类型为Ⅱ类;

Ⅱ类场地,地震分组第一组,罕遇地震,查表 $T_g = 0.35 + 0.05 = 0.40\text{s}$;

地震动加速度0.2g,罕遇地震,查表 $\alpha_{\max} = 0.90$,则

$5 T_g = 2.0 < T = 3 < 6.0$

$\alpha = [\eta_2 0.2^\gamma - \eta_1(T - 5 T_g)]\alpha_{\max}$

$\quad = [1\times 0.2^{0.9} - 0.02\times(3 - 5\times 0.4)]\times 0.90 = 0.193$

29.[答案] B

[解析]《建筑抗震设计规范》(GB 50011—2010)第4.1.4条、4.1.5条。

土层①剪切波速：$v_{s1}=\dfrac{\sqrt{(2+0.3/2)^2+2^2}}{0.0294}=99.9\mathrm{m/s}$

土层③剪切波速大于土层②的 2.5 倍，且大于 $400\mathrm{m/s}$，覆盖层厚度为 $6\mathrm{m}$，则

$$v_{\mathrm{se}}=\dfrac{6}{\dfrac{2}{99.9}+\dfrac{4}{155}}=130.9\mathrm{m/s}$$

30. **[答案]** B

   [解析] CFG 桩桩径为 $500\mathrm{mm}$，面积置换率为 6.25%，则

   ①单桩分担的处理面积的等效圆直径 $=\sqrt{\dfrac{0.5^2}{0.0625}}=2\mathrm{m}$

   ②单桩承担的处理面积 $=\pi\times\left(\dfrac{2}{2}\right)^2=3.14\mathrm{m}^2$

   ③最大试验荷载为 $3.14\times300\times2=1884\mathrm{kN}$

   若把 $300\mathrm{kPa}$ 误作为极限承载力，则会得出最大试验荷载为 $942\mathrm{kN}$。

2014 年案例分析试题(下午卷)

1. 某小型土石坝坝基土的颗粒分析成果见下表,该土属级配连续的土,孔隙率为 0.33,土粒相对密度为 2.66,根据区分粒径确定的细颗粒含量为 32%。试根据《水利水电工程地质勘察规范》(GB 50487—2008)确定坝基渗透变形类型及估算最大允许水力比降值为哪一选项?(安全系数取 1.5) ( )

题 1 表

土粒直径(mm)	0.025	0.038	0.07	0.31	0.40	0.70
小于某粒径的土质量百分比(%)	5	10	20	60	70	100

(A)流土型、0.74
(B)管涌型、0.58
(C)过渡型、0.58
(D)过渡型、0.39

2. 某天然岩块质量为 134.00g,在 105 ～ 110℃ 温度下烘干 24h 后,质量为 128.00kg。然后对岩块进行蜡封,蜡封后试样的质量为 135.00g,蜡封试样沉入水中的质量为 80.00g。试计算该岩块的干密度最接近下列哪个选项?(注:水的密度取 1.0g/cm³,蜡的密度取 0.85g/cm³) ( )

(A)2.33g/cm³
(B)2.52g/cm³
(C)2.74g/cm³
(D)2.87g/cm³

3. 在某碎石土地层中进行超重型圆锥动力触探试验,在 8m 深度处测得贯入 10cm 的 N_{120} =25 击,已知圆锥探头及杆件系统的质量为 150kg,请采用荷兰公式计算该深度处的动贯入阻力最接近下列何值? ( )

(A)3.0MPa
(B)9.0MPa
(C)21.0MPa
(D)30.0MPa

4. 某大型水电站地基位于花岗岩上,其饱和单轴抗压强度为 50MPa,岩体弹性纵波波速 4200m/s,岩块弹性纵波波速 4800m/s,岩石质量指标 RQD=80%。地基岩体结构面平直且闭合,不发育,勘探时未见地下水。根据《水利水电工程地质勘察规范》(GB 50487—2008),该坝基岩体的工程地质类别为下列哪个选项? ( )

(A)Ⅰ (B)Ⅱ (C)Ⅲ (D)Ⅳ

5. 某既有建筑基础为条形基础,基础宽度 b=3.0m,埋深 d=2.0m,剖面如图所示。由于房屋改建,拟增加一层,导致基础底面压力 p 由原来的 65kPa 增加至 85kPa,沉降计算经验系数 ψ_s =1.0。计算由于房屋改建使淤泥质黏土层产生的附加压缩量最接近以下何值? ( )

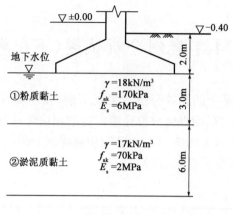

题 5 图

(A)9.0mm

(B)10.0mm

(C)20.0mm

(D)35.0mm

6. 柱下独立方形基础底面尺寸 2.0m×2.0m,高 0.5m,有效高度 0.45m,混凝土强度等级为 C20(轴心抗拉强度设计值 f_t=1.1MPa),柱截面尺寸为 0.4m×0.4m。基础顶面作用竖向力 F,偏心距 0.12m。根据《建筑地基基础设计规范》(GB 50007—2011),满足柱与基础交接处受冲切承载力的验算要求时,基础顶面可承受的最大竖向力 F(相应于作用的基本组合设计值)最接近下列哪个选项? ( )

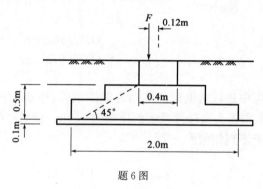

题 6 图

(A)980kN

(B)1080kN

(C)1280kN

(D)1480kN

7. 某房屋,条形基础,天然地基。基础持力层为中密粉砂,承载力特征值 150kPa。基础宽度 3m,埋深 2m,地下水埋深 8m。该基础承受轴心荷载,地基承载力刚好满足要求。现拟对该房屋进行加层改造,相应于作用的标准组合时基础顶面轴心荷载增加 240kN/m。若采用增加基础宽度的方法满足地基承载力的要求。问:根据《建筑地基基础设计规范》(GB 50007—2011),基础宽度的最小增加量最接近下列哪个选项的数值? (基础及基础上下土体的平均重度取 20kN/m³) ( )

(A)0.63m

(B)0.7m

(C)1.0m

(D)1.2m

8. 某墙下钢筋混凝土筏形基础,厚度 1.2m,混凝土强度等级为 C30,受力钢筋拟采用 HRB400 钢筋,主筋保护层厚度 40mm。已知该筏板的弯矩图(相应于作用的基本组合时的弯矩设计值)如图所示。问:按照《建筑地基基础设计规范》(GB 50007—2011),满足该规范规定且经济合理的筏板顶部受力主筋配置为下列哪个选项? (注:C30 混凝土抗压强度设计值为 14.3N/mm²,HRB400 钢筋抗拉强度设计值为 360N/mm²)

( )

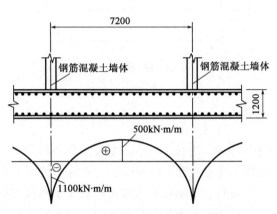

题 8 图(尺寸单位:mm)

题 8 表

公称直径 (mm)	不同根数钢筋的公称截面面积(mm²)								
	1	2	3	4	5	6	7	8	9
6	28.3	57	85	113	142	170	198	226	255
8	50.3	101	151	201	252	302	352	402	453
10	78.5	157	236	314	393	471	550	628	707
12	113.1	226	339	452	565	678	791	904	1017
14	153.9	308	461	615	769	923	1077	1231	1385
16	201.1	402	603	804	1005	1206	1407	1608	1809
18	254.5	509	763	1017	1272	1527	1781	2036	2290
20	314.2	628	942	1256	1570	1884	2199	2513	2827
22	380.1	760	1140	1520	1900	2281	2661	3041	3421
25	490.9	982	1473	1964	2454	2945	3436	3927	4418
28	615.8	1232	1847	2463	3079	2695	4310	4926	5542
32	804.2	1609	2413	3217	4021	4826	5630	6434	7238
36	1017.9	2036	3054	4072	5089	6107	7125	8143	9161
40	1256.6	2513	3770	5027	6283	7540	8796	10053	11310
50	1964	3928	5892	7856	9820	11784	13748	15712	17676

(A)Φ18@200 　　　　　　　(B)Φ20@200

(C)Φ22@200 　　　　　　　(D)Φ28@200

9. 公路桥涵基础建于多年压实未经破坏的旧桥基础下,基础平面尺寸为 2m×3m,修正后地基承载力特征值 f_a 为 160kPa,基底双向偏心受压,承受的竖向力作用位置为图中 o 点,根据《公路桥涵地基与基础设计规范》(JTG 3363—2019),按基底最大压应力验算时,能承受的最大竖向力最接近下列哪个选项的数值? ( )

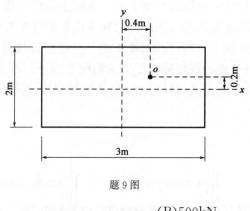

题 9 图

(A)460kN   (B)500kN

(C)550kN   (D)600kN

10. 某钢筋混凝土预制方桩,边长 400mm,混凝土强度等级 C40,主筋为 HRB335, 12ϕ18,桩顶以下 2m 范围内箍筋间距 100mm,考虑纵向主筋抗压承载力,根据《建筑桩基技术规范》(JGJ 94—2008),桩身轴心受压时正截面受压承载力设计值最接近下列何值?(C40 混凝土 f_c=19.1N/mm^2,HRB335 钢筋 f_y'=300N/mm^2)   ( )

(A)3960kN   (B)3420kN   (C)3050kN   (D)2600kN

11. 某位于季节性冻土地基上的轻型建筑采用短桩基础,场地标准冻深为 2.5m。地面以下 20m 深度内为粉土,土中含盐量不大于 0.5%,属冻胀土。抗压极限侧阻力标准值为 30kPa,桩型为直径 0.6m 的钻孔灌注桩,表面粗糙。当群桩呈非整体破坏时,根据《建筑桩基技术规范》(JGJ 94—2008),自地面算起,满足抗冻拔稳定要求的最短桩长最接近下列何值?(N_G=180kN,桩身重度取 25kN/m^3,抗拔系数取 0.5,切向冻胀力及相关系数取规范表中相应的最小值)   ( )

(A)4.7m   (B)6.0m   (C)7.2m   (D)8.3m

12. 某公路桥梁采用振动沉入预制桩,桩身截面尺寸为 400mm×400mm,地层条件和桩入土深度如图所示。桩基可能承受拉力,根据《公路桥涵地基与基础设计规范》(JTG 3363—2019)验算,桩基受拉承载力特征值最接近下列何值?   ( )

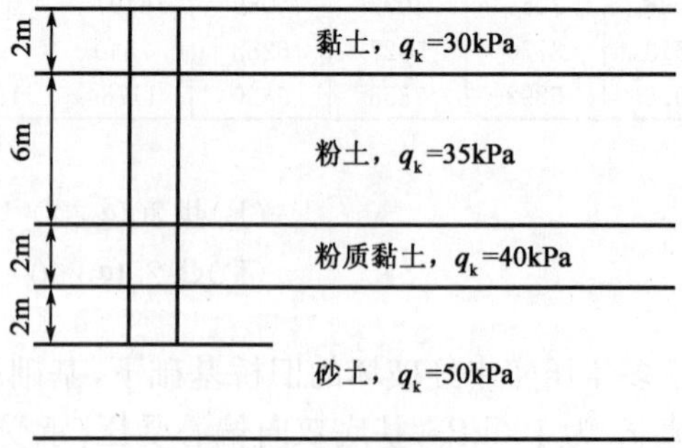

题 12 图

(A)98kN

(B)138kN

(C)188kN

(D)228kN

13. 某大面积软土场地,表层淤泥顶面绝对标高为 3m,厚度为 15m,压缩模量为 1.2MPa。其下为黏性土,地下水为潜水,稳定水位绝对标高为 1.5m。现拟对其进行真空和堆载联合预压处理,淤泥表面铺 1m 厚砂垫层(重度为 18kN/m³),真空预压加载 80kPa,真空膜上修筑水池储水,水深 2m。问:当淤泥质层的固结度达到 80% 时,其固结沉降量最接近下列哪个值?(沉降经验系数取 1.1) （ ）

(A)1.00m

(B)1.10m

(C)1.20m

(D)1.30m

14. 拟对某淤泥质土地基采用预压法加固,已知淤泥的固结系数 $C_h=C_v=2.0\times 10^{-3}\text{cm}^2/\text{s}$,$k_h=1.2\times 10^{-7}\text{cm/s}$,淤泥层厚度为 10m,在淤泥层中打设袋装砂井,砂井直径 $d_w=70\text{mm}$,间距 1.5m,等边三角形排列,砂料渗透系数 $k_w=2\times 10^{-2}\text{cm/s}$,长度打穿淤泥层,涂抹区的渗透系数 $k_s=0.3\times 10^{-7}\text{cm/s}$。如果取涂抹区直径为砂井直径的 2.0 倍,按照《建筑地基处理技术规范》(JGJ 79—2012)有关规定,问在瞬时加载条件下,考虑涂抹和井阻影响时,地基径向固结度达到 90% 时,预压时间最接近下列哪个选项? （ ）

(A)120 天

(B)150 天

(C)180 天

(D)200 天

15. 某公路路堤位于软土地区,路基中心高度为 3.5m,路基填料重度为 20kN/m³,填土速率约为 0.04m/d。路线地表下 0～2.0m 为硬塑黏土,2.0～8.0m 为流塑状态软土,软土不排水抗剪强度为 18kPa,路基地基采用常规预压方法处理,用分层总和法计算的地基主固结沉降量为 20cm。如公路通车时软土固结度达到 70%,根据《公路路基设计规范》(JTG D30—2015),则此时的地基沉降量最接近下列哪个选项? （ ）

(A)14cm

(B)17cm

(C)19cm

(D)20cm

16. 某住宅楼一独立承台,作用于基底的附加压力 $P_0=600\text{kPa}$,基底以下地层主要为:①中砂～砾砂,厚度为 8.0m,承载力特征值为 200kPa,压缩模量为 10.0MPa;②含砂粉质黏土,厚度 16.0m,压缩模量 8.0MPa,下卧为微风化大理岩。拟采用 CFG 桩+水泥土搅拌桩复合地基,承台尺寸 3.0×3.0m,布桩如图所示,CFG 桩桩径 $\phi450\text{mm}$,桩长为 20m,设计单桩竖向抗压承载力特征值 $R_a=700\text{kN}$;水泥土搅拌桩直径为 $\phi600\text{mm}$,桩长为 10m,设计单桩竖向受压承载力特征值 $R_a=300\text{kN}$,假定复合地基的沉降计算地区经验系数 $\psi_s=0.4$。根据《建筑地基处理技术规范》(JGJ 79—2012),问该独立承台复合地基在中砂～砾砂层中的沉降量最接近下列哪个选项?(单桩承载力发挥系数:CFG 桩 $\lambda_1=0.8$,水泥土搅拌桩 $\lambda_2=1.0$;桩间土承载力发挥系数 $\beta=1.0$) （ ）

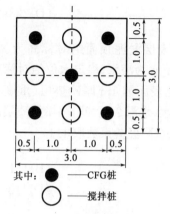

其中：● ——CFG桩

○ ——搅拌桩

题 16 图(尺寸单位:m)

(A)68.0mm   (B)45.0mm

(C)34.0mm   (D)23.0mm

17. 图示某铁路边坡高 8.0m,岩体节理发育,重度 22kN/m³,主动土压力系数为 0.36。采用土钉墙支护,墙面坡率 1∶0.4,墙背摩擦角 25°。土钉成孔直径 90mm,其方向垂直于墙面,水平和垂直间距为 1.5m。浆体与孔壁间黏结强度设计值为 200kPa,采用《铁路路基支挡结构设计规范》(TB 10025—2019),计算距墙顶 4.5m 处 6m 长土钉 AB 的抗拔安全系数最接近下列哪个选项？   ( )

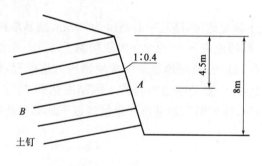

题 17 图

(A)1.1   (B)1.4

(C)1.7   (D)2.0

18. 某砂土边坡,高 6m,砂土的 $\gamma=20kN/m^3$、$c=0$、$\varphi=30°$。采用钢筋混凝土扶壁式挡土结构,此时该挡墙的抗倾覆安全系数为 1.70。工程建成后需在坡顶堆载 $q=40kPa$,拟采用预应力锚索进行加固,锚索的水平间距 2.0m,下倾角 15°,土压力按朗肯理论计算,根据《建筑边坡工程技术规范》(GB 50330—2013),如果要保证坡顶堆载后扶壁式挡土结构的抗倾覆安全系数不小于 1.60,问锚索的轴向拉力标准值应最接近下列哪个选项？   ( )

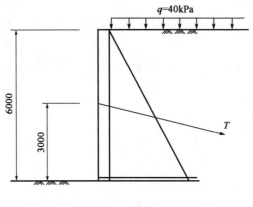

题18图(尺寸单位:mm)

(A)136kN   (B)272kN

(C)345kN   (D)367kN

19. 某浆砌块石挡墙墙高 6.0m,墙背直立,顶宽 1.0m,底宽 2.6m,墙体重度 $\gamma = 24kN/m^3$ 墙后主要采用砾砂回填,填土体平均重度 $\gamma = 20kN/m^3$,假定填砂与挡墙的摩擦角 $\delta = 0°$,地面均布荷载取 15kN/m²,根据《建筑边坡工程技术规范》(GB 50330—2013),问墙后填砂层的综合内摩擦角 φ 至少应达到以下哪个选项时,该挡墙才能满足规范要求的抗倾覆稳定性? ( )

(A)23.5°   (B)32.5°

(C)37.5°   (D)39.5°

20. 某Ⅰ级公路路基,拟采用土工格栅加筋土挡墙的支挡结构,高 10m,土工格栅拉筋的上下层间距为 1.0m,拉筋与填料间的黏聚力为 5kPa,拉筋与填料之间的内摩擦角为 15°,重度为 21kN/m³。经计算,6m 深度处的水平土压应力为 75kPa,根据《公路路基设计规范》(JTG D30—2015),深度 6m 处的拉筋水平包裹长度最小应为下列哪个选项? ( )

(A)1.0m   (B)1.5m

(C)2.0m   (D)2.5m

21. 某安全等级为一级的建筑基坑,采用桩锚支护形式。支护桩桩径 800mm,间距 1400mm。锚杆间距 1400mm,倾角 15°。采用平面杆系结构弹性支点法进行分析计算,得到支护桩计算宽度内的弹性支点水平反力为 420kN。若锚杆施工时采用抗拉设计值为 180kN 的钢绞线,则每根锚杆至少需要配置几根这样的钢绞线? ( )

(A)2 根   (B)3 根

(C)4 根   (D)5 根

22. 图示的某铁路隧道的端墙洞门墙高 8.5m,最危险破裂面与竖直面的夹角 $\omega = 38°$,墙背面倾角 $\alpha = 10°$,仰坡倾角 $\varepsilon = 34°$,墙背距仰坡坡脚 $a = 2.0m$。墙后土体重度

$\gamma=22kN/m^3$,内摩擦角 $\varphi=40°$,取洞门墙体计算条宽度为 1m,作用在墙体上的土压力是下列哪个选项? （ ）

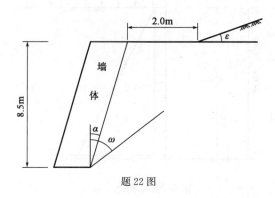

题 22 图

(A)135kN

(B)119kN

(C)148kN

(D)175kN

23. 紧靠某长 200m 大型地下结构中部的位置新开挖一个深 9m 的基坑,基坑长 20m,宽 10m。新开挖基坑采用地下连续墙支护,在长边的中部设支撑一层,支撑一端支于已有地下结构中板位置,支撑截面为高 0.8m,宽 0.6m,平面位置如图虚线所示,采用 C30 钢筋混凝土,设其弹性模量 $E=30GPa$,采用弹性支点法计算连续墙的受力,取单位米宽度做计算单元,支撑的支点刚度系数最接近下列哪个选项? （ ）

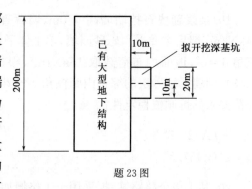

题 23 图

(A)72MN/m

(B)144MN/m

(C)288MN/m

(D)360MN/m

24. 有一倾倒式危岩体,高 6.5m,宽 3.2m(见下图,可视为均质刚性长方体),危岩体的密度为 2.6g/cm³。在考虑暴雨使后缘张裂隙充满水和水平地震加速度值为0.20g 的条件下,危岩体的抗倾覆稳定系数为下列哪个选项?（重力加速度取 10m/s²）（ ）

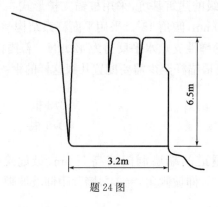

题 24 图

(A)1.90   (B)1.76

(C)1.07   (D)0.18

25. 某铁路需通过饱和软黏土地段，软黏土的厚度为 14.5m，路基土重度 $\gamma=17.5kN/m^3$，不固结不排水抗剪强度为 $\varphi=0°$，$c_u=13.6kPa$。若土堤和路基土为同一种软黏土，选线时采用泰勒(Taylor)稳定数图解法估算的土堤临界高度最接近下列哪一个选项？   ( )

(A)3.6m   (B)4.3m

(C)4.6m   (D)4.5m

26. 某公路路堑，存在一折线形均质滑坡，计算参数如表所示，若滑坡推力安全系数为 1.20。第一块滑体剩余下滑力传递到第二块滑体的传递系数为 0.85，在第三块滑体后设置重力式挡墙，按《公路路基设计规范》(JTG D30—2015)计算作用在该挡墙上的每延米的作用力最接近下列哪个选项？   ( )

题 26 表

滑 块 编 号	下滑力(kN/m)	抗滑力(kN/m)	滑面倾角
①	5000	2100	35°
②	6500	5100	26°
③	2800	3500	26°

(A)3900kN   (B)4970kN

(C)5870kN   (D)6010kN

27. 某三层建筑物位于膨胀土场地，基础为浅基础，埋深 1.2m，基础的尺寸为 2.0m×2.0m，湿度系数 $\psi_w=0.6$，地表下 1m 处的天然含水量 $w=26.4\%$，塑限含水量 $w_p=20.5\%$，各深度处膨胀土的工程特性指标如表所示。该地基的分级变形量最接近下列哪个选项？   ( )

各深度处膨胀土的工程特性指标 题 27 表

土 层 深 度	土 性	重度 γ(kN/m³)	膨胀率 δ_{ep}(%)	收缩系数 λ_i
0~2.5m	膨胀土	18.0	1.5	0.12
2.5~3.5m	膨胀土	17.8	1.3	0.11
3.5m 以下	泥灰岩	—	—	—

(A)30mm   (B)34mm

(C)38mm   (D)80mm

28. 某公路桥梁采用摩擦桩基础，场地地层如下：①0~3m 为可塑状粉质黏土，②3~14m 为稍密至中密状粉砂，其实测标贯击数 $N_1=8$ 击。地下水位埋深为 2.0m。桩基穿过②层后进入下部持力层。根据《公路工程抗震规范》(JTG B02—2013),计算②层粉砂桩长范围内桩侧摩阻力液化影响平均折减系数最接近下列哪一项?(假设②层土经修正的液化判别标贯击数临界值 $N_{cr}=9.5$ 击) （　）

    (A)1.00　　　　　　　　　　　　(B)0.83

    (C)0.79　　　　　　　　　　　　(D)0.67

29.某场地设计基本地震加速度为 0.15g,设计地震分组为第一组,其地层如下:①层黏土,可塑,层厚 8m,②层粉砂,层厚 4m,稍密状,在其埋深 9.0m 处标贯击数为 7击,场地地下水位埋深 2.0m。拟采用正方形布置,截面为 300mm×300mm 预制桩进行液化处理,根据《建筑抗震设计规范》(GB 50011—2010),问其桩距至少不少于下列哪一选项时才能达到不液化? （　）

    (A)800mm　　　　　　　　　　　(B)1000mm

    (C)1200mm　　　　　　　　　　(D)1400mm

30.某桩基工程设计要求单桩竖向抗压承载力特征值为 7000kN,静载试验利用邻近 4 根工程桩作为锚桩,锚桩主筋直径 25mm,钢筋抗拉强度设计值为 360N/mm^2。根据《建筑基桩检测技术规范》(JGJ 106—2014),试计算每根锚桩提供上拔力所需的主筋根数至少为几根? （　）

    (A)18　　　　　　　　　　　　　(B)20

    (C)22　　　　　　　　　　　　　(D)24

2014 年案例分析试题(下午卷)

2014年案例分析试题答案(下午卷)

标 准 答 案

本试卷由30道题组成,全部为单项选择题。考生可任选25道题作答。每题2分,满分为50分。若考生在答题卡或试卷上的作答超过25道题,则按题目序号从小到大的顺序对作答的前25道题计分及复评试卷,其他作答题目无效。

1	D	2	C	3	D	4	B	5	C
6	D	7	B	8	C	9	D	10	B
11	C	12	C	13	D	14	D	15	C
16	D	17	D	18	B	19	C	20	A
21	C	22	A	23	B	24	C	25	B
26	C	27	A	28	C	29	B	30	D

解 题 过 程

1.[答案] D

[解析]《水利水电工程地质勘察规范》(GB 50487—2008)附录G。

$$C_u = \frac{d_{60}}{d_{10}} = \frac{0.31}{0.038} = 8.16 > 5$$

$$25\% \leqslant P = 32\% < 35\%,过渡型$$

$$J_{cr} = 2.2(G_s - 1)(1-n)^2 \frac{d_5}{d_{20}} = 2.2 \times (2.66 - 1) \times (1-0.33)^2 \times \frac{0.025}{0.07}$$
$$= 0.585$$

$$J_{允许} = \frac{J_\sigma}{1.5} = \frac{0.585}{1.5} = 0.39$$

2.[答案] C

[解析]《工程岩体试验方法标准》(GB/T 50266—2013)第2.3.9条。

$$\rho_d = \frac{m_s}{\dfrac{m_1 - m_2}{\rho_w} - \dfrac{m_1 - m_s}{\rho_p}} = \frac{128.00}{\dfrac{135.00 - 80.00}{1.00} - \dfrac{135.00 - 128.00}{0.85}} = 2.74 \text{g/cm}^3$$

3.[答案] D

[解析]《岩土工程勘察规范》(GB 50021—2001)(2009年版)第10.4.1条条文说明。

$$q_d = \frac{M}{M+m} \cdot \frac{M \cdot g \cdot H}{A \cdot e} = \frac{120}{120+150} \times \frac{120 \times 9.81 \times 1.0}{\dfrac{3.14 \times 7.4^2}{4} \times \dfrac{10}{25}} = 30.4 \text{MPa}$$

4.[答案] B

[解析]《水利水电工程地质勘察规范》(GB 50487—2008)附录V。

$R_b=50\text{MPa}$，属中硬岩；

$K_v=\left(\dfrac{4200}{4800}\right)^2=0.766>0.75$，岩体完整；

$RQD=80\%>70\%$，查表可知该坝基岩体工程地质分类为Ⅱ类。

5.**[答案]** C

[解析]《建筑地基基础设计规范》(GB 50007—2011)第5.3.5条。

题5解表

z_i	l/b	z_i/b	$\bar{\alpha}_i$	$4z_i\bar{\alpha}_i$	$4(z_i\bar{\alpha}_i-z_{i-1}\bar{\alpha}_{i-1})$	E_{si}
0				0		
3.0	10	2	0.2018	2.4216	2.4216	6
9.0	10	6	0.1216	4.3776	1.956	2

$$\Delta s=\psi_s\sum_{i=1}^{n}\frac{\Delta p_0}{E_{si}}(z_i\bar{\alpha}_i-z_{i-1}\bar{\alpha}_{i-1})=1.0\times(85-65)\times\frac{1.956}{2}=19.56$$

6.**[答案]** D

[解析]《建筑地基基础设计规范》(GB 50007—2011)第8.2.8条。

受冲切承载力：$0.7\beta_{hp}f_ta_mh_0=0.7\times1.0\times1100\times(0.4+0.45)\times0.45=294.5\text{kN}$

基底最大净反力：$F_l=p_{j\max}\cdot A_l$

$$=\frac{F}{2\times2}\times\left(1+\frac{6\times0.12}{2}\right)\times\left[\frac{2^2-(0.4+2\times0.45)^2}{4}\right]$$

$$=0.196F$$

令 $F_l=0.7\beta_{hp}f_ta_mb_0$，得 $F=\dfrac{294.5}{0.196}=1502.6\text{kN}$

7.**[答案]** B

[解析]《建筑地基基础设计规范》(GB 50007—2011)第5.2.1条、5.2.4条。

加层前：$f_a=f_{ak}+\eta_b\gamma(b-3)+\eta_d\gamma_m(d-0.5)$

$\qquad\quad=150+2.0\times20\times(3-3)+3.0\times20\times(2.0-0.5)=240\text{kPa}$

$$p_k=\frac{F_k+G_k}{b}=f_a，得 F_k+G_k=240\times3=720\text{kN/m}$$

加层后：$f_a'=240+2.0\times20\times(b'-3)=40b'+120$

基底压力：$p_k'=\dfrac{F_k+G_k+240+(b'-3)\times2\times20}{b'}=\dfrac{840}{b'}+40$

令 $p_k'=f_a'$，解得 $b'=3.69\text{m}$

则基础加宽量：$\Delta b=b'-b=3.69-3.0=0.69\text{m}$

8.**[答案]** C

[解析]《建筑地基基础设计规范》(GB 50007—2011)第8.2.1条、8.2.12条。

$$A_s=\frac{M}{0.9f_yh_0}=\frac{500}{0.9\times360\times10^3\times(1.2-0.04)}\times10^6=1330.35\text{mm}^2$$

按间距 200mm,每延米布置 1000/200＝5 根钢筋,计算钢筋直径:

$5 \times \dfrac{\pi d^2}{4} = 1330.35$,解得 $d = 18.4$mm

取 $d = 20$mm,计算配筋率为:$\dfrac{5 \times \dfrac{3.14 \times 20^2}{4}}{1000 \times (1200 - 40)} \times 100\% = 13.5\% < 15\%$,不满足规范最小配筋率要求;

取 $d = 22$mm,计算配筋率为:$\dfrac{5 \times \dfrac{3.14 \times 22^2}{4}}{1000 \times (1200 - 40)} \times 100\% = 16.4\% > 15\%$,满足要求。

9.[答案] D

[解析]《公路桥涵地基与基础设计规范》(JTG 3363—2019)第 3.0.7 条、5.2.2 条。

$p_{max} = \dfrac{N}{A} + \dfrac{M_x}{W_x} + \dfrac{M_y}{W_y} \leqslant \gamma_R f_a = 1.5 \times 160 = 240$kPa

$A = 2 \times 3 = 6m^2$

$M_x = N \times 0.2, W_x = \dfrac{1}{6} \times 3 \times 2^2 = 2$

$M_y = N \times 0.4, W_x = \dfrac{1}{6} \times 2 \times 3^2 = 3$

$p_{max} = \dfrac{N}{6} + \dfrac{0.2N}{2} + \dfrac{0.4N}{3} \leqslant 240$kPa

解得:$N \leqslant 600$kN

10.[答案] B

[解析]《建筑桩基技术规范》(JGJ 94—2008)第 5.8.2 条。

$N \leqslant \Psi_c f_c A_{ps} + 0.9 f_y' A_s'$

$= 0.85 \times 19.1 \times 10^3 \times 0.4^2 + 0.9 \times 300 \times 10^3 \times 12 \times \dfrac{3.14 \times 0.018^2}{4}$

$= 3421.7$kN

11.[答案] C

[解析]《建筑桩基技术规范》(JGJ 94—2008)第 5.4.6 条、5.4.7 条。

$\eta_f q_f u z_0 = 0.9 \times 1.1 \times 60 \times 3.14 \times 0.6 \times 2.5 = 279.77$

$T_{uk} = \sum \lambda_i q_{sik} u_i l_i = 0.5 \times 30 \times 3.14 \times 0.6 \times (l - 2.5) = 28.26l - 70.65$

$\dfrac{1}{2} T_{uk} + N_G + G_P = \dfrac{28.26l - 70.65}{2} + 180 + 3.14 \times 0.3^2 \times l \times 25 = 21.20l + 144.68$

$\eta_f q_f u z_0 = 279.77 \leqslant \dfrac{1}{2} T_{uk} + N_G + G_P = 21.20l + 144.68$

$l \geqslant 6.37m$

12.[答案] C

[解析]《公路桥涵地基与基础设计规范》(JTG 3363—2019)第 6.3.9 条。

$$R_t = 0.3u \sum_{i=1}^{n} \alpha_i l_i q_{ik} = 0.3 \times 4 \times 0.4 \times (0.6 \times 2 \times 30 + 0.9 \times 6 \times 35 +$$
$$0.7 \times 2 \times 40 + 1.1 \times 2 \times 50) = 187.7 \text{kN}$$

13. [答案] D

[解析]《建筑地基处理技术规范》(JGJ 79—2012)第5.2.12条。

$$s_\infty = \psi \frac{\Delta p}{E_s} h = 1.1 \times \frac{80 + 1 \times 18 + 2 \times 10}{1.2} \times 15 = 1622.5 \text{mm}$$

$$s_t = U_t s_\infty = 0.8 \times 1622.5 = 1298 \text{mm}$$

14. [答案] D

[解析]《建筑地基处理技术规范》(JGJ 79—2012)第5.2.8条及条文说明。

$$q_w = k_w \cdot \frac{1}{4} \pi d_w^2 = 2.0 \times 10^2 \times \frac{1}{4} \times 3.14 \times 7^2 = 0.769 \text{cm}^3/\text{s}$$

$$d_e = 1.05 \times 1500 = 1575 \text{mm}, n = \frac{d_e}{d_w} = \frac{1575}{70} = 22.5$$

$$F_n = \ln(n) - \frac{3}{4} = \ln 22.5 - \frac{3}{4} = 2.36$$

$$F_r = \frac{\pi^2 L^2}{4} \cdot \frac{k_h}{q_w} = \frac{3.14^2 \times 1000^2}{4} \times \frac{1.2 \times 10^{-7}}{0.769} = 0.385$$

$$F_s = \left(\frac{k_h}{k_s} - 1\right) \ln s = \left(\frac{1.2 \times 10^{-7}}{0.3 \times 10^{-7}} - 1\right) \times \ln 2 = 2.079$$

$$F = F_n + F_s + F_r = 2.36 + 2.079 + 0.385 = 4.824$$

$$\beta = \frac{8C_h}{Fd_e^2} = \frac{8 \times 2.0 \times 10^{-3}}{4.824 \times 157.5^2} = 1.337 \times 10^{-7} s^{-1} = 0.01155 d^{-1}$$

径向固结 $U = 1 - e^{-\beta t}$，即 $0.90 = 1 - e^{-0.01155 \times t}$，解得 $t = 199.4$d。

15. [答案] C

[解析]《公路路基设计规范》(JTG D30—2015)第7.7.2条。

$$m_s = 0.123 \gamma^{0.7} (\theta H^{0.2} + vH) + Y$$
$$= 0.123 \times 20^{0.7} \times (0.9 \times 3.5^{0.2} + 0.025 \times 3.5) + 0$$
$$= 1.246$$

$$S_t = (m_s - 1 + U_t)S_c = (1.246 - 1 + 0.7) \times 20 = 18.92 \text{cm}$$

16. [答案] D

[解析]《建筑地基处理技术规范》(JGJ 79—2012)第7.9.6条~7.9.9条。

中砂~砾砂层中作用有两种桩:

搅拌桩 $\quad m_1 = \frac{A_{p1}}{s^2} = \frac{4 \times \frac{3.14 \times 0.6^2}{4}}{3^2} = 0.1256$

CFG 桩 $\quad m_2 = \frac{A_{p2}}{s^2} = \frac{5 \times \frac{3.14 \times 0.45^2}{4}}{3^2} = 0.0883$

$$f_{spk} = m_1 \frac{\lambda_1 R_{a1}}{A_{p1}} + m_2 \frac{\lambda_2 R_{a2}}{A_{p2}} + \beta(1 - m_1 - m_2)f_{ak}$$

$$=0.1256 \times \frac{1.0 \times 300}{3.14 \times 0.6^2/4} + 0.0883 \times \frac{0.8 \times 700}{3.14 \times 0.45^2/4} + 1.0 \times (1-0.1256-$$

$$0.0883) \times 200 = 601.6 \text{kPa}$$

压缩模量提高系数：$\xi = \dfrac{f_{spk}}{f_{ak}} = \dfrac{601.6}{200} = 3.01$

处理后压缩模量：$E'_s = 3.01 \times 10 = 30.1 \text{MPa}$

$\dfrac{z}{b} = \dfrac{8.0}{3/2} = 5.33$，$\dfrac{l}{b} = 1$，查表 $\bar{\alpha} = 0.0888$

$s = \psi_s \sum\limits_{i=1}^{n} \dfrac{p_0}{E_{si}} (z_i \bar{\alpha}_i - z_{i-1} \bar{\alpha}_{i-1}) = 0.4 \times \dfrac{600}{30.1} \times 4 \times 8.0 \times 0.0888 = 22.7 \text{mm}$

17.[答案] D

[解析]《铁路路基支挡结构设计规范》(TB 10025—2019)第10.2.2～10.2.4条、10.2.6条。

$h_i = 4.5 \text{m} > \dfrac{1}{2}H = 4.0 \text{m}$

节理发育，取大值 $l = 0.7(H-h_i) = 0.7 \times (8-4.5) = 2.45 \text{m}$

$l_{ei} = 6.0 - 2.45 = 3.55 \text{mm}$

$\pi D f_{rb} l_{ei} = 3.14 \times 90 \times 0.2 \times 3550 \times 10^{-3} = 200.6 \text{kN}$

$h_i = 4.5 \text{m} > \dfrac{1}{3}H = 2.7 \text{m}$，墙背与竖直面间夹角 $\alpha = \arctan\left(\dfrac{0.4}{1}\right) = 21.8°$

$\sigma_i = \dfrac{2}{3} \lambda_a \gamma H \cos(\delta - \alpha) = \dfrac{2}{3} \times 0.36 \times 22 \times 8 \times \cos(25° - 21.8°) = 42.2 \text{kPa}$

$E_i = \dfrac{\sigma_i S_x S_y}{\cos\beta} = \dfrac{42.2 \times 1.5 \times 1.5}{\cos 21.8°} = 102.3 \text{kN}$

$K_2 = \dfrac{\pi D f_{rb} l_{ei}}{E_i} = \dfrac{200.6}{102.3} = 1.96$

18.[答案] B

[解析]《建筑边坡工程技术规范》(GB 50330—2013)附录F第F.0.4条。

$K_a = \tan^2\left(45° - \dfrac{\varphi}{2}\right) = \tan^2\left(45° - \dfrac{30°}{2}\right) = \dfrac{1}{3}$

$e_a = 1.1 \times (\gamma z K_a - 2c\sqrt{K_a}) = 1.1 \times 20 \times 6 \times \dfrac{1}{3} = 44 \text{kN/m}^2$

$E_a = \dfrac{1}{2} e_a h = \dfrac{1}{2} \times 44 \times 6 = 132 \text{kN/m}$

$F_{t1} = \dfrac{Gx_0 + E_{az}x_f}{E_{ax}z_f} = \dfrac{Gx_0}{132 \times \dfrac{1}{3} \times 6} = 1.7$，解得 $Gx_0 = 448.8 \text{kN}$

$\Delta E_a = 1.1 \times q K_a h = 1.1 \times 40 \times \dfrac{1}{3} \times 6 = 88 \text{kN/m}$

$E_{a1} = \dfrac{1}{2} e_a h = \dfrac{1}{2} \times 44 \times 6 = 132 \text{kN/m}$

$F_{t2} = \dfrac{Gx_0 + T\cos15° \times 3}{E_{ax}z_f} = \dfrac{448.8 + 2.90T}{132 \times 2 + 88 \times 3} = 1.6$，解得 $T = 136.6 \text{kN}$

锚索轴向拉力标准值为 $2T = 273.2$kN。

注:关于放大系数的问题,仁者见仁,智者见智,一般不指定采用《建筑边坡工程技术规范》或《建筑地基基础设计规范》,或题目无明显信息表示为建筑,则一般不考虑放大系数。本题题干中指明根据《建筑边坡工程技术规范》作答,但是该规范中对于扶壁式挡墙的土压力是否放大并未说明,仅仅说扶壁式挡墙的稳定性技术参考重力式挡墙,读者可自行考虑。

19.[答案] C

[解析]《建筑边坡工程技术规范》(GB 50330—2013)第11.2.1条、11.2.4条。

$G = \gamma V = 24 \times 0.5 \times 1.6 \times 6.0 + 24 \times 1.0 \times 6.0 = 115.2 + 144 = 259.2$kN

$e_{a1} = 1.1 q K_a = 16.5 K_a$

$e_{a2} = 1.1 \times (\sum \gamma_j h_j + q) K_a = 1.1 \times (20 \times 6 + 15) K_a = 148.5 K_a$

$$F_t = \frac{G x_0 + E_{az} x_f}{E_{ax} z_f}$$

$$= \frac{115.2 \times \frac{2}{3} \times 1.6 + 144 \times (1.6 + 0.5)}{16.5 K_a \times 6.0 \times 3.0 + 0.5 \times (148.5 - 16.5) K_a \times 6.0 \times \frac{1}{3} \times 6.0}$$

$$= \frac{425.28}{1089 K_a} = 1.6$$

$$K_a = 0.244 = \tan^2\left(45° - \frac{\varphi}{2}\right)$$

$$\varphi = 37.4°$$

20.[答案] A

[解析] 根据《公路路基设计规范》(JTG D30—2015)第5.4.11条。

$$l_0 = \frac{D\sigma_{hi}}{2(c + \gamma h_i \tan\delta)} = \frac{1.0 \times 75}{2 \times (5 + 21 \times 6 \times \tan 15°)} = 0.97\text{m}$$

21.[答案] C

[解析]《建筑基坑支护技术规程》(JGJ 120—2012)第3.1.7条、第4.7.3条、第4.7.6条。

$$N_k = \frac{F_h s}{b_a \cos\alpha} = \frac{420 \times 1.4}{1.4 \times \cos 15°} = 434.8\text{kN}$$

$$N = \gamma_0 \gamma_F N_k = 1.1 \times 1.25 \times 434.8 = 597.85\text{kN}$$

$$n = \frac{N}{T} = \frac{597.85}{180} = 3.3,\text{取 4 根。}$$

22.[答案] A

[解析]《铁路隧道设计规范》(TB 10003—2016)附录 H。

$$h_0 = \frac{a\tan\varepsilon}{1 - \tan\varepsilon\tan\alpha} = \frac{2.0 \times \tan 34°}{1 - \tan 34°\tan 10°} = 1.53\text{m}$$

$$\lambda = \frac{(\tan\omega - \tan\alpha)(1 - \tan\alpha\tan\varepsilon)}{\tan(\omega + \varphi)(1 - \tan\omega\tan\varepsilon)}$$

$$= \frac{(\tan 38° - \tan 10°)(1 - \tan 10°\tan 34°)}{\tan(38° + 40°)(1 - \tan 38°\tan 34°)} = 0.24$$

$$h' = \frac{a}{\tan\omega - \tan\alpha} = \frac{2}{\tan 38° - \tan 10°} = 3.31\text{m}$$

$$E = \frac{1}{2}b\gamma(H - h_0)^2\lambda + \frac{1}{2}b\gamma h_0(h' - h_0)\lambda$$

$$= \frac{1}{2}b\gamma\lambda[(H - h_0)^2 + h_0(h' - h_0)]$$

$$= \frac{1}{2} \times 1.0 \times 22 \times 0.24 \times [(8.5 - 1.53)^2 + 1.53 \times (3.31 - 1.53)]$$

$$= 135\text{kN}$$

23. [答案] B

[解析]《建筑基坑支护技术规程》(JGJ 120—2012)第 4.1.10 条。

$$k_R = \frac{\alpha_R EA b_a}{\lambda l_0 s} = \frac{1.0 \times 30 \times 10^3 \times 0.8 \times 0.6 \times 1.0}{1.0 \times 10 \times 10} = 144\text{MN/m}$$

24. [答案] C

[解析]《工程地质手册》(第五版)第 678~679 页。

$$a = \frac{1}{2} \times 3.2 = 1.6\text{m}, W = 3.2 \times 6.5 \times 2.6 \times 10 = 540.8\text{kN/m}$$

裂隙充满水:$h_0 = 6.5\text{m}$

水平地震力:$F = ma = 3.2 \times 6.5 \times 2.6 \times 0.20 \times 10 = 108.16\text{kN/m}$

$$K = \frac{6Wa}{10h_0^3 + 3Fh} = \frac{6 \times 540.8 \times 1.6}{10 \times 6.5^3 + 3 \times 108.16 \times 6.5} = 1.07$$

25. [答案] B

[解析]《铁路工程特殊岩土勘察规程》(TB 10038—2012)第 6.2.4 条。

$$H_c = \frac{5.52c_u}{\gamma} = \frac{5.52 \times 13.6}{17.2} = 4.3\text{m}$$

26. [答案] C

[解析]《公路路基设计规范》(JTG D30—2015)第 7.2.2 条。

$\psi_i = \cos(\alpha_{i-1} - \alpha_i) - \sin(\alpha_{i-1} - \alpha_i)\tan\varphi_i$

即 $0.85 = \cos(35° - 26°) - \sin(35° - 26°)\tan\varphi_2$,解得 $\tan\varphi_2 = 0.88$

$\psi_3 = \cos(26° - 26°) - \sin(26° - 26°)\tan\varphi_3 = 1.00$

$T_i = F_s W_i \sin\alpha_i + \psi_i T_{i-1} - W_i\cos\alpha_i\tan\varphi_i - c_i L_i$

$T_1 = 1.2 \times 5000 + 0 - 2100 = 3900\text{kN}$

$T_2 = 1.2 \times 6500 + 0.85 \times 3900 - 5100 = 6015\text{kN}$

$T_3 = 1.2 \times 2800 + 1.00 \times 6015 - 3500 = 5875\text{kN}$

27. [答案] A

[解析] 《膨胀土地区建筑技术规范》(GB 50112—2013)第5.2.7条、5.2.9条。

$w > 1.2w_p$，按收缩变形量计算。

地表下4m深度内为基岩：$\Delta w_i = \Delta w_1$

$\Delta w_1 = w_1 - \psi_w w_p = 0.264 - 0.6 \times 0.205 = 0.141$

$$s = \psi_s \sum_{i=1}^{n} \lambda_{si} \Delta w_i h_i$$
$$= 0.8 \times [0.12 \times 0.141 \times (2.5 - 1.2) + 0.11 \times 0.141 \times (3.5 - 2.5)]$$
$$= 0.03\text{m} = 30\text{mm}$$

28. **[答案]** C

[解析] 《公路工程抗震规范》(JTG B02—2013)第4.4.2条。

$$C_e = \frac{N_1}{N_{cr}} = \frac{8}{9.5} = 0.84$$

查表分层采用加权平均：$\psi_l = \dfrac{7 \times \dfrac{2}{3} + 4 \times 1.0}{7 + 4} = 0.79$

29. **[答案]** B

[解析] 《建筑抗震设计规范》(GB 50011—2010)第4.3.4条、4.4.3条。

$$N_{cr} = N_0 \beta [\ln(0.6d_s + 1.5) - 0.1d_w] \sqrt{3/\rho_c}$$
$$= 10 \times 0.8 \times [\ln(0.6 \times 9.0 + 1.5) - 0.1 \times 2.0] \times \sqrt{3/3} = 13.85$$

打桩后：$N_1 = N_p + 100\rho(1 - e^{-0.3N_p})$

即 $13.85 = 7 + 100 \times \rho \times (1 - e^{-0.3 \times 7})$，解得 $\rho = 0.078$

正方形布桩置换率：$\rho = \dfrac{d^2}{s^2} = \dfrac{0.3^2}{s^2} = 0.078$

解得 $s = 1.0742\text{m} = 1074.2\text{mm}$，选用小值 1000mm。

30. **[答案]** D

[解析] 《建筑基桩检测技术规范》(JGJ 106—2014)第4.1.3条、4.2.2条。

加载量不应小于设计要求的单桩承载力特征值的2.0倍，加载反力装置能提供的反力不得小于最大加载量的1.2倍。

$$7000 \times 1.2 \times 2.0 = 4 \times n \times \frac{3.14 \times 25^2}{4} \times 360 \times 10^{-3}$$，解得 $n = 23.8$，取 24 根。

2014年案例分析试题答案(下午卷)

2016年案例分析试题(上午卷)

1. 在均匀砂土地层进行自钻式旁压试验,某试验点深度为7.0m,地下水位埋深为1.0m,测得原位水平应力 $\sigma_h = 93.6$ kPa;地下水位以上砂土的相对密度 $d_s = 2.65$,含水量 $w = 15\%$,天然重度 $\gamma = 19.0$ kN/m³,请计算试验点处的侧压力系数 K_0 最接近下列哪个选项?(水的重度 $\gamma_w = 10$ kN/m³) ( )

(A)0.37 　　　　(B)0.42 　　　　(C)0.55 　　　　(D)0.59

2. 某风化岩石用点荷载试验求得的点荷载强度指数 $I_{s(50)} = 1.28$ MPa,其新鲜岩石的单轴饱和抗压强度 $f_r = 42.8$ MPa。试根据给定条件判定该岩石的风化程度为下列哪一项? ( )

(A)未风化 　　　(B)微风化 　　　(C)中等风化 　　　(D)强风化

3. 某建筑场地进行浅层平板载荷试验,方形承压板,面积 0.5m²,加载至 375kPa 时,承压板周围土体明显侧向挤出,实测数据如下表。根据该试验分析确定的土层承载力特征值是哪一选项? ( )

题3表

p(kPa)	25	50	75	100	125	150	175	200	225	250	275	300	325	350	375
s(mm)	0.80	1.60	2.41	3.20	4.00	4.80	5.60	6.40	7.85	9.80	12.1	16.4	21.5	26.6	43.5

(A)175kPa 　　　(B)188kPa 　　　(C)200kPa 　　　(D)225kPa

4. 某污染土场地,土层中检测出的重金属及含量见表(1),土中重金属含量的标准值按表(2)取值。根据《岩土工程勘察规范》(GB 50021—2001)(2009 年版),按内梅罗污染指数评价,该场地的污染等级符合下列哪个选项? ( )

题4表(1)

重金属名称	Pb	Cd	Cu	Zn	As	Hg
含量(mg/kg)	47.56	0.54	20.51	93.56	21.95	0.23

题4表(2)

重金属名称	Pb	Cd	Cu	Zn	As	Hg
含量(mg/kg)	250	0.3	50	200	30	0.3

（A）Ⅱ级,尚清洁 （B）Ⅲ级,轻度污染

（C）Ⅳ级,中度污染 （D）Ⅴ级,重度污染

5. 某高度 60m 的结构物,采用方形基础,基础边长 15m,埋深 3m。作用在基础底面中心的竖向力为 24000kN。结构物上作用的水平荷载呈梯形分布,顶部荷载分布值为 50kN/m,地表处荷载分布为 20kN/m,如图所示。求基础底面边缘的最大压力最接近下列哪个选项的数值?（不考虑土压力的作用） （ ）

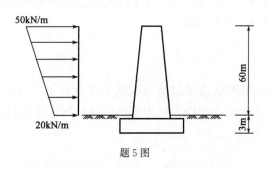

题 5 图

（A）219kPa （B）237kPa （C）246kPa （D）252kPa

6. 某建筑采用条形基础,其中条形基础 A 的底面宽度为 2.6m,其他参数及场地工程地质条件如图所示。按《建筑地基基础设计规范》(GB 50007—2011),根据土的抗剪强度指标确定基础 A 地基持力层承载力特征值,其值最接近以下哪个选项? （ ）

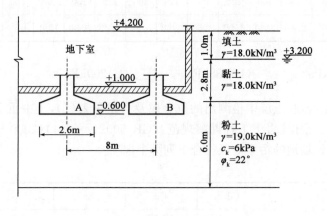

题 6 图

（A）69kPa （B）98kPa （C）161kPa （D）220kPa

7. 某铁路桥墩台基础,所受的外力如图所示,其中 $P_1 = 140kN$, $P_2 = 120kN$, $F_1 = 190kN$, $T_1 = 30kN$, $T_2 = 45kN$。基础自重 $W = 150kN$,基底为砂类土,根据《铁路桥涵地基和基础设计规范》(TB 10093—2017),该墩台基础的滑动稳定系数最接近下列哪个选项的数值? （ ）

（A）1.25 （B）1.30 （C）1.35 （D）1.40

2016 年案例分析试题（上午卷）

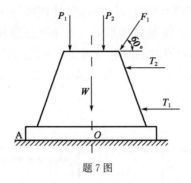

题 7 图

8.柱基 A 宽度 $b=2$m,柱宽度为 0.4m,柱基内、外侧回填土及地面堆载的纵向长度均为 20m。柱基内、外侧回填土厚度分别为 2.0m、1.5m,回填土的重度为 18kN/m³,内侧地面堆载为 30kPa,回填土及堆载范围如图所示。根据《建筑地基基础设计规范》(GB 50007—2011),计算回填土及地面堆载作用下柱基 A 内侧边缘中点的地基附加沉降量时,其等效均布地面荷载最接近下列哪个选项的数值?　　　　　　　　　　　( )

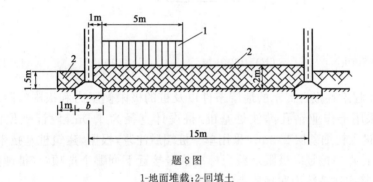

题 8 图

1-地面堆载;2-回填土

(A)40kPa　　　　　(B)45kPa　　　　　(C)50kPa　　　　　(D)55kPa

9.某钢筋混凝土墙下条形基础,宽度 $b=2.8$m,高度 $h=0.35$m,埋深 $d=1.0$m,墙厚 370mm。上部结构传来的荷载:标准组合为 $F_1=288.0$kN/m,$M_1=16.5$kN·m/m;基本组合为 $F_2=360.0$kN/m,$M_2=20.6$kN·m/m;准永久组合为 $F_3=250.4$kN/m,$M_3=14.3$kN·m/m。按《建筑地基基础设计规范》(GB 50007—2011)规定计算基础底板配筋时,基础验算截面弯矩设计值最接近下列哪个选项?(基础及其上土的平均重度为 20kN/m³)　　　　　　　　　　　　　　　　　　　　　　　　　( )

(A)72kN·m/m　　　　　　　　　　(B)83kN·m/m
(C)103kN·m/m　　　　　　　　　　(D)116kN·m/m

10.某打入式钢管桩,外径为 900mm。如果按桩身局部压屈控制,根据《建筑桩基技术规范》(JGJ 94—2008),所需钢管桩的最小壁厚接近下列哪个选项?(钢管桩所用钢材的弹性模量 $E=2.1\times10^5$N/mm²,抗压强度设计值 $f'_y=350$N/mm²)　　　　( )

(A)3mm　　　　　(B)4mm　　　　　(C)8mm　　　　　(D)10mm

11. 某公路桥梁基础采用摩擦钻孔灌注桩,设计桩径为 1.5m,勘察报告揭露的地层条件,岩土参数和基桩的入土情况如图所示。根据《公路桥涵地基与基础设计规范》(JTG 3363—2019),在施工阶段时的单桩轴向受压承载力特征值最接近下列哪个选项? (不考虑冲刷影响:清底系数 $m_0 = 1.0$,修正系数 λ 取 0.85;深度修正系数 $k_1 = 4.0$, $k_2 = 6.0$,水的重度取 10kN/m³) ( )

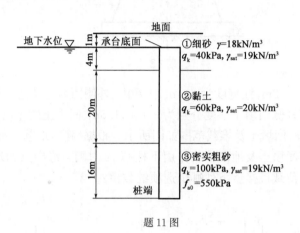

题 11 图

(A)9500kN (B)10600kN (C)11900kN (D)13700kN

12. 某工程勘察报告揭示的地层条件以及桩的极限侧阻力和极限端阻力标准值如图所示,拟采用干作业钻孔灌注桩基础,桩设计直径为 1.0m,设计桩顶位于地面下 1.0m,桩端进入粉细砂层 2.0m。采用单一桩端后注浆,根据《建筑桩基技术规范》(JGJ 94—2008),计算单桩竖向极限承载力标准值最接近下列哪个选项? (桩侧阻力和桩端阻力的后注浆增强系数均取规范表中的低值) ( )

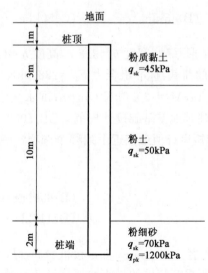

题 12 图

(A)4400kN (B)4800kN (C)5100kN (D)5500kN

2016 年案例分析试题(上午卷)

13. 某均匀布置的群桩基础,尺寸及土层条件见示意图。已知相应于作用准永久组合时,作用在承台底面的竖向力为 668000kN,当按《建筑地基基础设计规范》(GB 50007—2011)考虑土层应力扩散,按实体深基础方法估算桩基最终沉降量时,桩基沉降计算的平均附加应力最接近下列哪个选项?(地下水位在地面以下 1m) (   )

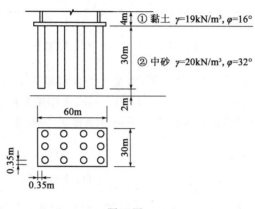

题 13 图

(A)185kPa   (B)215kPa   (C)245kPa   (D)300kPa

14. 某场地为细砂层,孔隙比为 0.9,地基处理采用沉管砂石桩,桩径 0.5m,桩位如图所示(尺寸单位:mm),假设处理后地基土的密度均匀,场地标高不变,问处理后细砂的孔隙比最接近下列哪个选项? (   )

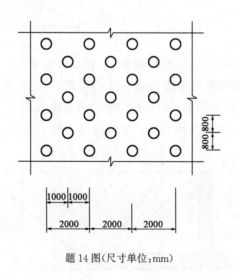

题 14 图(尺寸单位:mm)

(A)0.667   (B)0.673   (C)0.710   (D)0.714

15. 某搅拌桩复合地基,搅拌桩桩长 10m,桩径 0.6m,桩距 1.5m,正方形布置。搅拌桩湿法施工,从桩顶标高处向下的土层参数见下表。按照《建筑地基处理技术规范》(JGJ 79—2012)估算,复合地基承载力特征值最接近下列哪个选项?(桩间土承载力发挥系数取 0.8,单桩承载力发挥系数取 1.0) (   )

编　号	厚度 (m)	承载力特征值 f_{ak}(kPa)	侧阻力特征值 (kPa)	桩端端阻力 发挥系数	水泥土 90d 龄期立方体 抗压强度 f_{cu}(MPa)
①	3	100	15	0.4	1.5
②	15	150	30	0.6	2.0

　　(A)117kPa　　　　　(B)126kPa　　　　　(C)133kPa　　　　　(D)150kPa

　　16.某湿陷性黄土场地,天然状态下,地基土的含水量为 15%,重度为 15.4kN/m³。地基处理采用灰土挤密法,桩径 400mm,桩距 1.0m,采用正方形布置。忽略挤密处理后地面标高的变化,问处理后桩间土的平均干密度最接近下列哪个选项?(重力加速度 g 取 10m/s²) 　　　　　　　　　　　　　　　　　　　　　　　　　　　　　　( )

　　(A)1.50g/cm³　　　(B)1.53g/cm³　　　(C)1.56g/cm³　　　(D)1.58g/cm³

　　17.某工程软土地基采用堆载预压加固(单级瞬时加载),实测不同时刻 t 及竣工时(t=150d)地基沉降量 s 如下表所示。假定荷载维持不变。按固结理论,竣工后 200d 时的工后沉降最接近下列哪个选项? 　　　　　　　　　　　　　　　　　　　　( )

时刻 t(d)	50	100	150(竣工)
沉降 s(mm)	100	200	250

　　(A)25mm　　　　　(B)47mm　　　　　(C)275mm　　　　　(D)297mm

　　18.某悬臂式挡土墙高 6.0m,墙后填砂土,并填成水平面。其 γ=20kN/m³,c=0,φ=30°,墙踵下缘与墙顶内缘的连线与垂直线的夹角 α=40°,墙与土的摩擦角 δ=10°。假定第一滑动面与水平面夹角 β=45°,第二滑动面与垂直面的夹角 α_{cr}=30°,问滑动土体 BCD 作用于第二滑动面的土压力合力最接近以下哪个选项? 　　　　　　　( )

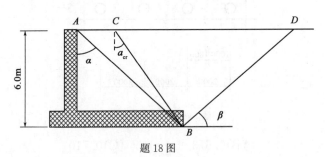

题 18 图

　　(A)150kN/m　　　　(B)180kN/m　　　　(C)210kN/m　　　　(D)260kN/m

　　19.海港码头高 5.0m 的挡土墙如图所示。墙后填土为冲填的饱和砂土,其饱和重度为 18kN/m³,c=0,φ=30°,墙土间摩擦角 δ=15°,地震时冲填砂土发生了完全液化,不计地震惯性力,问在砂土完全液化时作用于墙后的水平总压力最接近下面哪个选项? 　　( )

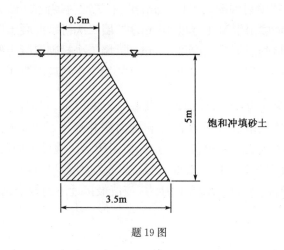

题 19 图

(A)33kN/m   (B)75kN/m   (C)158kN/m   (D)225kN/m

20. 一无限长砂土坡,坡面与水平面夹角为 α,土的饱和重度 $\gamma_{sat}=21\text{kN/m}^3$,$c=0$,$\varphi=30°$,地下水沿土坡表面渗流,当要求砂土坡稳定系数 K_s 为 1.2 时,α 角最接近下列哪个选项?   (　　)

(A)14.0°   (B)16.5°   (C)25.5°   (D)30.0°

21. 如图所示,某河流梯级挡水坝,上游水深 1m,AB 高度为 4.5m,坝后河床为砂土,其 $\gamma_{sat}=21\text{kN/m}^3$,$c'=0$,$\varphi'=30°$,砂土中有自上而下的稳定渗流,$A$ 到 B 的水力坡降 i 为 0.1,按朗肯土压力理论,估算作用在该挡土坝背面 AB 段的总水平压力最接近下列哪个选项?   (　　)

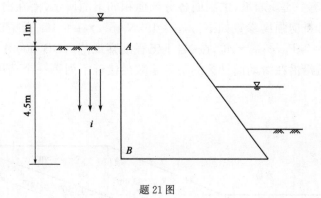

题 21 图

(A)70kN/m   (B)75kN/m   (C)176kN/m   (D)183kN/m

22. 在岩体破碎、节理裂隙发育的砂岩岩体内修建的两车道公路隧道,拟采用复合式衬砌。岩石饱和单轴抗压强度为 30MPa。岩体和岩石的弹性纵波速度分别为 2400m/s 和 3500m/s,按工程类比法进行设计。试问满足《公路隧道设计规范》(JTG 3370.1—2018)要求时,最合理的复合式衬砌设计数据是下列哪个选项?   (　　)

(A)拱部和边墙喷射混凝土厚度 8cm；拱、墙二次衬砌混凝土厚 30cm

(B)拱部和边墙喷射混凝土厚度 10cm；拱、墙二次衬砌混凝土厚 35cm

(C)拱部和边墙喷射混凝土厚度 15cm；拱、墙二次衬砌混凝土厚 35cm

(D)拱部和边墙喷射混凝土厚度 20cm；拱、墙二次衬砌混凝土厚 45cm

23. 某基坑开挖深度为 10m，坡顶均布荷载 $q_0=20$kPa，坑外地下水位于地表下 6m，采用桩撑支护结构、侧壁落底式止水帷幕和坑内深井降水。支护桩为 $\phi800$ 钻孔灌注桩，其长度为 15m。场地地层结构和土性指标如图所示。假设坑内降水前后，坑外地下水位和土层的 c、φ 值均没有变化。根据《建筑基坑支护技术规程》(JGJ 120—2012)，计算降水后作用在支护桩上的主动侧总侧压力，该值最接近下列哪个选项(kN/m)？

( )

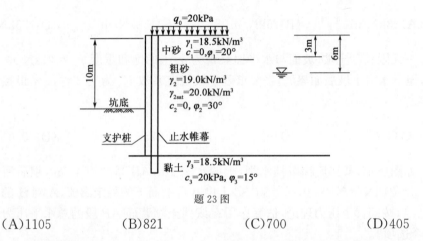

题 23 图

(A)1105 　　　(B)821 　　　(C)700 　　　(D)405

24. 某水库有一土质岩坡，主剖面各分场面积如下图所示，潜在滑动面为土岩交界面。土的重度和抗剪强度参数如下：$\gamma_{天然}=19$kN/m³，$\gamma_{饱和}=19.5$kN/m³，$c_{水上}=10$kPa，$\varphi_{水上}=19°$，$c_{水下}=7$kPa，$\varphi_{水下}=16°$，按《岩土工程勘察规范》(GB 50021—2001)(2009 年版)计算，该岸坡沿潜在滑动面计算的稳定系数最接近下列哪一个选项？（水的重度取 10kN/m³）

( )

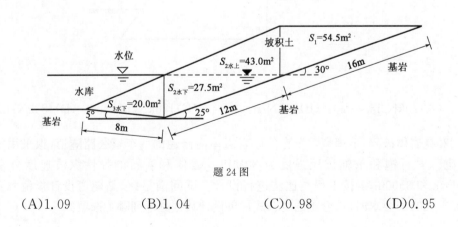

题 24 图

(A)1.09 　　　(B)1.04 　　　(C)0.98 　　　(D)0.95

25. 某泥石流沟调查时,制成代表性泥石流流体,测得样品总体积 0.5m³,总质量730kg。痕迹调查测绘见堆积有泥球,在一弯道处两岸泥位高差为 2m,弯道外侧曲率半径为 35m,泥面宽度为 15m。按《铁路工程不良地质勘察规程》(TB 10027—2012),泥石流流体性质及弯道处泥石流流速为下列哪个选项?(重力加速度 g 取 10m/s²) ( )

(A)稀性泥流,6.8m/s   (B)稀性泥流,6.1m/s

(C)黏性泥石流,6.8m/s   (D)黏性泥石流,6.1m/s

26. 某高速公路通过一膨胀土地段,该路段膨胀土的自由膨胀率试验成果如下表(假设可仅按自由膨胀率对膨胀土进行分级)。按设计方案,开挖后将形成高度约 8m 的永久路堑膨胀土边坡,拟采用坡率法处理,问:按《公路路基设计规范》(JTG D30—2015),下列哪个选项的坡率是合理的? ( )

题 26 表

试样编号	干土质量 (g)	量筒编号	不同时间(h)体积读数(mL)					
			2	4	6	8	10	12
SY1	9.83	1	18.2	18.6	19.0	19.2	19.3	19.3
	9.87	2	18.4	18.8	19.1	19.3	19.4	19.4

注:量筒容积为 50mL,量土杯容积为 10mL。

(A)1:1.50   (B)1:1.75

(C)1:2.25   (D)1:2.75

27. 某建筑场地勘察资料见下表,按照《建筑抗震设计规范》(GB 50011—2010)的规定,土层的等效剪切波速最接近下列哪个选项? ( )

题 27 表

土 层 名 称	层底埋深(m)	剪切波速(m/s)
粉质黏土①	2.5	180
粉土②	4.5	220
玄武岩③	5.5	2500
细中砂④	20	290
基岩⑤	—	>500

(A)250m/s   (B)260m/s

(C)270m/s   (D)280m/s

28. 某建筑场地抗震设防烈度为 8 度,设计基本地震加速度为 0.30g,设计地震分组为第一组。场地土层及其剪切波速见下表。建筑结构的自振周期 $T=0.30$s,阻尼比为0.05。请问特征周期 T_g 和建筑结构的水平地震影响系数 α 最接近下列哪一选项?(按多遇地震作用考虑) ( )

层　　序	土 层 名 称	层底埋深(m)	剪切波速 v_{si}(m/s)
①	填土	2.0	130
②	淤泥质黏土	10.0	100
③	粉砂	14.0	170
④	卵石	18.0	450
⑤	基岩	—	800

(A)$T_g=0.35$s　$\alpha=0.16$　　　　(B)$T_g=0.45$s　$\alpha=0.24$

(C)$T_g=0.35$s　$\alpha=0.24$　　　　(D)$T_g=0.45$s　$\alpha=0.16$

29. 某高速公路单跨跨径为 140m 的桥梁,其阻尼比为 0.04,场地水平向设计基本地震动峰值加速度为 0.20g,设计地震分组为第一组,场地类别为Ⅲ类。根据《公路工程抗震规范》(JTG B02—2013),试计算在 E1 地震作用下的水平设计加速度反应谱最大值 S_{max} 最接近下列哪个选项?　　　　　　　　　　　　　　　（　　）

(A)0.16g　　　　(B)0.24g　　　　(C)0.29g　　　　(D)0.32g

30. 某高强混凝土管桩,外径为 500mm,壁厚为 125mm,桩身混凝土强度等级为 C80,弹性模量为 3.8×10^4MPa,进行高应变动力检测,在桩顶下 1.0m 处两侧安装应变式力传感器,锤重 40kN,锤落高 1.2m,某次锤击,由传感器测得的峰值应变为 350$\mu\varepsilon$,则作用在桩顶处的峰值锤击力最接近下列哪个选项?　　　　　　　　　　（　　）

(A)1755kN　　　　(B)1955kN　　　　(C)2155kN　　　　(D)2355kN

2016年案例分析试题答案(上午卷)

标 准 答 案

本试卷由30道题组成,全部为单项选择题。考生可任选25道题作答。每题2分,满分为50分。若考生在答题卡或试卷上的作答超过25道题,则按题目序号从小到大的顺序对作答的前25道题计分及复评试卷,其他作答题目无效。

1	B	2	C	3	A	4	B	5	D
6	B	7	C	8	B	9	C	10	D
11	C	12	A	13	B	14	A	15	A
16	B	17	B	18	C	19	D	20	A
21	C	22	C	23	A	24	B	25	B
26	C	27	B	28	C	29	C	30	B

解 题 过 程

1.[答案] B

[解析]《工程地质手册》(第五版)第294~295页。

$$e = \frac{G_s \gamma_w (1+\omega)}{\gamma} - 1 = \frac{2.65 \times 10 \times (1+0.15)}{19.0} - 1 = 0.604$$

$$\gamma' = \frac{G_s - 1}{1+e} \gamma_w = \frac{2.65-1}{1+0.604} \times 10 = 10.29$$

$$\sigma'_h = \sigma_h - u = 93.6 - 6 \times 10 = 33.60 \text{kPa}$$

$$\sigma'_v = \gamma_1 h_1 + \gamma' h_2 = 19.0 \times 1.0 + 10.29 \times 6.0 = 80.74 \text{kPa}$$

$$K_0 = \frac{\sigma'_h}{\sigma'_v} = \frac{33.60}{80.74} = 0.42$$

2.[答案] C

[解析]《工程岩体分级标准》(GB/T 50218—2014)第3.3.1条。

$$R_c = 22.82 I_{s(50)}^{0.75} = 22.82 \times 1.28^{0.75} = 27.46 \text{ MPa}$$

$$K_f = \frac{R_c}{f_r} = \frac{27.46}{42.8} = 0.64$$

$$0.4 < K_f = 0.64 < 0.8$$

由《岩土工程勘察规范》(GB 50021—2001)(2009年版)表A.0.3得:风化程度为中等风化。

3.[答案] A

[解析]《建筑地基基础设计规范》(GB 50007—2011)附录C。

加载至375kPa时,承压板周围土明显侧向挤出,则极限荷载为350kPa。

由 p-s 曲线得,比例界限为200kPa。

$$350 < 2 \times 200 = 400$$

则土层承载力特征值为$\dfrac{350}{2} = 175\text{kPa}$。

4.[答案] B

[解析]《岩土工程勘察规范》(GB 50021—2001)(2009 年版)第 6.10.13 条条文说明。

Pb 单项污染指数：$\dfrac{47.56}{250} = 0.19$

Cd 单项污染指数：$\dfrac{0.54}{0.3} = 1.80$

Cu 单项污染指数：$\dfrac{20.51}{50} = 0.41$

Zn 单项污染指数：$\dfrac{93.56}{200} = 0.47$

As 单项污染指数：$\dfrac{21.95}{30} = 0.73$

Hg 单项污染指数：$\dfrac{0.23}{0.3} = 0.77$

$$Pl_{均} = \frac{0.19 + 1.80 + 0.41 + 0.47 + 0.73 + 0.77}{6} = 0.73$$

$$Pl_{最大} = 1.80$$

$$P_N = \left(\frac{Pl_{均}^2 + Pl_{最大}^2}{2} \right)^{\frac{1}{2}} = \left(\frac{0.73^2 + 1.80^2}{2} \right)^{\frac{1}{2}} = 1.37$$

$$1.0 < P_N = 1.37 < 2.0$$

由表 6.3 得，污染等级为Ⅲ级，轻度污染。

5.[答案] D

[解析] $e = \dfrac{\sum M}{\sum N} = \dfrac{20 \times 60 \times \left(3 + \frac{60}{2}\right) + \frac{1}{2} \times 30 \times 60 \times \left(3 + \frac{2}{3} \times 60\right)}{24000}$

$\quad = 3.26 > \dfrac{b}{6} = \dfrac{15}{6} = 2.50$，故为大偏心。

$$p_{kmax} = \frac{2(F_k + G_k)}{3la} = \frac{2 \times 24000}{3 \times 15 \times \left(\frac{15}{2} - 3.26\right)} = 252\text{kPa}$$

6.[答案] B

[解析]《建筑地基基础设计规范》(GB 50007—2011)第 5.2.5 条。

粉土 $c_k = 6\text{kPa}$，$\varphi_k = 22°$，由表 5.2.5 得：

$M_b = 0.61$，$M_d = 3.44$，$M_c = 6.04$

$f_a = M_b \gamma b + M_d \gamma_m d + M_c c_k$

$\quad = 0.61 \times 9 \times 2.6 + 3.44 \times \dfrac{0.6 \times 8 + 1.0 \times 9}{1.6} \times 1.6 + 6.04 \times 6 = 98\text{kPa}$

7. [答案] C

[解析]《铁路桥涵地基和基础设计规范》(TB 10093—2017)第3.1.2条。

$$K_c = \frac{f \sum P_i}{\sum T_i} = \frac{0.4 \times (150 + 140 + 120 + 190\sin60°)}{30 + 45 + 190\cos60°} = 1.35$$

8. [答案] B

[解析]《建筑地基基础设计规范》(GB 50007—2011)第7.5.5条、附录N。

$a = 20\text{m}, b = 2\text{m}$。

$$\frac{a}{5b} = \frac{20}{5 \times 2} = 2 > 1$$

由表N.0.4得:

$\beta_0 = 0.30, \beta_1 = 0.29, \beta_2 = 0.22, \beta_3 = 0.15, \beta_4 = 0.10, \beta_5 = 0.08,$

$\beta_6 = 0.06, \beta_7 = 0.04, \beta_8 = 0.03, \beta_9 = 0.02, \beta_{10} = 0.01$

$$q_{eq} = 0.8\left(\sum_{i=0}^{10}\beta_i q_i - \sum_{i=0}^{10}\beta_i p_i\right)$$

$= 0.8 \times [0.30 \times 36 + (0.29 + 0.22 + 0.15 + 0.10 + 0.08) \times 66 +$

$(0.06 + 0.04 + 0.03 + 0.02 + 0.01) \times 36] - 0.8 \times (0.30 + 0.29) \times 1.5 \times 18$

$= 57.6 - 12.7$

$= 44.9\text{kPa}$

9. [答案] C

[解析]《建筑地基基础设计规范》(GB 50007—2011)第8.2.14条。

(1)验算截面确定

墙体材料为混凝土,基础验算截面为墙边截面,则

$$a_1 = \frac{2.8 - 0.37}{2} = 1.215\text{m}$$

(2)基底压力计算

$G = 1.35\gamma_G d A = 1.35 \times 20 \times 1.0 \times 2.8 = 75.6\text{kN/m}$

$$p_{max} = \frac{F + G}{b} + \frac{M}{W} = \frac{360 + 75.6}{2.8} + \frac{20.6}{2.8^2/6} = 155.6 + 15.8 = 171.4\text{kPa}$$

$$p_{min} = \frac{F + G}{b} - \frac{M}{W} = \frac{360 + 75.6}{2.8} - \frac{20.6}{2.8^2/6} = 155.6 - 15.8 = 139.8\text{kPa}$$

$$p = p_{min} + \frac{p_{max} - p_{min}}{b}(b - a_1) = 139.8 + \frac{171.4 - 139.8}{2.8}(2.8 - 1.215)$$

$= 157.7\text{kPa}$

(3)基础验算截面弯矩

$$M_I = \frac{1}{6}a_1^2\left(2p_{max} + p - \frac{3G}{A}\right) = \frac{1}{6} \times 1.215^2 \times \left(2 \times 171.4 + 157.7 - \frac{3 \times 75.6}{2.8 \times 1.0}\right)$$

$= 103.2\text{kN} \cdot \text{m/m}$

10. [答案] D

[解析]《建筑桩基技术规范》(JGJ 94—2008)第 5.8.6 条。

$d=900 \geqslant 900$

$$\frac{t}{d} \geqslant \frac{f'_y}{0.388E}$$

$$t \geqslant \frac{f'_y d}{0.388E} = \frac{350 \times 900}{0.388 \times 2.1 \times 10^5} = 3.9 \text{mm}$$

$$\frac{t}{d} \geqslant \sqrt{\frac{f'_y}{14.5E}}$$

$$t \geqslant d \cdot \sqrt{\frac{f'_y}{14.5E}} = 900 \times \sqrt{\frac{350}{14.5 \times 2.1 \times 10^5}} = 9.6 \text{mm}$$

综上，$t \geqslant 9.6 \text{mm}$。

11. [答案] C

[解析]《公路桥涵地基与基础设计规范》(JTG 3363—2019)第 6.3.3 条。

$$\gamma_2 = \frac{18 \times 1 + 9 \times 4 + 10 \times 20 + 9 \times 16}{41} = 9.7$$

$$q_r = m_0 \lambda [f_{a0} + k_2 \gamma_2 (h-3)]$$
$$= 1.0 \times 0.85 \times [550 + 6.0 \times 9.7 \times (40-3)]$$
$$= 2300 > 1450$$

取 $q_r = 1450 \text{kPa}$

$$[R_a] = \frac{1}{2} u \sum_{i=1}^{n} q_{ik} l_i + A_p q_r$$
$$= \frac{1}{2} \times 3.14 \times 1.5 \times (40 \times 4 + 60 \times 20 + 100 \times 16) + 3.14 \times 0.75^2 \times 1450$$
$$= 9531.9 \text{kN}$$

施工阶段，根据第 3.0.7 条，抗力系数取 1.25。

单桩轴向抗压承载力 $= 1.25[R_a] = 1.25 \times 9531.9 = 11914.8 \text{kN}$

12. [答案] A

[解析]《建筑桩基技术规范》(JGJ 94—2008)第 5.3.6 条、5.3.10 条。

粉质黏土、粉土：$\psi_{si} = \left(\frac{0.8}{d}\right)^{\frac{1}{5}} = \left(\frac{0.8}{1.0}\right)^{\frac{1}{5}} = 0.956$

粉细砂：$\psi_{si} = \psi_{pi} \left(\frac{0.8}{d}\right)^{\frac{1}{3}} = \left(\frac{0.8}{1.0}\right)^{\frac{1}{3}} = 0.928$

$$Q_{uk} = Q_{sk} + Q_{gsk} + Q_{gpk} = u \sum \psi_{sj} q_{sjk} l_j + u \sum \psi_{si} \beta_i q_{sik} l_{gi} + \psi_p \beta_p q_{pk} A_p$$
$$= 3.14 \times 1.0 \times (0.956 \times 45 \times 3 + 0.956 \times 50 \times 6) + 3.14 \times 1.0 \times 0.956 \times 1.4 \times$$
$$50 \times 4 + 3.14 \times 1.0 \times 0.928 \times 1.6 \times 70 \times 2 + 0.928 \times 2.4 \times 0.8 \times 1200 \times$$
$$3.14 \times 0.5^2$$
$$= 1305.8 + 840.5 + 652.7 + 1678.4$$
$$= 4474.4 \text{kN}$$

13. [答案] B

[解析]《建筑地基基础设计规范》(GB 50007—2011)附录 R。

$$A = \left(a_0 + 2l\tan\frac{\varphi}{4}\right) \times \left(b_0 + 2l\tan\frac{\varphi}{4}\right)$$

$$= \left(29.3 + 2\times30\times\tan\frac{32°}{4}\right) \times \left(59.3 + 2\times30\times\tan\frac{32°}{4}\right) = 2555.7$$

$$p_z = \frac{F_k+G_k}{A} - \sum\gamma h = \frac{668000}{2555.7} - (19\times1+9\times3) = 215.4\text{kPa}$$

14. [答案] A

[解析]《建筑地基处理技术规范》(JGJ 79—2012)第7.1.5条、7.2.2条。

$$m = \frac{2A_p}{2.0\times1.6} = \frac{2\times3.14\times0.25^2}{2.0\times1.6} = 0.1227$$

$$m = \frac{e_0-e_1}{1+e_0} = \frac{0.9-e_1}{1+0.9} = 0.1227$$

解得：$e_1 = 0.667$

15. [答案] A

[解析]《建筑地基处理技术规范》(JGJ 79—2012)第7.1.5条、7.3.3条。

$$m = \frac{d^2}{d_e^2} = \frac{0.6^2}{(1.13\times1.5)^2} = 0.1253$$

桩身强度确定的单桩承载力：

$$R_a = \eta f_{cu}A_p = 0.25\times1500\times3.14\times0.3^2 = 106.0\text{ kN}$$

根据地基土承载力计算的承载力：

$$R_a = u_p\sum_{i=1}^{n}q_{si}l_{pi} + \alpha_p q_p A_p$$

$$= 3.14\times0.6\times(15\times3+30\times7) + 0.6\times150\times3.14\times0.3^2$$

$$= 505.9\text{kN}$$

取二者小值作为单桩承载力 $R_a = 106.0\text{kN}$

$$f_{spk} = \lambda m\frac{R_a}{A_p} + \beta(1-m)f_{sk}$$

$$= 1.0\times0.1253\times\frac{106.0}{3.14\times0.3^2} + 0.8\times(1-0.1253)\times100 = 117.0\text{kPa}$$

16. [答案] B

[解析]《建筑地基处理技术规范》(JGJ 79—2012)第7.2.2条。

$$\bar{\rho}_d = \frac{\rho_0}{1+0.01\omega} = \frac{1.54}{1+0.01\times15} = 1.34$$

正方形布桩：$s = 0.89\xi d\sqrt{\dfrac{\bar{\eta}_c\rho_{dmax}}{\bar{\eta}_c\rho_{dmax}-\bar{\rho}_d}}$，$\bar{\eta}_c = \dfrac{\bar{\rho}_{d1}}{\rho_{dmax}}$

则，$s = 0.89\xi d\sqrt{\dfrac{\bar{\rho}_{d1}}{\bar{\rho}_{d1}-\bar{\rho}_d}}$

$$1.0 = 0.89\times0.4\times\sqrt{\frac{\bar{\rho}_{d1}}{\bar{\rho}_{d1}-1.34}}$$

解得：$\bar{\rho}_{d1}=1.53\mathrm{g/cm^3}$

17. [答案] B

[解析]《建筑地基处理技术规范》(JGJ 79—2012)第5.4.1条条文说明。

$$s_{\mathrm{f}}=\frac{s_3(s_2-s_1)-s_2(s_3-s_2)}{(s_2-s_1)-(s_3-s_2)}=\frac{250\times(200-100)-200\times(250-200)}{(200-100)-(250-200)}=300\mathrm{mm}$$

$$\beta=\frac{1}{t_2-t_1}\ln\frac{s_2-s_1}{s_3-s_2}=\frac{1}{100-50}\ln\frac{200-100}{250-200}=0.01386$$

$$U_{\mathrm{t}}=1-\alpha e^{-\beta t}=1-0.811\times e^{-0.01386\times350}=0.99$$

竣工后200d的工后沉降为：

$$s=U_{\mathrm{t}}s_{\mathrm{f}}-s_3=0.99\times300-250=47\mathrm{mm}$$

18. [答案] C

[解析] 参考《土力学》教材中无黏性土的主动土压力及坦墙的土压力理论计算。

解法一：

$$W_{\mathrm{BCD}}=\gamma\times\frac{1}{2}\times h\times\left(h\tan\alpha_{\mathrm{cr}}+\frac{h}{\tan\beta}\right)$$

$$=20\times\frac{1}{2}\times6\times\left(6\tan30°+\frac{6}{\tan45°}\right)$$

$$=567.8$$

$$\frac{E'_{\mathrm{a}}}{\sin(\beta-\varphi)}=\frac{W_{\mathrm{BCD}}}{\sin[180°-(90°-\varphi-\alpha_{\mathrm{cr}})-(\beta-\varphi)]}$$

$$E'_{\mathrm{a}}=\frac{W_{\mathrm{BCD}}\sin(\beta-\varphi)}{\sin[180°-(90°-\varphi-\alpha_{\mathrm{cr}})-(\beta-\varphi)]}$$

$$=\frac{567.8\times\sin(45°-30°)}{\sin[180°-(90°-30°-30°)-(45°-30°)]}$$

$$=207.8\mathrm{kN/m}$$

解法二：

$$K_{\mathrm{a}}=\tan^2\left(45°-\frac{\varphi}{2}\right)=\tan^2\left(45°-\frac{30°}{2}\right)=\frac{1}{3}$$

按朗肯土压力计算：

$$E_{\mathrm{a}}=\frac{1}{2}\gamma H^2K_{\mathrm{a}}=\frac{1}{2}\times20\times6^2\times\frac{1}{3}=120$$

由B点作AD垂线，垂足为E点。

$$W_{\mathrm{BCE}}=\gamma\times\frac{1}{2}\times h\times h\tan\alpha_{\mathrm{cr}}=20\times\frac{1}{2}\times6\times6\tan30°=207.8$$

$$E'_{\mathrm{a}}=W_{\mathrm{BCE}}\sin\alpha_{\mathrm{cr}}+E_{\mathrm{a}}\cos\alpha_{\mathrm{cr}}=207.8\times\sin30°+120\times\cos30°=207.8\mathrm{kN/m}$$

19. [答案] D

[解析] $E_{\mathrm{w}}=\frac{1}{2}\gamma_{\mathrm{sat}}H^2=\frac{1}{2}\times18.0\times5^2=225\mathrm{kN/m}$

20. [答案] A

[解析] 参考《土力学》教材中有渗透水流的均质土坡相关知识计算。

$$F_s = \frac{\gamma'}{\gamma_{sat}}\frac{\tan\varphi}{\tan\alpha} = \frac{11}{21} \times \frac{\tan 30°}{\tan\alpha} = 1.2$$

解得：$\alpha = 14.1°$

21. [答案] C

[解析] $i = \dfrac{\Delta h}{\Delta l} = \dfrac{\Delta h}{4.5} = 0.1$

$\Delta h = 0.45\text{m}$

A 点水压力：$p_{wA} = \gamma_w h_A = 10 \times 1.0 = 10\text{kPa}$

B 点水压力：$p_{wB} = \gamma_w (h_B - \Delta h) = 10 \times (5.5 - 0.45) = 50.5\text{kPa}$

AB 段总水压力：$E_w = \dfrac{1}{2}(p_{wA} + p_{wB})h_{AB} = \dfrac{1}{2} \times (10 + 50.5) \times 4.5 = 136.1\text{kN/m}$

$K_a = \tan^2\left(45° - \dfrac{\varphi}{2}\right) = \tan^2\left(45° - \dfrac{30°}{2}\right) = \dfrac{1}{3}$

AB 段土压力：

$E_a = \dfrac{1}{2}(\gamma' + j)K_a h_{AB}^2 = \dfrac{1}{2} \times (11 + 10 \times 0.1) \times \dfrac{1}{3} \times 4.5^2 = 40.5\text{kN/m}$

AB 段总水平压力：

$E_{AB} = E_w + E_a = 136.1 + 40.5 = 176.6\text{kN/m}$

22. [答案] C

[解析]《公路隧道设计规范》(JTG 3370.1—2018)第 3.6.2 条、3.6.4 条、附录 P。

$K_v = \left(\dfrac{v_{pm}}{v_{pr}}\right)^2 = \left(\dfrac{2400}{3500}\right)^2 = 0.47$

$90K_v + 30 = 90 \times 0.47 + 30 = 72.3 > R_c = 30$，取 $R_c = 30$

$0.04R_c + 0.4 = 0.04 \times 30 + 0.4 = 1.6 > K_v = 0.47$，取 $K_v = 0.47$

$BQ = 100 + 3R_c + 250K_v = 100 + 3 \times 30 + 250 \times 0.47 = 307.5$

由表 3.6.4 可知，围岩级别为 IV 级。

由表 P.0.1 可知，拱墙和边墙喷射混凝土厚度宜选用 12～20cm，拱、墙二次初砌混凝土厚度为 35～40cm。因此选项 C 正确。

23. [答案] A

[解析]《建筑基坑支护技术规程》(JGJ 120—2012)第 3.4.2 条。

中砂层：$K_{a1} = \tan^2\left(45° - \dfrac{\varphi_1}{2}\right) = \tan^2\left(45° - \dfrac{20°}{2}\right) = 0.490$

粗砂层：$K_{a2} = \tan^2\left(45° - \dfrac{\varphi_2}{2}\right) = \tan^2\left(45° - \dfrac{30°}{2}\right) = 0.333$

中砂顶土压力强度：$p_{ak1} = qK_{a1} = 20 \times 0.490 = 9.8$

中砂底土压力强度：$p_{ak2} = (q + \gamma h)K_{a1} = (20 + 18.5 \times 3) \times 0.490 = 37.0$

粗砂顶土压力强度：$p_{ak3} = (q + \gamma h)K_{a1} = (20 + 18.5 \times 3) \times 0.333 = 25.1$

水位处土压力强度：$p_{ak4} = (q + \gamma h)K_{a2} = (20 + 18.5 \times 3 + 19 \times 3) \times 0.333 = 44.1$

桩端处土压力强度：$p_{ak5} = (q + \gamma h)K_{a2} = (20 + 18.5 \times 3 + 19 \times 3 + 10 \times 9) \times 0.333$
$= 74.1$

桩端处水压力：$p_w = \gamma_w h_w = 10 \times 9 = 90$

主动侧总侧压力：

$$E_a = \frac{1}{2}(p_{ak1} + p_{ak2}) \times 3 + \frac{1}{2}(p_{ak3} + p_{ak4}) \times 3 + \frac{1}{2}(p_{ak4} + p_{ak5}) \times 9 + \frac{1}{2}p_w h_w$$

$$= \frac{1}{2} \times (9.8 + 37.0) \times 3 + \frac{1}{2} \times (25.1 + 44.1) \times 3 + \frac{1}{2} \times (44.1 + 74.1) \times 9 +$$

$$\frac{1}{2} \times 90 \times 9$$

$$= 1110.9 \text{kN/m}$$

24. [答案] B

[解析]《岩土工程勘察规范》(GB 50021—2001)(2009 年版)第 5.2.8 条条文说明。

$$\psi_1 = \cos(\theta_1 - \theta_2) - \sin(\theta_1 - \theta_2)\tan\varphi_2$$

$$= \cos(30° - 25°) - \sin(30° - 25°)\tan16°$$

$$= 0.971$$

$$\psi_2 = \cos(\theta_2 - \theta_3) - \sin(\theta_2 - \theta_3)\tan\varphi_3$$

$$= \cos(25° - 5°) - \sin(25° - 5°)\tan16°$$

$$= 0.723$$

$$R_1 = G_1\cos\theta_1\tan\varphi_1 + c_1 L_1 = 19 \times 54.5 \times \cos30°\tan19° + 10 \times 16 = 468.78$$

$$T_1 = G_1\sin\theta_1 = 19 \times 54.5 \times \sin30° = 517.75$$

$$R_2 = G_2\cos\theta_2\tan\varphi_2 + c_2 L_2$$

$$= (19 \times 43.0 + 9.5 \times 27.5) \times \cos25°\tan16° + 7 \times 12$$

$$= 364.22$$

$$T_2 = G_2\sin\theta_2 = (19 \times 43.0 + 9.5 \times 27.5) \times \sin25° = 455.69$$

$$R_3 = G_3\cos\theta_3\tan\varphi_3 + c_3 L_3 = (9.5 \times 20.0) \times \cos5°\tan16° + 7 \times 8 = 110.27$$

$$T_3 = -G_2\sin\theta_2 = -(9.5 \times 20.0) \times \sin5° = -16.56$$

$$F_s = \frac{R_1\psi_1\psi_2 + R_2\psi_2 + R_3}{T_1\psi_1\psi_2 + T_2\psi_2 + T_3}$$

$$= \frac{468.78 \times 0.971 \times 0.723 + 364.22 \times 0.723 + 110.27}{517.75 \times 0.971 \times 0.723 + 455.69 \times 0.723 - 16.56} = 1.04$$

25. [答案] B

[解析]《铁路工程不良地质勘察规程》(TB 10027—2012)附录 C、第 7.3.3 条条文说明。

$$\rho_c = \frac{m}{V} = \frac{730}{0.5} = 1.46 \times 10^3 \text{kg/m}^3$$

$1.3 \times 10^3 < \rho_c = 1.46 \times 10^3 < 1.5 \times 10^3$，堆积有泥球，由表 C.0.1-5 得，为稀性泥流。

$$v_c = \sqrt{\frac{R_0 \sigma g}{B}} = \sqrt{\frac{\left(35 - \frac{15}{2}\right) \times 2 \times 10}{15}} = 6.1 \text{m/s}$$

26. [答案] C

[解析]《土工试验方法标准》(GB/T 50123—2019)第 24.4.1 条、24.1.2 条。

$$\delta_{ef1} = \frac{V_{we} - V_0}{V_0} \times 100\% = \frac{19.3 - 10}{10} \times 100\% = 93\% \geq 60\%$$

$$\delta_{ef2} = \frac{V_{we} - V_0}{V_0} \times 100\% = \frac{19.4 - 10}{10} \times 100\% = 94\% \geqslant 60\%$$

根据第24.1.2条,取两次算术平均值:

$$\delta_{ef1} = \frac{\delta_{ef1} + \delta_{ef1}}{2} = \frac{93\% + 94\%}{2} = 93.5\%$$

由《公路工程地质勘察规范》(JTG C20—2011)表8.3.4得,膨胀土为强膨胀土。

由《公路路基设计规范》(JTG D30—2015)表7.9.7-1得,8m边坡,边坡坡率为1:2.25。

27.[答案] B

[解析]《建筑抗震设计规范》(GB 50011—2010)第4.1.4条,玄武岩为火山岩硬夹层,应从覆盖层中扣除,场地覆盖层厚度为19m。

$$t = \sum_{i=1}^{n} \frac{d_i}{v_i} = \frac{2.5}{180} + \frac{2.0}{220} + \frac{14.5}{290} = 0.073$$

$$v_{se} = \frac{d_0}{t} = \frac{19}{0.073} = 260.3 \text{m/s}$$

28.[答案] C

[解析]《建筑抗震设计规范》(GB 50011—2010)第4.1.4条。

$$\frac{450}{170} = 2.65 > 2.5,可知场地覆盖层厚度为14m。$$

$$t = \sum_{i=1}^{n} \frac{d_i}{v_i} = \frac{2}{130} + \frac{8}{100} + \frac{4}{170} = 0.119$$

$$v_{se} = \frac{d_0}{t} = \frac{14}{0.119} = 117.6 \text{m/s}$$

由表4.1.6得:场地类别为Ⅱ类。

设计地震分组为第一组,由表5.1.4-2得:$T_g = 0.35$s

抗震设防烈度为8度,设计基本地震加速度为0.30g,由表5.1.4-1得:$\alpha_{max} = 0.24$

$0.10 < T = 0.30 < T_g = 0.35$

由图5.1.5得:$\alpha = \eta_2 \alpha_{max} = 1.0 \times 0.24 = 0.24$

29.[答案] C

[解析]由《公路工程抗震规范》(JTG B02—2013)第3.1.1条可知,桥梁抗震设防类别为B类。

由表3.1.3得:$C_i = 0.5$

场地类别为Ⅲ类,设计基本地震动峰值加速度为0.20g,由表5.2.2得:$C_s = 1.2$

根据5.2.4条:$C_d = 1 + \frac{0.05 - \xi}{0.06 + 1.7\xi} = 1 + \frac{0.05 - 0.04}{0.06 + 1.7 \times 0.04} = 1.08$

$S_{max} = 2.25 C_i C_s C_d A_h = 2.25 \times 0.5 \times 1.2 \times 1.08 \times 0.2g = 0.29g$

30.[答案] B

[解析]《建筑基桩检测技术规范》(JGJ 106—2014)第9.3.2条条文说明。

$F = A \cdot E \cdot \varepsilon = 3.14 \times (0.25^2 - 0.125^2) \times 3.8 \times 10^7 \times 350 \times 10^{-6} = 1957.6 \text{kN}$

1. 在某场地采用对称四极剖面法进行电阻率测试,四个电极的布置如图所示,两个供电电极 A、B 之间的距离为 20m,两个测量电极 M、N 之间的距离为 6m。在一次测试中,供电回路的电流强度为 240mA,测量电极间的电位差为 360mV。请根据本次测试的视电阻率值,按《岩土工程勘察规范》(GB 50021—2001)(2009 年版),判断场地土对钢结构的腐蚀性等级属于下列哪个选项? （ ）

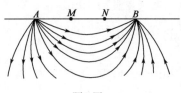

题 1 图

(A)微　　　　　(B)弱　　　　　(C)中　　　　　(D)强

2. 取黏土试样测得:质量密度 $\rho=1.80\text{g/cm}^3$,土粒相对密度 $G_s=2.70$,含水量 $w=30\%$。拟使用该黏土制造相对密度为 1.2 的泥浆,问制造 1m^3 泥浆所需的黏土质量为下列哪个选项? （ ）

(A)0.41t　　　　　(B)0.67t　　　　　(C)0.75t　　　　　(D)0.90t

3. 某饱和黏性土试样,在水温 15℃的条件下进行变水头渗透试验,四次试验实测渗透系数如表所示,问该土样在标准温度下的渗透系数为下列哪个选项? （ ）

题 3 表

试 验 次 数	渗透系数(cm/s)	试 验 次 数	渗透系数(cm/s)
第一次	3.79×10^{-5}	第三次	1.47×10^{-5}
第二次	1.55×10^{-5}	第四次	1.71×10^{-5}

(A)$1.58\times10^{-5}\text{cm/s}$　　　　　(B)$1.79\times10^{-5}\text{cm/s}$

(C)$2.13\times10^{-5}\text{cm/s}$　　　　　(D)$2.42\times10^{-5}\text{cm/s}$

4. 某洞室轴线走向为南北向,岩体实测弹性波速度为 3800m/s,主要软弱结构面产状为:倾向 NE68°,倾角 59°;岩石单轴饱和抗压强度 $R_c=72\text{MPa}$,岩块弹性波速度为 4500m/s,垂直洞室轴线方向的最大初始应力为 12MPa;洞室地下水成淋雨状出水,水量为 8L/min·m,根据《工程岩体分级标准》(GB/T 50218—2014),则该工程岩体的级别可确定为下列哪个选项? （ ）

(A)Ⅰ级　　　　　(B)Ⅱ级　　　　　(C)Ⅲ级　　　　　(D)Ⅳ级

5.某场地两层地下水,第一层为潜水,水位埋深 3m,第二层为承压水,测管水位埋深 2m。该场地上的某基坑工程,地下水控制采用截水和坑内降水,降水后承压水水位降低了 8m,潜水水位无变化,土层参数如图所示,试计算由承压水水位降低引起③细砂层的变形量最接近下列哪个选项? （　　）

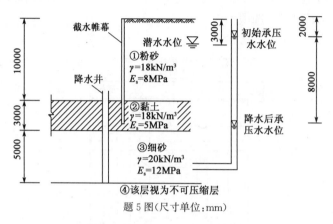

题 5 图(尺寸单位:mm)

(A)33mm　　　　　(B)40mm　　　　　(C)81mm　　　　　(D)121mm

6.某铁路桥墩台为圆形,半径为 2.0m,基础埋深 4.5m,地下水位埋深 1.5m,不受水流冲刷,地面以下相关地层及参数见下表。根据《铁路桥涵地基和基础设计规范》(TB 10093—2017),该墩台基础的地基容许承载力最接近下列哪个选项的数值? （　　）

题 6 表

地 层 编 号	地 层 岩 性	层底深度 (m)	天然重度 (kN/m³)	饱和重度 (kN/m³)
①	粉质黏土	3.0	18	20
②	稍松砂砾	7.0	19	20
③	黏质粉土	20.0	19	20

(A)270kPa　　　　　(B)280kPa　　　　　(C)300kPa　　　　　(D)340kPa

7.某建筑场地天然地面下的地质参数如表所示,无地下水。拟建建筑基础埋深 2.0m,筏板基础,平面尺寸 20m×60m,采用天然地基,根据《建筑地基基础设计规范》(GB 50007—2011),满足下卧层②层强度要求的情况下,相应于作用的标准组合时,该建筑基础底面处的平均压力最大值接近下列哪个选项? （　　）

题 7 表

序 号	名 称	层底深度 (m)	重度 (kN/m³)	地基承载力特征值 (kPa)	压缩模量 (MPa)
①	粉质黏土	12	19	280	21
②	粉土,黏粒含量为 12%	15	18	100	7

8.某高层建筑为梁板式基础,底板区格为矩形双向板,柱网尺寸为 8.7m×8.7m,梁宽为 450mm,荷载基本组合地基净反力设计值为 540kPa,底板混凝土轴心抗拉强度设计值为 1570kPa,按《建筑地基基础设计规范》(GB 50007—2011),验算底板受冲切所需的有效厚度最接近下列哪个选项?（　　）

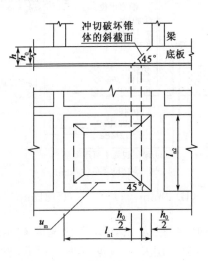

题 8 图

(A)0.825m　　　　(B)0.747m　　　　(C)0.658m　　　　(D)0.558m

9.某建筑采用筏板基础,基坑开挖深度 10m,平面尺寸为 20m×100m,自然地面以下土层为粉质黏土,厚度 20m,再下为基岩,土层参数见下表,无地下水。根据《建筑地基基础设计规范》(GB 50007—2011),估算基坑中心点的开挖回弹量最接近下列哪个选项?（回弹量计算经验系数取 1.0）（　　）

题 9 表

土 层	层底深度 (m)	重度 (kN/m³)	回弹模量(MPa)				
			$E_{0-0.025}$	$E_{0.025-0.05}$	$E_{0.05-0.1}$	$E_{0.1-0.2}$	$E_{0.2-0.3}$
粉质黏土	20	20	12	14	20	240	300
基岩	—	22					

(A)5.2mm　　　　(B)7.0mm　　　　(C)8.7mm　　　　(D)9.4mm

10.某四桩承台基础,准永久组合作用在每根基桩桩顶的附加荷载为 1000kN,沉降计算深度范围内分为两计算土层,土层参数如图所示,各基桩对承台中心计算轴线的应力影响系数相同,各土层 1/2 厚度处的应力影响系数见图示,不考虑承台底地基土分担荷载及桩身压缩。根据《建筑桩基技术规范》(JGJ 94—2008),应用明德林解计算桩基沉降量最接近下列哪个选项?（取各基桩总端阻力与桩顶荷载之比 $\alpha=0.2$,沉降经验系数 $\psi_p=0.8$）（　　）

2016 年案例分析试题（下午卷）

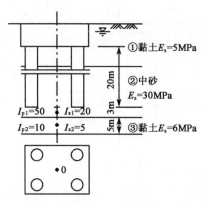

题 10 图

(A)15mm   (B)20mm   (C)60mm   (D)75mm

11. 某基桩采用混凝土预制实心方桩,桩长 16m,边长 0.45m,土层分布及极限侧阻力标准值、极限端阻力标准值如图所示,按《建筑桩基技术规范》(JGJ 94—2008)确定的单桩竖向极限承载力标准值最接近下列哪个选项?(不考虑沉桩挤土效应对液化影响)   (   )

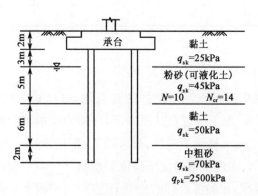

题 11 图

(A)780kN   (B)1430kN

(C)1560kN   (D)1830kN

12. 竖向受压高承台桩基础,采用钻孔灌注桩,设计桩径 1.2m,桩身露出地面的自由长度 l_0 为 3.2m,入土长度 h 为 15.4m,桩的换算埋深 $ah<4.0$,桩身混凝土强度等级为 C30,桩顶 6m 范围内的箍筋间距为 150mm,桩与承台连接按铰接考虑,土层条件及桩基计算参数如图所示。按照《建筑桩基技术规范》(JGJ 94—2008)计算基桩的桩身正截面受压承载力设计值最接近下列哪个选项?(成桩工艺系数 $\psi_c=0.75$,C30 混凝土轴心抗压强度设计值 $f_c=14.3\text{N/mm}^2$,纵向主筋截面积 $A'_s=5024\text{mm}^2$,抗压强度设计值 $f'_y=210\text{N/mm}^2$)   (   )

(A)9820kN   (B)12100kN

(C)16160kN   (D)10580kN

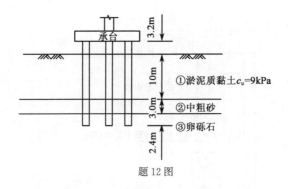

题 12 图

13. 已知某场地地层条件及孔隙比 e 随压力变化拟合函数如下表,②层以下为不可压缩层,地下水位在地面处,在该场地上进行大面积填土,当堆土荷载为 30kPa 时,估算填土荷载产生的沉降最接近下列哪个选项?(沉降经验系数 ξ 按 1.0,变形计算深度至应力比为 0.1 处) ( )

题 13 表

土 层 名 称	层底埋深(m)	饱和重度 γ(kN/m³)	e-lg$p$ 关系式
①粉砂	10	20.0	$e=1-0.05\lg p$
②淤泥粉质黏土	40	18.0	$e=1.6-0.2\lg p$

(A)50mm   (B)200mm   (C)230mm   (D)300mm

14. 某筏板基础采用双轴水泥土搅拌桩复合地基,已知上部结构荷载标准值 $F=140$kPa,基础埋深 1.5m,地下水位在基底以下,原持力层承载力特征值 $f_{ak}=60$kPa,双轴搅拌桩面积 $A=0.71$m²,桩间不搭接,湿法施工,根据地基承载力计算单桩承载力特征值(双轴)$R_a=240$kN,水泥土单轴抗压强度平均值 $f_{cu}=1.0$MPa,问下列搅拌桩平面图中,为满足承载力要求,最经济合理的是哪个选项?(桩间土承载力发挥系数 $\beta=1.0$,单桩承载力发挥系数 $\lambda=1.0$,基础及以上土的平均重度 $\gamma=20$kN/m³,基底以上土体重度平均值 $\gamma_m=18$kN/m³,图中尺寸单位为 mm) ( )

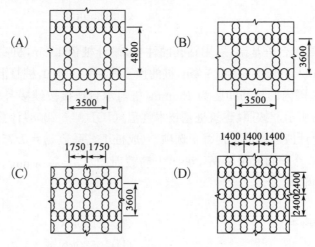

2016 年案例分析试题(下午卷)

15. 某松散砂石地基,拟采用碎石桩和CFG桩联合加固,已知柱下独立承台平面尺寸为2.0m×3.0m,共布设6根CFG桩和9根碎石桩(见图)。其中CFG桩直径为400mm,单桩竖向承载力特征值$R_a=600$kN;碎石桩直径为300mm,与砂土的桩土应力比取2.0;砂土天然状态地基承载力特征$f_{ak}=100$kPa,加固后砂土地基承载力$f_{ak}=120$kPa。如果CFG桩单桩承载力发挥系数$\lambda_1=0.9$,桩间土承载力发挥系数$\beta=1.0$,问该复合地基压缩模量提高系数最接近下列哪个选项? ( )

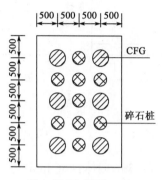

题15图(尺寸单位:mm)

(A)5.0   (B)5.6   (C)6.0   (D)6.6

16. 某直径600mm的水泥土搅拌桩桩长12m,水泥掺量(重量)为15%,水灰比(重量比)为0.55,假定土的重度$\gamma=18$kN/m³,水泥相对密度为3.0,请问完成一根桩施工需要配制的水泥浆体体积最接近下列哪个选项?($g=10$m/s²) ( )

(A)0.63   (B)0.81   (C)1.15   (D)1.50

17. 如图所示某折线形均质滑坡,第一块的剩余下滑力为1150kN/m,传递系数为0.8,第二块的下滑力为6000kN/m,抗滑力为6600kN/m。现拟挖除第三块滑块,在第二块末端采用抗滑桩方案,抗滑桩的间距为4m,悬臂段高度为8m。如果取边坡稳定安全系数$F_{st}=1.35$,剩余下滑力在桩上的分布按矩形分布,按《建筑边坡工程技术规范》(GB 50330—2013)计算作用在抗滑桩上相对于嵌固段顶部A点的力矩最接近下列哪个选项? ( )

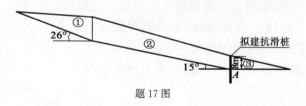

题17图

(A)10595kN·m   (B)10968kN·m   (C)42377kN·m   (D)43872kN·m

18. 图示既有挡土墙的原设计为墙背直立、光滑,墙后的填料为中砂和粗砂,厚度分别为$h_1=3$m和$h_2=5$m,中砂的重度和内摩擦角分别为$\gamma_1=18$kN/m³和$\varphi_1=30°$,粗砂为$\gamma_2=19$kN/m³和$\varphi_2=36°$。墙体自重$G=350$kN/m,重心距墙趾作用距$b=2.15$m,此时挡墙的抗倾覆稳定系数 $K_0 = 1.71$。建成后又需要在地面增加均匀满布荷载 $q = 20\text{kPa}$，试问增加 q 后挡墙的抗倾覆稳定系数的减少值最接近下列哪个选项？ （　　）

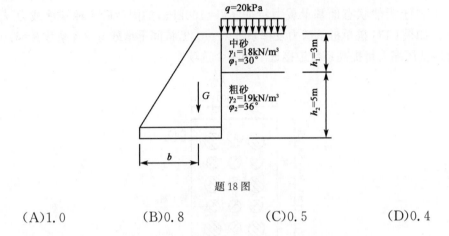

题 18 图

(A)1.0 　　　　(B)0.8 　　　　(C)0.5 　　　　(D)0.4

19. 图示的铁路挡土墙高 $H = 6\text{m}$，墙体自重 450kN/m。墙后填土表面水平，作用有均布荷载 $q = 20\text{kPa}$，墙背与填料间的摩擦角 $\delta = 20°$，倾角 $\alpha = 10°$。填料中砂的重度 $\gamma = 18\text{kN/m}^3$，主动压力系数 $K_a = 0.377$，墙底与地基间的摩擦系数 $f = 0.36$。试问，该挡土墙沿墙底的抗滑安全系数最接近下列哪个选项？（不考虑水的影响） （　　）

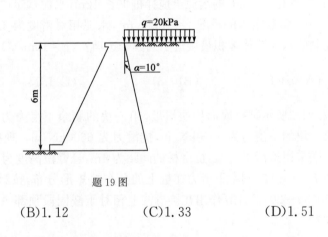

题 19 图

(A)0.91 　　　　(B)1.12 　　　　(C)1.33 　　　　(D)1.51

20. 图示的岩石边坡，开挖后发现坡体内有软弱夹层形成的滑面 AC，倾角 $\beta = 42°$，滑面的内摩擦角 $\varphi = 18°$。滑体 ABC 处于临界稳定状态，其自重为 450kN/m。若要使边坡的稳定安全系数达到 1.5，每延米所加锚索的拉力 P 最接近下列哪个选项？（锚索下倾角为 $\alpha = 15°$） （　　）

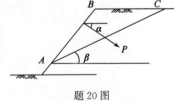

题 20 图

(A)155kN/m

(B)185kN/m

(C)220kN/m

(D)250kN/m

21. 某开挖深度为 6m 的深基坑,坡顶均布荷载 $q_0 = 20$kPa,考虑到其边坡土体一旦产生过大变形,对周边环境产生的影响将是严重的,故拟采用直径 800mm 的钻孔灌注桩加预应力锚索支护结构,场地地层主要由两层土组成,未见地下水,主要物理力学性质指标如图所示。试问根据《建筑基坑支护技术规程》(JGJ 120—2012)和 Prandtl 极限平衡理论公式计算,满足坑底抗隆起稳定性验算的支护桩嵌固深度至少为下列哪个选项的数值?　　　　　　( )

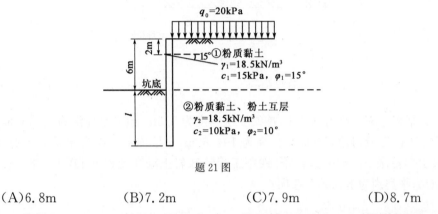

题 21 图

(A)6.8m　　　　　(B)7.2m　　　　　(C)7.9m　　　　　(D)8.7m

22. 如图所示,某安全等级为一级的深基坑工程采用桩撑支护结构,侧壁落底式止水帷幕和坑内深井降水。支护桩为 $\phi800$ 钻孔灌注桩,其长度为 15m,支撑为一道 $\phi609\times16$ 的钢管,支撑平面水平间距为 6m,采用坑内降水后,坑外地下水位位于地表下 7m,坑内地下水位位于基坑底面处,假定地下水位上、下粗砂层的 c、φ 值不变,计算得到作用于支护桩上主动侧的总压力值为 900kN/m,根据《建筑基坑支护技术规程》(JGJ 120—2012),若采用静力平衡法计算单根支撑轴力设计值,该值最接近下列哪个数值?

( )

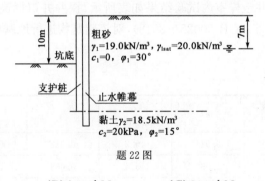

题 22 图

(A)1800kN　　　　(B)2400kN　　　　(C)3000kN　　　　(D)3300kN

23. 某基坑开挖深度为 6m,土层依次为人工填土、黏土和含砾粗砂,如图所示。人工填土层,$\gamma_1 = 17$kN/m³,$c_1 = 15$kPa,$\varphi_1 = 10°$;黏土层,$\gamma_2 = 18$kN/m³,$c_2 = 20$kPa,$\varphi_2 = 12°$。含砾粗砂层顶面距基坑底的距离为 4m,砂层中承压水水头高度为 9m,设计采用排桩支护结构和坑内深井降水。在开挖至基坑底部时,由于土方开挖运输作业不当,造成坑内降水井被破坏、失效。为保证基坑抗突涌稳定性、防止基坑底发生流土,拟紧急向基坑内注水。请问根据《建筑基坑支护技术规程》(JGJ 120—2012)，基坑内注水深度至少应最接近下列哪个选项的数值？ （ ）

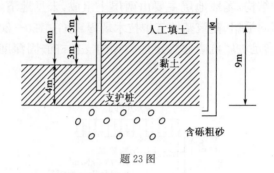

题 23 图

(A)1.8m　　　　　(B)2.0m　　　　　(C)2.3m　　　　　(D)2.7m

24. 某多年冻土层为黏性土，冻结土层厚度为 2.5m，地下水埋深为 3.2m，地表标高为 194.75m，已测得地表冻胀前标高为 194.62m，土层冻前天然含水量 $w=27\%$，塑限 $w_p=23\%$，液限 $w_L=46\%$，根据《铁路工程特殊岩土勘察规程》(TB 10038—2012)，该土层的冻胀类别为下列哪个选项？ （ ）

(A)不冻胀　　　　(B)弱冻胀　　　　(C)冻胀　　　　　(D)强冻胀

25. 某膨胀土场地拟建 3 层住宅，基础埋深为 1.8m，地表下 1.0m 处地基土的天然含水量为 28.9%，塑限含水量为 22.4%，土层的收缩系数为 0.2，土的湿度系数为 0.7，地表下 15m 深处为基岩层，无热源影响。计算地基变形量最接近下列哪个选项？ （ ）

(A)10mm　　　　　(B)15mm　　　　　(C)20mm　　　　　(D)25mm

26. 关中地区黄土场地内 6 层砖混住宅楼室内地坪标高为 0.00m，基础埋深为 −2.0m，勘察时某探井土样室内试验结果如表所示，探井井口标高为 −0.5m，按照《湿陷性黄土地区建筑标准》(GB 50025—2018)，对该建筑物进行地基处理时最小处理厚度为下列哪一选项？ （ ）

题 26 表

编　号	取样深度 (m)	e	γ (kN/m³)	δ_s	δ_{zs}	P_{sh} (kPa)
1	1.0	0.941	16.2	0.018	0.002	65
2	2.0	1.032	15.4	0.068	0.003	47
3	3.0	1.006	15.2	0.042	0.002	73
4	4.0	0.952	15.9	0.014	0.005	85
5	5.0	0.969	15.7	0.062	0.020	90
6	6.0	0.954	16.1	0.026	0.013	110
7	7.0	0.864	17.1	0.017	0.014	138
8	8.0	0.914	16.9	0.012	0.007	150

2016 年案例分析试题（下午卷）

编　号	取样深度 (m)	e	γ (kN/m³)	δ_s	δ_{zs}	P_{sh} (kPa)
9	9.0	0.939	16.8	0.019	0.018	165
10	10.0	0.853	17.1	0.029	0.015	182
11	11.0	0.860	17.1	0.016	0.005	198
12	12.0	0.817	17.7	0.014	0.014	—

注:12m 以下为非湿陷性土层。

　　(A)2.0m　　　　(B)3.0m　　　　(C)4.0m　　　　(D)5.0m

　　27.某场地中有一土洞,洞穴顶埋深为 12.0m,洞穴高度为 3m,土体应力扩散角为 25°,当拟建建筑物基础埋深为 2.0m 时,若不让建筑物扩散到洞体上,基础外边缘距该洞边的水平距离最小值接近下列哪个选项?　　　　　　　　　　　　　　　(　　)

　　(A)4.7m　　　　(B)5.6m　　　　(C)6.1m　　　　(D)7.0m

　　28.某场地抗震设防烈度为 9 度,设计基本地震加速度为 0.40g,设计地震分组为第三组,覆盖层厚度为 9m。建筑结构自振周期 $T=2.45$s,阻尼比 $\zeta=0.05$。根据《建筑抗震设计规范》(GB 50011—2010),计算罕遇地震作用时建筑结构的水平地震影响系数值最接近下列哪个选项?　　　　　　　　　　　　　　　　　　　　　　　(　　)

　　(A)0.074　　　　(B)0.265　　　　(C)0.305　　　　(D)0.335

　　29.某建筑场地抗震设防烈度为 7 度,设计基本地震加速度为 0.15g,设计地震分组为第三组,拟建建筑基础埋深 2m。某钻孔揭示的地层结构,以及间隔 2m(为方便计算所做的假设)测试得到的实测标准贯入锤击数(N)如图所示。已知 20m 深度范围内地基土均为全新世冲积地层,粉土、粉砂和粉质黏土层的黏粒含量(ρ_c)分别为 13%、11% 和 22%,近期内年最高地下水位埋深 1.0m。试按《建筑抗震设计规范》(GB 50011—2010)计算该钻孔的液化指数最接近下列哪个选项?　　　　　　　(　　)

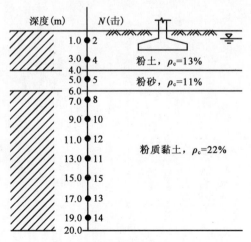

题 29 图

(A)7. 0   (B)13. 2   (C)18. 7   (D)22. 5

30.某建筑工程进行岩石地基荷载试验,共试验 3 点。其中 1 号试验点 *p-s* 曲线的比例界限为 1. 5MPa,极限荷载值为 4. 2MPa;2 号试验点 *p-s* 曲线的比例界限为 1. 2MPa,极限荷载为 3. 0MPa;3 号试验点 *p-s* 曲线的比例界限值为 2. 7MPa,极限荷载为 5. 4MPa;根据《建筑地基基础设计规范》(GB 50007—2011),本场地岩石地基承载力特征值为哪个选项?   ( )

  (A)1. 0MPa   (B)1. 4MPa   (C)1. 8MPa   (D)2. 1MPa

2016年案例分析试题答案(下午卷)

标 准 答 案

本试卷由30道题组成,全部为单项选择题。考生可任选25道题作答。每题2分,满分为50分。若考生在答题卡或试卷上的作答超过25道题,则按题目序号从小到大的顺序对作答的前25道题计分及复评试卷,其他作答题目无效。

1	B	2	A	3	B	4	C	5	A
6	A	7	B	8	B	9	B	10	C
11	C	12	A	13	B	14	C	15	D
16	B	17	C	18	C	19	C	20	B
21	C	22	D	23	D	24	B	25	C
26	C	27	C	28	D	29	B	30	A

解 题 过 程

1.[答案] B

[解析]《工程地质手册》(第五版)第79页。

$$K = \pi \frac{AM \cdot AN}{MN} = 3.14 \times \frac{7 \times 13}{6} = 47.62$$

$$\rho = K \frac{\Delta V}{I} = 47.62 \times \frac{360}{240} = 71.43$$

$$50 < \rho = 71.43 \leqslant 100$$

由《岩土工程勘察规范》(GB 50021—2001)(2009年版)第12.2.5条知:土对钢结构的腐蚀等级为弱。

2.[答案] A

[解析] 解法一:《工程地质手册》(第五版)第121页。

$$Q = V\rho_1 \frac{\rho_2 - \rho_3}{\rho_1 - \rho_3} = 1 \times 1.8 \times \frac{1.2 - 1.0}{1.8 - 1.0} = 0.45 \text{ t}$$

解法二:根据三相换算。

$$V_1 \rho_{d1} = V_2 \rho_{d2}$$

$$\rho_{d1} = \frac{\rho_0}{1 + 0.01\omega} = \frac{1.8}{1 + 0.01 \times 30} = 1.38$$

$$\rho_{d2} = \frac{d_s(\rho - 0.01 S_r \rho_w)}{d_s - 0.01 S_r} = \frac{2.7 \times (1.2 - 0.01 \times 100 \times 1.0)}{2.7 - 0.01 \times 100} = 0.32$$

$$V_1 = \frac{V_2 \rho_{d2}}{\rho_{d1}} = \frac{1 \times 0.32}{1.38} = 0.23$$

$$m = \rho V_1 = 1.8 \times 0.23 = 0.41 \text{ t}$$

3. [答案] B

[解析]《土工试验方法标准》(GB/T 50123—2019)第16.1.3条。

第一次试验：$k_{20} = k_T \dfrac{\eta_T}{\eta_{20}} = 3.79 \times 10^{-5} \times 1.133 = 4.29 \times 10^{-5}$

第二次试验：$k_{20} = k_T \dfrac{\eta_T}{\eta_{20}} = 1.55 \times 10^{-5} \times 1.133 = 1.76 \times 10^{-5}$

第三次试验：$k_{20} = k_T \dfrac{\eta_T}{\eta_{20}} = 1.47 \times 10^{-5} \times 1.133 = 1.67 \times 10^{-5}$

第四次试验：$k_{20} = k_T \dfrac{\eta_T}{\eta_{20}} = 1.71 \times 10^{-5} \times 1.133 = 1.94 \times 10^{-5}$

根据第13.1.3条，第一次试验与其他三次试验偏差大于 2×10^{-5}，故舍弃该数值。

$$k_{20} = \frac{1.76 \times 10^{-5} + 1.67 \times 10^{-5} + 1.94 \times 10^{-5}}{3} = 1.79 \times 10^{-5}\,\text{cm/s}$$

4. [答案] C

[解析]《工程岩体分级标准》(GB/T 50218—2014)第4.1.1条、4.2.2条、5.2.2条。

$$K_v = \left(\frac{V_{pm}}{V_{pr}}\right)^2 = \left(\frac{3800}{4500}\right)^2 = 0.71$$

$90K_v + 30 = 93.9 > R_c = 72$，取 $R_c = 72$

$0.04R_c + 0.4 = 3.28 > K_v = 0.71$，取 $K_v = 0.71$

$\text{BQ} = 100 + 3R_c + 250K_v = 100 + 3 \times 72 + 250 \times 0.71 = 493.5$，查表可知岩体基本质量分级为Ⅱ级。

地下水影响修正系数：查表5.2.2-1，$K_1 = 0.1 \sim 0.2$

主要结构面产状影响修正系数：查表5.2.2-2，$K_2 = 0.4 \sim 0.6$

初始应力状态影响修正系数：$\dfrac{R_c}{\sigma_{\max}} = \dfrac{72}{12} = 6$，查表5.2.2-3，$K_3 = 0.5$

岩体质量指标：

$$\begin{aligned}[\text{BQ}] &= \text{BQ} - 100(K_1 + K_2 + K_3) \\ &= 493.5 - 100 \times [(0.1 \sim 0.2) + (0.4 \sim 0.6) + 0.5] \\ &= 363.5 \sim 393.5\end{aligned}$$

故确定该岩体质量等级为Ⅲ级。

5. [答案] A

[解析] $s = \dfrac{\Delta P}{E_s} H = \dfrac{8 \times 10}{12} \times 5 = 33.3\,\text{mm}$

6. [答案] A

[解析] 由《铁路桥涵地基和基础设计规范》(TB 10093—2017)表4.1.2-3得：$\sigma_0 = 200\text{kPa}$

根据表4.1.3得：$k_1 = 3 \times 0.5 = 1.5$，$k_2 = 5 \times 0.5 = 2.5$

根据第4.1.3条得：$b = \sqrt{F} = \sqrt{3.14 \times 2^2} = 3.5\text{m}$

$$\gamma_2 = \frac{1.5 \times 18 + 1.5 \times 10 + 1.5 \times 10}{4.5} = 12.7$$

$$[\sigma] = \sigma_0 + k_1\gamma_1(b-2) + k_2\gamma_2(h-3)$$
$$= 200 + 1.5 \times 10 \times (3.5-2) + 2.5 \times 12.7 \times (4.5-3)$$
$$= 270\text{kPa}$$

注:表 4.1.2-3 砂土密实程度在老规范中为稍松,但是在新规范表 4.1.3 注 2 中,稍松状态未进行修改,前后不一致。

7. [答案] B

[解析]《建筑地基基础设计规范》(GB 50007—2011)第 5.2.4 条、5.2.7 条。

$\dfrac{E_{s1}}{E_{s2}} = \dfrac{21}{7} = 3$,$\dfrac{z}{b} = \dfrac{10}{20} = 0.5$,地基压力扩散角 θ 为 $23°$。

$$p_z = \frac{lb(p_k - p_c)}{(b+2z\tan\theta)(l+2z\tan\theta)} = \frac{60 \times 20 \times (p_k - 2 \times 19)}{(20+2 \times 10\tan23°)(60+2 \times 10\tan23°)}$$
$$= 0.615p_k - 23.370$$

$$f_{az} = f_{ak} + \eta_d\gamma_m(d-0.5) = 100 + 1.5 \times 19 \times (12-0.5) = 427.75$$

$$p_z + p_{cz} \leqslant f_{az}$$

$$0.615p_k - 23.370 + 19 \times 12 \leqslant 427.75$$

解得:$p_k \leqslant 363\text{kPa}$

8. [答案] B

[解析]《建筑地基基础设计规范》(GB 50007—2011)第 8.4.12 条。

$$l_{n1} = l_{n2} = 8.7 - 0.45 = 8.25$$

假设 $h \leqslant 800\text{mm}$,则 $\beta_{hp} = 1.0$;

$$h_0 = \frac{(l_{n1}+l_{n2}) - \sqrt{(l_{n1}+l_{n2})^2 - \dfrac{4p_n l_{n1} l_{n2}}{p_n + 0.7\beta_{hp}f_t}}}{4}$$

$$= \frac{(8.25+8.25) - \sqrt{(8.25+8.25)^2 - \dfrac{4 \times 540 \times 8.25 \times 8.25}{540 + 0.7 \times 1.0 \times 1570}}}{4} = 0.747\text{m}$$

假设成立。

$h_0 = 0.747 > \dfrac{8.25}{14} = 0.589$,且厚度大于 400mm。

9. [答案] B

[解析]《建筑地基基础设计规范》(GB 50007—2011)第 5.3.10 条。

(1)确定土的回弹模量

$$p_c = \gamma h = 20 \times 10 = 200\text{kPa}$$

题 9 解表(1)

z_i	l/b	z/b	α_i	$p_z=4\alpha_i p_0$	$p_{cz}=20 \times (10.0+z)$	$p_{cz}-p_z$	E_{ci}
0		0	0.2500	200.0	200.0	0	—
5	$\dfrac{50}{10}=5$	0.50	0.2390	191.2	300.0	108.8	240
10		1.00	0.2040	163.2	400.0	236.8	300

（2）计算回弹变形量

$$\Delta s_i = \frac{4p_c}{E_{ci}}(z_i \bar{\alpha}_i - z_{i-1} \bar{\alpha}_{i-1})$$

题9解表（2）

z_i	l/b	z/b	$\bar{\alpha}_i$	$z_i \bar{\alpha}_i$	$z_i \bar{\alpha}_i - z_{i-1}\bar{\alpha}_{i-1}$	E_{ci}	Δs_i
0	$\frac{50}{10}=5$	0	0.2500	0	—	—	—
5		0.50	0.2470	1.235	1.235	240	4.12
10		1.00	0.2353	2.353	1.118	300	2.98

$$s_c = \psi_c(4.12+2.98) = 1.0 \times (4.12+2.98) = 7.1mm$$

注：推测本题官方答案回弹模量直接取平均值进行计算，评分过程对回弹模量选240还是300均可给分。

10. [答案] C

[解析]《建筑桩基技术规范》(JGJ 94—2008)第5.5.14条。

$$\sigma_{zi} = \sum_{j=1}^{m} \frac{Q_j}{l_j^2} [\alpha_j I_{p,ij} + (1-\alpha_j)I_{s,ij}]$$

$$\sigma_{z1} = 4 \times \frac{1000}{20^2} \times [0.2 \times 50 + (1-0.2) \times 20] = 260$$

$$\sigma_{z2} = 4 \times \frac{1000}{20^2} \times [0.2 \times 10 + (1-0.2) \times 5] = 60$$

不考虑桩身压缩，沉降经验系数为0.8，则

$$s = \psi \sum_{i=1}^{n} \frac{\sigma_{zi}}{E_{si}} \Delta_{zi} = 0.8 \times \left(\frac{260}{30} \times 3 + \frac{60}{6} \times 5\right) = 60.8mm$$

11. [答案] C

[解析]《建筑桩基技术规范》(JGJ 94—2008)第5.3.12条。

$$\lambda_N = \frac{N}{N_{cr}} = \frac{10}{14} = 0.71$$

$$0.6 < \lambda_N = 0.71 \le 0.8, d_L = 5.0 < 10, 由表5.3.12得: \psi_l = \frac{1}{3}$$

$$Q_{uk} = Q_{sk} + Q_{pk} = u\sum q_{sik}l_i + q_{pk}A_p$$

$$= 0.45 \times 4 \times \left(25 \times 3 + \frac{1}{3} \times 45 \times 5 + 50 \times 6 + 70 \times 2\right) + 2500 \times 0.45^2$$

$$= 1568kN$$

12. [答案] A

[解析]《建筑桩基技术规范》(JGJ 94—2008)第5.8.2条、5.8.4条。

桩顶铰接，$ah < 4.0$，查表5.8.4-1得：

$$l_c = 1.0 \times (l_0 + h) = 1.0 \times (3.2 + 15.4) = 18.6m$$

$$\frac{l_c}{d} = \frac{18.6}{1.2} = 15.5, 查表5.8.4-2得: \varphi = 0.81$$

桩顶6m范围内的箍筋间距为150mm，则

$$N < \varphi \psi_c f_c A_{ps} = 0.81 \times 0.75 \times 14.3 \times 10^3 \times 3.14 \times 0.6^2 = 9820\text{kN}$$

13. [答案] B

[解析]《建筑地基处理技术规范》(JGJ 79—2012)第5.2.12条。

求沉降计算深度 z_n:

$$\frac{30}{10 \times 10 + 8 \times (z_n - 10)} = 0.1, z_n = 35\text{m}$$

①粉砂层中点自重应力: $p_z = \sum \gamma h = 10 \times \dfrac{10}{2} = 50$

粉砂层中点自重应力与附加应力之和: $p_z + p_0 = 30 + 50 = 80$

$e_{01} = 1 - 0.05\lg50 = 0.915, e_{11} = 1 - 0.05\lg80 = 0.905$

②淤泥质粉质黏土计算深度内中点自重应力: $p_z = \sum \gamma h = 10 \times 10 + 8 \times \dfrac{25}{2} = 200$

淤泥质粉质黏土计算深度内中点自重应力与附加应力之和:

$p_z + p_0 = 30 + 200 = 230$

$e_{02} = 1.6 - 0.2\lg200 = 1.140, e_{12} = 1.6 - 0.2\lg230 = 1.128$

$$s_f = \xi \sum_{i=1}^{n} \frac{e_{0i} - e_{1i}}{1 + e_{0i}} h_i$$

$$= 1.0 \times \left(\frac{0.915 - 0.905}{1 + 0.915} \times 10 \times 10^3 + \frac{1.140 - 1.128}{1 + 1.140} \times 25 \times 10^3 \right)$$

$$= 192\text{mm}$$

14. [答案] C

[解析]《建筑地基处理技术规范》(JGJ 79—2012)第7.1.5条、7.3.3条。

桩身强度确定的单桩承载力:

$R_a = \eta f_{cu} A_p = 0.25 \times 1000 \times 0.71 = 177.5\text{kN}$

根据地基土承载力计算的承载力:

$R_a = 240\text{kN}$

取二者小值作为单桩承载力: $R_a = 177.5\text{kN}$

$$f_{spk} = \lambda m \frac{R_a}{A_p} + \beta(1-m) f_{sk} = 1.0 \times m \times \frac{177.5}{0.71} + 1.0 \times (1-m) \times 60 = 60 + 190m$$

$$f_{spa} = f_{spk} + \eta_d \gamma_m (d - 0.5) = 60 + 190m + 1.0 \times 18 \times (d - 0.5) = 78 + 190m$$

$F + G \leqslant f_{spa}, 140 + 1.5 \times 20 \leqslant 78 + 190m$

解得: $m \geqslant 0.48$

选项 A, $m = \dfrac{8 \times 0.71}{3.5 \times 4.8} = 0.34 < 0.48$, 不满足;

选项 B, $m = \dfrac{7 \times 0.71}{3.5 \times 3.6} = 0.39 < 0.48$, 不满足;

选项 C, $m = \dfrac{9 \times 0.71}{3.5 \times 3.6} = 0.51 > 0.48$, 满足;

选项 D, $m = \dfrac{3 \times 0.71}{2.4 \times 1.4} = 0.63 > 0.48$, 满足;

综上,最经济合理的为选项 C。

15. [答案] D

[解析] 根据《建筑地基处理技术规范》(JGJ 79—2012)第7.9.6条、7.9.8条。

CFG 桩置换率 m_1 : $m_1 = \dfrac{6 \times 3.14 \times 0.2^2}{2.0 \times 3.0} = 0.126$

碎石桩置换率 m_2 : $m_2 = \dfrac{9 \times 3.14 \times 0.15^2}{2.0 \times 3.0} = 0.106$

$$f_{spk} = m_1 \frac{\lambda_1 R_{a1}}{A_{p1}} + \beta[1 - m_1 + m_2(n-1)]f_{sk}$$

$$= 0.126 \times \frac{0.9 \times 600}{3.14 \times 0.2^2} + 1.0 \times [1 - 0.126 + 0.106 \times (2-1)] \times 120$$

$$= 659 \text{kPa}$$

$$\zeta_1 = \frac{f_{spk}}{f_{ak}} = \frac{659}{100} = 6.6$$

16. [答案] B

[解析] 一根水泥土桩的水泥重量为:

$$m_1 = \frac{3.14 \times 0.3^2 \times 12 \times 18 \times 0.15}{10} = 0.92 \text{ kg}$$

水泥的体积: $V_1 = \dfrac{m_1}{\rho_1} = \dfrac{0.92}{3.0} = 0.31 \text{m}^3$

水的体积: $V_2 = \dfrac{m_2}{\rho_2} = \dfrac{0.92 \times 0.55}{\rho_2} = 0.51 \text{m}^3$

水泥浆体积: $V = V_1 + V_2 = 0.51 + 0.31 = 0.82 \text{ m}^3$

17. [答案] C

[解析]《建筑边坡工程技术规范》(GB 50330—2013)附录 A.0.3条。

$P_n = 0$

$$P_i = P_{i-1}\psi_{i-1} + T_i - \frac{R_i}{F_{st}} = 1150 \times 0.8 + 6000 - \frac{6600 + F}{1.35} = 0$$

解得: $F = 2742 \text{kN/m}$

$M = FLd\cos\alpha = 2742 \times 4 \times 4\cos15° = 42377 \text{kN} \cdot \text{m}$

18. [答案] C

[解析] 中砂层: $K_{a1} = \tan^2\left(45° - \dfrac{\varphi_1}{2}\right) = \tan^2\left(45° - \dfrac{30°}{2}\right) = \dfrac{1}{3}$

粗砂层: $K_{a2} = \tan^2\left(45° - \dfrac{\varphi_2}{2}\right) = \tan^2\left(45° - \dfrac{36°}{2}\right) = 0.26$

$K_0 = \dfrac{Gb}{E_a z_f} = 1.71$

$E_a z_f = \dfrac{Gb}{1.71} = \dfrac{350 \times 2.15}{1.71} = 440$

增加超载后:

$$K_1 = \frac{Gb}{E_a z_f + qK_{a1}h_1\left(h_2 + \dfrac{h_1}{2}\right) + qK_{a2}\dfrac{h_2^2}{2}}$$

$$= \frac{350 \times 2.15}{440 + 20 \times \frac{1}{3} \times 3 \times \left(5 + \frac{3}{2}\right) + 20 \times 0.26 \times \frac{5^2}{2}}$$

$$= 1.19$$

$$\Delta K = K_0 - K_1 = 1.71 - 1.19 = 0.52$$

19. [答案] C

[解析]《铁路路基支挡结构设计规范》(TB 10025—2019)第6.2.4条、3.3.2条。

地面处主动土压力强度：$e_{a1} = qK_a = 20 \times 0.377 = 7.54$

6m处主动土压力强度：$e_{a2} = (q + \gamma h)K_a = (20 + 18 \times 6) \times 0.377 = 48.26$

主动土压力：$E = \frac{1}{2}(e_{a1} + e_{a2})h = \frac{1}{2} \times (7.54 + 48.26) \times 6 = 167.4$

$$K_c \leqslant \frac{R}{T} = \frac{[N + (E'_x - E_p)\tan\alpha_0]f + E_p}{E'_x - N\tan\alpha_0}$$

$$= \frac{[450 + 167.4\sin(10° + 20°)] \times 0.36}{167.4\cos(10° + 20°)}$$

$$= 1.33$$

20. [答案] B

[解析] $F_s = \dfrac{W\cos\beta\tan\varphi + cl}{W\sin\beta} = \dfrac{450\cos42°\tan18° + cl}{450\sin42°} = 1.0$

解得：$cl = 192.45$

$$F_{s1} = \frac{[W\cos\beta + P\sin(\alpha + \beta)]\tan\varphi + cl + P\cos(\alpha + \beta)}{W\sin\beta}$$

$$= \frac{[450\cos42° + P\sin(15° + 42°)]\tan18° + 192.45 + P\cos(15° + 42°)}{450\sin42°}$$

$$= 1.5$$

解得：$P = 184\text{kN/m}$

21. [答案] C

[解析]《建筑基坑支护技术规程》(JGJ 120—2012)第3.1.3条、4.2.4条。

基坑一旦变形对周边环境产生影响严重，则为二级基坑，抗隆起安全系数为1.6。

$$N_q = \tan^2\left(45° + \frac{\varphi}{2}\right)e^{\pi\tan\varphi} = \tan^2\left(45° + \frac{10°}{2}\right)e^{\pi\tan10°} = 2.47$$

$$N_c = \frac{N_q - 1}{\tan\varphi} = \frac{2.47 - 1}{\tan10°} = 8.34$$

$$\frac{\gamma_{m2}l_d N_q + cN_c}{\gamma_{m1}(h + l_d) + q_0} \geqslant K_b$$

$$l_d \geqslant \frac{K_b q_0 + K_b \gamma_{m1} h - cN_c}{N_q \gamma_{m2} - K_b \gamma_{m1}} = \frac{1.6 \times 20 + 1.6 \times 18.5 \times 6 - 10 \times 8.34}{2.47 \times 18.5 - 1.6 \times 18.5} = 7.84\text{m}$$

22. [答案] D

[解析]《建筑基坑支护技术规程》(JGJ 120—2012)第3.4.2条。

$$K_p = \tan^2\left(45° + \frac{\varphi}{2}\right) = \tan^2\left(45° + \frac{30°}{2}\right) = 3.00$$

桩端处：$p_{pk}=(\sigma_{pk}-u_p)K_p+2c\sqrt{K_p}+u_p=(20\times5-10\times5)\times3+10\times5=200$

$E_{pk}=\dfrac{1}{2}\times p_{pk}\times l_d=\dfrac{1}{2}\times200\times5=500kN/m$

静力平衡：$E_{pk}+N_k=E_{ak}$

$N_k=E_{ak}-E_{pk}=900-500=400kN/m$

支撑间距为6m，$N_k=sN_k=6\times400=2400kN$

$N=\gamma_0\gamma_F N_k=1.1\times1.25\times2400=3300kN$

23. [答案] D

[解析]《建筑基坑支护技术规程》(JGJ 120—2012)附录C.0.1条。

$\dfrac{D\gamma}{h_w\gamma_w}\geqslant K_h$

$\dfrac{\gamma_w\Delta h+4\times18}{10\times9}\geqslant1.1$

解得：$\Delta h\geqslant2.7m$

24. [答案] B

[解析]《铁路工程特殊岩土勘察规程》(TB 10038—2012)附录D。

$\eta=\dfrac{\Delta Z}{h-\Delta Z}=\dfrac{194.75-194.62}{2.5-(194.75-194.62)}=0.055=5.5\%,3.5<\eta=5.5\leqslant6$

$\omega_p+2=23+2=25<\omega=27<\omega_p+5=23+5=28$

$h_w=3.2-2.5=0.7<2.0$

由表D.0.1得：冻胀类别为冻胀。

因为$\omega_p=23>22$，冻胀性降低一级，为弱冻胀。

25. [答案] C

[解析]1m处的$\omega=28.9\%>1.2\omega_p=1.2\times22.4\%=26.9\%$，根据《膨胀土地区建筑技术规范》(GB 50112—2013)第5.2.7条，地基变形量可按收缩变形量计算。

湿度系数为0.7，由表5.2.12得，大气影响深度为4.0m。

$\Delta\omega_1=\omega_1-\psi_w\omega_p=0.289-0.7\times0.224=0.132$

$\Delta\omega_i=\Delta\omega_1-(\Delta\omega_1-0.01)\dfrac{z_i-1}{z_{sn}-1}$

$=0.132-(0.132-0.01)\times\dfrac{\left(4.0-\dfrac{4.0-1.8}{2}\right)-1}{4.0-1}$

$=0.055$

$s_s=\psi_s\sum\limits_{i=1}^{n}\lambda_{si}\cdot\Delta\omega_i\cdot h_i=0.8\times0.2\times0.055\times2200=19.4mm$

26. [答案] C

[解析]《湿陷性黄土地区建筑标准》(GB 50025—2018)第4.4.3条、4.4.4条、4.4.6条。

关中地区，查表4.4.3得：$\beta_0=0.9$。则

$$\Delta_{zs}=\beta_0\sum_{i=1}^{n}\delta_{zsi}h_i=0.9\times(0.020+0.018+0.015)\times1000=47.7\text{mm}<70\text{mm}$$

为非自重湿陷性场地。

$$\Delta_s=\sum_{i=1}^{n}\alpha\beta\delta_{si}h_i=1.0\times1.5\times(0.068+0.042+0.062+0.026)\times1000+$$
$$1.0\times1.0\times(0.017+0.019+0.029+0.016)\times1000$$
$$=378\text{mm}$$

查表4.4.6得:湿陷等级为Ⅱ级。

由表6.1.5得:多层建筑,非自重湿陷性场地,湿陷等级为Ⅱ级。最小处理厚度为2.0m,且下部未处理湿陷性黄土层的湿陷起始压力不宜小于100kPa。最小处理厚度为4.0m。

27.[答案] C

[解析] $d=(12-2+3)\tan25°=6.1\text{m}$

28.[答案] D

[解析] 由《建筑抗震设计规范》(GB 50011—2010)表4.1.6知:覆盖层厚度为9m,场地类别为Ⅱ类。

9度,罕遇地震,根据表5.1.4-1得:$\alpha_{max}=1.4$

Ⅱ类场地,第三组,根据表5.1.4-2:$T_g=0.45$s;罕遇地震,$T_g=0.45+0.05=0.50$s

$T=2.45<5T_g=2.50$

$$\alpha=\left(\frac{T_g}{T}\right)^{\gamma}\eta_2\alpha_{max}=\left(\frac{0.50}{2.45}\right)^{0.9}\times1.0\times1.40=0.335$$

29.[答案] B

[解析] 由《建筑抗震设计规范》(GB 50011—2010)第4.3.3条知:液化土层为粉砂层。

设计基本地震加速度0.15g,根据表4.3.4得:$N_0=10$;设计地震分组为第三组,$\beta=1.05$

$$N_{cr}=N_0\beta[\ln(0.6d_s+1.5)-0.1d_w]$$
$$=10\times1.05\times[\ln(0.6\times5+1.5)-0.1\times1.0]=14.74$$

$$I_{lE}=\sum_{i=1}^{n}\left(1-\frac{N_i}{N_{cri}}\right)d_iW_i=\left(1-\frac{5}{14.74}\right)\times2\times10=13.2$$

30.[答案] A

[解析]《建筑地基基础设计规范》(GB 50007—2011)附录H.0.10条。

1号试验点:$\frac{4.2}{3}=1.4<1.5$,取1.4;

2号试验点:$\frac{3.0}{3}=1.0<1.2$,取1.0;

3号试验点:$\frac{5.4}{3}=1.8<2.7$,取1.8。

岩石地基承载力取3点小值,即1.0MPa。

2017 年案例分析试题(上午卷)

1. 对某工程场地中的碎石土进行重型圆锥动力触探试验,测得重型圆锥动力触探击数为 25 击/10cm,试验钻杆长度为 15m,在试验完成时地面以上的钻杆余尺为 1.8m,则确定该碎石土的密实度为下列哪个选项?(注:重型圆锥动力触探头长度不计)　　(　　)

　(A)松散　　　　　(B)稍密　　　　　(C)中密　　　　　(D)密实

2. 某城市轨道工程的地基土为粉土,取样后测得土粒相对密度为 2.71,含水量为 35%,密度为 $\rho = 1.75\mathrm{g/cm^3}$,在粉土地基上进行平板载荷试验,圆形承压板的面积为 0.25m²,在各级荷载作用下测得承压板的沉降量如下表所示。请按《城市轨道交通岩土工程勘察规范》(GB 50307—2012)确定粉土层的地基承载力为下列哪个选项?　(　　)

题 2 表

加载 p(kPa)	20	40	60	80	100	120	140	160	180	200	220	240	260	280
沉降量 s(mm)	1.33	2.75	4.16	5.58	7.05	8.39	9.93	11.42	12.71	14.18	15.53	17.02	18.45	20.65

　(A)121kPa　　　　　(B)140kPa　　　　　(C)158kPa　　　　　(D)260kPa

3. 取某粉质黏土试样进行三轴固结不排水压缩试验,施加周围压力为 200kPa,测得初始孔隙水压力为 196kPa,待土试样固结稳定后再施加轴向压力直至试样破坏,测得土样破坏时的轴向压力为 600kPa,孔隙水压力为 90kPa,试样破坏时孔隙水压力系数为下列哪个选项?　　(　　)

　(A)0.17　　　　　(B)0.23　　　　　(C)0.30　　　　　(D)0.50

4. 某公路隧道走向 80°,其围岩产状 50°∠30°,现需绘制沿隧道走向的地质剖面(水平与垂直比例尺一致),问剖面图上地层视倾角取值最接近下列哪个选项?　　(　　)

　(A)11.2°　　　　　(B)16.1°　　　　　(C)26.6°　　　　　(D)30°

5. 墙下条形基础,作用于基础底面中心的竖向力为每延米 300kN,弯矩为每延米 150kN·m,拟控制基底反力作用有效宽度不小于基础宽度的 0.8 倍,满足此要求的基础宽度最小值最接近下列哪个选项?　　(　　)

　(A)1.85m　　　　　(B)2.15m　　　　　(C)2.55m　　　　　(D)3.05m

6. 在地下水位很深的场地上,均质厚层细砂地基的平板载荷试验结果如下表所示,正方形压板边长为 $b = 0.7$m,土的重度 $\gamma = 19\mathrm{kN/m^3}$,细砂的承载力修正系数 $\eta_b = 2.0$,$\eta_d = 3.0$。在进行边长 2.5m、埋置深度 $d = 1.5$m 的方形柱基础设计时,根据载荷试验结果按 $s/b = 0.015$ 确定且按《建筑地基基础设计规范》(GB 50007—2011)的要求进行修正的地基承载力特征值最接近下列何值?　　(　　)

$p(kPa)$	25	50	75	100	125	150	175	200	250	300
$s(mm)$	2.17	4.20	6.44	8.61	10.57	14.07	17.50	21.07	31.64	49.91

(A)150kPa   (B)180kPa   (C)200kPa   (D)220kPa

7. 条形基础宽 2m,基础埋深 1.5m,地下水位在地面下 1.5m,地面下土层厚度及有关的试验指标见下表,相应于荷载效应标准组合时,基底处平均压力为 160kPa,按《建筑地基基础设计规范》(GB 50007—2011)对软弱下卧层②进行验算,其结果符合下列哪个选项? ( )

序号	土的类别	土层厚度 (m)	天然重度 (kN/m³)	饱和重度 (kN/m³)	压缩模量 (MPa)	地基承载力特征值 $f_{ak}(kPa)$
①	粉砂	3	20	20	12	160
②	黏粒含量大于10%的粉土	5	17	17	3	70

(A)软弱下卧层顶面处附加压力为 78kPa ,软弱下卧层承载力满足要求
(B)软弱下卧层顶面处附加压力为 78kPa ,软弱下卧层承载力不满足要求
(C)软弱下卧层顶面处附加压力为 87kPa ,软弱下卧层承载力满足要求
(D)软弱下卧层顶面处附加压力为 87kPa ,软弱下卧层承载力不满足要求

8. 某承受轴心荷载的柱下独立基础如图所示(图中尺寸单位为 mm),混凝土强度等级为 C30。问:根据《建筑地基基础设计规范》(GB 50007—2011),该基础可承受的最大冲切力设计值最接近下列哪项数值?(C30 混凝土轴心抗拉强度设计值为 1.43N/mm²,基础主筋的保护层厚度为 50mm) ( )

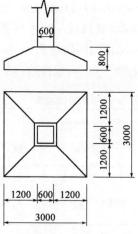

题 8 图(尺寸单位:mm)

(A)1000kN   (B)2000kN   (C)3000kN   (D)4000kN

2017 年案例分析试题(上午卷)

9. 某筏板基础,平面尺寸为12m×20m,其地质资料如图所示,地下水位在地面处。相应于作用效应准永久组合时基础底面的竖向合力 $F=18000kN$,力矩 $M=8200kN \cdot m$,基底压力按线性分布计算。按照《建筑地基基础设计规范》(GB 50007—2011)规定的方法,计算筏板基础长边两端 A 点与 B 点之间的沉降差值(沉降计算经验系数 $\psi_s=1.0$),其值最接近以下哪个数值? ( )

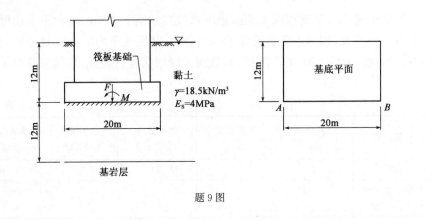

题 9 图

(A)10mm (B)14mm (C)20mm (D)41mm

10. 某构筑物基础拟采用摩擦型钻孔灌注桩承受竖向荷载和水平荷载,设计桩长10.0m,桩径800mm,当考虑桩基承受水平荷载时,下列桩身配筋长度符合《建筑桩基技术规范》(JGJ 94—2008)的最小值的是哪个选项?(不考虑承台锚固筋长度及地震作用与负摩阻力,桩、土的相关参数:$EI=4.0×10^5 kN \cdot m^2$,$m=10MN/m^4$) ( )

(A)10.0m (B)9.0m (C)8.0m (D)7.0m

11. 某多层建筑采用条形基础,宽度1m,其地质条件如图所示,基础底面埋深为地面下2m,地基承载力特征值为120kPa,可以满足承载力要求,拟采用减沉复合疏桩基础减小基础沉降,桩基设计采用桩径为600mm的钻孔灌注桩,桩端进入第②层土2m,如果桩沿条形基础的中心线单排均匀布置,根据《建筑桩基技术规范》(JGJ 94—2008),下列桩间距选项中哪一个最适宜?(传至条形基础顶面的荷载 $F_k=120kN/m$,基础底面以上土和承台的重度取20kN/m³,承台面积控制系数 $\xi=0.6$,承台效应系数 $\eta_c=0.6$) ( )

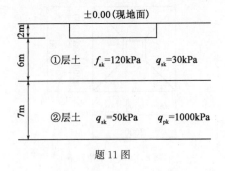

题 11 图

(A)4.2m (B)3.6m (C)3.0m (D)2.4m

12. 某建筑桩基,作用于承台顶面的荷载效应标准组合偏心竖向力为 5000kN,承台及其上土自重的标准值为 500kN,桩的平面布置和偏心竖向力作用点位置见图示。问承台下基桩最大竖向力最接近下列哪个选项?(不考虑地下水的影响,图中尺寸单位为 mm)

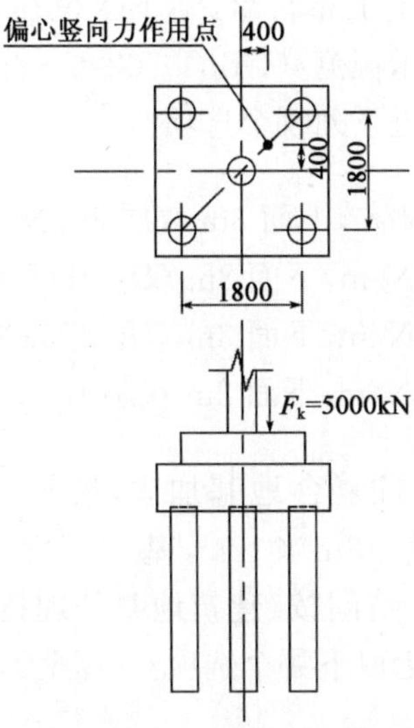

（ ）

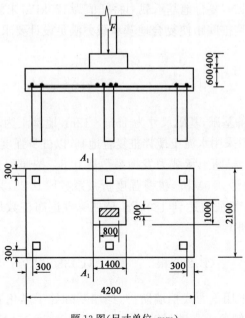

偏心竖向力作用点

$F_k=5000kN$

题 12 图(尺寸单位:mm)

(A)1270kN   (B)1820kN   (C)2010kN   (D)2210kN

13. 某柱下阶梯式承台如图所示,方桩截面为 0.3m×0.3m,承台混凝土强度等级为 C40($f_c=19.1MPa$, $f_t=1.71MPa$)。根据《建筑桩基技术规范》(JGJ 94—2008),计算所得变阶处斜截面 A_1-A_1 的抗剪承载力设计值最接近下列哪个选项?(图中尺寸单位为 mm)

（ ）

F

600 400

A_1

300

1000

2100

300

800

300

300   1400   300

A_1

4200

题 13 图(尺寸单位:mm)

2017 年案例分析试题(上午卷)

(A)1500kN　　　　　(B)1640kN　　　　　(C)1730kN　　　　　(D)3500kN

14. 某高填土路基,填土高度 5.0m,上部等效附加荷载按 30kPa 考虑,无水平附加荷载,采用满铺水平复合土工织物按 1m 厚度等间距分层加固,已知填土重度 $\gamma=18kN/m^3$,侧压力系数 $K_a=0.6$,不考虑土工布自重,地下水位在填土以下,综合强度折减系数 3.0。按《土工合成材料应用技术规范》(GB/T 50290—2014)选用的土工织物极限抗拉强度及铺设合理组合方式最接近下列哪个选项?　　　　　　　　　　　　　(　)

(A)上面 2m 单层 80kN/m,下面 3m 双层 80kN/m
(B)上面 3m 单层 100kN/m,下面 2m 双层 100kN/m
(C)上面 2m 单层 120kN/m,下面 3m 双层 120kN/m
(D)上面 3m 单层 120kN/m,下面 2m 双层 120kN/m

15. 某高层建筑采用 CFG 桩复合地基加固,桩长 12m,复合地基承载力特征值 $f_{spk}=500kPa$,已知基础尺寸为 48m×12m,基础埋深 $d=3m$,基底附加压力 $p_0=450kPa$,地质条件如下表所示。请问按《建筑地基处理技术规范》(JGJ 79—2012)估算板底地基中心点最终沉降最接近以下哪个选项?(算至①层底)　　　(　)

题 15 表

层序	土层名称	层底埋深(m)	压缩模量 E_s(MPa)	承载力特征值 f_{ak}(kPa)
①	粉质黏土	27	12	200

(A)65mm　　　　　(B)80mm　　　　　(C)90mm　　　　　(D)275mm

16. 某工程要求地基处理后的承载力特征值达到 200kPa,初步设计采用振冲碎石桩复合地基,桩径取 0.8m,桩长取 10m,正三角形布桩,桩间距 1.8m,经现场试验测得单桩承载力特征值为 200kN,复合地基承载力特征值为 170kPa,未能达到设计要求。若其他条件不变,只通过调整桩间距使复合地基承载力满足设计要求,请估算合适的桩间距最接近下列哪个选项?　　　　　　　　　　　　　　　　　　　　(　)

(A)1.0m　　　　　(B)1.2m　　　　　(C)1.4m　　　　　(D)1.6m

17. 有一个大型设备基础,基础尺寸为 15m×12m,地基土为软塑状态的黏性土,承载力特征值为 80kPa,拟采用水泥土搅拌桩复合地基,以桩身强度控制单桩承载力,单桩承载力发挥系数取 1.0,桩间土承载力发挥系数取 0.5。按照配比试验结果,桩身材料立方体抗压强度平均值为 2.0MPa,桩身强度折减系数取 0.25,采用桩径 $d=0.5m$,设计要求复合地基承载力特征值达到 180kPa,请估算理论布桩数最接近下列哪个选项?(只考虑基础范围内布桩)　　　　　　　　　　　　　　　　　　　　　　　(　)

(A)180 根　　　　　(B)280 根　　　　　(C)380 根　　　　　(D)480 根

18. 如图所示填土采用重力式挡墙防护,挡墙基础处于风化岩层中,墙高 6.0m,墙体自重 260kN/m,墙背倾角 15°,填料以建筑弃土为主,重度 17kN/m³,对墙背的摩擦角

2017 年案例分析试题(上午卷)

为 7°,土压力 186kN/m,墙底倾角 10°,墙底摩擦系数 0.6。为了使墙体抗滑移安全系数 K 不小于 1.3,挡土墙后地面附加荷载 q 的最大值接近下列哪个选项? （　　）

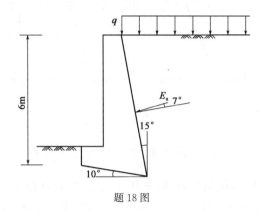

题 18 图

　　(A)10kPa　　　　　　(B)20kPa　　　　　　(C)30kPa　　　　　　(D)40kPa

　　19. 图示的某硬质岩质边坡结构面 BFD 的倾角 $\beta=30°$,内摩擦角 $\varphi=15°$,黏聚力 $c=16$kPa。原设计开挖坡面 ABC 的坡率为 1:1,块体 BCD 沿 BFD 的抗滑安全系数 $K_1=1.2$。为了增加公路路面宽度,将坡面改到 EC,坡率变为 1:0.5,块体 CFD 自重 $W=520$kN/m。如果要求沿结构面 FD 的抗滑安全系数 $K=2.0$,需增加的锚索拉力 P 最接近下列哪个选项?（锚索下倾角 $\lambda=20°$） （　　）

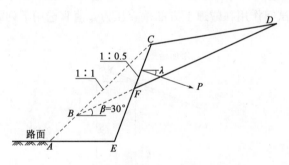

题 19 图

　　(A)145kN/m　　　　(B)245kN/m　　　　(C)345kN/m　　　　(D)445kN/m

　　20. 某一滑坡体体积为 12000m³,重度为 $\gamma=20$kN/m³,滑面倾角为 35°,内摩擦角 $\varphi=30°$,黏聚力 $c=0$,综合水平地震系数 $\alpha_w=0.1$ 时,按《建筑边坡工程技术规范》(GB 50330—2013)计算该滑坡体在地震作用时的稳定安全系数最接近下列哪个选项? （　　）

　　(A)0.52　　　　　　　(B)0.67　　　　　　　(C)0.82　　　　　　　(D)0.97

　　21. 如图所示,挡墙背直立、光滑、填土表面水平,墙高 $H=6$m,填土为中砂,天然重度 $\gamma=18$kN/m³,饱和重度 $\gamma_{sat}=20$kN/m³,水上水下内摩擦角均为 $\varphi=32°$,黏聚力 $c=0$。挡土墙建成后如果地下水位上升到 4.0m,作用在挡墙上的压力与无水位时相比,增加的压力最接近下列哪个选项? （　　）

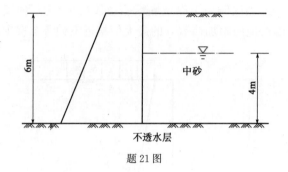

题 21 图

(A)10kN/m   (B)60kN/m   (C)80kN/m   (D)100kN/m

22. 在饱和软黏土中开挖条形基坑,采用 11m 长的悬臂钢板桩支护,桩顶与地面齐平。已知软土的饱和重度 $\gamma=17.8kN/m^3$,土的十字板剪切试验的抗剪强度 $\tau=40kPa$,地面超载为 10kPa。按照《建筑地基基础设计规范》(GB 50007—2011),为满足钢板桩入土深度底部土体抗隆起稳定性要求,此基坑最大开挖深度最接近下列哪一个选项?　　　　　　( )

(A)3.0m   (B)4.0m   (C)4.5m   (D)5.0m

23. 如下图所示的傍山铁路单线隧道,岩体属 V 级围岩,地面坡率1:2.5,埋深 16m,隧道跨度 $B=7m$,隧道围岩计算摩擦角 $\varphi_c=45°$,重度 $\gamma=20kN/m^3$。隧道顶板土柱两侧内摩擦角 $\theta=30°$。试问作用在隧道上方的垂直压力 q 值宜选用下列哪个选项?　　( )

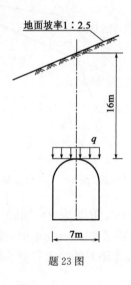

题 23 图

(A)150kPa   (B)170kPa   (C)190kPa   (D)220kPa

24. 某湿陷性砂土上的厂房采用独立基础,基础尺寸为 2m×1.5m,埋深 2.0m,在地上采用面积为 0.25m² 的方形承压板进行浸水载荷试验,试验结果如下表。按照《岩土工程勘察规范》(GB 50021—2001)(2009 年版),该地基的湿陷等级为下列哪个选项?　　( )

试验代表深度(m)	岩 土 类 型	附加湿陷量
0~2	砂土	8.5
2~4	砂土	7.8
4~6	砂土	5.2
6~8	砂土	1.2
8~10	砂土	0.9
>10	基岩	—

(A)Ⅰ   (B)Ⅱ   (C)Ⅲ   (D)Ⅳ

25. 某季节性冻土层为黏性土,冻前地面标高为 250.235m,ω_p=21%,ω_L=45%,冬季冻结后地面标高为 250.396m,冻土层底面处标高为 248.181m。根据《建筑地基基础设计规范》(GB 50007—2011),该季节性冻土层的冻胀等级和类别为下列哪个选项? ( )

(A)Ⅱ级,弱冻胀   (B)Ⅲ级,冻胀

(C)Ⅳ级,强冻胀   (D)Ⅴ级,特强冻胀

26. 拟开挖一高度为 8m 的临时性土质边坡,如下图所示。由于基岩面较陡,边坡开挖后土体易沿基岩面滑动,破坏后果严重。根据《建筑边坡工程技术规范》(GB 50330—2013)稳定性计算结果见下表,当按该规范的要求治理时,边坡剩余下滑力最接近下列哪一选项? ( )

题 26 表

条块编号	滑面倾角(°)	下滑力(kN/m)	抗滑力(kN/m)	传递系数	稳定系数 F_s
①	39.0	40.44	16.99	0.920	
②	30.0	242.62	95.68	0.940	0.45
③	23.0	277.45	138.35	—	

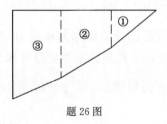

题 26 图

(A)336kN/m   (B)338kN/m   (C)346kN/m   (D)362kN/m

27. 某公路工程场地地面下的黏土层厚 4m,其下为细砂,层厚 12m,再下为密实的卵石层,整个细砂层在 8 度地震条件下将产生液化。已知细砂层的液化抵抗系数 C_e=0.7,若采用桩基础,桩身穿过整个细砂层范围,进入其下的卵石层中。根据《公路工程抗震规范》(JTG B02—2013),试求桩长范围内细砂层的桩侧阻力折减系数最接近下列哪个选项? ( )

2017 年案例分析试题(上午卷)

(A) $\dfrac{1}{4}$ (B) $\dfrac{1}{3}$ (C) $\dfrac{1}{2}$ (D) $\dfrac{2}{3}$

28. 某 8 层民用建筑,高度 30m,宽 10m,场地抗震设防烈度为 7 度,拟采用天然地基,基础底面上下均为硬塑黏性土,重度为 19kN/m³,孔隙比 $e=0.80$,地基承载力特征值 $f_{ak}=150kPa$。条形基础底面宽度 $b=2.5m$,基础埋置深度 $d=5.5m$。按地震作用效应标准组合进行抗震验算时,在容许最大偏心情况下,基础底面处所能承受的最大竖向荷载最接近下列哪个选项的数值? ( )

(A) 250kN/m (B) 390kN/m
(C) 470kN/m (D) 500kN/m

29. 某建筑场地抗震设防烈度为 8 度,设计基本地震加速度 $0.2g$,设计地震分组为第二组,地下水位于地表下 3m,某钻孔揭示的地层及标贯资料如表所示。经初判,场地饱和砂土可能液化,试计算该钻孔的液化指数最接近下列哪个选项?(为简化计算,表中试验点数及深度为假设) ( )

题 29 表

土层序号	土名	土层厚度(m)	标贯试验深度(m)	标贯击数	黏粒含量(%)
①	黏土	1			
②	粉土	10	6	6	14
			8	7	
③	粉砂	5	12	18	3
			14	24	
④	细砂	6	17	25	2
			19	25	
⑤	黏土	3			

(A) 0 (B) 1.6 (C) 13.7 (D) 19

30. 某工程采用深层平板载荷试验确定地基承载力,共进行了 S_1、S_2 和 S_3 三个试验点,各试验点数据如下表,请按照《建筑地基基础设计规范》(GB 50007—2011)判定该层地基承载力特征值最接近下列何值?(取 $\dfrac{s}{d}=0.015$ 所对应的荷载作为承载力特征值) ( )

题 30 表

荷载 (kPa)	S_1	S_2	S_3
	累计沉降量(mm)	累计沉降量(mm)	累计沉降量(mm)
1320	2.31	3.24	1.61
1980	6.44	7.47	6.09
2640	10.98	13.06	11.12
3300	15.77	21.49	17.02

荷载 (kPa)	S_1	S_2	S_3
	累计沉降量(mm)	累计沉降量(mm)	累计沉降量(mm)
3960	20.68	31.19	23.69
4620	26.66	42.39	34.83
5280	34.26	56.02	50.36
5940	43.01	79.26	67.38
6600	52.21	104.56	84.93

(A)2570kPa   (B)2670kPa

(C)2770kPa   (D)2870kPa

标 准 答 案

本试卷由 30 道题组成,全部为单项选择题。考生可任选 25 道题作答。每题 2 分,满分为 50 分。若考生在答题卡或试卷上的作答超过 25 道题,则按题目序号从小到大的顺序对作答的前 25 道题计分及复评试卷,其他作答题目无效。

1	C	2	B	3	B	4	C	5	B
6	B	7	A	8	D	9	A	10	C
11	B	12	D	13	C	14	C	15	B
16	C	17	B	18	B	19	B	20	B
21	B	22	B	23	D	24	B	25	B
26	C	27	C	28	D	29	B	30	B

解 题 过 程

1.[答案] C

[解析]《岩土工程勘察规范》(GB 50021—2001)(2009 年版)附录 B、第 3.3.8 条。

$N'_{63.5} = 25, L = 15.0$

查表 B.0.1,插值得:$\alpha_1 = 0.595$

$N_{63.5} = \alpha_1 \cdot N'_{63.5} = 0.595 \times 25 = 14.9 \approx 15$ 击

$10 < N_{63.5} = 15 < 20$

查表 3.3.8-1 得:碎石土的密实度为中密。

2.[答案] B

[解析]《城市轨道交通岩土工程勘察规范》(GB 50307—2012)第 15.6.8 条。

$$e = \frac{G_s \gamma_w (1+\omega)}{\gamma} - 1 = \frac{2.71 \times 10 \times (1+0.35)}{17.5} - 1 = 1.09 > 0.9$$

由表格数据可知,$p\text{-}s$ 曲线为缓变曲线,查表 15.6.8-1 得:粉土密实度为稍密。

(1)由最大加载量确定的地基土承载力

最大加载量为 280kPa,由最大加载量确定的地基土承载力为 140kPa。

(2)由 s/d 确定的承载力

$$d = \sqrt{\frac{4A}{\pi}} = \sqrt{\frac{4 \times 0.25}{\pi}} = 0.564$$

$s/d = 0.020, s = 0.020d = 0.020 \times 564 = 11.28\text{mm}$

则由 s/d 确定的承载力为

$$f_{ak} = 140 + \frac{160-140}{11.42-9.93} \times (11.28-9.93) = 158 > 140$$

综上,地基土承载力为 140kPa。

3. [答案] B

[解析] $B = \dfrac{\Delta u}{\Delta \sigma_3} = \dfrac{196}{200} = 0.98$

$\bar{A} = \dfrac{\Delta u}{\Delta \sigma_1} = \dfrac{90}{600 - 200} = 0.225$

$A = \dfrac{\bar{A}}{B} = \dfrac{0.225}{0.98} = 0.23$

4. [答案] C

[解析] 将真倾角换算成视倾角。

$$\tan\beta = n \cdot \tan\alpha \cdot \sin\omega$$

式中:α——真倾角为 $30°$;

$\quad$ n——纵横比例之比值,$n = 1$;

$\quad$ ω——岩层走向和剖面走向之夹角,为 $60°$。

$\quad$ $\tan\beta = 1 \times \tan30° \times \sin60° = 0.5$

$\quad$ $\beta = 26.6°$

5. [答案] B

[解析] $e = \dfrac{M}{F} = \dfrac{150}{300} = 0.5\text{m}$

$a = \dfrac{b}{2} - e = \dfrac{b}{2} - 0.5$

$3a \geqslant 0.8b$

解得:$b \geqslant 2.14\text{m}$

6. [答案] B

[解析]《建筑地基基础设计规范》(GB 50007—2011)第 5.2.5 条。

计算由 s/b 确定的地基承载力特征值:

$s/b = 0.015, s = 0.015d = 0.015 \times 700 = 10.5\text{mm}$

由题表可得,承载力为 125kPa。

$f_a = f_{ak} + \eta_b\gamma(b - 3) + \eta_d\gamma_m(d - 0.5)$

$\quad = 125 + 2.0 \times 19 \times (3 - 3) + 3.0 \times 19 \times (1.5 - 0.5) = 182\text{kPa}$

7. [答案] A

[解析]《建筑地基基础设计规范》(GB 50007—2011)第 5.2.4 条、5.2.7 条。

$\gamma_m = \dfrac{1.5 \times 20 + 1.5 \times 10}{3} = 15$

$f_{az} = f_{ak} + \eta_d\gamma_m(d - 0.5) = 70 + 1.5 \times 15 \times (3 - 0.5) = 126.25$

$p_c = \gamma h = 20 \times 1.5 = 30$

$p_{cz} = \gamma_m d = 15 \times 3.0 = 45$

$\dfrac{E_{s1}}{E_{s2}} = \dfrac{12}{3} = 4, \dfrac{z}{b} = \dfrac{1.5}{2.0} = 0.75$

查表 5.2.7，插值得，θ 为 24°。

$$p_z=\frac{b(p_k-p_c)}{b+2z\tan\theta}=\frac{2\times(160-30)}{2+2\times1.5\tan24°}=78\text{kPa}$$

$$f_{az}=f_{ak}+\eta_d\gamma_m(d-0.5)=70+1.5\times15\times(3-0.5)=126.25$$

$$p_z+p_{cz}=78+45=123\leqslant f_{az}=126.25$$

软弱下卧层承载力满足要求。

8. [答案] D

[解析]《建筑地基基础设计规范》(GB 50007—2011)第 8.2.8 条。

$a_t=0.6\text{m}$

$h_0=0.8-0.05-0.01=0.74\text{m}$

$a_m=a_t+h_0=0.6+0.74=1.34\text{m}$

因独立基础承受轴心荷载，四个面均为最不利。

$4a_m=4\times1.34=5.36\text{m}$

$h=0.8,\beta_{hp}=1.0$

$F_l=0.7\beta_{hp}f_t4a_mh_0=0.7\times1.0\times1430\times5.36\times0.74=3970\text{kN}$

9. [答案] A

[解析]《建筑地基基础设计规范》(GB 50007—2011)第 5.2.2 条、5.3.5 条。

$$e=\frac{M}{F}=\frac{8200}{18000}=0.46<\frac{b}{6}=\frac{20}{6}=3.33$$

为小偏心。

$$\Delta p=p_{max}-p_{min}=2\frac{M}{W}=2\times\frac{8200}{\frac{12\times20^2}{6}}=20.5\text{kPa}$$

$$\frac{l}{b}=\frac{12}{20}=0.6,\frac{z}{b}=\frac{12}{20}=0.6$$

查表得：$\bar\alpha_A=0.1966,\bar\alpha_B=0.0355$

$$\Delta s_{AB}=\psi_s\frac{\Delta p}{E_{si}}(z\bar\alpha_A-z\bar\alpha_B)=1.0\times\frac{20.5}{4}\times(12\times0.1966-12\times0.0355)=9.9\text{mm}$$

10. [答案] C

[解析]《建筑桩基技术规范》(JGJ 94—2008)第 4.1.1 条、5.7.5 条。

$d=0.8<1.0$

$b_0=0.9\times(1.5d+0.5)=0.9\times(1.5\times0.8+0.5)=1.53$

$$\alpha=\sqrt[5]{\frac{mb_0}{EI}}=\sqrt[5]{\frac{10\times10^3\times1.53}{4.0\times10^5}}=0.52$$

摩擦桩配筋长度不应小于 2/3 桩长，即 $\frac{2}{3}h=\frac{2}{3}\times10=6.7$

当承受水平荷载时，配筋长度尚不宜小于 $4.0/\alpha$，即 $\frac{4.0}{\alpha}=\frac{4.0}{0.52}=7.7\text{m}$

综上，配筋长度不宜小于 7.7m。

11.[答案] B

[解析]《建筑桩基技术规范》(JGJ 94—2008)第5.6.1条、5.3.5条。

$$A_c = \xi \frac{F_k + G_k}{f_{ak}} = 0.6 \times \frac{120 + 1 \times 20 \times 2}{120} = 0.8$$

$$Q_{uk} = Q_{sk} + Q_{pk} = u \sum q_{sik} l_i + q_{pk} A_p$$

$$= 3.14 \times 0.6 \times (30 \times 6 + 50 \times 2) + 1000 \times 3.14 \times 0.3^2 = 810 \text{kN}$$

$$R_a = \frac{Q_{uk}}{2} = \frac{810}{2} = 405 \text{kN}$$

$$n \geqslant \frac{F_k + G_k - \eta_c f_{ak} A_c}{R_a} = \frac{120 + 1 \times 2 \times 20 - 0.6 \times 120 \times 0.8}{405} = 0.25$$

每延米布置0.25根桩,最大桩间距为

$$\frac{1}{0.25} = 4.0 \text{m}$$

12.[答案] D

[解析]《建筑桩基技术规范》(JGJ 94—2008)第5.1.1条。

$$M_{xk} = M_{yk} = F_k e = 5000 \times 0.4 = 2000$$

$$N_{ik} = \frac{F_k + G_k}{n} + \frac{M_{xk} y_i}{\sum y_i^2} + \frac{M_{yk} x_i}{\sum x_i^2} = \frac{5000 + 500}{5} + \frac{2000 \times 0.9}{4 \times 0.9^2} + \frac{2000 \times 0.9}{4 \times 0.9^2} = 2211 \text{kN}$$

13.[答案] C

[解析]《建筑桩基技术规范》(JGJ 94—2008)第5.9.10条。

$$a_x = \frac{4.2}{2} - \frac{1.4}{2} - 0.3 - 0.3 = 0.8$$

$$\lambda_x = \frac{a_x}{h_0} = \frac{0.8}{0.6} = 1.3$$

$$\alpha = \frac{1.75}{\lambda + 1} = \frac{1.75}{1.3 + 1} = 0.8$$

$$\beta_{hs} = \left(\frac{800}{h_0}\right)^{1/4} = \left(\frac{800}{800}\right)^{1/4} = 1.0 (h_0 < 800 \text{mm 时,取 } h_0 = 800 \text{mm})$$

$$\beta_{hs} \alpha f_t b_0 h_0 = 1.0 \times 0.8 \times 1710 \times 2.1 \times 0.6 = 1724 \text{kN}$$

另解:假如把小数点多保留一位。

$$a_x = \frac{4.20}{2} - \frac{1.40}{2} - 0.30 - 0.30 = 0.80$$

$$\lambda_x = \frac{a_x}{h_0} = \frac{0.8}{0.6} = 1.33$$

$$\alpha = \frac{1.75}{\lambda + 1} = \frac{1.75}{1.33 + 1} = 0.75$$

$$\beta_{hs} = \left(\frac{800}{h_0}\right)^{1/4} = \left(\frac{800}{800}\right)^{1/4} = 1.0 (h_0 < 800 \text{mm 时,取 } h_0 = 800 \text{mm})$$

$$\beta_{hs} \alpha f_t b_0 h_0 = 1.0 \times 0.75 \times 1710 \times 2.1 \times 0.6 = 1616 \text{kN}$$

注:此题不严谨,推测标准答案是选项C,但似乎选项B更合理。

14. [答案] C

[解析]《土工合成材料应用技术规范》(GB/T 50290—2014)第3.1.3条、7.3.5条。

$$T_a = \frac{T}{RF}$$

$$T = T_a RF = 3T_a, \quad T_a = \frac{T}{3}$$

$$T_i = [(\sigma_{vi} + \sum \Delta \sigma_{vi})K_i + \sigma_{hi}]s_{vi}/A_r$$

$$\frac{T_a}{T_i} \geq 1, \quad T_a \geq T_i$$

假设上面2m单层,则

第1层:$T_i = [(1 \times 18 + 30) \times 0.6] \times 1.0/1.0 = 28.8$

$T_a \geq T_i$,解得:$T \geq 86.4$

第2层:$T_i = [(2 \times 18 + 30) \times 0.6] \times 1.0/1.0 = 39.6$

$T_a \geq T_i$,解得:$T \geq 118.8$

选项A错误。

假设上面3m单层,则

第1层:$T_i = [(1 \times 18 + 30) \times 0.6] \times 1.0/1.0 = 28.8$

$T_a \geq T_i$,解得:$T \geq 86.4$

第2层:$T_i = [(2 \times 18 + 30) \times 0.6] \times 1.0/1.0 = 39.6$

$T_a \geq T_i$,解得:$T \geq 118.8$

第3层:$T_i = [(3 \times 18 + 30) \times 0.6] \times 1.0/1.0 = 50.4$

$T_a \geq T_i$,解得:$T \geq 151.2$

选项B、D错误。

因此,只有选项C正确。

15. [答案] B

[解析]《建筑地基处理技术规范》(JGJ 79—2012)第7.1.7条、7.1.8条。

$$\xi = \frac{f_{spk}}{f_a} = \frac{500}{200} = 2.5$$

$$E_{sp} = \xi E_s = 2.5 \times 12 = 30\text{MPa}$$

$$l = 24.0\text{m}, \quad b = 6.0\text{m}$$

各参数计算结果见表。

题15解表

z_i(m)	l/b	z/b	$\bar{\alpha}_i$	$4z_i\bar{\alpha}_i$	$4(z_i\bar{\alpha}_i - z_{i-1}\bar{\alpha}_{i-1})$
0	4.0	0	0.2500	0	
12.0	4.0	2.0	0.2012	9.6576	9.6576
24.0	4.0	4.0	0.1485	14.2560	4.5984

$$\overline{E}_s = \frac{\sum\limits_{i=1}^{n} A_i + \sum\limits_{j=1}^{m} A_j}{\sum\limits_{i=1}^{n} \dfrac{A_i}{E_{spi}} + \sum\limits_{j=1}^{m} \dfrac{A_j}{E_{sj}}} = \frac{14.2560}{\dfrac{9.6576}{30} + \dfrac{4.5984}{12}} = 20.2\text{MPa}$$

查表 7.1.8 得：$\psi_s = 0.25$

$$s = \psi_s \sum_{i=1}^{n} \frac{p_0}{E_{si}} (z_i \bar{\alpha}_i - z_{i-1} \bar{\alpha}_{i-1}) = 0.25 \times \left(\frac{450}{30} \times 9.6576 + \frac{450}{12} \times 4.5984 \right) = 79.3\text{mm}$$

16. [答案] C

[解析]《建筑地基处理技术规范》(JGJ 79—2012)第 7.1.5 条。

$$f_{spk} = [1 + m(n-1)]f_{sk}$$

$$d_e = 1.05s$$

(1)初步设计

$$m = \frac{d^2}{d_e^2} = \frac{d^2}{(1.05s)^2} = \frac{0.8^2}{(1.05 \times 1.8)^2} = 0.179$$

$$n = \frac{R_a / A_p}{f_{sk}} = \frac{200/(3.14 \times 0.4^2)}{f_{sk}} = \frac{398}{f_{sk}}$$

$$170 = [1 + 0.179(n-1)]f_{sk}$$

解得：$f_{sk} = 120\text{kPa}, n = 3.3$

(2)调整设计后

$$m = \frac{\dfrac{f_{spk}}{f_{sk}} - 1}{n - 1} = \frac{\dfrac{200}{120} - 1}{3.3 - 1} = 0.290$$

$$s = \frac{d}{1.05\sqrt{m}} = \frac{0.8}{1.05 \times \sqrt{0.290}} = 1.41\text{m}$$

17. [答案] B

[解析]《建筑地基处理技术规范》(JGJ 79—2012)第 7.1.6 条。

$$R_a = \eta f_{cu} A_p = 0.25 \times 2000 \times 3.14 \times 0.25^2 = 98\text{kN}$$

$$f_{spk} = \lambda m \frac{R_a}{A_p} + \beta(1-m)f_{sk}$$

$$m = \frac{f_{spk} - \beta f_{sk}}{\lambda \dfrac{R_a}{A_p} - \beta f_{sk}} = \frac{180 - 0.5 \times 80}{\dfrac{1.0 \times 98}{3.14 \times 0.25^2} - 0.5 \times 80} = 0.305$$

$$m = \frac{nA_p}{A}$$

$$n = \frac{mA}{A_p} = \frac{0.305 \times 15 \times 12}{3.14 \times 0.25^2} = 280 \text{ 根}$$

18. [答案] B

[解析] $E_a = \dfrac{1}{2}\gamma H^2 K_a = \dfrac{1}{2} \times 17 \times 6^2 \times K_a = 186$

解得：$K_a = 0.608$

$$F_s = \frac{(G_n + E_{an})\mu}{E_{at} - G_t} = \frac{[260\cos10° + E_a\cos58°] \times 0.6}{E_a\sin58° - 260\sin10°} \geqslant 1.3$$

解得：$E_a \leqslant 271$

$$E_a = 186 + qK_a h = 186 + 3.648q \leqslant 271$$

解得：$q \leqslant 23.3\text{kPa}$

19. [答案] B

[解析] 过点 C 做 BD 的垂线 CG，如图所示。

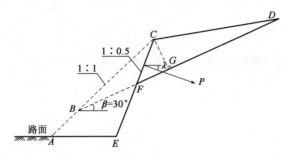

题 19 解图

$$W_1 = \frac{1}{2} \gamma \times BD \times CG$$

$$F_{s1} = \frac{W_1 \cos\beta \tan\varphi + cl_1}{W_1 \sin\beta} = \frac{\frac{1}{2}\gamma \times BD \times CG \times \cos 30° \tan 15° + 16 \times BD}{\frac{1}{2}\gamma \times BD \times CG \times \sin 30°} = 1.2$$

解得：$\gamma \times CG = 86.97$

$$W_2 = \frac{1}{2}\gamma \times DF \times CG = 520$$

解得：$DF = 11.96\text{m}$

$$F_{s2} = \frac{[W_2\cos\beta + P\sin(\alpha+\beta)]\tan\varphi + cl_2 + P\cos(\alpha+\beta)}{W_2\sin\beta}$$

$$F_{s2} = \frac{[520\cos 30° + P\sin(30°+20°)]\tan 15° + 16 \times 11.96 + P\cos(30°+20°)}{520\sin 30°} = 2.0$$

解得：$P = 245\text{kN/m}$

注：本题也可推导出坡率改变前后的滑体 CBD 和滑体 CFD 的高 CG 不变，安全系数相等且均为 1.20，算出 CFD 的抗滑力。

20. [答案] B

[解析]《建筑边坡工程技术规范》(GB 50330—2013) 第 5.2.6 条、附录 A。

$$G = \gamma V = 12000 \times 20 = 240000\text{kN/m}$$

$$Q_c = \alpha_w G = 0.1 \times 240000 = 24000\text{kN/m}$$

$$F_s = \frac{R}{T} = \frac{(G\cos\theta - Q_c\sin\theta)\tan\varphi + cl}{G\sin\theta + Q_c\cos\theta}$$

$$= \frac{(240000\cos 35° - 24000\sin 35°)\tan 30° + 0}{240000\sin 35° + 24000\cos 35°} = 0.67$$

21. [答案] B

[解析] (1) 无水时

$$K_{a1} = \tan^2\left(45° - \frac{\varphi_1}{2}\right) = \tan^2\left(45° - \frac{32°}{2}\right) = 0.307$$

$$p_{ak1} = (q + \gamma h)K_{a1} = (0 + 18 \times 6) \times 0.307 = 33.16$$

$$E_{a1} = \frac{1}{2} p_{ak1} h = \frac{1}{2} \times 33.16 \times 6 = 99.48$$

(2)水位上升后

$$K_{a2} = \tan^2 \left(45° - \frac{\varphi_2}{2}\right) = \tan^2 \left(45° - \frac{32°}{2}\right) = 0.307$$

2m 水位处：$p_{ak1} = (q + \gamma_1 h_1) K_{a2} = (0 + 18 \times 2) \times 0.307 = 11.05$

6m 墙底处：$p_{ak2} = (q + \gamma h_1 + \gamma' h_2) K_{a2} + \gamma_w h_w = (0 + 18 \times 2 + 10 \times 4) \times 0.307 + 10 \times 4 = 63.33$

$$E_{a2} = \frac{1}{2} p_{ak1} h_1 + \frac{1}{2} (p_{ak1} + p_{ak2}) h_2$$

$$= \frac{1}{2} \times 11.05 \times 2.0 + \frac{1}{2} \times (11.05 + 63.33) \times 4.0 = 159.81$$

土压力增加 $\Delta E_a = E_{a2} - E_{a1} = 159.81 - 99.48 = 60.33 \text{kN/m}$

22. [答案] B

[解析]《建筑地基基础设计规范》(GB 50007—2011)附录 V。

$$K_D = \frac{N_c \tau_0 + \gamma t}{\gamma(h + t) + q}$$

$K_D \geqslant 1.6, h + t = 11.0$

$$\frac{5.14 \times 40 + 17.8 t}{17.8 \times 11 + 10} = 1.6$$

解得：$t = 6.9 \text{m}$

$h = 11 - t = 11 - 6.9 = 4.1 \text{m}$

23. [答案] D

[解析]《铁路隧道设计规范》(TB 10003—2016)第 5.1.6 条、5.1.7 条及条文说明、附录 E。

(1)确定计算断面的深浅埋类型

$\omega = 1 + i(B - 5) = 1 + 0.1 \times (7 - 5) = 1.20$

$h = 0.45 \times 2^{s-1} \omega = 0.45 \times 2^{5-1} \times 1.20 = 8.64$

$2.5 h_a = 2.5 \times 8.64 = 21.6 > H = 16$，故为浅埋隧道。

(2)确定是否为偏压隧道

覆盖层厚度 t：

$$\frac{16 + 3.5}{t + 3.5} = \frac{\sqrt{1^2 + 2.5^2}}{2.5}$$

解得：$t = 14.6 \text{m}$

因 $t = 14.6 > 10$，地表坡率 1：2.5，单线隧道，V 级围岩。

由条文说明表 5.1.7-1 得：该隧道为非偏压隧道。

(3)计算垂直压力

由附录 E 得：

$$\tan\beta = \tan\varphi_c + \sqrt{\frac{(\tan^2\varphi_c + 1)\tan\varphi_c}{\tan\varphi_c - \tan\theta}}$$

$$= \tan45° + \sqrt{\frac{(\tan^2 45° + 1)\tan 45°}{\tan 45° - \tan 30°}} = 3.175$$

$$\lambda = \frac{\tan\beta - \tan\varphi_c}{\tan\beta[1 + \tan\beta(\tan\varphi_c - \tan\theta) + \tan\varphi_c\tan\theta]}$$

$$= \frac{3.175 - 1}{3.175[1 + 3.175(1 - \tan 30°) + \tan 30°]} = 0.235$$

$$q = \gamma h\left(1 - \frac{\lambda h \tan\theta}{B}\right) = 20 \times 16 \times \left(1 - \frac{0.235 \times 16 \times \tan 30°}{7.0}\right) = 220.8\ \text{kPa}$$

24. [答案] B

[解析]《岩土工程勘察规范》(GB 50021—2001)(2009 年版)第 6.1.5 条、6.1.6 条。

$$\Delta s = \sum_{i=1}^{n}\beta\Delta F_{si}h_i$$

$\dfrac{\Delta F_{si}}{b} < 0.023$ 不计入,即 $\Delta F_{si} < 0.023 \times 50 = 1.15\text{cm}$ 不计入。

由表中数据可得,8～10m 土层不计入。

$$\Delta s = \sum_{i=1}^{n}\beta\Delta F_{si}h_i = 0.020 \times (7.8 \times 200 + 5.2 \times 200 + 1.2 \times 200) = 56.8\text{cm}$$

$30 < \Delta s = 56.8 < 60, 8 - 2 = 6 > 3$。

查表 6.1.6 得:湿陷等级为 Ⅱ 级。

25. [答案] B

[解析]《建筑地基基础设计规范》(GB 50007—2011)第 5.1.7 条、附录 G。

$z_d = 250.235 - 248.181 = 2.054\text{m}$

$\Delta z = 250.396 - 250.235 = 0.161\text{m}$

$$\eta = \frac{\Delta z}{z_d} = \frac{0.161}{2.054} = 0.078 = 7.8\%$$

$6\% < \eta = 7.8\% < 12\%$

查表 G.0.1 得:冻胀等级Ⅳ,强冻胀。

但 $I_p = w_L - w_P = 45 - 21 = 24 > 22$,冻胀性降低一级。

该土层最后判定为Ⅲ级、冻胀。

26. [答案] C

[解析]《建筑边坡工程技术规范》(GB 50330—2013)第 3.2.1 条、5.3.2 条。

土质边坡,$H = 8 < 10$,破坏后果严重。

查表 3.2.1 得:边坡工程安全等级为二级。

二级临时边坡,查表 5.3.2 得:边坡稳定安全系数 $F_{st} = 1.20$。

(1)边坡治理前

$\psi_1 = \cos(\theta_1 - \theta_2) - \sin(\theta_1 - \theta_2)\tan\varphi_2/F_s$

$= \cos(39° - 30°) - \sin(39° - 30°)\tan\varphi_2/0.45 = 0.920$

解得:$\tan\varphi_2 = 0.195$

$\psi_2 = \cos(\theta_2 - \theta_3) - \sin(\theta_2 - \theta_3)\tan\varphi_3/F_s$

$= \cos(30° - 23°) - \sin(30° - 23°)\tan\varphi_3/0.45 = 0.940$

解得:$\tan\varphi_3 = 0.194$

(2)边坡治理后

$$\psi_1 = \cos(\theta_1 - \theta_2) - \sin(\theta_1 - \theta_2)\tan\varphi_2/F_s$$
$$= \cos(39° - 30°) - \sin(39° - 30°) \times 0.195/1.20 = 0.962$$

$$\psi_2 = \cos(\theta_2 - \theta_3) - \sin(\theta_2 - \theta_3)\tan\varphi_3/F_s$$
$$= \cos(30° - 23°) - \sin(30° - 23°) \times 0.194/1.20 = 0.973$$

$$P_1 = P_0\psi_0 + T_1 - R_1/F_s = 0 + 40.44 - 16.99/1.20 = 26.28\text{kN/m}$$
$$P_2 = P_1\psi_1 + T_2 - R_2/F_s = 26.28 \times 0.962 + 242.62 - 95.68/1.20 = 188.17\text{kN/m}$$
$$P_3 = P_2\psi_2 + T_3 - R_3/F_s = 188.17 \times 0.973 + 277.45 - 138.35/1.20 = 345.25\text{kN/m}$$

27. [答案] C

[解析]《公路工程抗震规范》(JTG B02—2013)第4.4.2条。

$C_e = 0.7$

查表4.4.2,分层采用加权平均:

$$\psi_l = \frac{6 \times \dfrac{1}{3} + 6 \times \dfrac{2}{3}}{12} = \frac{1}{2}$$

28. [答案] D

[解析]《建筑地基基础设计规范》(GB 50007—2011)第5.2.4条。

硬塑黏性土,孔隙比0.80,可知:$\eta_b = 0.3$,$\eta_d = 1.6$

$$f_a = f_{ak} + \eta_b\gamma(b-3) + \eta_d\gamma_m(d-0.5)$$
$$= 150 + 0.3 \times 19 \times (3-3) + 1.6 \times 19 \times (5.5-0.5) = 302\text{kPa}$$

《建筑抗震设计规范》(GB 50011—2010)第4.2.3条、4.2.4条。

$$f_{aE} = \zeta_a f_a = 1.3 \times 302 = 393\text{kPa}$$

$$p_{max} = 1.2f_{aE} = 1.2 \times 393 = 471\text{kPa}$$

最大偏心,高宽比:30/10 = 3.0 < 4.0

$$3al = (1 - 0.15) \times 2.5 \times 1.0 < 2.125$$

$$p_{max} = \frac{2(F_k + G_k)}{3la} = 471$$

$$F_k + G_k = \frac{3laP_{max}}{2} = \frac{2.125 \times 471}{2} = 500\text{kN/m}$$

29. [答案] B

[解析]《建筑抗震设计规范》(GB 50011—2010)第4.3.4条、4.3.5条。

已知②粉土层黏粒含量为14%,抗震设防烈度为8度,由规范4.3.3条可知粉土不液化。

设计基本地震加速度0.20g,根据表4.3.4得:$N_0 = 12$;设计地震分组为第二组,$\beta = 0.95$。

$$N_{cr} = N_0\beta[\ln(0.6d_s + 1.5) - 0.1d_w]\sqrt{3/\rho_c}$$

12m处:$N_{cr1} = 12 \times 0.95 \times [\ln(0.6 \times 12 + 1.5) - 0.1 \times 3.0]\sqrt{3/3} = 21.2 > N = 18$,液化。

14m处:$N_{cr2} = 12 \times 0.95 \times [\ln(0.6 \times 14 + 1.5) - 0.1 \times 3.0]\sqrt{3/3} = 22.7 < N = 24$,

不液化。

17m 处：$N_{cr3}=12\times0.95\times[\ln(0.6\times17+1.5)-0.1\times3.0]\sqrt{3/3}=24.6<N=25$，不液化。

19m 处：$N_{cr4}=12\times0.95\times[\ln(0.6\times19+1.5)-0.1\times3.0]\sqrt{3/3}=25.7>N=25$，液化。

各参数计算结果见表。

题 29 解表

液化点深度(m)	d_i	$d_{i中点}$	W_i
12.0	2.0	12.0	$10-\dfrac{12-5}{20-5}\times(10-0)=5.33$
19.0	2.0	19.0	$10-\dfrac{19-5}{20-5}\times(10-0)=0.67$

$$I_{lE}=\sum_{i=1}^{n}\left(1-\frac{N_i}{N_{cri}}\right)d_iW_i=\left(1-\frac{18}{21.2}\right)\times2\times5.33+\left(1-\frac{25}{25.7}\right)\times2\times0.67=1.65$$

30. **[答案]** B

[解析]《建筑地基基础设计规范》(GB 50007—2011)附录 D。

(1)试验点 S1

从题表中数据可以看出,无比例界限;

极限荷载为 6600kPa,由极限荷载确定的承载力特征值为 3300kPa;

由 $s/d=0.015$ 确定承载力特征值：

$s=0.015d=0.015\times800=12.0$mm

$f_{ak1}=2640+\dfrac{3300-2640}{15.77-10.98}\times(12.0-10.98)=2780kPa<3300$kPa

故试验点 S1 承载力特征值为 2780kPa。

(2)试验点 S2

从题表中数据可以看出,无比例界限;

极限荷载为 6600kPa,由极限荷载确定的承载力特征值为 3300kPa;

由 $s/d=0.015$ 确定的承载力特征值：

$s=0.015d=0.015\times800=12.0$mm

$f_{ak2}=1980+\dfrac{2640-1980}{13.06-7.47}\times(12.0-7.47)=2515kPa<3300$kPa

故试验点 S2 承载力特征值为 2515kPa。

(3)试验点 S3

从题表中数据可以看出,无比例界限;

极限荷载为 6600kPa,由极限荷载确定的承载力特征值为 3300kPa;

由 $s/d=0.015$ 确定的承载力特征值：

$s=0.015d=0.015\times800=12.0$mm

$f_{ak3}=2640+\dfrac{3300-2640}{17.02-11.12}\times(12.0-11.12)=2738kPa<3300$kPa

故试验点 S3 承载力特征值为 2738kPa。

三者平均值：$\dfrac{2780+2515+2738}{3}=2678\text{kPa}$

极差：$2780-2515=265<2678\times0.3=803\text{kPa}$

综上，承载力特征值为 2678kPa。

2017 年案例分析试题(下午卷)

1.室内定水头渗透试验,试样高度 40mm,直径 75mm,测得试验时的水头损失为 46mm,渗水量为每 24 小时 3520cm³,问该试样土的渗透系数最接近下列哪个选项? ( )

  (A)1.2×10⁻⁴cm/s   (B)3.0×10⁻⁴cm/s

  (C)6.2×10⁻⁴cm/s   (D)8.0×10⁻⁴cm/s

2.取土试样进行压缩试验,测得土样初始孔隙比 0.85,加载至自重压力时孔隙比为 0.80。根据《岩土工程勘察规范》(GB 50021—2001)(2009 年版)相关说明,用体积应变评价该土样的扰动程度为下列哪个选项? ( )

  (A)几乎未扰动   (B)少量扰动

  (C)中等扰动   (D)很大扰动

3.某抽水试验,场地内深度 10.0~18.0m 范围内为均质、各向同性等厚、分布面积很大的砂层,其上下均为黏土层,抽水孔孔深 20.0m,孔径为 200mm,滤水管设置于深度 10.0~18.0m 段。另在距抽水孔中心 10.0m 处设置观测孔,原始稳定地下水位埋深为 1.0m,以水量为 1.6L/s 长时间抽水后,测得抽水孔内稳定水位埋深为 7.0m,观测孔水位埋深为 2.8m,则含水层的渗透系数 k 最接近以下哪个选项? ( )

  (A)1.4m/d   (B)1.8m/d

  (C)2.6m/d   (D)3.0m/d

4.某公路工程采用电阻应变式十字板剪切试验估算软土路基临界高度,测得未扰动土剪损时最大微应变值 $R_y = 300\mu\varepsilon$,传感器的率定系数 $\xi = 1.585 \times 10^{-4} kN/\mu\varepsilon$,十字板常数 $K = 545.97m^{-2}$,取峰值强度的 0.7 倍作为修正后现场不排水抗剪强度,据此估算的修正后软土的不排水抗剪强度最接近下列哪个选项? ( )

  (A)12.4kPa   (B)15.0kPa

  (C)18.2kPa   (D)26.0kPa

5.均匀深厚地基上,宽度为 2m 的条形基础,埋深 1m,受轴向荷载作用。经验算地基承载力不满足设计要求,基底平均压力比地基承载力特征值大了 20kPa;已知地下水位在地面下 8m,地基承载力的深度修正系数为 1.60,水位以上土的平均重度为 19kN/m³,基础及台阶上土的平均重度为 20kN/m³。如采用加深基础埋置深度的方法以提高地基承载力,将埋置深度至少增大到下列哪个选项时才能满足设计要求? ( )

  (A)2.0m   (B)2.5m   (C)3.0m   (D)3.5m

6. 某饱和软黏土地基上的条形基础,基础宽度 3m,埋深 2m,在荷载 F、M 共同作用下,该地基发生滑动破坏,已知圆弧滑动面如图(图中尺寸单位为 mm)所示,软黏土饱和重度 16kN/m³,滑动面上土的抗剪强度指标:$c = 20$kPa,$\varphi = 0$。上部结构传至基础顶面中心的竖向力 $F = 360$kN/m,基础及基础以上土体的平均重度为 20kN/m³,求地基发生滑动破坏时作用于基础上的力矩 M 的最小值最接近下列何值? （ ）

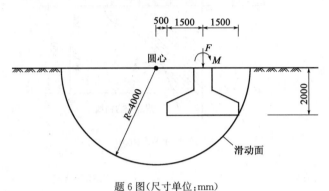

题 6 图(尺寸单位:mm)

(A)45kN·m/m

(B)118kN·m/m

(C)237kN·m/m

(D)285kN·m/m

7. 某 3m×4m 矩形独立基础如图(图中尺寸单位为 mm)所示,基础埋深 2.5m,无地下水。已知上部结构传递至基础顶面中心的力为 $F = 2500$kN,力矩为 $M = 300$kN·m。假设基础底面压力线性分布,求基础底面边缘的最大压力最接近下列何值?(基础及其上土体的平均重度为 20kN/m³) （ ）

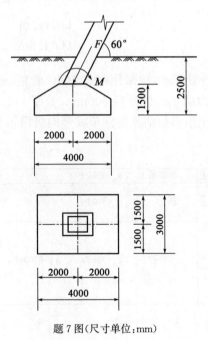

题 7 图(尺寸单位:mm)

(A)407kPa　　　(B)427kPa　　　(C)465kPa　　　(D)506kPa

8.某矩形基础,底面尺寸2.5m×4.0m,基底附加压力 $p_0=200$ kPa,基础中心点下地基附加应力曲线如图所示。问:基底中心点下深度 1.0～4.5m 范围内附加应力曲线与坐标轴围成的面积 A(图中阴影部分)最接近下列何值?(图中尺寸单位为 mm) ( )

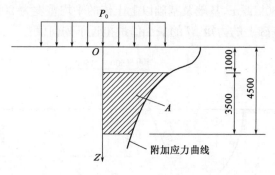

题8图(尺寸单位:mm)

(A)274kN/m   (B)308kN/m

(C)368kN/m   (D)506kN/m

9.位于均质黏性土地基上的钢筋混凝土条形基础,基础宽度为 2.4m,上部结构传至基础顶面相应于荷载效应标准组合时的竖向力为 300kN/m,该力偏心距为 0.1m,黏性土地基天然重度 18.0kN/m³,孔隙比 0.83,液性指数 0.76,地下水位埋藏很深。由载荷试验确定的地基承载力特征值 $f_{ak}=130$ kPa,基础及基础上覆土的加权平均重度取 20.0kN/m³。根据《建筑地基基础设计规范》(GB 50007—2011)验算,经济合理的基础埋深最接近下列哪个选项的数值? ( )

(A)1.1m   (B)1.2m

(C)1.8m   (D)1.9m

10.某工程地质条件如图所示,拟采用敞口 PHC 管桩,承台底面位于自然地面下 1.5m,桩端进入中粗砂持力层 4m,桩外径 600mm,壁厚 110mm。根据《建筑桩基技术规范》(JGJ 94—2008),由土层参数估算得到单桩竖向极限承载力标准值最接近下列哪个选项? ( )

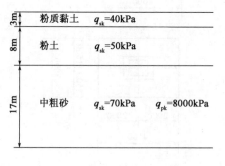

题10图

(A)3656kN   (B)3474kN   (C)3205kN   (D)2749kN

11. 某工程采用低承台打入预制实心方桩,桩的截面尺寸为 500mm×500mm,有效桩长 18m。桩为正方形布置,距离为 1.5m×1.5m,地质条件及各层土的极限侧阻力、极限端阻力以及桩的入土深度、布桩方式如图所示。根据《建筑桩基技术规范》(JGJ 94—2008)和《建筑抗震设计规范》(GB 50011—2010),在轴心竖向力作用下,进行桩基抗震验算时所取用的单桩竖向抗震承载力特征值最接近下列哪个选项?(地下水位于地表下 1m)   (   )

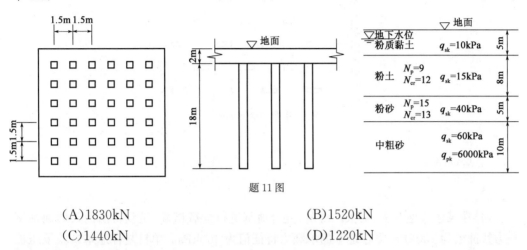

题 11 图

(A)1830kN   (B)1520kN
(C)1440kN   (D)1220kN

12. 某地下结构采用钻孔灌注桩作抗浮桩,桩径 0.6m,桩长 15.0m,承台平面尺寸 27.6m×37.2m,纵横向按等间距布桩,桩中心距 2.4m,边桩中心距承台边缘 0.6m,桩数为 12×16=192 根,土层分布及桩侧土的极限侧摩阻力标准值如图所示。粉砂抗拔系数取 0.7,细砂抗拔系数取 0.6,群桩基础所包围体积内的桩土平均重度取 18.8kN/m³,水的重度取 10kN/m³。根据《建筑桩基技术规范》(JGJ 94—2008)计算,当群桩呈整体破坏时,按荷载效应标准组合计算基桩能承受的最大上拔力接近下列何值?   (   )

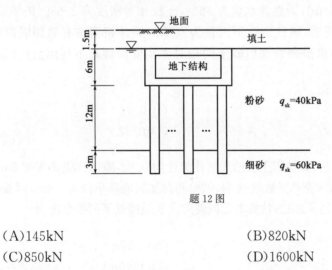

题 12 图

(A)145kN   (B)820kN
(C)850kN   (D)1600kN

13. 某深厚软黏土地基,采用堆载预压法处理,塑料排水带宽度 100mm,厚度 5mm,平面布置如图所示。按照《建筑地基处理技术规范》(JGJ 79—2012),求塑料排水带竖

井的井径比 n 最接近下列何值?(图中尺寸单位为 mm)　　　　　　　　　( )

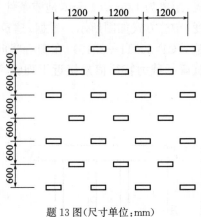

题 13 图(尺寸单位:mm)

(A)13.5   (B)14.3

(C)15.2   (D)16.1

14. 在某建筑地基上,对天然地基、复合地基进行静载试验,试验得出的天然地基承载力特征值为 150kPa,复合地基的承载力特征值为 400kPa。单桩复合地基试验承压板为边长 1.5m 的正方形,刚性桩直径 0.4m,试验加载至 400kPa 时测得刚性桩桩顶处轴力为 550kN。问桩间土承载力发挥系数最接近下列何值?　　　　　　　　　　　　( )

(A)0.8   (B)0.95

(C)1.1   (D)1.25

15. 某砂土场地,试验得砂土的最大、最小孔隙比为 0.92、0.60。地基处理前,砂土的天然重度为 15.8kN/m³,天然含水量为 12%,土粒相对密度为 2.68。该场地经振冲挤密法(不加填料)处理后,场地地面下沉量为 0.7m,振冲挤密法有效加固深度 6.0m(从处理前地面算起),求挤密处理后砂土的相对密实度最接近下列何值?(忽略侧向变形)　　　　　　　　　　　　　　　　　　　　　　　　　　　　　( )

(A)0.76   (B)0.72

(C)0.66   (D)0.62

16. 碱液法加固地基,拟加固土层的天然孔隙比为 0.82,灌注孔成孔深度 6m,注液管底部在孔口以下 4m,碱液充填系数取 0.64,试验测得加固地基半径为 0.5m,则按《建筑地基处理技术规范》(JGJ 79—2012)估算单孔碱液灌注量最接近下列哪个选项?　　　( )

(A)0.32m³   (B)0.37m³

(C)0.62m³   (D)1.10m³

17. 在黏土的简单圆弧条分法计算边坡稳定中,滑弧的半径为 30m,第 i 土条的宽度为 2m,过滑弧底中心的切线,渗流水面和土条顶部与水平方向所成夹角都是 30°,土条

2017 年案例分析试题(下午卷)

水下高度为 7m,水上高度为 3m,黏土的天然重度和饱和重度 $\gamma=20kN/m^3$。问计算的第 i 土条滑动力矩最接近下列哪个选项?　　　　　　　　　　　　　　　(　　)

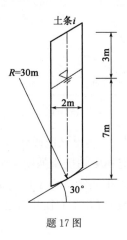

题 17 图

(A)4800kN・m/m　　　　　　　　　(B)5800kN・m/m

(C)6800kN・m/m　　　　　　　　　(D)7800kN・m/m

18.某重力式挡土墙,墙高 6m,墙背竖直光滑,墙后填土为松砂,填土表面水平,地下水与填土表面齐平。已知松砂的孔隙比 $e_1=0.9$,饱和重度 $\gamma_1=18.5kN/m^3$,内摩擦角 $\varphi_1=30°$。挡土墙背后饱和松砂采用不加填料振冲法加固,加固后松砂振冲变密实,孔隙比 $e_2=0.6$,内摩擦角 $\varphi_2=35°$。加固后墙后水位标高假设不变,按朗肯土压力理论,则加固前后墙后每延米上的主动土压力变化值最接近下列哪个选项?　　(　　)

(A)0　　　　　　　　　　　　　　(B)6kN/m

(C)16kN/m　　　　　　　　　　　(D)36kN/m

19.某浆砌石挡墙,墙高 6.0m,顶宽 1.0m,底宽 2.6m,重度 $\gamma=24kN/m^3$,假设墙背直立、光滑,墙后采用砾砂回填,墙顶面以下土体平均重度 $\gamma=19kN/m^3$,综合内摩擦角 $\varphi=35°$,假定地面的附加荷载为 $q=15kPa$,该挡墙的抗倾覆稳定系数最接近以下哪个选项?　　　　　　　　　　　　　　　　　　　　　　　　　　(　　)

(A)1.45　　　　　　　　　　　　(B)1.55

(C)1.65　　　　　　　　　　　　(D)1.75

20.图示临水库岩质边坡内有一控制节理面,其水位与水库的水位齐平,假设节理面水上和水下的内摩擦角 $\varphi=30°$,黏聚力 $c=130kPa$,岩体重度 $\gamma=20kN/m^3$,坡顶标高为 40.0m,坡脚标高为 0.0m,水库水位从 30.0m 剧降至 10.0m 时,节理面的水位保持原水位。按《建筑边坡工程技术规范》(GB 50330—2013)相关要求,该边坡沿节理面的抗滑移稳定安全系数下降值最接近下列哪个选项?　　　　　　　　　　(　　)

(A)0.45　　　　　　　　　　　　(B)0.60

(C)0.75　　　　　　　　　　　　(D)0.90

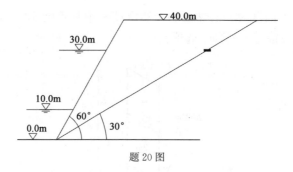

题 20 图

21. 某地下工程穿越一座山体,已测得该地段代表性的岩体和岩石的弹性纵波速分别为 3000m/s 和 3500m/s,岩石饱和单轴抗压强度实测值为 35MPa,岩体中仅有点滴状出水,出水量为 20L/(min·10m),主要结构面走向与洞轴线夹角为 62°,倾角 78°,初始应力为 5MPa。根据《工程岩体分级标准》(GB/T 50218—2014),该项工程岩体质量等级应为下列哪种? （   ）

(A)Ⅱ   (B)Ⅲ   (C)Ⅳ   (D)Ⅴ

22. 已知某建筑基坑工程采用 ϕ700mm 双轴水泥土搅拌桩(桩间搭接 200mm)重力挡土墙支护,其结构尺寸及土层条件如图所示(尺寸单位为 m),请问下列哪个断面格栅形式最经济、合理? （   ）

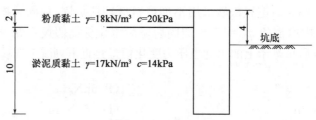

题 22 图(尺寸单位:m)

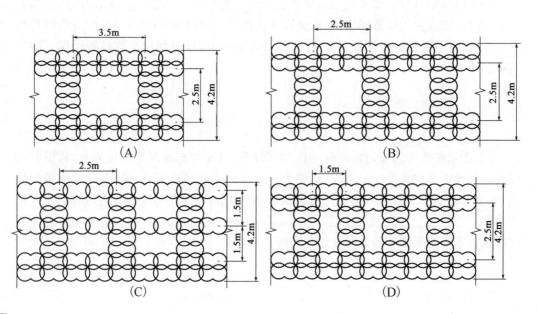

23. 某长 32m、宽 16m 的矩形基坑,开挖深度 6.0m,地表下为粉土层,总厚度 9.5m,下卧隔水层,地下水位潜水,埋深 0.5m,拟采用开放式深井降水,潜水含水层渗透系数 0.2m/d,影响半径 30m,潜水完整井单井设计流量 40m³/d。试问,若要满足坑内地下水在坑底不少于 0.5m,下列完整降水井数量哪个选项最为经济、合理,并画出井位平面布置示意图? （ ）

    (A)一口   (B)两口   (C)三口   (D)四口

24. 某厂房场地初勘揭露覆盖土层为厚度 13m 的黏性土,测试得出所含易溶盐为石盐(NaCl)和无水芒硝(Na₂SO₄),测试结果见下表。当厂房基础埋深按 1.5m 考虑时,试判断盐渍土类型和溶陷等级为下列哪个选项? （ ）

题 24 表

取样深度 (m)	盐分摩尔浓度(mmol/100g)		溶陷系数 δ_{rx} （%）	含盐量 （%）
	$c(Cl^-)$	$c(SO_4^{2-})$		
0~1	35	80	0.040	13.408
1~2	30	65	0.035	10.985
2~3	15	45	0.030	7.268
3~4	5	20	0.025	3.133
4~5	3	5	0.020	0.886
5~7	1	2	0.015	0.343
7~9	0.5	1.5	0.008	0.242
9~11	0.5	1	0.006	0.171
11~13	0.5	1	0.005	0.171

    (A)强盐渍土 Ⅰ级弱溶陷   (B)强盐渍土 Ⅱ级中溶陷
    (C)超盐渍土 Ⅰ级弱溶陷   (D)超盐渍土 Ⅱ级中溶陷

25. 东北某地区多年冻土地基为粉土层,取冻土试样后测得土粒相对密度为 2.70,天然密度为 1.9g/cm³,冻土总含水量为 43.8%,土样溶化后测得密度为 2.0g/cm³,含水量为 25.0%。根据《岩土工程勘察规范》(GB 50021—2001)(2009 年版),该多年冻土的类型为下列哪个选项? （ ）

    (A)少冰冻土   (B)多冰冻土   (C)富冰冻土   (D)饱冰冻土

26. 某膨胀土地基上建一栋三层房屋,采用桩基础,桩顶位于大气影响急剧层内,桩径 500mm,桩端阻力特征值为 500kPa,桩侧阻力特征值为 35kPa,抗拔系数为 0.70,桩顶竖向力为 150kN,经试验测得大气影响急剧层内桩侧土的最大胀拔力标准值为 195kN。按胀缩变形计算考虑,桩端进入大气影响急剧层深度以下的长度应不小于下列哪个选项? （ ）

    (A)0.94m   (B)1.17m   (C)1.50m   (D)2.00m

27. 某均匀黏性土中开挖一路堑,存在如图所示的圆弧滑动面,其半径为14m,滑动面长度28m,通过圆弧滑动面圆心O的垂线将滑体分为两部分,坡里部分的土重$W_1=$1450kN/m,土体重心至圆心垂线距$d_1=4.5$m;坡外部分土重$W_2=350$kN/m,土体重心至圆心垂线距$d_2=2.5$m。问:在滑带土的内摩擦角$\varphi \approx 0$情况下,该路堑极限平衡状态下的滑带土不排水抗剪强度c_u最接近下列哪个选项? （ ）

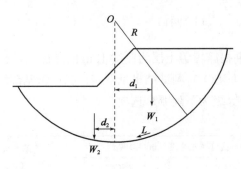

题 27 图

   (A)12.5kPa   (B)14.4kPa
   (C)15.8kPa   (D)17.2kPa

28. 某建筑场地,地面下为中密中砂,其天然重度为18kN/m³,地基承载力特征值为200kPa,地下水位埋深1.0m,若独立基础尺寸为3m×2m,埋深2m,需进行天然地基基础抗震验算,请验算天然地基抗震承载力最接近下列哪一个选项? （ ）

   (A)260kPa   (B)286kPa
   (C)372kPa   (D)414kPa

29. 某高速公路桥梁,单孔跨径150m,基岩场地,区划图上的特征周期$T_g=0.35$s,结构自振周期$T=0.30$s,结构的阻尼比$\xi=0.05$,水平向设计基本地震动峰值加速度$A_h=0.30g$。进行 E1 地震作用下的抗震设计时,按《公路工程抗震规范》(JTG B02—2013)确定该桥梁水平向和竖向设计加速度反应谱是下列哪个选项? （ ）

   (A)0.218g,0.131g (B)0.253g,0.152g
   (C)0.304g,0.182g (D)0.355g,0.213g

30. 对某建筑场地钻孔灌注桩进行单桩水平静载试验,桩径800mm,桩身抗弯刚度$EI=600000$kN·m²,桩顶自由且水平力作用于地面处。根据H-t-Y_0(水平力—时间—作用点位移)曲线判定,水平临界荷载为150kN,相应水平位移为3.5mm。根据《建筑基桩检测技术规范》(JGJ 106—2014)的规定,计算对应水平临界荷载的地基土水平抗力系数的比例系数m最接近下列哪个选项?(桩顶水平位移系数ν_y为2.441) （ ）

   (A)15.0MN/m⁴   (B)21.3MN/m⁴
   (C)30.5MN/m⁴   (D)40.8MN/m⁴

2017年案例分析试题答案(下午卷)

标 准 答 案

本试卷由 30 道题组成,全部为单项选择题。考生可任选 25 道题作答。每题 2 分,满分为 50 分。若考生在答题卡或试卷上的作答超过 25 道题,则按题目序号从小到大的顺序对作答的前 25 道题计分及复评试卷,其他作答题目无效。

1	D	2	C	3	D	4	C	5	A
6	C	7	B	8	B	9	B	10	B
11	B	12	B	13	B	14	C	15	A
16	C	17	B	18	C	19	C	20	D
21	C	22	C	23	B	24	C	25	D
26	D	27	B	28	C	29	B	30	B

解 题 过 程

1.[答案] D

[解析]《土工试验方法标准》(GB/T 50123—2019)第 16.2.3 条。

$$k_T = \frac{QL}{AHt} = \frac{3520 \times 4}{\frac{3.14 \times 7.5^2}{4} \times 4.6 \times 24 \times 60 \times 60} = 8.0 \times 10^{-4} \text{cm/s}$$

2.[答案] C

[解析]《岩土工程勘察规范》(GB 50021—2001)(2009 年版)第 9.4.1 条条文说明。

$$\varepsilon_v = \frac{\Delta V}{V} = \frac{\Delta e}{1+e_0} = \frac{0.85-0.80}{1+0.85} = 0.027 = 2.7\%$$

$$2\% < \varepsilon_v = 2.7\% < 4\%$$

查表 9.1 得:该土扰动程度为中等扰动。

3.[答案] D

[解析]《水利水电工程钻孔抽水试验规程》(SL 320—2005)附录 B。

由题意可知,该抽水试验为承压水完整井。

$$Q = 1.6 \text{L/s} = 1.6 \times 10^{-3} \times 24 \times 60 \times 60 = 138.24 \text{m}^3/\text{d}$$

$$k = \frac{0.366Q}{MS} \lg \frac{R}{r}$$

$$M = 18.0 - 10.0 = 8.0 \text{m}$$

$$S = 7.0 - 1.0 - (2.8 - 1.0) = 4.2 \text{m}$$

$$k = \frac{0.366Q}{MS} \lg \frac{R}{r} = \frac{0.366 \times 138.24}{8.0 \times 4.2} \lg \frac{10}{0.1} = 3.0 \text{m/d}$$

4. [答案] C

[解析]《工程地质手册》(第五版)第281页。

$$S_u = K \cdot \xi \cdot R_y = 545.97 \times 1.585 \times 10^{-4} \times 300 = 25.96 \text{kPa}$$

$$c_u = \mu S_u = 0.7 \times 25.96 = 18.2 \text{kPa}$$

5. [答案] A

(1)基础加深前

$$p_k = f_{ak} + 20$$

(2)基础加深后

$$p_k + 20(d-1) = f_a = f_{ak} + 0 + \eta_d \gamma_m (d-0.5) = f_{ak} + 1.6 \times 19 \times (d-0.5)$$

$$p_k = f_{ak} + 10.4d + 4.8$$

解得:$d = 1.46 \text{m}$

> 注:此题机读答案应为 C,基础加深前基底平均压力与深宽修正后的地基承载力特征值进行对比。人工复评时应进行了更正。

6. [答案] C

[解析]《建筑地基基础设计规范》(GB 50007—2011)第5.4.1条。

$$F_s = \frac{M_R}{M_s} = \frac{20 \times 3.14 \times 4.0 \times 4.0}{M + 360 \times 2.0 + 2.0 \times 3.0 \times (20.0 - 16.0) \times 2.0} = 1.0$$

解得:$M = 237 \text{kN} \cdot \text{m/m}$

7. [答案] B

[解析]《建筑地基基础设计规范》(GB 50007—2011)第5.2.2条。

$$F_x = F\cos 60° = 2500\cos 60° = 1250 \text{kN}$$

$$F_y = F\sin 60° = 2500\sin 60° = 2165 \text{kN}$$

$$e = \frac{\sum M}{\sum N} = \frac{1250 \times 1.5 - 300}{2165 + 3 \times 4 \times 2.5 \times 20} = 0.57 < \frac{b}{6} = \frac{4}{6} = 0.67$$

为小偏心。

$$p_{kmax} = \frac{F_k + G_k}{A}\left(1 + \frac{6e}{b}\right) = \frac{2165 + 3 \times 4 \times 2.5 \times 20}{3 \times 4}\left(1 + \frac{6 \times 0.57}{4}\right) = 427 \text{kPa}$$

8. [答案] B

[解析]《建筑地基基础设计规范》(GB 50007—2011)第5.3.5条。

$l = 2.0 \text{m}, b = 1.25 \text{m}$

各参数计算结果见表。

题8解表

z_i(m)	l/b	z/b	$\bar{\alpha}_i$	$4z_i \bar{\alpha}_i$	$4(z_i \bar{\alpha}_i - z_{i-1}\bar{\alpha}_{i-1})$
1.0	1.60	0.80	0.2395	0.9580	0.9580
4.5	1.60	3.60	0.1389	2.5002	1.5422

$$A = 4p_0(z_i \bar{\alpha}_i - z_{i-1}\bar{\alpha}_{i-1}) = 200 \times 1.5422 = 308 \text{kN/m}$$

2017 年案例分析试题答案(下午卷)

9. [答案] B

[解析]《建筑地基基础设计规范》(GB 50007—2011)第 5.2.4 条。

黏性土孔隙比为 0.83，液性指数为 0.76，查表 5.2.4 得：$\eta_b=0.3$，$\eta_d=1.6$。

$$f_a=f_{ak}+\eta_b\gamma(b-3)+\eta_d\gamma_m(d-0.5)$$
$$=130+0.3\times18\times(3-3)+1.6\times18\times(d-0.5)=115.6+28.8d$$

$$e=\frac{\sum M}{\sum N}=\frac{300\times0.1}{300+2.4\times1.0\times d\times20}=\frac{30}{300+48d}<0.1<\frac{b}{6}=\frac{2.4}{6}=0.4$$

为小偏心。

$$p_k\leqslant f_a=115.6+28.8d$$

$$p_{kmax}=\frac{F_k+G_k}{A}\left(1+\frac{6e}{b}\right)=\frac{300+48d}{2.4}\left(1+\frac{6\times\dfrac{30}{300+48d}}{2.4}\right)$$

$$p_{kmax}\leqslant1.2f_a$$

$$\frac{300+48d}{2.4}\left(1+\frac{6\times\dfrac{30}{300+48d}}{2.4}\right)\leqslant1.2\times(115.6+28.8d)$$

解得：$d\geqslant1.2$m

10. [答案] B

[解析]《建筑桩基技术规范》(JGJ 94—2008)第 5.3.8 条。

$$d_1=600-110\times2=380\text{mm}$$

$$\frac{h_b}{d_1}=4/0.38=10.5>5，\lambda_p=0.8$$

$$A_j=\frac{\pi(d^2-d_1^2)}{4}=\frac{3.14\times(0.6^2-0.38^2)}{4}=0.1692$$

$$A_{p1}=\frac{\pi d_1^2}{4}=\frac{3.14\times0.38^2}{4}=0.1134$$

$$Q_{uk}=Q_{sk}+Q_{pk}=u\sum q_{sik}l_i+q_{pk}(A_j+\lambda_p A_{p1})$$
$$=3.14\times0.6\times(40\times1.5+50\times8+70\times4)+8000\times(0.1692+0.8\times0.1134)$$
$$=3474\text{kN}$$

11. [答案] B

[解析]《建筑抗震设计规范》(GB 50011—2010)第 4.4.3 条、4.3.4 条、4.4.2 条。

$$\rho=\frac{0.5^2}{1.5^2}=0.111$$

打入式预制实心桩，桩间距 1.5m，桩边长 0.5m。

粉土层：$N_1=N_p+100\rho(1-e^{-0.3N_p})=9+100\times0.111\times(1-e^{-0.3\times9})$
$$=19.4>N_{cr}=12，不液化。$$

粉砂层：$N_1=N_p+100\rho(1-e^{-0.3N_p})=15+100\times0.111\times(1-e^{-0.3\times15})$
$$=26>N_{cr}=13，不液化。$$

$$Q_{uk}=Q_{sk}+Q_{pk}=u\sum q_{sik}l_i+q_{pk}A_p$$
$$=0.5\times4\times(10\times3+15\times8+40\times5+60\times2)+6000\times0.5^2=2440\text{kN}$$

$$R_{aE} = 1.25 R_a = 1.25 \times \frac{Q_{uk}}{2} = 1.25 \times \frac{2440}{2} = 1525\text{kN}$$

12. [答案] B

[解析]《建筑桩基技术规范》(JGJ 94—2008)第 5.4.5 条、5.4.6 条。

验算群桩基础呈整体破坏。

$$N_k \leqslant T_{gk}/2 + G_{gp}$$

$$T_{gk} = \frac{1}{n} u_l \sum \lambda_i q_{sik} l_i$$

$$= \frac{1}{192} \times [(27.6-0.6)+(37.2-0.6)] \times 2 \times (0.7 \times 40 \times 12 + 0.6 \times 60 \times 3)$$

$$= 294.2\text{kN}$$

$$G_{gp} = \frac{1}{n} \gamma' V = \frac{1}{192} \times (18.8-10.0) \times (27.6-0.6) \times (37.2-0.6) \times 15 = 679.4\text{kN}$$

$$N_k \leqslant T_{gk}/2 + G_{gp} = 294.2/2 + 679.4 = 826.5\text{kN}$$

13. [答案] B

[解析]《建筑地基处理技术规范》(JGJ 79—2012)第 5.2.3 条。

$$d_p = \frac{2(b+\delta)}{\pi} = \frac{2 \times (100+5)}{3.14} = 66.9\text{mm}$$

每两个排水带分担的处理地基面积为边长 1200mm 的正方形。

$$2 \times \frac{\pi d_e^2}{4} = 1200 \times 1200$$

解得：$d_e = 957.7\text{mm}$

$$n = \frac{d_e}{d_w} = \frac{d_e}{d_p} = \frac{957.7}{66.9} = 14.3$$

14. [答案] C

[解析]《建筑地基处理技术规范》(JGJ 79—2012)第 7.1.5 条。

$$m = \frac{A_p}{A} = \frac{3.14 \times 0.2^2}{1.5^2} = 0.0558$$

$$f_{spk} = 400\text{kPa}, f_{sk} = 150\text{kPa}, \lambda R_a = 150\text{kN}$$

$$f_{spk} = \lambda m \frac{R_a}{A_p} + \beta(1-m) f_{sk}$$

$$\beta = \frac{f_{spk} - \lambda m \frac{R_a}{A_p}}{(1-m) f_{sk}} = \frac{400 - 0.0558 \times \frac{550}{3.14 \times 0.2^2}}{(1-0.0558) \times 150} = 1.1$$

15. [答案] A

[解析]《建筑地基处理技术规范》(JGJ 79—2012)第 7.2.2 条。

$$e_0 = \frac{G_s \gamma_w (1+\omega)}{\gamma} - 1 = \frac{2.68 \times 10 \times (1+0.12)}{15.8} - 1 = 0.90$$

$$\frac{h_0}{1+e_0} = \frac{h_1}{1+e_1}$$

$$\frac{6.0}{1+0.90}=\frac{6.0-0.7}{1+e_1}$$

解得:$e_1=0.678$

$$e_1=e_{\max}-D_{r1}(e_{\max}-e_{\min})$$

$$D_{r1}=\frac{e_{\max}-e_1}{e_{\max}-e_{\min}}=\frac{0.92-0.678}{0.92-0.60}=0.76$$

16.[答案] C

[解析]《建筑地基处理技术规范》(JGJ 79—2012)第8.2.3条。

$l=6-4=2m$

$h=l+r=2+0.5=2.5m$

$n=\dfrac{e}{1+e}=\dfrac{0.82}{1+0.82}=0.45$

$V=\alpha\beta\pi r^2(l+r)n=0.64\times1.1\times3.14\times0.5^2\times2.5\times0.45=0.62m^3$

17.[答案] B

[解析] (1)土骨架自重产生的滑动力矩

$M_{s1}=\gamma h\sin30°\times R=(2\times3\times20+2\times7\times10)\times\sin30°\times30=3900kN\cdot m/m$

(2)渗透力产生的滑动力矩

$j=i\gamma_w=\sin30°\times10=5.0$

$J=jV=5\times2\times7=70$

$M_{s2}=J(R-3.5\cos30°)=70\times(30-3.5\cos30°)=1888kN\cdot m/m$

$M_s=M_{s1}+M_{s2}=3900+1888=5788kN\cdot m/m$

18.[答案] C

[解析] $\dfrac{h_1}{h_2}=\dfrac{1+e_1}{1+e_2}$

$h_2=\left(\dfrac{1+e_2}{1+e_1}\right)h_1=\left(\dfrac{1+0.6}{1+0.9}\right)\times6.0=5.05m$

振冲法加固后,土颗粒总质量不变。

$\gamma_1'V_1=\gamma_2'V_2$

$\gamma_2'=\dfrac{\gamma_1'V_1}{V_2}=\dfrac{8.5\times6.0}{5.05}=10.1$

$K_{a1}=\tan^2\left(45°-\dfrac{\varphi_1}{2}\right)=\tan^2\left(45°-\dfrac{30°}{2}\right)=\dfrac{1}{3}$

$K_{a2}=\tan^2\left(45°-\dfrac{\varphi_2}{2}\right)=\tan^2\left(45°-\dfrac{35°}{2}\right)=0.271$

$E_1=\dfrac{1}{2}\gamma_1'h_1^2K_{a1}=\dfrac{1}{2}\times(18.5-10.0)\times6^2\times\dfrac{1}{3}=51kN/m$

$E_2=\dfrac{1}{2}\gamma_2'h_1^2K_{a2}=\dfrac{1}{2}\times10.1\times5.05^2\times0.271=35kN/m$

$\Delta E=E_1-E_2=51-35=16kN/m$

19.[答案] C

[解析] $K_a = \tan^2\left(45° - \dfrac{\varphi}{2}\right) = \tan^2\left(45° - \dfrac{35°}{2}\right) = 0.271$

$G = G_1 + G_2 = \gamma V_1 + \gamma V_2 = 24 \times 1.0 \times 6 + 24 \times \dfrac{1.6 \times 6}{2} = 144 + 115.2 = 259.2$

墙顶处:$e_{a1} = (q + \gamma h)K_a = 15 \times 0.271 = 4.07$

墙底处:$e_{a2} = (q + \gamma h)K_a = (15 + 19 \times 6) \times 0.271 = 34.96$

倾覆力矩:$M_1 = 4.07 \times 6 \times \dfrac{1}{2} \times 6 + \dfrac{1}{2} \times (34.96 - 4.07) \times 6 \times \dfrac{1}{3} \times 6$

$\qquad\qquad = 73.26 + 185.34 = 258.6$

抗倾覆力矩:$M_2 = G_1 \times (2.6 - 0.5) + G_2 \times \dfrac{2}{3} \times (2.6 - 1.0)$

$\qquad\qquad = 144 \times (2.6 - 0.5) + 115.2 \times \dfrac{2}{3} \times (2.6 - 1.0) = 425.3$

$F = \dfrac{M_2}{M_1} = \dfrac{425.3}{258.6} = 1.64$

20.[答案] D

[解析]《建筑边坡工程技术规范》(GB 50330—2013)附录 A。

(1)水库水位下降前

滑体自重:

$G = \gamma V = 20 \times \dfrac{1}{2} \times \dfrac{40}{\sin 60°} \times \dfrac{40}{\sin 30°} \times \sin 30° = 18475$

节理面内水压力:

$U_1 = \dfrac{1}{2}\gamma_w h_w L_1 = \dfrac{1}{2} \times 10 \times 30 \times \dfrac{30}{\sin 30°} = 9000$

边坡前水压力:

$U_2 = \dfrac{1}{2}\gamma_w h_w L_2 = \dfrac{1}{2} \times 10 \times 30 \times \dfrac{30}{\sin 60°} = 5196$

将边坡前水压力分解为水平和竖向的力:

$Q = -U_2\cos 30° = -5196\cos 30° = -4500\text{kN}$

$G_b = U_2\sin 30° = 5196\sin 30° = 2598\text{kN}$

$R_1 = [(G + G_b)\cos\theta - Q\sin\theta - U]\tan\varphi + cL$

$\qquad = [(18475 + 2598)\cos 30° + 4500\sin 30° - 9000]\tan 30° + 130 \times \dfrac{40}{\sin 30°} = 17039$

$T_1 = (G + G_b)\sin\theta + Q\cos\theta$

$\qquad = (18475 + 2598)\sin 30° - 4500\cos 30° = 6639\text{kN}$

$F_{s1} = \dfrac{R_1}{T_1} = \dfrac{17039}{6639} = 2.57$

(2)水库水位下降后

$U_2 = \dfrac{1}{2} \times 10 \times 10 \times \dfrac{10}{\sin 60°} = 577$

$Q = -577\cos 30° = -500$

$$G_b = 577\sin 30° = 289$$

$$R_2 = [(18475+289)\cos 30° + 500\sin 30° - 9000]\tan 30° + 130 \times \frac{40}{\sin 30°} = 14730$$

$$T_2 = (18475+289)\sin 30° - 500\cos 30° = 8949$$

$$F_{s2} = \frac{R_2}{T_2} = \frac{14730}{8949} = 1.65$$

$$\Delta F_s = F_{s1} - F_{s2} = 2.57 - 1.65 = 0.92$$

21. [答案] C

[解析]《工程岩体分级标准》(GB/T 50218—2014)第4.1.1条、4.2.2条、5.2.2条。

$$K_v = \left(\frac{v_{pm}}{v_{pr}}\right)^2 = \left(\frac{3000}{3500}\right)^2 = 0.73$$

$90K_v + 30 = 90 \times 0.73 + 30 = 95.7 > R_c = 35$，取 $R_c = 35$。

$0.04R_c + 0.4 = 0.04 \times 35 + 0.4 = 1.8 > K_v = 0.73$，取 $K_v = 0.73$。

$BQ = 100 + 3R_c + 250K_v = 100 + 3 \times 35 + 250 \times 0.73 = 387.5$

查表可知，岩体基本质量分级为Ⅲ级。

地下水影响修正系数：查表5.2.2-1，$K_1 = 0 \sim 0.1$。

主要结构面产状影响修正系数：查表5.2.2-2，$K_2 = 0 \sim 0.2$。

初始应力状态影响修正系数：$\dfrac{R_c}{\sigma_{max}} = \dfrac{35}{5} = 7$，查表5.2.2-3，$K_3 = 0.5$。

岩体质量指标：

$$[BQ] = BQ - 100(K_1 + K_2 + K_3)$$

$$= 387.5 - 100[(0 \sim 0.1) + (0 \sim 0.2) + 0.5] = 307.5 \sim 337.5$$

故确定该岩体质量等级为Ⅳ级。

22. [答案] C

[解析]《建筑基坑支护技术规程》(JGJ 120—2012)第6.2.3条。

$$\delta = 0.5$$

$$\gamma_m = \frac{2 \times 18 + 10 \times 17}{12} = 17.2$$

$$c = \frac{2 \times 20 + 10 \times 14}{12} = 15$$

(1)选项A

$$\delta \frac{cu}{\gamma_m} = 0.5 \times \frac{15 \times \left[\left(2.5 - \frac{0.7}{2}\right) + \left(3.5 - \frac{0.7}{2}\right)\right] \times 2}{17.2} = 4.62$$

$$A = \left(2.5 - \frac{0.7}{2}\right) \times \left(3.5 - \frac{0.7}{2}\right) = 6.77 > \delta \frac{cu}{\gamma_m} = 4.62，不满足规范要求。$$

故选项A错误。

(2)选项 B

$$\delta\frac{cu}{\gamma_m}=0.5\times\frac{15\times\left(2.5-\frac{0.7}{2}\right)\times4}{17.2}=3.75$$

$A=\left(2.5-\dfrac{0.7}{2}\right)^2=4.62>\delta\dfrac{cu}{\gamma_m}=3.75$,不满足规范要求。

故选项 B 错误。

(3)选项 C

$$\delta\frac{cu}{\gamma_m}=0.5\times\frac{15\times\left[\left(2.5-\frac{0.7}{2}\right)+\left(1.5-\frac{0.7}{2}\right)\right]\times2}{17.2}=2.88$$

$A=\left(2.5-\dfrac{0.7}{2}\right)\left(1.5-\dfrac{0.7}{2}\right)=2.47<\delta\dfrac{cu}{\gamma_m}=2.88$,满足规范要求。

计算格栅面积置换率:

$m=\dfrac{(2.5+0.5)\times4.2-2A}{(2.5+0.5)\times4.2}=\dfrac{12.6-2\times2.47}{12.6}=0.61$,满足规范要求。

格栅内侧长宽比:$n=\dfrac{1.5-0.7}{2.5-0.7}=0.44<2$,满足规范要求。

故选项 C 正确。

(4)选项 D

$$\delta\frac{cu}{\gamma_m}=0.5\times\frac{15\times\left[\left(2.5-\frac{0.7}{2}\right)+\left(1.5-\frac{0.7}{2}\right)\right]\times2}{17.2}=2.88$$

$A=\left(2.5-\dfrac{0.7}{2}\right)\left(1.5-\dfrac{0.7}{2}\right)=2.47<\delta\dfrac{cu}{\gamma_m}=2.88$,满足规范要求。

计算格栅面积置换率:

$m=\dfrac{(1.5+0.5)\times4.2-A}{(1.5+0.5)\times4.2}=\dfrac{8.4-2.47}{8.4}=0.71$,满足规范要求。

格栅内侧长宽比:$n=\dfrac{2.5-0.7}{1.5-0.7}=2.25>2$,不满足规范要求。

故选项 D 错误。

23.[答案] B

[解析]《建筑基坑支护技术规程》(JGJ 120—2012)附录 E 第 E.0.1 条。

$s_d=6.0+0.5-0.5=6.0m$

$r_0=\sqrt{\dfrac{A}{\pi}}=\sqrt{\dfrac{32\times16}{3.14}}=12.77m$

$Q=\pi k\dfrac{(2H-s_d)s_d}{\ln\left(1+\dfrac{R}{r_0}\right)}=3.14\times0.2\times\dfrac{(2\times9.0-6.0)\times6.0}{\ln\left(1+\dfrac{30}{12.77}\right)}=37.4$

$n=1.1\dfrac{Q}{q}=1.1\times\dfrac{37.4}{40}=1.03$,取为 2。

因基坑长等于宽的 2 倍,则可把基坑均分为两个正方形;因是开放式降水,则可把降水井放在每个正方形的中心,如图所示。

潜水完整井,根据第7.3.5条,验算基坑四个角点的降深:

$$s_i = H - \sqrt{H^2 - \sum_{j=1}^{n} \frac{q_j}{\pi k} \ln \frac{R}{r_{ij}}}$$

$$= 9 - \sqrt{9^2 - \frac{40}{\pi \times 0.2} \left(\ln \frac{30}{8\sqrt{2}} + \ln \frac{30}{\sqrt{24^2 + 8^2}} \right)} = 6.2 \text{m}$$

$$s_i = 6.2 > s_d = 6.0$$

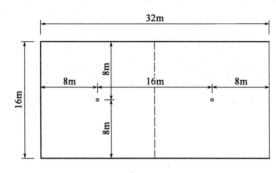

题23解图

满足规范第7.3.4条要求。

24.[答案] C

[解析]《盐渍土地区建筑技术规范》(GB/T 50942—2014)第3.0.3条、3.0.4条、4.2.5条、4.2.6条。

$$\frac{c(\text{Cl}^-)}{2c(\text{SO}_4^{2-})} = \frac{35 \times 1 + 30 \times 1 + 15 \times 1 + 5 \times 1 + 3 \times 1 + 1 \times 2 + 0.5 \times 2 + 0.5 \times 2 + 0.5 \times 2}{2 \times (80 \times 1 + 65 \times 1 + 45 \times 1 + 20 \times 1 + 5 \times 1 + 2 \times 2 + 1.5 \times 2 + 1 \times 2 + 1 \times 2)}$$

$$= 0.21 < 0.3$$

查表3.0.3知,土的类型为硫酸盐渍土。

$$\overline{DT} = \frac{\sum_{i=1}^{n} h_i DT_i}{\sum_{i=1}^{n} h_i} = \frac{13.408\% \times 1}{1} = 13.408\% > 5.0\%$$

查表3.0.4知,土的类型为超盐渍土。

$$s_{rx} = \sum_{i=1}^{n} \delta_{rxi} h_i$$

$$= 0.035 \times 500 + 0.030 \times 1000 + 0.025 \times 1000 + 0.020 \times 1000 + 0.015 \times 2000$$

$$= 122.5 \text{mm}$$

$$70 < s_{rx} = 122.5 < 150$$

查表4.2.6知,溶陷等级为Ⅰ级弱溶陷。

25.[答案] D

[解析]《岩土工程勘察规范》(GB 50021—2001)(2009年版)第6.6.2条。

$$e_1 = \frac{G_s \gamma_w (1 + \omega_1)}{\gamma_1} - 1 = \frac{2.70 \times 10 \times (1 + 0.438)}{19.0} - 1 = 1.043$$

$$e_2 = \frac{G_s \gamma_w (1 + \omega_2)}{\gamma_2} - 1 = \frac{2.70 \times 10 \times (1 + 0.25)}{20.0} - 1 = 0.688$$

$$\delta_0 = \frac{e_1 - e_2}{1 + e_1} \times 100 = \frac{1.043 - 0.688}{1 + 1.043} \times 100 = 17.4$$

$$10 < \delta_0 = 17.4 < 25$$

冻土总含水量43.8%>32%,粉土,查表6.6.2得:该多年冻土的类型为饱冰冻土。

26.[答案] D

[解析]《膨胀土地区建筑技术规范》(GB 50112—2013)第5.7.7条。

$$l_a \geqslant \frac{v_e - Q_k}{u_p \cdot \lambda \cdot q_{sa}} = \frac{195 - 150}{3.14 \times 0.5 \times 0.70 \times 35} = 1.17m$$

$$l_a \geqslant \frac{Q_k - A_p \cdot q_{pa}}{u_p \cdot q_{sa}} = \frac{150 - 3.14 \times 0.25^2 \times 500}{3.14 \times 0.5 \times 35} = 0.94m$$

按胀缩变形计算时,计算长度 $l_a \geqslant 1.17m$,且不得小于4倍桩径,最小长度应不小于1.5m。

即: $l_a \geqslant 4d = 4 \times 0.50 = 2.00m, l_a \geqslant 1.5m$

综上: $l_a \geqslant 2.00m$

27.[答案] B

[解析]《工程地质手册》(第五版)第669页。

$$K_s = \frac{W_2 d_2 + cLR}{W_1 d_1} = \frac{350 \times 2.5 + c \times 28 \times 14}{1450 \times 4.5} = 1.0$$

解得: $c = 14.4kPa$

28.[答案] C

[解析]《建筑地基基础设计规范》(GB 50007—2011)第5.2.4条。

中密中砂,可知, $\eta_b = 3.0, \eta_d = 4.4$

$$f_a = f_{ak} + \eta_b \gamma (b - 3) + \eta_d \gamma_m (d - 0.5)$$

$$= 200 + 3.0 \times 8 \times (3 - 3) + 4.4 \times \frac{18 + 8}{2} \times (2.0 - 0.5) = 285.8kPa$$

中密中砂,根据《建筑抗震设计规范》(GB 50011—2010)第4.2.3条、4.2.4条计算。

$$\zeta_a = 1.3$$

$$f_{aE} = \zeta_a f_a = 1.3 \times 285.8 = 372kPa$$

29.[答案] B

[解析] 根据《公路工程抗震规范》(JTG B02—2013)第3.1.1条可知,桥梁抗震设防类别为B类。

由表3.1.3得: $C_i = 0.5$

基岩场地为Ⅰ类场地,设计基本地震动峰值加速度为0.30g,由表5.2.2得: $C_s = 0.9$

结构的阻尼比为0.05,根据5.2.4条: $C_d = 1.0$

$$S_{max} = 2.25 C_i C_s C_d A_h = 2.25 \times 0.5 \times 0.9 \times 1.0 \times 0.3g = 0.304g$$

区划图上的特征周期为0.35s,由表5.2.3可知,特征周期为 $T_g = 0.25s$。

$$T = 0.3 > T_g = 0.25$$

根据第 5.2.1 条：$S = S_{max}\dfrac{T_g}{T} = 0.304g \times \dfrac{0.25}{0.30} = 0.253g$

竖向设计加速度反应谱：$RS = 0.6 \times 0.253g = 0.152g$

30. **[答案]** B

[解析]《建筑基桩检测技术规范》(JGJ 106—2014) 第 6.4.2 条。

$b_0 = 0.9(1.5D + 0.5) = 0.9 \times (1.5 \times 0.8 + 0.5) = 1.53m$

$m = \dfrac{(v_y \cdot H)^{\frac{5}{3}}}{b_0 Y_0^{\frac{5}{3}} (EI)^{\frac{2}{3}}} = \dfrac{(2.441 \times 150)^{\frac{5}{3}}}{1.53 \times (3.5 \times 10^{-3})^{\frac{5}{3}} (6 \times 10^5)^{\frac{2}{3}}}$

$\quad = \dfrac{18739.8}{0.878} = 21344 kN/m^4 = 21.3 MN/m^4$

2018 年案例分析试题(上午卷)

1.湿润平原区圆砾地层中修建钢筋混凝土挡墙,墙后地下水位埋深 0.5m,无干湿交替作用,地下水试样测试结果见下表,按《岩土工程勘察规范》(GB 50021—2001)(2009 年版)要求判定地下水对混凝土结构的腐蚀性为下列哪项? 并说明依据。(   )

题 1 表

分析项目		$\rho_B{}^{Z\pm}$ (mg/L)	C($1/ZB^{Z\pm}$)(mmol/L)	X($1/ZB^{Z\pm}$)(%)
阳离子	$K^+ + Na^+$	97.87	4.255	32.53
	Ca^{2+}	102.5	5.115	39.10
	Mg^{2+}	45.12	3.711	28.37
	NH_4^+	0.00	0.00	0.00
合计		245.49	13.081	100
阴离子	Cl^-	108.79	3.069	23.46
	SO_4^{2-}	210.75	4.388	33.54
	HCO_3^-	343.18	5.624	43.00
	CO_3^{2-}	0.00	—	0.00
	OH^-	0.00	0.00	0.00
合计		662.72	13.081	100.00

分析项目	C($1/ZB^{Z\pm}$) (mmol/L)	分析项目	$\rho_B{}^{Z\pm}$ (mg/L)	
总硬度	441.70	游离 CO_2	4.79	pH 值:6.3
暂时硬度	281.46	侵蚀性 CO_2	4.15	
永久硬度	160.24	固形物(矿化度)	736.62	

(A)微腐蚀 　　　(B)弱腐蚀 　　　(C)中腐蚀 　　　(D)强腐蚀

2.在近似水平的测面上沿正北方向布置 6m 长测线测定结构面的分布情况,沿测线方向共发育了 3 组结构面和 2 条非成组节理,测量结果见下表。按《工程岩体分级标准》(GB/T 50218—2014)要求判定该处岩体的完整性为下列哪个选项? 并说明依据。(假定没有平行于测面的结构面分布)　　　　　　　　　　　　　　(   )

题 2 表

编号	产状(倾向/倾角)	实测间距(m)/条数	延伸长度(m)	结构面特征
1	0°/30°	0.4～0.6/12	>5	平直,泥质胶结
2	30°/45°	0.7～0.9/8	>5	平直,无充填
3	315°/60°	0.3～0.5/15	>5	平直,无充填
4	120°/76°		>3	钙质胶结
5	165°/64°		3	张开度小于 1mm,粗糙

(A)较完整 　　　(B)较破碎 　　　(C)破碎 　　　(D)极破碎

3. 采用收缩皿法对某黏土样进行缩限含水量的平行试验,测得试样的含水量为33.2％,湿土样体积为60cm³,将试样晾干后,经烘箱烘至恒量,冷却后测得干试样的质量为100g,然后将其蜡封,称得质量为105g,蜡封试样完全置入水中称得质量为58g,试计算该土样的缩限含水量最接近下列哪项?(水的密度为1.0g/cm³,蜡的密度为0.82g/cm³) （ ）

(A)14.1％   (B)18.7％   (C)25.5％   (D)29.6％

4. 对某岩石进行单轴抗压强度试验,试件直径均为72mm,高度均为0.5mm,测得其在饱和状态下岩石单轴抗压强度分别为62.7MPa、56.5MPa、67.4MPa,在干燥状态下标准试件单轴抗压强度平均值为82.1MPa,试按《工程岩体试验方法标准》(GB/T 50266—2013)求该岩石的软化系数与下列哪项最接近? （ ）

(A)0.69   (B)0.71   (C)0.74   (D)0.76

5. 某独立基础底面尺寸2.5m×3.5m,埋深2.0m,场地地下水埋深1.2m,场区土层分布及主要物理力学指标如下表所示,水的重度 $\gamma_w = 9.8kN/m^3$。按《建筑地基基础设计规范》(GB 50007—2011)计算持力层地基承载力特征值,其值最接近以下哪个选项? （ ）

题5表

层序	土　名	层底深度 (m)	天然重度 γ (kN/m³)	γ_{sat} (kN/m³)	黏聚力 c_k (kPa)	内摩擦角 φ_k (°)
①	素填土	1.00	17.5			
②	粉砂	4.60	18.5	20	0	29°
③	粉质黏土	6.50	18.8	20	20	18°

(A)191kPa   (B)196kPa

(C)205kPa   (D)225kPa

6. 桥梁墩台基础底面尺寸为5m×6m,埋深5.2m。地面以下均为一般黏性土,按不透水考虑,天然含水量 $w = 24.7％$,天然重度 $\gamma = 19.0kN/m^3$,土粒比重 $G = 2.72$,液性指数 $I_L = 0.6$,饱和重度为19.44kN/m³,平均常水位在地面上0.3m,一般冲刷线深度0.7m,水的重度 $\gamma_w = 9.8kN/m^3$。按《公路桥涵地基与基础设计规范》(JTG 3363—2019)确定修正后的地基承载力特征值 f_a,其值最接近以下哪个选项? （ ）

(A)275kPa   (B)285kPa

(C)294kPa   (D)303kPa

7. 矩形基础底面尺寸3.0m×3.6,基础埋深2.0,相应于作用的准永久组合时上部荷载传至地面处的竖向力 $N_k = 1080kN$,地基土层分布如图所示,无地下水,基础及其上覆土重度取20kN/m³。沉降计算深度为密实砂层顶面,沉降计算经验系数 $\psi_s = 1.2$。按照《建筑地基基础设计规范》(GB 50007—2011)规定计算基础的最大沉降量,其值最接近以下哪个选项?

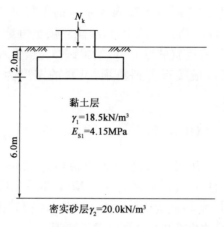

题 7 图

(A)21mm   (B)70mm   (C)85mm   (D)120mm

8.某毛石混凝土条形基础顶面的墙体宽度 0.72m,毛石混凝土强度等级 C15,基底埋深为 1.5m,无地下水,上部结构传至地面处的竖向压力标准组合 $F=200kN/m$,地基持力层为粉土,其天然重度 $\gamma=17.5kN/m^3$,经深宽修正后的地基承载力特征值 $f_a=155.0kPa$。基础及其上覆土重度取 $20kN/m^3$。按《建筑地基基础设计规范》(GB 50007—2011)规定确定此基础高度,满足设计要求的最小高度值最接近以下何值?   (   )

(A)0.35m   (B)0.44m   (C)0.55m   (D)0.70m

9.如图所示柱下独立承台桩基础,桩径 0.6m,桩长 15m,承台效应系数 $\eta_c=0.10$。按照《建筑桩基技术规范》(JGJ 94—2008)规定,地震作用下,考虑承台效应的复合基桩竖向承载力特征值最接近下列哪个选项?(图中尺寸单位:m)   (   )

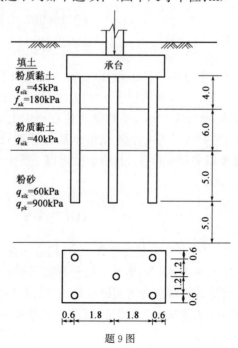

题 9 图

(A)800kN   (B)860kN

(C)1130kN   (D)1600kN

10. 某灌注桩基础,桩径 1.0m,桩入土深度 $h=16m$,配筋率 0.75%,混凝土强度等级为 C30,桩身抗弯刚度 $EI=1.2036\times10^3 MN\cdot m^2$。桩侧土水平抗力系数的比例系数 $m=25MN/m^4$。桩顶按固接考虑,桩顶水平位移允许值为 6mm。按照《建筑桩基技术规范》(JGJ 94—2008)估算单桩水平承载力特征值,其值最接近以下何值?   ( )

(A)220kN   (B)310kN

(C)560kN   (D)800kN

11. 某公路桥拟采用钻孔灌注桩基础,桩径 1.0m,桩长 26m,桩顶以下的地层情况如图所示,施工控制桩端沉渣厚度不超过 45mm,按照《公路桥涵地基与基础设计规范》(JTG 3363—2019),估算单桩轴向受压承载力特征值最接近下列哪个选项?   ( )

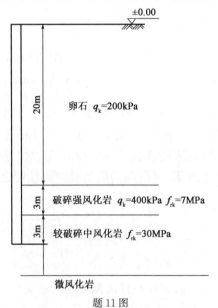

题 11 图

(A)9357kN   (B)12390kN

(C)15160kN   (D)15800kN

12. 某场地浅层湿陷性土厚度 6.0m,平均干密度 1.25t/m³,下部为非湿陷性土层。采用沉管法灰土挤密桩处理该地基,灰土桩直径 0.4m,等边三角形布桩,桩距 0.8m,桩端达湿陷性土层底。施工完成后场地地面平均上升 0.2m。求地基处理后桩间土的平均干密度最接近下列何值?   ( )

(A)1.56t/m³   (B)1.61t/m³

(C)1.68t/m³   (D)1.73t/m³

13. 某储油罐采用刚性桩复合地基,基础为直径 20m 的圆形,埋深 2m,准永久组合时基底附加压力为 200kPa。基础下天然土层的承载力特征值 100kPa,复合地基承载力特征值 300kPa,刚性桩桩长 18m。地面以下土层参数、沉降计算经验系数见下表。不考虑褥垫层厚度及压缩量,按照《建筑地基处理技术规范》(JGJ 79—2012)及《建筑地基基础设计规范》(GB 50007—2011)规定,该基础中心点的沉降计算值最接近下列何值(变形计算深度取至②层底)? ( )

题 13 表(1)

土 层 序 号	土层层底埋深(m)	土层压缩模量(MPa)
①	17	4
②	26	8
③	32	30

题 13 表(2)

$\overline{E}_s$(MPa)	4.0	7.0	15.0	20.0	35.0
ψ_s	1.0	0.7	0.4	0.25	0.2

  (A)100mm   (B)115mm
  (C)125mm   (D)140mm

  14. 某建筑场地上部分布有 12m 厚的饱和软黏土,其下为中粗砂层,拟采用砂井预压固结法加固地基,设计砂井直径 $d_w=400$mm,井距 2.4m,正三角形布置,砂井穿透软黏土层。若饱和软黏土的竖向固结系数 $c_v=0.01$m²/d,水平固结系数 c_h 为 c_v 的 2 倍,预压荷载一次施加,加载后 20 天,竖向固结度与径向固结度之比最接近下列哪个选项?(不考虑涂抹和井阻影响) ( )

  (A)0.20   (B)0.30
  (C)0.42   (D)0.56

  15. 某建筑边坡坡高 10.0m,开挖设计坡面与水平面夹角 50°,坡顶水平,无超载(如图所示),坡体黏性土重度 19kN/m³,内摩擦角 12°,黏聚力 20kPa,坡体无地下水,按照《建筑边坡工程技术规范》(GB 50330—2013),边坡破坏时的平面破裂角 θ 最接近哪个选项? ( )

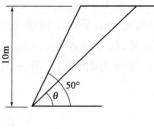

题 15 图

  (A)30°   (B)33°   (C)36°   (D)39°

2018年案例分析试题(上午卷)

16. 图示岩质边坡的潜在滑面 AC 的内摩擦角 $\varphi=18°$，黏聚力 $c=20\text{kPa}$，倾角 $\beta=30°$，坡面出露点 A 距坡顶 $H_2=13\text{m}$。潜在滑体 ABC 沿 AC 的抗滑安全系数 $K_2=1.1$。坡体内的软弱结构面 DE 与 AC 平行，其出露点 D 距坡顶 $H_1=8\text{m}$。试问对块体 DBE 进行挖降清方后，潜在滑体 $ADEC$ 沿 AC 面的抗滑安全系数最接近下列哪个选项？ ( )

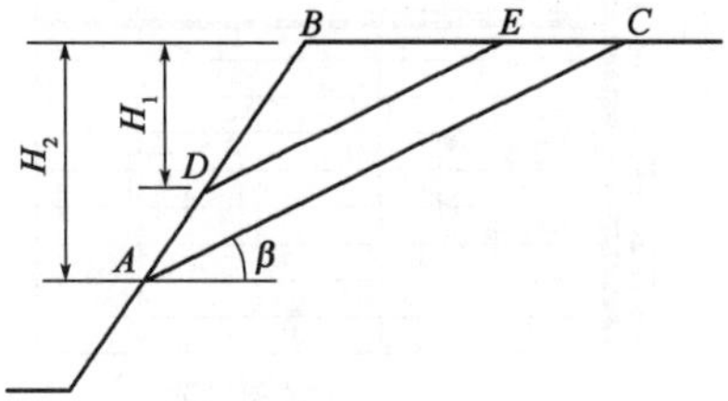

题 16 图

(A)1.0　　　　　　　　　　　　　(B)1.2

(C)1.4　　　　　　　　　　　　　(D)2.0

17. 如图所示，某边坡坡高 8m，坡角 $\alpha=80°$，其安全等级为一级。边坡局部存在一不稳定岩石块体，块体重 439kN，控制该不稳定岩石块体的外倾软弱结构面面积 9.3m^2，倾角 $\theta_1=40°$，其 $c=10\text{kPa}$，摩擦系数 $f=0.20$。拟采用永久性锚杆加固该不稳定岩石块体，锚杆倾角 15°，按照《建筑边坡工程技术规范》(GB 50330—2013)，所需锚杆总轴向拉力最少为下列哪个选项？ ( )

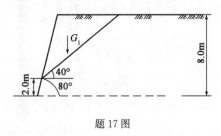

题 17 图

(A)300kN　　　　　　　　　　　　(B)330kN

(C)365kN　　　　　　　　　　　　(D)400kN

18. 已知某建筑基坑开挖深度 8m，采用板式结构结合一道内支撑围护，均一土层参数按 $\gamma=18\text{kN/m}^3$，$c=30\text{kPa}$，$\varphi=15°$，$m=5\text{MN/m}^4$ 考虑，不考虑地下水及地面超载作用，实测支撑架设前（开挖 1m）及开挖到坑底后围护结构侧向变形如图所示，按弹性支点法计算围护结构在两工况（开挖至 1m 及开挖到底）间地面下 10m 处围护结构分布土反力增量绝对值最接近下列哪个选项？（假定按位移计算的嵌固段土反力标准值小于其被动土压力标准值） ( )

(A)69kPa　　　　　　　　　　　　(B)113kPa

(C)201kPa　　　　　　　　　　　　(D)1163kPa

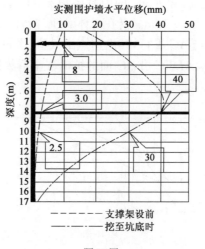

实测围护墙水平位移(mm)

题 18 图

19. 图示的单线铁路明洞,外墙高 $H=9.5\text{m}$,墙背直立。拱部填土坡率 1:5,重度 $\gamma_1=18\text{kN/m}^3$,内墙高 $h=6.2\text{m}$,墙背光滑,墙后填土重度 $\gamma_2=20\text{kN/m}^3$,内摩擦角 40°。试问填土作用在内墙背上的总土压力 E_a 最接近下列哪个选项?　　　　（　　）

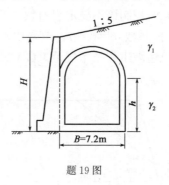

题 19 图

(A)175kN/m (B)220kN/m

(C)265kN/m (D)310kN/m

20 某拟建二级公路下方存在一煤矿采空区,A、B、C 依次为采空区主轴断面上的三个点(如图所示),其中 $AB=15\text{m}$,$BC=20\text{m}$,采空区移动前三点在同一高程上,地表移动后 A、B、C 的垂直移动量分别为 23mm、75.5mm 和 131.5mm,水平移动量分别为 162mm、97mm、15mm,根据《公路路基设计规范》(JTG D30—2015),试判断该场地作为公路路基建设场地的适宜性为下列哪个选项? 并说明判断过程。　　（　　）

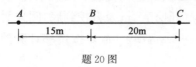

题 20 图

(A)不宜作为公路路基建设场地

(B)满足公路路基建设场地要求

(C)采取处治措施后可作为公路路基建设场地

(D)无法判断

21.某建筑场地地下水位位于地面下 3.2m,经多年开采地下水后,地下水位下降了 22.6m,测得地面沉降量为 550mm。该场地土层分布如下:0～7.8m 为粉质黏土层, 7.8～18.9m 为粉土层,18.9～39.6m 为粉砂层,以下为基岩。试计算粉砂层的变形模量平均值最接近下列哪个选项?(注:已知 $\gamma_w = 10.0kN/m^3$,粉质黏土和粉土层的沉降量合计为 220.8mm,沉降引起的地层厚度变化可忽略不计) ( )

(A)8.7MPa   (B)10.0MPa

(C)13.5MPa   (D)53.1MPa

22.某膨胀土地区,统计近 10 年平均蒸发力和降水量值如下表所示,根据《膨胀土地区建筑技术规范》(GB 50112—2013),该地区的大气影响急剧层深度最接近下列哪个选项? ( )

题 22 表

项　目	月　份											
	3 月	4 月	5 月	6 月	7 月	8 月	9 月	10 月	11 月	12 月	次年 1 月	次年 2 月
月平均气温(℃)	10	12	15	20	31	30	28	15	5	1	−1	5
蒸发力(mm)	45.6	65.2	101.5	115.3	123.5	120.2	68.6	47.5	25.2	18.9	20.8	30.9
降水量(mm)	34.5	55.3	89.4	120.6	145.8	132.1	130.5	115.2	33.5	7.2	8.4	10.8

(A)2.25m   (B)1.80m

(C)1.55m   (D)1.35m

23.某场地钻探及波速测试得到的结果见下表。试按照《建筑抗震设计规范》(GB 50011—2010)(2016 年版)计算确定场地类别为下列哪一项? ( )

题 23 表

层号	岩　性	层顶埋深(m)	平均剪切波速 V_s(m/s)
1	淤泥质粉质黏土	0	110
2	砾砂	9.0	180
3	粉质黏土	10.5	120
4	含黏性土碎石	14.5	415
5	强风化流纹岩	22.0	800

(A)Ⅰ₁   (B)Ⅱ

(C)Ⅲ   (D)Ⅳ

24.某场地类别为Ⅳ类,查《中国地震动参数区划数》(GB 18306—2015),在 Ⅱ 类场

地条件下的基本地震动峰值加速度为 0.10g,问该场地在罕遇地震时地震动峰值加速度最接近以下哪个选项? （ ）

(A)0.08g

(B)0.12g

(C)0.25g

(D)0.40g

25.某钻孔灌注桩,桩长 20m,用低应变法进行桩身完整性检测时,发现速度时域曲线上有三个峰值,第一、第三峰值对应的时间刻度分别为 0.2ms 和 10.3ms,初步分析认为该桩存在缺陷。在速度幅频曲线上,发现正常频差为 100Hz,缺陷引起的相邻谐振峰间频差为 180Hz,试计算缺陷位置最接近下列哪个选项? （ ）

(A)7.1m

(B)10.8m

(C)11.0m

(D)12.5m

2018 年案例分析试题（上午卷）

2018 年案例分析试题答案(上午卷)

标 准 答 案

本试卷由 25 道题组成,全部为单项选择题,每道题均为必答题。每题 2 分,满分为 50 分。

1	B	2	B	3	A	4	B	5	C
6	D	7	C	8	C	9	B	10	D
11	B	12	A	13	C	14	A	15	B
16	C	17	C	18	B	19	B	20	C
21	C	22	D	23	C	24	C	25	C

解 题 过 程

1. [答案] B

[解析]《岩土工程勘察规范》(GB 50021—2001)(2009 年版)第 12.2.1 条和附录 G。

(1)按环境类型评价腐蚀性

挡土墙墙后接触地下水,墙前暴露在大气中,环境类型定为 I 类,无干湿交替。

SO_4^{2-} 含量为 210.75mg/L,SO_4^{2-}<200×1.3=260mg/L,微腐蚀性。

Mg^{2+} 含量为 45.12mg/L,Mg^{2+}<1000mg/L,微腐蚀性。

总矿化度为 736.62mg/L<10000mg/L,微腐蚀性。

(2)按地层渗透性评价腐蚀性

持力层为圆砾,属于强透水层,侵蚀性 CO_2 为 4.15mg/L<15mg/L,微腐蚀性。

pH 值为 6.3,介于 5.0~6.5 之间,弱腐蚀性。

矿化度 736.62mg/L=0.74g/L>0.1g/L,HCO_3^- 腐蚀性不用判别。

(3)判定腐蚀等级

取腐蚀性等级最高的作为腐蚀性等级,地下水对混凝土腐蚀性等级为弱腐蚀性。

2. [答案] B

[解析]《工程岩体分级标准》(GB/T 50218—2014)附录 B。

(1)结构面沿法线方向的真间距

第一组真间距:$\frac{6}{12} \times \sin30° \times \cos0° = 0.25m$

第二组真间距:$\frac{6}{8} \times \sin45° \times \cos30° = 0.459m$

第三组真间距:$\frac{6}{15} \times \sin60° \times \cos315° = 0.245m$

(2)结构面沿法线方向每米长结构面的条数

$S_1 = \frac{1}{0.25} = 4, S_2 = \frac{1}{0.459} = 2.18, S_3 = \frac{1}{0.245} = 4.08$

(3)岩体体积节理数

钙质胶结的节理不参与统计,第 5 组结构面参与统计,即 $S_0 = 1$。

$J_v = \sum\limits_{i=1}^{n} S_i + S_0 = 4 + 2.18 + 4.08 + 1 = 11.26$ 条/m³,查规范表 3.3.3,K_v 介于 0.55~0.35 之间;查规范表 3.3.4,岩体完整程度为较破碎。

3.[答案] A

[解析]《土工试验方法标准》(GB/T 50123—2019)第 6.3.3 条、9.5.3 条。

$$V_d = \frac{m_n - m_{nw}}{\rho_{wT}} - \frac{m_n - m_0}{\rho_n} = \frac{105 - 58}{1.0} - \frac{105 - 100}{0.82} = 40.9 \text{ cm}^3$$

$$\omega_s = \left(0.01\omega' - \frac{V_0 - V_d}{m_d} \cdot \rho_w \right) \times 100$$

$$= \left(0.01 \times 33.2 - \frac{60 - 40.9}{100} \times 1.0 \right) \times 100 = 14.1$$

4.[答案] B

[解析]《工程岩体试验方法标准》(GB/T 50266—2013)第 2.7.10 条。

(1)非标准试件单轴饱和抗压强度

非标准试件按 $R = \dfrac{8R'}{7 + 2D/H}$ 计算:

$$R_{w1} = \frac{8 \times 62.7}{7 + 2 \times 72/95} = 58.9 \text{MPa}$$

$$R_{w2} = \frac{8 \times 56.5}{7 + 2 \times 72/95} = 53.1 \text{MPa}$$

$$R_{w3} = \frac{8 \times 67.4}{7 + 2 \times 72/95} = 63.3 \text{MPa}$$

$$\overline{R}_w = \frac{58.9 + 53.1 + 63.3}{3} = 58.43 \text{MPa}$$

(2)软化系数

$$\eta = \frac{\overline{R}_w}{\overline{R}_d} = \frac{58.43}{82.1} = 0.71$$

5.[答案] C

[解析]《建筑地基基础设计规范》(GB 50007—2011)第 5.2.5 条。

基底位于②粉砂中,$\varphi_k = 29°$,查规范表 5.2.5,则

$$M_b = \frac{1.4 + 1.9}{2} = 1.65, \quad M_d = \frac{4.93 + 5.59}{2} = 5.26$$

$$\gamma_m = \frac{1.0 \times 17.5 + 0.2 \times 18.5 + 0.8 \times (20 - 9.8)}{2.0} = 14.68 \text{ kN/m}^3$$

$$f_a = M_b \gamma b + M_d \gamma_m d + M_c c_k = 1.65 \times (20 - 9.8) \times 3 + 5.26 \times 14.68 \times 2.0 + 0$$

$$= 204.92 \text{kPa}$$

注:在计算有效重度时,用饱和重度减去水的重度,一般默认水的重度为 10kN/m³,题干给出水的重度为 9.8kN/m³,采用抗剪强度承载力公式计算时,应注意对于砂土,当基础宽度小于 3m 时,按 3m 取值。

6. [答案] D

[解析]《公路桥涵地基与基础设计规范》(JTG 3363—2019)第4.3.3条、4.3.4条。

(1)承载力特征值确定

$$e = \frac{G_s \gamma_w (1+w)}{\gamma} - 1 = \frac{2.72 \times 9.8 \times (1+0.247)}{19} - 1 = 0.75$$

查规范表4.3.3-6,承载力特征值:$f_{a0} = \frac{270+230}{2} = 250\text{kPa}$

(2)修正后的承载力特征值

查规范表4.3.4,$k_1 = 0$,$k_2 = 1.5$

$$f_a = f_{a0} + k_1 \gamma_1 (b-2) + k_2 \gamma_2 (h-3) = 250 + 0 + 1.5 \times 19.44 \times (5.2-0.7-3)$$
$$= 293.74\text{kPa}$$

平均常水位至一般冲刷线距离:$0.7+0.3 = 1.0\text{m}$

$$f_a = 293.74 + 1.0 \times 10 = 303.74\text{kPa}$$

7. [答案] C

[解析]《建筑地基基础设计规范》(GB 50007—2011)第5.3.5条。

(1)基底附加压力计算

$$p_k = \frac{F_k}{A} + \gamma_G d = \frac{1080}{3.0 \times 3.6} + 20 \times 2.0 = 140\text{kPa}$$

$$p_0 = p_k - p_c = 140 - 2 \times 18.5 = 103\text{kPa}$$

(2)变形计算

变形计算深度6m,计算见下表。

题7解表

层号	基底至第i层土底面距离z_i(m)	l/b	z_i/b	$\bar{\alpha}_i$	$4z_i\bar{\alpha}_i$	$4(z_i\bar{\alpha}_i - z_{i-1}\bar{\alpha}_{i-1})$	E_{si}
1	0	1.2	0	0.25	0		
2	6	1.2	4	0.1189	2.8536	2.8536	4.15

$$s = \psi_s \sum_{i=1}^{n} \frac{p_0}{E_{si}} (z_i \bar{\alpha}_i - z_{i-1} \bar{\alpha}_{i-1}) = 1.2 \times 104 \times \frac{2.8536}{4.15} = 85.81\text{mm}$$

8. [答案] C

[解析]《建筑地基基础设计规范》(GB 50007—2011)第8.1.1条。

(1)根据承载力确定基础宽度

$$b \geqslant \frac{F_k}{f_a - \gamma_G d} = \frac{200}{155 - 20 \times 1.5} = 1.6\text{m}$$

(2)根据构造要求确定基础高度

$$p_k = \frac{F_k}{A} + \gamma_G d = \frac{200}{1.6} + 20 \times 1.5 = 155\text{kPa},台阶宽高比取1:1.25。$$

$$H_0 \geqslant \frac{b-b_0}{2\tan\alpha} = \frac{1.6-0.72}{2 \times 1/1.25} = 0.55\text{m}$$

9. [答案] B

[解析]《建筑桩基技术规范》(JGJ 94—2008)第5.2.5条、5.3.5条。

(1)单桩竖向承载特征值计算

$$Q_{uk}=Q_{sk}+Q_{pk}=u\sum q_{sik}l_i+q_{pk}A_p$$

$$=3.14\times0.6\times(45\times4+40\times6+60\times5)+900\times\frac{3.14\times0.6^2}{4}=1610.82kN$$

$$R_a=\frac{1}{2}Q_{uk}=\frac{1}{2}\times1610.82=805.4kN$$

(2)考虑承台效应时复合基桩竖向承载力特征值计算

$$A_c=\frac{A-nA_{ps}}{n}=\frac{3.6\times4.8-5\times3.14\times0.3^2}{5}=3.17m^2$$

$f_{ak}=180kPa,\xi_a=1.3$

考虑地震作用时：

$$R=R_a+\frac{\xi_a}{1.25}\eta_c f_{ak}A_c=805.4+\frac{1.3}{1.25}\times0.10\times180\times3.17=864.7kN$$

10.[答案] D

[解析]《建筑桩基技术规范》(JGJ 94—2008)第5.7.2条。

(1)桩的水平变形系数计算

$$b_0=0.9(1.5d+0.5)=0.9\times(1.5\times1.0+0.5)=1.8m$$

$$\alpha=\sqrt[5]{\frac{mb_0}{EI}}=\sqrt[5]{\frac{25\times10^3\times1.8}{1.2036\times10^6}}=0.5183m^{-1}$$

(2)单桩水平承载力特征值

$\alpha h=0.5183\times16=8.3>4$,取$\alpha h=4$,桩顶固接,查规范表5.7.2,$\nu_x=0.940$

$$R_{ha}=\frac{0.75\alpha^3EI}{\nu_x}\chi_{0a}=\frac{0.75\times0.5183^3\times1.2036\times10^6}{0.940}\times0.006=802.3kN$$

11.[答案] B

[解析]《公路桥涵地基与基础设计规范》(JTG 3363—2019)第6.3.7条。

较破碎岩层,查规范表6.3.7-1:$c_1=0.5,c_2=0.04$。

钻孔桩,沉渣厚度满足要求,持力层为中风化岩层。

$c_1=0.5\times0.8\times0.75=0.3,c_2=0.04\times0.8\times0.75=0.024$

桩端$f_{rk}=30MPa,\xi_s=0.5$,则

$$R_a=c_1A_pf_{rk}+u\sum_{i=1}^m c_{2i}h_if_{rki}+\frac{1}{2}\xi_su\sum_{i=1}^n l_iq_{ik}$$

$$=0.3\times3.14\times0.5^2\times18\times10^3+3.14\times1.0\times0.024\times3.0\times18\times10^3+$$

$$\frac{1}{2}\times0.5\times3.14\times1.0\times(20\times200+3\times400)$$

$$=12390.44kN$$

12.[答案] A

[解析]碎石桩中的公式推导,取单元体ABC进行分析,处理前后单元体内土颗粒质量不变。

$$m_s=\rho_{d0}V_0=\rho_{d1}V_1,即$$

$$1.25 \times \frac{\sqrt{3}}{4} \times 0.8^2 \times 6 = \left(\frac{\sqrt{3}}{4} \times 0.8^2 - \frac{\pi}{8} \times 0.4^2 \right) \times (6+0.2) \times \rho_{d1}$$

解得：$\rho_{d1} = 1.56 \ \text{t/m}^3$

13. [答案] C

[解析]《建筑地基处理技术规范》(JGJ 79—2012)第7.1.7条、7.1.8条。

(1)复合土层压缩模量

$$\xi = \frac{f_{spk}}{f_{ak}} = \frac{300}{100} = 3$$

$E_{sp1} = \xi E_{s1} = 3 \times 4 = 12 \text{MPa}, E_{sp2} = \xi E_{s2} = 3 \times 8 = 24 \text{MPa}$

(2)变形计算

变形计算深度 $z = 26 - 2 = 24 \text{m}$，计算半径 $r = 10 \text{m}$，计算结果见下表。

题13解表

z_i	z_i/r	α_i	$z_i \bar{a}_i$	$A_i = z_i \bar{a}_i - z_{i-1} \bar{a}_{i-1}$	E_{spi}
0	0	1.0	0	0	0
15	1.5	0.762	11.43	11.43	12
18	1.8	0.697	12.546	1.116	24
24	2.4	0.590	14.16	1.614	8

压缩模量当量值：

$$\bar{E}_s = \frac{\sum\limits_{i=1}^{n} A_i + \sum\limits_{j=1}^{n} A_j}{\sum\limits_{i=1}^{n} \dfrac{A_i}{E_{spi}} + \sum\limits_{j=1}^{n} \dfrac{A_j}{E_{sj}}} = \frac{14.16}{\dfrac{11.43}{12} + \dfrac{1.116}{24} + \dfrac{1.614}{8}} = 11.793 \text{MPa}$$

$$\psi_s = 0.7 + (11.793 - 7) \times \frac{0.4 - 0.7}{15 - 7} = 0.52$$

$$s = \psi_s \sum \frac{p_0}{\xi E_{si}} (z_i \bar{a}_i - z_{i-1} \bar{a}_{i-1}) = 0.52 \times 200 \times \left(\frac{11.43}{12} + \frac{1.116}{24} + \frac{1.614}{8} \right) = 124.88 \text{mm}$$

14. [答案] A

[解析]《土力学》(李广信等编，第2版，清华大学出版社)第157页。

(1)竖向固结度计算

$$T_v = \frac{C_v t}{H^2} = \frac{0.01 \times 20}{6^2} = 0.00556$$

$$T_v = \frac{\pi}{4} \bar{U}_z^2 = 0.00556, \bar{U}_z = \sqrt{\frac{0.00556 \times 4}{\pi}} = 0.084 < 0.3$$

(2)径向固结度计算

$$d_e = 1.05l = 1.05 \times 2.4 = 2.52 \text{m}, n = \frac{d_e}{d_w} = \frac{2.52}{0.4} = 6.3$$

$$F_n = \frac{n^2}{n^2 - 1} \ln(n) - \frac{3n^2 - 1}{4n^2} = \frac{6.3^2}{6.3^2 - 1} \times \ln(6.3) - \frac{3 \times 6.3^2 - 1}{4 \times 6.3^2} = 1.144$$

$$T_h = \frac{C_h t}{d_e^2} = \frac{0.02 \times 20}{2.52^2} = 0.0630$$

$$\bar{U}_r = 1 - e^{-\frac{8}{F_n} \cdot T_h} = 1 - e^{-\frac{8}{1.144} \times 0.0630} = 0.356$$

2018年案例分析试题答案(上午卷)

(3) $\dfrac{\overline{U}_z}{\overline{U}_r} = \dfrac{0.084}{0.356} = 0.236$

注:规范表 5.2.7 中规定,规范公式适用于竖向固结度大于 30% 的情况,因此不能采用规范的公式计算,如按规范公式则竖向固结度为:

$$\overline{U}_z = 1 - \dfrac{8}{\pi^2} \cdot e^{-\frac{\pi^2}{4} \cdot T_v} = 1 - \dfrac{8}{3.14^2} \times e^{-\frac{3.14^2}{4} \times 0.00556} = 0.2, \dfrac{\overline{U}_z}{\overline{U}_r} = \dfrac{0.2}{0.356} = 0.562,$$ 与 D 选项对应,命题者是按照规范解题给出的答案,显然这是一个错题,规范公式在这里并不能使用,应按土力学里面的 U_z-T_v 关系曲线计算。

15.[答案] B

[解析]《建筑边坡工程技术规范》(GB 50330—2013)第 6.2.10 条。

$$\eta = \dfrac{2c}{\gamma h} = \dfrac{2 \times 20}{19 \times 10} = 0.211$$

$$\theta = \arctan\left(\dfrac{\cos\varphi}{\sqrt{1 + \dfrac{\cot\alpha'}{\eta + \tan\varphi}} - \sin\varphi}\right) = \arctan\left(\dfrac{\cos 12°}{\sqrt{1 + \dfrac{\cot 50°}{0.211 + \tan 12°}} - \sin 12°}\right) = 32.78°$$

16.[答案] C

[解析] 设滑体的重度为 γ,潜在滑动面 AC 长度为 L,$L = H_2/\sin 30° = 26\text{m}$

(1)计算清方前、后滑体面积计算

DE 平行于 AC,则 $\triangle BAC$ 和 $\triangle BDE$ 为相似三角形。

根据相似三角形面积比等于相似比的平方,可得:$\dfrac{s_{\triangle BDE}}{s_{\triangle BAC}} = \left(\dfrac{8}{13}\right)^2 = 0.379$

滑体 $ADEC$ 的面积:$s_{ADEC} = s_{BAC} - s_{BDE} = (1 - 0.379)s_{BAC} = 0.621 s_{BAC}$

(2)清方前、后滑体的抗滑安全系数

设 B 点到 AC 的垂直距离为 h,则

清方前:$F_{s2} = \dfrac{\tan\varphi}{\tan\beta} + \dfrac{2c}{\gamma h \sin\beta} = \dfrac{\tan 18°}{\tan 30°} + \dfrac{2 \times 20}{\gamma h \sin 30°} = 1.1$

解得:$\gamma h = 148.92 \text{ kN/m}^2$

$W_{BAC} = \dfrac{1}{2} AC \times h \times \gamma = \dfrac{1}{2} \times 26 \times 148.92 = 1935.96 \text{kN/m}$

$W_{ADEC} = 0.621 \times 1935.96 = 1202.23 \text{kN/m}$

清方后:

$$K' = \dfrac{W_{ADEC}\cos\theta\tan\varphi + cL}{W_{ADEC}\sin\theta} = \dfrac{1202.23 \times \cos 30° \tan 18° + 20 \times 26}{1202.23 \times \sin 30°} = 1.428$$

17.[答案] C

[解析]《建筑边坡工程技术规范》(GB 50330—2013)第 10.2.4 条。

(1)各力的分解

不稳定岩石块体沿结构面的下滑力:

$G_t = G_1 \sin\theta_1 = 439 \times \sin 40° = 282.2 \text{kN}$

不稳定岩石块体垂直于结构面的分力：

$G_n = G_1\cos\theta_1 = 439 \times \cos40° = 336.3\text{kN}$

锚杆轴力在抗滑方向的分力：

$N_{akt} = N\cos(\theta_1 + \alpha) = N \times \cos(40° + 15°) = 0.574N$

锚杆轴力垂直于滑动面方向上分力：

$N_{akn} = N\sin(\theta_1 + \alpha) = N \times \sin(40° + 15°) = 0.819N$

（2）计算轴向拉力

边坡安全等级为一级，永久性锚杆，$K_b = 2.2$，则

$K_b(G_t - fG_n - cA) \leqslant \sum N_{akti} + f\sum N_{akni}$

$2.2 \times (282.2 - 0.2 \times 336.3 - 10 \times 9.3) \leqslant 0.574N + 0.2 \times 0.819N$

$N \geqslant 363.6\text{kN}$

18. [答案] B

[解析]《建筑基坑支护技术规程》(JGJ 120—2012)第4.1.4条、4.1.5条。

$K_a = \tan^2\left(45° - \dfrac{15°}{2}\right) = 0.589$

（1）基坑开挖1m深度时

10m处水平反力系数：

$k_{s1} = m(z - h_1) = 5.00 \times 10^3 \times (10 - 1) = 45000 \text{ kN/m}^3$

初始分布土反力强度：$p_{s01} = (\sum\gamma_i h_i)K_{a,i} = 18 \times 9 \times 0.589 = 95.42\text{kPa}$

分布土反力强度：$p_{s1} = k_{s1}v_1 + p_{s01} = 45000 \times 2.5 \times 10^{-3} + 95.42 = 207.92\text{kPa}$

（2）基坑开挖8m深度时

10m处水平反力系数：$k_{s2} = m(z - h_2) = 5.00 \times 10^3 \times (10 - 8) = 10000 \text{ kN/m}^3$

初始分布土反力强度：$p_{s02} = (\sum\gamma_i h_i)K_{a,i} = 18 \times 2 \times 0.589 = 21.20\text{kPa}$

分布土反力强度：$p_{s2} = k_{s2}v_2 + p_{s02} = 10000 \times 30 \times 10^{-3} + 21.20 = 321.20\text{kPa}$

（3）土反力增量

围护结构在两工况（开挖至1m及开挖到底）间地面下10m处围护结构分布土反力增量为

$\Delta p_s = p_{s2} - p_{s1} = 321.20 - 207.92 = 113.28\text{kPa}$

19. [答案] B

[解析]《铁路隧道设计规范》(TB 10003—2016)附录G。

（1）侧压力系数计算

$\alpha' = \arctan\left(\dfrac{\gamma_1}{\gamma_2}\tan\alpha\right) = \arctan\left(\dfrac{18}{20} \times \dfrac{1}{5}\right) = 10.2°$

$\lambda = \dfrac{\cos^2\varphi_2}{\left[1 + \sqrt{\dfrac{\sin\varphi_2\sin(\varphi_2 - \alpha')}{\cos\alpha'}}\right]^2} = \dfrac{\cos^2 40°}{\left[1 + \sqrt{\dfrac{\sin40° \times \sin(40° - 10.2°)}{\cos10.2°}}\right]^2} = 0.238$

（2）内墙土压计算

$h_1 = 9.5 - 6.2 + \dfrac{7.2}{2} \times \dfrac{1}{5} = 4.74\text{m}$

$$顶部：h_1'=h_i''+\frac{\gamma_1}{\gamma_2}h_1=0+\frac{18}{20}\times4.74=4.266\text{m}$$

$$e_1=\gamma_2h_i'\lambda=20\times4.266\times0.238=20.3\text{kPa}$$

$$底部：h_2'=4.266+6.2=10.466\text{m}，e_2=\gamma_2h_i'\lambda=20\times10.466\times0.238=49.8\text{kPa}$$

$$E_a=\frac{1}{2}\times(20.3+49.8)\times6.2=217.31\text{kN/m}$$

20.[答案] C

[解析]《工程地质手册》(第五版)第703页、《公路路基设计规范》(JTG D30—2015)第7.16.3条。

(1)倾斜

$$AB\ 段：i_{AB}=\frac{\Delta\eta_{AB}}{l_{AB}}=\frac{75.5-23}{15}=3.5\text{mm/m}$$

$$BC\ 段：i_{BC}=\frac{\Delta\eta_{BC}}{l_{BC}}=\frac{131.5-75.5}{20}=2.8\text{mm/m}$$

(2)水平变形

$$AB\ 段：\varepsilon_{AB}=\frac{\Delta\xi_{AB}}{l_{AB}}=\frac{162-97}{15}=4.33\text{mm/m}$$

$$BC\ 段：\varepsilon_{BC}=\frac{\Delta\xi_{BC}}{l_{BC}}=\frac{97-15}{20}=4.1\text{mm/m}$$

(3)曲率

$$K_B=\frac{i_{AB}-i_{BC}}{l_{1\sim2}}=\frac{3.5-2.8}{(15+20)/2}=0.04\ \text{mm/m}^2$$

查规范表7.16.3，倾斜小于6mm/m，曲率小于0.3mm/m²，水平变形大于4mm/m，处治后可作为公路路基建设场地。

21.[答案] C

[解析]根据分层总和法，《工程地质手册》(第五版)第719页。

降水后地下水位在地面下25.8m。

(1)降水在砂土层中引起的附加应力

18.9m处：$\Delta p=(18.9-3.2)\times10=157\text{kPa}$

25.8m处：$\Delta p=22.6\times10=226\text{kPa}$

39.6m处：$\Delta p=226\text{kPa}$

18.9~25.8m中点处的平均附加应力为$(157+226)/2=191.5\text{kPa}$。

25.8~39.6m中点处的平均附加应力为226kPa。

(2)由砂土沉降量反算变形模量

砂土层沉降量$s=550-220.8=329.2\text{mm}$，则

$$s_\infty=\frac{1}{E}\Delta pH，即\ 329.2=\frac{1}{E}\times191.5\times6.9+\frac{1}{E}\times226\times13.5$$

解得:$E=13.5$MPa

> 注:本题争议的地方是变形模量要不要换算成压缩模量,根据土力学中压缩固结理论,压缩模量是不能在侧向变形条件下得到的,即只能发生竖向变形;变形模量是有侧向变形条件下,竖向应力与竖向应变之比,变形模量可通过公式 $E=E_s\left(1-\dfrac{2\mu^2}{1-\mu}\right)$ 计算,编者认为这里是不需要把变形模量换算成压缩模量的,因为大面积降水引起的变形不仅有竖向变形还有侧向变形,并且手册公式中用的是弹性模量。弹性模量是在弹性范围内,竖向应力与应变的比值,也是在侧向有变形的条件下得到的。对本题而言,如果砂土层中水位上升,砂土层的变形是可恢复的,砂土的变形模量等于弹性模量。

22.[答案] D

[解析]《膨胀土地区建筑技术规范》(GB 50112—2013)第5.2.11条、5.2.12条。

(1)9月至次年2月的月份蒸发力之和与全年蒸发力之比

$$\alpha=\frac{68.6+47.5+25.2+18.9+30.9}{45.6+65.2+101.5+115.3+123.5+120.2+68.6+47.5+25.2+18.9+30.9}$$
$$=0.251$$

(2)全年中干燥度大于1.0且月平均气温大于0℃月份的蒸发力与降水量差值之总和

$c=(45.6-34.5)+(65.2-55.3)+(101.5-89.4)+(18.9-7.2)+(30.9-10.8)=64.9$

(3)土的湿度系数

$\psi_w=1.152-0.726\alpha-0.00107c=1.152-0.726\times0.251-0.00107\times64.9=0.90$

(4)大气影响急剧层深度

查规范表5.2.12,$d_a=3.0$m,大气影响急剧层深度为:$0.45\times3=1.35$m

23.[答案] C

[解析]《建筑抗震设计规范》(GB 5001—2010)(2016年版)第4.1.4～4.1.6条。

(1)确定覆盖层厚度

4层的剪切波速小于第2层砾砂的2.5倍,覆盖层厚度取基岩顶面到地面的距离,即取22m。

(2)计算等效剪切波速

计算深度取20m和覆盖层厚度中的较小值,计算深度取20m。

$$v_{se}=\frac{d_0}{t}=\frac{d_0}{\sum_{i=1}^{n}\dfrac{d_i}{v_{si}}}=\frac{20}{\dfrac{9}{110}+\dfrac{1.5}{180}+\dfrac{4}{120}+\dfrac{5.5}{415}}=146.3\text{m/s}$$

(3)场地类别确定

查规范表4.1.6,建筑场地类别为Ⅲ类。

24.[答案] C

[解析]《中国地震动参数区划图》(GB 18306—2015)附录E和第6.2条。

(1)Ⅳ类场地基本地震动峰值加速度

查附录表 E. 1 知,$F_a=1.2$

$\alpha_{max}=F_a \cdot \alpha_{maxⅡ}=1.2 \times 0.10=0.12g$

(2)Ⅳ类场地罕遇地震动峰值加速度

罕遇地震动峰值加速度宜为基本地震动峰值加速度的1.6～2.3倍。

$\alpha_{max}=(1.6～2.3) \times 0.12=(0.192～0.276)g$

25.[答案] C

[解析]《建筑基桩检测技术规范》(JGJ 106—2014)第 8.4.4 条。

(1)根据速度时域曲线计算桩身平均波速

$$c=\frac{2000L}{\Delta T}=\frac{2000 \times 20}{10.3-0.2}=3960.4 m/s$$

(2)根据速度幅频曲线计算缺陷位置

$$x=\frac{1}{2} \cdot \frac{c}{\Delta f'}=\frac{1}{2} \times \frac{3960.4}{180}=11.0 m$$

2018年案例分析试题(下午卷)

1. 在某地层中进行钻孔压水试验,钻孔直径为 0.10m,试验段长度为 5.0m,位于地下水位以下,测得该地层的 P-Q 曲线如图所示,试计算该地层的渗透系数与下列哪项接近?(注:1m 水柱压力为 9.8kPa) ( )

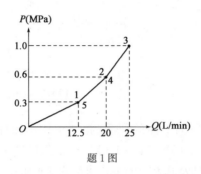

题1图

(A)0.052m/d   (B)0.069m/d

(C)0.073m/d   (D)0.086m/d

2. 某边坡高度为 55m,坡面倾角为 65°,倾向为 NE59°,测得岩体的纵波波速为 3500m/s,相应岩块的纵波波速为 5000m/s,岩石的饱和单轴抗压强度 R_c＝45MPa,岩层结构面的倾角为 69°,倾向为 NE75°,边坡结构面类型与延伸性修正系数为 0.7,地下水影响系数为 0.5,按《工程岩体分级标准》(GB/T 50218—2014)用计算岩体基本质量指标确定该边坡岩体的质量等级为下列哪项? ( )

(A)Ⅴ   (B)Ⅳ   (C)Ⅲ   (D)Ⅱ

3. 某岩石地基载荷试验结果见下表,请按《建筑地基基础设计规范》(GB 50007—2011)的要求确定地基承载力特征值最接近下列哪一项? ( )

题3表

试 验 编 号	比例界限值(kPa)	极限荷载值(kPa)
1	1200	4000
2	1400	4800
3	1280	3750

(A)1200kPa   (B)1280kPa

(C)1330kPa   (D)1400kPa

4. 某拟建公路隧道工程穿越碎屑岩地层,平面上位于地表及地下分水岭以南 1.6km、长约 4.3km、埋深约 240m、年平均降水量 1245mm,试按大气降水入渗法估算大气降水引起的拟建隧道日平均涌水量接近下列哪个值?(该地层降水影响半径按 R＝

1780m,大气降水入渗系数 λ＝0.10 计算,汇水面积近似取水平投影面积且不计隧道两端入渗范围) （　　）

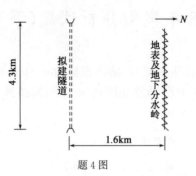

题 4 图

(A)4600m³/d (B)4960m³/d

(C)5220m³/d (D)5450m³/d

5.作用于某厂房柱对称轴平面的荷载(相应于作用的标准组合)如图所示。$F_1＝880kN,M_1＝50kN \cdot m;F_2＝450kN,M_2＝120kN \cdot m$,忽略柱子自重。该柱子基础拟采用正方形,基底埋深 1.5m,基础及其上土的平均重度为 20kN/m³,持力层经修正后的地基承载力特征值 f_a 为 300kPa,地下水位在基底以下。若要求相应于作用的标准组合时基础底面不出现零应力区,且地基承载力满足要求,则基础边长的最小值接近下列何值? （　　）

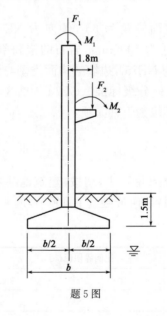

题 5 图

(A)3.2m (B)3.5m (C)3.8m (D)4.4m

6.圆形基础上作用于地面处的竖向力 $N_k＝1200kN$,基础直径 3m,基础埋深 2.5m,地下水位埋深 4.5m,基底以下的土层依次为:厚度 4m 的可塑黏性土、厚度 5m 的淤泥质黏土。基底以上土层的天然重度为 17kN/m³,基础及其上土的平均重度为 20kN/m³。已知可塑黏性土的地基压力扩散线与垂直线的夹角为 23°,则淤泥质黏土层顶面处的附加压力最接近下列何值? （　　）

(A)20kPa   (B)39kPa   (C)63kPa   (D)88kPa

7. 如下图所示,某边坡其坡角为35°,坡高为6.0m,地下水位埋藏较深,坡体为均质黏性土层,重度为20kN/m³,地基承载力特征值 f_{ak} 为160kPa,综合考虑持力层承载力修正系数 $\eta_b=0.3$、$\eta_d=1.6$。坡顶矩形基础底面尺寸为2.5m×2.0m,基础底面外边缘距坡肩水平距离3.5m,上部结构传至基础的荷载情况如下图所示(基础及其上土的平均重度按20kN/m³ 考虑)。按照《建筑地基基础设计规范》(GB 50007—2011)规定,该矩形基础最小埋深接近下列哪个选项?   (   )

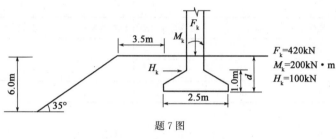

题7图

(A)2.0m   (B)2.5m
(C)3.0m   (D)3.5m

8. 某基坑开挖深度3m,平面尺寸为20m×24m,自然地面以下地层为粉质黏土,重度为20kN/m³,无地下水,粉质黏土层各压力段的回弹模量见下表(MPa)。按《建筑地基基础设计规范》(GB 50007—2011),基坑中心点下7m位置的回弹模量最接近下列哪个选项?   (   )

题8表

$E_{0-0.025}$	$E_{0.025-0.05}$	$E_{0.05-0.1}$	$E_{0.1-0.15}$	$E_{0.15-0.2}$	$E_{0.2-0.3}$
12	14	20	200	240	300

(A)20MPa   (B)200MPa
(C)240MPa   (D)300MPa

9. 某建筑采用灌注桩基础,桩径0.8m,承台底埋深4.0m,地下水位埋深1.5m,拟建场地地层条件见下表,按《建筑桩基技术规范》(JGJ 94—2008)规定,如需单桩竖向承载力特征值达到2300kN,考虑液化效应时,估算最短桩长与下列哪个选项最为接近?   (   )

题9表

地层	层底埋深(m)	N/N_{cr}	桩的极限侧阻力标准值(kPa)	桩的极限端阻力标准值(kPa)
黏土	1.0		30	
粉土	4.0	0.6	30	
细砂	12.0	0.8	40	
中粗砂	20.0	1.5	80	1800
卵石	35.0		150	3000

(A)16m   (B)20m

(C)23m   (D)26m

10. 某建筑场地地层条件为：地表以下 10m 内为黏性土，10m 以下为深厚均质砂层。场地内进行了三组相同施工工艺试桩，试桩结果见下表。根据试桩结果估算，在其他条件均相同时，直径 800mm、长度 16m 桩的单桩竖向承载力特征值最接近下列哪个选项？（假定同一土层内，极限侧阻力标准值及端阻力标准值不变）（   ）

题 10 表

组别	桩径(mm)	桩长(m)	桩顶埋深(m)	试桩数量(根)	单桩极限承载力标准值(kN)
第一组	600	15	5	5	2402
第二组	600	20	5	3	3156
第三组	800	20	5	3	4396

(A)1790kN   (B)3060kN

(C)3280kN   (D)3590kN

11. 某建筑采用夯实水泥土桩进行地基处理，条形基础及桩平面布置见下图。根据试桩结果，复合地基承载力特征值为 180kPa，桩间土承载力特征值为 130kPa，桩间土承载力发挥系数取 0.9。现设计要求地基处理后复合承载力特征值达到 200kPa，假定其他参数均不变，若仅调整基础纵向桩间距 s 值，试算最经济的桩间距最接近下列哪个选项？（   ）

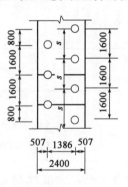

题 11 图(尺寸单位:mm)

(A)1.1m   (B)1.2m

(C)1.3m   (D)1.4m

12. 某工程采用直径 800mm 碎石桩和直径 400mm CFG 桩多桩型复合地基处理，碎石桩置换率 0.087，桩土应力比为 5.0，处理后桩间土承载力特征值为 120kPa，桩间土承载力发挥系数为 0.95，CFG 桩置换率 0.023，CFG 桩单桩承载力特征值 $R_a = 275kN$，单桩承载力发挥系数 0.90，处理后复合地基承载力特征值最接近下面哪个选项？（   ）

(A)168kPa   (B)196kPa

(C)237kPa   (D)286kPa

13. 某双轴搅拌桩截面积为 $0.71m^2$，桩长 10m，桩顶标高在地面下 5m，桩机在地面施工，施工工艺为：预搅下沉→提升喷浆→搅拌下沉→提升喷浆→复搅下沉→复搅提升。喷浆时提钻速度 0.5m/min，其他情况速度均为 1m/min，不考虑其他因素所需时间，单日 24h 连续施工能完成水泥土搅拌桩最大方量最接近下列哪个选项？（　　）

(A)95m^3 　　　　　　　　　　　　(B)110m^3

(C)120m^3 　　　　　　　　　　　　(D)145m^3

14. 如图所示，位于不透水地基上重力式挡墙，高 6m，墙背垂直光滑，墙后填土水平，墙后地下水位与墙顶面齐平，填土自上而下分别为 3m 厚细砂和 3m 厚卵石，细砂饱和重度 $\gamma_{sat1} = 19kN/m^3$，黏聚力 $c_1' = 0kPa$，内摩擦角 $\varphi_1' = 25°$，卵石饱和重度 $\gamma_{sat2} = 21kN/m^3$，黏聚力 $c_2' = 0kPa$，内摩擦角 $\varphi_2' = 30°$，地震时细砂完全液化，在不考虑地震惯性力和地震沉陷的情况下，根据《建筑边坡工程技术规范》(GB 50330—2013)相关要求，计算地震液化时作用在墙背的总水平力最接近下列哪个选项？（　　）

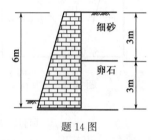

题 14 图

(A)290kN/m 　　　　　　　　　　　(B)320kN/m

(C)350kN/m 　　　　　　　　　　　(D)380kN/m

15. 如图所示，某铁路河堤挡土墙，墙背光滑垂直，墙身透水，墙后填料为中砂，墙底为节理很发育的岩石地基。中砂天然和饱和重度分别为 $\gamma = 19kN/m^3$ 和 $\gamma_{sat} = 20kN/m^3$。墙底宽 $B = 3m$，与地基的摩擦系数为 $f = 0.5$。墙高 $H = 6m$，墙体重 330kN/m，墙面倾角 $\alpha = 15°$，土体主动土压力系数 $K_a = 0.32$。试问当河水位 $h = 4m$ 时，墙体抗滑安全系数最接近下列哪个选项？（不考虑主动土压力增大系数，不计墙前的被动土压力）（　　）

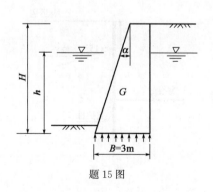

题 15 图

(A)1.21 　　　　　　　　　　　　　(B)1.34

(C)1.91 　　　　　　　　　　　　　(D)2.03

16. 如图所示，某建筑旁有一稳定的岩质山坡，坡面 AE 的倾角 θ＝50°。依山建的挡土墙墙高 H＝5.5m，墙背面 AB 与填土间的摩擦角 10°，倾角 α＝75°。墙后砂土填料重度 20kN/m³，内摩擦角 30°，墙体自重 340kN/m。为确保挡墙抗滑安全系数不小于 1.3，根据《建筑边坡工程技术规范》(GB 50330—2013)，在水平填土面上施加的均布荷载 q 最大值接近下列哪个选项？(墙底 AD 与地基间的摩擦系数取 0.6，无地下水) (   )

提示：《建筑边坡工程技术规范》(GB 50330—2013)部分版本公式(6.2.3-2)有印刷错误，请按下列公式计算：

$$K_a = \frac{\sin(\alpha+\beta)}{\sin^2\alpha\sin^2(\alpha+\beta-\varphi-\delta)}$$

$$\left\{\begin{array}{l} k_q[\sin(\alpha+\beta)\sin(\alpha-\delta)+\sin(\varphi+\delta)\sin(\varphi-\beta)]+2\eta\sin\alpha\cos\varphi\cos(\alpha+\beta-\varphi-\delta)- \\ 2[(k_q\sin(\alpha+\beta)\sin(\varphi-\beta)+\eta\sin\alpha\cos\varphi)(k_q\sin(\alpha-\delta)\sin(\varphi+\delta)+\eta\sin\alpha\cos\varphi)]^{1/2} \end{array}\right\}$$

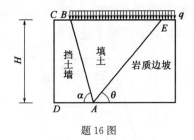

题 16 图

(A)30kPa   (B)34kPa
(C)38kPa   (D)42kPa

17. 某安全等级为二级的深基坑，开挖深度为 8.0m，均质砂土地层，重度 γ＝19kN/m³，黏聚力 c＝0，内摩擦角 φ＝30°，无地下水影响(如图所示)。拟采用桩—锚杆支护结构，支护桩直径为 800mm，锚杆设置深度为地表下 2.0m，水平倾斜角为 15°，锚固体直径 D＝150mm，锚杆总长度为 18m。已知按《建筑基坑支护技术规程》(JGJ 120—2012)规定所做的锚杆承载力抗拔试验得到的锚杆极限抗拔承载力标准值为 300kN，不考虑其他因素影响，计算该基坑锚杆锚固体与土层的平均极限黏结强度标准值，最接近下列哪个选项？   (   )

题 17 图

(A)52.2kPa   (B)46.2kPa
(C)39.6kPa   (D)35.4kPa

18. 某基坑长 96m,宽 96m,开挖深度为 12m,地面以下 2m 为人工填土,填土以下为 22m 厚的中细砂,含水层的平均渗透系数为 10m/d,砂层以下为黏土层。地下水位在地表以下 6.0m,施工时拟在基坑外周边距基坑边 2.0m 处布置井深 18m 的管井降水(全滤管不考虑沉砂管的影响),降水维持期间基坑内地下水力坡度为 1/30,管井过滤器半径为 0.15m,要求将地下水位降至基坑开挖面以下 0.5m。根据《建筑基坑支护技术规程》(JGJ 120—2012),估算基坑降水至少需要布置多少口降水井?   (   )

(A)6   (B)8   (C)9   (D)10

19. 某土样质量为 134.0g,对土样进行蜡封,蜡封后试样的质量为 140.0g,蜡封试样沉入水中后的质量为 60.0g,已知土样烘干后质量为 100g,试样含盐量为 3.5%,该土样的最大干密度为 1.5g/cm³,根据《盐渍土地区建筑技术规范》(GB/T 50942—2014),其溶陷系数最接近下列哪个选项?(注:水的密度取 1.0g/cm³,蜡的密度取 0.82g/cm³,K_G 取 0.85)   (   )

(A)0.08   (B)0.10
(C)0.14   (D)0.17

20. 某季节性弱冻胀土地区建筑采用条形基础,无采暖要求,该地区多年实测资料表明,最大冻深出现时冻土层厚度和地表冻胀量分别为 3.2m 和 120mm,而基底所受永久作用的荷载标准组合值为 130kPa,若基底允许有一定厚度的冻土层,满足《建筑地基基础设计规范》(GB 50007—2011)相关要求的基础最小埋深最接近下列哪个选项?   (   )

(A)0.6m   (B)0.8m
(C)1.0m   (D)1.2m

21. 某滑坡体可分为两块,且处于极限平衡状态(如下图所示),每个滑块的重力、滑动面长度和倾角分别为:$G_1=600$kN/m,$L_1=12$m,$\beta_1=35°$;$G_2=800$kN/m,$L_2=10$m,$\beta_2=20°$。现假设各滑动面的强度参数一致,其中内摩擦角 $\varphi=15°$,滑体稳定系数 $K=1.0$,按《建筑地基基础设计规范》(GB 50007—2011),采用传递系数法进行反分析求得滑动面的黏聚力 c 最接近下列哪一选项?   (   )

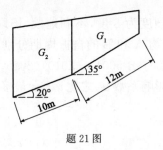

题 21 图

(A)7.2kPa   (B)10.0kPa
(C)12.7kPa   (D)15.5kPa

22. 某黄土试样进行室内双线法压缩试验,一个试样在天然湿度下压缩至 200kPa,压力稳定后浸水饱和,另一个试样在浸水饱和状态下加荷至 200kPa,试验数据如表所示,黄土的湿陷起始压力及湿陷程度最接近下列哪个选项? (   )

P(kPa)	25	50	75	100	150	200	200 浸水
h_p(mm)	19.950	19.890	19.745	19.650	19.421	19.220	17.50
h_{wp}(mm)	19.805	19.457	18.956	18.390	17.555	17.025	

(A)p_{sh}=42kPa;湿陷性强烈   (B)p_{sh}=108kPa;湿陷性强烈

(C)p_{sh}=132kPa;湿陷性中等   (D)p_{sh}=156kPa;湿陷性轻微

23. 某建筑场地抗震设防烈度为 8 度,设计基本地震加速度值 0.20g,设计地震分组第一组,场地地下水位埋深 6.0m,地层资料见下表,按照《建筑抗震设计规范》(GB 50011—2010)(2016 年版)用标准贯入试验进行进一步液化判别,该场地液化等级为下列哪个选项? (   )

序号	名称	层底埋深 (m)	标准贯入试验点深度 (m)	标贯试验锤击数实测值 N (击)	黏粒含量
①	粉砂	5.0	3.0	5	5
			4.5	6	5
②	粉质黏土	10.0	7.0	8	20
			9.0	9	20
③	饱和粉土	15.0	12.0	9	8
			13.0	9	8
④	粉质黏土	20.0	18.0	9	25
⑤	饱和细砂	25.0	22.0	13	5
			24.0	12	5

(A)轻微   (B)一般

(C)中等   (D)严重

24. 某建筑场地抗震设防烈度为 8 度,不利地段,场地类别Ⅲ类,验算罕遇地震作用,设计地震分组第一组,建筑物 A 和 B 的自振周期分别为 0.3s 和 0.7s,阻尼比均为 0.05,按照《建筑抗震设计规范》(GB 50011—2010)(2016 年版),问建筑物 A 的地震影响系数 α_A 与建筑物 B 的地震影响系数 α_B 之比 α_A/α_B 最接近下列哪个选项? (   )

(A)1.00   (B)1.35

(C)1.45   (D)2.33

25. 某地基采用强夯法处理填土,夯后填土层厚 3.5m,采用多道瞬态面波法检测处理效果,已知实测夯后填土层面波波速如下表所示,动泊松比均取 0.3,则根据《建筑地

2018 年案例分析试题(下午卷)

基检测技术规范》(JGJ 340—2015)，估算处理后填土层等效剪切波速最接近下列哪个选项？ （ ）

深度(m)	0～1	1～2	2～3.5
面波波速(m/s)	120	90	60

(A)80m/s

(B)85m/s

(C)190m/s

(D)208m/s

2018年案例分析试题答案(下午卷)

标 准 答 案

本试卷由 25 道题组成,全部为单项选择题,每道题均为必答题。每题 2 分,满分为 50 分。

1	D	2	B	3	A	4	B	5	B
6	B	7	C	8	C	9	B	10	A
11	B	12	B	13	B	14	B	15	B
16	A	17	A	18	B	19	B	20	B
21	C	22	A	23	A	24	B	25	B

解 题 过 程

1.[答案] D

[解析]《工程地质手册》(第五版)第 1246 页。

$$q = \frac{Q_3}{L \cdot P_3} = \frac{25}{5.0 \times 1.0} = 5\text{Lu} < 10\text{Lu},满足。$$

地下水位位于试验段以下,且压水试验 P-Q 曲线为 B(紊流)型,用第一阶段压力和流量计算:

$$H_1 = \frac{P_1}{10} = \frac{300}{9.8} = 30.6\text{m}, Q_1 = 12.5\text{L/min} = 12.5 \times 10^{-3} \times 1440 = 18\text{m}^3/\text{d}$$

$$k = \frac{Q_1}{2\pi H_1 \cdot L} \ln \frac{L}{r_0} = \frac{18}{2 \times 3.14 \times 30.6 \times 5} \times \ln \frac{5}{0.05} = 0.086\text{m/d}$$

2.[答案] B

[解析]《工程岩体分级标准》(GB/T 50218—2014)第 4.2 节、5.2 节。

(1)完整性指数

$$K_v = \left(\frac{v_{pm}}{v_{pr}}\right)^2 = \left(\frac{3500}{5000}\right)^2 = 0.49$$

(2)基本质量指标 BQ 计算

$R_c = 45\text{MPa} < 90K_v + 30 = 90 \times 0.49 + 30 = 74.1\text{MPa},取 $R_c = 45\text{MPa}$

$K_v = 0.49 < 0.04R_c + 0.4 = 0.04 \times 45 + 0.4 = 2.2,取 $K_v = 0.49$

$BQ = 100 + 3R_c + 250K_v = 100 + 3 \times 45 + 250 \times 0.49 = 357.5$

(3)BQ 修正及岩体质量等级确定

查规范表 5.3.2-3。

结构面倾向与边坡面倾向间的夹角 $75° - 59° = 16°$,$F_1 = 0.7$。

结构面倾角为 $69°$,$F_2 = 1.0$。

结构面倾角与边坡坡角之差为 $69° - 65° = 4°$,$F_3 = 0.2$。

$K_5 = F_1 \times F_2 \times F_3 = 0.7 \times 1.0 \times 0.2 = 0.14$

$[BQ] = BQ - 100(K_4 + \lambda K_5) = 357.5 - 100 \times (0.5 + 0.7 \times 0.14) = 297.7$

查表 4.1.1，岩体质量等级为Ⅳ级。

3.**［答案］** A

［解析］《建筑地基基础设计规范》(GB 50007—2011)附录 H.0.10 条。

(1)极限荷载除以 3 的安全系数与对应于比例界限的荷载相比较，取小值。

第一组：$4000/3 = 640 = 1333 > 1200$，承载力特征值取 1200kPa。

第二组：$4800/3 = 1600 > 1400$，承载力特征值取 1400kPa。

第三组：$3750/3 = 1250 < 1280$，承载力特征值取 1280kPa。

(2)取最小值作为岩石地基承载力特征值：$f_a = 1200$kPa。

4.**［答案］** B

［解析］《铁路工程地质水文地质勘察规范》(TB 10049—2014)附录 E.1.2 或《铁路工程地质手册》(修订版，1999)第 196 页。

$A = (1.6 + 1.78) \times 4.3 = 14.534 \text{ km}^2$

$Q_s = 2.74\lambda \cdot W \cdot A = 2.74 \times 0.10 \times 1245 \times 14.534 = 4958.0 \text{m}^3/\text{d}$

注：所谓分水岭，即以此为界，分为两个汇水流域。以本题为例，分水岭南侧的水向南汇流形成地表产流与地下径流，其北侧的水向北汇流形成地表产流与地下径流，不发生交叉现象，而隧道的南侧未有分水岭存在，则其汇水范围由降水影响半径 R 决定。

5.**［答案］** B

［解析］《建筑地基基础设计规范》(GB 50007—2011)第 5.2.2 条。

(1)根据偏心距计算基础尺寸

基础面积不出现零应力区，则

$e = \dfrac{M_k}{F_k + G_k} \leqslant \dfrac{b}{6}$，即 $\dfrac{450 \times 1.8 + 50 + 120}{880 + 450 + 20 \times 1.5 \times b^2} \leqslant \dfrac{b}{6}$

整理的 $b^3 + 44.33b - 196 \geqslant 0$，解得 $b \geqslant 3.5$m。

(2)持力层承载力验算

取 $b = 3.5$m，此时 $e = b/6$

$p_k = \dfrac{F_k}{A} + \gamma_G d = \dfrac{880 + 450}{3.5^2} = 108.6$kPa $\leqslant f_a = 300$kPa

$p_{kmax} = 2p_k = 2 \times 108.6 = 217.2$kPa $\leqslant 1.2f_a = 1.2 \times 300 = 360$kPa

持力层满足要求。

6.**［答案］** B

［解析］《建筑地基基础设计规范》(GB 50007—2011)第 5.2.2 条、5.2.7 条。

(1)基底附加压力计算

基础底面以上土的自重压力：$p_c = 2.5 \times 17 = 42.5$kPa

基底压力：$p_k = \dfrac{N_k}{A} + \gamma_G d = \dfrac{1200}{3.14 \times 1.5^2} + 20 \times 2.5 = 219.9$kPa

基底附加压力：$p_0 = p_k - p_c = 219.9 - 42.5 = 177.4$kPa

(2)淤泥质黏土层顶面处的附加压力

附加压力扩散至软弱下卧层顶面的面积：

$$A' = \frac{\pi(d+2z\tan\theta)^2}{4} = \frac{3.14 \times (3+2\times4\times\tan23°)^2}{4} = 32.11\text{m}^2$$

$$p_0A = p_zA', \quad p_z = \frac{p_0A}{A'} = \frac{177.4 \times 3.14 \times 1.5^2}{32.11} = 39.03\text{kPa}$$

注：此题别出心裁，考的是圆形基础下卧层验算，这就需要我们了解压力扩散角法的原理，即基底附加压力与基础面积的乘积和下卧层顶面处附加压力与扩散面积的乘积相等。

7. [答案] C

   [解析]《建筑地基基础设计规范》(GB 50007—2011)第5.4.2条。

   (1)根据地基承载力确定基础埋深

   假设为小偏心：

   $$p_k = \frac{F_k}{A} + \gamma_G d = \frac{420}{2.5 \times 2} + 20d = 84 + 20d$$

   $$p_{kmax} = \frac{F_k + G_k}{A} + \frac{M_k}{W} = 84 + 20d + \frac{200 + 100 \times 1}{2 \times 2.5^2/6} = 228 + 20d$$

   $$\eta_b = 0.3, \eta_d = 1.6$$

   $$f_a = f_{ak} + \eta_b\gamma(b-3) + \eta_d\gamma_m(d-0.5) = 160 + 0 + 1.6 \times 20 \times (d-0.5) = 144 + 32d$$

   $p_k \leqslant f_a$，即 $84 + 20d \leqslant 144 + 32d$，解得 $d \geqslant -5$m。

   $p_{kmax} \leqslant 1.2f_a$，即 $228 + 20d \leqslant 1.2 \times (144 + 32d)$，解得 $d \geqslant 3.0$m。

   $$e = \frac{M_k}{F_k + G_k} = \frac{300}{420 + 2.0 \times 2.5 \times 20 \times 3} = 0.42\text{m} = \frac{2.5}{6} = 0.42\text{m}，满足假设。$$

   (2)根据坡顶建筑物稳定性确定基础埋深

   $a \geqslant 2.5b - \frac{d}{\tan\beta}$，即 $3.5 \geqslant 2.5 \times 2.5 - \frac{d}{\tan35°}$，解得 $d \geqslant 1.93$m。

   (3)取大值 $d \geqslant 3.0$m

8. [答案] C

   [解析]《建筑地基基础设计规范》(GB 50007—2011)第5.3.10条。

   (1)基底下7m处土层的自重应力

   $10 \times 20 = 200$kPa

   (2)基底下7m处土层的附加压力

   基坑底面处的附加压力：$p_0 = -p_c = -3 \times 20 = -60$kPa

   基底下7m处：$z/b = 7/10 = 0.7, l/b = 12/10 = 1.2$

   查规范附录 K.0.1-1：$\alpha_i = (0.228 + 0.207)/2 = 0.2175$

   $-4p_0\overline{\alpha_i} = -4 \times 60 \times 0.2175 = -52.2$kPa

   (3)回弹模量选择

   基坑开挖过程中的压力段变化范围：

   基底下7m处开挖前的平均自重应力为 200kPa。

开挖卸荷以后的压力为$-52.2+200=147.8$kPa。

取$147.8 \sim 200$kPa压力段,选取对应的回弹模量$E_{0.15-0.2}=240$MPa。

9.[答案]B

[解析]《建筑桩基技术规范》(JGJ 94—2008)第5.3.12条。

(1)液化影响折减系数计算

承台底面上1.5m为液化粉土,承台底面下1.0m为液化细砂,不满足规范条件,液化影响折减系数取0,即不考虑粉土、细砂层摩阻力,中粗砂为不液化土层。

(2)根据单桩竖向承载力特征值反算桩长

假设桩端位于卵石层中,进入卵石层的桩长为l_i,则

$$Q_{uk}=u\sum(q_{sik}l_i+\psi_l q_{sik}l_j)+q_{pk}A_p=3.14\times0.8\times(8\times80+150\times l_i)+3000\times\frac{3.14\times0.8^2}{4}$$

$$=376.8l_i+3114.88=2R_a=4600\text{kN}$$

解得$l_i=3.94$m,则最短桩长为$l=20-4+3.94=19.94$m。

注:承台底上下非液化土、非软弱土不满足要求时,液化折减系数取0,承台埋深4.0m,桩长应从承台底算起。

10.[答案]A

[解析]《建筑桩基技术规范》(JGJ 94—2008)第5.2.2条。

(1)砂层极限侧摩阻力计算

第一组、第二组试桩桩径相同,桩长不同,则第二组试桩单桩极限承载力标准值的变化是由5m厚砂层侧阻力引起,根据$Q_{uk}=Q_{sk}+Q_{pk}$,则

$3156=2402+u\sum q_{sik}l_i=2402+3.14\times0.6\times q_{sik}\times5$,解得$q_{sik}=80$kPa。

(2)直径800mm、桩长16m的极限承载力标准值计算

直径800mm、桩长16m时,与第三组试桩桩径相同,桩长不同,直径800mm、桩长16m的试桩单桩极限承载力标准值的变化是由4m厚砂层侧阻力引起,则

$$Q_{uk}=4396-u\sum q_{sik}l_i=4396-3.14\times0.8\times80\times4=3592.16\text{kN}$$

(3)单桩竖向承载力特征值

$$R_a=\frac{1}{2}Q_{uk}=\frac{1}{2}\times3592.16=1796.08\text{kN}$$

注:此题不同以往考题,很有新意,考察对单桩极限承载力标准值、单桩竖向承载力特征值的理解与应用,从2018年的命题风格来看,会加大对基本原理的掌握和灵活应用,不再是单纯的套公式解题。

11.[答案]B

[解析]《建筑地基处理技术规范》(JGJ 79—2012)第7.1.5条、7.1.6条。

(1)根据定义计算置换率

截取单元体,单元体内有2根桩。

调整前:$m_1=\dfrac{2A_P}{1.6\times2.4}$

调整后：$m_2 = \dfrac{2A_P}{s \times 2.4}$，$\dfrac{m_1}{m_2} = \dfrac{s}{1.6}$

(2)根据复合地基承载力公式反算置换率

$$m_1 = \frac{f_{spk1} - \beta f_{sk}}{\lambda \dfrac{R_a}{A_p} - \beta f_{sk}} = \frac{180 - 0.9 \times 130}{\lambda \dfrac{R_a}{A_p} - \beta f_{sk}} = \frac{63}{\lambda \dfrac{R_a}{A_p} - \beta f_{sk}}$$

$$m_2 = \frac{f_{spk2} - \beta f_{sk}}{\lambda \dfrac{R_a}{A_p} - \beta f_{sk}} = \frac{200 - 0.9 \times 130}{\lambda \dfrac{R_a}{A_p} - \beta f_{sk}} = \frac{83}{\lambda \dfrac{R_a}{A_p} - \beta f_{sk}}$$

(3) $\dfrac{m_1}{m_2} = \dfrac{63}{83} = \dfrac{s}{1.6}$，解得：$s = 1.21\text{m}$

12. [答案] B

[解析]《建筑地基处理技术规范》(JGJ 79—2012)第7.9.6条、7.9.7条。

$$f_{spk} = m_1 \frac{\lambda_1 R_{a1}}{A_{p1}} + \beta [1 - m_1 + m_2(n-1)] f_{sk}$$

$$= 0.023 \times \frac{0.9 \times 275}{3.14 \times 0.2^2} + 0.95 \times [1 - 0.023 + 0.087 \times (5-1)] \times 120$$

$$= 196.4\text{kPa}$$

13. [答案] B

[解析]《建筑地基处理技术规范》(JGJ 79—2012)第7.3.5条第4、6款。

(1)确定施工工艺所需时间

据规范7.3.5条第4款，停浆面应高于桩顶设计标高0.5m，各施工工序所需时间见下表。

题13解表

工　序	处 理 厚 度	所 需 时 间
①预搅下沉	下沉至设计加固深度，即地面下15m	15/1=15min
②提升喷浆	边搅拌边提升，应提升至停浆面，即地面下4.5m	(15-4.5)/0.5=21min
③复搅下沉	从地面下4.5m至地面下15m	(15-4.5)/1=10.5min
④提升喷浆	此工序同②工序	21min
⑤复搅下沉	此工序同③工序	10.5min
⑥复搅提升	从地面下15m提升至地面	15/1=15min

施工工艺所需总时间为15+21+10.5+21+10.5+15=93min。

(2)24h最大方量计算

双轴搅拌桩体积 $V_1 = Al = 0.71 \times 10 = 7.1\text{m}^3$，施工完成所需时间为93min。

则24h完成的搅拌桩体积为 $V_1 = \dfrac{7.1 \times 24 \times 60}{93} = 109.93\text{m}^3$。

14. [答案] B

[解析] (1)细砂层完全液化产生的土压力

$$E_{a1} = \frac{1}{2} \gamma h_1^2 = \frac{1}{2} \times 19 \times 3^2 = 85.5\text{kN/m}$$

(2)卵石层中的水、土压力

卵石层顶面水压力：$p_w = 19 \times 3 = 57 \text{kPa}$

卵石层底面水压力：$p_w = 19 \times 3 + 10 \times 3 = 87 \text{kPa}$

$$E_w = \frac{1}{2} \times (57 + 87) \times 3 = 216.0 \text{kN/m}$$

$$K_a = \tan^2 \left(45° - \frac{30°}{2} \right) = \frac{1}{3}$$

卵石层顶面土压力：$e_a = 0$

卵石层底面土压力：$e_a = (21 - 10) \times 3 \times \frac{1}{3} = 11 \text{kPa}$

墙高 6m，土压力增大系数取 1.1，则

$$E_{a2} = \frac{1}{2} \psi \gamma' h_2^2 K_a = \frac{1}{2} \times 1.1 \times 11 \times 3 = 18.2 \text{kN/m}$$

(3)作用于墙背的总水平力

$E = E_{a1} + E_w + E_{a2} = 85.5 + 216.0 + 18.2 = 319.7 \text{kN/m}$

注：本题有以下几点应引起注意：

(1)细砂层完全液化时，可将 0～3m 深度范围内的细砂当作一种重度为 19kN/m³ 的液体，此时卵石层的顶面的土压力强度取 0 是合适的。

(2)土压力增大系数是对应于土压力本身的，原因是对于重力式挡墙，其位移大小直接影响作用于其上的土压力，故而要乘以增大系数来考虑这一不确定性，而对于水压力和其他类似液体产生的压力不存在不确定性，只和高度有关，与位移无关，故而无需考虑增大系数。

15.[答案] B

[解析] (1)主动土压力计算

水位处主动土压力强度：$e_a = \gamma h_1 K_a = 19 \times 2 \times 0.32 = 12.16 \text{kPa}$

墙底处主动土压力强度：$e_a = (\gamma h_1 + \gamma' h_2) K_a = (19 \times 2 + 10 \times 4) \times 0.32 = 24.96 \text{kPa}$

土压力合力：$E_a = \frac{1}{2} \times 2 \times 12.16 + \frac{1}{2} \times 4 \times (12.16 + 24.96) = 86.4 \text{kN/m}$

(2)抗滑移安全系数

墙前浸水面长度：$L = \frac{4}{\sin 75°} = 4.14 \text{m}$

墙前水压力：$P_w = \frac{1}{2} \gamma_w h L = \frac{1}{2} \times 10 \times 4 \times 4.14 = 82.8 \text{kN/m}$

水平方向分力：$P_{wx} = 82.8 \times \sin 75° = 80 \text{kN/m}$

竖直方向分力：$P_{wy} = 82.8 \times \cos 75° = 21.43 \text{kN/m}$

墙后水压力：$P_w = \frac{1}{2} \gamma_w h^2 = \frac{1}{2} \times 10 \times 4^2 = 80 \text{kN/m}$

墙底扬压力：$u = 3 \times 10 \times 4 = 120 \text{kN/m}$

抗滑移安全系数：$F_s = \frac{(330 + 21.43 - 120) \times 0.5}{86.4 + 80 - 80} = 1.34$

16. [答案] A

[解析] 解法一：

《建筑边坡工程技术规范》(GB 50330—2013)第 6.2.3 条、11.2.3 条。

(1)主动土压力合力计算

土压力水平方向分力：$E_{ax}=E_a\sin(\alpha-\delta)=E_a\sin(75°-10°)=E_a\sin65°$

土压力竖向分力：$E_{ay}=E_a\cos(\alpha-\delta)=E_a\cos(75°-10°)=E_a\cos65°$

$$F_s=\frac{[(G+E_{ay})+E_{ax}\tan\alpha_0]\mu}{E_{ax}-(G+E_{ay})\tan\alpha_0}=\frac{(340+E_a\cos65°)\times0.6}{E_a\sin65°}\geq1.3$$

解得：$E_a\leq220.63$kN/m

(2)主动土压力系数反算

$E_a=\dfrac{1}{2}\psi\gamma H^2K_a=\dfrac{1}{2}\times1.1\times20\times5.5^2\times K_a\leq220.63$，解得 $K_a\leq0.6631$

$\alpha=75°,\beta=0°,\delta=10°,\varphi=30°,\eta=0$

$$K_a=\frac{\sin75°}{\sin^2 75°\times\sin^2(75°-30°-10°)}\times\Big\{K_q\times[\sin75°\times\sin(75°-10°)+\sin(30°+10°)\times$$

$$\sin30°]-2\sqrt{K_q\times\sin75°\times\sin30°}\times\sqrt{K_q\times\sin(75°-10°)\times\sin(30°+10°)}\Big\}$$

$$=0.4278K_q\leq0.6631$$

解得：$K_q\leq1.5458$

(3)均布荷载反算

$$K_q=1+\frac{2q\sin\alpha\cos\beta}{\gamma H\sin(\alpha+\beta)}=1+\frac{2q\times\sin75°}{20\times5.5\times\sin75°}=1+\frac{1}{55}q\leq1.5458$$

解得：$q\leq30.02$kPa

解法二：

根据土力学教材，按滑动面在土体内部计算。

$\alpha=90°-75°=15°,\beta=0°,\delta=10°,\varphi=30°$

$$K_a=\frac{\cos^2(\varphi-\alpha)}{\cos^2\alpha\cdot\cos(\alpha+\delta)\cdot\left[1+\sqrt{\dfrac{\sin(\varphi+\delta)\cdot\sin(\varphi-\beta)}{\cos(\alpha+\delta)\cdot\cos(\alpha-\beta)}}\right]^2}$$

$$=\frac{\cos^2(30°-15°)}{\cos^2 15°\times\cos(15°+10°)\times\left[1+\sqrt{\dfrac{\sin(30°+10°)\times\sin(30°-0°)}{\cos(15°+10°)\times\cos(15°-0°)}}\right]^2}=0.4278$$

$$E_a=\psi\left[\frac{1}{2}\gamma H^2 K_a+qHK_a\frac{\cos\alpha}{\cos(\alpha-\beta)}\right]$$

$$=1.1\times\left[\frac{1}{2}\times20\times5.5^2\times0.4278+q\times5.5\times0.4278\times\frac{\cos15°}{\cos(15°-0°)}\right]$$

$$=142.35+2.588q\leq220.63$$

解得：$q\leq30.25$kPa

注：题目中 $45°+30°/2=60°>\theta=50°$，滑裂面可能发生在填土内部沿着 $60°$滑动，也可能发生在岩土体交界处，此时土压力应取二者的大值。根据题目已知条件，岩体填土的内摩擦角未知，因此只能按滑裂面在土体内部计算。滑裂面在土体内部计算时，按规范 11.2.1 条规定，对土质边坡，重力式挡土墙，主动土压力应乘以增大系数，规范 11.2.1 条的规定和本题的破坏模式是一样的，因此应乘以增大系数。对于无黏性土，采用土力学教材中的公式，计算效率较高，建议优先选用。

17. **[答案]** A

[解析] 《建筑基坑支护技术规程》(JGJ 120—2012)第4.7.2条、4.7.3条、4.7.4条。

(1)非锚固段长度计算

基坑外侧主动土压力强度与基坑内侧被动土压力强度的等值点：

$$K_a = \tan^2(45° - 30°/2) = 1/3, \quad K_p = \tan^2(45° + 30°/2) = 3$$

$$\gamma(a_2 + 8)K_a - 2c\sqrt{K_a} = \gamma a_2 K_p + 2c\sqrt{K_p}$$

$$19 \times (a_2 + 8) \times \frac{1}{3} = 19 \times a_2 \times 3$$

解得：$a_2 = 1m$

$$l_f \geqslant \frac{(a_1 + a_2 - d\tan\alpha)\sin\left(45° - \frac{\varphi_m}{2}\right)}{\sin\left(45° + \frac{\varphi_m}{2} + \alpha\right)} + \frac{d}{\cos\alpha} + 1.5$$

$$= \frac{(8 - 2 + 1 - 0.8 \times \tan15°) \times \sin\left(45° - \frac{30°}{2}\right)}{\sin\left(45° + \frac{30°}{2} + 15°\right)} + \frac{0.8}{\cos15°} + 1.5 = 5.84m$$

(2)锚固段长度计算

$$l = 18 - 5.84 = 12.16m$$

(3)平均极限黏结强度标准值计算

$$R = \pi d \sum q_{sk} l = 3.14 \times 0.15 \times q_{sk} \times 12.16 = 300$$

解得：$q_{sk} = 52.38kPa$

18. **[答案]** B

[解析] 《建筑基坑支护技术规程》(JGJ 120—2012)第7.3.15条、7.3.16条和附录 E.0.1。

(1)潜水非完整井基坑涌水量计算

基坑等效半径：

$$r_0 = \sqrt{\frac{A}{\pi}} = \sqrt{\frac{96 \times 96}{\pi}} = 54.18m$$

$$H = 2 + 22 - 6 = 18m$$

$$h = 2 + 22 - (12 + 0.5) = 11.5m$$

$$h_m = \frac{H + h}{2} = \frac{18 + 11.5}{2} = 14.75m$$

$$l = 18 - \left(12 + 0.5 + \frac{54.18}{30}\right) = 3.69m$$

$$s_w = 12 + 0.5 + (54.18 + 2) \times \frac{1}{30} - 6 = 8.37m < 10m, \text{取} \ s_w = 10m, \text{则}$$

$$R = 2s_w\sqrt{kH} = 2 \times 10 \times \sqrt{10 \times 18} = 268.33m$$

$$Q = \pi k \frac{H^2 - h^2}{\ln\left(1 + \frac{R}{r_0}\right) + \frac{h_m - l}{l}\ln\left(1 + 0.2\frac{h_m}{r_0}\right)}$$

$$=3.14 \times 10 \times \frac{18^2-11.5^2}{\ln\left(1+\frac{268.33}{54.18}\right)+\frac{14.75-3.63}{3.63} \times \ln\left(1+0.2 \times \frac{14.75}{54.18}\right)}$$

$$=3093.6 \text{m}^3/\text{d}$$

(2)管井的单井出水能力

$$q_0=120\pi r_\text{s} l \cdot \sqrt[3]{k}=120 \times 3.14 \times 0.15 \times 3.69 \times \sqrt[3]{10}=449.3 \text{m}^3/\text{d}$$

(3)降水井数量计算

$$n=1.1\frac{Q}{q}=1.1 \times \frac{3093.6}{449.3}=7.57，取\ n=8。$$

19.[答案] B

[解析]《盐渍土地区建筑技术规范》(GB/T 50942—2014)附录 D.2.3。

(1)天然密度

$$\rho_0=\frac{m_0}{\frac{m_\text{w}-m'}{\rho_\text{w1}}-\frac{m_\text{w}-m_0}{\rho_\text{w}}}=\frac{134}{\frac{140-60}{1.0}-\frac{140-134}{0.82}}=1.84\ \text{g/cm}^3$$

(2)干密度

$$w=\frac{134-100}{100}=34\%，\rho_\text{d}=\frac{\rho_0}{1+w}=\frac{1.84}{1+0.34}=1.37\ \text{g/cm}^3$$

(3)溶陷系数

$$\delta_\text{rx}=K_\text{G}\frac{\rho_\text{dmax}-\rho_\text{d}(1-C)}{\rho_\text{dmax}}=0.85 \times \frac{1.50-1.37 \times (1-0.035)}{1.50}=0.1$$

20.[答案] B

[解析]《建筑地基基础设计规范》(GB 20007—2011)第5.1.7条和附录G。

(1)场地冻结深度

$$z_\text{d}=h'-\Delta z=3.2-0.12=3.08\text{m}$$

(2)冻土地基基础埋深

条形基础,基底压力 $130 \times 0.9=117\text{kPa}$,无采暖,弱冻胀土,查规范附录 G.0.2。

$$h_\text{max}=2.2+(117-110) \times \frac{2.5-2.2}{130-110}=2.305\text{m}$$

$$d_\text{min}=z_0-h_\text{max}=3.08-2.305=0.775\text{m}$$

21.[答案] C

[解析]《建筑地基基础设计规范》(GB 50007—2011)第6.4.3条。

(1)第一条块剩余下滑力计算

$$G_{1t}=G_1\sin\beta_1=600 \times \sin35°=344.15\text{kN/m}$$

$$G_{1n}=G_1\cos\beta_1=600 \times \cos35°=491.49\text{kN/m}$$

剩余下滑力

$$F_1=G_{1t}-G_{1n}\tan\varphi-cL_1=344.15-491.49\tan15°-c \times 12=212.46-12c$$

(2)第二条块剩余下滑力计算

$G_{2t}=G_2\sin\beta_2=800\times\sin20°=273.62\mathrm{kN/m}$

$G_{2n}=G_2\cos\beta_2=800\times\cos20°=751.75\mathrm{kN/m}$

$\psi_1=\cos(\beta_1-\beta_2)-\sin(\beta_1-\beta_2)\tan\varphi=\cos(35°-20°)-\sin(35°-20°)\tan15°=0.897$

$F_2=F_1\psi_1+G_{2t}-G_{2n}\tan\varphi-cL_2$

$\quad=(212.46-12c)\times0.897+273.62-751.75\times\tan15°-c\times10=262.77-20.76c$

令 $F_2=0$,则 $c=12.66\mathrm{kPa}$。

注:题目中的滑动稳定系数相当于滑坡推力安全系数 γ_t。

22.[答案] A

[解析]《湿陷性黄土地区建筑标准》(GB 50025—2018)第4.3.4条条文说明、4.4.1条。

(1)对双线法结果进行修正

$k=\dfrac{h_{w1}-h_2}{h_{w1}-h_{w2}}=\dfrac{19.805-17.500}{19.805-17.025}=0.829$(满足 0.8~1.2)

50kPa 下:$h'_p=h_{w1}-k(h_{w1}-h_{wp})=19.805-0.829\times(19.805-19.457)=19.517$

75kPa 下:$h'_p=19.805-0.829\times(19.805-18.956)=19.101$

100kPa 下:$h'_p=19.805-0.829\times(19.805-18.390)=18.632$

150kPa 下:$h'_p=19.805-0.829\times(19.805-17.555)=17.940$

200kPa 下:$h'_p=19.805-0.829\times(19.805-17.025)=17.500$

(2)各级压力下的湿陷系数计算

25kPa 下:$\delta_s=\dfrac{h_p-h'_p}{h_0}=\dfrac{19.950-19.805}{20}=0.00725$

50kPa 下:$\delta_s=\dfrac{19.890-19.514}{20}=0.01865$

(3)湿陷起始压力计算

取 $\delta_s=0.015$,进行内插计算

$P_{sh}=25+(0.015-0.00725)\times\dfrac{50-25}{0.01865-0.00725}=42\mathrm{kPa}$

(4)湿陷程度判别

据标准第4.4.1条,$\delta_s=0.086>0.07$,为湿陷性强烈。

23.[答案] A

[解析]《建筑抗震设计规范》(GB 50011—2010)(2016 年版)第4.3.3~4.3.5条。

地下水位埋深 6m,判别深度 20m,初判 3 层可能液化,对 3 层进行复判。

(1)临界锤击数计算

地震分组第一组,$\beta=0.80$;加速度 0.20g,$N_0=12$

$N_{cr}=N_0\beta[\ln(0.6d_s+1.5)-0.1d_w]\sqrt{3/\rho_c}$

12m 处:$N_{cr}=12\times0.8\times[\ln(0.6\times12+1.5)-0.1\times6]\times\sqrt{3/8}=9.2>9$,液化

13m 处：$N_{cr}=10\times0.8\times[\ln(0.6\times13+1.5)-0.1\times6]\times\sqrt{3/8}=9.6>8$，液化

(2)液化指数计算(题23解表)

贯入点深度(m)	代表土层厚度 d_i(m)	中点深度 d_s(m)	影响权函数 W_i
12	(12+13)/2-10=2.5	12+2.5/2=11.25	2/3×(20-11.25)=5.83
13	15-(12+13)/2=2.5	15-2.5/2=13.75	2/3×(20-13.75)=4.17

$$I_{lE}=\sum_{i=1}^{n}\left(1-\frac{N_i}{N_{cri}}\right)d_iW_i=\left(1-\frac{9}{9.2}\right)\times2.5\times5.83+\left(1-\frac{8}{9.6}\right)\times2.5\times4.17=2.05$$

判别为轻微液化。

24.[答案] B

[解析]《建筑抗震设计规范》(GB 5001—2010)(2016 年版)第 5.1.4 条、5.1.5 条。

(1)确定场地特征周期

场地类别为Ⅲ类，设计分组第一组，查规范表 5.1.4-2，场地特征周期 $T_g=0.45s$，罕遇地震，$T_g=0.45+0.05=0.50s$。

(2)计算地震影响系数

$T_A=0.3s$，位于直线段，$\alpha_A=\eta_2\alpha_{max}=\alpha_{max}$

$T_B=0.70s$，位于曲线下降段，$\alpha_B=\left(\dfrac{T_g}{T}\right)^{\gamma}\eta_2\alpha_{max}=\left(\dfrac{0.5s}{0.7s}\right)^{0.9}\alpha_{max}=0.739\alpha_{max}$

$\dfrac{\alpha_A}{\alpha_B}=\dfrac{\alpha_{max}}{0.739\alpha_{max}}=1.35$

25.[答案] B

[解析]《建筑地基检测技术规范》(JGJ 340—2015)第 14.4.3 条。

(1)根据面波波速计算剪切波波速

$0\sim1m$：$v_s=v_R/\left(\dfrac{0.87+1.12\mu_d}{1+\mu_d}\right)=120/\left(\dfrac{0.87+1.12\times0.3}{1+0.3}\right)=\dfrac{120}{0.93}=129m/s$

$1\sim2m$：$v_s=\dfrac{90}{0.93}=96.8m/s$

$2\sim3.5m$：$v_s=\dfrac{60}{0.93}=64.5m/s$

(2)等效剪切波速

$$v_{se}=\frac{d_0}{t}=\frac{d_0}{\sum\limits_{i=1}^{n}\dfrac{d_i}{v_{si}}}=\frac{3.5}{\dfrac{1}{129}+\dfrac{1}{96.8}+\dfrac{1.5}{64.5}}=85m/s$$

注：本题规范公式有误，B、C 选项在评分时均给分。

2019 年案例分析试题(上午卷)

1. 灌砂法检测压实填土的质量。已知标准砂的密度为 1.5g/cm³,试验时,试坑中挖出的填土质量为 1.75kg,其含水量为 17.4%,试坑填满标准砂的质量为 1.20kg,试验室击实试验测得压实填土的最大干密度为 1.96g/cm³,试按《土工试验方法标准》(GB/T 50123—2019)计算填土的压实系数最接近下列哪个值? ( )

(A)0.87　　　　(B)0.90　　　　(C)0.95　　　　(D)0.97

2. 下图为某含水层的颗粒分析曲线,若对该层进行抽水,根据《供水水文地质勘察规范》(GB 50027—2001)的要求,对填砾过滤器的滤料规格 D_{50} 取哪项最适合? ( )

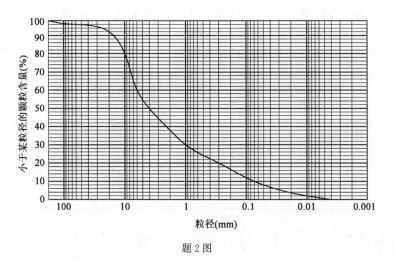

题 2 图

(A)0.2mm　　　　(B)2.0mm　　　　(C)8.0mm　　　　(D)20.0mm

3. 某建筑场地位于岩溶区域,共布置钻孔 8 个,钻孔间距均为 15m,场地平整,钻孔回次深度和揭示岩芯(基岩岩性均为灰岩)完整性、溶洞、溶隙、裂隙等见下表,试根据《建筑地基基础设计规范》(GB 50007—2011)的要求,按线岩溶率判断场地岩溶发育等级为哪一选项? ( )

题 3 表

深度(m)	ZK1	ZK2	ZK3	ZK4	ZK5	ZK6	ZK7	ZK8
0.0~2.0	素填土	素填土	素填土	素填土	红黏土	红黏土	素填土	素填土
2.0~4.0	红黏土	素填土	长柱状基岩	风化裂隙发育	长柱状基岩	长柱状基岩	素填土	素填土
4.0~6.0	长柱状基岩	风化裂隙发育	长柱状基岩	长柱状基岩	掉钻	长柱状基岩	长柱状基岩	风化裂隙发育

深度(m)	ZK1	ZK2	ZK3	ZK4	ZK5	ZK6	ZK7	ZK8
6.0~8.0	长柱状基岩	长柱状基岩	掉钻	长柱状基岩	黏性土	长柱状基岩	溶蚀裂隙发育	长柱状基岩
8.0~10.0	掉钻	长柱状基岩	溶蚀裂隙发育	长柱状基岩	黏性土	长柱状基岩	长柱状基岩	长柱状基岩
10.0~12.0	长柱状基岩	长柱状基岩	长柱状基岩		长柱状基岩	长柱状基岩	长柱状基岩	长柱状基岩
12.0~14.0	长柱状基岩		长柱状基岩		长柱状基岩			
14.0~16.0	长柱状基岩		长柱状基岩		长柱状基岩			

  (A)强发育   (B)中等发育   (C)微发育   (D)不发育

  4.某跨江大桥为悬索桥,主跨约800m,大桥两端采用重力式锚碇提供水平抗力,为测得锚碇基底摩擦系数,进行了现场直剪试验,试验结果见下表。根据试验结果计算出的该锚碇基底峰值摩擦系数最接近下列哪个值?   (   )

各试件在不同正应力下接触面水平剪切应力(单位:MPa)   题4表

试件	试件1	试件2	试件3	试件4	试件5
正应力 σ (MPa)	0.34	0.68	1.02	1.36	1.70
剪应力 τ (峰值 MPa)	0.62	0.71	0.94	1.26	1.64

  (A)0.64   (B)0.68   (C)0.72   (D)0.76

  5.某矩形基础,荷载作用下基础中心点下不同深度处的附加应力系数见题5表(1),基底以下土层参数见题5表(2)。基底附加压力为200kPa,地基变形计算深度取5m,沉降计算经验系数见题5表(3)。按照《建筑地基基础设计规范》(GB 50007—2011),该基础中心点的最终沉降量最接近下列何值?   (   )

基础中心点下的附加应力系数   题5表(1)

计算点至基底的垂直距离(m)	1.0	2.0	3.0	4.0	5.0
附加应力系数	0.674	0.32	0.171	0.103	0.069

基底以下土层参数   题5表(2)

名 称	厚度(m)	压缩模量(MPa)
①黏性土	3	6
②细砂	10	15

沉降计算经验系数					题5表(3)

变形计算深度范围内压缩 模量的当量值(MPa)	2.5	4.0	7.0	15.0	20.0
沉降计算经验系数	1.4	1.3	1.0	0.4	0.2

(A)40mm   (B)50mm   (C)60mm   (D)70mm

6.某柱下钢筋混凝土条形基础,基础宽度 2.5m。该基础按弹性地基梁计算,基础的沉降曲线概化图如下。地基的基床系数为 20MN/m³。计算该基础下地基反力的合力,最接近下列何值？（图中尺寸单位:mm） （　　）

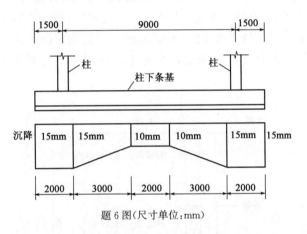

题6图(尺寸单位:mm)

(A)3100kN   (B)4950kN   (C)6000kN   (D)7750kN

7.某建筑物基础底面尺寸为 1.5m×2.5m,基础剖面及土层指标如图所示,按《建筑地基基础设计规范》(GB 50007—2011)计算,如果地下水位从埋深 1.0m 处下降至基础底面处,则由土的抗剪强度指标确定的基底地基承载力特征值增加值最接近下列哪个选项？（水的重度取 10kN/m³） （　　）

题7图

(A)7kPa   (B)20kPa   (C)32kPa   (D)54kPa

8.大面积级配砂石压实填土厚度 8m,现场测得平均最大干密度 1800kg/m³,根据现场静载试验确定该土层的地基承载力特征值为 $f_{ak}=200$kPa,条形基础埋深 2.0m,相应于作用标准组合时,基础顶面轴心荷载 $F_k=370$kN/m。根据《建筑地基基础设计规范》(GB 50007—2011)计算,最适宜的基础宽度接近下列何值?(填土的天然重度 19kN/m³,无地下水,基础及其上土的平均重度取 20kN/m³)　　　　　(　　)

(A)1.7m　　　　　(B)2.0m　　　　　(C)2.4m　　　　　(D)2.5m

9.某铁路桥梁位于多年少冰冻土区,自地面起土层均为不融沉多年冻土,土层的月平均最高温度为−1.0℃,多年冻土天然上限埋深 1.0m,下限埋深 30m。桥梁拟采用钻孔灌注桩基础,设计桩径 800mm,桩顶位于现地面下 5.0m,有效桩长 8.0m(如图所示)。根据《铁路桥涵地基和基础设计规范》(TB 10093—2017),按岩土阻力计算单桩轴向受压容许承载力最接近下列哪个选项?(不融沉冻土与桩侧表面的冻结强度按多年冻土与混凝土基础表面的冻结强度 S_m 降低 10% 考虑,冻结力修正系数取 1.3,桩底支承力折减系数取 0.5)　　　　　(　　)

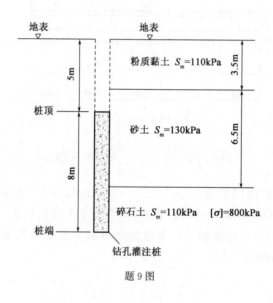

题 9 图

(A)2000kN　　　　(B)1800kN　　　　(C)1640kN　　　　(D)1340kN

10.某既有建筑物为钻孔灌注桩基础,桩身混凝土强度等级 C40(轴心抗压强度设计值取 19.1MPa),桩身直径 800mm,桩身螺旋箍筋均匀配筋,间距 150mm,桩身完整。既有建筑在荷载效应标准组合下,作用于承台顶面的轴心竖向力为 20000kN。现拟进行增层改造,岩土参数如图所示,根据《建筑桩基技术规范》(JGJ 94—2008),原桩基础在荷载效应标准组合下,允许作用于承台顶面的轴心竖向力最大增加值最接近下列哪个选项?(不考虑偏心、地震和承台效应,既有建筑桩基承载力随时间的变化,无地下水,增层后荷载效应基本组合下,基桩桩顶轴向压力设计值为荷载效应标准组合下的1.35 倍,承台及承台底部以上土的重度为 20kN/m³;桩的成桩工艺系数取 0.9,桩嵌岩段侧阻与端阻综合系数取 0.7)　　　　　(　　)

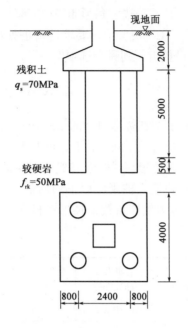

题10图(尺寸单位:mm)

(A)4940kN   (B)8140kN   (C)13900kN   (D)16280kN

11. 某建筑采用桩筏基础,满堂均匀布桩,桩径 800mm,桩间距 2500mm,基底埋深 5m,桩端位于深厚中粗砂层中,荷载效应准永久组合下基底压力为 400kPa,桩筏尺寸为 32m×16m,地下水位埋深 5m,桩长 20m,地层条件及相关参数如图所示(图中尺寸单位为 mm)。按照《建筑桩基技术规范》(JGJ 94—2008),自地面起算的桩筏基础中心点沉降计算深度最小值接近下列哪个选项?   ( )

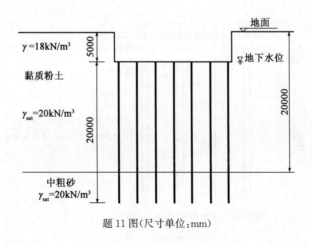

题11图(尺寸单位:mm)

(A)22m   (B)27m   (C)47m   (D)52m

12. 某非自重湿陷性黄土场地上的甲类建筑物采用整片筏板基础,基础长度 30m、宽度 12.5m,基础埋深为 4.5m,湿陷性黄土下限深度为 13.5m。拟在整体开挖后采用挤密桩复合地基,桩径 $d=0.40$m,等边三角形布桩,地基处理前地基土平均干密度 $\rho_d=1.35$g/cm³,最大干密度 $\rho_{dmax}=1.73$g/cm³。要求挤密桩处理后桩间土平均挤密系数不小于 0.93,最少理论布桩数最接近下列哪个选项? ( )

(A)480 根   (B)720 根   (C)1100 根   (D)1460 根

13. 某建筑物基础埋深 6m,荷载标准组合的基底均布压力为 400kPa,地基处理采用预制混凝土方桩复合地基,方桩边长 400mm,正三角形布桩,有效桩长 10m,场地自地表向下的土层参数见下表,地下水位很深,按照《建筑地基处理技术规范》(JGJ 79—2012)估算,地基承载力满足要求时的最大桩距应取下列何值?(忽略褥垫层厚度,桩间土承载力发挥系数 β 取 1,单桩承载力发挥系数 λ 取 0.8,桩端阻力发挥系数 α_p 取 1) ( )

题 13 表

层号	名称	厚度 (m)	重度 (kN/m³)	承载力特征值 f_{ak}(kPa)	桩侧阻力特征值 q_{sa}(kPa)	桩端阻力特征值 q_{pa}(kPa)
①	粉土	4	18.5	130	30	800
②	粉质黏土	10	17	100	25	500
③	细砂	8	21	200	40	1600

(A)1.6m   (B)1.7m   (C)1.9m   (D)2.5m

14. 某建筑场地长 60m,宽 60m,采用水泥土搅拌桩进行地基处理后覆土 1m(含垫层)并承受地面均布荷载 p,地层条件如图所示,不考虑沉降问题时,按承载力控制确定可承受的最大地面荷载 p 最接近下列哪个选项?($\beta=0.25$,$\lambda=1.0$,搅拌桩单桩承载力特征值 $R_a=150$kN,不考虑桩身范围内应力扩散,处理前后土体重度保持不变) ( )

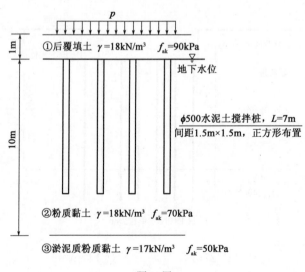

题 14 图

(A)25kPa   (B)45kPa   (C)65kPa   (D)90kPa

15. 如图所示,某河堤挡土墙,墙背光滑垂直,墙身不透水,墙后和墙底均为砾砂层,砾砂的天然与饱和重度分别为 $\gamma=19\text{kN/m}^3$ 和 $\gamma_{sat}=20\text{kN/m}^3$,内摩擦角为 30°,墙底宽 $B=3\text{m}$,墙高 $H=6\text{m}$,挡土墙基底埋深 $D=1\text{m}$,当河水位由 $h_1=5\text{m}$ 降至 $h_2=2\text{m}$ 后,墙后地下水位保持不变且在砾砂中产生稳定渗流时,则作用在墙背上的水平力变化值最接近下列哪个选项?(假定水头沿渗流路径均匀降落,不考虑主动土压力增大系数)

( )

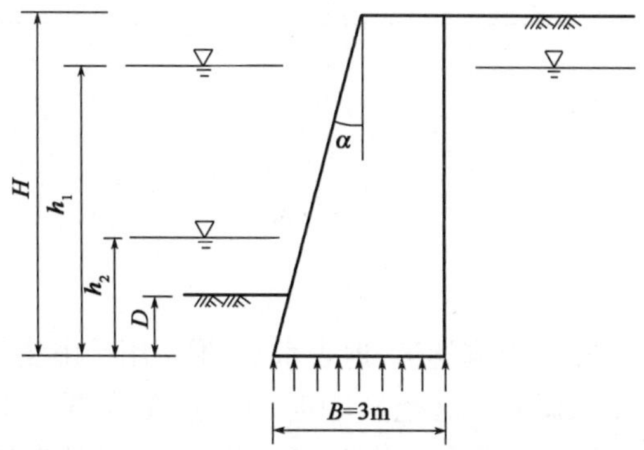

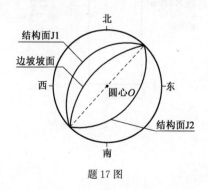

题 15 图

(A)减少 70kN/m   (B)减少 28kN/m

(C)增加 42kN/m   (D)增加 45kN/m

16. 某加筋土挡土墙墙高 10m,墙后加筋土的重度为 19.7kN/m^3,内摩擦角 $\varphi=30°$,筋材为土工格栅,其与填土的摩擦角 $\delta=18°$,拉筋宽度 $a=10\text{cm}$,设计要求拉筋的抗拔力 $S_{ft}=28.5\text{kN}$。假设加筋土挡土墙墙顶无荷载,按照《铁路路基支挡结构设计规范》(TB 10025—2019)的相关要求,距墙顶面下 7m 处土工格栅的拉筋长度最接近下列哪个选项?

( )

(A)4.0m   (B)5.0m   (C)6.0m   (D)7.0m

17. 某 10m 高的永久性岩质边坡,安全等级为二级,坡顶水平,坡体岩石为砂质泥岩,岩体重度为 23.5kN/m^3,坡体内存在两组结构面 J1 和 J2,边坡赤平面投影图如下所示,坡面及结构面参数见下表。按照《建筑边坡工程技术规范》(GB 50330—2013)的相关要求,在一般工况下,通过边坡稳定性评价确定的该岩质边坡的稳定性状态为下列哪个选项?

( )

题 17 图

名 称	产 状	内摩擦角 φ	黏聚力 c (kPa)
J1	120°∠32°	20°	20.5
J2	300°∠40°	18°	17.0
边坡坡面	120°∠67°	—	—

(A)稳定

(B)基本稳定

(C)欠稳定

(D)不稳定

18.某铁路 V 级围岩中的单洞隧道,地表水平,拟采用矿山法开挖施工,其标准断面衬砌顶距地面距离为 8.0m,考虑超挖影响时的隧道最大开挖宽度为 7.5m,高度为6.0m,围岩重度为 24kN/m³,计算摩擦角为 40°,假设垂直和侧向压力按均布考虑,试问根据《铁路隧道设计规范》(TB 10003—2016),计算该隧道围岩水平压力值最接近下列哪个选项? ( )

(A)648kN/m (B)344kN/m

(C)253kN/m (D)192kN/m

19.某饱和砂层开挖 5m 深基坑,采用水泥土重力式挡墙支护,土层条件及挡墙尺寸如图所示,挡墙重度按 20kN/m³,设计时需考虑周边地面活荷载 $q=30$kPa,按照《建筑基坑支护技术规程》(JGJ 120—2012),当进行挡墙抗滑稳定性验算时,请在下列选项中选择最不利状况计算条件,并计算挡墙抗滑移安全系数 K_{sl} 值。(不考虑渗流的影响)

( )

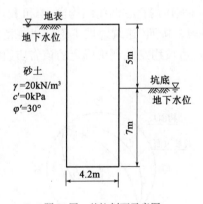

题 19 图 基坑剖面示意图

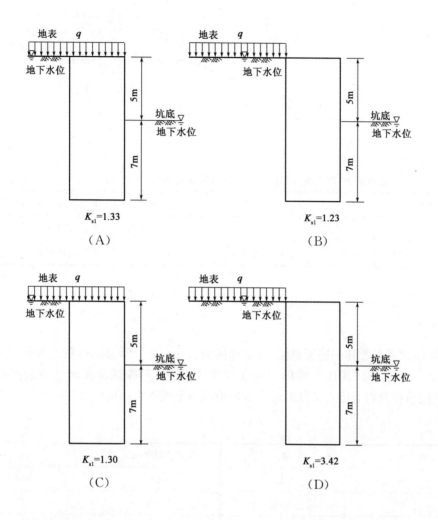

$K_{s1}=1.33$

（A）

$K_{s1}=1.23$

（B）

$K_{s1}=1.30$

（C）

$K_{s1}=3.42$

（D）

20. 某溶洞在平面上的形状近似为矩形，长 5m、宽 4m，顶板岩体厚 5m，重度为 23kN/m³，岩体计算抗剪强度为 0.2MPa，顶板岩体上覆土层厚度为 5.0m，重度为 18kN/m³，为防止在地面荷载作用下该溶洞可能沿洞壁发生剪切破坏，溶洞平面范围内允许的最大地面荷载最接近下列哪个选项？（地下水位埋深 12.0m，不计上覆土层的抗剪力）   （   ）

(A)13900kN   (B)15700kN

(C)16200kN   (D)18000kN

21. 在某膨胀土场地修建多层厂房，地形坡度 $\beta=10°$，独立基础外边缘至坡肩的水平距离 $l_p=6m$，如图所示。该地区 30 年蒸发力和降水量月平均值见下表。按《膨胀土地区建筑技术规范》(GB 50112—2013)，以基础埋深为主要防治措施时，该独立基础埋置深度应不小于下列哪个选项？   （   ）

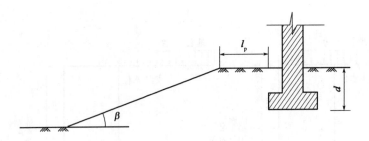

题 21 图

某地区 30 年蒸发力和降水量月平均值统计表(月平均气温大于 0℃)　题 21 表

月份	1	2	3	4	5	6	7	8	9	10	11	12
蒸发力(mm)	32.5	31.2	47.7	61.6	91.5	106.7	138.4	133.5	106.9	78.5	42.9	33.5
降雨量(mm)	55.6	76.1	134	279.7	318.4	315.8	224.2	166.9	65.2	97.3	83.2	56.6

(A)3.3m　　　　　　　　　　(B)2.5m

(C)1.5m　　　　　　　　　　(D)1.0m

22.陕北某县新建一座影剧院,基础埋深为 2.0m,经计算湿陷性黄土场地自重湿陷量为 320.5mm,不同深度土样的湿陷系数 δ_{si} 见下表(勘探试验深度已穿透湿陷性土层),试问该建筑物与已有水池的最小防护距离为下列哪个选项?　　　　　　(　　)

题 22 表

试验深度(m)	δ_{si}	试验深度(m)	δ_{si}
1.0	0.109	8.0	0.042
2.0	0.112	9.0	0.025
3.0	0.093	10.0	0.014
4.0	0.087	11.0	0.039
5.0	0.051	12.0	0.030
6.0	0.012	13.0	0.014
7.0	0.055	14.0	0.011

(A)4m　　　　　　　　　　(B)5m

(C)6m　　　　　　　　　　(D)8m

23.某土石坝场地,根据《中国地震动参数区划图》(GB 18306—2015),Ⅱ类场地基本地震动峰值加速度 0.15g,基本地震动加速度反应谱特征周期 0.40s,土石坝建基面以下的地层及剪切波速见下表。根据《水电工程水工建筑物抗震设计规范》(NB 35047—2015),该土石坝的基本自振周期为 1.8s 时,标准设计反应谱 β 最接近下列哪个选项?　　　　　　(　　)

2019 年案例分析试题(上午卷)

层序	岩 土 名 称	层底深度(m)	剪切波速(m/s)
1	粉质黏土	1.5	220
2	粉土	3.2	270
3	黏土	4.8	310
4	花岗岩	>4.8	680

(A)0.50　　　　(B)0.55　　　　(C)0.60　　　　(D)0.65

24.某高层建筑采用钢筋混凝土桩基础,桩径 0.4m,桩长 12m,桩身配筋率大于 0.65%,桩周土层为黏性土,桩端持力层为粗砂,水平抗力系数的比例系数为 25MN/m^4,试估算单桩抗震水平承载力特征值最接近下列哪个选项?(假设桩顶自由,$EI=32$MN·m^2,桩顶允许水平位移取 10mm)　　　　　　　　( )

(A)85kN　　　　(B)105kN　　　　(C)110kN　　　　(D)117kN

25.某建筑工程对 10m 深度处砂土进行了深层平板载荷试验,试验曲线如图所示,已知承压板直径为 800mm,该砂层变形模量最接近下列哪个选项?　　　( )

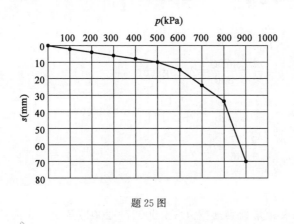

题 25 图

(A)5MPa　　　　(B)8MPa　　　　(C)18MPa　　　　(D)23MPa

2019年案例分析试题答案(上午卷)

标 准 答 案

本试卷由25道题组成,全部为单项选择题,每道题均为必答题。每题2分,满分为50分。

1	C	2	B	3	B	4	D	5	C
6	D	7	B	8	B	9	C	10	A
11	C	12	C	13	B	14	A	15	B
16	C	17	B	18	B	19	B	20	A
21	B	22	C	23	B	24	B	25	C

解 题 过 程

1.[答案] C

[解析] 土力学基本原理。

试坑的体积:$V=\dfrac{m_s}{\rho_s}=\dfrac{1200}{1.5}=800\mathrm{cm}^3$

试样天然密度:$\rho=\dfrac{m}{V}=\dfrac{1750}{800}=2.19\mathrm{g/cm}^3$

试样干密度:$\rho_d=\dfrac{\rho}{1+0.01w}=\dfrac{2.19}{1+0.174}=1.87\mathrm{g/cm}^3$

压实系数:$\lambda=\dfrac{\rho_d}{\rho_{max}}=\dfrac{1.87}{1.96}=0.95$

2.[答案] B

[解析]《供水水文地质勘察规范》(GB 50027—2001)第5.3.6条。

(1)根据颗粒分析曲线对含水层定名

颗粒分析曲线图上小于2mm的颗粒质量占总质量的38%,则大于2mm的颗粒质量占总质量的62%,大于50%,定名为碎石土。

(2)判断滤料规格

从颗粒分析曲线图上查取$d_{20}=0.3\mathrm{mm}$,小于2mm,则

$D_{50}=(6\sim8)d_{20}=(6\sim8)\times0.3=1.8\sim2.4\mathrm{mm}$

3.[答案] B

[解析]《建筑地基基础设计规范》(GB 50007—2011)第6.6.2条及条文说明。

线岩溶率$=\dfrac{\text{见洞隙的钻探进尺之和}}{\text{钻探总进尺}}=\dfrac{2+4+6+2}{16\times3+12\times4+10}=13.2\%$

查规范表6.2.2,为中等发育。

4.[答案] D

[解析]《工程地质手册》(第五版)第270、271页。

(1)数据分析筛选

正应力数据分析：

$$\bar{x}=\frac{0.34+0.68+1.02+1.36+1.70}{5}=1.02$$

$$\sigma=\sqrt{\sum_{i=1}^{n}\frac{(x_i-\bar{x})^2}{n}}$$

$$=\sqrt{\frac{(0.34-1.02)^2+(0.68-1.02)^2+(1.02-1.02)^2+(1.36-1.02)^2+(1.70-1.02)^2}{5}}$$

$$=0.481$$

$$m_\sigma=\frac{\sigma}{\sqrt{n}}=\frac{0.481}{\sqrt{5}}=0.215$$

$\bar{x}+3\sigma+3|m_\sigma|=1.02+3\times0.481+3\times|0.215|=3.108$，5个数据均小于3.108。

$\bar{x}-3\sigma-3|m_\sigma|=1.02-3\times0.481-3\times|0.215|=-1.068$，5个数据均大于

-1.068。

无须舍弃数值。

同理可得剪应力数据分析：

$\bar{x}=1.034,\sigma=0.375,m_\sigma=0.168$

$\bar{x}+3\sigma+3|m_\sigma|=1.034+3\times0.375+3\times|0.168|=2.663$，5个数据均小于2.663。

$\bar{x}-3\sigma-3|m_\sigma|=1.034-3\times0.375-3\times|0.168|=-0.595$，5个数据均大于

-0.595。

无须舍弃数值。

(2)摩擦系数计算

$$f=\tan\varphi=\frac{n\sum_{i=1}^{n}\sigma_i\tau_i-\sum_{i=1}^{n}\sigma_i\cdot\sum_{i=1}^{n}\tau_i}{n\sum_{i=1}^{n}\sigma_i^2-\left(\sum_{i=1}^{n}\sigma_i\right)^2}$$

$$=\frac{5\times(0.34\times0.62+0.68\times0.71+1.02\times0.94+1.36\times1.26+1.70\times1.64)-5.1\times5.17}{5\times(0.34^2+0.68^2+1.02^2+1.36^2+1.70^2)-5.1^2}$$

$$=0.76$$

5.[答案] C

[解析]《建筑地基基础设计规范》(GB 50007—2011)第5.3.5条。

(1)各土层的平均附加应力系数

①黏性土：$\bar{\alpha}_i=1\times\left(\frac{1+0.674}{2}+\frac{0.674+0.32}{2}+\frac{0.32+0.171}{2}\right)\times\frac{1}{3}=0.5265$

②细砂：$\bar{\alpha}_i=1\times\left(\frac{1+0.674}{2}+\frac{0.674+0.32}{2}+\frac{0.32+0.171}{2}+\frac{0.171+0.103}{2}+\frac{0.103+0.069}{2}\right)\times$

$\frac{1}{5}=0.3605$

（2）变形计算

基底至第 i 层土底面距离 z_i(m)	$\bar{\alpha}_i$	$z_i\bar{\alpha}_i$	$z_i\bar{\alpha}_i - z_{i-1}\bar{\alpha}_{i-1}$	E_{si}
0				
3.0	0.5265	1.5795	1.5795	6
5.0	0.3605	1.8025	0.223	15

$$\bar{E}_s = \frac{\sum A_i}{\sum \dfrac{A_i}{E_{si}}} = \frac{1.8025}{\dfrac{1.5795}{6} + \dfrac{0.223}{15}} = 6.48\text{MPa}$$

$$\psi = 1.3 + (6.48-4) \times \frac{1.0-1.3}{7-4} = 1.052$$

$$s = \psi_s \sum_{i=1}^{n} \frac{p_0}{E_{si}}(z_i\bar{\alpha}_i - z_{i-1}\bar{\alpha}_{i-1}) = 1.052 \times 200 \times \left(\frac{1.5795}{6} + \frac{0.223}{15}\right) = 58.5\text{mm}$$

另一种解法：

（1）各土层的附加应力面积

①黏性土：$A_i = 200 \times 1 \times \left(\dfrac{1+0.674}{2} + \dfrac{0.674+0.32}{2} + \dfrac{0.32+0.171}{2}\right) = 315.9\text{kN/m}$

②细砂：$A_i = 200 \times 1 \times \left(\dfrac{0.171+0.103}{2} + \dfrac{0.103+0.069}{2}\right) = 44.6\text{kN/m}$

（2）沉降计算经验系数

$\bar{E}_s = \dfrac{\sum A_i}{\sum \dfrac{A_i}{E_{si}}} = \dfrac{315.9+44.6}{\dfrac{315.9}{6} + \dfrac{44.6}{15}} = 6.48\text{MPa}, \psi = 1.3 + (6.48-4) \times \dfrac{1.0-1.3}{7-4} = 1.052$

（3）变形计算

$$s = \psi \sum \frac{A_i}{E_{si}} = 1.052 \times \left(\frac{315.9}{6} + \frac{44.6}{15}\right) = 58.5\text{mm}$$

6. ［**答案**］D

［**解析**］根据文克尔地基模型：$p_i = ks_i$

沉降 15mm 对应点的地基反力：$p_1 = ks_1 = 20 \times 10^3 \times 15 \times 10^{-3} = 300\text{kPa}$

沉降 10mm 对应点的地基反力：$p_2 = ks_2 = 20 \times 10^3 \times 10 \times 10^{-3} = 200\text{kPa}$

地基反力的合力：

$$P = p_1 b \times 2.0 \times 2 + \frac{p_1+p_2}{2} \times b \times 3.0 \times 2 + p_2 b \times 2.0$$

$$= 300 \times 2.5 \times 2.0 \times 2 + \frac{300+200}{2} \times 2.5 \times 3.0 \times 2 + 200 \times 2.5 \times 2.0 = 7750\text{kN}$$

7. ［**答案**］B

［**解析**］《建筑地基基础设计规范》(GB 50007—2011)第 5.2.5 条。

地下水位由埋深 1.0m 下降至基础底面时,基础底面以上地基土加权平均重度变化

量：$\Delta\gamma_m = \dfrac{10 \times 0.5}{1.5} = 3.3\text{ kN/m}^3$

地基承载力的增量完全由 $\Delta\gamma_m$ 增加引起,则

$\varphi=24°$,查规范表 5.2.5,$M_d=3.87$

$\Delta f_a=M_d\Delta\gamma_m d=3.87\times3.33\times1.5=19.3\text{kPa}$

8. [答案] B

[解析]《建筑地基基础设计规范》(GB 50007—2011)第 5.2.2 条、5.2.4 条。

大面积级配砂石,平均最大干密度 1800kg/m³<2100kg/m³,承载力深宽修正系数按人工填土取用,查规范表 5.2.4,$\eta_b=0$,$\eta_d=1.0$,则

$f_a=f_{ak}+\eta_d\gamma_m(d-0.5)=200+1.0\times19\times(2-0.5)=228.5\text{kPa}$

$b>\dfrac{F_k}{f_a-\gamma_G d}=\dfrac{370}{228.5-20\times2}=1.96\text{m}$

9. [答案] C

[解析]《铁路桥涵地基和基础设计规范》(TB 10093—2017)第 9.3.7 条。

砂土:$\tau_i=130\times0.9=117\text{kPa}$,$F_i=3.14\times0.8\times5=12.56\text{m}^2$

碎石土:$\tau_i=110\times0.9=99\text{kPa}$,$F_i=3.14\times0.8\times3=7.536\text{m}^2$

$[P]=\dfrac{1}{2}\sum\tau_i F_i m''+m_0'A[\sigma]$

$=\dfrac{1}{2}\times1.3\times(117\times12.56+99\times7.536)+0.5\times3.14\times0.4^2\times800=1641\text{kN}$

10. [答案] A

[解析]《建筑桩基技术规范》(JGJ 94—2008)第 5.8.2 条、5.3.9 条。

(1)按桩身受压承载力确定

箍筋间距 150mm>100mm,$\psi_c=0.9$

$N\leqslant\psi_c f_c A_{ps}=0.9\times19.1\times10^3\times3.14\times0.4^2=8636.256\text{kN}$

$N_k=\dfrac{F_k+G_k}{n}=\dfrac{F_k+4\times4\times2\times20}{4}=\dfrac{F_k}{4}+160$

$N=1.35N_k=1.35\left(\dfrac{F_k}{4}+160\right)\leqslant8636.256\text{kN}$

解得:$F_k\leqslant24948.9\text{kN}$,$\Delta F_k\leqslant24948.9-20000=4948.9\text{kN}$

(2)按基桩竖向承载力确定

$Q_{uk}=u\sum q_{sik}l_i+\xi_r f_{rk}A_p$

$=3.14\times0.8\times70\times5+0.7\times50\times10^3\times3.14\times0.4^2=18463.2\text{kN}$

$R_a=\dfrac{1}{2}Q_{uk}=\dfrac{1}{2}\times18463.2=9231.6\text{kN}$

$N_k\leqslant R_a$,$\dfrac{F_k}{4}+160\leqslant9231.6$

解得:$F_k\leqslant36286.4\text{kN}$,$\Delta F_k\leqslant36286.4-20000=16286.4\text{kN}$

取小值:$\Delta F_k\leqslant4948.9\text{kN}$

11. [答案] C

[解析]《建筑桩基技术规范》(JGJ 94—2008)第 5.5.8 条。

基底附加压力:$p_0=400-5\times18=310\text{kPa}$

取自地面算起 47m 进行验算。

47m 处的自重应力：$\sigma_c = 18 \times 5 + 10 \times 20 + 10 \times 22 = 510\text{kPa}$

$z/b = 22/8 = 2.75, a/b = 16/8 = 2.0$，查规范附录 D，则

$$a_j = 0.089 + (2.75 - 2.6) \times \frac{0.080 - 0.089}{2.8 - 2.6} = 0.0823$$

47m 处的附加应力：$\sigma_z = \sum\limits_{j=1}^{m} a_j p_{0j} = 0.0823 \times 4 \times 310 = 102\text{kPa}$

$\dfrac{\sigma_z}{\sigma_c} = \dfrac{102}{510} = 0.2$，满足规范要求，取变形计算深度为地面下 47m。

12. [答案] C

[解析]《建筑地基处理技术规范》(JGJ 79—2012) 第 7.5.2 条。

$$s = 0.95d \sqrt{\frac{\eta_c \rho_{d\max}}{\eta_c \rho_{d\max} - \rho_d}} = 0.95 \times 0.4 \times \sqrt{\frac{0.93 \times 1.73}{0.93 \times 1.73 - 1.35}} = 0.95\text{m}$$

每根桩承担的等效地基处理面积：$A_e = \dfrac{\pi d_e^2}{4} = \dfrac{3.14 \times (1.05 \times 0.95)^2}{4} = 0.781\text{m}^2$

整片处理，超出建筑物外墙基础底面外缘的宽度每边不应小于处理土层厚度的 1/2，且不应小于 2m，处理土层厚度为 $13.5 - 4.5 = 9\text{m}$。

总处理面积：$A = (30 + 2 \times 4.5) \times (12.5 + 2 \times 4.5) = 838.5\text{m}^2$，则

$$n = \frac{A}{A_e} = \frac{838.5}{0.781} = 1074 \text{ 根}$$

13. [答案] B

[解析]《建筑地基处理技术规范》(JGJ 79—2012) 第 7.1.5 条。

(1) 复合地基承载力特征值计算

$$R_a = u_p \sum\limits_{i=1}^{n} q_{si} l_{pi} + \alpha_p q_p A_p$$
$$= 4 \times 0.4 \times (25 \times 8 + 40 \times 2) + 1.0 \times 1600 \times 0.4^2 = 704\text{kN}$$

$$f_{spk} = \lambda m \frac{R_a}{A_p} + \beta(1 - m) f_{sk}$$
$$= 0.8 \times m \times \frac{704}{0.4^2} + 1.0 \times (1 - m) \times 100 = 3420m + 100$$

$$f_{spa} = f_{spk} + \eta_d \gamma_m (D - 0.5)$$
$$= 3420m + 100 + 1.0 \times \frac{18 \times 4 + 17 \times 2}{6} \times (6 - 0.5) = 3420m + 199$$

(2) 地基承载力验算反算置换率及桩间距

$N_k \leqslant f_{spa}$，即 $400 \leqslant 3420m + 199$，解得：$m \geqslant 0.059$

方桩三角形布桩，$m = \dfrac{b^2/2}{\frac{\sqrt{3}}{4}s^2} = \dfrac{0.5 \times 0.4^2}{\frac{\sqrt{3}}{4}s^2} \geqslant 0.059$，解得：$s \leqslant 1.77\text{m}$

14. [答案] A

[解析]《建筑地基处理技术规范》(JGJ 79—2012) 第 7.1.5 条。

(1)按填土承载力控制

$p \leqslant f_{ak} = 90\text{kPa}$

(2)按复合地基承载力控制

$m = \dfrac{d^2}{d_e^2} = \dfrac{0.5^2}{(1.13 \times 1.5)^2} = 0.087$

$f_{spk} = \lambda m \dfrac{R_a}{A_p} + \beta(1-m)f_{sk}$

$\qquad = 1.0 \times 0.087 \times \dfrac{150}{3.14 \times 0.25^2} + 0.25 \times (1-0.087) \times 70 = 82.5\text{kPa}$

$p + 1 \times 18 \leqslant f_{spk} = 82.5\text{kPa}$，解得：$p \leqslant 64.5\text{kPa}$

(3)按软弱下卧层承载力控制

$f_{az} = f_{ak} + \eta_d \gamma_m(d-0.5) = 50 + 1 \times 8 \times (10-0.5) = 126\text{kPa}$

$p_z + p_{cz} \leqslant f_{az}$，不考虑应力扩散，$p_z = p + 18$，$p_{cz} = 8 \times 10 = 80\text{kPa}$

$p + 18 + 80 \leqslant 126$，解得：$p \leqslant 28\text{kPa}$

15.[答案] B

[解析] 土力学基本知识。

$i = \dfrac{\Delta h}{L} = \dfrac{5-2}{5+3+1} = \dfrac{1}{3}$，$k_a = \dfrac{1}{3}$

渗流向下，引起土体重度增加，土压力增加，同时引起水头损失，水压力减小。

$\Delta \gamma = j = i\gamma_w = \dfrac{1}{3} \times 10 = \dfrac{10}{3}\text{kN/m}^3$，则

墙背的土压力增量为 $\Delta E_a = \dfrac{1}{2}\Delta\gamma h^2 k_a = \dfrac{1}{2} \times \dfrac{10}{3} \times 5^2 \times \dfrac{1}{3} = \dfrac{125}{9}\text{kN/m}$

渗流引起的水头损失为 $\Delta h = iL = \dfrac{1}{3} \times 5 = \dfrac{5}{3}\text{m}$，水压力损失为 $\dfrac{50}{3}\text{kPa}$

$\Delta E_w = \dfrac{1}{2} \times 5 \times \dfrac{50}{3} = \dfrac{125}{3}\text{kN/m}$

总水平力增加量：$\Delta E_w - \Delta E_a = \dfrac{125}{3} - \dfrac{125}{9} = 27.8\text{kN/m}$

16.[答案] C

[解析] 《铁路路基支挡结构设计规范》(TB 10025—2019)第9.2.3条、9.3.1条。

(1)非锚固段长度

$h_i = 7\text{m} > 0.5H = 5\text{m}$，$L_a = 0.6(H-h_i) = 0.6 \times (10-7) = 1.8\text{m}$

(2)根据抗拔力计算锚固段长度

$S_{fi} = 2\sigma_{vi}aL_b f$

$L_b = \dfrac{S_{fi}}{2\sigma_{vi}af} = \dfrac{28.5}{2 \times 19.7 \times 7 \times 0.1 \times \tan 18°} = 3.2\text{m}$

$L = L_a + L_b = 1.8 + 3.2 = 5.0\text{m}$

(3)根据构造确定拉筋长度

根据规范第9.3.1条，土工格栅拉筋长度不应小于0.6倍墙高，且不应小于4.0m，取拉筋长度 $0.6 \times 10 = 6.0\text{m}$。

17. [答案] B

[解析] 《建筑边坡工程技术规范》(GB 50330—2013)第5.3.1条、5.3.2条和附录 A.0.2条。

从赤平投影图上判定结构面 J1 与坡面倾向相同,倾角小于坡角,为外倾结构面,结构 J2 倾向与边坡倾向相反,为内倾结构面,稳定。

判断结构面 J1 的稳定情况:

$$W = \frac{1}{2}\gamma H^2 \left(\frac{1}{\tan\theta} - \frac{1}{\tan\alpha}\right) = \frac{1}{2} \times 23.5 \times 10^2 \times \left(\frac{1}{\tan 32°} - \frac{1}{\tan 67°}\right) = 1381.6 \text{kN/m}$$

滑裂面长度:$L = \dfrac{10}{\sin 32°} = 18.9\text{m}$

$$F_s = \frac{W\cos\theta\tan\varphi + cL}{W\sin\theta} = \frac{1381.6 \times \cos 32°\tan 20° + 20.5 \times 18.9}{1381.6 \times \sin 32°} = 1.11$$

边坡安全等级二级,一般工况,查规范表5.3.2,边坡稳定安全系数 $F_{st} = 1.30$。

$1.05 < F_s = 1.10 < F_{st} = 1.30$,查规范表5.3.1,边坡为基本稳定。

18. [答案] B

[解析] 《铁路隧道设计规范》(TB 10003—2016)附录 E。

(1)深埋浅埋隧道判别

$\omega = 1 + i(B - 5) = 1 + 0.1 \times (7.5 - 5) = 1.25$

$h_a = 0.45 \times 2^{S-1}\omega = 0.45 \times 2^{5-1} \times 1.25 = 9\text{m}$

$h < h_a$,判定为超浅埋隧道。

(2)垂直荷载计算

$$\tan\beta = \tan\varphi_c + \sqrt{\frac{(\tan^2\varphi_c + 1)\tan\varphi_c}{\tan\varphi_c - \tan\theta}} = \tan 40° + \sqrt{\frac{(\tan^2 40° + 1) \times \tan 40°}{\tan 40° - \tan 0°}} = 2.14$$

$$\lambda = \frac{\tan\beta - \tan\varphi_c}{\tan\beta[1 + \tan\beta(\tan\varphi_c - \tan\theta) + \tan\varphi_c\tan\theta]} = \frac{2.14 - \tan 40°}{2.14 \times [1 + 2.14 \times \tan 40°]} = 0.217$$

(3)水平荷载计算

$$e = \frac{1}{2}(e_1 + e_2) = \frac{\gamma}{2}(2H + H_t)\lambda = \frac{24}{2} \times (2 \times 8 + 6) \times 0.217 = 57.3$$

$E = eH_t = 57.3 \times 6 = 344\text{kN/m}$

19. [答案] B

[解析] 《建筑基坑支护技术规程》(JGJ 120—2012)第6.1.1条。

A、C 选项地面活荷载压在水泥土重力式挡土墙上,墙所受的正压力增大,抗滑移力增大,抗滑移稳定性高于 B、D 选项。

选取 B 选项计算。

(1)主动土压力计算

$$K_a = \tan^2\left(45° - \frac{30°}{2}\right) = 0.333$$

土压力:$E_a = \dfrac{1}{2}\gamma' H^2 K_a = \dfrac{1}{2} \times 10 \times 12^2 \times 0.333 = 240\text{kN/m}$

水压力:$E_w = \dfrac{1}{2}\gamma_w H^2 = \dfrac{1}{2} \times 10 \times 12^2 = 720\text{kN/m}$

荷载引起的土压力：$E_q = qHK_a = 30 \times 12 \times 0.333 = 120 \text{kN/m}$

总主动土压力：$E_{ak} = 240 + 720 + 120 = 1080 \text{kN/m}$

(2)被动土压力计算

$$K_p = \tan^2\left(45° + \frac{30°}{2}\right) = 3$$

土压力：$E_p = \frac{1}{2}\gamma' H^2 K_p = \frac{1}{2} \times 10 \times 7^2 \times 3 = 735 \text{kN/m}$

水压力：$E_w = \frac{1}{2}\gamma_w H^2 = \frac{1}{2} \times 10 \times 7^2 = 245 \text{kN/m}$

总被动土压力：$E_{pk} = 735 + 245 = 980 \text{kN/m}$

(3)抗滑移稳定性计算

水泥土墙自重：$G = 12 \times 4.2 \times 20 = 1008 \text{kN/m}$

$$u_m = \frac{\gamma_w(h_{wa} + h_{wp})}{2} = \frac{10 \times (12 + 7)}{2} = 95 \text{kPa}$$

$$K_{sl} = \frac{E_{pk} + (G - u_m B)\tan\varphi + cB}{E_{ak}} = \frac{980 + (1008 - 95 \times 4.2) \times \tan 30°}{1080} = 1.23$$

20. [答案] A

[解析]《工程地质手册》(第五版)第644页。

(1)溶洞顶板的总抗剪力

$T = HSL = 5 \times 200 \times 2 \times (5 + 4) = 18000 \text{kN}$

(2)溶洞顶板的总荷载

$P = 5 \times 4 \times (5 \times 23 + 5 \times 18) + F = 4100 + F$

(3)附加荷载

$T \geqslant P, 18000 \geqslant 4100 + F,$ 解得：$F \leqslant 13900 \text{kN}$

21. [答案] B

[解析]《膨胀土地区建筑技术规范》(GB 50112—2013)第5.2.2条。

(1)大气影响深度计算

当年9月至次年2月的月份蒸发力之和与全年蒸发力之比

$$\alpha = \frac{106.9 + 78.5 + 42.9 + 33.5 + 32.5 + 31.2}{32.5 + 31.2 + 47.7 + 61.6 + 91.5 + 106.7 + 138.4 + 133.5 + 106.9 + 78.5 + 42.9 + 33.5}$$
$= 0.36$

全年中干燥度大于1.0且月平均气温大于0℃月份的蒸发力与降水量差值之总和

$c = 106.9 - 65.2 = 41.7$

土的湿度系数：$\psi_w = 1.152 - 0.726\alpha - 0.00107c$

$\qquad\qquad = 1.152 - 0.726 \times 0.36 - 0.00107 \times 41.7 = 0.85$

查规范表5.2.12，$d_a = (3.5 + 3.0)/2 = 3.25 \text{m}$

(2)基础埋深计算

$d = 0.45 d_a + (10 - l_p)\tan\beta + 0.30$

$\quad = 0.45 \times 3.25 + (10 - 6) \times \tan 10° + 0.30 = 2.5 \text{m}$

22. [答案] C

[解析]《湿陷性黄土地区建筑标准》(GB 50025—2018)第4.4.6条、5.2.4条和附录A。

(1)地基湿陷等级

$\Delta_s = \sum\limits_{i=1}^{n} \alpha \beta \delta_{si} h_i$,自基础底面算起,至非湿陷性黄土顶面。

基底下0~5m,即地面下2.0~7.0m,$\alpha=1.0$,$\beta=1.5$

　　$1.0 \times 1.5 \times 500 \times (0.112+0.055) + 1.5 \times 1000 \times (0.093+0.087+0.051)$

$=471.75$mm

基底下5~10m,即地面下7.0~12.0m,$\alpha=1.0$,$\beta=\beta_0=1.2$

　　$1.0 \times 1.2 \times 500 \times (0.055+0.030) + 1.0 \times 1.2 \times 1000 \times (0.042+0.025+0.039)$

$=178.2$mm

基底10m以下~非湿陷性黄土顶面,即地面下12.0~14.0m,$\alpha=0.9$,$\beta=\beta_0=1.2$

$0.9 \times 1.2 \times 500 \times 0.030 = 16.2$mm

$\Delta_s = 471.75 + 178.2 + 16.2 = 666.15$mm

查规范表4.4.6,湿陷等级为Ⅲ级。

(2)距离确定

县城影剧院,查规范附录A,建筑类别为丙类,查规范表5.2.4,距离为6~7m。

23. [答案] B

[解析]《水电工程水工建筑物抗震设计规范》(NB 35047—2015)第4.1.2条、5.3.2条。

(1)场地类别划分

$$v_s = \frac{d_0}{\sum\limits_{i=1}^{n}\left(\dfrac{d_i}{v_{si}}\right)} = \frac{4.8}{\dfrac{1.5}{220}+\dfrac{1.7}{270}+\dfrac{1.6}{310}} = 262.6 \text{m/s},\text{属中硬场地。}$$

自建基面算起的覆盖层厚度4.8m,查规范表,场地类别为I_1。

查规范表,场地特征周期调整为$T_g=0.30$s。

(2)设计反应谱计算

$T_g=0.30$s$<T=1.8$s,位于曲线下降段,土石坝$\beta_{max}=1.60$

$$\beta(T) = \beta_{max}\left(\frac{T_g}{T}\right)^{0.6} = 1.6 \times \left(\frac{0.3}{1.8}\right)^{0.6} = 0.55$$

24. [答案] B

[解析]《建筑抗震设计规范》(GB 50011—2010)(2016年版)第4.4.2条。

$b_0 = 0.9(1.5d+0.5) = 0.9 \times (1.5 \times 0.4+0.5) = 0.99$m

$$\alpha = \sqrt[5]{\frac{mb_0}{EI}} = \sqrt[5]{\frac{25 \times 10^3 \times 0.99}{32 \times 10^3}} = 0.95$$

灌注桩配筋率大于0.65%,受位移控制,$\alpha h = 0.95 \times 12 = 11.4 > 4$,取$\alpha h = 4$

桩顶自由,查《建筑桩基技术规范》(JGJ 94—2008)表5.7.2,$\nu_x = 2.441$

$$R_{ha} = \frac{0.75\alpha^3 EI}{\nu_x}\chi_{0a} = \frac{0.75 \times 0.95^3 \times 32 \times 10^3}{2.441} \times 10 \times 10^{-3} = 84.3 \text{kN}$$

非液化土中低承台桩基抗震验算时,水平向抗震承载力特征值比非抗震提高25%,则

$$84.3 \times 1.25 = 105.4 \text{kN}$$

25. [答案] C

[解析]《岩土工程勘察规范》(GB 50021—2001)(2009 年版)第 10.2.5 条及条文说明。

根据题目数据,100～500kPa 范围为近似直线段。

$$\frac{d}{z} = \frac{0.8}{10} = 0.08$$

$$I_1 = 0.5 + 0.23 \frac{d}{z} = 0.5 + 0.23 \times 0.08 = 0.5184$$

$$I_2 = 1 + 2\mu^2 + 2\mu^4 = 1 + 2 \times 0.30^2 + 2 \times 0.30^4 = 1.1962$$

圆形承压板,$I_0 = 0.785$

$$\omega = I_0 I_1 I_2 (1 - \mu^2) = 0.785 \times 0.5184 \times 1.1962 \times (1 - 0.30^2) = 0.443$$

$$E_0 = \omega \frac{pd}{s} = 0.443 \times \frac{500 \times 0.8}{10} = 17.7 \text{MPa}$$

注:也可采用内插法计算。

2019 年案例分析试题(下午卷)

1. 某 Q_3 冲积黏土的含水量为 30%,密度为 $1.9g/cm^3$,土颗粒比重为 2.70,在侧限压缩试验下,测得压缩系数 $a_{1-2}=0.23MPa^{-1}$,同时测得该黏土的液限为 40.5%,塑限为 23.0%。按《铁路工程地质勘察规范》(TB 10012—2019)确定黏土的地基极限承载力值 p_u 最接近下列哪个选项? ( )

(A)240kPa (B)446kPa

(C)484kPa (D)730kPa

2. 现场检验敞口自由活塞薄壁取土器,测得取土器规格如图所示。根据检定数据,该取土器的鉴定结果符合下列哪个选项?(请给出计算过程) ( )

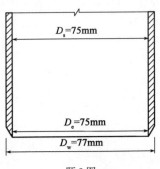

题2图

(A)取土器的内间隙比、面积比都符合要求
(B)取土器的内间隙比、面积比都不符合要求
(C)取土器的内间隙比符合要求,面积比不符合要求
(D)取土器的内间隙比不符合要求,面积比符合要求

3. 某河流发育三级阶地,其剖面示意图如图所示。三级阶地均为砂层,各自颗粒组成不同,含水层之间界线未知。Ⅲ级阶地上有两个相距 50m 的钻孔,测得孔内潜水水位高度分别为 20m、15m,含水砂层①的渗透系数 $k=20m/d$。假定沿河方向各阶地长度、厚度稳定;地下水除稳定的侧向径流外,无其他源汇项,含水层接触处未见地下水出露。拟在Ⅰ级阶地上修建工程,如需估算流入含水层③的地下水单宽流量,则下列哪个选项是正确的? ( )

(A)不能估算,最少需要布置 4 个钻孔,确定含水层①与②、②与③界线和含水层②、③的渗透系数
(B)不能估算,最少需要布置 3 个钻孔,确定含水层②与③界线和含水层②、③的渗透系数

(C)可以估算流入含水层③的地下水单宽流量,估算值为 35m³/d

(D)可以估算流入含水层③的地下水单宽流量,估算值为 30m³/d

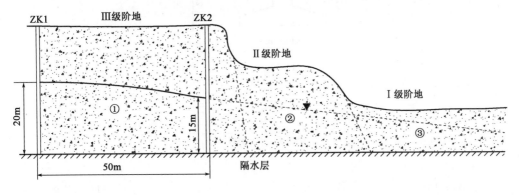

题 3 图

4.某平原区地下水源地(开采目的层为第 3 层)土层情况见下表,已知第 3 层砾砂中承压水初始水头埋深 4.0m,开采至一定时期后下降且稳定至埋深 32.0m;第 1 层砂中潜水位埋深一直稳定在 4.0m,试预测抽水引发的第 2 层最终沉降量最接近下列哪个选项?(水的重度 10kN/m³)   ( )

题 4 表

层号	土　名	层顶埋深 (m)	重度 γ (kN/m³)	孔隙比 e_0	压缩系数 a (MPa^{-1})
1	砂	0	19.0	0.8	
2	粉质黏土	10.0	18.0	0.85	0.30
3	砾砂	40.0	20.0	0.7	
4	基岩	50.0			

(A)680mm   (B)770mm

(C)860mm   (D)930mm

5.某软土层厚度 4m,在其上用一般预压法修筑高度为 5m 的路堤,路堤填料重度 18kN/m³,以 18mm/d 的平均速率分期加载填料,按照《公路路基设计规范》(JTG D30—2015),采用分层总和法计算的软土层主固结沉降为 30cm,则采用沉降系数法估算软土层的总沉降最接近下列何值?   ( )

(A)30.7cm   (B)32.4cm   (C)34.2cm   (D)41.6cm

6.某条形基础埋深 2m,地下水埋深 4m,相应于作用标准组合时,上部结构传至基础顶面的轴心荷载为 480kN/m,土层分布及参数如图所示,软弱下卧层顶面埋深 6m,地基承载力特征值为 85kPa,地基压力扩散角为 23°,根据《建筑地基基础设计规范》(GB 50007—2011),满足软弱下卧层承载力要求的最小基础宽度最接近下列哪个选项?(基础及其上土的平均重度取 20kN/m³,水的重度 $\gamma_w=10$kN/m³)   ( )

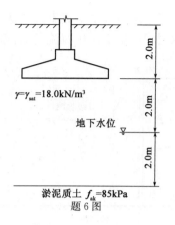

(A)2.0m   (B)3.0m   (C)4.0m   (D)5.0m

7. 如图所示条形基础,受轴向荷载作用,埋深 $d=1.0\text{m}$,原基础按设计荷载计算确定的宽度为 $b=2.0\text{m}$,基底持力层经深度修正后的地基承载力特征值 $f_a=100\text{kPa}$。因新增设备,在基础上新增竖向荷载 $F_{k1}=80\text{kN/m}$。拟采用加大基础宽度的方法来满足地基承载力设计要求,且要求加宽后的基础仍符合轴心受荷条件,求新增荷载作用一侧基础宽度的增加量 b_1 值,其最小值最接近下列哪个选项?(基础及其上土的平均重度取 20kN/m^3) ( )

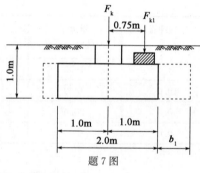

题 7 图

(A)0.25m   (B)0.5m   (C)0.75m   (D)1.0m

8. 某柱下独立圆形基础底面直径 3.0m,柱截面直径 0.6m。按照《建筑地基基础设计规范》(GB 50007—2011)规定计算,柱与基础交接处基础的受冲切承载力设计值为 2885kN,按冲切控制的最大柱底轴力设计值 F 接近下列哪个选项? ( )

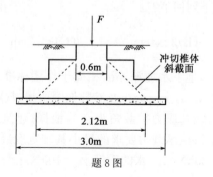

题 8 图

(A)2380kN   (B)2880kN

(C)5750kN   (D)7780kN

9.某建筑场地设计基本地震加速度为 $0.2g$，设计地震分组为第一组，采用直径 800mm 的钻孔灌注桩基础，承台底面埋深 3.0m，承台底面以下桩长 25.0m，场地地层资料见下表，地下水位埋深 4.0m。按照《建筑抗震设计规范》(GB 50011—2010)(2016 年版)的规定，地震作用按水平地震影响系数最大值的 10% 采用时，单桩竖向抗震承载力特征值最接近下列哪个选项?   ( )

题9表

土 层 名 称	层底埋深 (m)	实测标准贯入锤击数 N	临界标准贯入锤击数 N_{cr}	极限侧阻力标准值(kPa)	极限端阻力标准值(kPa)
①粉质黏土	5	—	—	35	
②粉土	8	9	13	40	
③密实中砂	50	—	—	70	2500

(A)2380kN   (B)2650kN

(C)2980kN   (D)3320kN

10.如图所示轴向受压高承台灌注桩基础，桩径 800mm，桩长 24m，桩身露出地面的自由长度 $l_0=3.80$m，桩的水平变形系数 $\alpha=0.403$m^{-1}，地层参数如图所示，桩与承台连接按铰接考虑。未考虑压屈影响的基桩桩身正截面受压承载力计算值为 6800kN。按照《建筑桩基技术规范》(JGJ 94—2008)，考虑压屈影响的基桩正截面受压承载力计算值最接近下列哪个选项? [淤泥层液化折减系数 ψ_l 取 0.3，桩露出地面 l_0 和桩的入土长度 h 分别调整为 $l_0'=l_0+(1-\psi_l)d_l$，$h'=h-(1-\psi_l)d_l$，d_l 为软弱土层厚度]   ( )

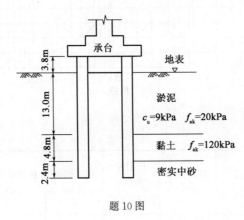

题10图

(A)3400kN   (B)4590kN

(C)6220kN   (D)6800kN

11.某地基采用注浆法加固，地基土的土粒比重为 2.7，天然含水量为 12%，天然重度为 15kN/m³。注浆采用水泥浆,水灰比(质量比)为 1.5,水泥比重为 2.8。若要求平均孔隙充填率(浆液体积与原土体孔隙体积之比)为 30%,求每立方米土体平均水泥用量最接近下列何值?(重力加速度 g 取 10m/s^2) ( )

(A)82kg (B)95kg
(C)100kg (D)110kg

12. 某场地采用挤密法石灰桩加固,石灰桩直径 300mm,桩间距 1m,正方形布桩,地基土天然重度 $\gamma=16.8\text{kN/m}^3$,孔隙比 $e_0=1.40$,含水量 $w=50\%$。石灰桩吸水后体积膨胀率 1.3(按均匀侧胀考虑),地基土失水并挤密后重度 $\gamma=17.2\text{kN/m}^3$,承载力与含水量经验关系式 $f_{ak}=110-100w$(单位为 kPa),处理后地面标高未变化。假定桩土应力比为 4,求处理后复合地基承载力特征值最接近下列哪个选项?(重力加速度 g 取 10m/s^2) ( )

(A)70kPa (B)80kPa
(C)90kPa (D)100kPa

13. 某换填垫层采用无纺土工织物作为反滤材料,已知其下土层渗透系数 $k=1\times10^{-4}\text{cm/s}$,颗分曲线如图所示,水位长期保持在地面附近,则根据《土工合成材料应用技术规范》(GB/T 50290—2014)及土工织物材料参数表(下表)确定合理的产品是下列哪个选项? ( )

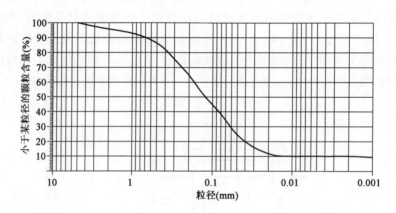

题 13 图

题 13 表

产品	规格 (g/m²)	厚度 (mm)	握持强度 (kN)	断裂伸长率 ε (%)	穿刺强度 (kN)	撕裂强度 (kN)	等效孔径 (O_{95}) (mm)	垂直渗透系数 (cm/s)
产品一	300	1.6	10.0	60	1.8	0.28	0.07	1.0
产品二	250	2.2	12.5	60	2.6	0.35	0.20	2.0
产品三	300	2.2	15.0	40	1.0	0.42	0.20	1.0
产品四	300	2.2	17.5	40	3.0	0.49	0.20	2.0

(A)产品一 　　　　　　　　　　　　(B)产品二
(C)产品三 　　　　　　　　　　　　(D)产品四

14. 一重力式毛石挡墙高 3m,其后填土顶面水平,无地下水,粗糙墙背与其后填土的摩擦角近似等于土的内摩擦角,其他参数如图所示。设挡墙与其下地基土的摩擦系数为 0.5,那么该挡墙的抗水平滑移稳定性系数最接近下列哪个选项? 　　( )

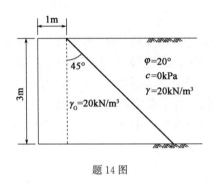

题 14 图

(A)2.5 　　　　　　　　　　　　(B)2.6
(C)2.7 　　　　　　　　　　　　(D)2.8

15. 如图所示,一倾斜角度 15°的岩基粗糙面上由等厚黏质粉土构成的长坡,土岩界面的有效抗剪强度指标内摩擦角为 20°,黏聚力为 5kPa,土的饱和重度 20kN/m³,该斜坡可看成无限长,图中 $H=1.5$m,土层内有与坡面平行的渗流,则该长坡沿土岩界面的稳定性系数最接近下列哪个选项? 　　( )

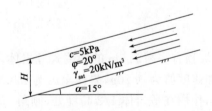

(A)0.68 　　　　　　　　　　　　(B)1.35
(C)2.10 　　　　　　　　　　　　(D)2.50

16. 某建筑边坡采用悬臂式桩板挡墙支护,滑动面至坡顶面距离 $h_1=4$m,滑动面以下桩长 $h_2=6$m,滑动面以上土体的重度为 $\gamma_1=18$kN/m³,滑动面以下土体的重度为 $\gamma_2=19$kN/m³,滑动面以下土体的内摩擦角 $\varphi=35°$,滑动方向地面坡度 $i=6°$,试计算滑动面以下 6m 深度处的地基横向承载力特征值 f_H 最接近下列哪个选项? 　　( )

(A)300kPa 　　　　　　　　　　　　(B)320kPa
(C)340kPa 　　　　　　　　　　　　(D)370kPa

17. 两车道公路隧道埋深 15m,开挖高度和宽度分别为 10m 和 12m。围岩重度为 22kN/m³,岩石单轴饱和抗压强度为 30MPa,岩体和岩石的弹性纵波速度分别为 2400m/s 和 3500m/s。洞口处的仰坡设计开挖高度为 15m,根据《公路隧道设计规范 第一册　土建工程》(JTG 3370.1—2018)相关要求,当采用复合式衬砌时,预留变形量不宜小于下列哪个选项的数值? (　　)

(A)37mm　　　　　　　　　　(B)45mm
(C)50mm　　　　　　　　　　(D)63mm

18. 某地下泵房长 33m,宽 8m,筏板基础,基底埋深 9m,基底压力 65kPa,结构顶部与地面齐平,基底与地基土的摩擦系数为 0.25。欲在其一侧加建同长度,宽 4m,基底埋深 9m 的地下泵房,拟建场地地层为均质粉土,$\gamma=18kN/m^3$,$c=15kPa$,$\varphi=20°$。加建部位基坑拟采用放坡开挖。假定地下泵房周边侧壁光滑,无地下水影响,为保证基坑开挖后现有地下泵房的抗滑移稳定系数不小于 1.2,其另一侧影响范围内应至少卸去土的深度最接近下列哪个选项? (　　)

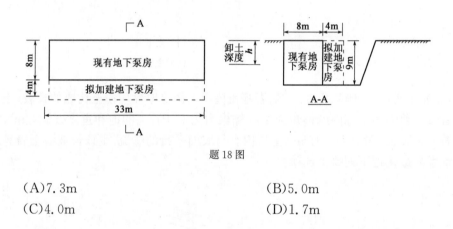

题 18 图

(A)7.3m　　　　　　　　　　(B)5.0m
(C)4.0m　　　　　　　　　　(D)1.7m

19. 如图所示,某岩坡坡顶有一高 7.5m 的倾倒式危岩体,其后缘裂缝直立,充满水且有充分补给,地震峰值加速度值为 0.20g,岩体重度为 22kN/m³,若采用非预应力锚索加固,锚索横向间距 4m,作用在危岩体 1/2 高度处,倾角 30°,则按《建筑边坡工程技术规范》(GB 50330—2013),为满足地震工况,抗倾覆安全系数为 1.6,单根锚索所需轴向拉力最接近下列哪个选项?(不考虑岩体两侧阻力及危岩体底部所受水压力,水的重度 $\gamma_w=10kN/m^3$) (　　)

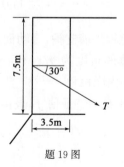

题 19 图

(A)50kN   (B)300kN

(C)325kN   (D)355kN

20.拟开挖一个高度为12m的临时性土质边坡,边坡地层如图所示。边坡开挖后土体易沿岩土界面滑动,破坏后果很严重。已知岩土界面抗剪强度指标 $c=20\text{kPa}$,$\varphi=10°$,边坡稳定性计算结果见下表。按《建筑边坡工程技术规范》(GB 50330—2013)的规定,边坡剩余下滑力最接近下列哪一选项?   (   )

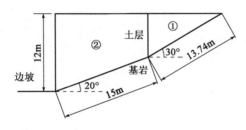

题20图

题20表

条块编号	滑面倾角 θ(°)	下滑力 T(kN/m)	抗滑力 R(kN/m)
①	30	398.39	396.47
②	20	887.03	729.73

(A)344kN/m   (B)360kN/m

(C)382kN/m   (D)476kN/m

21.在盐渍土地基上拟建一多层建筑,基础埋深为 1.5m,拟建场地代表性勘探孔揭露深度内地层共分为 5 个单元层,各层土的土样室内溶陷系数试验结果见下表(试样原始高度 20mm),该建筑溶陷性盐渍土地基总溶陷量最接近下列哪个选项?(勘探孔9.8m以下为非盐渍土层)   (   )

题21表

单元层	层底深度 (m)	压力 P 作用下变形稳定后 土样高度(mm)	压力 P 作用下浸水溶陷变形 稳定后土样高度(mm)
1	2.3	18.8	18.5
2	3.9	18.2	17.8
3	5.1	18.4	18.2
4	7.6	18.7	18.6
5	9.8	18.9	17.7

(A)176mm   (B)188mm

(C)210mm   (D)849mm

22.某拟建铁路选线需跨一条高频黏性泥石流沟。调查发现,在流通区弯道的沟坡上存在泥痕,其中断面③北岸的曲率半径为10m,泥面宽度为6m,沟壁泥位高度南北侧分别为6m、4m(泥位高度指泥痕距沟底的垂直高度,重力加速度 $g=10\text{m/s}^2$,假定泥石流固体物质颗粒比重2.7,水的重度10kN/m³)。依据《铁路工程不良地质勘察规程》(TB 100027—2012),断面③处近似泥石流流速最接近下列哪个选项? ( )

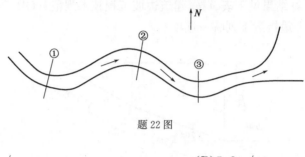

题 22 图

(A)4.8m/s   (B)5.8m/s

(C)6.6m/s   (D)7.3m/s

23.某民用建筑的结构自振周期为0.42s,阻尼比取0.05,场地位于甘肃省天水市麦积区,建设场地类别均为Ⅱ类,在多遇地震作用下其水平地震影响系数为下列哪个选项? ( )

(A)0.15   (B)0.16

(C)0.23   (D)0.24

24.运用振动三轴仪测试土的动模量,试样原始直径39.1mm,原始高度81.6mm,在200kPa围压下等向固结后的试样高度为80.0mm,随后轴向施加100kPa动应力,得到动应力—动变形滞回曲线如图所示,若土的泊松比为0.35,试问试验条件下土试样的动剪切模量最接近下列哪个选项? ( )

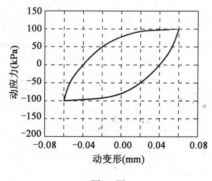

题 24 图

(A)25MPa   (B)50MPa

(C)62MPa   (D)74MPa

25.某自重湿陷性黄土场地的建筑工程,灌注桩桩径为1.0m,桩长37m,桩顶出露地面 1.0m,自重湿陷性土层厚度为 18m。从地面处开始每 2m 设置一个桩身应变量测断面,将电阻应变计粘贴在主筋上。在 3000kN 荷载作用下,进行单桩竖向浸水载荷试验,实测应变值见下表,则此时该桩在桩顶下 9~11m 处的桩侧平均摩阻力值最接近下列哪个选项?(假定桩身变形均为弹性变形,桩身直径、弹性模量为定值)   (   )

题 25 表

从桩顶起算深度(m)	1	3	5	7	9	11	13
应变 $\varepsilon(\times 10^{-5})$	12.439	12.691	13.01	13.504	13.751	14.273	14.631
从桩顶起算深度(m)	17	21	25	29	33	37	
应变 $\varepsilon(\times 10^{-5})$	14.089	11.495	9.504	6.312	3.112	0.966	

(A)15kPa   (B)20kPa

(C)−15kPa   (D)−20kPa

2019年案例分析试题答案(下午卷)

标 准 答 案

本试卷由 25 道题组成,全部为单项选择题,每道题均为必答题。每题 2 分,满分为 50 分。

1	B	2	A	3	C	4	A	5	B
6	B	7	C	8	C	9	C	10	B
11	A	12	C	13	D	14	C	15	B
16	D	17	C	18	D	19	D	20	C
21	B	22	C	23	C	24	B	25	D

解 题 过 程

1.[答案] B

[解析]《铁路工程地质勘察规范》(TB 10012—2019)附录 C。

初始孔隙比:$e = \dfrac{G_s \rho_w(1+0.01w)}{\rho} - 1 = \dfrac{2.70 \times 1.0 \times (1+0.30)}{1.9} - 1 = 0.847$

压缩模量:$E_s = \dfrac{1+e_0}{a_{1-2}} = \dfrac{1+0.847}{0.23} = 8.03\text{MPa} < 10\text{MPa}$,按表 C.0.2-5 确定。

液性指数:$I_L = \dfrac{w-w_p}{w_L-w_p} = \dfrac{30-23.0}{40.5-23.0} = 0.4$

按 I_L 和 e_0 插值得:$p_u = 484 + \dfrac{409-484}{0.9-0.8} \times (0.847-0.8) = 448.75\text{kPa}$

2.[答案] A

[解析]《岩土工程勘察规范》(GB 50021—2001)(2009 年版)附录 F.0.1。

面积比:$\dfrac{D_w^2 - D_e^2}{D_e^2} \times 100\% = \dfrac{77^2 - 75^2}{75^2} \times 100\% = 5.4\% < 10\%$

内间隙比:$\dfrac{D_s - D_e}{D_e} \times 100\% = \dfrac{75-75}{75} \times 100\% = 0$

查附表 F.0.1,该取土器满足敞口自由活塞薄壁取土器的内间隙比、面积比的要求。

3.[答案] C

[解析] 根据题意,该地下水除稳定的侧向径流外,无其他源汇项,即流过含水层①、②、③的流量是相等的,因此根据 ZK1、ZK2 就可以估算通过含水层③的流量。

含水层①中的水力梯度:$i = \dfrac{h_1 - h_2}{l} = \dfrac{20-15}{50} = 0.1$

过流断面面积:$A = \dfrac{h_1 + h_2}{2} \times B = \dfrac{20+15}{2} \times 1.0 = 17.5\text{m}^2$

单宽流量:$q = kiA = 20 \times 0.1 \times 17.5 = 35.0\text{m}^3/\text{d}$

4. [答案] A

   [解析]《工程地质手册》(第五版)第 719 页。

   (1)由于在粉质黏土顶面与承压水位之间存在水头差,而产生渗流作用,渗流的存在使得其附加应力增量在粉质黏土中是线性增加的,即

   在粉质黏土层顶面附加应力变化量:$\Delta p_1 = 0$

   在粉质黏土层底面的附加应力增量:$\Delta p_2 = (32-4) \times 10 = 280\text{kPa}$

   (2)抽水引起的第 2 层的沉降量计算

   $$E_s = \frac{1+e_0}{a} = \frac{1+0.85}{0.3} = 6.17\text{MPa}$$

   $$s_1 = \frac{\dfrac{\Delta p_1 + \Delta p_2}{2} \cdot h}{E_s} = \frac{\dfrac{0+280}{2} \times 30}{6.17} = 680.7\text{mm}$$

5. [答案] B

   [解析]《公路路基设计规范》(JTG D30—2015)第 7.7.2 条。

   $$m_s = 0.123\gamma^{0.7}(\theta H^{0.2} + vH) + Y$$
   $$= 0.123 \times 18^{0.7}(0.9 \times 5^{0.2} + 0.005 \times 5) - 0.1 = 1.078$$
   $$S = m_s S_c = 1.078 \times 30 = 32.34\text{cm}$$

6. [答案] B

   [解析]《建筑地基基础设计规范》(GB 50007—2011)第 5.2.7 条。

   基础底面处土的自重压力:$p_c = 18 \times 2 = 36\text{kPa}$

   软弱下卧层顶面处土的自重应力:$p_{cz} = 18 \times 4 + (18-10) \times 2 = 88\text{kPa}$

   $$f_{az} = f_{ak} + \eta_d \gamma_m(d-0.5)$$
   $$= 85 + 1.0 \times \frac{18 \times 4 + (18-10) \times 2}{6} \times (6-0.5) = 165.67\text{kPa}$$

   $$b \geqslant \frac{F_k - (f_{az} - p_{cz})2z\tan\theta}{f_{az} - p_{cz} - \gamma_G d + p_c} = \frac{480 - (165.67 - 88) \times 2 \times 4 \times \tan23°}{165.67 - 88 - 20 \times 2 + 36} = 2.94\text{m}$$

7. [答案] C

   [解析]《建筑地基基础设计规范》(GB 50007—2011)第 5.2.2 条。

   (1)荷载 F_k 计算

   $$p_k = \frac{F_k + G_k}{A} = \frac{F_k}{A} + \gamma_G d = \frac{F_k}{2} + 20 \times 1.0 = f_a = 100\text{kPa}, F_k = 160\text{kN/m}$$

   (2)增加荷载后的基础最小宽度计算

   假设基础宽度增加后仍然小于等于 3m,则地基承载力特征值 f_a 保持不变。

   $$p_k' = \frac{F_k + F_{k1} + G_k}{A'} = \frac{160 + 80}{b'} + 20 \times 1.0 \leqslant f_a = 100\text{kPa}, 解得 b' \geqslant 3\text{m}, 取 b' = 3\text{m}。$$

   (3)荷载一侧基础宽度增量计算

   加宽后的基础仍符合轴心受荷条件,应使 F_k 和 F_{k1} 对加宽后基础中心的力矩相同。

   $$F_k \cdot \left[\frac{3}{2} - 1 - (1 - b_1)\right] = F_{k1} \cdot \left[\frac{3}{2} - (1 - 0.75) - b_1\right], 带入数据得:b_1 = 0.75\text{m}$$

8. [答案] C

[解析]《建筑地基基础设计规范》(GB 50007—2011)第8.2.8条。

(1)单位面积净反力

$$p_j = \frac{F}{A} = \frac{F}{3.14 \times 1.5^2} = \frac{F}{7.065}$$

(2)净反力设计值

$$A_l = \frac{3.14 \times (3.0^2 - 2.12^2)}{4} = 3.54 \text{m}^2$$

$$F_l = p_j A_l = \frac{F}{7.065} \times 3.54 \leqslant 2885, F \leqslant 5757.8 \text{kN}$$

9. [答案] C

[解析]《建筑抗震设计规范》(GB 50011—2010)(2016年版)第4.4.3条。

承台底面埋深3.0m,其底面上的非液化土层厚度为3m>1.5m,其底面下的非液化土层厚度为2m>1.0m,满足第4.4.3条第2款的要求,②粉土 $N=9 < N_{cr}=13$,为液化土,承台底下2m范围内及液化层不计侧阻力。

$$Q_{uk} = Q_{sk} + Q_{pk} = u \sum q_{sik} l_i + q_{pk} A_p$$
$$= 3.14 \times 0.8 \times 70 \times 20 + 3.14 \times 0.4^2 \times 2500 = 4772.8 \text{kN}$$

$$R_{aE} = 1.25 \times \frac{Q_{uk}}{2} = 1.25 \times \frac{4772.8}{2} = 2983 \text{kN}$$

10. [答案] B

[解析]《建筑桩基技术规范》(JGJ 94—2008)第5.8.4条。

高承台桩基,桩身穿越淤泥土层($c_u=9$kPa, $f_{ak}=20$kPa), $c_u=9$kPa<10kPa, $f_{ak}=20$kPa<25kPa,需要考虑桩身压屈影响。

(1)桩身稳定系数计算

桩露出地面长度:$l_0' = l_0 + (1-\psi_l) d_l = 3.80 + (1-0.30) \times 13.0 = 12.9$m

桩的入土长度:$h' = h - (1-\psi_l) d_l = 24.0 - 3.8 - (1-0.30) \times 13.0 = 11.1$m

$$\frac{4.0}{\alpha} = \frac{4.0}{0.403} = 9.93 \text{m} < h' = 11.1 \text{m}$$

$$l_c = 0.7 \times \left(l_0' + \frac{4.0}{\alpha}\right) = 0.7 \times (12.9 + 9.93) = 15.98 \text{m}$$

$$\frac{l_c}{d} = \frac{15.98}{0.8} = 19.975, \varphi = 0.70 + \frac{0.65-0.70}{21-19} \times (19.975-19) = 0.676$$

(2)考虑压屈影响的基桩正截面受压承载力计算值

$$6800 \times 0.676 = 4596.8 \text{kN}$$

11. [答案] A

[解析]土体孔隙率:$n = 1 - \frac{\rho}{G_s \rho_w (1+w)} = 1 - \frac{1.5}{2.7 \times 1 \times 1.12} = 0.504$

土中孔隙体积除以土体体积为孔隙率,则每 1m^3 土体孔隙体积:$V_{孔隙} = n \times 1 = 0.504\text{m}^3$

每 1m^3 土体注浆所需浆液体积:$V = 0.30 \times 0.504 = 0.151\text{m}^3$

所需水泥质量：$m_c = \dfrac{\rho_c V}{1 + W \rho_c / \rho_w} = \dfrac{2800 \times 0.151}{1 + 1.5 \times 2800 / 1000} = 81.3 \text{kg}$

12.[答案] C

[解析] 《建筑地基处理技术规范》(JGJ 79—2012) 第 7.1.5 条。

(1)面积置换率

$$m = \frac{d^2}{d_e^2} = \frac{3.14 \times 0.15^2 \times 1.3}{1.0 \times 1.0} = 0.092$$

(2)处理后地基土孔隙比

$m = \dfrac{e_0 - e_1}{1 + e_0}$，即 $0.092 = \dfrac{1.4 - e_1}{1 + 1.4}$，解得：$e_1 = 1.18$

(3)处理后桩间土承载力计算

$\gamma = \dfrac{G_s \gamma_w (1 + w)}{1 + e_0} = \dfrac{G_s \times 10.0 \times (1 + 0.5)}{1 + 1.40} = 16.8 \text{ kN/m}^3$，解得：$G_s = 2.69$

$w' = \dfrac{\gamma'(1 + e_1)}{G_s \gamma_w} - 1 = \dfrac{17.2 \times (1 + 1.18)}{2.69 \times 10} - 1 = 0.394$

$f_{ak} = 110 - 100w = 110 - 100 \times 0.394 = 70.6 \text{kPa}$

(4)复合地基承载力特征值

$f_{spk} = [1 + m(n - 1)]f_{ak} = [1 + 0.0918 \times (4 - 1)] \times 70.6 = 90.04 \text{kPa}$

13.[答案] D

[解析] 《土工合成材料应用技术规范》(GB/T 50290—2014) 第 4.1.5 条、4.2.4 条。

(1)作为反滤材料，无纺土工织物单位面积质量不应小于 300g/m^2，产品二不合格。

(2)产品三：$\varepsilon = 40\% < 50\%$，要求的穿刺强度不小于 2.2kN，产品指标为 1.0kN，不合格。

(3)根据颗粒分析曲线，$d_{15} = 0.03 \text{mm}$，等效孔径要求：$O_{95} \geqslant 3 d_{15} = 3 \times 0.03 = 0.09 \text{mm}$，产品一不合格。

综上所述，只有产品四是合格的。

14.[答案] C

[解析] $\alpha_{cr} = 45° - \dfrac{\varphi}{2} = 45° - \dfrac{20°}{2} = 35° < \alpha = 45°$，满足坦墙条件。

以过墙踵竖直面为计算面，该面土压力按朗肯理论计算：

$$E_a = \frac{1}{2} \gamma H^2 K_a = \frac{1}{2} \times 20 \times 3^2 \times \tan^2\left(45° - \frac{20°}{2}\right) = 44.1 \text{kN/m}$$

挡土墙自重：$W = \dfrac{1}{2} \times (1 + 4) \times 3 \times 20 = 150 \text{kN/m}$

过墙踵三角形土体自重：$W' = \dfrac{1}{2} \times 3 \times 3 \times 20 = 90 \text{kN/m}$

$$K_{sl} = \frac{(W + W')\mu}{E_a} = \frac{(150 + 90) \times 0.5}{44.1} = 2.72$$

15.[答案] B

[解析] 《土力学》(李广信等编，第 2 版，清华大学出版社) 第 258 页，取单位长度斜

坡分析。

在土条内发生平行于坡面的渗流,则水力梯度:$i=\sin\alpha=\sin15°$

单位长度斜坡面积:$A=1×1.5×\cos15°=1.45m^2$

单位长度自重:$W=\gamma'A=(20-10)×1.45=14.5kN/m$

单位长度斜坡渗流力:$J=\gamma_w iA=10×\sin15°×1.45=3.75kN/m$

$$F_s=\frac{W\cos\alpha\tan\varphi+cL}{W\sin\alpha+J}=\frac{14.5×\cos15°×\tan20°+5×1}{14.5×\sin15°+3.75}=1.35$$

16.[答案] D

[解析]《建筑边坡工程技术规范》(GB 50330—2013)第13.2.8条。

滑动方向地面坡度 $i=6°<8°$

$$f_H=4\gamma_2 y\frac{\tan\varphi_0}{\cos\varphi_0}-\gamma_1 h_1\frac{1-\sin\varphi_0}{1+\sin\varphi_0}$$

$$=4×19×6×\frac{\tan35°}{\cos35°}-18×4×\frac{1-\sin35°}{1+\sin35°}=370.3kPa$$

17.[答案] C

[解析]《公路隧道设计规范 第一册 土建工程》(JTG 3370.1—2018)第3.6.2条、3.6.4条、8.4.1条。

(1)围岩级别确定。

$$K_v=\left(\frac{2400}{3500}\right)^2=0.47$$

$90K_v+30=90×0.47+30=72.3>R_c=30$,取 $R_c=30MPa$。

$0.04R_c+0.4=0.04×30+0.4=1.6>K_v=0.47$,取 $K_v=0.47$。

$BQ=100+3R_c+250K_v=100+3×30+250×0.47=307.5$,查表3.6.4,该隧道围岩为Ⅳ级

(2)查表8.4.1,围岩为Ⅳ级,两车道隧道预留变形量最小值为50mm。

18.[答案] D

[解析](1)现有泵房左侧土压力计算

假设开挖深度为 h,已知地下泵房周边侧壁光滑,符合朗肯条件,则

$$K_a=\tan^2\left(45°-\frac{\varphi}{2}\right)=\tan^2\left(45°-\frac{20°}{2}\right)=0.49$$

拉力区高度:$z_0=\frac{2c}{\gamma}\sqrt{K_a}=\frac{2×15}{18×\sqrt{0.49}}=2.38m$

$$E_{ak}=\frac{1}{2}\gamma H^2 K_a=\frac{1}{2}×18×(9-h-2.38)^2×0.49=4.41×(6.62-h)^2$$

(2)现有地下泵房抗滑稳定性验算

现有地下泵房单位长度自重:$G=8×1×65=520kN/m$

$$F_s=\frac{G\mu}{E_{ak}}=\frac{520×0.25}{4.41×(6.62-h)^2}\geq1.2,解得:h\geq1.66m$$

19.[答案] D

[解析]《建筑边坡工程技术规范》(GB 50330—2013)第5.2.6条。

危岩体自重:$G=\gamma Hb=22\times7.5\times3.5=577.5\text{kN/m}$

力臂:$a_G=b/2=1.75\text{m}$

$P_w=\dfrac{1}{2}\gamma_w H^2=\dfrac{1}{2}\times10\times7.5^2=281.25\text{kN/m}$

力臂:$a_P=H/3=2.5\text{m}$

锚索拉力的力矩:$a_T=\dfrac{H}{2}\times\sin60°=3.25\text{m}$

危岩体的单位宽度地震力:$Q_e=\alpha_w G=0.05\times577.5=28.875\text{kN/m}$

力臂:$a_Q=H/2=3.75\text{m}$

抗倾覆稳定性:$F_t=\dfrac{G\cdot a_G+\dfrac{T}{4}\cdot a_T}{P_w\cdot a_P+Q_e\cdot a_Q}=\dfrac{577.5\times1.75+\dfrac{T}{4}\times3.25}{281.25\times2.5+28.875\times3.75}=1.6$

解得:$T=354\text{kN}$

20.[答案] C

[解析]《建筑边坡工程技术规范》(GB 50330—2013)第3.2.1条、A.0.3条。

(1)边坡高度12m的土质边坡,破坏后果很严重,查表3.2.1,边坡安全等级为一级。

查表5.3.2,临时性边坡稳定安全系数:$F_{st}=1.25$

(2)传递系数:$\psi_1=\cos(30°-20°)-\sin(30°-20°)\tan10°/1.25=0.960$

(3)剩余下滑力:$P_i=P_{i-1}\psi_{i-1}+T_i-\dfrac{R_i}{F_{st}}$

$P_1=T_1-\dfrac{R_1}{F_{st}}=398.39-\dfrac{396.47}{1.25}=81.21\text{kN/m}$

$P_2=P_1\psi_1+T_2-\dfrac{R_2}{F_{st}}=81.21\times0.960+887.03-\dfrac{729.73}{1.25}=381.21\text{kN/m}$

21.[答案] B

[解析]《盐渍土地区建筑技术规范》(GB/T 50942—2014)第4.2.4条、4.2.5条、D.1.5条。

(1)各层土的溶陷系数:$\delta_{rx}=\dfrac{h_p-h_p'}{h_0}$

第1层土:$\delta_{rx1}=\dfrac{18.8-18.5}{20}=0.015>0.01$

第2层土:$\delta_{rx2}=\dfrac{18.2-17.8}{20}=0.02>0.01$

第3层土:$\delta_{rx3}=\dfrac{18.4-18.2}{20}=0.01$

第4层土:$\delta_{rx4}=\dfrac{18.7-18.6}{20}=0.005<0.01$

第5层土:$\delta_{rx5}=\dfrac{18.9-17.7}{20}=0.06>0.01$

（2）总溶陷量

$$s_{rx} = \sum_{i=1}^{n} \delta_{rxi} h_i = 0.015 \times 800 + 0.02 \times 1600 + 0.01 \times 1200 + 0.06 \times 2200 = 188\text{mm}$$

22.[答案] C

[解析]《铁路工程不良地质勘察规程》(TB 100027—2012)第7.3.3条条文说明。

断面③处：$R_0 = 10 + 6/2 = 13\text{m}$；$\sigma = 6 - 4 = 2\text{m}$

泥石流流速：$v_c = \sqrt{\dfrac{R_0 \sigma g}{B}} = \sqrt{\dfrac{13 \times 2 \times 10}{6}} = 6.6\text{m/s}$

23.[答案] C

[解析]（1）查《建筑抗震设计规范》(GB 50011—2010)(2016年版)附录A(第212页)、表5.1.4-2，麦积区的地震动峰值加速度取0.30g，特征周期取 $T_g = 0.40\text{s}$。

（2）查《建筑抗震设计规范》(GB 50011—2010)(2016年版)表5.1.4-1，多遇地震的水平地震影响系数最大值：$\alpha_{\max} = 0.24$，$T = 0.42\text{s} > T_g = 0.40\text{s}$。

阻尼比为0.05，$\eta_2 = 1$，$\gamma = 0.9$。

（3）水平地震影响系数。

$$\alpha = \left(\frac{T_g}{T}\right)^{\gamma} \eta_2 \alpha_{\max} = \left(\frac{0.40}{0.42}\right)^{0.9} \times 1.0 \times 0.24 = 0.23$$

注：如果按《中国地震动参数区划图》，麦积区刚好位于不同分区的界线上，在分界线附近应采用就高不就低的原则，应取0.45s，按照抗震规范选C，按照区划图选D。

24.[答案] B

[解析]《工程地质手册》(第五版)第352页。

滞回曲线的动应变：$\varepsilon_d = \dfrac{0.06}{80} = 7.5 \times 10^{-4}$

动弹性模量：$E_d = \dfrac{\sigma_d}{\varepsilon_d} = \dfrac{0.1}{7.5 \times 10^{-4}} = 133.3\text{MPa}$

动剪切模量：$G_d = \dfrac{E_d}{2(1 + \mu_d)} = \dfrac{133.3}{2 \times (1 + 0.35)} = 49.4\text{MPa}$

25.[答案] D

[解析]《建筑基桩检测技术规范》(JGJ 106—2014)附录A。

从桩顶起算1m处：$Q_0 = \varepsilon_1 EA$，即
$3000 = 12.439 \times 10^{-5} \times EA$，解得：$EA = 2.412 \times 10^7 \text{kPa} \cdot \text{m}^2$
从桩顶起算9m处：$Q_9 = \varepsilon_9 EA = 13.751 \times 10^{-5} \times 2.412 \times 10^7 = 3316.74\text{kN}$
从桩顶起算11m处：$Q_{11} = \varepsilon_{11} EA = 14.273 \times 10^{-5} \times 2.412 \times 10^7 = 3442.65\text{kN}$

$$q_{si} = \frac{Q_i - Q_{i+1}}{u_i l_i} = \frac{3316.74 - 3442.65}{3.14 \times 1.0 \times (11 - 9)} = -20\text{kPa}$$

2019年案例分析试题答案（下午卷）

2020年案例分析试题(上午卷)

1. 某场地有一正方形土坑,边长20m,坑深5.0m,坑壁直立。现从周边取土进行回填,共取土2150m³,其土性为粉质黏土,天然含水量$w=15\%$,土粒比重$G_s=2.7$,天然重度$\gamma=19.0$kN/m³,所取土方刚好将土坑均匀压实填满。问坑内压实填土的干密度最接近下列哪个选项?($\gamma_w=10$kN/m³)　　　　　　　　　　　　　　　（　　）

(A)15.4kN/m³　　　　　　　　　　　　(B)16.5kN/m³

(C)17.8kN/m³　　　　　　　　　　　　(D)18.6kN/m³

2. 某工程采用开口钢环式十字板剪切试验估算软黏土的抗剪强度。已知十字板钢环系数为0.0014kN/0.01mm,转盘直径为0.6m,十字板头直径为0.1m,高度为0.2m;测得土体剪损时量表最大读数$R_y=220(0.01$mm$)$,轴杆与土摩擦时量表最大读数$R_g=20(0.01$mm$)$,室内试验测得土的塑性指数$I_P=40$,液性指数$I_L=0.8$。按《岩土工程勘察规范》(GB 50021—2001)(2009年版)中的Daccal法估算修正后的土体抗剪强度c_u最接近下列哪个选项?　　　　　　　　　　　　　　　　　　　　　　　　　（　　）

(A)41kPa　　　　　(B)30kPa　　　　　(C)23kPa　　　　　(D)20kPa

3. 某场地岩层近于水平,地质填图时发现地表出露岩层有突变现象,可能存在一断层,于是布置两个钻孔予以查明。已知ZK1、ZK2孔距5.67m,其连线与岩性突变界线走向垂直,各钻孔的孔口高程、分层及埋深、孔深等信息如图所示。ZK1、ZK2分别在孔深14.20m、7.50m处揭露断层带(厚度可忽略),对该断层说法正确的是下列哪个选项?　　　　　　　　　　　　　　　　　　　　　　　　　　　　　　　　　　　　　　　（　　）

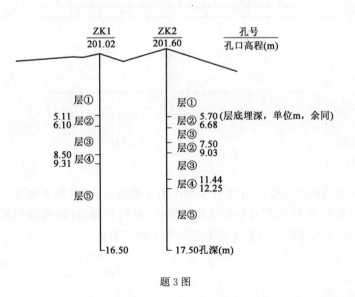

题3图

(A)正断层,垂直断距 7.28m   (B)逆断层,垂直断距 7.28m

(C)正断层,水平断距 1.84m   (D)逆断层,水平断距 1.84m

4.某河流相沉积地层剖面及地下水位等信息如图所示,①层细砂渗透系数 $k_1 =$ 10m/d,②层粗砂厚度为 5m,之下为不透水层。若两孔之间中点断面的潜水层单宽总流量 $q = 30.6 \text{m}^3/\text{d}$,试计算②层土的渗透系数最接近下列何值?   ( )

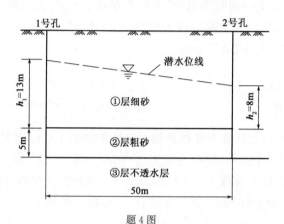

题 4 图

(A)12.5m/d   (B)19.7m/d

(C)29.5m/d   (D)40.2m/d

5.厚度为 4m 的黏土层上瞬时大面积均匀加载 100kPa,若干时间后,测得土层中 A、B 点处的孔隙水压力分别为 72kPa、115kPa,估算该黏土层此时的平均固结度最接近下列何值?   ( )

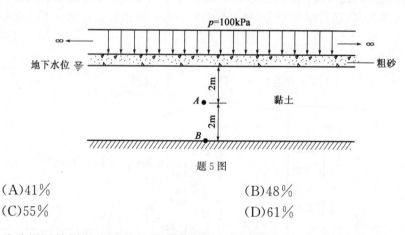

题 5 图

(A)41%   (B)48%

(C)55%   (D)61%

6.公路桥涵的桥墩承受的荷载为永久作用标准值组合,桥墩下地基土为卵石层,作用于基底的竖向合力 N 作用点及数值如图所示,根据《公路桥涵地基与基础设计规范》(JTG 3363—2019),基础长边宽度 b 不应小于下列何值?   ( )

(A)3m   (B)4m

(C)5m   (D)6m

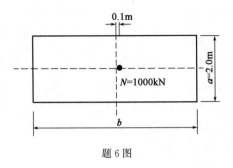

题 6 图

7. 柱下单独基础底面尺寸为 2.5m×3.0m,埋深 2.0m,相应于荷载效应标准组合时作用于基础底面的竖向合力 $F=870kN$。地基土条件如图所示,为满足《建筑地基基础设计规范》(GB 50007—2011)的要求,软弱下卧层顶面修正后地基承载力特征值最小应为下列何值? ( )

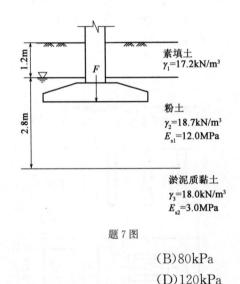

题 7 图

(A)60kPa   (B)80kPa

(C)100kPa   (D)120kPa

8. 图示车间的柱基础,底面宽度 $b=2.6m$,长度 $l=5.2m$,在图示所有荷载($F=1800kN$,$P=220kN$,$Q=180kN$,$M=950kN\cdot m$)作用下,基底偏心距最接近下列何值?(基础及其上土的平均重度 $\gamma=20kN/m^3$) ( )

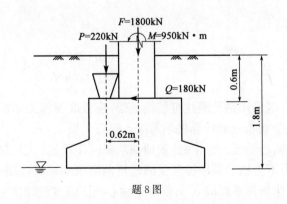

题 8 图

(A)0.52m   (B)0.60m

(C)0.65m   (D)0.70m

9. 某建筑场地地表以下 10m 范围内为新近松散填土,其重度为 18kN/m³,填土以下为基岩,无地下水。拟建建筑物采用桩筏基础,筏板底埋深 5m,按间距为 3m×3m 的正方形布桩,桩径 800mm,桩端入岩,填土的正摩阻力标准值为 20kPa,填土层负摩阻力系数取 0.35。根据《建筑桩基技术规范》(JGJ 94—2008),考虑群桩效应时,筏板中心点处基桩下拉荷载最接近下列哪个选项? ( )

(A)200kN   (B)500kN

(C)590kN   (D)660kN

10. 杆塔桩基础布置和受力如图所示,承台底面尺寸为 3.2m×4.0m,埋深 2.0m,无地下水。已知上部结构传至基础顶面中心的力为 $F_k = 400kN$,力矩为 $M_k = 1800kN \cdot m$。根据《建筑桩基技术规范》(JGJ 94—2008)计算,基桩承受的最大上拔力最接近下列何值?(基础及其上土的平均重度为 20kN/m³) ( )

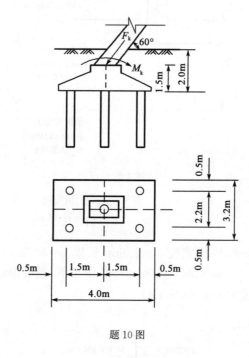

题 10 图

(A)80kN   (B)180kN

(C)250kN   (D)420kN

11. 某高层建筑,拟采用钻孔灌注桩桩筏基础,筏板底埋深为地面下 5.0m。地层条件见表(1)。设计桩径 0.8m,经计算桩端需进入碎石土层 1.0m。由永久作用控制的基本组合条件下,桩基轴心受压。根据《建筑地基基础设计规范》(GB 50007—2011)设计,基桩竖向抗压承载力不受桩身强度控制及满足规范要求的桩身混凝土强度等级最低为下列哪个选项?[工作条件系数取 0.6,混凝土轴心抗压强度设计值见表(2)] ( )

层 号	土 体 名 称	层底埋深(m)	q_{sa}(kPa)	q_{pa}(kPa)
①	粉土	10.0	15	
②	中细砂	18.0	25	
③	中粗砂	20.0	70	
④	碎石土	>30.0	75	1500

题 11 表(2)

混凝土强度等级	C15	C20	C25	C30	C35
轴心抗压强度设计值(MPa)	7.2	9.6	11.9	14.3	16.7

(A)C20 (B)C25

(C)C30 (D)C35

12. 某大面积场地,原状地层从上到下依次为:①层细砂,厚度 1.0m,重度 18kN/m³;②层饱和淤泥质土,厚度 10m,重度 16kN/m³;③层中砂,厚度 8m,重度 19.5kN/m³。场地采用堆载预压进行处理,场地表面的均布堆载为 100kPa。②层饱和淤泥质土的孔隙比为 1.2,压缩系数为 0.6MPa⁻¹,渗透系数为 0.1m/年。问堆载 9 个月后,②层土的压缩量最接近下列何值? ( )

(A)162mm (B)195mm

(C)230mm (D)258mm

13. 某场地为细砂地基,天然孔隙比 $e_0 = 0.95$,最大孔隙比 $e_{max} = 1.10$,最小孔隙比 $e_{min} = 0.60$。拟采用沉管砂石桩处理,等边三角形布桩,桩长 10m,沉管外径 600mm,桩距 1.75m。要求砂石桩挤密处理后细砂孔隙比不大于 0.75 且相对密实度不小于 0.80,根据《建筑地基处理技术规范》(JGJ 79—2012),则每根砂石桩体积最接近下列哪个选项?(不考虑振动下沉密实作用,处理前后场地高程不变) ( )

(A)2.5m³ (B)2.8m³

(C)3.1m³ (D)3.4m³

14. 某场地采用 ϕ500 单轴水泥土搅拌桩加固,设计水泥掺量为 15%,水泥浆液水灰比为 0.5,已知土体重度为 17kN/m³,施工灰浆泵排量为 10L/min,两次等量喷浆施工,则搅拌桩施工时应控制喷浆提升速率最大值最接近下列哪个选项?(水泥比重取3.0,重力加速度取 10m/s²) ( )

(A)2.0m/min (B)1.0m/min

(C)0.5m/min (D)0.25m/min

15. 某柔性加筋土挡墙如图所示,高度 8m,筋材采用土工格栅满铺,筋材竖向间距 0.8m,材料的实测极限抗拉强度 $T = 145$kN/m,每层筋材总长度均为 7.5m,包裹长度为 1.5m,墙面采用挂网喷射混凝土防护,填料采用砂土,$\gamma = 20$kN/m³,$c = 0$,$\varphi = 30°$,筋材的综合强度折减系数取 3.0,筋材与填料间的摩擦系数取 0.25。因场地条件限制,需在挡墙顶进行堆载,根据《土工合成材料应用技术规范》(GB 50290—2014),为满足加筋挡墙内部稳定性要求,则堆载最大值最接近下列哪个选项? ( )

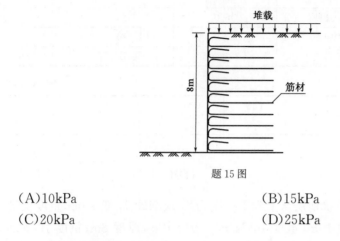

题 15 图

(A)10kPa (B)15kPa

(C)20kPa (D)25kPa

16. 如图所示,某边坡坡面倾角 $\beta=65°$,坡顶面倾角 $\theta=25°$,土的重度 $\gamma=19kN/m^3$。假设滑动面倾角 $\alpha=40°$,其参数 $c=15kPa$,$\varphi=25°$,滑动面长度 $L=65m$,图中 $h=10m$,试计算边坡的稳定安全系数最接近下列哪个选项? ( )

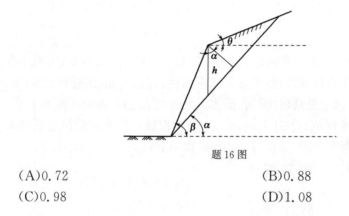

题 16 图

(A)0.72 (B)0.88

(C)0.98 (D)1.08

17. 某填方边坡高 8m,拟采用重力式挡土墙进行支挡,墙背垂直、光滑,墙底水平,墙后填土水平,内摩擦角 $\varphi_e=30°$,黏聚力 $c=0$,重度为 20kN/m³;地基土为黏性土,与墙底间的摩擦系数为 0.4。已知墙顶宽 2.5m,墙体重度为 24kN/m³。按《建筑边坡工程技术规范》(GB 50330—2013)相关要求,计算满足抗滑稳定性所需要的挡墙面最陡坡率最接近下列哪个选项?(不考虑主动土压力增大系数) ( )

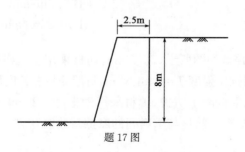

题 17 图

(A)1∶0.25　　　　　　　　　　　　(B)1∶0.28
(C)1∶0.30　　　　　　　　　　　　(D)1∶0.32

18.某建筑基坑深 10.5m,安全等级为二级,地层条件如图所示,地下水埋深超过 20m,上部 2.5m 填土采用退台放坡,放坡坡度为 45°,下部采用桩撑支护,详见下图。则按《建筑基坑支护技术规程》(JGJ 120—2012),计算填土在桩顶下 4m 位置的支护结构上产生的主动土压力强度标准值最接近下列哪个选项? 　　　　　　(　　)

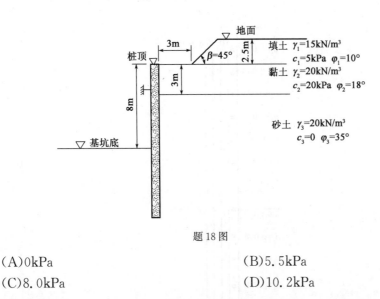

题 18 图

(A)0kPa　　　　　　　　　　　　(B)5.5kPa
(C)8.0kPa　　　　　　　　　　　　(D)10.2kPa

19.某基坑深 6m,拟采用桩撑支护,桩径 600mm,桩长 9m,间距 1.2m,桩间摆喷与支护桩共同形成厚 600mm 的悬挂止水帷幕。场地地表往下 6m 为粉砂层,再下为细砂层,两砂层的渗透系数以及细砂层的强度指标与重度见下图。坑内外水位如图所示,考虑渗流作用时,单根支护桩被动侧的水压力与被动土压力计算值之和最接近下列哪个选项? (水的重度取 10kN/m³) 　　　　　　　　　　(　　)

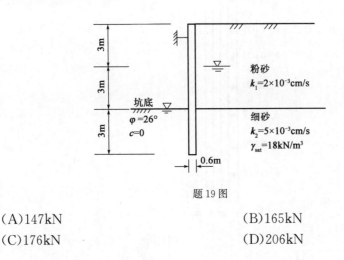

题 19 图

(A)147kN　　　　　　　　　　　　(B)165kN
(C)176kN　　　　　　　　　　　　(D)206kN

20.关中地区湿陷性黄土场地上某拟建多层建筑,基础埋深为天然地面下 1.5m,控制性勘探点深度 23m，自地面下 1m 起每米采取土样进行湿陷性试验，经计算自重湿陷量 $\Delta_{zs}=355mm$，不同深度处的湿陷系数如图所示。根据《湿陷性黄土地区建筑标准》（GB 50025—2018）规定计算的基础底面下 0～5m 湿陷量（Δ_s）为 301.5mm，5～10m 湿陷量（Δ_s）为 111.4mm，10～20m 湿陷量（Δ_s）为 260.82mm，20～21m 湿陷量（Δ_s）为 9.18mm。根据规范要求，采取消除该建筑地基部分湿陷量措施，则基底下最小处理厚度为下列哪个选项？ （　　）

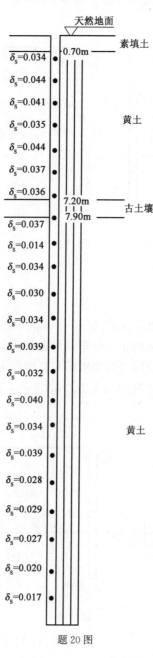

题 20 图

(A)7m

(B)9m

(C)10m

(D)12.5m

21. 某三层楼位于膨胀土地基上，大气影响深度和浸水影响深度均为 4.6m，基础埋深为 1.6m，土的重度均为 17kN/m³，经试验测得土的膨胀率与垂直压力的关系如下表所示。荷载准永久组合时基底中心点下的附加应力分布如下图所示。试按《膨胀土地区建筑技术规范》(GB 50112—2013)，计算该基础中心点下地基土的膨胀变形量最接近下列哪个选项？ （　　）

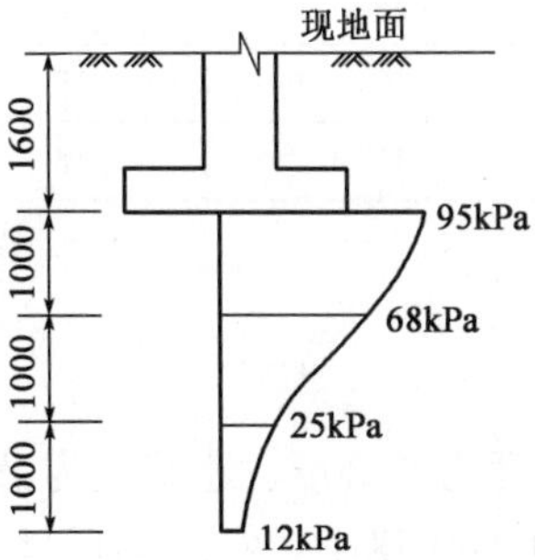

题 21 图

膨胀率与垂直压力关系表　　　题21表

试验点	垂直压力p (kPa)	膨胀率δ_{ep} (%)
1	8	10
2	60	8
3	90	6
4	110	4
5	130	2

(A)87mm

(B)93mm

(C)145mm

(D)155mm

22. 某铁路工程通过盐渍土场地，地下水位埋深 2m。地面下 2m 深度内采取土样进行易溶盐含量测定，结果见下表。0～1m 深度土中离子含量：CO_3^{2-} 含量 6.88mmol/kg，HCO_3^- 含量 0.18mmol/kg，Cl^- 含量 25.77mmol/kg，SO_4^{2-} 含量 20.74mmol/kg。1～2m 深度内土中离子含量：CO_3^{2-} 含量 0，HCO_3^- 含量 0.30mmol/kg，Cl^- 含量 5.1mmol/kg，SO_4^{2-} 含量 12.34mmol/kg。按照《铁路工程特殊岩土勘察规程》(TB 10038—2012)判定，该工程盐渍土的盐渍化程度分级为下列哪个选项？ （　　）

题 22 表

取样深度(m)	0～0.05	0.05～0.25	0.25～0.5	0.5～0.75	0.75～1.0	1.0～1.5	1.5～2.0
易溶盐含量 (%)	10.21	4.02	2.11	2.03	2.02	0.29	0.25

(A)弱盐渍土

(B)中盐渍土

(C)强盐渍土

(D)超盐渍土

23. 某重要厂房采用天然地基，独立基础，基础埋深 1.5m，按照《建筑抗震设计规范》(GB 50011—2010)(2016 年版)规定，场地抗震设防烈度为 8 度，设计基本地震加速度为 0.20g，设计地震分组为第一组，历史最高地下水位埋深 3.0m，地层资料见下表，试确定该钻孔液化指数最接近下列哪个选项？（注：黏粒含量采用六偏磷酸钠做分散剂测定）

（　　）

土层编号	土　名	层底深度(m)	标贯点深度(m)	实测标贯击数(击)	黏粒含量(%)
①	粉质黏土	1.5	—	—	—
②	粉砂	9.0	5.0	9	5
			7.0	10	5
③	粉土	12.0	10.0	10	14
			11.0	12	14
④	粉质黏土	18.0	17.0	15	22
⑤	粉土	22.0	19.0	12	15
			21.0	15	16

(A)1.66 (B)13.56

(C)14.16 (D)16.89

24. 某水利水电工程位于 8 度地震区,地震动峰值加速度为 $0.30g$。地基土为液化砂土,厚 8.0m,经试验得到砂土 $e_{max}=0.950$,$e_{min}=0.580$,初始孔隙比 $e_0=0.851$。拟采用不加填料振冲法对地基进行大范围处理,要求处理后地基不液化,根据《水利水电工程地质勘察规范》(GB 50487—2008),处理后砂土地基地表最小下沉量最接近下列哪个选项?　　　　　　　　　　　　　　　　　　　　　　　　(　)

(A)0.57m (B)0.65m

(C)0.74m (D)0.85m

25. 某建筑土质边坡采用锚杆进行支护,对锚杆进行了一组三根多循环加卸载试验,各锚杆最后一个循环加载过程试验结果如下表所示。试根据《建筑边坡工程技术规范》(GB 50330—2013)确定该工程锚杆的极限承载力标准值最接近下列哪个选项?　　　　　　　　　　　　　　　　　　　　　　　　　　(　)

序　号	试验荷载(kN)	锚头位移(mm)		
		第一根	第二根	第三根
1	0	0.00	0.00	0.00
2	40	9.88	10.40	11.28
3	120	26.27	22.06	21.25
4	200	47.50	38.22	30.94
5	280	62.97	62.18	49.26
6	360	82.16	88.12	67.37
7	400	92.06	174.50	82.11

(A)280kN (B)360kN

(C)387kN (D)400kN

2020 年案例分析试题(上午卷)

2020 年案例分析试题答案(上午卷)

标 准 答 案

本试卷由 25 道题组成,全部为单项选择题,每道题均为必答题。每题 2 分,满分为 50 分。

1	C	2	D	3	D	4	D	5	C
6	D	7	B	8	A	9	A	10	A
11	B	12	D	13	D	14	C	15	C
16	B	17	B	18	B	19	A	20	B
21	A	22	C	23	B	24	D	25	B

解 题 过 程

1.[答案] C

[解析] 土力学基本原理。

填料的干密度:$\gamma_{d1} = \dfrac{\gamma}{1+w} = \dfrac{19.0}{1+0.15} = 16.52 \text{ kN/m}^3$

根据填筑前后土粒质量相等,$\rho_{d1}V_1 = \rho_{d2}V_2$,则

$\gamma_{d2} = \dfrac{\gamma_{d1}V_1}{V_2} = \dfrac{16.52 \times 2150}{20 \times 20 \times 5} = 17.76 \text{kN/m}^3$

2.[答案] D

[解析]《工程地质手册》(第五版)第 279 页、《岩土工程勘察规范》(GB 50021—2001)(2009 年版)第 10.6.4 条条文说明。

$K = \dfrac{2R}{\pi D^2 \left(\dfrac{D}{3} + H\right)} = \dfrac{2 \times 0.3}{3.14 \times 0.1^2 \times \left(\dfrac{0.1}{3} + 0.2\right)} = 81.89 \text{m}^{-2}$

$c_u = K \cdot C(R_y - R_g) = 81.89 \times 0.0014 \times (220 - 20) = 22.9 \text{kPa}$

$I_L = 0.8$,按曲线 1 修正,$I_P = 40$,修正系数近似取 $\mu = 0.88$,则

$c_u = 0.88 \times 22.9 = 20.2 \text{kPa}$

3.[答案] D

[解析] 参考《工程地质学》教材。

(1)断层面倾角:$\tan\alpha = \dfrac{(201.60 - 7.50) - (201.02 - 14.20)}{5.67} = 1.284$

被错动的④层的厚度基本相同,垂直断距:

$\Delta h = (201.02 - 8.50) - (201.60 - 11.44) = 2.36 \text{m}$

水平断距:$\tan\alpha = \dfrac{\Delta h}{\Delta L} = 1.284$,$\Delta L = \dfrac{2.36}{1.284} = 1.84 \text{m}$

(2)右侧④层在断层面下方,为下盘,且下盘下错,上盘相对上升,为逆断层。

4.[答案] D

[解析] 土力学基本原理。

水力梯度：$i = \dfrac{\Delta h}{L} = \dfrac{13-8}{50} = 0.1$

①层单宽渗流量：$q_1 = k_1 i A_1 = 10 \times 0.1 \times \dfrac{13+8}{2} \times 1 = 10.5 \, \text{m}^3/\text{d}$

②层单宽渗流量：$q_2 = q - q_1 = 30.6 - 10.5 = 20.1 \, \text{m}^3/\text{d}$

②层渗透系数：$k_2 = \dfrac{q_2}{i A_2} = \dfrac{20.1}{0.1 \times 5} = 40.2 \, \text{m/d}$

5.[答案] C

[解析] 土力学基本原理。

(1)各点的超静孔隙水压力计算

用测压管测得的孔隙水压力值包括静孔隙水压力和超静孔隙水压力，扣除静孔隙水压力后，各点的超静孔隙水压力见下表。

题 5 解表

位　　置	孔隙水压力(kPa)	静孔隙水压力(kPa)	超静孔隙水压力(kPa)
A	72	20	52
B	115	40	75

(2)平均固结度计算

此时超静孔隙水压力的应力面积：$\dfrac{1}{2} \times 52 \times 2 + \dfrac{1}{2} \times (52+75) \times 2 = 179 \, \text{kPa} \cdot \text{m}$

$U_t = 1 - \dfrac{\text{某时刻超静孔隙水压力面积}}{\text{初始超静孔隙水压力面积}} = 1 - \dfrac{179}{100 \times 4} = 0.55$

6.[答案] D

[解析] 《公路桥涵地基与基础设计规范》(JTG 3363—2019)第5.2.5条。

单向偏心，截面核心半径：$\rho = \dfrac{W}{A} = \dfrac{b}{6}$

查规范表5.2.5，永久作用标准组合下：$e_0 \leqslant [e_0] = 0.1\rho$，即

$0.1 \leqslant 0.1 \times \dfrac{b}{6}$，解得：$b \geqslant 6 \, \text{m}$

7.[答案] B

[解析] 《建筑地基基础设计规范》(GB 50007—2011)第5.2.4条、5.2.7条。

(1)软弱下卧层顶面处附加压力

$p_k = \dfrac{F_k + G_k}{A} = \dfrac{870}{2.5 \times 3} = 116 \, \text{kPa}$，$p_c = 1.2 \times 17.2 + 0.8 \times 8.7 = 27.6 \, \text{kPa}$

$\dfrac{z}{b} = \dfrac{2}{2.5} = 0.8 > 0.5$，$\dfrac{E_{s1}}{E_{s2}} = \dfrac{12}{3} = 4$，$\theta = \dfrac{23° + 25°}{2} = 24°$

$p_z = \dfrac{bl(p_k - p_c)}{(b+2z\tan\theta)(l+2z\tan\theta)} = \dfrac{2.5 \times 3.0 \times (116-27.6)}{(2.5 + 2 \times 2 \times \tan 24°) \times (3.0 + 2 \times 2 \times \tan 24°)}$

$= 32.4 \, \text{kPa}$

(2)软弱下卧层顶面处土的自重应力

$p_{cz}=1.2\times17.2+2.8\times8.7=45\text{kPa}$

(3)软弱下卧层经修正后的承载力

$p_z+p_{cz}\leqslant f_{az}$，即 $f_{az}\geqslant32.4+45=77.4\text{kPa}$

8. [答案] A

[解析]《建筑地基基础设计规范》(GB 50007—2011)第 5.2.2 条。

$$e=\frac{M}{F+G}=\frac{220\times0.62+180\times(1.8-0.6)+950}{1800+220+2.6\times5.2\times20\times1.8}=0.52\text{m}$$

9. [答案] A

[解析]《建筑桩基技术规范》(JGJ 94—2008)第 5.4.4 条。

(1)中性点深度计算

桩端为基岩，$\dfrac{l_n}{l_0}=1.0$，自桩顶算起的中性点深度：$l_n=5\text{m}$

(2)中性点以上负摩阻力标准值计算

$$\sigma'_{ri}=\sum_{e=1}^{i-1}\gamma_{i-1}\Delta z_{i-1}+\frac{1}{2}\gamma_i\Delta z_i=0+\frac{1}{2}\times18\times5=45\text{kPa}$$

$q_{si}^n=\xi_{ni}\sigma'_{ri}=0.35\times45=15.75\text{kPa}<20\text{kPa}$

(3)基桩下拉荷载计算

$$\eta_n=\frac{s_{ax}\cdot s_{ay}}{\pi d\left(\dfrac{q_s^n}{\gamma_m}+\dfrac{d}{4}\right)}=\frac{3\times3}{3.14\times0.8\times\left(\dfrac{15.75}{18}+\dfrac{0.8}{4}\right)}=3.33>1,\text{取}\ \eta_n=1$$

$$Q_g^n=\eta_n u\sum_{i=1}^n q_{si}^n l_i=1\times3.14\times0.8\times15.75\times5=198\text{kN}$$

10. [答案] A

[解析]《建筑桩基技术规范》(JGJ 94—2008)第 5.1.1 条。

F_k 分解为竖向力和水平力：

$F_{yk}=400\times\sin60°=346.4\text{kN},F_{xk}=400\times\cos60°=200\text{kN}$

(1)轴心情况下桩顶竖向力计算

$$N_k=\frac{F_{yk}+G_k}{n}=\frac{346.4+4.0\times3.2\times2.0\times20}{5}=171.7\text{kN}$$

(2)偏心情况下桩顶竖向力计算

$$N_{kmax}=\frac{F_{yk}+G_k}{n}-\frac{M_{yk}x_{max}}{\sum x_j^2}=171.7-\frac{(1800-200\times1.5)\times1.5}{4\times1.5^2}=-78.3\text{kN}$$

11. [答案] B

[解析]《建筑地基基础设计规范》(GB 50007—2011)第 8.5.3 条、8.5.6 条、8.5.11 条。

(1)基桩桩顶竖向力

$R_a=q_{pa}A_p+u\sum q_{sia}l_i=1500\times3.14\times0.4^2+3.14\times0.8\times(15\times5+25\times8+70\times$

$\qquad 2+75\times1)$

$$=1984.5\text{kN}$$

$$Q_k \leqslant R_a = 1984.5\text{kN}$$

(2)混凝土轴心抗压强度设计值

$Q \leqslant A_p f_c \varphi_c$, 即 $1.35 \times 1984.5 \leqslant 3.14 \times 0.4^2 \times f_c \times 0.6$

解得：$f_c \geqslant 8887.6\text{kPa} = 8.9\text{MPa}$, 混凝土强度等级取 C20。

根据第 8.5.3 条第 5 款, 灌注桩混凝土强度等级不应低于 C25, 桩身混凝土强度取 C25。

12. [答案] D

[解析] 一维渗流固结理论和单向压缩理论。

(1)软土层竖向固结系数、压缩模量计算

$$c_v = \frac{k_v(1+e_0)}{a\gamma_w} = \frac{0.1 \times (1+1.2)}{0.6 \times 10^{-3} \times 10} = 36.67\text{m}^2/\text{年}$$

$$E_s = \frac{1+e_0}{a} = \frac{1+1.2}{0.6} = 3.67\text{MPa}$$

(2)9 个月后固结度计算

$$\text{双面排水}: T_v = \frac{c_v t}{H^2} = \frac{36.67 \times 9/12}{(10/2)^2} = 1.1$$

$$\overline{U}_z = 1 - \frac{8}{\pi^2} \cdot e^{-\frac{\pi^2}{4} \cdot T_v} = 1 - 0.81 \times e^{-\frac{\pi^2}{4} \times 1.1} = 0.946$$

(3)9 个月沉降量计算

$$\text{总沉降量}: s_\infty = \frac{\Delta p}{E_s} h = \frac{100}{3.67} \times 10 = 272.48\text{mm}$$

$$s_t = U_t s_\infty = 0.946 \times 272.48 = 257.8\text{mm}$$

13. [答案] D

[解析] 《建筑地基处理技术规范》(JGJ 79—2012)第 7.2.2 条。

(1)处理后孔隙比 e_1 计算

$$D_r = \frac{e_{max} - e_1}{e_{max} - e_{min}} = \frac{1.10 - e_1}{1.10 - 0.60} = 0.80, \text{解得}: e_1 = 0.70 < 0.75$$

(2)砂石桩体积计算

加固前后地基土体积变化是由砂石桩挤密引起的, 等边三角形布桩, 三角形内有半根桩, 则

$$\frac{A_p}{2} = \frac{e_0 - e_1}{1+e_0} \times \frac{\sqrt{3}}{4} s^2 \times 1 = \frac{0.95 - 0.7}{1+0.95} \times \frac{\sqrt{3}}{4} \times 1.75^2 \times 1 = 0.17$$

解得：$A_p = 0.34\text{m}^2$, 则

$$V = A_p l = 0.34 \times 10 = 3.4\text{m}^3$$

14. [答案] C

[解析] 《建筑地基处理技术规范》(JGJ 79—2012)第 7.3.5 条及条文说明。

搅拌桩截面面积：$F = 3.14 \times 0.25^2 = 0.196\text{m}^2$

水泥浆密度

$$\rho = \frac{1+\alpha_c}{\frac{1}{d_s}+\alpha_c} = \frac{1+0.5}{\frac{1}{3}+0.5} = 1.8 \text{g/cm}^3$$

水泥浆重度：$\gamma_d = \rho g = 1.8 \times 10 = 18 \text{ kN/m}^3$

$$V = \frac{\gamma_d Q}{F \gamma_w (1+\alpha_c)} = \frac{18 \times 10 \times 10^{-3}}{0.196 \times 17 \times 0.15 \times (1+0.5)} = 0.24 \text{m/min}$$

两次等量喷浆施工，则单次提升速度为：$2 \times 0.24 = 0.48 \text{m/min}$

15.[答案] C

[解析]《土工合成材料应用技术规范》(GB/T 50290—2014)第7.3.5条。

$$T_a = \frac{T}{RF} = \frac{145}{3} = 48.3 \text{kN/m}$$

土工格栅柔性筋材：$K_i = \tan^2\left(45° - \frac{30°}{2}\right) = 0.333$

取最下一层筋材验算，此处筋材受到的拉力最大，则

$$T_i = \frac{[(\sigma_{vi} + \sum\Delta\sigma_{vi})K_i + \Delta\sigma_{hi}]s_{vi}}{A_r} = \frac{[(8 \times 20 + q) \times 0.333] \times 0.8}{1}$$
$$= 42.624 + 0.2664q \leqslant T_a = 48.3$$

解得：$q \leqslant 21.3 \text{kPa}$

取最上一层筋材验算，此处锚固段内筋带长度最小。

非锚固段长度：$L_{0i} = \tan\left(45° - \frac{\varphi}{2}\right)(H - z_i) = \tan\left(45° - \frac{30°}{2}\right) \times (8 - 0.8) = 4.16 \text{m}$

锚固段长度：$L_{ei} = L_i - L_{0i} - L_{wi} = 7.5 - 4.16 - 1.5 = 1.84 \text{m}$

$$T_{pi} = 2\sigma_{vi}BL_{ei}f = 2 \times 0.8 \times 20 \times 1 \times 1.84 \times 0.25 = 14.72 \text{kN}$$

$$T_i = \frac{[(\sigma_{vi} + \sum\Delta\sigma_{vi})K_i + \Delta\sigma_{hi}]s_{vi}}{A_r} = \frac{[(0.8 \times 20 + q) \times 0.333] \times 0.8}{1}$$
$$= 4.2624 + 0.2664q$$

$$\frac{14.72}{4.2624 + 0.2664q} \geqslant 1.5, \text{解得：} q \leqslant 20.8 \text{kPa}$$

16.[答案] B

[解析] $G = \gamma V = \gamma \times \frac{1}{2}h\cos\alpha \times L = 19 \times \frac{1}{2} \times 10 \times \cos40° \times 65 = 4730.3 \text{kN/m}$

$$F_s = \frac{R}{T} = \frac{G\cos\alpha\tan\varphi + cL}{G\sin\alpha} = \frac{4730.3 \times \cos40° \times \tan25° + 15 \times 65}{4730.3 \times \sin40°} = \frac{2664.7}{3040.6} = 0.88$$

17.[答案] B

[解析]《建筑边坡工程技术规范》(GB 50330—2013)第11.2.3条。

$$K_a = \tan^2\left(45° - \frac{\varphi}{2}\right) = \tan^2\left(45° - \frac{30°}{2}\right) = 0.333$$

$$E_a = \frac{1}{2}\gamma H^2 K_a = \frac{1}{2} \times 20 \times 8^2 \times 0.333 = 213.1 \text{kN/m}$$

设挡土墙底宽为 B，则

$$G = \frac{1}{2} \times (2.5 + B) \times 8 \times 24 = 240 + 96B$$

$$F_s = \frac{G\mu}{E_a} = \frac{(240+96B) \times 0.4}{213.1} \geqslant 1.3$$

解得：$B \geqslant 4.7m$

墙面坡率为：$\dfrac{8}{4.7-2.5} = \dfrac{1}{0.28}$

18. [答案] B

[解析]《建筑基坑支护技术规程》(JGJ 120—2012)第3.4.8条。

(1)桩顶放坡部分在支护桩后土层中引起的附加荷载

$a = 3m, a + b_1 = 3 + 2.5 = 5.5m, 3m < z_a = 4m < 5.5m$

$$K_{a1} = \tan^2\left(45° - \frac{10°}{2}\right) = 0.704, z_{01} = \frac{2c_1}{\gamma_1\sqrt{K_{a1}}} = 0.8m < 2.5m$$

$$E_{ak1} = \frac{1}{2}\gamma_1 h_1^2 K_{a1} - 2c_1 h_1 \sqrt{K_{a1}} + \frac{2c_1^2}{\gamma_1} = \frac{1}{2}\gamma_1(h_1-z_{01})^2 K_{a1}$$

$$= \frac{1}{2} \times 15 \times (2.5-0.8)^2 \times 0.704$$

$$= 15.3kN/m$$

$$\Delta\sigma_k = \frac{\gamma_1 h_1}{b_1}(z_a - a) + \frac{E_{ak1}(a+b_1-z_a)}{K_{a1} b_1^2}$$

$$= \frac{15 \times 2.5}{2.5} \times (4-3) + \frac{15.3 \times (3+2.5-4)}{0.704 \times 2.5^2} = 20.2kPa$$

(2)附加荷载引起的附加土压力

桩顶下4m处位于砂土层，采用该层的土压力系数，$K_{a3} = \tan^2\left(45° - \frac{35°}{2}\right) = 0.271$

$e_q = \Delta\sigma_{k1} K_{a3} = 20.2 \times 0.271 = 5.5kPa$

19. [答案] A

[解析] 土力学基本原理。

(1)细砂层的水力比降计算

根据渗流连续性原理，通过整个土层的渗流量与各土层的渗流量相同，即

$q = kiA, k_1 i_1 = k_2 i_2$，即 $2 \times 10^{-3} \times i_1 = 5 \times 10^{-3} \times i_2$，得到：$i_1 = 2.5i_2$

竖向渗流时，通过土层的总水头损失等于各土层水头损失之和，即

$\Delta h = \Delta h_1 + \Delta h_2, \Delta h_1 = i_1 \Delta l_1, \Delta h_2 = i_2 \Delta l_2$

得到：$3i_1 + 6.6i_2 = 3$（注意在计算细砂层的渗流路径时，要加上止水帷幕的宽度）

联合解得：$i_2 = 0.22$

(2)被动土压力计算

$$K_p = \tan^2\left(45° + \frac{26°}{2}\right) = 2.561$$

$$E_p = \frac{1}{2}(\gamma' - j)H^2 K_p = \frac{1}{2} \times (8 - 0.22 \times 10) \times 3^2 \times 2.561 = 66.84kN/m$$

(3)被动侧水压力计算

$e_w = \gamma_w \Delta l + i\gamma_w \Delta l = 10 \times 3 + 0.22 \times 10 \times 3 = 36.6kPa$

$$E_w = \frac{1}{2} \times 36.6 \times 3 = 54.9 \text{kN/m}$$

(4)被动侧水、土压力合力：$(66.84 + 54.9) \times 1.2 = 146 \text{kN}$

20.**[答案]** B

[解析] 《湿陷性黄土地区建筑标准》(GB 50025—2018)第2.1.12条、3.0.1条、4.4.4条、4.4.6条、5.1.1条。

(1)湿陷等级判定。

$\Delta_s = 301.55 + 111.4 + 260.82 + 9.18 = 682.95 \text{mm}$，自重湿陷量 $\Delta_{zs} = 355 \text{mm} > 350 \text{mm}$

查表4.4.6，自重湿陷性场地，湿陷等级为Ⅲ，严重。

(2)基底下湿陷性土层厚度21.0m，大于20m，为大厚度湿陷性黄土地基。

拟建多层建筑，建筑物类别为丙类。

(3)第6.1.5条，剩余湿陷量不应大于300mm。

基底10m以下：$\Delta_s = 260.82 + 9.18 = 270.00 \text{mm} < 300 \text{mm}$

基底9m以下：$\Delta_s = 270.00 + 1.0 \times 0.03 \times 1000 = 300 \text{mm}$，即处理厚度为基底以下9m。

21.**[答案]** A

[解析] 《膨胀土地区建筑技术规范》(GB 50112—2013)第5.2.8条。

(1)平均自重压力与平均附加压力之和作用下各层膨胀率

基底下0～1m：

$$17 \times (1.6 + 0.5) + \frac{95 + 68}{2} = 117.2 \text{kPa}$$

$$\delta_{ep1} = 4\% + \frac{2\% - 4\%}{130 - 110} \times (117.2 - 110) = 3.28\%$$

基底下1～2m：

$$17 \times (1.6 + 1.5) + \frac{68 + 25}{2} = 99.2 \text{kPa}$$

$$\delta_{ep2} = 6\% + \frac{4\% - 6\%}{110 - 90} \times (99.2 - 90) = 5.08\%$$

基底下2～3m：

$$17 \times (1.6 + 2.5) + \frac{25 + 12}{2} = 88.2 \text{kPa}$$

$$\delta_{ep3} = 8\% + \frac{6\% - 8\%}{90 - 60} \times (88.2 - 60) = 6.12\%$$

(2)基础中心点下地基土的膨胀变形量

$$s_e = \psi_e \sum_{i=1}^{n} \delta_{epi} h_i = 0.6 \times (3.28\% + 5.08\% + 6.12\%) \times 1000 = 86.88 \text{mm}$$

22.**[答案]** C

[解析] 《铁路工程特殊岩土勘察规程》(TB 10038—2012)第7.1.4条。

(1)按化学成分分类

$$D_1 = \frac{c(Cl^-)}{2c(SO_4^{2-})} = \frac{25.77}{2 \times 20.74} = 0.62$$

$$D_2 = \frac{2c(CO_3^{2-}) + c(HCO_3^-)}{c(Cl^-) + 2c(SO_4^{2-})} = \frac{2 \times 6.88 + 0.18}{25.77 + 2 \times 20.74} = 0.21$$

查表 7.1.3-1，该盐渍土分类为亚硫酸盐渍土。

(2)按含盐量分类

$$\overline{DT} = \frac{10.21\% \times 0.05 + 4.02\% \times 0.20 + 2.11\% \times 0.25 + 2.03\% \times 0.25 + 2.02\% \times 0.25}{1.00}$$

$$= 2.85\%$$

查表 7.1.3-2，该盐渍土为亚硫酸盐强盐渍土。

23.[答案] B

[解析]《建筑抗震设计规范》(GB 50011—2010)(2016 年版)第 4.3.3 条～第 4.3.5 条。

(1)初步判别

8 度区，③层、⑤层的粉土的黏粒含量均大于 13%，可判为不液化土。

对②层粉砂层：$d_u = 1.5m$，$d_0 = 8m$，$d_w = 3m$，$d_b = 2m$

$d_u = 1.5 < d_0 + d_b - 2 = 8 + 2 - 2 = 8$

$d_w = 3 < d_0 + d_b - 3 = 8 + 2 - 3 = 7$

$d_u + d_w = 1.5 + 3 = 4.5 < 1.5d_0 + 2d_b - 4.5 = 1.5 \times 8 + 2 \times 2 - 4.5 = 11.5$

需进行复判。

(2)复判

$$N_{cr} = N_0 \beta [\ln(0.6d_s + 1.5) - 0.1d_w] \sqrt{3/\rho_c}$$

5.0m 处：$N_{cr} = 12 \times 0.8 \times [\ln(0.6 \times 5.0 + 1.5) - 0.1 \times 3] \times \sqrt{3/3} = 11.6 > 9$，液化。

7.0m 处：$N_{cr} = 12 \times 0.8 \times [\ln(0.6 \times 7.0 + 1.5) - 0.1 \times 3] \times \sqrt{3/3} = 13.8 > 10$，液化。

(3)液化指数计算

5.0m 处：$d_1 = 3.0m$，$W_1 = 10$

7.0m 处：$d_2 = 3.0m$，$W_2 = \frac{2}{3} \times (20 - 7.5) = 8.33$

$$I_{lE} = \sum_{i=1}^{n} \left(1 - \frac{N_i}{N_{cri}}\right) d_i W_i = \left(1 - \frac{9}{11.56}\right) \times 3 \times 10 + \left(1 - \frac{10}{13.83}\right) \times 3 \times 8.33 = 13.56$$

24.[答案] D

[解析]《水利水电工程地质勘察规范》(GB 50487—2008)附录 P.0.4。

(1)处理后孔隙比计算

加速度 0.30g，液化临界相对密度：$(Dr)_{cr} = 75\% + \frac{85\% - 75\%}{0.40 - 0.20} \times (0.30 - 0.20) = 80\%$

处理后地基不液化，应满足：$Dr = \frac{e_{max} - e}{e_{max} - e_{min}} = \frac{0.950 - e}{0.950 - 0.580} \geqslant (Dr)_{cr} = 80\%$

解得：$e \leqslant 0.654$

(2)地表下沉量计算

$$\frac{h_0}{1 + e_0} = \frac{h_1}{1 + e}, h_1 = \frac{h_0(1 + e)}{1 + e_0} = \frac{8 \times (1 + 0.654)}{1 + 0.851} = 7.15m$$

$$\Delta h = h_0 - h_1 = 8.0 - 7.15 = 0.85m$$

25. [答案] B

[解析]《建筑边坡工程技术规范》(GB 50030—2013)附录 C。

据表 C.2.4,第二根锚杆加载到 360kN 时锚头位移增量为 88.12−62.18＝25.94mm,加载到 400kN 时锚头位移增量为 174.5−88.12＝86.38mm＞25.94×2＝51.88mm;超过上一级荷载位移增量的 2 倍,据附录 C.2.5 条第 3 款、C.2.8 条,第二根锚索在 400kN 时破坏,其极限承载力为 360kN。

第一根、第三根均取 400kN 作为其极限承载力。

三根锚杆极限承载力的平均值:$\dfrac{400+360+400}{3}＝386.7$kN

极差为 $400−360＝40$kN＜$30\%×386.7＝116$kN,故锚杆的极限承载力标准值取 360kN。

2020 年案例分析试题(下午卷)

1. 某钻孔揭露地层如图所示,在孔深 7.5m 处进行螺旋载荷板试验。板直径为 160mm,当荷载为 5kN 时,载荷板沉降量为 2.3mm。试计算该深度处土层的一维压缩模量最接近下列哪个选项?(无因次沉降系数 S_c 为 0.62,$\gamma_w = 10\text{kN/m}^3$) ( )

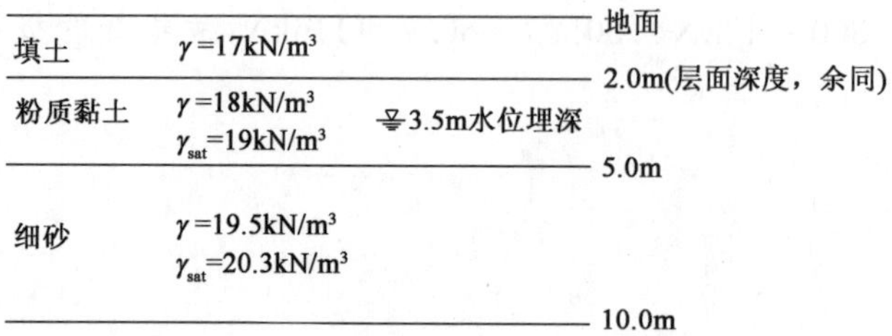

		地面
填土	$\gamma = 17\text{kN/m}^3$	
		2.0m(层面深度,余同)
粉质黏土	$\gamma = 18\text{kN/m}^3$ $\gamma_{sat} = 19\text{kN/m}^3$	▽3.5m水位埋深
		5.0m
细砂	$\gamma = 19.5\text{kN/m}^3$ $\gamma_{sat} = 20.3\text{kN/m}^3$	
		10.0m

题 1 图

(A)5MPa   (B)10MPa

(C)16MPa   (D)18MPa

2. 某场地内花岗岩球状风化体发育,分布无规律。某钻孔揭露的地层信息见下表。试计算该钻孔花岗岩球状风化体的总厚度为下列哪个选项? ( )

题 2 表

地层深度(m)	岩 性	地层深度(m)	岩 性	地层深度(m)	岩 性
0～4	淤泥	25～28	全风化花岗岩	41～45	微风化花岗岩
4～7	微风化花岗岩	28～30	中风化花岗岩	45～47	强风化花岗岩(块状)
7～10	淤泥质土	30～32	全风化花岗岩	47～48	中风化花岗岩
10～20	粉质黏土	32～36	强风化花岗岩	48～53	微风化花岗岩
20～23	全风化粉砂岩	36～39	微风化花岗岩		
23～25	中风化粉砂岩	39～41	强风化花岗岩		

(A)7m   (B)9m

(C)11m   (D)14m

3. 某水电工程的地下洞室,轴线走向 NE40°,跨度 10m,进洞后 20～120m 段,围岩为巨厚层石英砂岩,岩层产状 NE50°/SE∠20°,层面紧密起伏粗糙,其他结构面不发育。测得岩石和岩体弹性波纵波速度分别为 4000m/s、3500m/s,岩石饱和单轴抗压强度为 101MPa。洞内有地下水渗出,测得该段范围内总出水量约 200L/min;洞室所在地段,区域最大主应力为 22MPa。根据《水利水电工程地质勘察规范》(GB 50487—2008),该段洞室围岩详细分类和岩爆分级应为下列哪个选项?并说明理由。 ( )

(A)围岩Ⅰ类,岩爆Ⅰ级   (B)围岩Ⅱ类、岩爆Ⅱ级

(C)围岩Ⅲ类、岩爆Ⅰ级   (D)围岩Ⅲ类、岩爆Ⅱ级

4.某场地拟采用弃土和花岗岩残积土按体积比 3：1 均匀混合后作为填料。已知弃土天然重度为 20kN/m³,大于 5mm 土粒质量占比为 35％,2～5mm 为 30％,小于 0.075mm 为 20％,颗粒多呈亚圆形;残积土天然重度为 18kN/m³,大于 2mm 土粒质量占比为 20％,小于 0.075mm 为 65％。混合后土的细粒部分用液塑限联合测定仪测得圆锥入土深度与含水量关系曲线,如图所示。按《岩土工程勘察规范》(GB 50021—2001)(2009 年版)的定名原则,混合后土的定名应为以下哪种土?(请给出计算过程)   (   )

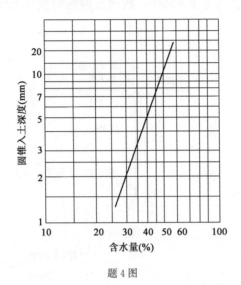

题 4 图

(A)含黏土圆砾   (B)含圆砾粉质黏土
(C)含粉质黏土圆砾   (D)含圆砾黏土

5.某大面积地下建筑工程,基坑开挖前基底平面处地基土的自重应力为 400kPa,由土的固结试验获得基底下地基土的回弹再压缩参数,并确定其再压缩比率与再加荷比关系曲线,如图所示。已知基坑开挖完成后基底中心点的地基回弹变形量为 50mm,工程建成后的基底压力为 100kPa,按照《建筑地基基础设计规范》(GB 50007 — 2011)计算工程建成后基底中心点的地基沉降变形量,其值最接近下列哪个选项?   (   )

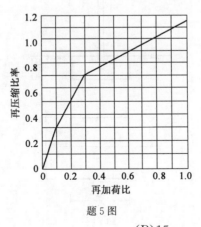

题 5 图

(A)12mm   (B)15mm

(C)30mm   (D)45mm

6.某地下结构抗浮采用预应力锚杆,基础的钢筋混凝土抗水板厚度为300m,混凝土强度等级为C35,其上设置的抗浮预应力锚杆拉力设计值为320kN。锚杆与抗水板的连接如图所示。图中锚垫板为正方形钢板,为满足《建筑地基基础设计规范》(GB 50007—2011)的要求,该钢板的边长至少为下列何值?（C35 混凝土抗压强度设计值为16.7MPa,抗拉强度设计值为1.57MPa,抗水板钢筋的混凝土保护层厚度为50mm,钢板厚度满足要求）   （   ）

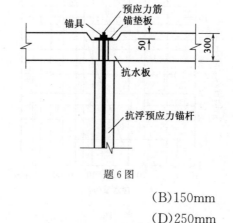

题 6 图

(A)100mm   (B)150mm
(C)200mm   (D)250mm

7.某轻钢结构广告牌,结构自重忽略不计。作用在该结构上的最大力矩为 200kN·m,该构筑物拟采用正方形的钢筋混凝土独立基础,基础高度 1.6m,基础埋深 1.6m。基底持力层土深宽修正后的地基承载力特征值为 60kPa。若不允许基础的基底出现零应力区,且地基承载力满足规范要求,根据《建筑地基基础设计规范》(GB 50007—2011),基础边长的最小值应取下列何值?（钢筋混凝土重度为 25kN/m³）   （   ）

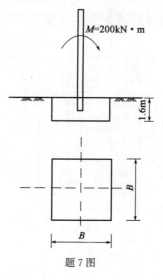

题 7 图

(A)2.7m   (B)3.0m

2020 年案例分析试题（下午卷）

(C)3.2m   （D)3.4m

8.某变形已稳定的既有建筑,矩形基础底面尺寸为 4m×6m,基础埋深 2.0m,原建筑作用于基础底面的竖向合力为 3100kN(含基础及其上土重),因增层改造增加荷载1950kN。地基土分布如图所示,粉质黏土层综合 e-p 试验数据见下表,地下水位埋藏很深。已知沉降计算经验系数为 0.6,不计密实砂层的压缩量,按照《建筑地基基础设计规范》(GB 50007—2011)规定计算,因建筑改造,该基础中心点增加的沉降量最接近下列哪个选项? （   ）

题 8 表

压力 p(kPa)	0	50	100	200	300	400	600
孔隙比 e	0.768	0.751	0.740	0.725	0.710	0.705	0.689

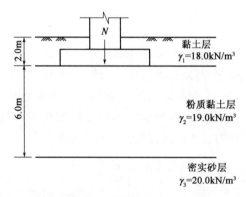

题 8 图

(A)16mm   （B)25mm
(C)50mm   （D)65mm

9.某建筑地基土为细中砂,饱和重度为 20kN/m³,采用 38m×20m 的筏板基础,为满足抗浮要求,按间距 1.2m×1.2m 满堂布置直径 400mm、长 10m 的抗拔桩,桩身混凝土重度为 25kN/m³,桩侧土的抗压极限侧阻力标准值为 60kPa,抗拔系数 λ ＝0.6,根据《建筑桩基技术规范》(JGJ 94—2008),验算群桩基础抗浮呈整体破坏时,基桩所承受的最大上拔力 N_k 最接近下列哪个选项? （   ）

(A)180kN   （B)220kN
(C)320kN   （D)350kN

10.某厂房基础,采用柱下独立等边三桩承台基础,桩径 0.8m,地层及勘察揭露如图所示。计算得到通过承台形心至各边边缘正交截面范围内板带的弯矩设计值为1500kN·m,根据《建筑桩基技术规范》(JGJ 94—2008),满足受力和规范要求的最小桩长不宜小于下列哪个选项? (取荷载效应基本组合为标准组合的 1.35 倍;不考虑承台及其上土重等其他荷载效应) （   ）

(A)14.0m   （B)15.0m

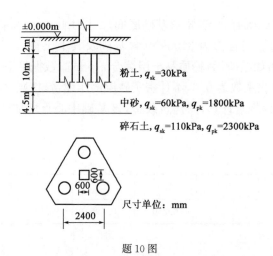

题 10 图

11. 某换填垫层地基上建造条形基础和圆形独立基础,平面布置如图所示。基础埋深均为 1.5m,地下水位很深,基底以上土层的天然重度为 17kN/m³,基底下换填垫层厚度为 2.2m,重度为 20kN/m³,条形基础荷载(作用于基础底面处)500kN/m,圆形基础荷载(作用于基础底面处)1400kN。换填垫层的压力扩散角为 30°时,换填垫层底面处的自重压力和附加压力之和的最大值最接近下列哪个选项? (   )

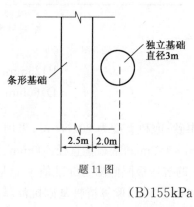

题 11 图

(A)120kPa   (B)155kPa
(C)190kPa   (D)205kPa

12. 某建筑物采用水泥土搅拌桩处理地基,场地地面以下各土层的厚度、承载力和压缩模量见下表。基础埋深为地面下 2m,桩长 6m。搅拌桩施工完成后进行了复合地基载荷试验,测得复合地基承载力 $f_{spk}=220$kPa。基础底面以下压缩层范围内的地基附加应力系数如图所示。计算压缩层的压缩模量当量值最接近下列哪个选项?(忽略褥垫层厚度) (   )

题 12 表

层 序	层厚(m)	天然地基承载力特征值 f_{ak}(kPa)	天然地基压缩模量 E_s(MPa)
①	4	110	10
②	2	100	8
③	6	200	20

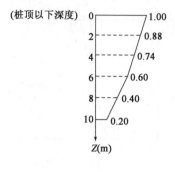

（桩顶以下深度）

题 12 图

(A)17MPa   (B)19MPa

(C)21MPa   (D)24MPa

13. 某堆场地层为深厚黏土,承载力特征值 $f_{ak}=90kPa$。拟采用碎石桩和 CFG 桩多桩型复合地基进行处理,要求处理后地基承载力 $f_{spk} \geqslant 300kPa$。其中碎石桩桩径 800mm,桩土应力比 2,CFG 桩桩径 450mm,单桩承载力特征值为 850kN。若按正方形均匀布桩,如图所示,则合适的 S 最接近下面哪个选项?[按《建筑地基处理技术规范》(JGJ 79—2012)计算,单桩承载力发挥系数 $\lambda_1=\lambda_2=1.0$,桩间土承载力发挥系数为0.9,复合地基承载力不考虑深度修正,处理后桩间土承载力提高 30%]   ( )

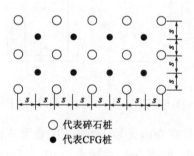

○ 代表碎石桩

● 代表CFG桩

题 13 图

(A)1.0m   (B)1.3m

(C)1.5m   (D)1.8m

14. 如图所示某重力式挡墙,墙背为折线形。墙后填土为无黏性土,地面倾角 20°,填土内摩擦角 30°,重度可近似取 20kN/m³,墙背摩擦角为 0°。水位在墙底之下,每延米墙重约 650kN,墙底与地基的摩擦系数约为 0.45,墙背 AB 段主动土压力系数为 0.44,BC 段主动土压力系数为 0.313,用延长墙背法计算该挡墙每延长米所受土压力时,该挡墙的抗滑移稳定系数最接近下列哪个选项?(不考虑主动土压力增大系数)   ( )

(1)1.04   (B)1.26

(C)1.32   (D)1.52

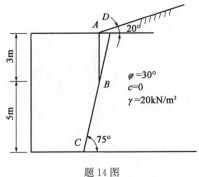

题 14 图

15. 某边坡工程,地层中存在稳定渗流,其测压管测试结果、土层分布如图所示,土层参数如下:层①天然重度 $\gamma_1 = 17kN/m^3$;层②天然重度 $\gamma_2 = 16kN/m^3$,饱和重度 $\gamma_{2sat} = 19kN/m^3$;层③饱和重度 $\gamma_{3sat} = 20kN/m^3$,渗透系数 $k_3 = 5 \times 10^{-5}$ m/s;层④饱和重度 $\gamma_{4sat} = 20kN/m^3$,渗透系数 $k_4 = 1 \times 10^{-4}$ m/s;层③顶上部存在 1m 的饱和毛细水。试计算图中③层层底 D 点处土的竖向有效应力最接近下列哪个选项?($\gamma_w = 10kN/m^3$)   (   )

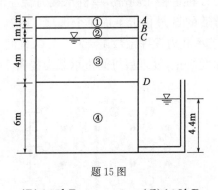

题 15 图

(A)76kPa   (B)105kPa   (C)108kPa   (D)120kPa

16. 某均匀无黏性土边坡高 6m,无地下水,采用悬臂式桩板墙支护,支护桩嵌固到土中 12m。已知土体重度 $\gamma = 20kN/m^3$,黏聚力 $c = 0$,内摩擦角 $\varphi = 25°$。假定支护桩被动区嵌固反力、主动区主动土压力均采用朗肯土压力理论进行计算,且土反力、主动土压力计算宽度均取为 $b = 2.5m$。试计算该桩板墙桩身最大弯矩最接近下列哪个选项?

(   )

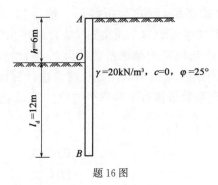

题 16 图

(A)1375kN·m   (B)2075kN·m
(C)2250kN·m   (D)2565kN·m

17.某地下三层基坑采用地连墙结合三道支撑明挖法施工,立柱桩孔施工后以碎石回填。基坑围护剖面如图所示,支撑在下层楼板(或底板)换撑后逐道拆除。按照《建筑基坑支护技术规程》(JGJ 120—2012),根据各工况条件复核各道支撑立柱的最大受压计算长度最接近下列哪个选项?   （ ）

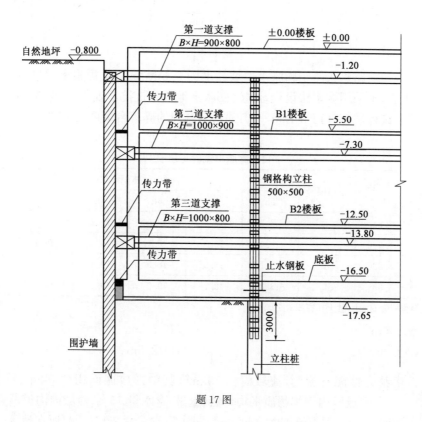

题17图

(A)第一道 6.1m,第二道 6.5m,第三道 2.45m
(B)第一道 11.3m,第二道 9.8m,第三道 3.3m
(C)第一道 8.6m,第二道 9.0m,第三道 5.95m
(D)第一道 11.3m,第二道 9.8m,第三道 5.95m

18.某铁路单线浅埋隧道,围岩等级Ⅳ级,地面坡度为1:2,坑道跨度 5.5m,坑道结构高度 9.25m,隧道外侧拱肩至地面的垂直距离 7.0m,围岩重度 22.5kN/m³,计算摩擦角 48°,顶板土柱两侧摩擦角为 0.8 倍计算摩擦角。根据《铁路隧道设计规范》(TB 10003—2016),隧道内侧在荷载作用下的水平侧压力合力最接近下列哪个选项?   （ ）

(A)320kN/m   (B)448kN/m
(C)557kN/m   (D)646kN/m

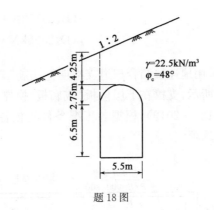

γ=22.5kN/m³
φ_c=48°

1:2

4.25m
2.75m
6.5m

5.5m

题 18 图

19. 某高速公路永久路堑膨胀土边坡高度为 5.5m,该路段膨胀土的自由膨胀率试验结果见下表,拟采用坡率法设计,试按《膨胀土地区建筑技术规范》(GB 50112—2013)和《公路路基设计规范》(JTG D30—2015)确定合理的碎落台宽度为下列哪个选项？　　　　　　　　　　（　　）

自由膨胀率试验记录表　　　　　　　　　　　　　　题 19 表

试样编号	干土质量 (g)	量筒编号	不同时间体积读数(mL)					
			2h	4h	6h	8h	10h	12h
SY1	8.84	1	18.2	18.6	19.0	19.2	19.3	19.3
	8.96	2	18.0	18.3	18.7	19.0	19.1	19.1
SY2	8.82	3	18.1	18.5	18.9	19.1	19.2	19.2
	8.83	4	18.3	18.7	19.0	19.3	19.4	19.4

注:量筒容积为 50mL,量土杯容积为 10mL。

　　(A)1.0m　　　　　　　　　　　　　　(B)1.5m
　　(C)2.0m　　　　　　　　　　　　　　(D)2.5m

20. 云南某黏性泥石流沟,流域面积 10km²,其中形成区面积 7.0km²、堆积区面积大于 2.6km²,形成区内固体物质平均天然(重量)含水量 15%,流域内沟道顺直、无堵塞(堵塞系数取 1.0)。泥石流重度 19kN/m³,固体物质重度 25kN/m³,所在地区 50 年一遇小时降雨量 100mm。在全流域汇流条件下,采用雨洪修正法估算泥石流峰值流量,所得结果最接近下列哪一项？(注:水的重度取 10kN/m³,假定小时暴雨强度不衰减,最大洪峰流量计算公式:Q_w=0.278×降雨量×集水面积×径流系数 K,K 取 0.25)　（　　）

　　(A)35m³/s　　　　　　　　　　　　　(B)48m³/s
　　(C)121m³/s　　　　　　　　　　　　(D)173m³/s

21. 拟开挖形成 A-B-C 段岩质边坡,如图所示,边坡直立,高度 BF=5m。J1 为滑动面,产状 135°∠30°,滑面泥化,抗剪强度参数 c=12kPa,$φ$=10°;J1 与 AB 边坡交于 D 点,DB=12.25m,FD 与水平面交角 22.2°;J1 与 BC 边坡交于 E 点,BE=12.25m,FE 与水平面交角 22.2°。拟在边坡顶部施加集中荷载 N,N=200kN,问 A-B-C 段边坡施加集中荷载 N 后的稳定系数最接近下列哪一项？(岩体重度 24kN/m³,不计水压力作用,三棱锥体积为 $V=\dfrac{1}{3}×$底面积×高)　　　　　　　（　　）

2020 年案例分析试题(下午卷)

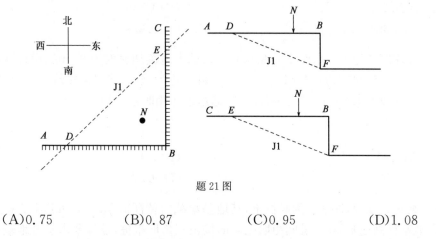

題 21 图

(A)0.75　　　　(B)0.87　　　　(C)0.95　　　　(D)1.08

22.某景区自然形成悬挑岩石景观平台,由巨厚层状水平岩层组成,如图所示,岩质坚硬且未见裂隙发育,岩体抗压强度 60MPa,抗拉强度 1.22MPa,重度 25kN/m³,悬挑部分宽度 $B=4m$,长度 $L=4m$,厚度 $h=3m$。为了确保安全,需控制游客数量,问当安全系数为 3.0 时,该悬挑景观平台上最多可以容纳多少人?(游客自重按 800N/人计,人员集中靠近于栏杆观景)　　　　　　　　　　　　　　　　　（　　）

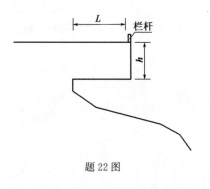

題 22 图

(A)4　　　　　　(B)8　　　　　　(C)12　　　　　　(D)16

23.已知某场地处于不同场地类别的分界线附近,设计地震分组为第一组,典型钻孔资料和剪切波速测试结果详见下表,试根据《建筑抗震设计规范》(GB 50011—2010)(2016 年版)用插值方法确定场地特征周期 T_g 最接近下列哪个选项?　　　　（　　）

題 23 表

层　　序	岩土名称	层底深度(m)	平均剪切波速 V_s(m/s)
1	基岩	2.0	135
2	新近沉积粉质黏土	5.0	170
3	粉细砂	10.0	220
4	中粗砂	21.0	340
5	粉质黏土	29.0	260
6	粗砂	46.0	380
7	卵石	53.0	560
8	基岩	—	800

(A)0.25s   (B)0.35s

(C)0.39s   (D)0.45s

24. 某建筑场地覆盖层厚度为 8.0m,设计基本地震加速度为 0.30g,设计地震分组为第二组,若拟建建筑物自振周期为 0.55s,阻尼比为 0.45,按照《建筑抗震设计规范》(GB 50011—2010)(2016 年版),试计算罕遇地震作用时水平地震影响系数为下列哪个选项?   (   )

(A)0.11   (B)0.47

(C)0.52   (D)0.57

25. 某建筑工程,地基土为黏性土,其地基承载力特征值 $f_{ak}=110kPa$,拟采用 CFG 桩复合地基提高地基强度,桩间距取 1.4m,按正三角形布桩,设计要求复合地基承载力特征值为 260kPa。为了给设计提供依据,采用双支墩压重平台进行单桩复合地基载荷试验,支墩置于原地基土上,根据《建筑地基检测技术规范》(JGJ 340—2015),试确定单个支墩底面积最小值接近下列哪个选项?(假设支墩及反力装置刚度均满足要求)   (   )

(A)2.7m²   (B)3.3m²

(C)4.1m²   (D)5.4m²

2020年案例分析试题答案(下午卷)

标 准 答 案

本试卷由25道题组成,全部为单项选择题,每道题均为必答题。每题2分,满分为50分。

1	B	2	B	3	C	4	A	5	C
6	C	7	D	8	A	9	A	10	C
11	D	12	C	13	A	14	B	15	C
16	B	17	D	18	C	19	C	20	D
21	C	22	C	23	C	24	D	25	B

解 题 过 程

1.[答案] B

[解析]《工程地质手册》(第五版)第257、258页。

有效上覆压力:

$p_0 = \gamma h = 17 \times 2 + 18 \times 1.5 + (19 - 10) \times 1.5 + (20.3 - 10) \times 2.5 = 100.25 \text{kPa}$

$p = \dfrac{F}{A} = \dfrac{5}{3.14 \times 0.08^2} = 248.81 \text{kPa}$

$m = \dfrac{S_c}{s} \cdot \dfrac{(p - p_0)D}{p_a} \times \dfrac{0.62}{0.23} \times \dfrac{(248.81 - 100.25) \times 16}{100} = 64.07$

细砂:$\alpha = 0.5$,则

$E_{sc} = m p_a \left(\dfrac{p}{p_a}\right)^{1-\alpha} = 64.07 \times 100 \times \left(\dfrac{248.81}{100}\right)^{1-0.5} = 10106.2 \text{kPa} = 10.1 \text{MPa}$

2.[答案] B

[解析]《工程地质手册》(第五版)第616、617页。

正常风化顺序为:残积土→全风化带→强风化带→中等风化带→微风化带→未风化。

凡是违背这个顺序的均为异常,所谓花岗岩的球状风化,指的是相对软弱岩层中夹杂的相对硬层,据此,28~30m、36~39m、41~45m均为球状风化体,则该钻孔的花岗岩球状风化体总厚度为:

$(30-28) + (39-36) + (45-41) = 2 + 3 + 4 = 9 \text{m}$

3.[答案] C

[解析]《水利水电工程地质勘察规范》(GB 50487—2008)附录N、附录Q。

(1)围岩类别判定

$R_b = 101 \text{MPa} > 100 \text{MPa}$,岩石强度评分:$A = 30$

$K_v = \left(\dfrac{v_{pm}}{v_{pr}}\right)^2 = \left(\dfrac{3500}{4000}\right)^2 = 0.77 > 0.75$,岩石完整程度评分:$B = 40 \sim 30$

层面紧密,则 $W<0.5\text{mm}$;起伏粗糙,结构面状态评分:$C=27$

洞段长 100m,出水量:$Q=\dfrac{200}{120-20}\times10=20\text{L/min}\cdot10\text{m}<25\text{L/min}\cdot10\text{m}$

$T'=A+B+C=30+(40\sim30)+27=97\sim87$,地下水评分:$D=0$

结构面走向与洞轴线夹角 $\beta=10°$,结构面倾角 $\alpha=20°$,结构面产状评分按不利原则取洞顶进行评分:$E=-12$,则

$T=A+B+C+D+E=30+30+27+0-12=75$,Ⅱ级围岩。

$S=\dfrac{R_b\cdot K_v}{\sigma_m}=\dfrac{101\times0.77}{22}=3.53<4$,围岩级别降低一级,为Ⅲ级。

(2)岩爆等级判定

根据附录 Q,$S=\dfrac{R_b}{\sigma_m}=\dfrac{101}{22}=4.59$,属于Ⅰ级岩爆。

4.[答案] A

[解析]《岩土工程勘察规范》(GB 50021—2001)(2009 年版)第 3.3 节和第 6.4.1 条。

设混合土中花岗岩残积土的体积为 V,则弃土的体积为 $3V$。

(1)花岗岩残积土的质量:$18\times V=18V$

弃土的质量:$20\times3V=60V$

混合土的总质量:$20\times3V+18\times V=78V$

大于 2mm 的颗粒含量:$\dfrac{60V\times(35\%+30\%)+18V\times20\%}{78V}=54.6\%>50\%$

颗粒多呈亚圆形,定名为圆砾。

小于 0.075mm 的颗粒含量:$\dfrac{60V\times20\%+18V\times65\%}{78V}=30.4\%>25\%$

判断为粗粒混合土。

(2)细颗粒土的定名

圆锥下沉 2mm 对应含水量为塑限:$w_P=30\%$

圆锥下沉 10mm 对应含水量为液限,$w_L\approx49\%$

塑性指数 $I_P=w_L-w_P=49-30=19>17$,定名为黏土。

综合上述,可定名为含黏土圆砾。

5.[答案] C

[解析]《建筑地基基础设计规范》(GB 50007 — 2011)第 5.3.11 条。

由图中线性段交点的坐标可得出:$R_0'=0.3,r_0'=0.7$

$R_0'p_c=0.3\times400=120\text{kPa}>p=100\text{kPa}$

$s_c'=r_0's_c\dfrac{p}{p_cR_0'}=0.7\times50\times\dfrac{100}{400\times0.3}=29.2\text{mm}$

6.[答案] C

[解析]《建筑地基基础设计规范》(GB 50007 — 2011)第 8.2.8 条。

按受冲切破坏计算:

$h_0=300-50-50=200\text{mm}$

$h=300\text{mm}<800\text{mm}$

$\beta_{hp}=1.0$

$u_m=4a_m=4(a_t+h_0)=4(a_t+200)$

冲切验算：$F_l \leqslant 0.7\beta_{hp}f_t u_m h_0$

$320 \leqslant 0.7 \times 1 \times 1.57 \times 4 \times (a_t+200) \times 200 \times 10^{-3}$

解得：$a_t \geqslant 164\text{mm}$

7. [答案] D

[解析] 《建筑地基基础设计规范》(GB 50007 — 2011)第5.2.2条。

$G_k=\gamma_G dA=25 \times 1.6 \times B^2=40B^2$

$p_k=\dfrac{F_k+G_k}{A}=\dfrac{0+40B^2}{B^2}=40\text{kPa}<f_a=60\text{kPa}$

基底不允许出现零应力区时：

$p_{kmin}=p_k-\dfrac{M_k}{W}=40-\dfrac{200 \times 6}{B^3}>0$，解得：$B>3.1\text{m}$

$p_{kmax}=p_k+\dfrac{M_k}{W}=40+\dfrac{200 \times 6}{B^3} \leqslant 1.2f_a=72\text{kPa}$，解得：$B \geqslant 3.35\text{m}$

8. [答案] A

[解析] 土力学基本知识。

(1)增层前粉质黏土层中点处的孔隙比

$p_{cz}=\gamma h=2 \times 18+3 \times 19=93\text{kPa}$

$p_0=p-p_c=\dfrac{3100}{4 \times 6}-2 \times 18=93.2\text{kPa}$

$\dfrac{z}{b}=\dfrac{6}{2}=3,l/b=3/2=1.5,\bar{\alpha}=\dfrac{0.1510+0.1556}{2}=0.1533$

中点附加压力：$\Delta p_0=93.2 \times 4 \times 0.1533=57.2\text{kPa}$

中点处自重压力＋附加压力：$p_{cz}+\Delta p_0=93+57.2=150.2\text{kPa}$

对应孔隙比：$e_1=0.740+(150.2-100) \times \dfrac{0.725-0.740}{200-100}=0.7325$

(2)增层后粉质黏土层中点处的孔隙比

$p_0=p-p_c=\dfrac{3100+1950}{4 \times 6}-2 \times 18=174.4\text{kPa}$

中点附加压力：$\Delta p_0=174.4 \times 4 \times 0.1533=106.9\text{kPa}$

中点处自重压力＋附加压力：$p_{cz}+\Delta p_0=93+106.9=199.9\text{kPa}$

对应孔隙比：$e_2=0.740+(199.9-100) \times \dfrac{0.725-0.740}{200-100}=0.725$

(3)变形计算

$\Delta s=\psi\dfrac{e_1-e_2}{1+e_1}h=0.6 \times \dfrac{0.7325-0.725}{1+0.7325} \times 6000=15.6\text{mm}$

9. [答案] A

[解析] 《建筑桩基技术规范》(JGJ 94—2008)第5.4.5条、5.4.6条。

(1)桩群数量及桩群外围尺寸计算

长边方向：$\dfrac{38}{1.2}=31.7$，布置 32 根桩；短边方向：$\dfrac{20}{1.2}=16.7$，布置 17 根桩。

总桩数：$n=32\times17=544$

桩群外围尺寸：$A=(32-1)\times1.2+0.4=37.6\text{m}$，$B=(17-1)\times1.2+0.4=19.6\text{m}$

$u_l=2\times(37.6+19.6)=114.4\text{m}$

(2)根据抗拔承载力反算基桩上拔力

$T_{gk}=\dfrac{1}{n}u_l\sum\lambda_iq_{sik}l_i=\dfrac{1}{544}\times114.4\times0.6\times60\times10=75.7\text{kN}$

桩群范围内桩自重：$G_p=n\dfrac{\pi}{4}d^2l\gamma'_{桩}=544\times3.14\times0.2^2\times10\times(25-10)=10249\text{kN}$

桩群范围内土自重：$(37.6\times19.6-544\times3.14\times0.2^2)\times(20-10)\times10=66863\text{kN}$

$G_{gp}=\dfrac{10249+66863}{544}=141.8\text{kN}$

$N_k\leqslant\dfrac{T_{gk}}{2}+G_{gp}=\dfrac{75.7}{2}+141.8=179.65\text{kN}$

10.[答案] C

[解析]《建筑桩基技术规范》(JGJ 94—2008)第 3.3.3 条、5.2.1 条、5.9.2 条。

(1)桩顶最大竖向力计算

$M=\dfrac{N_{max}}{3}\left(s_a-\dfrac{\sqrt{3}}{4}c\right)=\dfrac{N_{max}}{3}\times\left(2.4-\dfrac{\sqrt{3}}{4}\times0.6\right)=1500$，解得：$N_{max}=2102.61\text{kN}$，则

$N_{kmax}=\dfrac{2102.61}{1.35}=1557.49\text{kN}$

不考虑承台及其上土重等其他荷载效应，近似有 $N_{kmax}=1557.49\leqslant1.2R$，解得：$R\geqslant1298\text{kN}$

(2)根据桩基承载力验算确定桩长

设桩端进入碎石土层的长度为 l_i，则

$Q_{uk}=u\sum q_{sik}l_i+q_{pk}A_p$

$\qquad=3.14\times0.8\times(30\times10+60\times4.5+110l_i)+2300\times3.14\times0.4^2$

$\qquad=2587.36+276.32l_i$

$R_a=\dfrac{1}{2}Q_{uk}=\dfrac{1}{2}\times(2587.36+276.32l_i)\geqslant R_a\geqslant1298$，解得：$l_i\geqslant0.03\text{m}$

根据第 3.3.3 条第 5 款，碎石土，桩端应进入碎石土层的深度不宜小于 $1d=0.8\text{m}$，则取总桩长：$l=14.5+0.8=15.3\text{m}$

11.[答案] D

[解析]《建筑地基处理技术规范》(JGJ 79—2012)第 4.2.2 条。

(1)条形基础引起的附加应力

基础底面以上土的自重压力：$p_c=1.5\times17=25.5\text{kPa}$

基底压力：$p_k=\dfrac{F_k+G_k}{A}=\dfrac{500}{2.5}=200\text{kPa}$

垫层底面的附加应力：$p_{z1}=\dfrac{b(p_k-p_c)}{b+2z\tan\theta}=\dfrac{2.5\times(200-25.5)}{2.5+2\times2.2\times\tan30°}=86.6\text{kPa}$

(2)圆形基础引起的附加应力

基底压力：$p_k=\dfrac{F_k+G_k}{A}=\dfrac{1400}{3.14\times1.5^2}=198.16\text{kPa}$

$p_0=p_k-p_c=198.16-25.5=172.66\text{kPa}$

附加压力扩散至垫层底面的面积：

$$A'=\dfrac{\pi(d+2z\tan\theta)^2}{4}=\dfrac{3.14\times(3+2\times2.2\times\tan30°)^2}{4}=24.1\text{m}^2$$

$$p_{z2}=\dfrac{p_0A}{A'}=\dfrac{172.66\times3.14\times1.5^2}{24.1}=50.6\text{kPa}$$

(3)垫层底面处自重压力和附加压力之和最大值

条形基础和圆形基础单侧应力扩散宽度：$z\tan\theta=2.2\times\tan30°=1.27\text{m}$

$2\times1.27=2.54\text{m}>0.5\text{m}$，会产生应力叠加。

垫层自重压力：$p_{cz}=1.5\times17+2.2\times20=69.5\text{kPa}$，则

$p_{z1}+p_{z2}+p_{cz}=86.6+69.5+50.6=206.7\text{kPa}$

12.[答案] C

[解析]《建筑地基处理技术规范》(JGJ 79—2012)第7.1.7条、7.1.8条。

(1)复合土层压缩模量

$$\xi=\dfrac{f_{spk}}{f_{ak}}=\dfrac{220}{110}=2$$

$E_{sp1}=\xi E_{s1}=2\times10=20\text{MPa}$，$E_{sp2}=\xi E_{s2}=2\times8=16\text{MPa}$，

$E_{sp3}=\xi E_{s3}=2\times20=40\text{MPa}$

(2)压缩模量当量值

基底下 0～2m：$A_{i1}=z_{i1}\bar\alpha_{i1}=2\times\dfrac{1+0.88}{2}=1.88$

基底下 2～4m：$A_{i2}=z_{i2}\bar\alpha_{i2}=2\times\dfrac{0.88+0.74}{2}=1.62$

基底下 4～6m：$A_{i3}=z_{i3}\bar\alpha_{i3}=2\times\dfrac{0.60+0.74}{2}=1.34$

基底下 6～8m：$A_{j1}=z_{j1}\bar\alpha_{j1}=2\times\dfrac{0.40+0.60}{2}=1.0$

基底下 8～10m：$A_{j2}=z_{j2}\bar\alpha_{j2}=2\times\dfrac{0.4+0.2}{2}=0.6$

压缩模量当量值：$\bar E_s=\dfrac{\sum\limits_{i=1}^{n}A_i+\sum\limits_{j=1}^{n}A_j}{\sum\limits_{i=1}^{n}\dfrac{A_i}{E_{spi}}+\sum\limits_{j=1}^{n}\dfrac{A_j}{E_{sj}}}=\dfrac{1.88+1.62+1.34+1.0+0.6}{\dfrac{1.88}{20}+\dfrac{1.62}{16}+\dfrac{1.34}{40}+\dfrac{1.0}{20}+\dfrac{0.6}{20}}=20.9\text{MPa}$

13.[答案] A

[解析]《建筑地基处理技术规范》(JGJ 79—2012)第7.9.6条、7.9.7条。

(1)面积置换率计算

选取单元体，单元体内有碎石桩、CFG 桩各一根，单元体边长为2s。

CFG 桩：$A_{p1} = \dfrac{3.14 \times 0.45^2}{4} = 0.159\text{m}^2$，$m_1 = \dfrac{A_{p1}}{(2s)^2} = \dfrac{0.159}{4s^2}$

碎石桩：$A_{p2} = \dfrac{3.14 \times 0.8^2}{4} = 0.502\text{m}^2$，$m_2 = \dfrac{A_{p2}}{(2s)^2} = \dfrac{0.502}{4s^2}$

（2）复合地基承载力特征值反算桩间距

$$f_{spk} = m_1 \frac{\lambda_1 R_{a1}}{A_{p1}} + \beta[1 - m_1 + m_2(n-1)]f_{sk}$$

$$= \frac{0.159}{4s^2} \times \frac{1.0 \times 850}{0.159} + 0.9 \times \left[1 - \frac{0.159}{4s^2} + \frac{0.502}{4s^2} \times (2-1)\right] \times 1.3 \times 90 = 300$$

解得：$s = 1.02\text{m}$

14. [答案] B

[解析] 参考《土力学》教材。

（1）上墙 AB 的主动土压力合力计算

$$E_{a1} = \frac{1}{2}\gamma h K_{a1} = \frac{1}{2} \times 20 \times 3^2 \times 0.44 = 39.6\text{kN/m}，方向为水平方向。$$

（2）下墙 BC 的主动土压力合力计算

采用延长墙背法计算，延长 BC 与填土面交于 D 点。

B 点下界面：$h_1 = 3.324\text{m}$（此处应特别注意），则

$$e_a = \gamma h_1 K_{a2} = 20 \times 3.324 \times 0.313 = 20.81\text{kPa}$$

C 点：$h_2 = 3.324 + 5 = 8.324\text{m}$，$e_{a2} = \gamma h_2 K_{a2} = 20 \times 8.324 \times 0.313 = 52.11\text{kPa}$

$$E_{a2} = \frac{1}{2} \times (20.81 + 52.11) \times 5 = 182.3\text{kN/m}，在水平线下方，与水平线的夹角为15°。$$

（3）抗滑移稳定系数

水平向土压力合力：$E_{ax} = 39.6 + 182.3 \times \cos 15° = 215.69\text{kN/m}$

竖向土压力合力：$E_{ay} = 182.3 \times \sin 15° = 47.18\text{kN/m}$，方向向上，则

$$F_s = \frac{(G + E_{ay})\mu}{E_{ax}} = \frac{(650 - 47.18) \times 0.45}{215.69} = 1.26$$

注：h_1 计算方法如图所示。三角形 ABD 中，根据正弦定律：$\dfrac{AB}{\sin 55°} = \dfrac{BD}{\sin 110°}$

$BD = 3.441\text{m}$，则 $DE = BD\cos 15° = 3.441 \times \cos 15° = 3.324\text{m}$

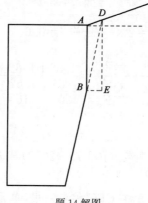

题 14 解图

15.[答案] C

[解析] 参考《土力学》教材。

竖向渗流时,通过土层的总水头损失等于各土层的水头损失之和,即

$$\Delta h = \Delta h_3 + \Delta h_4 = 4 + 6 - 4.4 = 5.6m$$

根据渗流连续性原理,通过整个土层的渗流量与各土层的渗流量相同

$$q = k\frac{h}{l}A, 即 k_3\frac{\Delta h_3}{L_3} = k_4\frac{\Delta h_4}{L_4}, 则$$

$$\frac{\Delta h_4}{\Delta h_3} = \frac{k_3 L_4}{k_4 L_3} = \frac{5 \times 10^{-5} \times 6}{1 \times 10^{-4} \times 4} = 0.75, 即 \Delta h_4 = 0.75\Delta h_3$$

可得到 $1.75\Delta h_3 = 5.6$,解得:$\Delta h_3 = 3.2m$

毛细水不会发生渗流,毛细水的作用使②层变为饱和状态,并不对土骨架产生浮力。

D 点总应力:$\sigma = 17 \times 1 + 19 \times 1 + 20 \times 4 = 116kPa$

孔隙水压力:$u = (4 - 3.2) \times 10 = 8kPa$

D 点有效应力:$\sigma' = \sigma - u = 116 - 8 = 108kPa$

16.[答案] B

[解析]《建筑边坡工程技术规范》(GB 50330—2013)附录F。

$$K_a = \tan^2\left(45° - \frac{25°}{2}\right) = 0.406, K_p = \tan^2\left(45° + \frac{25°}{2}\right) = 2.464$$

(1)剪力零点计算

设自坡脚算起深度 z 处,$E_{ak} = E_{pk}$,即

$$\frac{1}{2} \times 20 \times (6+z)^2 \times 0.406 = \frac{1}{2} \times 20 \times z^2 \times 2.464, 解得:z = 4.1m$$

$$E_{ak} = E_{pk} = \frac{1}{2} \times 20 \times (6+4.1)^2 \times 0.406 = 414.2kN/m$$

(2)最大弯矩

$$M_{max} = E_{ak} \cdot z_a - E_{pk} \cdot z_p = 414.2 \times \left(\frac{6+4.1}{3} - \frac{4.1}{3}\right) = 828.4kN \cdot m/m, 则$$

$$828.4 \times 2.5 = 2071kN \cdot m$$

17.[答案] D

[解析]《建筑基坑支护技术规程》(JTJ 120—2012)第4.9.10条。

(1)多层支撑底层立柱的受压计算长度应取底层支撑至基坑底面的净高度与立柱直径或边长的5倍之和,则第三道支撑 $\left(17.65 - 13.80 - \frac{0.8}{2}\right) + 5 \times 0.5 = 5.95m$。

(2)相邻两层水平支撑间的立柱受压计算长度应取此两层水平支撑的中心间距。

①基坑开挖工况

第二道支撑:$13.8 - 7.3 = 6.5m$

第一道支撑:$7.3 - 1.2 = 6.1m$

②换撑工况

第三道支撑拆除后,第二道支撑到底板的中心距离:$\frac{17.65 + 16.50}{2} - 7.3 = 9.8m$

第二道支撑拆除后,第一道支撑到 B2 楼板的中心距离:12.5－1.2＝11.3m

18.[答案] C

[解析]《铁路隧道设计规范》(TB 10003—2016)第 5.1.7 条条文说明、附录 E。

(1)偏压判别

$$\alpha=\arctan\frac{1}{2}=26.6°,t=4.75m$$

查规范第 5.1.7 条条文说明中表 5.1.7-1,$t=4.75m>4m$,不考虑偏压,按一般隧道计算。

(2)水平荷载计算

$$\theta=0.8\times48°=38.4°$$

$$\tan\beta=\tan\varphi_c+\sqrt{\frac{(\tan^2\varphi_c+1)\tan\varphi_c}{\tan\varphi_c-\tan\theta}}=\tan48°+\sqrt{\frac{(\tan^248°+1)\times\tan48°}{\tan48°-\tan38.4°}}=3.9$$

$$\lambda=\frac{\tan\beta-\tan\varphi_c}{\tan\beta[1+\tan\beta(\tan\varphi_c-\tan\theta)+\tan\varphi_c\tan\theta]}$$

$$=\frac{3.9-\tan48°}{3.9\times[1+3.9\times(\tan48°-\tan38.4°)+\tan48°\tan38.4°]}$$

$$=0.229$$

$$h_1=4.25+5.5\times\tan26.6°=7m,e_1=\gamma h_1\lambda=22.5\times7\times0.229=36.1kPa$$

$$h_2=7+2.75+6.5=16.25m,e_2=\gamma h_2\lambda=22.5\times16.25\times0.229=83.7kPa$$

$$E_a=\frac{36.1+83.7}{2}\times9.25=554kN/m$$

注:t 的计算方法如图所示。

$$AO=(4.25+2.75)\times2+2.75=16.75m$$

$$EO=16.75\times\sin26.6°=7.5m$$

$$t=EF=7.5-2.75=4.75m$$

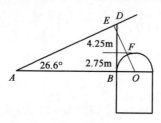

题 18 解图

19.[答案] C

[解析]《土工试验方法标准》(GB/T 50123—2019)第 24.1.2 条、24.4.1 条,《公路路基设计规范》(JTG D30—2015)第 7.9.7 条。

(1)自由膨胀率计算

试样 1:

$$\delta_{ef1}=\frac{V_w-V_0}{V_0}\times100\%=\frac{19.3-10}{10}\times100\%=93\%$$

$$\delta_{ef2}=\frac{V_w-V_0}{V_0}\times100\%=\frac{19.1-10}{10}\times100\%=91\%$$

两次差值不大于8%，$\bar{\delta}_{ef}=\frac{93\%+91\%}{2}=92\%$

试样2：

$$\delta_{ef1}=\frac{V_w-V_0}{V_0}\times100\%=\frac{19.2-10}{10}\times100\%=92\%$$

$$\delta_{ef2}=\frac{V_w-V_0}{V_0}\times100\%=\frac{19.4-10}{10}\times100\%=94\%$$

两次差值不大于8%，$\bar{\delta}_{ef}=\frac{92\%+94\%}{2}=93\%$

自由膨胀率均大于90%，查《公路工程地质勘察规范》(JTG C20—2011)表8.3.4，为强膨胀土。

（2）边坡坡率

查《公路路基设计规范》(JTG D30—2015)表7.9.7-1，边坡高5.5m，小于6m，碎落台宽度取2.0m。

20.[答案] D

[解析]《工程地质手册》(第五版)第691页。

（1）最大洪峰流量计算

$$Q_w=0.278\times100\times10\times0.25=69.5\text{m}^3/\text{s}$$

（2）泥石流流量

$$\varphi=\frac{\rho_m-1}{d_s-\rho_m}=\frac{1.9-1}{2.5-1.9}=1.5$$

$$Q_m=Q_w(1+\varphi)D_m=69.5\times(1+1.5)\times1=173.75\text{m}^3/\text{s}$$

21.[答案] C

[解析]《建筑地基基础设计规范》(GB 50007—2011)第6.8.3条条文说明。

如下图所示，三棱锥体积：$V=\frac{1}{3}\times\frac{1}{2}\times12.25\times12.25\times5=125.05\text{m}^3$

滑体的自重：$G=\gamma V=24\times125.05=3001.2\text{kN}$

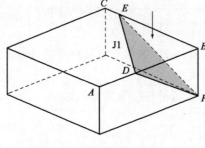

题21解图

由于三角形BFD与BEF是面积相等的，故图中的倾斜面（即滑动面DEF）的倾角为30°，则

$$S_{\triangle DEF} = \frac{S_{\triangle BDE}}{\cos\theta} = \frac{12.25^2/2}{\cos30°} = 86.64\text{m}^2$$

施加集中荷载 N 后的稳定系数：

$$K = \frac{cS_{\triangle DEF} + (G+N)\cos\theta\tan\varphi}{(G+N)\sin\theta}$$

$$= \frac{12 \times 86.64 + (3001.2 + 200) \times \cos30° \times \tan10°}{(3001.2 + 200) \times \sin30°} = 0.95$$

22.[答案] C

[解析]《工程地质手册》(第五版)第 644 页。

(1)弯矩计算

$$M = \gamma hBL \times \frac{L}{2} + FL = 25 \times 3 \times 4 \times 4 \times \frac{4}{2} + n \times 0.8 \times 4 = 2400 + 3.2n$$

(2)拉应力计算

截面惯性矩：$I = \frac{bh^3}{12} = \frac{4 \times 3^3}{12} = 9\text{m}^4$

$$\sigma_{拉} = \frac{M \cdot y}{I} = \frac{(2400 + 3.2n) \times 3/2}{9} = 400 + 0.533n$$

(3)稳定系数

$$K = \frac{\sigma_t}{\sigma_{拉}} = \frac{1.22 \times 10^3}{400 + 0.533n} \geqslant 3.0, 解得：n \leqslant 12.5$$

故最多容纳 12 人。

23.[答案] C

[解析]《建筑抗震设计规范》(GB 50011—2010)(2016 年版)第 4.1.4 条、4.1.5 条及第 4.1.2～4.1.6 条条文说明。

(1)覆盖层厚度

根据题目数据及规范第 4.1.4 条判定覆盖层取至卵石层顶面，即覆盖层厚度为 46m。

(2)等效剪切波速

覆盖层厚度大于 20m，取计算深度 20m，则

$$v_{se} = \frac{d_0}{t} = \frac{d_0}{\sum_{i=1}^{n}\frac{d_i}{v_{si}}} = \frac{20}{\frac{2}{135} + \frac{3}{170} + \frac{5}{220} + \frac{10}{340}} = 236.4\text{m/s}$$

$250 \times (1+15\%) = 287.5\text{m/s}, 250 \times (1-15\%) = 212.5\text{m/s}, 212.5 < 236.4 < 287.5$

需要插值确定特征周期值。

(3)根据规范条文说明，插值得特征周期为 0.39s。

24.[答案] D

[解析]《建筑抗震设计规范》(GB 50011—2010)(2016 年版)第 4.1.6 条、5.1.4 条、5.1.5 条。

(1)特征周期确定

覆盖层厚度 8m，查表 4.1.6，场地类别判定为 Ⅱ 类。

2020 年案例分析试题答案(下午卷)

设计地震分组为第二组,查表 5.1.4-2,特征周期 $T_g=0.40s$,计算罕遇地震时,$T_g=0.40+0.05=0.45s$。

(2)计算水平地震影响系数

地震影响系数最大值 $\alpha_{max}=1.20$,$T_g=0.45s$,$T=0.55s$,位于曲线下降段,阻尼比 $\zeta=0.45$,则

$$\gamma=0.9+\frac{0.05-\zeta}{0.3+6\zeta}=0.9+\frac{0.05-0.45}{0.3+6\times0.45}=0.767$$

$$\eta_2=1+\frac{0.05-\zeta}{0.08+1.6\zeta}=1+\frac{0.05-0.45}{0.08+1.6\times0.45}=0.5<0.55$$

取 $\eta_2=0.55$,则

$$\alpha=\left(\frac{T_g}{T}\right)^\gamma \eta_2\alpha_{max}=\left(\frac{0.45}{0.55}\right)^{0.767}\times0.55\times1.20=0.57$$

25. [答案] B

[解析]《建筑地基检测技术规范》(JGJ 340—2015)第 5.2.1 条、5.1.3 条、4.2.6 条。

(1)承压板面积计算

$$d_e=1.05s=1.05\times1.4=1.47m$$

$$A_e=\frac{\pi d_e^2}{4}=\frac{3.14\times1.47^2}{4}=1.7m^2$$

(2)最大加载量计算

最大加载量不应小于设计承载力特征值的 2 倍,即

$$Q=1.7\times260\times2=884kN$$

(3)单侧支墩面积计算

加载反力装置提供的反力不得小于最大加载量的 1.2 倍,即

$$F=884\times1.2=1060.8kN$$

压重平台支墩施加于地基的压应力不宜大于地基承载力特征值的 1.5 倍,即

$$\frac{F}{A}\leqslant1.5f_{ak},A\geqslant\frac{1060.8}{1.5\times110}=6.43m^2,单侧支墩面积的最小值\geqslant\frac{6.43}{2}=3.2m^2。$$

2021年案例分析试题(上午卷)

1. 某拟建场地内存在废弃人防洞室,长、宽、高分别为 200m、2m、3m,顶板距地表 1.5m;洞顶土层天然重度 17kN/m³,天然含水量 15％,最大干重度 17.5kN/m³。开工前采取措施使该段人防洞室依照断面形状完全垂直塌落后,再填平并压实至原地表高度,不足部分从附近场地同一土层取土,要求塌落土及回填土压实系数≥0.96。依据上述信息,估算所需外部取土的最少方量,最接近下列哪个选项?(不考虑人防洞室结构体积) (　　)

    (A)1220m³　　　　　(B)1356m³　　　　　(C)1446m³　　　　　(D)1532m³

2. 某水利排水基槽试验,槽底为砂土,地下水由下往上流动,水头差 70cm,渗流长度 50cm,砂土颗粒比重 $G_s=2.65$,孔隙比 $e=0.42$,饱和重度 $\gamma_{sat}=21.6$kN/m³,不均匀系数 $C_u=4$。根据《水利水电工程地质勘察规范》(GB 50487—2008),对砂土渗透破坏的判断,下列哪个选项说法最合理? (　　)

    (A)会发生管涌　　　　　　　　　　(B)会发生流土
    (C)会发生接触冲刷　　　　　　　　(D)不会发生渗透变形

3. 某隧道呈南北走向,勘察时在隧道两侧各布置 1 个钻孔,隧道位置及断面、钻孔深度、孔口高程及揭露的地层见下图。场地基岩为泥岩、砂岩,岩层产状 270°∠45°,层面属软弱结构面,其他构造不发育,场地属低地应力区(可不进行初始应力状态修正)。经抽水试验,孔内地下水位无法恢复。室内试验和现场测试所得结果见下表。依据《工程岩体分级标准》(GB/T 50218—2014),隧道围岩分级为下列哪个选项? (　　)

题 3 表

岩　性	岩石单轴抗压强度(MPa)		岩体完整性系数	压水试验流量(L/min·m)
	天然	饱和		
砂岩	62	55	0.75	11.5
泥岩	21	15	0.72	4.5

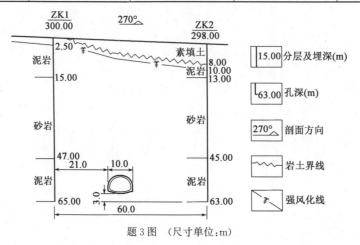

题 3 图　(尺寸单位:m)

（A）Ⅱ级 （B）Ⅲ级 （C）Ⅳ级 （D）Ⅴ级

4. 对某二级公路路堤填土进行分层检测，测得上路堤填土密度 1.95g/cm³，含水量 18.1%；下路堤填土密度 1.87g/cm³，含水量 18.6%。路堤填料击实试验结果见下图，对公路上、下路堤的填土压实度进行评价，下列哪个选项正确？（　）

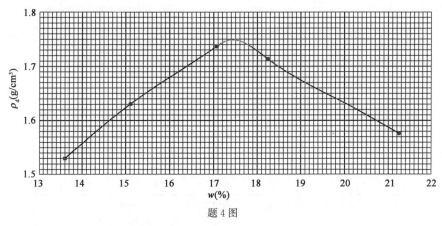

题 4 图

（A）上、下路堤压实度均不满足规范要求
（B）上、下路堤压实度均满足规范要求
（C）上路堤压实度满足规范要求、下路堤压实度不满足规范要求
（D）上路堤压实度不满足规范要求、下路堤压实度满足规范要求

5. 如图所示，某多年冻土区铁路桥墩建于河中，冬季时冰面高 1.0m，地基土为密实中砂土，最大季节冻深线埋深 1.5m，地基土冻胀时对混凝土基础的单位切向冻胀力 τ 为 120kPa，多年冻土上限埋深 2.5m。基础顶面埋深 0.5m，底面埋深 3.0m。按《铁路桥涵地基和基础设计规范》(TB 10093—2017)计算作用于基础和墩身的切向冻胀力最接近下列哪个选项？（桥墩及基础均为钢筋混凝土材质）（　）

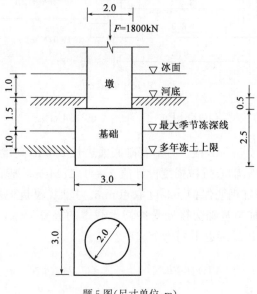

题 5 图（尺寸单位：m）

(A)1820kN　　　　　(B)2365kN　　　　　(C)2685kN　　　　　(D)3010kN

6.某建筑场地20m深度范围内地基土参数如表所示,20m以下为厚层密实卵石,地下潜水位位于地表;场地设计基本地震加速度值0.30g,设计地震分组为第一组,场地类别为Ⅱ类。拟建建筑高60m,拟采用天然地基,筏板基础,底面尺寸35m×15m,荷载标准组合下基底压力为450kPa。若地基变形能满足要求,按《建筑地基基础设计规范》(GB 50007—2011),该建筑基础最小埋置深度为下列哪个选项?(水的重度取10kN/m³)

（　　）

题6表

地层层号	层底深度(m)	饱和重度(kN/m³)	颗粒组成(%)					标准贯入试验锤击数N(击)	承载力特征值f_{ak}(kPa)
			>1.0	1.0~0.5	0.5~0.25	0.25~0.075	≤0.075		
①	4.0	20.3	0	4.1	32.1	24.0	39.8	20	160
②	20.0	20.3	7.0	5.0	42.5	32.6	12.9	23	180

注:表中"颗粒组成"项百分比的含义为此范围的颗粒质量与总质量的比值。

(A)3.5m　　　　　(B)4.0m　　　　　(C)4.5m　　　　　(D)7.5m

7.某建筑室内柱基础A为承受轴心竖向荷载的矩形基础,基础底面尺寸为3.2m×2.4m,勘察揭露的场地工程地质条件和土层参数如图所示,勘探孔深度15m。按《建筑地基基础设计规范》(GB 50007—2011),根据土的抗剪强度指标确定的地基承载力特征值最接近下列哪个选项?

（　　）

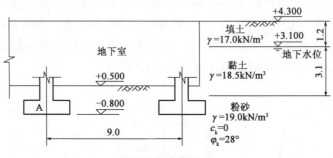

题7图(尺寸单位:m)

(A)73kPa　　　　　(B)86kPa　　　　　(C)94kPa　　　　　(D)303kPa

8.圆形柱截面直径0.5m,柱下方形基础底面边长2.5m,高度0.6m,如图所示。基础混凝土强度等级C25,轴心抗拉强度设计值f_t=1.27MPa。基底下设厚度100mm的C15素混凝土垫层,基础钢筋保护层厚度取40mm。按照《建筑地基基础设计规范》(GB 50007—2011)规定的柱与基础交接处受冲切承载力的验算要求,柱下基础顶面可承受的最大竖向力设计值F最接近下列哪个选项?

（　　）

(A)990kN　　　　　(B)1660kN　　　　　(C)2370kN　　　　　(D)3640kN

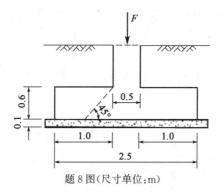

题 8 图(尺寸单位:m)

9. 某预制混凝土实心方桩基础,高桩承台,方桩边长为 500mm,桩身露出地面的长度为 6m,桩入土长度为 20m,桩端持力层为粉砂层,桩的水平变形系数 α 为 0.483 (1/m),桩顶铰接,桩顶以下 3m 范围内箍筋间距为 150mm,纵向主筋截面面积 $A'_s=2826mm^2$,主筋抗压强度设计值 $f'_y=360N/mm^2$。桩身混凝土强度等级为 C30,轴心抗压强度设计值 $f_c=14.3N/mm^2$。按照《建筑桩基技术规范》(JGJ 94—2008)规定的轴心受压桩正截面受压承载力验算要求,该基桩能承受的最大桩顶轴向压力设计值最接近下列哪个选项?(不考虑桩侧土性对桩出露地面和入土长度的影响)   (   )

(A)1820kN   (B)2270kN   (C)3040kN   (D)3190kN

10. 某独立承台 PHC 管桩基础,管桩外径 800mm,壁厚 110mm,桩端敞口,承台底面以下桩长 22.0m,桩的布置及土层分布情况如图所示,地表水与地下水联系紧密。桩身混凝土重度为 24.0kN/m³,群桩基础所包围体积内的桩土平均重度取 18.8kN/m³ (忽略自由段桩身自重),水的重度取 10kN/m³。按《建筑桩基技术规范》(JGJ 94—2008)验算,荷载标准组合下基桩可承受的最大上拔力最接近下列哪个选项?(不考虑桩端土塞效应,不受桩身强度控制)   (   )

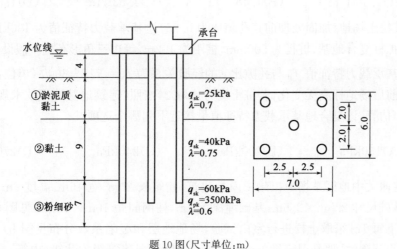

题 10 图(尺寸单位:m)

(A)660kN   (B)1270kN   (C)1900kN   (D)2900kN

11. 某建筑采用桩筏基础,筏板尺寸为 41m×17m,正方形满堂布桩,桩径 600mm,桩间距 3m,桩长 20m,基底埋深 5m,荷载效应标准组合下传至筏板顶面的平均荷载为 400kPa,地下水位埋深 5m,地层条件及相关参数如图所示,满足《建筑桩基技术规范》(JGJ 94—2008)相关规定所需的最小软弱下卧层承载力特征值(经深度修正后的值)最接近下列哪个选项?   (   )

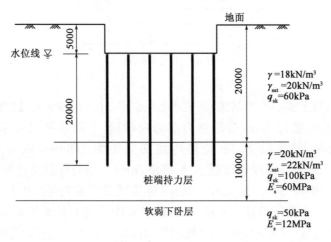

题 11 图(尺寸单位:mm)

(A)190kPa   (B)215kPa   (C)270kPa   (D)485kPa

12. 某填土地基,平均干密度为 1.3t/m³。现采用注浆法加固,平均每立方米土体中注入水泥浆 0.2m³,水泥浆水灰比 0.8(质量比),假定水泥在土体中发生水化反应需水量为水泥重量的 24%,加固后该地基土的平均干密度最接近下列哪个选项?(水泥比重取 3.0,水的重度取 10kN/m³,加固前后地面标高无变化)   (   )

(A)1.44 t/m³   (B)1.48 t/m³   (C)1.52t/m³   (D)1.56t/m³

13. 某粉土场地,加固处理前其孔隙比为 0.95,地基承载力特征值为 130kPa。现采用柱锤冲扩桩复合地基,桩径为 500mm,桩距为 1.2m,等边三角形布桩。假设处理后桩间土层地基承载力特征值 f_{sk} 与孔隙比 e 的经验关系为 $f_{sk}=715-600\sqrt[6]{e}$(单位:kPa),且加固处理前后场地标高无变化,若桩土应力比取 2,按照《建筑地基处理技术规范》(JGJ 79—2012)估算,该复合地基承载力特征值最接近下列哪个选项?   (   )

(A)150kPa   (B)200kPa   (C)240kPa   (D)270kPa

14. 陕西关中地区某场地拟建一丙类建筑,建筑长 20m,宽 16m,高度 8m。采用独立基础,基础尺寸 2.5m×2.5m,基础埋深 1.5m,柱网间距 10m×8m,详见图 a)。勘察自地面向下每 1m 采取土样进行室内试验,场地地层和湿陷系数分布见图 b)。黄土场地具有自重湿陷性,地基湿陷量 Δs=425.8mm,地基湿陷等级为Ⅱ级(中等)。问按《湿陷性黄土地区建筑标准》(GB 50025—2018),采用换填灰土垫层法处理地基时,灰土垫层最小方量最接近下列哪个选项?(假定基坑直立开挖)   (   )

2021 年案例分析试题(上午卷)

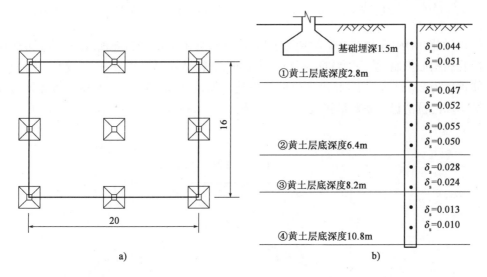

题 14 图(尺寸单位:m)

(A)1141m³ (B)1490m³ (C)1644m³ (D)1789m³

15. 一边坡重力式挡墙,墙背竖直,高 5.8m,墙后为黏性土且地面水平,现为饱和状态(墙后水位在墙后地面),重度 $\gamma_{sat}=20kN/m^3$,其不固结不排水强度 $c_u=c_0+c_{inc} \cdot z$,其中 $c_0=15kPa$,$c_{inc}=0.5kPa/m$,z 为计算点至墙后地面的垂直距离。假设可忽略墙背摩擦,挡土墙因墙后土水压力作用而失稳破坏时每延米挡墙墙背所受土水压力合力最接近下列哪个选项?(按水土合算分析) （ ）

(A)90kN/m (B)170kN/m (C)290kN/m (D)380kN/m

16. 某混凝土溢流坝段上下游水位、地层分布以及透水层内渗流流网如图所示。透水层厚18m,渗透系数为 2×10^{-6}m/s,坝底埋深 2m、宽 20m。据此曲边正方形流网,坝基中最大水力梯度、图中点 6 的水压以及上游向下游的流量最接近下列哪个选项? （ ）

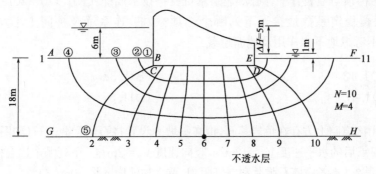

题 16 图

(A)0.25,35kPa,0.346m³/(m・d)   (B)0.25,215kPa,0.346m³/(m・d)

(C)0.25,215kPa,3.6m³/(m・d)   (D)0.10,215kPa,0.175m³/(m・d)

17. 如图所示,某硬质岩临时性边坡坡高 30m,坡率 1:0.25,坡顶水平,岩体边坡稳定性受结构面控制,结构面特征为分离、平直很光滑、结构面张开 2mm、无充填、未浸水,岩体重度为 22kN/m³,根据《建筑边坡工程技术规范》(GB 50330—2013),估算该边坡沿结构面的抗滑稳定系数最接近下列哪个选项?   ( )

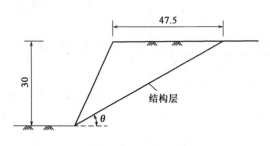

题 17 图(尺寸单位:m)

(A)0.90   (B)1.00

(C)1.50   (D)1.75

18. 某建筑基坑平面为 34m×34m 的正方形,坑底以下为 4m 厚黏土,其天然重度为 19kN/m³,再下为厚 20m 的承压含水层,其渗透系数为 20m/d,承压水水头高出坑底 6.5m,拟在基坑周围距坑边 2m 处布设 12 口非完整降水井抽水减压,井管过滤器进水部分长度为 6m。为满足基坑坑底抗突涌稳定要求,按《建筑基坑支护技术规程》(JGJ 120—2012)的规定,平均每口井的最小单井设计流量最接近下列哪个选项?   ( )

(A)180m³/d   (B)240m³/d

(C)330m³/d   (D)430m³/d

19. 某厚砂土场地中基坑开挖深度 $h=6m$,砂土的重度 $\gamma=20kN/m^3$,黏聚力 $c=0$,摩擦角 $\varphi=30°$,采用双排桩支护,桩径 0.6m,桩间距 0.8m,排间中心间距 2m,桩长 12m,支护结构顶与地表齐平,则按《建筑基坑支护技术规程》(JGJ 120—2012)确定该支护结构抗倾覆稳定系数最接近下列哪个选项?(桩、连系梁及桩间土平均重度 $\gamma=21kN/m^3$,不考虑地下水作用及地面超载)   ( )

(A)1.12   (B)1.38

(C)1.47   (D)1.57

20. 某山区道路上方存在危岩落石,拟在斜坡上设置拦石网拦截落石(如图所示)。落石 W 撞击 a 点后的水平速度 $V_x=12m/s$,竖向速度 $V_y=2m/s$。下列哪个选项拦石网可首先将落石拦截?(不考虑落石弹跳和空气阻力,重力加速度 g 取 $10m/s^2$)   ( )

2021 年案例分析试题(上午卷)

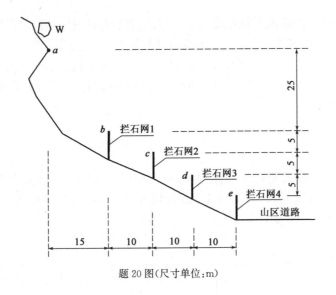

题20图(尺寸单位:m)

(A)拦石网1　　　　(B)拦石网2　　　　(C)拦石网3　　　　(D)拦石网4

21. 某既有建筑物基础正下方发现一处小窑采空区,采空区断面呈矩形,断面尺寸见下图,洞顶距地表27m,已知:采空区上覆岩体破碎,重度25kN/m³,等效内摩擦角为46°,无地下水;建筑物宽度12m,基础埋深4m,基底单位压力200kPa。按照《工程地质手册》(第五版)推荐方法,评估该建筑物地基稳定性为下列哪个选项?　　　(　　)

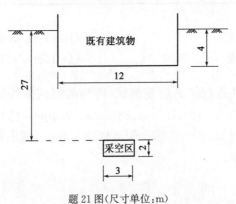

题21图(尺寸单位:m)

(A)不稳定

(B)稳定性差,顶板临界埋深>20m

(C)稳定性差、顶板临界埋深<20m

(D)稳定

22. 在某硫酸盐渍土建筑场地进行现场试验,该场地盐胀深度为2.0m,试验前(10月底)测得场地地面试验点的平均高程为587.139m,经过5个月(11月至次年3月)测得试验点平均高程为587.193m,根据现场试验结果确定盐渍土的盐胀性分类和地基的盐胀等级为下列哪个选项?(该场地盐胀现象发生在冬季,其他季节忽略)　　　(　　)

(A)弱盐胀性、Ⅰ级

(B)中盐胀性、Ⅰ级

(C)中盐胀性、Ⅱ级

(D)强盐胀性、Ⅱ级

23. 某场地设计基本地震加速度为 0.20g,地震分组为第一组,覆盖层厚度为 45m,20m 深度等效剪切波速为 235m/s。场地内某建筑物设计使用年限为 50 年,自振周期为 0.50s,阻尼比为 0.05,距离发震断裂约 3km。按《建筑抗震设计规范》(GB 50011—2010)(2016 年版)进行抗震性能化设计时,计算设防地震作用下的水平地震影响系数最接近下列哪个选项? （　）

  (A)0.12   (B)0.17   (C)0.33   (D)0.49

24. 某建筑工程场地进行了波速测试,场地地层分布特征及波速测试结果见下表,试按《建筑抗震设计规范》(GB 50011—2010)(2016 年版)计算场地等效剪切波速并判断场地类别最接近下列哪个选项? （　）

题 24 表

层号	地 层 名 称	层顶深度(m)	剪切波速(m/s)
1	填土	0	110
2	淤泥质粉质黏土	3.5	130
3	粉土	5.0	150
4	含卵石粉质黏土	10.5	160
5	残积土	13.0	220
6	流纹岩	14.5	1200
7	残积土	16.0	220
8	强风化基岩	18.0	530
9	中风化基岩	22.0	—

  (A)152m/s,Ⅱ类   (B)148m/s,Ⅱ类
  (C)152m/s,Ⅲ类   (D)148m/s,Ⅲ类

25. 某混凝土灌注桩进行了高应变测试,得到的测试曲线如下图所示。由图得到 t_1、t_2、t_3、t_4 的数据分别为 6.2ms、7.5ms、18.3ms、19.4ms。已知混凝土的质量密度为 2.40t/m³,桩长 25m,桩径 0.8m,传感器距离桩顶 1.0m。试求该桩桩身截面力学阻抗 (Z)最接近下列哪个选项? （　）

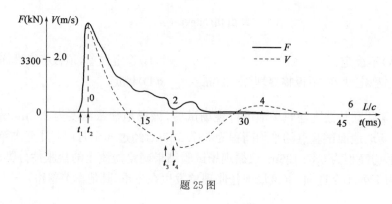

题 25 图

  (A)4780kN · s/m   (B)4860kN · s/m
  (C)4980kN · s/m   (D)5065kN · s/m

2021年案例分析试题答案(上午卷)

标 准 答 案

本试卷由25道题组成,全部为单项选择题,每道题均为必答题。每题2分,满分为50分。

1	C	2	B	3	B	4	C	5	B
6	C	7	C	8	C	9	B	10	A
11	D	12	C	13	D	14	D	15	B
16	B	17	B	18	B	19	D	20	C
21	A	22	B	23	D	24	D	25	A

解 题 过 程

1. [答案] C

[解析] 土力学基本知识。

(1)填土体积:$V_1 = 200 \times 2 \times (3 + 1.5) = 1800 \text{m}^3$

填土压实前干密度:$\rho_{d0} = \dfrac{1700}{1 + 0.15} = 1478.3 \text{ kg/m}^3$

填土压实后干密度:$\rho_{d1} = 0.96 \times 1750 = 1680 \text{ kg/m}^3$

(2)根据土颗粒质量不变的原则计算

$V_0 \rho_{d0} = V_1 \rho_{d1}$,$V_0 \times 1478.3 = 1800 \times 1680$,得:$V_0 = 2045.6 \text{m}^3$

$\Delta V = 2045.6 - 200 \times 2 \times 1.5 = 1445.6 \text{m}^3$

2. [答案] B

[解析]《水利水电工程地质勘察规范》(GB 50487—2008)附录 G.0.5、G.0.6。

砂土,$C_u = 4 < 5$,渗透变形破坏形式为流土。

临界水力比降:$J_{cr} = (G_s - 1)(1 - n) = (2.65 - 1) \times \left(1 - \dfrac{0.42}{1 + 0.42}\right) = 1.162$

实际水力比降:$i = \dfrac{\Delta h}{l} = \dfrac{70}{50} = 1.4 > i_{cr} = 1.162$,会发生流土破坏。

3. [答案] B

[解析]《工程岩体分级标准》(GB/T 50218—2014)第 4.2.2 条、5.2.2 条。

(1)岩层产状为270°∠45°,剖面线方向为270°,即砂岩、泥岩的视倾角为45°。

ZK1 在 15m 深度处的砂岩界线对应的 ZK2 砂岩界线埋深:

$15 + 60 \times \tan 45° + 298 - 300 = 73\text{m}$

ZK1 在 47m 深度处的砂岩界线对应的 ZK2 砂岩界线埋深:

$47 + 60 \times \tan 45° + 298 - 300 = 105\text{m}$

如下图所示,可以判断出隧道全部位于砂岩中,$R_c = 55\text{MPa}$,$K_v = 0.75$。

(2)围岩基本质量指标

$R_c = 55\text{MPa} < 90 \times 0.75 + 30 = 97.5\text{MPa}$，故 $R_c = 55\text{MPa}$；

$K_v = 0.75 < 0.04 \times 55 + 0.4 = 2.6$，故 $K_v = 0.75$；

$BQ = 100 + 3 \times 55 + 250 \times 0.75 = 452.5$

(3)围岩质量指标修正

压水试验无法表明地下水实际出水情况，根据抽水后，地下水位无法恢复，说明砂岩中地下水出水量匮乏，其状态按 $Q \leqslant 25\text{L/min} \cdot 10\text{m}$ 查表，$K_1 = 0$；

结构面走向 $270° - 90° = 180°$，隧道南北走向，两者夹角为 $0°$，结构面倾角 $45°$，

$K_2 = 0.4 \sim 0.6$；

不进行初始应力状态修正，$K_3 = 0$，则

$[BQ] = 452.5 - 100 \times [0 + (0.4 \sim 0.6)] = 392.5 \sim 412.5$

取下限值，查表 4.1.1，为Ⅲ级。

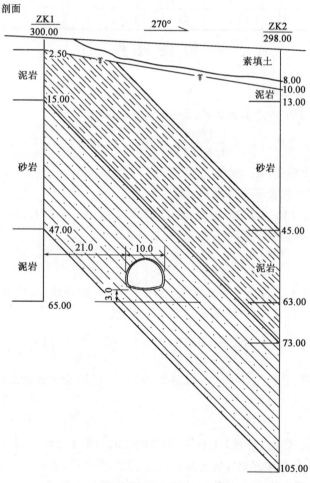

题 3 解图(尺寸单位:m)

4.[答案] C

[解析]《公路路基设计规范》(JTG D30—2015)第 3.3.4 条。

根据填料击实曲线，$\rho_{\text{dmax}} = 1.75 \text{ g/cm}^3$

上路堤：$\rho_{\text{d上}} = \dfrac{1.95}{1+0.181} = 1.65 \text{ g/cm}^3$

压实度：$\lambda = \dfrac{1.65}{1.75} = 94.3\% > 94\%$，满足规范要求。

下路堤：$\rho_{\text{d下}} = \dfrac{1.87}{1+0.186} = 1.58 \text{ g/cm}^3$

压实度：$\lambda = \dfrac{1.58}{1.75} = 90.3\% < 92\%$，不满足规范要求。

5.[答案] B

[解析]《铁路桥涵地基和基础设计规范》(TB 10093 — 2017)附录 G.0.1。

(1)河底下 70%冻深范围内基础和墩身面积

$h = 1.5 \times 0.7 = 1.05\text{m}$

$A_u = \pi \times 2 \times 0.5 + 4 \times 3 \times (1.05-0.5) = 9.74\text{m}^2$

(2)河底以上冰层中墩身面积

$A_u' = \pi \times 2 \times 1.0 = 6.28\text{m}^2$

(3)$T = A_u\tau + A_u'\tau' = 9.74 \times 120 + 6.28 \times 190 = 2362\text{kN}$

6.[答案] C

[解析]《建筑地基基础设计规范》(GB 50007 — 2011)第 5.1.4 条、5.2.4 条。

(1)根据承载力验算确定基础埋深

$f_a = 180 + 3.0 \times 10.3 \times (6-3) + 4.4 \times 10.3 \times (d-0.5) = 250.04 + 45.32d$

$p_k = 450\text{kPa} \leqslant f_a = 250.04 + 45.32d$

解得：$d \geqslant 4.41\text{m}$

(2)在抗震设防区，除岩石地基外，筏形基础埋置深度不宜小于建筑物高度的 1/15，则

$d \geqslant 60/15 = 4\text{m}$

(3)取 $d \geqslant 4.41\text{m}$

注：题目有瑕疵，题目中"荷载标准组合"未明确是"地震作用效应标准组合"还是"非地震作用效应标准组合"。从题目条件来判断，8 度、60m 高层、天然基础，基础计算时肯定是需要考虑地震作用的。通常在考虑地震作用下进行基础设计时，将地震作用等效为荷载参与荷载组合，分项系数为 1.0，得出来的基底压力也称为荷载标准组合下基底压力。如果理解为"地震作用效应标准组合"，计算如下：

②层土粒径大于 0.25mm 的颗粒质量为 54.5% > 50%，判定为中砂；

标贯锤击数 15 < N < 23 < 30，中密中砂；

$p = 450\text{kPa} \leqslant f_{aE} = \zeta_a f_a = 1.3 f_a = 1.3 \times (250.04 + 45.32d)$

解得：$d \geqslant 2.12\text{m}$

取 $d \geqslant 4\text{m}$

题目指定按地基规范作答，命题组没有考虑到抗震规范承载力提高这一点。

7. **[答案]** C

    [解析]《建筑地基基础设计规范》(GB 50007—2011)第5.2.5条。

    $\varphi_k=28°$,查规范表5.2.5,得:$M_b=1.40$,$M_d=4.93$,$M_c=7.40$

    对于地下室,采用矩形独立基础时,埋深自室内地面标高算起,则

    $d=0.5+0.8=1.3m$,$\gamma_m d=8.5\times0.5+9\times0.8=11.45kPa$

    粉砂,$b=2.4m<3m$,取$b=3m$,则

    $f_a=M_b\gamma b+M_d\gamma_m d+M_c c_k=1.40\times9\times3+4.93\times11.45=94.25kPa$

8. **[答案]** C

    [解析]《建筑地基基础设计规范》(GB 50007—2011)第8.2.8条。

    (1)抗冲切承载力计算

    $h_0=0.6-0.04-0.01=0.55m$

    $a_m=a_t+h_0=\pi\times(0.5+0.55)=3.297m$

    $0.7\beta_{hp}f_t a_m h_0=0.7\times1.0\times1270\times3.297\times0.55=1612.07kN$

    (2)冲切力计算

$$p_j=\frac{F}{A}=\frac{F}{2.5\times2.5},A_l=2.5\times2.5-\frac{\pi}{4}\times(0.5+2\times0.55)^2=4.24m^2$$

$$F_l=p_jA_l=\frac{F}{2.5\times2.5}\times4.24=0.678F\leqslant1612.07kN$$

    解得:$F\leqslant2377.68kN$

9. **[答案]** B

    [解析]《建筑桩基技术规范》(JGJ 94—2008)第5.8.2条~5.8.4条。

    (1)高承台桩,桩顶铰接,桩端持力层为粉砂层(非岩石)

$$\frac{4.0}{\alpha}=\frac{4.0}{0.483}=8.28m<h=20m$$

$$l_c=0.7\times\left(l_0+\frac{4.0}{\alpha}\right)=0.7\times(6+8.28)=10m$$

    桩身长细比$\dfrac{l_c}{b}=\dfrac{10}{0.5}=20$,查表得桩身稳定系数$\varphi=0.75$。

    (2)桩顶以下3m范围内箍筋间距为150mm>100mm,不考虑钢筋抗压承载力,则

    $N\leqslant\varphi\psi_c f_c A_{ps}=0.75\times0.85\times14.3\times500^2/1000=2279kN$

10. **[答案]** A

    [解析]《建筑桩基技术规范》(JGJ 94—2008)第5.4.5条、5.4.6条。

    (1)群桩非整体破坏时

    $T_{uk}=\sum\lambda_i q_{sik}u_i l_i=\pi\times0.8\times(0.7\times25\times6+0.75\times40\times9+0.6\times60\times3)=$
1213.3kN

$$G_p=\frac{\pi d^2}{4}\gamma_c l=\frac{\pi\times(0.8^2-0.58^2)}{4}\times(24-10)\times(22-4)=60.1kN$$

$$N_k\leqslant\frac{T_{uk}}{2}+G_p=\frac{1213.3}{2}+60.1=667.75kN$$

(2)群桩整体破坏时

$$u_l = 2 \times (5 + 0.8 + 4 + 0.8) = 21.2\text{m}$$

$$T_{gk} = \frac{1}{n} u_l \sum \lambda_i q_{sik} l_i = \frac{1}{5} \times 21.2 \times (0.7 \times 25 \times 6 + 0.75 \times 40 \times 9 + 0.6 \times 60 \times 3) = 2047.92\text{kN}$$

$$G_{gp} = \frac{A \cdot B \cdot l \cdot \bar{\gamma}_s}{n} = \frac{5.8 \times 4.8 \times 18 \times (18.8 - 10)}{5} = 881.97\text{kN}$$

$$N_k \leqslant \frac{T_{gk}}{2} + G_{gp} = \frac{2047.92}{2} + 881.97 = 1905.93\text{kN}$$

综上，$N_k \leqslant 667.05\text{kN}$

11. [答案] D

[解析]《建筑桩基技术规范》(JGJ 94 — 2008)第5.4.1条。

(1)桩群数量及桩群外围尺寸计算

长边方向 41/3 = 13.7,布置 14 根桩,短边方向 17/3 = 5.7,布置 6 根桩;

桩群外围尺寸 $A_0 = (14 - 1) \times 3 + 0.6 = 39.6\text{m}$,$B_0 = (6 - 1) \times 3 + 0.6 = 15.6\text{m}$。

(2)软弱下卧层顶面的附加应力计算

$t/B_0 = 5/15.6 = 0.32$,$E_{s1}/E_{s2} = 60/12 = 5$,查规范表,$\theta = 14.2°$,则

$$\sigma_z = \frac{F_k + G_k - \frac{3}{2}(A_0 + B_0) \cdot \sum q_{sik} l_i}{(A_0 + 2t \cdot \tan\theta)(B_0 + 2t \cdot \tan\theta)}$$

$$= \frac{400 \times 41 \times 17 - \frac{3}{2} \times (39.6 + 15.6) \times (60 \times 15 + 100 \times 5)}{(39.6 + 2 \times 5 \times \tan14.2°) \times (15.6 + 2 \times 5 \times \tan14.2°)} = 213.24\text{kPa}$$

(3)软弱下卧层承载力验算

$$f_{az} \geqslant \sigma_z + \gamma_m z = 213.24 + (20 - 10) \times 15 + (22 - 10) \times 10 = 483.24\text{kPa}$$

注:题目有瑕疵,从原理来说,桩基软弱下卧层的验算需要先求解作用于承台(本题为筏板)底部的总荷载 $F_k + G_k$,而本题只给出了作用于筏板顶部的平均荷载,并没有给出筏板的厚度及重度,故而无法计算 G_k。

阅卷评分标准:解答不考虑筏板自重可得分,按 1m 左右的筏板厚度考虑其自重也可得分,按 5m 厚筏板不得分!

12. [答案] C

[解析] 土力学基本原理。

取 1m^3 土体分析:

固体土颗粒质量为 $m_s = 1.3t$;

水泥浆密度为 $\rho = 1 + \frac{2}{1 + 3W} = 1 + \frac{2}{1 + 3 \times 0.8} = 1.588\ t/\text{m}^3$;

水泥质量为 $m_1 = \frac{\rho_c V}{1 + W\rho_c/\rho_w} = \frac{3 \times 0.2}{1 + 0.8 \times 3/1} = 0.176t$;

水化反应即水泥和水结合形成化合物。

化合物质量为 $m_2 = 0.176 \times (1 + 0.24) = 0.218t$;

因加固前后地面标高无变化,即体积不变,加固后干密度为

$$\rho_d = \frac{m_d}{V} = \frac{m_s + m_{化合物}}{1} = \frac{1.3 + 0.218}{1} = 1.52 t/m^3$$

13.[答案] D

[解析]《建筑地基处理技术规范》(JGJ 79—2012)第7.2.2条、7.1.5条。

(1)计算处理之后 f_{sk},三角形布桩

$$m = \frac{d^2}{d_e^2} = \frac{0.5^2}{(1.05 \times 1.2)^2} = 0.157$$

$$m = \frac{e_0 - e_1}{1 + e_0} = \frac{0.95 - e_1}{1 + 0.95} = 0.157, 解得:e_1 = 0.644$$

$$f_{sk} = 715 - 600\sqrt{e} = 715 - 600 \times \sqrt{0.644} = 233.5 kPa$$

(2)复合地基承载力特征值计算

$$f_{spk} = [1 + m(n-1)]f_{sk} = [1 + 0.157 \times (2-1)] \times 233.5 = 270 kPa$$

14.[答案] D

[解析]《湿陷性黄土地区建筑标准》(GB 50025—2018)第6.1.3条、6.1.5条、4.4.4条、6.1.6条。

(1)丙类建筑应采取地基处理措施消除地基的部分湿陷量,查表6.1.5,湿陷等级为Ⅱ级,高度超过6m,自重湿陷性场地,处理厚度≥2.5m,且下部未处理剩余湿陷量≤200mm。

(2)需处理土层最小累计湿陷量 425.8−200=225.8mm

基底以下0~5m,$\beta=1.5$

基底以下0~1.3m,$\Delta_{s1}=1.0 \times 1.5 \times 0.051 \times (2.8-1.5) \times 1000 = 99.45mm$

基底以下1.3~2m,$\Delta_{s2}=1.0 \times 1.5 \times 0.047 \times (3.5-2.8) \times 1000 = 49.35mm$

基底以下2~3m,$\Delta_{s3}=1.0 \times 1.5 \times 0.052 \times (4.5-3.5) \times 1000 = 78mm$

基底以下0~3m累计湿陷量:$\Delta_s = 99.45 + 49.35 + 78 = 226.8mm > 225.8mm$,满足要求。

即处理基底以下3m以内的土层。

(3)土方量计算

自重湿陷性黄土采用整片处理,则

$$V = (20 + 2.5 + 2 \times 2) \times (16 + 2.5 + 2 \times 2) \times 3 = 1788.75 m^3$$

15.[答案] B

[解析]土力学原理。

墙背垂直,填土水平,忽略墙背摩擦,按朗肯理论计算土压力。

饱和黏性土,$\varphi=0°$,$K_a = \tan^2 45° = 1$,则

$$e_{ak} = \gamma z K_a - 2c\sqrt{K_a} = 20z - 2 \times (15 + 0.5z) = 19z - 30$$

令 $e_{ak}=0$,得拉力区深度 $z=1.58m$。

根据以上公式可知土压力分布为三角形分布,分布范围为1.58~5.8m

$$E_a = \frac{1}{2}\gamma h^2 K_a = \frac{1}{2} \times 19 \times (5.8 - 1.58)^2 \times 1 = 169.2 kN/m$$

16. [答案] B

[解析] 土力学基本原理。

(1)最大水力梯度

相邻等势线间的水头差:$\Delta h = \dfrac{5}{11-1} = 0.5\text{m}$

图中 E 点水力梯度最大(流网最密集);

DE 之间水头差 0.5m,渗流路径 $DE=2\text{m}$,$i_{\max} = \dfrac{\Delta h}{l} = \dfrac{0.5}{2} = 0.25$。

(2)点 6 水压力计算

$u_6 = h_u \gamma_w = (6+18-5\times0.5)\times10 = 215\text{kPa}$

(3)流量计算

查图,流槽数 $M=4$,则

$q = Mk\Delta h = 4\times2\times10^{-6}\times24\times3600\times0.5 = 0.346\text{m}^3/(\text{m}\cdot\text{d})$

17. [答案] B

[解析]《建筑边坡工程技术规范》(GB 50330—2013)第 4.3.2 条、4.3.1 条、附录 A。

结构面特征为分离、平直很光滑、结构面张开 2mm、无充填,结构面结合程度为很差。

查表 4.3.1,$\varphi=18°$,$c=50\text{kPa}$

结构面倾角 $\tan\theta = \dfrac{30}{47.5+30\times0.25}$,$\theta=28.6°$

$L = \dfrac{30}{\sin28.6°} = 62.67\text{m}$

$W = \dfrac{1}{2}\times47.5\times30\times22 = 15675\text{kN/m}$

$F_s = \dfrac{W\cos\theta\tan\varphi+cL}{W\sin\theta} = \dfrac{15675\times\cos28.6°\times\tan18°+50\times62.67}{15675\times\sin28.6°} = 1.013$

18. [答案] B

[解析]《建筑基坑支护技术规程》(JGJ 120—2012)附录 C、附录 E。

(1)根据突涌稳定性计算降深

$\dfrac{D\gamma}{h_w\gamma_w} = \dfrac{4\times19}{h_w\times10} \geqslant 1.1$,解得:$h_w \leqslant 6.9\text{m}$

降水深度为 $s_d = 4+6.5-6.9 = 3.6\text{m}$

(2)基坑涌水量计算

承压水非完整井:

$r_0 = \sqrt{\dfrac{(34+4)\times(34+4)}{\pi}} = 21.44\text{m}$,$s_w = 10\text{m}$,$R = 10s_w\sqrt{k} = 10\times10\times\sqrt{20} = 447.2\text{m}$

$Q = 2\pi k \dfrac{Ms_d}{\ln\left(1+\dfrac{R}{r_0}\right)+\dfrac{M-l}{l}\ln\left(1+0.2\dfrac{M}{r_0}\right)}$

$= 2\pi\times20 \dfrac{20\times3.6}{\ln\left(1+\dfrac{447.2}{21.44}\right)+\dfrac{20-6}{6}\times\ln\left(1+0.2\times\dfrac{20}{21.44}\right)} = 2597.2\text{m}^3/\text{d}$

(3)降水井单井设计流量

$$q=1.1\frac{Q}{n}=1.1\times\frac{2597.2}{12}=238.1\text{m}^3/\text{d}$$

注：本题实际上是一个减压井设计，坑底有承压水，为了避免坑底发生突涌，需要降低承压含水层的水位，因此先要进行抗突涌验算，确定降水深度之后，再进行降水设计。本题存在计算基坑等效半径采用基坑面积还是降水井轮廓围成面积的问题，按降水井轮廓面积计算结果与选项最为接近，可见命题组倾向于按降水井轮廓面积计算。如按基坑面积计算为 $228.4\text{m}^3/\text{d}$，在人工阅卷时，两种方法均给分了。

19.[答案] D

[解析]《建筑基坑支护技术规程》(JGJ 120—2012)第4.12.5条。

(1)主动土压力

$$K_a=\tan^2\left(45°-\frac{30°}{2}\right)=\frac{1}{3}$$

$$E_{ak}=\frac{1}{2}\gamma H^2 K_a=\frac{1}{2}\times20\times12^2\times\frac{1}{3}=480\text{kN/m}，到排桩底端的距离 a_a=\frac{12}{3}=4\text{m}。$$

(2)被动土压力

$$K_p=\tan^2\left(45°+\frac{30°}{2}\right)=3$$

$$E_{pk}=\frac{1}{2}\gamma H^2 K_p=\frac{1}{2}\times20\times6^2\times3=1080\text{kN/m}，到排桩底端的距离 a_p=\frac{6}{3}=2\text{m}。$$

(3)排桩和桩间土自重

$$G=\gamma(s_y+d)(h+l_d)=21\times(2+0.6)\times12=655.2\text{kN/m}$$

到前排桩外边缘的距离 $a_G=\frac{2+0.6}{2}=1.3\text{m}。$

(4)抗倾覆稳定性

$$K_e=\frac{E_{pk}a_p+Ga_G}{E_{ak}a_a}=\frac{1080\times2+655.2\times1.3}{480\times4}=1.57$$

20.[答案] C

[解析] 建立坐标系，以 a 点为原点，y 轴正向为上，x 轴正向为右；

危岩滚落撞击 a 点后，可视为有竖向初速度的向上斜抛运动，其运动轨迹为抛物线；

水平方向位移 $x=v_0 t$，竖直方向位移 $y=2t-\frac{1}{2}gt^2$

拦石网1：$15=12t$，$t=1.25\text{s}$，$y=2\times1.25-\frac{1}{2}\times10\times1.25^2=-5.31\text{m}>-25\text{m}$，不能拦截；

拦石网2：$25=12t$，$t=2.08\text{s}$，$y=2\times2.08-\frac{1}{2}\times10\times2.08^2=-17.47\text{m}>-30\text{m}$，不能拦截；

拦石网3：$35=12t$，$t=2.92\text{s}$，$y=2\times2.92-\frac{1}{2}\times10\times2.92^2=-36.79\text{m}<-35\text{m}$，

可以拦截。

注:本题运用高中物理的斜抛运动知识来解答,绝大部分考生看到此题都应该放弃了,一是没思路,二是物理知识都忘得差不多了,命题组这样出题确实是用心良苦。注册岩土工程师不应当脱离了规范就不会解决实际工程问题了,危岩崩塌分析时通常采用的就是这一类方法。预估以后注册岩土工程师考试中像这类考原理的题目会越来越多。

21.[答案] A

[解析]《工程地质手册》(第五版)第713页。

$$H_0=\frac{B\gamma+\sqrt{B^2\gamma^2+4B\gamma P_0\tan\varphi\tan^2\left(45°-\frac{\varphi}{2}\right)}}{2\gamma\tan\varphi\tan^2\left(45°-\frac{\varphi}{2}\right)}$$

$$=\frac{3\times25+\sqrt{3^2\times25^2+4\times3\times25\times200\times\tan46°\times\tan^2\left(45°-\frac{46°}{2}\right)}}{2\times25\times\tan46°\times\tan^2\left(45°-\frac{46°}{2}\right)}=23.73\text{m}$$

采空区顶板至基底的距离 $H=27-4=23\text{m}<H_0=23.73\text{m}$,地基不稳定。

注:本题采用基底压力和基底附加压力答案截然不同,2021年考试的评分标准应该是按照基底压力计算的。从力学原理来分析,本质上就是顶板岩层自重、基底压力、基底以下采空区顶板以上部分侧摩阻力 $2fL$ 三者之间的静力平衡,当有基础埋深时,侧摩阻力的作用范围是和基础宽度有关的,为了简化计算及从安全角度考虑,《工程地质手册》采用基底压力计算临界深度是合适的。但是2012年下午27题标准答案是采用基底附加压力计算的,误导了很多人。此题是2021年争论颇多的题目。

22.[答案] B

[解析]《盐渍土地区建筑技术规范》(GB/T 50942—2014)附录E.2.4。

$s_{yz}=S_{max}-S_0=587.193-587.139=0.054\text{m}$,盐胀等级为Ⅰ级。

$\bar{\delta}_{yz}=\frac{s_{yz}}{h_{yz}}=\frac{0.054}{2.0}=0.027$,属中盐胀土。

23.[答案] D

[解析]《建筑抗震设计规范》(GB 50011—2010)(2016年版)第3.10.3条、5.1.5条。
覆盖层厚度45m,等效剪切波速235m/s,判定场地类别为Ⅱ类;
第一组,Ⅱ类场地,特征周期为0.35s;
设防地震,0.2g,根据第3.10.3条,$\alpha_{max}=0.45$;
阻尼比为0.05,$\eta_2=1$,$\gamma=0.9$,$T_g=0.35$s,位于曲线下降段;
距离发震断裂约3km,增大系数取1.5,则

$\alpha=1.5\left(\frac{T_g}{T}\right)^\gamma\eta_2\alpha_{max}=1.5\times\left(\frac{0.35}{0.5}\right)^{0.9}\times1.0\times0.45=0.49$

24.[答案] D

[解析]《建筑抗震设计规范》(GB 50011—2010)(2016 年版)第 4.1.4 条～4.1.6 条。

(1)确定覆盖层厚度

覆盖层取 8 层顶面,6 层流纹岩应从覆盖层厚度中扣除,覆盖层厚度取 16.5m。

(2)计算等效剪切波速

计算深度取 20m 和覆盖层厚度中的较小值,计算深度取 16.5m,则

$$v_{se} = \frac{d_0}{t} = \frac{d_0}{\sum\limits_{i=1}^{n} \left(\dfrac{d_i}{v_{si}}\right)} = \frac{16.5}{\dfrac{3.5}{110} + \dfrac{1.5}{130} + \dfrac{5.5}{150} + \dfrac{2.5}{160} + \dfrac{1.5}{220} + \dfrac{2}{220}} = 147.9\text{m/s}$$

(3)查规范表 4.1.6,场地类别为Ⅲ类。

25.[答案] A

[解析]《建筑基桩检测技术规范》(JGJ 106—2014)第 9.4.3 条、9.4.8 条。

$$c = \frac{2L}{\Delta t} = \frac{2 \times (25-1)}{18.3 - 6.2} \times 1000 = 3967\text{m/s}$$

$$Z = \frac{E \cdot A}{c} = \rho \cdot c \cdot A = 2400 \times 3967 \times \frac{3.14 \times 0.8^2}{4} \times 10^{-3} = 4783\text{kN} \cdot \text{s/m}$$

注:本题疑问较多的是在计算 Δt 时取 $t_3 - t_1$,还是取 $t_4 - t_2$。根据规范,取 $t_3 - t_1$ 计算时差,规范图中的 t_r 为速度或锤击力上升时间,可以理解为上升沿宽度,一般都在 2ms 以内,起点对应 t_1。本题反射波波峰非常尖锐,采用峰值法也不能算错,但规范的计算方法更具有普遍性和代表性,因此编者认为宜采用 $t_3 - t_1$。按峰值法计算结果为 4863m/s,在人工阅卷时也给分了。

2021 年案例分析试题(下午卷)

1. 某场地岩体较完整、渗透性弱,地下水位埋深 10m,钻孔压水试验数据见下表,试验段深度范围为 15.0~20.0m,试验曲线见下图。已知压力表距地表高度 0.5m,管路压力损失 0.05MPa,钻孔直径 150mm。估算岩体渗透系数最接近下列哪一项?(1m 水柱压力取 10kPa)　　　　　　　　　　　　　　　　　　　　　　　　　　（　　）

题1表

压力表读数 P(MPa)	0	0.1	0.3	0.5	0.3	0.1
流量 Q (L/min)	0	10	12	12.7	12	10

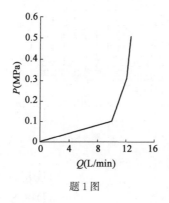

题1图

(A)9.4×10^{-3}m/d　　　　　　　　(B)9.4×10^{-2}m/d

(C)12.4×10^{-2}m/d　　　　　　　(D)19.2×10^{-2}m/d

2. 某土样进行颗粒分析,试样风干质量共 2000g,分析结果见下表,已知试样粗颗粒以亚圆形为主,细颗粒成分为黏土,根据《岩土工程勘察规范》(GB 50021—2001)(2009 年版),该土样确切定名为下列哪个选项?并说明理由。　　　　　　　　　（　　）

题2表

孔径(mm)	20	10	5	2	1	0.5	0.25	0.1	0.075
筛上质量(g)	0	160	580	480	20	5	30	60	120

(A)圆砾　　　　　　　　　　　(B)角砾

(C)含黏土圆砾　　　　　　　　(D)含黏土角砾

3. 某场地位于山前地段,分布有较厚的冲洪积层,定性判断第二层为碎石土层。某孔重型动力触探试验修正后锤击数随深度变化曲线见下图。根据《岩土工程勘察规范》(GB 50021—2001)(2009 年版),判断该碎石土层分层深度及密实程度最可能是下列哪个选项?(超前滞后量范围可取规范中的小值)　　　　　　　　　　　　　　　　　　　　　　　　（　　）

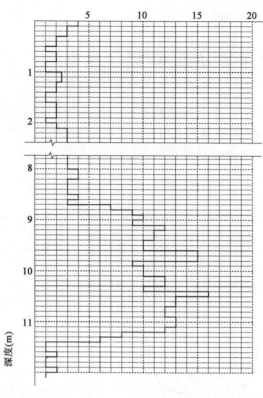

题3图

(A)8.7~11.5m,稍密   (B)8.7~11.5m,中密

(C)8.8~11.3m,稍密   (D)8.8~11.3m,中密

4. 某土样进行室内变水头渗透试验,环刀内径 61.8mm,高 40mm,变水头管内径 8mm,土样孔隙比 $e=0.900$,共进行 6 次试验(见下表),每次历时均为 20min,根据《土工试验方法标准》(GB/T 50123—2019),该土样渗透系数最接近下列哪个选项?(不进行水温校正)   (   )

题4表

次　　数	初始水头 H_1(mm)	终止水头 H_2(mm)
1	1800	916
2	1700	1100
3	1600	525
4	1500	411
5	1200	383
6	1000	314

(A)5.38×10⁻⁵cm/s   (B)6.54×10⁻⁵cm/s

(C)7.98×10⁻⁵cm/s   (D)8.63×10⁻⁵cm/s

5. 某建筑物采用天然基础,拟选用方形基础,承受中心荷载,基础平面尺寸 4m×4m,土层条件如图所示,场地无地下水,基础埋深 1.0m,地基承载力正好满足要求。后期因主体设计方案调整,基础轴向荷载标准值将增加 240kN,根据《建筑地基基础设计规范》(GB 50007—2011),在基础平面尺寸不变的条件下,承载力满足要求的基础埋深最小值为下列哪个选项?(基础及以上覆土平均重度取 20kN/m³)　　　( )

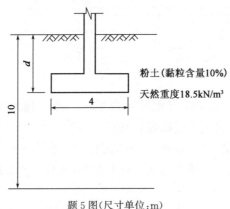

粉土(黏粒含量10%)
天然重度18.5kN/m³

题 5 图(尺寸单位:m)

(A)2.0m　　　　　(B)2.6m　　　　　(C)3.0m　　　　　(D)3.2m

6. 某墙下钢筋混凝土条形基础,拟采用加大截面高度的方法加固,原基础截面高度为 300mm,再叠合 300mm,如图所示。加固后,基础新增均布的基底净反力 120kPa,在此新增净反力作用下基础叠合面上的最大剪应力最接近下列哪个选项?　　　( )

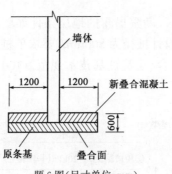

墙体

1200　　1200

新叠合混凝土

600

原条基　　　叠合面

题 6 图(尺寸单位:mm)

(A)0　　　　　(B)120kN/m²　　　　　(C)240kN/m²　　　　　(D)360kN/m²

7. 位于砂土地基上的平面为圆形的钢筋混凝土地下结构,基础筏板自外墙挑出 1.5m,结构顶板上覆土 2m,基坑侧壁与地下结构外墙之间填土,如图所示。已知地下结构自重为 11000kN,填土、覆土的饱和重度均为 19kN/m³,忽略基坑侧壁与填土之间的摩擦力,当地下水位在地表时,该地下结构的抗浮稳定性最接近下列哪个选项?　　　( )

(A)0.8　　　　　(B)1.0　　　　　(C)1.1　　　　　(D)1.2

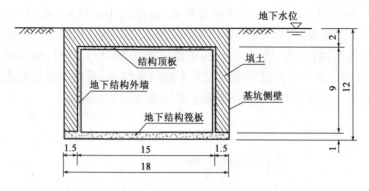

题7图(尺寸单位:m)

8. 某建筑基坑开挖深度 6m,平面尺寸为 20m×80m,场地无地下水,地基土的分布及参数见下表。根据《建筑地基基础设计规范》(GB 50007—2011),按分层总和法计算基坑中心点的开挖回弹量,分层厚度为 2m,请计算坑底第 3 分层(坑底以下 4~6m)的回弹变形量,其值最接近下列哪个选项?(回弹量计算经验系数取 1)　　　(　　)

题8表

土层	层底埋深 (m)	重度 (kN/m³)	回弹模量(MPa)				
			$E_{c0.025\sim0.05}$	$E_{c0.05\sim0.075}$	$E_{c0.075\sim0.1}$	$E_{c0.1\sim0.2}$	$E_{c0.2\sim0.3}$
黏土	6.0	17.5	7.5	10.0	17.0	75.0	130.0
粉质黏土	16.0	19.0	12.0	15.0	30.0	100.0	180.0

(A)1mm　　　　　(B)2mm　　　　　(C)7mm　　　　　(D)13mm

9. 某建筑位于 8 度设防区,勘察揭露的地层条件如图所示。拟采用钻孔灌注桩桩筏基础,筏板底埋深 2.0m。设计桩径为 800mm,要求单桩竖向抗压承载力特征值不低于 950kN,下列哪个选项是符合《建筑桩基技术规范》(JGJ 94—2008)相关要求的合理设计桩长?　　　　　　　　　　　　　　　　　　　　　　　　(　　)

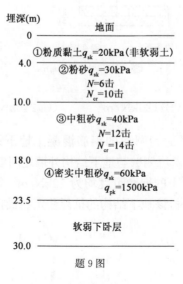

题9图

2021 年专业知识试题(下午卷)

(A)16.0m   (B)17.5m
(C)18.5m   (D)19.5m

10.某仓储库建于软弱地基上,拟大面积堆积物资,勘察揭露地层如图所示,地下水埋深0.8m。仓储库为柱下独立承台多桩基础,桩顶位于地面下0.8m,正方形布桩,桩径0.8m,桩端进入较完整基岩3.2m。根据《建筑桩基技术规范》(JGJ 94—2008),在荷载效应标准组合轴心竖向力作用下,基桩可承受的最大柱下竖向荷载最接近下列哪个选项?(淤泥质土层沉降量大于20mm,软弱土的负摩阻力标准值按正摩阻力标准值取值进行设计,考虑群桩效应)   (   )

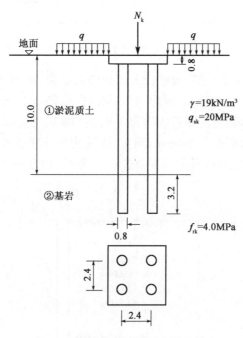

题10图(尺寸单位:m)

(A)1040kN   (B)1260kN
(C)1480kN   (D)1700kN

11.某建筑物采用矩形独立基础,作用在独立基础上荷载(包括基础及其上覆土重)标准值为1500kN。基础埋深、地层厚度和工程特性指标如图所示,拟采用湿法水泥土搅拌桩处理地基,正方形布桩,桩径600mm,桩长8m,面积置换率0.2826。桩身水泥土立方体抗压强度取2MPa,单桩承载力发挥系数取1.0,桩间土承载力发挥系数和桩端端阻力发挥系数均为0.5,场地无地下水,按《建筑地基处理技术规范》(JGJ 79—2012)初步设计时,矩形独立基础底面积最小值最接近下列哪个选项?   (   )

(A)9m²   (B)8m²
(C)7m²   (D)5m²

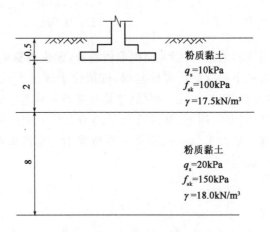

题 11 图(尺寸单位:m)

12.某场地地层条件见下图,拟进行大面积地面堆载,荷载 $P=120$ kPa。采用水泥粉煤灰碎石桩(CFG 桩)处理地基,等边三角形布桩,桩径 500mm,桩长 10m。单桩承载力发挥系数和桩间土承载力发挥系数均为 0.8,桩端端阻力发挥系数为 1.0。要求处理后堆载地面最大沉降量不大于 150mm,问按《建筑地基处理技术规范》(JGJ 79—2012)计算,CFG 桩最大桩间距最接近下列哪个选项?(沉降计算经验系数 $\psi_s=1.0$,沉降计算至②层底)　　　　　　　　　　　　　　　　　　　　　　( )

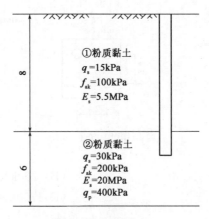

题 12 图(尺寸单位:m)

　　(A)1.2m 　　　　(B)1.5m 　　　　(C)1.8m 　　　　(D)2.1m

13.在一厚层正常固结软黏土地基上修建路堤,现场十字板确定的原地基天然抗剪强度为 10kPa,填筑前采用大面积堆载预压法加固路基,预压荷载 85kPa。6 个月后测得土层平均超静孔压为 30kPa,土体 $\varphi_{cu}=12°$,则按《建筑地基处理技术规范》(JGJ 79—2012)确定的此时地基平均抗剪强度最接近下列哪个选项?　　　　　　　( )

　　(A)10kPa 　　　　(B)15kPa 　　　　(C)20kPa 　　　　(D)30kPa

14. 某岩质边坡安全等级为二级,岩石天然单轴抗压强度为 4.5MPa,岩体结构面发育。边坡采用永久性锚杆支护,单根锚杆受到的水平拉力标准值为 300kN;锚杆材料采用一根 PSB930、直径为 32mm 的预应力螺纹钢筋,锚固体直径为 150mm,锚杆倾角为 12°;锚固砂浆强度等级为 M30。根据《建筑边坡工程技术规范》(GB 50330—2013),初步设计时计算锚杆的最小锚固长度最接近下列哪个选项? ( )

    (A)3m   (B)4m   (C)5m   (D)6m

15. 某软基筑堤工程采用加筋桩网基础,如图所示,堤高 4.5m,坡角 25°,堤身填料重度 $\gamma=20kN/m^3$,$\varphi_{em}=30°$;软基厚 15m,$\gamma=16kN/m^3$,$c=12kPa$。桩基采用预制管桩,为摩擦桩,桩径 0.6m,桩间距 1.8m,桩帽宽度 0.9m。筋材锚固长度 9.0m,筋材与堤土之间抗滑相互作用系数 $C_i=0.8$,筋材应变 $\varepsilon=6\%$。根据《土工合成材料应用技术规范》(GB/T 50290—2014)计算,在满足堤坡抗挤滑验算的前提下,堤顶面超载 q 最大值最接近下列哪个选项? ( )

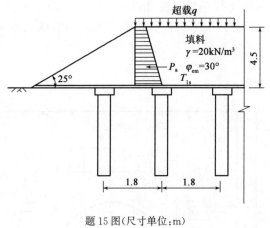

题 15 图(尺寸单位:m)

    (A)20kPa   (B)25kPa   (C)30kPa   (D)35kPa

16. 某临时建筑边坡,破坏后果严重,拟采用放坡处理,放坡后该边坡的基本情况及潜在滑动面如图所示,潜在滑面强度参数为 $c=20kPa$,$\varphi=11°$,根据《建筑边坡工程技术规范》(GB 50330—2013)判定该临时边坡放坡后的稳定状态为下列哪个选项? ( )

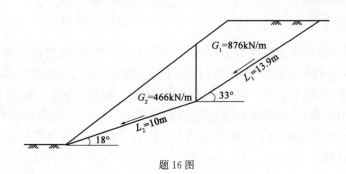

题 16 图

(A)不稳定　　　　　　　　　　　　　(B)欠稳定

(C)基本稳定　　　　　　　　　　　　(D)稳定

17.某建筑基坑工程位于深厚黏性土层中,土的重度 19kN/m³,$c=$ 25kPa,$\varphi=15°$,基坑深度 15m,无地下水和地面荷载影响,拟采用桩锚支护,支护桩直径 800mm,支护结构安全等级为一级。现场进行了锚杆基本试验,试验锚杆长度 20m,全长未采取注浆体与周围土体的隔离措施,其极限抗拔承载力为 600kN,假定锚杆注浆体与土的侧摩阻力沿杆长均匀分布,若在地面下 5m 处设置一道倾角为 15°的锚杆,锚杆轴向拉力标准值为 250kN,则该道锚杆的最小设计长度最接近下列哪个选项?(基坑内外土压力等值点深度位于基底下 3.06m)　　　　　　　　　　　　　　　　　　　　　　(　　)

(A)19.5m　　　　(B)24.5m　　　　(C)26.0m　　　　(D)27.5m

18.某公路Ⅳ级围岩中的单线隧道,拟采用矿山法开挖施工,其标准断面衬砌顶距地面距离为 8m,隧道开挖宽度为 6.4m,衬砌结构高度为 6.5m,围岩重度为 24kN/m³,计算摩擦角为 50°,取顶板土柱两侧摩擦角 $\theta=0.7\varphi_c$。根据《公路隧道设计规范　第一册　土建工程》(JTG 3370.1—2018)计算该隧道水平围岩压力最大值最接近下列哪一选项?　　　　　　　　　　　　　　　　　　　　　　　　　　　　　(　　)

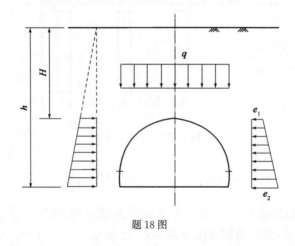

题 18 图

(A)640kN/m　　　　　　　　　　　　(B)360kN/m

(C)330kN/m　　　　　　　　　　　　(D)175kN/m

19.关中地区某高速公路路堤工程通过湿陷性黄土场地,路堤高度为 3.0m。场地地面下 8.5m 深度内为湿陷性黄土,8.5m 以下为非湿陷性黄土,探井不同深度处的湿陷系数和自重湿陷系数见下表。场区浸湿可能性小。根据《公路工程地质勘察规范》(JTG C20—2011)和《公路路基设计规范》(JTG D30—2015),初勘阶段预估该路堤工程地基处理最小处理厚度为下列哪个选项?(注:自重湿陷系数和湿陷系数小于 0.015 的土层不累计计算)　　　　　　　　　　　　　　　　　　　　　　　　　(　　)

取样深度(m)	1	2	3	4	5	6	7	8	9	10
δ_s	0.065	0.050	0.048	0.040	0.011	0.030	0.023	0.018	0.011	0.009
δ_{zs}	0.016	0.019	0.017	0.016	0.010	0.018	0.016	0.015	0.010	0.005

　　(A)1.2m　　　　　(B)1.5m　　　　　(C)2.0m　　　　　(D)3.0m

　　20.某膨胀土场地拟建单层建筑物,填方前场地勘察数据见下表,地区大气影响深度为 5.0m,勘察结束后场地采用第 1 层土(天然含水量 36%,塑限含水量 35%)整体填方 1.0m 厚,场地有蒸发可能,建筑基础埋深为填方地面下 1.0m,根据《膨胀土地区建筑技术规范》(GB 50112—2013),填方后该建筑地基胀缩变形量最接近下列哪个选项?　　　　　　　　　　　　　　　　　　　　　　　　　　　　　　　　　　　　(　　)

层　号	层底深度 (自填方前地面算起)z_i(m)	含水量变化均值 Δw_i	膨胀率 δ_{epi}	收缩系数 λ_{si}
1	1.7	0.119	−0.01	0.46
2	2.4	0.084	0.0035	0.51
3	3.2	0.056	0.010	0.57
4	4.1	0.021	0.008	0.48
5	5.0	0.050	−0.003	0.49

　　(A)100mm　　　　(B)121mm　　　　(C)135mm　　　　(D)150mm

　　21.某铁路工程通过冻土地区,勘察采取冻土试样进行室内试验,测得液限 $w_L=35\%$,塑限 $w_p=11\%$,总含水量 $w_A=20\%$。该地区属于多年冻土地温基本稳定带,问多年冻土地基的极限承载力最接近下列哪个选项?(注:基础底面的月平均最高土温取多年冻土年平均地温值的上限)　　　　　　　　　　　　　　　　　　　(　　)

　　(A)640kPa　　　　(B)800kPa　　　　(C)900kPa　　　　(D)1000kPa

　　22.某沟谷发生一次黏性泥石流,勘察测得泥石流沟出口断面呈"U"形,两岸泥痕过水断面面积 500m²、宽度 100m,泥石流历时 15min,沟床纵坡坡降 $I_m=4.0\%$,该泥石流中固体物质密度为 2.6g/cm³,泥石流流体密度为 1.7g/cm³,按《工程地质手册》(第五版)推荐公式估算该次泥石流冲出的固体物质总量最接近下列哪个选项?[泥石流断面平均流速 $v_m=KH_m^{2/3}I_m^{1/5}$(m/s),H_m 为泥石流断面平均泥深(m),K 取 5]　　(　　)

　　(A)40 万 m³　　　(B)90 万 m³　　　(C)115 万 m³　　　(D)345 万 m³

　　23.某建筑场地抗震设防烈度 8 度,设计基本地震加速度 0.20g,设计地震分组为第二组。钻孔揭露地层及原位测试数据如下表所示,历史最高地下水位埋深为 3.1m。已知拟建砌体房屋基础埋深为 3.0m,根据《建筑抗震设计规范》(GB 50011—2010)(2016

2021 年案例分析试题(下午卷)

年版)计算该钻孔的液化指数最接近下列哪个选项？ （ ）

题 23 表

层序	土类	地质年代	层底深度 (m)	黏粒含量 (%)	标贯试验深度 (m)	实测锤击数 (击)
1	黏土	Q_4	3.5			
2	粉质黏土	Q_4	8.0			
3	粉土	Q_4	10.0	12.8	9.0	8
4	淤泥	Q_4	13.0			
5	粉土	Q_4	17.0	14.0	14.0	18
				16.0	16.0	21
6	粉质黏土	Q_4	23.0			

(A)1.56   (B)2.26   (C)3.19   (D)3.81

24. 某水电工程重力坝位于Ⅲ类场地上,查《中国地震动参数区划图》(GB 18306—2015),Ⅱ类场地基本地震动加速度反应谱特征周期分区值为 0.40s,该重力坝的结构基本自振周期为 1.50s,抗震设防类别为乙类。试计算该重力坝的标准设计反应谱 β 值最接近下列哪个选项？ （ ）

(A)0.8   (B)0.9   (C)1.0   (D)1.1

25. 某建筑物地基土以黏性土、粉土为主,采用独立基础,各基础下布置 4 根水泥粉煤灰碎石桩。验收检测阶段现场进行了 3 组单桩复合地基静载荷试验,方形承压板面积为 5m²,试验结果见下表。试根据《建筑地基处理技术规范》(JGJ 79—2012)确定该复合地基的承载力特征值最接近下列哪个选项？ （ ）

题 25 表

压力(kPa)	沉降(mm)		
	S1	S2	S3
100	6.02	4.01	7.52
150	9.54	7.22	10.50
200	13.44	10.80	14.22
250	17.82	14.42	18.60
300	22.68	18.92	23.60
350	28.01	23.70	29.32
400	33.90	29.02	35.60
450	40.35	34.90	42.54
500	47.33	41.40	50.02
550	55.06	48.60	58.02
600	63.51	56.24	67.22

(A)300kPa   (B)290kPa   (C)278kPa   (D)264kPa

2021年案例分析试题答案(下午卷)

标 准 答 案

本试卷由 25 道题组成,全部为单项选择题,每道题均为必答题。每题 2 分,满分为 50 分。

1	C	2	C	3	D	4	B	5	C
6	D	7	D	8	B	9	C	10	A
11	A	12	D	13	C	14	D	15	C
16	C	17	C	18	C	19	A	20	B
21	A	22	A	23	A	24	D	25	D

解 题 过 程

1.[答案] C

[解析]《工程地质手册》(第五版)第 1246 页。

(1)透水率计算。

$$p_3 = 0.5 + \frac{(0.5+10) \times 10}{1000} - 0.05 = 0.555 \text{MPa}$$

$$q = \frac{Q_3}{P_3 L} = \frac{12.7}{0.555 \times (20-15)} = 4.58 \text{Lu} < 10 \text{Lu}$$

(2)压水试验的 P-Q 曲线属于 B 型,紊流型,试验段深度范围 15.0~20.0m,位于地下水位以下,且透水率 $q<10$Lu,采用第一阶段的压力值 P_1 和流量值 Q_1 计算。

$P_1 = 0.1 + \frac{(0.5+10) \times 10}{1000} - 0.05 = 0.155 \text{MPa}$,对应水柱压力 $H_1 = 0.155/10 = 15.5\text{m}$

$$Q_1 = 10 \times 10^{-3} \times 1440 = 14.4 \text{m}^3/\text{d}$$

$$k = \frac{Q_1}{2\pi H_1 L} \ln \frac{L}{r_0} = \frac{14.4}{2\pi \times 15.5 \times (20-15)} \times \ln \frac{20-15}{0.15/2} = 0.124 \text{m/d} = 12.4 \times 10^{-2} \text{m/d}$$

2.[答案] C

[解析]《岩土工程勘察规范》(GB 50021—2001)(2009 年版)第 3.3.2 条、6.4.1 条。

(1)粒径大于 2.0mm 的颗粒含量。

$\frac{160+580+480}{2000} = 61\% > 50\%$,粗颗粒以亚圆形为主,定名为圆砾。

(2)粒径小于 0.075mm 的颗粒含量。

$\frac{2000-(160+580+480+20+5+30+60+120)}{2000} = 27.25\% > 25\%$,定名为粗粒混合土。

(3)综上所述,该土样应定名为含黏土圆砾。

3.[答案] D

[解析]《岩土工程勘察规范》(GB 50021—2001)(2009年版)第10.4.3条条文说明。

(1)在8.7～8.8m处发生突变,地层为上软下硬,超前值取小值,即超前0.1m,碎石土层上界深度为8.8m;

(2)在11.3～11.5m处发生突变,地层为上硬下软,滞后值取小值,即滞后0.2m,碎石土层上界深度为11.3m;

(3)重型动力触探试验修正后锤击数在10～15击之间,该碎石土层为中密状态。

4.[答案] B

[解析]《土工试验方法标准》(GB/T 50123—2019)第16.3.3条。

(1)土试样的断面积:$A=3.14 \times (6.18/2)^2 = 30.0 \text{cm}^2$

变水头管截面积:$a=3.14 \times (0.8/2)^2 = 0.502 \text{cm}^2$

$L=4\text{cm}, t=20 \times 60=1200\text{s}$

(2)渗透系数:$k=2.3\dfrac{aL}{At}\lg\dfrac{H_{b1}}{H_{b2}}=2.3 \times \dfrac{0.502 \times 4}{30 \times 1200}\lg\dfrac{H_{b1}}{H_{b2}}=1.28 \times 10^{-4}\lg\dfrac{H_{b1}}{H_{b2}}$

第一组数据:$k_1=1.28 \times 10^{-4} \times \lg\dfrac{1800}{916}=3.76 \times 10^{-5}\text{cm/s}$

第二组数据:$k_2=1.28 \times 10^{-4} \times \lg\dfrac{1700}{1100}=2.42 \times 10^{-5}\text{cm/s}$

第三组数据:$k_3=1.28 \times 10^{-4} \times \lg\dfrac{1600}{525}=6.19 \times 10^{-5}\text{cm/s}$

第四组数据:$k_4=1.28 \times 10^{-4} \times \lg\dfrac{1500}{411}=7.20 \times 10^{-5}\text{cm/s}$

第五组数据:$k_5=1.28 \times 10^{-4} \times \lg\dfrac{1200}{383}=6.35 \times 10^{-5}\text{cm/s}$

第六组数据:$k_6=1.28 \times 10^{-4} \times \lg\dfrac{1000}{314}=6.44 \times 10^{-5}\text{cm/s}$

(3)据第16.1.3条,第1、2组数据与其余各组数据之间差距过大,删除k_1、k_2后其余各组之间最大差值均小于$2.0 \times 10^{-5}\text{cm/s}$,取其平均值作为渗透系数取值,即有:

$$k=\frac{k_3+k_4+k_5+k_6}{4}=6.55 \times 10^{-5}\text{cm/s}$$

5.[答案] C

[解析]《建筑地基基础设计规范》(GB 50007—2011)第5.2.4条。

查规范表5.2.4,$\eta_d=1.5$。

方案变更后:

$\Delta f_a=\eta_d\gamma_m\Delta d=1.5 \times 18.5\Delta d=27.75\Delta d$

$\Delta p_k=\dfrac{\Delta F_k}{A}+\gamma_G\Delta d=\dfrac{240}{4 \times 4}+20\Delta d \leqslant \Delta f_a=27.75\Delta d$

解得:$\Delta d \geqslant 1.94\text{m}, d=1+1.94=2.94\text{m}$

6.[答案] D

[解析] 解法一:取单位宽度分析

最大剪力设计值：$V_s = p_j A_l = 120 \times 1.2 \times 1 = 144 \text{kN}$

根据材料力学知识，竖直面上的最大剪应力：$\tau_{\max} = 1.5 \dfrac{V_s}{A} = 1.5 \times \dfrac{144}{0.6 \times 1} = 360 \text{kPa}$

根据切应力互等定理，水平叠合面上的最大剪应力为360kPa。

解法二：条形基础可以看做是倒悬臂梁，取距离悬臂端为 x 的 Δx 微元体分析，则

微元体左侧弯矩 $M_x = \dfrac{1}{2} p x^2$，微元体右侧弯矩 $M_{x+\Delta x} = \dfrac{1}{2} p (x+\Delta x)^2$，

弯矩增量 $\Delta M_{\Delta x} = \dfrac{1}{2} p (x+\Delta x)^2 - \dfrac{1}{2} p (x)^2 = \dfrac{1}{2} p \Delta x^2 + p x \Delta x$；

微元体一侧受拉，一侧受压，压力分布为三角形分布，取一半截面分析，水平方向受力平衡：

$$C_x = \frac{M_x}{2h/3}, \tau_x = \frac{\frac{1}{2} p \Delta x^2 + p x \Delta x}{2h/3} \cdot \frac{1}{\Delta x} = \frac{\frac{1}{2} p \Delta x + p x}{2h/3};$$

当 Δx 接近 0 时，$\tau_x = \dfrac{px}{2h/3}$；

故当 $x = 1.2\text{m}$ 时，切应力最大，即

$$\tau_{x\max} = \frac{px}{2h/3} = \frac{120 \times 1.2}{2 \times 0.6/3} = 360 \text{kPa}$$

注：本题考查了剪力与剪应力的基本计算。应注意的是，题目问的是叠合面，也就是水平方向的剪应力，解析给出了最大切应力的详细计算过程。也可以根据切应力互等定理来解析，不过解答要明确根据切应力互等定理，不然直接按照材料力学的公式计算出来的应力是竖直面而非水平叠合面的，计算的应力方向是错误的。

7.[**答案**] D

[**解析**]《建筑地基基础设计规范》(GB 50007 — 2011)第5.4.3条。

$$A_{外} = \frac{3.14}{4} \times (15 + 2 \times 1.5)^2 = 254.34 \text{m}^2$$

$$A_{内} = \frac{3.14}{4} \times 15^2 = 176.625 \text{m}^2$$

$A_{环} = 254.34 - 176.625 = 77.715 \text{m}^2$

基础自重：$G_k = 11000 + 77.715 \times 11 \times (19-10) + 176.625 \times 2 \times (19-10) = 21873 \text{kN}$

浮力：$N_{w,k} = 10 \times (254.34 \times 1 + 176.625 \times 9) = 18439.6 \text{kN}$

抗浮稳定性系数：$K = \dfrac{G_k}{F_{w,k}} = \dfrac{21873}{18439.6} = 1.19$

8.[**答案**] B

[**解析**]《建筑地基基础设计规范》(GB 50007—2011)第5.3.10条。

基底以下第3分层开挖前的平均压力：$17.5 \times 6.0 + 19.0 \times 5 = 200 \text{kPa}$

基坑开挖后粉质黏土的自重应力及附加应力计算见下表。

z_i(m)	l/b	z_i/b	α_i	附加压力 $p_z=-4p_0\alpha_i$	自重应力 p_c	p_c+p_z
4	4	0.4	0.244	−102.48	181	78.52
6	4	0.6	0.234	−98.28	219	120.72

基坑以下 5m 深度处平均自重应力: $\dfrac{181+219}{2}=200\text{kPa}$

基底以下 5m 深度处平均自重应力＋平均附加应力: $\dfrac{78.52+120.72}{2}=99.62\text{kPa}\approx100\text{kPa}$

回弹模量选取的压力段为 $100\sim200\text{kPa}$,即相应的回弹模量取 100MPa。

坑底第 3 分层的变形量: $s=\psi_c\sum\limits_{i=1}^{n}\dfrac{p_0}{E_{ci}}h_i=1.0\times\dfrac{200-100}{100}\times2=2\text{mm}$

9. [答案] C

[解析]《建筑桩基技术规范》(JGJ 94—2008)第 5.3.12 条。

(1)承台顶、底面的非液化土层厚度满足规范要求。

对于②层粉砂: $\lambda_N=\dfrac{N}{N_{cr}}=0.6$,标贯试验深度$\leqslant10\text{m}$,$\psi_l=0$

对于③层中粗砂: $\lambda_N=\dfrac{N}{N_{cr}}=0.86$,$10\text{m}<$标贯试验深度$<20\text{m}$,$\psi_l=1.0$

(2)据四个选项数值,可假设桩端进入第 4 层的长度为 l

$Q_{uk}=3.14\times0.8\times(20\times2+0\times30\times6+1.0\times40\times8+60\times l)+\dfrac{3.14}{4}\times0.8^2\times1500\geqslant$
2×950

解得 $l\geqslant1.61\text{m}$,即桩长应大于等于 $18-2+1.61=17.61\text{m}$;

取桩长 18.5m,则桩端埋深为 20.5m。

(3)构造验算

第 3.4.6 条第 1 款:桩端进入密实中粗砂深度不应小于 $2\sim3d$。

$20.5-18.0=2.5\text{m}>3d=2.4\text{m}$,满足构造要求。

第 3.3.3 条第 5 款:其下硬持力层厚度不宜小于 $3d$。

$23.5-20.5=3.0\text{m}>3d=2.4\text{m}$,满足构造要求。

综上所述,桩长可取 18.5m。

10. [答案] A

[解析]《建筑桩基技术规范》(JGJ 94—2008)第 5.3.9 条、5.4.4 条。

(1)下拉荷载计算

桩周软弱土层下限深度 $l_0=10-0.8=9.2\text{m}$;

淤泥质土层沉降量大于 20mm,且桩端为基岩,中性点深度 $l_n=l_0=9.2\text{m}$,则

$\eta_n=\dfrac{s_{ax}\cdot s_{ay}}{\pi d\left(\dfrac{q_s^n}{\gamma_m}+\dfrac{d}{4}\right)}=\dfrac{2.4\times2.4}{3.14\times0.8\times\left(\dfrac{20}{9}+\dfrac{0.8}{4}\right)}=0.947$

$Q_g^n=\eta_n\cdot u\sum\limits_{i=1}^{n}q_{si}^n l_i=0.947\times3.14\times0.8\times20\times9.2=437.7\text{kN}$

2021 年案例分析试题答案(下午卷)

(2)桩基承载力验算

基岩单轴抗压强度为 4MPa<15MPa，属于极软岩，嵌岩深径比 $h_r/d=3.2/0.8=4$

查规范表，$\zeta_r=1.48$

$$Q_{uk}=Q_{sk}+Q_{rk}=0+\zeta_r f_{rk}A_p=0+1.48\times4000\times\frac{3.14}{4}\times0.8^2=2974.2\text{kN}$$

$$N_k+Q_g^n\leqslant R_a, N_k\leqslant R_a-Q_g^n=2974.2/2-437.7=1049.4\text{kN}$$

11.[答案] A

[解析]《建筑地基处理技术规范》(JGJ 79—2012)第 7.1.5 条。

(1)单桩竖向承载力特征值

$$R_a=\eta f_{cu}A_p=0.25\times2000\times3.14\times(0.6/2)^2=141.3\text{kN}$$

$$R_a=3.14\times0.6\times(10\times2+20\times6)+0.5\times3.14\times(0.6/2)^2\times150=284.96\text{kN}$$

取二者的小值，即 $R_a=141.3$kN。

(2)复合地基承载力特征值

$$f_{spk}=\lambda m\frac{R_a}{A_p}+\beta(1-m)f_{sk}=1.0\times0.2826\times\frac{141.3}{3.14\times0.3^2}+0.5\times(1-0.2826)\times100=$$

177.2kPa

$$f_{spa}=f_{spk}+\eta_d\gamma_m(d-0.5)=177.2\text{kPa}$$

(3)复合地基承载力验算确定基础面积

$$p_k=\frac{F_k+G_k}{A}=\frac{1500}{A}\leqslant f_{spa}=177.2\text{kPa，有 } A\geqslant8.47\text{m}^2。$$

12.[答案] D

[解析]《建筑地基处理技术规范》(JGJ 79—2012)第 7.1.7 条、7.1.8 条

(1)根据沉降量反算压缩模量提高系数

$$s=\psi_s\sum_{i=1}^{n}\frac{p_0}{E_{si}}h_i=1.0\times\left(\frac{120}{5.5\zeta}\times8+\frac{120}{20\zeta}\times2+\frac{120}{20}\times4\right)\leqslant150\text{mm}$$

解得 $\zeta\geqslant1.48$，$f_{spk}=\zeta f_{ak}=1.48\times100\geqslant148$kPa

(2)复合地基承载力反算置换率

$$R_a=3.14\times0.5\times(15\times8+30\times2)+1.0\times400\times3.14\times(0.5/2)^2=361.1\text{kN}$$

$$f_{spk}=0.8\times m\times\frac{361.1}{3.14\times0.25^2}+0.8\times(1-m)\times100=80+1392m\geqslant148，m\geqslant0.049$$

$$(3)s=\frac{d}{1.05\sqrt{m}}\leqslant\frac{0.5}{1.05\times\sqrt{0.049}}=2.15\text{m}$$

13.[答案] C

[解析]《建筑地基处理技术规范》(JGJ 79—2012)第 5.2.11 条。

(1)固结度计算

$$U_t=1-\frac{某时刻超静孔隙水压力面积}{初始超静孔隙水压力面积}=1-\frac{30}{85}=0.647$$

(2)抗剪强度计算

$$\tau_{ft}=\tau_{f0}+\Delta\sigma_z\cdot U_t\tan\varphi_{cu}=10+85\times0.647\times\tan12°=21.7\text{kPa}$$

14.[答案] D

[解析]《建筑边坡工程技术规范》(GB 50330—2013)第8.2.1条、8.2.3条、8.2.4条。

(1)轴向拉力标准值

$$N_{ak}=\frac{H_{tk}}{\cos\alpha}=\frac{300}{\cos12°}=306.7\text{kN}$$

(2)锚固体与岩层黏结强度确定锚固段长度

二级边坡、永久性锚杆,抗拔安全系数 K 取2.4;

$f_r=4.5\text{MPa}<5\text{MPa}$,极软岩,岩体结构面发育,取下限值 $f_{rbk}=270\text{kPa}$,则

$$l_a\geq\frac{KN_{ak}}{\pi Df_{rbk}}=\frac{2.4×306.7}{3.14×0.15×270}=5.8\text{m}$$

(3)杆体与锚固砂浆黏结强度确定锚固段长度

螺纹钢筋,M30水泥砂浆,$f_b=2.4\text{MPa}$,则

$$l_a\geq\frac{KN_{ak}}{n\pi df_b}=\frac{2.4×306.7}{1×3.14×0.032×2400}=3.1\text{m}$$

(4)构造要求:岩层锚杆不应小于3.0m,且不宜大于 $45D=45×0.15=6.75\text{m}$ 和6.5m

取锚固段长度 $l_a=5.8\text{m}$,满足构造要求。

15.[答案] C

[解析]《土工合成材料应用技术规范》(GB 50290—2014)第7.6.3条。

(1)堤坡下筋材抗拉力计算

$$K_a=\tan^2(45°-\varphi_{em}/2)=\tan^2(45°-30°/2)=1/3$$

$$T_{ls}\geq P_a=\frac{1}{2}K_af_t(\gamma H+2q)H=\frac{1}{2}×\frac{1}{3}×1.3×(20×4.5+2q)×4.5=87.75+1.95q$$

(2)堤轴向筋材拉力计算

成拱系数 $C_c=1.50\frac{H}{a}-0.07=1.50×\frac{4.5}{0.9}-0.07=7.43$

$$\frac{p'_c}{\sigma'_v}=\left(\frac{C_ca}{H}\right)^2=\left(\frac{7.43×0.9}{4.5}\right)^2=2.21,1.4(s-a)=1.4×(1.8-0.9)=1.26\text{m}<4.5\text{m}$$

$$W_T=\frac{1.4sf_{fs}\gamma(s-a)}{s^2-a^2}\left(s^2-a^2\frac{p'_c}{\sigma'_v}\right)$$

$$=\frac{1.4×1.8×1.3×20×(1.8-0.9)}{1.8^2-0.9^2}×(1.8^2-0.9^2×2.21)=35.18\text{kN/m}$$

$$T_{rp}=\frac{W_T(s-a)}{2a}\sqrt{1+\frac{1}{6\varepsilon}}=\frac{35.18×(1.8-0.9)}{2×0.9}×\sqrt{1+\frac{1}{6×0.06}}=34.19\text{kN/m}$$

(3)筋材锚固长度计算

$$L_e=\frac{T_{ls}+T_{rp}}{0.5\gamma HC_i\tan\varphi_{em}}=\frac{87.75+1.95q+34.19}{0.5×20×4.5×0.8×\tan30°}=9.0\text{m},解得 q=32.56\text{kPa}。$$

16.[答案] C

[解析]《建筑边坡工程技术规范》(GB 50330—2013)附录A.0.3、第5.3.1条。

(1)下滑力计算

$T_1 = G_1 \sin\theta_1 = 876 \times \sin 33° = 477.1 \text{kN/m}$

$T_2 = G_2 \sin\theta_2 = 466 \times \sin 18° = 144 \text{kN/m}$

(2)抗滑力计算

$R_1 = G_1 \cos\theta_1 \tan\varphi_1 + c_1 l_1 = 876 \times \cos 33° \times \tan 11° + 20 \times 13.9 = 420.8 \text{kN/m}$

$R_2 = G_2 \cos\theta_2 \tan\varphi_2 + c_2 l_2 = 466 \times \cos 18° \times \tan 11° + 20 \times 10 = 286.1 \text{kN/m}$

(3)剩余下滑力计算

$$\psi_1 = \cos(33° - 18°) - \frac{\sin(33° - 18°) \times \tan 11°}{F_s} = 0.966 - \frac{0.05}{F_s}$$

$$P_i = P_{i-1} \psi_{i-1} + T_i - \frac{R_i}{F_s}$$

$$P_1 = T_1 - \frac{R_1}{F_s} = 477.1 - \frac{420.8}{F_s}$$

$$P_2 = P_1 \psi_1 + T_2 - \frac{R_2}{F_s} = \left(477.1 - \frac{420.8}{F_s}\right) \times \left(0.966 - \frac{0.05}{F_s}\right) + 144 - \frac{286.1}{F_s} = 0$$

解得：$F_s = 1.15$

土质边坡，破坏后果严重，查规范表 3.2.1，安全等级为二级。

查规范表 5.3.2，稳定安全系数 $F_{st} = 1.2$，查规范表 5.3.1，稳定状态为基本稳定。

17. [答案] C

[解析]《建筑基坑支护技术规程》(JTJ 120—2012)第 4.7.2 条～4.7.5 条。

(1)锚固段长度

$R_k = \pi d \sum q_{sk,i} l_i$，试验时未采取注浆体与周围土体隔离措施，可认为 20m 长试验锚

杆侧阻力完全发挥，即 $l_i = 20\text{m}$，$600 = \pi d q_{sk} \times 20$，$\pi d q_{sk} = \frac{600}{20} = 30$

安全等级一级，$K_t \geqslant 1.8$，$R_k \geqslant N_k K_t = 250 \times 1.8 = 450 \text{kN}$，有 $\pi d q_{sk} l_i \geqslant 450 \text{kN}$

解得锚固段长度 $l_i \geqslant 15\text{m}$。

(2)自由段长度

$$l_f \geqslant \frac{(a_1 + a_2 - d\tan\alpha)\sin\left(45° - \frac{\varphi_m}{2}\right)}{\sin\left(45° + \frac{\varphi_m}{2} + \alpha\right)} + \frac{d}{\cos\alpha} + 1.5$$

$$= \frac{(15 - 5 + 3.06 - 0.8 \times \tan 15°) \times \sin\left(45° - \frac{15°}{2}\right)}{\sin\left(45° + \frac{15°}{2} + 15°\right)} + \frac{0.8}{\cos 15°} + 1.5 = 10.8\text{m} > 5\text{m}$$

(3)最小设计长度：$l = 15 + 10.8 = 25.8\text{m}$

18. [答案] C

[解析]《公路隧道设计规范 第一册 土建工程》(JTG 3370.1—2018)第 6.2.3 条、附录 D。

(1)深埋浅埋隧道判别

$\omega = 1 + i(B - 5) = 1 + 0.1 \times (6.4 - 5) = 1.14$

$$h_a = 0.45 \times 2^{S-1}\omega = 0.45 \times 2^{4-1} \times 1.14 = 4.1\text{m}$$

$$H_P = 2.5h_q = 2.5 \times 4.1 = 10.25\text{m}$$

隧道覆盖层厚度 $4.1\text{m} < 8\text{m} < 10.25\text{m}$，判定为浅埋隧道。

（2）水平荷载计算

$$\theta = 0.7\varphi_c = 0.7 \times 50° = 35°$$

$$\tan\beta = \tan\varphi_c + \sqrt{\frac{(\tan^2\varphi_c + 1)\tan\varphi_c}{\tan\varphi_c - \tan\theta}} = \tan 50° + \sqrt{\frac{(\tan^2 50° + 1) \times \tan 50°}{\tan 50° - \tan 35°}} = 3.614$$

$$\begin{aligned}
\lambda &= \frac{\tan\beta - \tan\varphi_c}{\tan\beta[1 + \tan\beta(\tan\varphi_c - \tan\theta) + \tan\varphi_c\tan\theta]} \\
&= \frac{3.614 - \tan 50°}{3.614 \times [1 + 3.614 \times (\tan 50° - \tan 35°) + \tan 50° \times \tan 35°]} = 0.186
\end{aligned}$$

$$e = \frac{1}{2}(e_1 + e_2) = \frac{\gamma}{2}(2H + H_t)\lambda = \frac{24}{2} \times (2 \times 8 + 6.5) \times 0.186 = 50.22\text{kPa}$$

$$E = eH_t = 50.22 \times 6.5 = 326.43\text{kN/m}$$

19.［答案］A

［解析］《公路工程地质勘察规范》(JTG C20—2011)第 8.1.8 条,《公路路基设计规范》(JTG D30—2015)第 7.10.5 条。

（1）自重湿陷量计算值

关中地区,$\beta_0 = 0.9$,从天然地面算起,至 8.5m,则

$$\begin{aligned}
\Delta_{zs} &= \beta_0 \sum_{i=1}^{n} \delta_{zsi}h_i \\
&= 0.9 \times 1500 \times 0.016 + 0.9 \times 1000 \times (0.019 + 0.017 + 0.016 + 0.018 + 0.016 + 0.015) \\
&= 112.5\text{mm} > 70\text{mm}
\end{aligned}$$

为自重湿陷性黄土场地。

（2）湿陷量计算值

$$\Delta_s = \sum_{i=1}^{n} \beta\delta_{si}h_i,$$ 自地面下 1.5m 算起,至非湿陷性黄土顶面。

基底下 $0 \sim 5\text{m}$,即地面下 $1.5 \sim 6.5\text{m}$,$\beta = 1.5$,则

$$1.5 \times 1000 \times (0.050 + 0.048 + 0.040 + 0.030) = 252\text{mm}$$

基底下 $5 \sim 7\text{m}$,即地面下 $6.5 \sim 8.5\text{m}$,$\beta = 1.0$,则

$$1.0 \times 1000 \times (0.023 + 0.018) = 41\text{mm}$$

$$\Delta_s = 252 + 41 = 293\text{mm}$$

查《公路工程地质勘察规范》(JTG C20—2011)表 8.1.8-2,湿陷等级为 Ⅱ 级。

查《公路路基设计规范》(JTG D30—2015)表 7.10.5-1,路堤高度 3m,属低路堤,最小处理厚度为 $0.8 \sim 1.2\text{m}$。

20.［答案］B

［解析］《膨胀土地区建筑技术规范》(GB 50112—2013)第 5.2.14 条。

以填方后地面作为天然地面计算。

1m 处含水量小于 1.2 倍塑限含水量,不能按收缩变形计算。

地面有蒸发可能,不能按膨胀变形计算。

综合判定按胀缩变形计算,计算深度按大气影响深度确定,即填方前 $0\sim4$m,则

$$s_{es}=\psi_{es}\sum_{i=1}^{n}(\delta_{epi}+\lambda_{si}\Delta w_i)h_i$$

$$=0.7\times[(0+0.46\times0.119)\times1700+(0.0035+0.51\times0.084)\times700+$$

$$(0.01+0.57\times0.056)\times800+(0.008+0.48\times0.021)\times800]$$

$$=121.4\text{mm}$$

注:膨胀率为负说明在该压力下膨胀土不会发生膨胀变形,膨胀量为0。

21.[答案] A

[解析]《铁路工程地质勘察规范》(TB 10012—2019)第6.6.7条、附录C。

$I_p=w_L-w_p=35-11=24>17$,为黏土。

$w_p+4=15<w_A<20<w_p+15=26$,判定为富冰冻土。

多年冻土地温基本稳定带,查表6.6.6,多年冻土年平均地温$-2.0℃<T_{CP}<-1.0℃$

基础底面的月平均最高土温取$-1.0℃$,查规范表C.0.2-11,

$P_u=800\times0.8=640\text{kPa}$

22.[答案] A

[解析]《工程地质手册》(第五版)第688、691页。

$$H_m=\frac{500}{100}=5\text{m}$$

$$v_m=KH_m^{2/3}I_m^{1/5}=5\times5^{2/3}\times0.04^{1/5}=7.68\text{m/s}$$

$$Q_m=F_mv_m=500\times7.68=3840\text{m}^3/\text{s}$$

$$W_m=0.26TQ_m=0.26\times15\times60\times3840=898560\text{m}^3$$

$$W_s=W_m\frac{\rho_m-\rho_w}{\rho_s-\rho_w}=898560\times\frac{1.7-1}{2.6-1}=393120\text{m}^3\approx39.3\ 万\ \text{m}^3$$

23.[答案] A

[解析]《建筑抗震设计规范》(GB 50011—2010)(2016年版)第4.3.4条、4.3.5条。

8度区黏粒含量大于等于13%,判为不液化土,5层不液化。

(1)临界锤击数计算

地震分组第二组,$\beta=0.95$,加速度$0.20g$,$N_0=12$

$$N_{cr}=N_0\beta[\ln(0.6d_s+1.5)-0.1d_w]\sqrt{3/\rho_c}$$

9.0m处:$N_{cr}=12\times0.95\times[\ln(0.6\times9+1.5)-0.1\times3.1]\times\sqrt{3/12.8}=8.95>8$,

液化。

(2)液化指数计算

$$d_i=10-8=2\text{m},d_{i中}=9\text{m},W_i=\frac{2}{3}\times(20-9)=7.33$$

$$I_{lE}=\sum_{i=1}^{n}\left(1-\frac{N_i}{N_{cri}}\right)d_iW_i=\left(1-\frac{8}{8.95}\right)\times2\times7.33=1.56$$

24.[答案] D

[解析]《水电工程水工建筑物抗震设计规范》(NB 35047—2015)第5.3.2条、5.3.5条。

Ⅲ类场地,特征周期调整为 $T_g = 0.55s$;

$T_g = 0.55s < T = 1.50s$,位于曲线下降段,重力坝 $\beta_{max} = 2.0$,则

$$\beta(T) = \beta_{max}\left(\frac{T_g}{T}\right)^{0.6} = 2.0 \times \left(\frac{0.55}{1.5}\right)^{0.6} = 1.1$$

25.[答案] D

[解析]《建筑地基处理技术规范》(JGJ 79—2012)附录B。

水泥粉煤灰碎石桩,地基土为黏性土、粉土,对缓变形曲线,取 $s/b = 0.01$ 对应的压力为复合地基承载力。$b = \sqrt{5} = 2.24m > 2.0m$,取 $b = 2.0m$,则

$s = 0.01b = 0.01 \times 2000 = 20mm$,对应的压力为

第一组:$250 + (20 - 17.82) \times \dfrac{300 - 250}{22.68 - 17.82} = 272kPa < \dfrac{600}{2} = 300kPa$;

第二组:$300 + (20 - 18.92) \times \dfrac{350 - 300}{23.7 - 18.92} = 311kPa > \dfrac{600}{2} = 300kPa$,取 $300kPa$;

第三组:$250 + (20 - 18.6) \times \dfrac{300 - 250}{23.6 - 18.6} = 264kPa < \dfrac{600}{2} = 300kPa$;

验收阶段,独立基础桩数少于5根,取最低值264kPa作为复合地基承载力特征值。

附 录 评 分 标 准

1. 考生在试卷上作答,不得使用铅笔,否则视为无效;

2. 在试卷上书写与题意无关的语言,或在试卷上做标记的,均按违纪试卷处理;

3. 每道题只有0分或2分,无其他分数;

4. 答案未填在( )中,不得分,但试题答案位置处填写答案后又涂抹,另填在括号外的答案有效;

5. 仅有答案无解答过程,无论答案对错均不得分;

6. 答案依据的引用条文号与标准答案完全一致(章、节、款、条),可没有文字描述,得分;

7. 没有引用条文号,但文字叙述与标准答案基本吻合的,得分;

8. 没有列出公式,直接代入数据计算,结果与标准答案一致的,得分;

9. 列出公式,没有代入数据,虽然结果与标准答案一致的,不得分;

10. 采用排除法解题,结果与标准答案一致的,得分;

11. 引用手册(包括复习指导书)内容的一定要有文字描述,并与标准答案内容一致,得分。仅写出手册(包括复习指导书)名称、页数不得分;

12. 需要论述说明有何优点或特点的试题,一定要有文字描述并与标准答案内容一致,得分;

13. 答案依据的引用条文号与标准答案不一致,同时又没有文字说明的提请专家查相关条文后确认是否得分;

14. 没有按标准答案给定的方法计算,但结果与标准答案一致的,需经专家确认是否得分。